눈먼 시계공

THE BLIND WATCHMAKER

by Richard Dawkins

눈먼 시계공

진화론은 세계가 설계되지 않았음을 어떻게 밝혀내는가

리처드 도킨스 | 이용철 옮김

THE BLIND
WATCHMAKER

부모님께

머리말

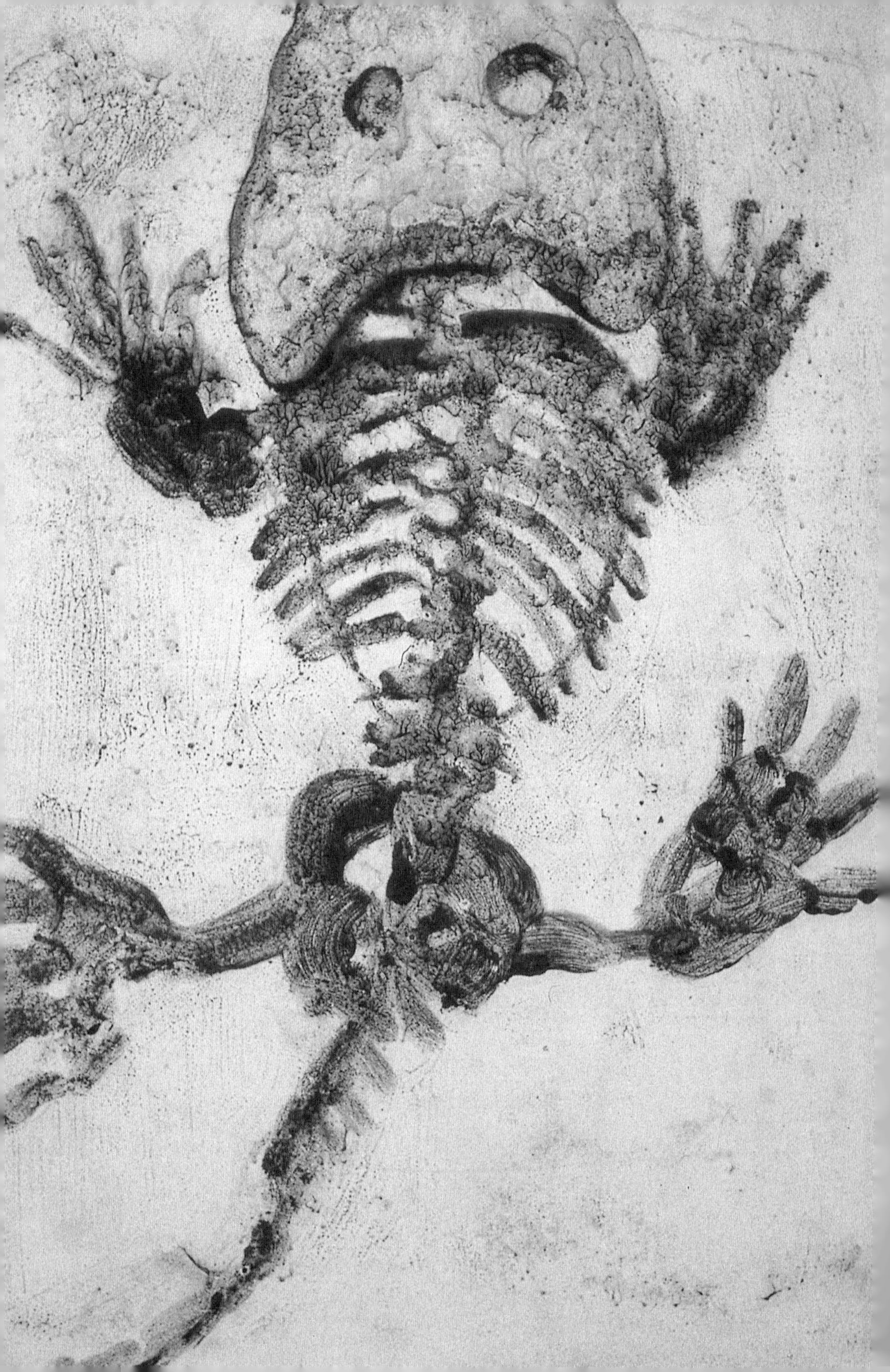

인 간은 한때 모든 신비로운 존재 중 가장 위대한 존재로 알려졌다. 그러나 나는 우리 자신의 존재가 더 이상 신비하지 않다는 확신으로 이 책을 썼다.(왜냐하면 그 비밀이 풀렸기 때문이다.) 다윈과 월리스가 그 비밀을 풀었다. 비록 당분간은 우리가 그들의 설명에 각주를 다는 작업을 계속해야 하지만 말이다. 그런데 놀라운 사실은 너무도 많은 사람들이 이처럼 가장 심오한 문제를 해명한 우아하고 아름다운 설명에 대해 모르고 있을 뿐 아니라, 믿기지 않게도 대부분의 사람들은 애초에 문제가 있었다는 사실조차 알지 못하고 있다! 내가 이 책을 쓰게 된 이유는 바로 그것이다.

그 문제란 바로 복잡한 설계이다. 내가 이 글을 쓰는 데 사용한 컴퓨터는 약 64킬로바이트의 정보 저장 능력을 갖고 있다. 컴퓨터는 목적에 맞게 설계되었고 정교하게 제작되었다. 내 말을 이해하고 있는 독자들의 뇌는 수백억 개의 신경 세포로 이루어진 것이다. 이 수백억 개의 신경 세포들은 대부분 각기 다른 신경 세포와 연결되는 1,000개 이상의 '전선'(신경 돌기를 비유적으로 표현한 말 | 옮긴이)을 가지고 있다. 게다가 분자유전학의 수준에서 보면 우리 몸을 구성하는 1조 개가 넘는 세포 하나하나에는 내가 쓰고 있는 컴퓨터에 저장된 정보의 1,000배에 가까운 용량의 정교하게 부호화된 디지털 정보가 들어 있다. 생물의 복잡성은 그들

의 명백한 설계가 갖는 세련된 효율성에 잘 어울린다. 만약 누군가 이러한 복잡한 설계에 대해 설명이 필요없다고 한다면 나는 글쓰기를 그만두겠다. 아니다, 다시 생각해 보니 글쓰기를 포기해서는 안 될 것 같다. 왜냐하면 내가 이 책을 쓴 목적 가운데 하나는 생물의 복잡성이 갖는 경이로움을 설명하여 아직까지 눈뜨지 못한 사람들에게 그 신비로움을 깨닫게 해 주는 것이기 때문이다. 그러나 또 다른 목적은 이야기를 하는 동안, 비밀의 장막을 열어 그 신비감을 제거하는 것이다.

설명이라는 것은 어려운 기술이다. 어떤 사람은 읽는 이가 자신의 말을 그저 이해하는 수준으로 설명할 수 있다. 또 어떤 사람은 독자가 깊은 감동을 느끼도록 설명할 수 있다. 듣는 이에게 감동을 주기 위해서는 증거들을 기계적으로 나열하는 것만으로는 부족하다. 모름지기 변호사가 되어야 하고 변호사가 사용하는 기술을 써야 한다. 이 책은 객관적인 과학 논문은 아니다. 다윈주의에 입각한 저술들은 대부분 객관적인 과학서이고, 훌륭하고 풍부한 내용을 갖추고 있기 때문에 이 책을 읽을 때 함께 읽어야 한다. 이 책에 아무런 감정이 개입되어 있지 않다고 말할 수는 없다. 솔직히 말하자면 이 책의 상당 부분은 격정에 따라 씌어졌다. 이런 점은 과학 전문지의 비판적인 논평을 받을 만하다. 확실히 이 책은 무언가를 알리려고 쓴 것이다. 그러나 또한 이 책은 무언가를 납득시키고 나아가 영감을 주기 위해 쓴 것이다.(노골적이지 않게 자신의 의도를 밝힐 수 있는 사람도 있을 것이다.) 우리 자신의 존재야말로 상상할 수 있는 가장 큰 미스터리라는 관점에서 독자들을 자극할 것이다. 그리고 동시에, 그 미스터리가 명쾌하게 해명되었다는 흥분을 독자들에게 전달할 것이다. 나아가 나는 다윈주의적 세계관이 '간혹' 사실로 입증될 뿐 아니라 우리 존재의 미스터리를 풀 수 있는 '유일한' 이론이라는 사실을 설득하고 싶다. 바로 이 사실이 다윈주의를 두 배로 만족스러운 이론으로 만든다. 다윈주의는 우리가 살고 있는 이 행성뿐 아니라 생명이 발견되는 곳이라면 우주 어디에서도 적용되는 진리임을 입증할 수 있을 것이다.

나는 어떤 면에서 전문적인 변호사와는 거리가 있다. 변호사나 정치가는 자신의 신념과 맞지 않더라도 고객을 위해 그의 열정과 남을 설득하는 능력을 발휘한다. 그러나 나는 지금까지 한번도 그런 일을 해 본 적이 없으며 앞으로도 그럴 것이다. 물론 언제나 내가 옳을 수는 없다. 하지만 나는 무엇이 진실인가를 열성적으로 고민하고 있으며, 옳지 않다고 믿는 것을 옳다고 말한 적은 결코 없다. 언젠가 나는 창조론자와 논쟁하기 위해 대학생 토론회에 참석한 적이 있는데, 그때 큰 충격을 받았었다. 논쟁이 끝나고 열린 만찬에서 나는 토론회에서 강하게 창조론을 옹호한 젊은 여성과 자리를 함께하게 되었다. 그는 분명히 창조론자가 아니었다. 그래서 나는 그에게 왜 창조론을 옹호했는지를 솔직하게 이야기해 달라고 했다. 그는 단지 논쟁하는 기술을 연마하기 위해서, 그리고 자신이 믿지 않는 쪽을 대변하는 편이 훨씬 더 어려운 일임을 알고 있었기 때문에 그렇게 했다고 거리낌 없이 고백했다. 대학생 토론회에서 발언자가 옳다고 믿건 믿지 않건 자신이 대변하기로 정한 쪽을 단순히 변론하는 것은 흔히 있는 연습 과정이다. 거기에 그들 자신의 신념이 설 자리는 없다. 나는 대중을 향한 연설이라는 유쾌하지 않은 과업을 수행하기 위해 오랜 시간 동안 노력했다. 그것은 내 주장에 동조하는 사람들의 진실성을 믿었기 때문이다. 그러나 토론 참석자들이 논쟁이라는 게임을 즐기기 위해 자신의 신념과 상관없이 어느 한쪽을 지지한다는 사실을 알게 되었을 때 과학적 진실성을 주제로 하는 위선적인 토론회에는 결코 참석하지 않겠다고 결심했다.

아직 나로서도 확실치 않은 몇 가지 이유 때문에, 다윈주의는 다른 과학 분야에서 이와 비슷한 과정을 통해 이룩된 업적들보다 더 많은 변론이 필요한 것 같다. 우리 중 대다수는 양자론이나 아인슈타인의 특수 상대성 이론과 일반 상대성 이론을 이해하지 못한다. 그러나 그렇다고 해서 그 이론에 반대하지는 않는다. '아인슈타인주의'와는 달리 다윈주의는 무지한 비평가들의 좋은 표적이 되는 것 같다. 자크 모노가 잘 꿰뚫어 보았듯이, 다윈주의와 관련된 고충 중 하나는 모든 사람들이 자기가 다윈주의를 이해하고 있다고 생각한다는 사실이다. 실제로 다윈주의는 너무나 단순한 이론이어서, 어떤 사람은 물리학과 수학에 비교하면 유치할 정도라고 생각할 수도 있다. 요약하면 '유전적인 변이를 수반한 계획적인 번식은, 축적될 시간적 여유가 있다면 광범위한 결과를 가져올 수 있다.'는 생각이 바로 다윈주의이다. 하지만 우리는 다윈주의가 단순하다는 믿음이 거짓이라는 충분한 근거를 가지고 있다. 뉴턴의 『프린키피아』가 발표된 지 300년이 지나도록, 그리고 에라토스테네스가 지구의 크기를 측정한 지 2,000년이 지나 19세기 중엽에 다윈과 월리스가 그 이론을 생각해 낼 때까지 아무도 그 사실을 알아내지 못했다는 사실을 명심하라. 어떻게 그처럼 단순한 생각을 아리스토텔레스, 흄, 라이프니츠, 데카르트, 갈릴레오, 뉴턴으로 이어지는 훌륭한 사상가들이 그토록 오랜 세월 동안 발견하지 못했을까? 왜 빅토리아 시대의 두 박물학자가 등장하기까지 기다려야만 했을까? 그것을 간과한 수학자와 철학자 들은 무엇이 '잘못' 되었던 것일까? 그리고 어떻게 그런 강력한 이론이 아직까지 대중들의 의식 속에 흡수되지 못했을까?

인간의 두뇌는 마치 다윈주의를 이해하지 못하게, 그리고 믿지 못하게끔 특별히 고안된 것처럼 보인다. 예를 들어, 종종 '맹목적인'이라는 수식어가 붙어 과장되는 우연의 문제를 생각해 보자. 다윈주의를 공격하는 대다수의 사람들은 다윈주의는 무작위적인 우연 이외에 아무것도 아니라는 식의 잘못된 생각으로 다윈주의를 반박하려는 어처구니없는 열망에 사로잡혀 있다. 생물이 지닌 복잡성은 우연과는 정반대이기 때문에 다윈주의를 우연과 동격으로 생각한다면 그것을 반박하기란 분명 쉬울 것이다. 나의 임무 중 한 가지는 다윈주의가 '우연'의 이론이라는 이 열광적인 미신을 깨부수는 것이다. 우리가 다윈주의를 믿지 못하는 또 다른 이유는 우리의 뇌가 진화가 일어날 만큼 긴 '시간 척도'에 비하면 너무도 짧은 시간 안에 일어나는 사건에만 익숙해 있기 때문이다. 우리는 몇 초, 몇 분, 몇 년, 기껏해야 몇십 년 만에 완결되는 사건들을 이해할 수 있을 뿐이다. 다윈주의는 사건 진행 속도가 너무나 느려서 완결되려면 몇만 년, 몇백만 년이 걸리는 작은 과정들의 누적에 관한 이론이다. 그럴 것 같다는 식의 직관적인 판단은 잘못된 것임이 밝혀질 것이다. 우리가 가진 잘 조율된 회의론과 주관적인 확률론은 크게 빗나간다. 왜냐하면 그것들은 (얄궂게도 진화 그 자체에 의해) 몇십 년이라는 일생 동안에만 작동하도록 조율되었기 때문이다. 우리는 '익숙한 시간'이라는 감옥으로부터 벗어나야만 하고, 내가 해야 할 일은 바로 그것을 돕는 것이다.

우리의 두뇌가 다윈주의에 저항하는 경향을 갖고 있는 세 번째 이유는 인류가 창조적인 설계자로서 거둔 찬란한 성공 때문이다. 우리가 살고 있는 세계는 과학 기술이 거둔 위업과 예술 창작품으로 가득 차 있다. 우리는 복잡하고 고상한 것은 미리 계획되어 정교하게 설계된 결과라는 생각에 푹 젖어 있다. 과거에 살았던 대부분의 사람들이 초자연적인 신에 대한 믿음에 사로잡히게 된 중요한 이유가 바로 그것일 것이다. 다윈과 월리스가 그 이전의 모든 직관에 반대해서, 원시적인 단순함으로부터 '복잡한 설계'가 만들어지는 데에 독자들도 알고 있는, 훨씬 더 만족스러운 다른 한 가지 방법이 있음을 알아낸 것은 크나큰 상상력의 비약이었다. 그 상상력의 비약은 너무 큰 것이어서 오늘날까지도 많은 사람들이 그것을 받아들이기를 주저하는 듯하다. 이 책의 주된 목적은 독자들이 상상력을 비약시킬 수 있도록 돕는 것이다.

책을 쓰는 사람이라면 당연히 자신의 책이 일회적인 충격으로 끝나기보다는 꾸준히 읽히기를 원한다. 그러나 변호사는 그의 주장이 불멸의 변론이 되는 것과 더불어 당장의 재판에서 상대방 변호인의 공격에 대응하는 것이 될 수 있도록 노력해야만 한다. 여러 주장들 중 몇 가지는, 설사 현재에는 크게 유행할지 모르지만, 이후 수십 년 이내에 완전히 구시대의 유물이 되어 버릴 것이다. 『종의 기원』의 초판이 여섯 번째 개정판보다 더 훌륭했다는 사실이 종종 역설로 지적된다. 이것은 다윈이 초판 출간 당시 쏟아졌던 비판에 대해 이후 개정판에서 어쩔 수 없이 대응해야 했기 때문이다. 하지만 당시의 비판은 지금에 와서 보면 터무니없는 것이어서 비판에 대응해 답변해 놓은 것이 원래의 논점을 흐리고 부분적으로 핵심을 빗나가게 만들었다. 그럼에도 불구하고, 좀 지나면 곧 예사로 여겨질 텐데 하며 당장의 비판을 무시하는 태도는 비평가는 몰라도 혼란스러워 하는 독자들에 대한 예의가 아니다. 이러한 이유 때문에 결국 얼마 가지 못할 내 개인적인 생각을 이 책에 적어 놓았지만 그것은 독자들이 (그리고 시간이) 판단해 줄 것이다.

여자 친구들 몇 명이 (다행히 많지는 않지만) 비인칭 남성 대명사를 사용하는 것을 마치 여성을 제외시키려는 의도를 드러낸 것이라 생각한다는 사실을 알고는 마음이 아팠다. 만약 제외시킨다면 (다행히 그렇지는 않지만) 나는 남성을 먼저 제외시킬 것이다. 그러나 만일 내가 시험 삼아 상상 속의 독자를 '그녀'라고 부르면 여성 해방론자는 내가 선심을 쓰는 척한다고 비난할 것이다. 따라서 '그 또는 그녀'라든가 '그의 또는 그녀의'라고 이야기해야 할 것이다. 이 경우 독자들이 용어 문제에 그다지 크게 신경을 쓰지 않는다면 별문제지만 그렇지 않다면 남성과 여성 어느 쪽 독자도 얻지 못할 것이다. 그래서 결국 영어에서 대명사를 사용하는 통상의 관습을 따르기로 했다. '독자'를 '그'라고 말할 수도 있을 것이다. 하지만 나는 프랑스 인이 탁자를 여성이라고 생각하는 것처럼 독자를 특별히 남성이라고 생각하지는 않는다. 사실 나는 대개의 독자가 여성이라고 생각한다. 물론 그것은 내 개인적인 선호에 불과하고 그런 생각이 내 모국어 문법과 충돌하는 것을 원치는 않는다.

책이 출판되는 것을 도와준 분들에게 감사를 드린다. 또 내가 여기에 소개하지 못한 사람들에게는 양해를 구한다. 출판사 측은 내 원고를 손질해 준 교열자('평론가'가 아니다. 평론가는, 40세 이하의 대다수 미국인들에게는 실례지만, 책이 출판되고 나서야 비평한다. 그때는 이미 늦어서 작가가 어찌해 볼 도리가 없다.)들의 이름을 모두 알려 주었는데 존 듀랜트, 그레이엄 케언스스미스, 제프리 러바인턴, 마이클 루즈, 앤서니 핼럼, 데이비드 파이에게 감사한다. 그리고 다시 한번 큰 도움을 준 존 크렙스에게 감사한다. 리처드 그레고리는 친절하게 12장을 비판해 주었고 최종판에서는 그것을 완전하게 삭제해 버림으로써 이 책을 더 훌륭한 것으로 만들었다. 이제 공식적으로 더 이상 나의 학생이 아닌 마크 리들리와 앨런 그레펀 그리고 빌 해밀턴은 나와 함께 진화에 대해서 토론한 모임의 리더였고, 나는 거의 매일 그들로부터 도움을 받았다. 또한 페멀라 웰스, 피터 앳킨스 그리고 존 도킨스는 여러 장에 걸쳐 비판을 해 주었다. 세라 버니는 많은 부분을 바로잡아 주었고 존 그리빈은 중요한 오류를 고쳐 주었다. 앨런 그래픈과 윌 앳킨슨은 컴퓨터에 관해 큰 도움을 주었다. 그리고 애플 매킨토시 주식 회사 동물학 담당 부서는 친절하게도 그들의 레이저 프린터를 사용해서 바이오모프를 그리도록 허락해 주었다.

나는 이번에도 현재 롱맨 사에 근무하는 마이클 로저스의 지칠 줄 모

르는 역동성에 도움을 받았다. 그에게 큰 감사를 전한다. 그와 노턴 사
에 있는 메리는 가속 페달(내게는 도덕심)과 브레이크(유머 감각)가 필요
할 때 적절하게 사용해 주었다. 책의 일부는 동물학부와 뉴 칼리지가 친
절하게 베풀어 준 휴가 덕분에 쓸 수 있었다. 끝으로 (사실은 이전에 썼던
책들에서 밝혔어야 했지만) 옥스퍼드 대학교의 개인 지도제와 나의 동물
학 개인 지도를 수강하는 학생들에게 감사한다. 그들은 여러 해 동안 내
가 무엇을 설명한다는 어려운 기술을 연마하는 데 큰 도움을 주었다.

1986년

옥스퍼드 대학교에서

리처드 도킨스

차례

1장
❖
결코 있을 법하지 않은 일

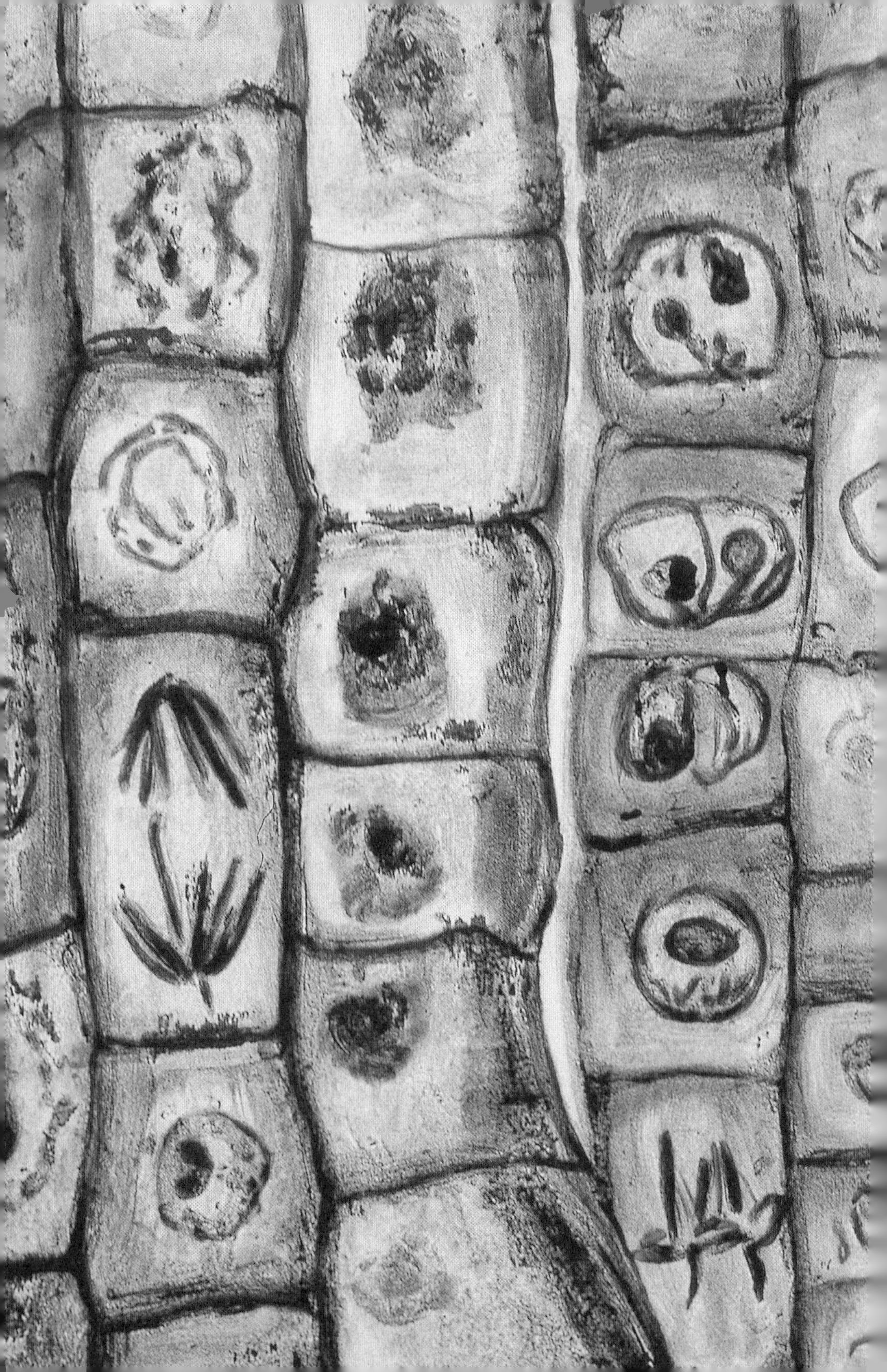

인간을 포함한 모든 동물은 우주에 존재하는 삼라만상 중에서 가장 복잡한 사물이다. 물론 우리가 알고 있는 우주란 실제 우주의 작은 부분에 불과하다. 다른 행성에는 우리보다 더 복잡한 무엇이 있고 그들 중 일부는 이미 우리에 대해 알고 있을지도 모른다. 그러나 그렇다고 해서 여기서 말하려는 요점이 바뀌지는 않는다. 복잡한 사물은 그것이 어디에 있든 설명이 필요하다. 우리는 그것이 어떻게 존재하게 되었는지, 그리고 왜 그렇게 복잡하게 만들어졌는지 알고 싶어 한다. 그것을 설명하는 이론은 내가 주장하려는 것과 마찬가지로 우주의 모든 곳에 있는 복잡한 사물들에 공통적으로 적용될 것이다. 즉 우리뿐 아니라 침팬지, 벌레, 참나무, 외계에서 온 괴물에게도 해당된다. 반면 그 설명은 내가 '단순한' 물건이라고 정의하는 바위나 구름, 강, 은하계, 소립자 따위에는 적용되지 않을 것이다. 이러한 것들은 물리학에서 다루는 소재이다. 침팬지, 개, 박쥐, 바퀴벌레, 사람, 지렁이, 민들레, 세균, 외계인 등은 생물학의 소재이다.

그들 간의 차이점은 내부 구조가 복잡한가 아니면 단순한가이다. 생물학은 어떤 목적을 위해 고안(설계)된 것처럼 보이는 복잡한 대상에 대한 학문이다. 물리학은 설계란 말이 좀체로 떠오르지 않을 만큼 단순한 대상을 연구하는 학문이다. 첫눈에 컴퓨터와 자동차 같은 사람이 만든 물건은 예외인 듯하다. 그것들은 살아 있는 것이 아니며, 근육과 혈액 대신 금속과 플라스틱으로 만들어져 있지만 복잡하고 확실히 어떤 목적을 위해 고안되었다. 이 책에서는 단호하게 그것들을 생물학적인 대상으로 다룰 것이다.

이 말을 들으면 독자들은 다음과 같은 질문을 할 것이다. "그래? 그렇지만 그것들이 정말로 생물학적인 대상일까?" 언어는 사고의 도구이지 주인이 아니다. 목적에 따라 단어들을 다른 의미로 사용하는 것이 편리할 때가 있다. 대부분의 요리책은 바닷가재를 물고기로 분류한다. 동물학자들이 이 말을 들으면 깜짝 놀랄 것이다. 그리고 물고기는 바닷가재보다도 사람에 훨씬 더 가깝기 때문에 바닷가재가 사람을 물고기라고 부르는 편이 훨씬 타당하다고 지적할 것이다. 바닷가재 이야기가 나와서 하는 말이지만, 내가 알기로는, 최근에 바닷가재가 곤충인가 아니면 '동물'인가를 둘러싸고 재판이 열린 적이 있었다.(이 재판의 배경에는 바닷가재를 산 채로 끓는 물에 넣어 요리하는 것이 동물 보호법에 저촉되는가, 아니면 저촉되지 않는가 하는 문제가 걸려 있었다.) 동물학적으로 말하면 바닷가재는 확실히 곤충은 아니다. 그것은 동물이다. 그러나 곤충도 동물이고 사람 역시 동물이다. 동물학자가 아닌 다른 직업을 가진 사람들이 이러한 단어들을 어떻게 사용하는지에 관해서는 정리된 바가 거의 없다.(나는 동물학을 연구하는 때가 아닌 일상생활에서는 바닷가재를 산 채로 요리하는(바닷가재를 곤충으로 생각하는 | 옮긴이)사람들과도 이야기할 용의가 있다.) 요리사와 변호사는 그들만의 방식으로 단어를 사용할 권리가 있다. 그리고 이 책에서는 나도 그럴 권리가 있다. 자동차와 컴퓨터가 '진정으로' 생물학적인 대상인지에 대해서는 전혀 신경쓰지 마시길. 중요한 것은 그 정도의 복잡성을 가진 물체가 어떤 행성에서 발견된다면 우리는 지체 없이 그 행성에 생명이 존재하거나 존재했었다고 결론을 내

릴 수 있다는 점이다. 기계들은 살아 있는 생물이 만든 직접적인 산물이다. 그것들의 복잡한 구조는 살아 있는 생물로부터 유래되었고, 그 행성에 생명이 존재한다는 징표이다. 화석들과 유골, 시체에 대해서도 같은 결론을 내릴 수 있다.

앞에서 나는 물리학이 단순한 것을 연구하는 학문이라고 말했는데, 이 말은 얼핏 들으면 이상하게 들릴 수도 있다. 물리학은 복잡해 보인다. 왜냐하면 일반인이 물리학에서 사용하는 개념들을 이해하기는 어렵기 때문이다. 우리의 뇌는 사냥하고, 채집하고, 짝짓기를 하고, 자식을 기르는 일을 이해하도록 설계되어 있다. 즉 보통 크기의 물체가 3차원에서 적당한 속도로 움직이는, 그런 세계에 익숙한 것이다. 우리는 매우 작거나 매우 큰 것, 피코초(10^{12}초) 동안만 지속되는 것이나 10억 년씩 지속되는 것, 위치가 일정하지 않은 입자, 그리고 직접 보거나 만질 수는 없으며 단지 이들이 영향을 미치는 또 다른 물체를 보거나 만져야만 이 그들의 존재를 지각할 수 있는 것들을 이해하기 힘들도록 설계되어 있다. 우리는 물리학이 난해하고 어려운 수학으로 가득 차 있기 때문에 복잡하다고 생각한다. 그러나 물리학의 연구 대상은 기본적으로는 단순한 것들이다. 그것들은 기체로 이루어진 구름이거나, 작은 입자들이거나 특정한 원자 배열이 무한히 반복되는 결정(結晶)과 같은 단일 구조의 물체들이다. 그중 어떠한 것도 생물학적인 기준에서 볼 때에는 복잡하게 작동하는 것이 아니다. 항성과 같은 거대한 물체조차도 그 구성 부분들은, 다소 임의적이긴 하지만 제한된 방식으로 배열되어 있다. 물리학적이고 비생물학적인 대상의 움직임은 단순해서 수학적인 언어로 기술이 가능하다. 물리학 교과서가 수학으로 가득 찬 이유가 바로 그것이다.

물리학 교과서의 내용이 복잡할지 몰라도 그 책은 자동차나 컴퓨터처럼 생물학적인 대상(인간의 뇌)의 산물이다. 물리학 교과서에 기술된 대상과 현상 들은 그 책을 쓴 사람의 몸에 있는 세포 1개보다도 단순하다. 그리고 그 저자는 그러한 세포들 몇조 개로 이루어져 있다. 그 세포들의 대부분은 서로 다르며, 각각이 복잡한 구조로 되어 있다. 또 그 안에서 이루어진 정밀한 메커니즘이 사람을 책을 쓸 수 있는 기계로 만들어 놓았다. 우리의 뇌는, 결코 크기의 극한이나 물리학에서 다루는 다른 어려운 극한보다도 복잡성의 극한을 더 잘 다룰 수 있도록 설계되어 있지 않다. 아직까지 어떤 사람도 물리학자의 움직임이나, 그 사람의 세포 하나의 전체 구조와 움직임을 기술할 수 있는 수학을 발명하지는 못했다. 우리가 할 수 있는 것은 살아 있는 물체가 어떻게 움직이는가에 대한 몇 가지 일반적인 법칙들과, 그것들이 결국 왜 존재하는가를 이해하는 것이다.

이것이 우리가 이야기하고자 하는 것이다. 우리는 왜 우리와 다른 모든 복잡한 것들이 존재하게 되었는지를 알고 싶은 것이다. 그리고 이제 우리는 복잡성 그 자체의 세부 사항을 이해하지는 못하더라도 그 질문에 대해 일반적인 답을 할 수는 있다. 비슷한 예를 들면, 대부분의 경우 비행기가 어떻게 작동되는지 알지 못한다. 아마 비행기 제작자들도 비행기를 완전히 이해하지는 못할 것이다. 엔진 전문가는 날개에 대한 세부 사항을 알지 못하고, 날개 전문가는 엔진에 대한 세부 사항을 알지 못한다. 단지 어렴풋이 알고 있을 뿐이다. 심지어 날개 전문가도 날개와 관련된 사실들을 수학적으로 정밀하게 이해하지 못한다. 그들은 (생물학자들이 동물을 이해하는 것과 마찬가지 방법으로) 비행기 모형을 바람 터널에 넣는 풍동(風洞) 시험이나 컴퓨터 모의실험을 통해 폭풍 속에서 날개가 어떻게 작동하는지 예견할 수 있을 뿐이다. 그러나 비행기가 어떻게 작동하는지에 대해 완전하게 이해하지 못한다 하더라도 우리는 그것이 어떤 과정을 거쳐 세상에 나오게 되었는지 알고 있다. 그것은 사람에 의해 제도판 위에서 그려진 설계도에서 시작되었다. 그런 다음 또 다른 사람이 그 설계도대로 부품을 만들고, 마지막으로 많은 사람들이 모여 (인간이 고안한 다른 기계의 도움을 받아) 나사를 조이고, 리벳을 박고, 용접을 하고, 접착하여 부품들을 제자리에 조립하면 하나의 비행기가 만들어진다. 우리는 비행기가 제작되는 공정에서 신비함을 느끼지는 않는다. 왜냐하면 사람이 만들었기 때문이다. 어린 시절에 조립식 장난감을 가지고 놀며 그 과정을 직접 경험했기 때문에 이미 설계도대로 부품을 조립하는 방법에 대해서도 잘 알고 있다.

우리 자신의 신체에 대해서는 어떠한가? 훨씬 더 복잡하다는 것을 빼면 우리도 비행기와 같은 기계이다. 그렇다면 우리도 제도판 위에서 설계되었을까? 숙련된 기술자가 신체의 각 부분을 조립한 것일까? 답은 '아니다.'이다. 이것은 놀라운 답이다. 그리고 우리는 그 답을 단지 1세기 전에 비로소 알아냈고 이해할 수 있었다. 찰스 다윈이 최초로 그 사실을 설명했을 때, 많은 사람들은 그것을 이해하려 들지 않았고 이해하지도 못했다. 나도 어린 시절 다윈의 이론을 처음 들었을 때 믿으려 하지 않았다. 19세기 후반까지 역사 속에 등장하는 거의 모든 사람들은 반대 이론, 즉 의식을 가진 창조주 이론을 확고하게 믿었고 아직까지도 많은 사람들이 그렇게 믿고 있다. 아마도 그 이유는 다윈의 이론이 여전히 정규 교육 과정의 일부가 아니기 때문일 것이다. 확실히 다윈의 이론은 매우 광범위하게 잘못 이해되고 있다.

이 책의 제목으로 사용한 '시계공'이라는 말은 19세기의 신학자 윌리엄 페일리의 유명한 논문에서 빌려 온 것이다. 1802년에 출판된 그의 논문 「자연 신학 또는 자연현상에서 수립된 신의 존재와 속성에 대한 증거」는 그동안 가장 잘 알려진 창조론 해설서이며, 신의 존재에 대한 가장 영향력 있는 주장으로 평가되어 왔다. 그 글을 읽고 나는 크게 감탄

하였다. 그의 시대에는 내가 지금 맞서 싸우고 있는 편이 승리를 거두었다. 페일리는 한 가지 주장을 내세웠고 그것을 열성적으로 믿었으며 그 주장을 확고히 하는 데 갖은 노력을 아끼지 않았다. 그는 생물계의 복잡성에 관해 존경하고 숭배하는 마음을 갖고 있었고, 그것들이 매우 특별한 종류의 설명을 필요로 한다는 사실을 알고 있었다. 페일리가 잘못 생각한 유일한 점(실제로는 매우 중요한 것이었다!)은 그 특별한 설명 자체였다. 페일리는 생명의 미스터리에 대해 전통적인 종교적 해답을 구했다. 그러나 그는 전에 있었던 어떤 설명보다 확실하고 설득력 있게 해명했다. 물론 정답은 그의 설명과는 전혀 다르다. 그리고 찰스 다윈이라는 가장 혁명적인 사상가가 나타나길 기다리고 있었다.

페일리는 그의 논문 「자연 신학」에서 다음과 같은 유명한 구절로 이야기를 시작하고 있다.

풀밭을 걸어가다가 '돌' 하나가 발에 채였다고 상상해 보자. 그리고 그 돌이 어떻게 거기에 있게 되었는지 의문을 품었다고 가정해 보자. 내가 알고 있는 것과는 반대로 그것은 항상 거기에 놓여 있었다고 답할 수 있을 것이다. 그리고 이 답의 어리석음을 입증하기란 그리 쉽지 않을 것이다. 그러나 돌이 아니라 '시계'를 발견했다고 가정해 보자. 그리고 어떻게 그것이 그 장소에 있게 되었는지 답해야 한다면, 앞에서 했던 것 같은 대답, 즉 잘은 모르지만 그 시계는 항상 거기에 있었다는 대답은 거의 생각할 수 없을 것이다.

페일리는 여기에서 돌과 같은 자연적이고 물리적 대상과, 시계처럼 설계되고 제작된 대상 간의 차이를 구별한다. 계속해서 그는 시계 속의 톱니바퀴와 용수철의 형태가 갖는 정밀함을 자세히 서술하면서 그것들을 조립하는 것이 얼마나 복잡한지를 이야기한다. 만약 우리가 시계와 같은 대상을 풀밭 위에서 발견한다면, 그것이 어떻게 세상에 존재하게 되었는지 모른다 할지라도 대상 자체의 정밀함과 내부 구조의 복잡성 때문에 다음과 같은 결론을 내리지 않을 수 없다는 것이다.

시계는 제작자가 있어야 한다. 즉 어느 시대, 어느 장소에선가 한 사람, 또는 여러 사람의 제작자들이 존재해야 한다. 그는 의도적으로 그것을 만들었다. 그는 시계의 제작법을 알고 있으며 그것의 용도에 맞게 설계했다.

페일리는 이 결론에 대해서는 아무도 다른 의견을 제시하지 못한다고 주장한다. 그러나 무신론자들이 자연의 작품에 대해 생각할 때에도 동일한 결론을 내린다. 그 이유는 다음과 같다.

시계 속에 존재하는 설계의 증거, 그것이 설계되었다는 모든 증거는 자연의 작품에도 존재한다. 그런데 차이점은 자연의 작품 쪽이 상상을 초월할 정도로, 또는 그 이상으로 훨씬 더 복잡하다는 것이다.

페일리는 후일 다윈이 즐겨 사용했고 이 책에서도 다룰 인간의 눈(目)을 찬미하면서 그의 주장을 확고하게 펼쳐 나갔다. 페일리는 망원경 같은 인간이 고안해 낸 기구와 비교하면서 눈은 어떤 것을 본다는 목적을 위해 만들어진 것이 틀림없으며, 망원경은 그것을 돕기 위해 만들어진 것이라는 결론을 내린다. 망원경이 인간의 설계를 통해 만들어졌듯이 눈도 반드시 설계자가 있어야 한다는 것이다.

열성적이고 성실한 페일리의 주장은 당대 최고 수준의 생물학 지식에 의거하였지만 잘못된 것이었다. 그것도 완전히 틀린 주장이었다. 망원경과 눈을 비교하는 것, 그리고 시계와 생물을 비교하는 것은 오류이다. 비록 매우 특별한 방법으로 그 과정을 전개하였지만 모든 자연현상을 창조한 유일한 '시계공'은 맹목적인 물리학적 힘이다. 실제의 시계공은 앞을 내다볼 수 있다. 그는 마음의 눈으로 미래의 결과를 내다보면서 톱니바퀴와 용수철을 설계하고 그것들의 조립 방법을 생각한다. 다윈이 발견했고, 현재 우리가 알고 있는 맹목적이고 무의식적이며 자동적인 과정인 자연선택은 확실히 어떤 용도를 위해 만들어진 모든 생물의 형태와 그들의 존재에 대한 설명이며, 거기에는 미리 계획한 의도 따위는 들어 있지 않다. 자연선택은 마음도, 마음의 눈도 갖고 있지 않으며 미래를 내다보며 계획하지 않는다. 전망을 갖고 있지 않으며 통찰력도 없고 전혀 앞을 보지 못한다. 만약 자연선택이 자연의 시계공 노릇을 한다면, 그것은 '눈먼' 시계공이다.

나는 이 모든 것에 대해 설명할 것이며 그 밖에도 많은 것을 부수적으로 설명할 것이다. 그러나 페일리에게 영감을 준 살아 있는 '시계들'의 신비를 과소평가하지는 않을 것이다. 그와는 반대로 페일리의 느낌보다 더 깊은 나의 느낌을 설명해 나갈 것이다. 살아 있는 '시계들'에 대한 경외감이 느껴질 때 나는 그것을 누구에게도 양보하지 않는다.

나는 언젠가 이 문제를 현대의 유명한 철학자이자 무신론자와 식사를 함께하며 논의한 적이 있다. 나는 그보다도 페일리와 공감하는 것이 더 많다. 나는 다윈의 『종의 기원』이 출판된 1859년 이전에는 어느 시대에서도 무신론자를 찾아볼 수 없다고 말했다. "흄은 어때요?"라고 그 철학자가 물었다. 나는 "흄이 생물의 복잡성을 어떻게 설명했지요?"라고 되물었다. 그는 "설명하지 않았죠. 거기에 왜 특별한 설명이 필요한가요?"라고 말했다.

페일리는 거기에 특별한 설명이 필요하다는 것을 알고 있었다. 다윈도 그것을 알고 있었고, 나와 함께 이야기를 나눈 철학자도 마음속으로는 그것을 알고 있었을 것이다. 어쨌거나 여기서 그것을 설명하는 것이 나의 소임이다. 흄에 관한 평가 중에는 이 위대한 스코틀랜드의 철학자가 다윈이 등장하기 1세기 전에 창조론을 끝장냈다는 것도 들어 있다. 그러나 흄이 한 일은 신의 존재를 긍정하는 증거로서 자연 세계에 대해 계획이란 말을 사용하는 논리를 비판한 것이다. 그는 계획이란 말을 '대신할' 어떤 설명도 제시하지 않았다. 반대로 그것을 대신할 설명이 무엇인가라는 질문을 던져 놓았을 뿐이다. 다윈 이전의 무신론자라면 흄과 마찬가지로 다음과 같이 이야기하였을 것이다. "나는 생물의 복잡한 형태에 대해 어떠한 설명도 할 수 없다. 내가 알고 있는 것은 단지 신이 그 해답이 아니며, 따라서 우리는 누군가가 더 좋은 설명을 제시할 때까지 기다려야 한다는 사실뿐이다." 이 말이 논리적으로 들리긴 하지만 만족스럽지는 않다. 그리고 다윈 이전에 나온 무신론이 비록 '논리적'이라고 하더라도 다윈 이후에야 비로소 지적으로 완전한 무신론이 가능했다고 생각한다. 흄도 내 생각에 동의하리라고 믿는다. 그러나 몇몇 글을 보면 그가 생물의 복잡성과 아름다움을 과소평가했다는 사실을 알 수 있다. 어린 박물학자 찰스 다윈은 생물의 그러한 복잡성과 아름다움에 관해 하나 또는 둘 정도의 사례를 그에게 보여 줄 수 있었을 것이다. 하지만 흄이 다니던 에든버러 대학교에 다윈이 들어간 것은 그가 죽은 지 이미 40년이 지난 후였다.

나는 '복잡성'이나 '계획' 따위의 용어를 그 의미가 확실한 것인 양 아무 거리낌 없이 사용했다. 어떤 면에서는 그 말의 의미가 명백하다. 대부분의 사람들은 복잡성의 의미를 직관적으로 생각한다. 그러나 복잡성과 계획 같은 말은 이 책에서 너무 중요한 단어이기 때문에 나는 복잡

하며 설계되었음이 확실한 물건에는 뭔가 특별한 것이 있다는 생각을 좀 더 정교하게 서술해야겠다. 무엇이 복잡한 것이며, 어떻게 그것을 알 수 있을까? 시계, 비행기, 집게벌레, 사람은 복잡하지만 달은 단순하다고 말하는 것은 무슨 이유 때문인가? 복잡성의 필수 조건으로 맨 처음 떠오르는 것은 불균일한 구조다. 그런 의미에서 푸딩이나 블라망주(과자의 한 종류|옮긴이)는 단순하다. 그것을 둘로 잘라도 두 부분의 내부 구조는 같다. 블라망주는 균일하다. 그러나 자동차는 균일하지 않다. 블라망주와는 달리 자동차의 각 부분들은 서로 다르다. 차의 왼쪽 절반을 두 개 모은다 해도 한 대의 차가 되지는 않는다. 이 말은 복잡한 물건은 단순한 물건과는 달리 여러 부분들로 이루어져 있고, 이러한 부분들은 그 종류가 한 가지 이상이라는 말이나 매한가지이다.

그러한 불균일함, 또는 '여러 부분들로 이루어짐'은 아마 필요조건은 될 수 있을 것이다. 그러나 충분조건은 되지 않는다. 많은 물체들이 내가 생각하는 의미로 복잡하지 않은 채, 여러 부분으로 구성되어 있고 내부 구조가 불균일하다. 예를 들어 몽블랑 산은 여러 종류의 바위들로 구성되어 있으며 어느 부분을 잘라도 두 부분의 내부 구조가 서로 같지 않다. 몽블랑 산은 블라망주가 갖고 있지 않은 불균일한 구조를 갖고 있다. 그러나 여전히 생물학자들이 사용하는 의미로서 복잡한 것은 아니다.

복잡성을 정의하기 위해 우연성(확률)이라는 수학적인 개념을 사용하는 새로운 방법을 시도해 보자. 다음과 같은 정의를 따른다고 가정해 보는 것이다. 복잡한 것은 그 구성 요소들이 순전히 우연을 통해서는 일어나기 어려운 방법으로 배열된 것이다. 저명한 천문학자가 사용한 비유를 빌리면, 만약 비행기의 부품들을 아무렇게나 조립했을 때, 그것이 실제로 작동하는 보잉 747이 될 가능성은 극히 적다. 비행기의 조각들을 조립할 수 있는 방법은 수십억 가지가 있겠지만, 그중 단 하나 또는 몇 가지만이 실제 날 수 있는 비행기를 만든다. 인체의 각 부분에 대해 같은 일을 한다면, 그 경우의 수는 훨씬 더 많다. 복잡성의 정의에 대한 이 같은 접근 방식은 어느 정도 설득력이 있다. 그래도 여전히 뭔가가 부족하다. 몽블랑 산을 여러 조각으로 나누어 그것들을 다시 맞추는 방법은 수십억 가지지만, 그들 중 딱 하나만이 몽블랑 산이라고 말할 수 있다. 따라서 몽블랑 산을 단순한 것이라고 하면 무엇이 비행기와 사람을 복잡한 것으로 만드는가? 부분들이 모인 어떤 집합도 알고 보면 그 자체로 유일하고 그와 똑같은 배열 방식을 다시 갖기는 힘들다. 항공기 폐기장의 쓰레기 더미도 그 자체로 유일하다. 어떤 쓰레기 더미 2개를 비교해도 분명 서로 다르다. 비행기의 부품들을 쓰레기 더미처럼 쌓아 올려서 같은 배열 방식을 두 번 얻을 확률은, 그 부품들을 아무렇게나 쌓다 보니 날 수 있는 비행기가 될 확률만큼이나 작을 것이다. 따라서 어느 경우든 정확하게 같은 상태의 원자 배열이 다시 이루어지기 힘들기 때문에, 쓰레기 더미나 몽블랑 산, 또는 달이 비행기나 개처럼 복잡하다고 말할 수 있지 않을까?

내 자전거에 사용하는 숫자 조합식 자물쇠는 4,096개의 서로 다른 숫자 조합이 있다. 4,096개의 조합 하나하나가 그것을 얻을 확률이 매우 작다는 의미에서, 모두 동등한 정도로 일어나기 힘들다. 숫자를 아무렇게나 돌리면서 어떤 숫자 배열이 나오는지 본다. 보고 난 후 외친다. "얼마나 놀라운 일인가! 이 조합이 나올 확률은 4,069 대 1이다. 작은 기적이랄 수밖에!" 이것은 바위들이 배열된 특정한 한 가지 방식만을 산으로 간주하고 금속 조각의 특정한 배열 한 가지만을 쓰레기 더미로 간주하여 그것들을 '복잡한' 것으로 생각하는 것과 같다. 그러나 4,096개의 조합 중 어느 한 가지에만 관심이 있는 것이 아니다. 1207이라는 조합이 자물쇠를 여는 유일한 조합이다. 1207의 유일함은, 어떤 조합이 나왔는지를 알고 난 후에 그것을 답으로 정하는 것과는 전혀 상관이 없다. 그것은 제작자가 미리 정한 것이다. 만약 숫자를 아무렇게나 돌려서 단 번에 1207을 얻었다면 자전거를 훔칠 수 있을 것이다. 그리고 그것은 작은 기적이 될 수 있을 것이다. 만약 은행 금고의 다이얼 자물쇠를 열 때 그러한 행운을 맞는다면 그것은 아주 큰 기적이 될 것이다. 왜냐하면 그 확률은 수백만분의 1이기 때문이다. 더군다나 그 결과는 엄청난 횡재를 가져다줄 것이기 때문이다.

앞에서 든 비유에서 은행 금고를 열 수 있는 행운의 숫자를 단 한 번에 맞힐 확률은 금속 조각을 아무렇게나 쌓아 올려 그것이 보잉 747이 될 확률과 맞먹는다. 나중에 알고 보면 모두 일어날 확률이 극히 작은 유일한 것들 수백만 개 중 단 하나만이 자물쇠를 열 수 있다. 마찬가지로 나중에 알고 보면 역시 모두 유일한 쓰레기 더미 수백만 가지 중 단 하나(또는 극소수)만이 날 수 있을 것이다. 비행을 할 수 있는, 또는 금고를 열 수 있는 배열의 유일함은 나중에 그것을 정하는 것과는 아무런 상관이 없다. 그것은 미리 정해진 것이다. 자물쇠 제작자가 미리 그 조합을 만들고 그것을 은행 관계자에게 이야기해 주는 것이다. 비행 능력은 항공기를 항공기다운 것으로 만드는 특성이다. 하늘을 날고 있는 비행기를 보면 우리는 그것이 부품들을 아무렇게나 갖다 붙여서 조립한 것이 아님을 확신할 수 있다. 왜냐하면 부품을 제멋대로 조립한 비행기가 날 수 있는 확률은 극히 작기 때문이다.

몽블랑 산을 이루고 있는 바위들을 쌓아 올릴 수 있는 여러 가지 방법들 중에서 단 한 가지가 우리가 알고 있는 몽블랑 산이 된다는 것은 사실이다. 그러나 우리가 알고 있는 몽블랑 산은 바위를 이렇게 쌓아야만 몽블랑 산이 된다고 미리 정해 놓은 것이 아니다. 바위들을 쌓아 올릴 수 있는 방법들 중 어떤 것도 산이라는 이름을 달 수 있다. 그리고 그 이름이 몽블랑 산이 될 수 있다. 우리가 알고 있는 실제의 몽블랑 산에 달리 특별한 것은 없다. 미리 이것만이 몽블랑 산이라고 특정화된 것도 없고, 비행기를 날게 만드는 특정한 조립 방식 같은 것도 없고, 금고를 열어서 돈이 굴러 나오게 만드는 특별한 수의 조합 같은 것이라고는 아무것도 없다.

금고를 열 수 있는 유일한 수의 조합, 비행기를 날 수 있게 만드는 특정한 조립 방식이 살아 있는 생물과 동등하다고 하는 것은 무슨 의미인가? 글자 그대로다. 제비는 날 수 있다. 앞에서 보았듯이 부품들을 아무렇게나 집어던져 날아다니는 기계를 만드는 것은 쉽지 않다. 제비의 세포들을 아무렇게나 배열하여 그것을 날게 할 확률은 거의 0에 가깝다. 모든 생물이 날지는 않는다. 그러나 그들은 결코 쉽지 않은, 그리고 미리 그들만의 특징이라고 규정할 만한 다른 종류의 일을 할 수 있다. 고래는 날지 못한다. 반면에 고래는 제비가 나는 것만큼 효과적으로 헤엄칠 수 있다. 고래의 세포들을 아무렇게나 합쳐서 만든 생물이 실제 고래만큼 빠르고 효과적으로 헤엄치는 것은 고사하고 수영하는 능력만이라도 갖게 될 확률은 너무나 작아서 무시해도 좋을 정도다.

여기서 매처럼 날카로운 눈을 가진 철학자라면(매는 매우 뛰어난 시각을 갖고 있다. 수정체와 빛을 감지하는 세포들을 아무렇게나 조립해서는 매의 눈을 만들 수 없을 것이다.) 방금 한 말이 순환 논리가 아닌가 하고 의심할 것이다. 제비는 날지만 헤엄치지는 않는다. 그리고 고래는 헤엄치지만 날지는 않는다. 세포들의 무작위적인 조립이 헤엄치는 생물로서 또는 나는 생물로서 성공적인지 아닌지에 대한 판단은 나중에 이루어지는 것이다. X라는 기능을 수행하는 것의 성공 여부와, 이 X라는 기능이 정확히 무엇인지 판단하는 것을 세포들을 조립한 결과가 나올 때까지 보류한다고 가정해 보자. 세포들을 아무렇게나 뭉쳐서 만든 결과가 두더지처럼 땅을 잘 파는 생물이 될 수도 있고, 원숭이처럼 나무를 잘 기어 오르는 생물이 될 수도 있다. 그것은 윈드서핑을 잘할 수도 있고, 기름 묻은 걸레를 집는 일이나 궤도를 도는 우주선 속에서 걷는 일을 익숙하게 해낼 수도 있다. 그런 일은 끝이 없을 것이다. 진짜로 그럴까?

만약 그러한 일들이 무한하다면 가상의 철학자는 한 가지 지적을 할 것이다. 예컨대 물건들을 어떻게 끼워 맞추든 그 결과 생긴 물체가 나중에 알고 보니 '어떤 일'을 잘한다면, 나는 그 여러 가지 '어떤 일' 중에서도 특별히 고래와 제비의 경우를 들어 독자들을 속인 셈이 된다. 그러나 생물학자들은 '어떤 일에 능숙하다.'라는 말의 의미를 훨씬 더 정확하게 이야기할 수 있다. 어떤 물체를 동물이나 식물로 인식하기 위해 필요한 최소한의 조건은 그것이 '어떤 종류'의 생물을 만들 수 있어야 한다.(좀 더 정확히 이야기하자면 그것들, 또는 최소한 그것들 중의 일부 구성원이 자손을 만들 수 있을 만큼 오래 살아야 한다는 것이다.) 날거나, 헤엄치거나, 나무를 타는 등 살아가는 방식은 꽤 다양한 것이 사실이다. 그러나 '살아 있는 방식이 아무리 많더라도 죽어 있는 방식 또는 살아 있지 않는 방식이 그보다 훨씬 더 많은 것 또한 사실이다.' 수십억 년 동안 세포들의 집단을 무작위적으로 만들 수 있겠지만 한번도 그것이 날거나 헤엄치거나 땅을 파거나 달리거나 그 밖의 다른 일을 하게 만들지는 못할 것이다. 심지어 자신의 생명을 유지하는 일조차 하지 못할 것이다.

말꼬리가 상당히 길어졌으므로 처음에 어떻게 시작했었는지 되새겨 볼 때가 된 것 같다. 우리는 어떤 것이 복잡하다고 할 때 그것이 무엇을 의미하는지 정확하게 표현할 수 있는 방법을 찾고자 했다. 인간과 두더지와 벌레와 비행기와 시계가 갖는 공통점이 무엇이고, 그것들이 블라망주와 몽블랑 산 그리고 달과 다른 점이 무엇인지 알고자 했다. 우리가 얻은 해답은 복잡한 물건은 사전에 규정된 어떤 성질, 즉 단순한 우연만으로는 매우 얻기 힘든 성질을 가지고 있다는 것이다. 생물의 경우 사전에 규정된 그 성질이란 일종의 '능숙함'이다. 그것은 항공 기술자가 가진 감탄할 만한 비행 기술과 같은 고도의 능력뿐 아니라, 더 일반적인 능력, 즉 죽음을 모면하는 능력이나 생식을 통해 유전자를 보존하는 능력 따위를 말하는 것이다.

죽음을 모면한다는 것이 무엇인지는 독자들이 연구할 문제다. 육체 그 자체는(즉 죽었을 때에는) 환경과의 평형 상태로 되돌아가려는 경향이 있다. 살아 있는 생물의 체온, 산성도, 수분 함량, 전하(電荷) 따위를 측정해 보면 그러한 것들이 주변 환경과는 판이하게 다름을 알 수 있다. 가령 우리 몸은 대개 주변 환경보다는 따뜻하다. 추운 기후에서는 그 차이를 유지하기 위해 더 열심히 일을 한다. 우리가 죽으면 그 일은 중단되고 온도의 차이는 사라지기 시작한다. 그래서 결국은 주변의 온도와 같아진다. 모든 동물들이 주변과 온도가 같아지는 것을 막기 위해 열심히 일하는 것은 아니다. 그러나 모든 동물들은 그에 비견되는 어떤 일들을 하고 있다. 예를 들어 건조한 지역에서는 동물과 식물 들이 세포 속의 수분 함량을 유지하기 위해 건조한 외부 세계로 물이 달아나는 자연적인 경향에 맞서 싸운다. 만약 그 싸움에서 진다면 그들은 죽게 된다. 더 일반적으로 이야기하면, 만약 생물이 그러한 사태를 막기 위해 능동적으로 작용하지 않으면 그들은 결과적으로 그들의 환경에 파묻혀 버리며, 자율성이 있는 존재로서의 기능을 멈추게 된다. 그것은 그들이 죽었을 때 일어나는 현상이다.

앞에서 생물로 간주하기로 한 인공적인 기계들을 제외하면, 무생물은 이런 일을 하지 않는다. 그들은 자신의 환경과 평형을 이루려는 힘에 순응한다. 몽블랑 산은 분명 오랜 세월 동안 존재해 왔고 앞으로도 당분간 존재할 것이지만 그 존재를 유지하기 위해 어떤 작용을 하지는 않는다. 바위가 중력의 영향으로 아래로 떨어지면 그것은 그 자리에 머문다. 원래의 자리를 되찾기 위해 아무것도 하지 않는다. 몽블랑 산은 그저 존재할 뿐이다. 그리고 닳아 없어지거나 지진으로 무너질 때까지 존재할 것이다. 그것은 생물이 하듯 닳고 찢어진 부분을 수선하거나 무너진 것을 일으켜 세우는 작업을 하지 않는다. 그것은 단순히 물리학의 일반 법칙을 따를 뿐이다.

그렇다면 생물은 물리학의 법칙을 따르지 않는다는 말인가? 그것은 아니다. 생물 안에서 물리학의 법칙이 적용되지 않는다고 생각할 이유는 없다. 생물에 초자연적인 무엇이나, 물리학의 기본 법칙에 반(反)하는 '생명력' 따위란 결코 없다. 단지 어떤 생물 '전체의' 행동을 이해할 때, 물리학의 법칙을 그대로 적용하면 매우 이상하게 느껴진다는 말이다. 신체는 여러 부분으로 구성된 복잡한 물건이다. 그리고 그러한 신체의 행동을 이해하려 할 때, 물리학의 법칙은 전체가 아닌 각 구성 부분에 적용되어야 한다. 그러면 전체로서의 신체의 행동은 각 구성 부분이 상호 작용한 결과로 나타날 것이다.

운동의 법칙을 예로 들어 보자. 만약 죽은 새를 공중에 던진다면 그것은 물리 교과서에 적힌 대로 아름다운 포물선을 그리며 날아가서 땅에 떨어진 후, 그 자리에 그대로 멈춰 있을 것이다. 그것은 질량을 가진 단단한 물체처럼 움직이고, 운동 과정에는 공기의 저항이 작용한다. 그러나 살아 있는 새를 집어던지면 그것은 포물선을 그리지도 않을 것이고 땅에 떨어지지도 않을 것이다. 그것은 날아가 버리고 그 근처에서는 다시 땅에 내려앉으려 들지 않을 것이다. 그 이유는 그 새가 중력에 저항할 수 있는 근육을 갖고 있고, 몸 전체로 본다면 다른 물리적 힘이 있기 때문이다. 근육을 구성하는 모든 세포는 물리 법칙에 따른다. 새는 그 근육으로 날개를 움직여서 나는 상태를 유지하는 것이다. 새는 중력의 법칙을 위반하지 않는다. 새는 항상 중력에 의해 아래로 잡아 당겨지고 있으나, 날개가(날개의 근육은 물리학의 법칙을 따르면서) 중력의 힘에도 불구하고 떠 있는 상태를 유지하기 위해 능동적인 작업을 수행하고 있는 것이다. 우리가 새를 아무런 내부 구조도 없고 일정한 질량과 공기 저항 계수만을 깆는 물체로 간주할 만큼 무지하다면, 새가 물리학의 법칙에 도전한다고 생각할 수밖에 없을 것이다. 새가 복잡한 내부 기관을 가지고 있다는 사실과 그 내부 기관들 모두가 나름대로의 수준에서는 물리학의 법칙을 준수하고 있다는 것을 상기해야만 새의 몸 전체의 행동을 이해할 수 있다. 물론 이것이 생물의 특수성은 아니다. 그것은 사람이 만든 모든 기계와, 복잡하고 여러 부분으로 구성된 모든 물체에 적용되는 이야기이다.

여기서 바로 내가 논의하고자 했던 마지막 주제, 즉 설명이 의미하는 것이 무엇인가라는 문제에 도달한다. 우리는 지금껏 복잡한 물건이 어떤 것인지에 대해 이야기했다. 그러나 우리가 복잡한 기계, 또는 생물이 어떻게 작용하는가에 관해 의문을 갖는다면 과연 어떤 종류의 설명이 우리를 만족시킬 수 있을 것인가? 그 대답은 앞 문단까지 서술한 내용에 이미 나와 있다. 기계나 생물이 작동하는 방법을 이해하고자 한다면 구성 성분이 무엇인지 그리고 그 구성 성분들이 어떻게 상호 작용하고 있는지를 알아봐야 한다. 만약 이해하지 못한 복잡한 것이 있다면 우리가 이미 이해하고 있는 더 단순한 것의 차원으로 환원시킬 때에만 그것을 이해할 수 있다.

만약 내가 기술자에게 증기 기관이 어떻게 작동되는지 물으면, 그는 나를 만족시킬 만한 일반적인 대답을 해 줄 것이다. 만약 기술자가 증기 기관은 '스스로 움직이려는 힘(force locomotif)'에 따라 움직인다고 대답한다면, 나는 줄리언 헉슬리처럼 분명 실망하고 말 것이다. 그리고 그가 부분의 총합보다 큰 전체에 대해 이야기함으로써 나를 지루하게 만든다면, 나는 그의 말을 자르고 "거기에 관해서는 신경쓰지 말고 그것이 어떻게 작용하는지를 설명해 주시오."라고 말할 것이다. 내가 듣고 싶은 설명은 엔진의 각 부분들이 어떻게 상호 작용을 하여 전체 엔진의 움직임을 만들어 내는가 하는 것이다. 나는 처음엔 꽤 큰 부품들(그 큰 부품들의 내부 구조와 동작 또한 복잡하고, 거기에는 또 다른 설명이 필요할 테지만)의 상호 작용에 의한 설명을 기대할 것이다. 처음에 기대하는 설명에서 거론될 단어들은 화실(火室), 보일러, 실린더, 피스톤, 조속기(調速機) 등일 것이다. 그런 다음 기술자는 다시 이것들 각각이 하는 일에 대해 설명할 것이다. 처음에는 각각의 기능들을 묻지 않은 채, 그 설명을 받아들일 것이다. 각각의 단위들이 맡은 일을 수행한다고 '가정하고' 그것들이 상호 작용하여 전체 엔진의 움직임을 만들어 내는 것으로 이해할 것이다.

물론 그런 다음 나는 다시 한번 각 부분들이 어떻게 작동하는지 물어볼 것이다. 조속기가 증기의 흐름을 조절한다는 사실을 인정하고 이 사실을 이용하여 엔진 전체의 움직임을 이해했으므로, 나는 이제 조속기 자체에 호기심을 가질 것이다. 이제 조속기가 어떻게 제 기능을 발휘하게 되는지 그것을 부품의 견지에서 알고 싶다. 부품 속에 들어 있는 더 작은 부품 하는 식으로 부품에도 단계가 있다. 우리는 어떤 단계의 부품들의 동작을 설명할 때 그것을 구성하는 더 작은 부품(그 당시에는 그부품의 내부 구조를 묻지 않고 그런 것이려니 할 것이다.)의 입장에서 설명한다. 어느 모로 보나 더 이상 설명이 필요하지 않다고 느낄 만큼 단순한 것에 이를 때까지 양파 껍질을 벗기듯 그 단계를 낮추어 간다. 적절한 예인지는 모르겠지만, 대부분은 단단한 쇠막대기의 성질에 대해서 잘 알고 있고, 그 쇠막대기를 포함하고 있는 더 복잡한 기계를 설명할 때

쇠막대기의 성질을 이용한다.

물론 물리학자들은 쇠막대기가 단단한 것을 당연하게 생각하지 않는다. 그들은 왜 그것이 단단한지에 관해 의문을 품고 기본 입자나 소립자의 수준에 도달할 때까지 몇 차례 또는 그 이상의 양파 껍질 벗기기를 계속한다. 그러나 인간의 생명은 너무 짧아서 대부분은 그것들을 다 이해하지 못하고 죽는다. 복잡한 유기체를 어떤 단계에서 설명할 때, 만족할 만한 설명이란 대개 처음 단계에서 한두 단계 더 내려가는 정도지 그 이상은 아니다. 자동차의 동작은 실린더, 공기 정화기, 점화 플러그의 수준에서 설명할 수 있다. 이 부품들은 각각 더 낮은 수준의 설명들로 이루어진 설명의 피라미드 꼭대기에 위치하는 것이다. 누군가가 자동차가 어떻게 움직이는가를 물었을 때 내가 뉴턴 역학의 법칙과 열역학 법칙으로 그것을 설명한다면, 그는 나를 현학적이고 거만한 사람으로 생각할 것이다. 그리고 소립자의 수준에서 설명한다면, 그는 즉시 내가 난해하게 설명한다고 비난할 것이다. 자동차의 움직임이 근본적으로는 소립자들의 상호 작용으로 설명되어야 한다는 점은 의심할 여지가 없다. 그러나 피스톤과 실린더 그리고 점화 플러그의 상호 작용으로 설명하는 편이 훨씬 더 실용적이다.

컴퓨터의 작동 원리는 반도체의 상호 작용으로 설명할 수 있고, 물리학자는 이것을 다시 더 낮은 수준으로 설명할 수 있다. 그러나 어느 것을 먼저 하든 컴퓨터의 작동 원리 전체를 이 모든 수준에서 이해하려는 것은 시간 낭비일 뿐이다. 거기에는 너무나 많은 회로들이 있고, 그것들 사이에는 또한 너무나 많은 접속들이 있다. 만족할 만한 설명은 다루기 쉬울 정도로 적은 수의 상호 작용을 가지고 이루어져야 한다. 컴퓨터의 작동 원리를 설명할 때에는 대여섯 개의 구성 요소, 즉 기억 장치, 입출력 장치, 중앙 처리 장치, 제어 장치 따위로 나누어 설명하면 된다. 대여섯 개의 주요 장치들의 상호 작용을 이해하고 나면 비로소 이것들의 내부 구조를 알고 싶어 한다. 컴퓨터 전문가라면 AND 회로와 NOR 회로 따위의 연산 회로 수준으로 내려갈 것이고, 물리학자라면 반도체 안에서 일어나는 전자의 움직임과 같은 더 낮은 수준으로 내려갈 것이다.

'무슨 주의'라는 이름을 붙인다면, 사물이 어떻게 작동하는지에 대한 내 설명 방식에 가장 적합한 이름은 아마 '단계적 환원주의'가 될 것이다. 요즘 유행하는 학술지들을 보면, '환원주의'를 마치 나쁜 사조(思潮)의 일종인 것처럼 취급한다. 따라서 대개는 거기에 반대하는 사람들만이 그 명칭을 사용한다는 사실을 알 수 있을 것이다. 가령 어떤 모임에서 "나는 환원주의자입니다."라고 시인하는 일은 자신이 식인종임을 실토하는 정도로 간주된다. 그러나 실제로는 아무도 사람을 잡아먹지 않는 것과 마찬가지로, 그의 주장에 대해 구태여 반박을 해야 할 만큼 진정한 환원주의자는 없다. (모든 사람이 반대하지만 상상 속에만 있는) 존재하지도 않는 환원주의는 복잡한 물건을 '무턱대고 가장 작은' 부분의 입장에서, 심지어 극단적으로는 그 작은 부분들의 '총합'으로 설명한다. 반면에 단계적 환원주의자는 복잡한 전체를 설명할 때, 처음 단계에서 단지 한 단계 낮은 부품들의 입장에서 설명한다. 그 부품들은 다시 그것을 구성하고 있는 더 작은 부품들의 단계로 환원하여 설명할 수 있다. 상상 속에나 존재하는, 사람을 잡아먹는 환원주의자들은 결코 긍정하지 않을 테지만, 높은 단계에 걸맞은 설명은 낮은 단계에 맞는 설명과는 사뭇 다르다. 이것이 자동차 작동 원리를 설명할 때 소립자보다는 카뷰레터(기화기)의 견지에서 설명하는 이유이다. 그러나 단계적 환원주의자는 기화기의 작동 원리를 더 작은 부품의 동작으로 설명할 수 있고 그것들은 다시 더 작은 부품으로, 또 그것들은 더 작은 부품으로, 궁극적으로는 가장 작은 소립자의 수준에서 설명할 수 있다고 믿는다. 이런 점에서 환원주의란 사물이 어떻게 움직이는지 이해하고 싶은 솔직한 욕망의 다른 이름일 뿐이다.

이제 복잡한 대상을 어떻게 설명하는 것이 우리를 만족시킬지에 대해 생각해 보자. 앞에서 우리는 그 질문을 단순히 메커니즘의 관점에서 생각해 보았다. 즉 '그것이 어떻게 작동하는가?' 라는 질문이었다. 우리는 복잡한 물건의 움직임은, 일련의 단계를 가진, 구성 성분들의 상호작용으로 설명할 수 있다는 결론을 내렸다. 그러나 다른 한 가지 의문은 최초에 어떻게 복잡한 물건이 존재하게 되었는가 하는 것이다. 이것은 이 책 앞부분에서 다루게 될 내용이므로 여기서는 그렇게 많은 이야기를 하지 않을 작정이다. 나는 단지 그 메커니즘을 이해하는 데 똑같은 일반적인 원칙이 적용된다는 사실만을 언급해 두고자 한다. 복잡한 물건이란 그것이 너무나 '있을 법하지 않은' 것이기 때문에 그 존재가 당연한 것으로 여겨지지 않는 물건을 말한다. 그것은 일회적인 우연으로는 생겨날 수 없다. 우리는 그것의 생성 과정을, 우연히 생겨날 정도로 충분히 단순한 최초의 물체가 점차적으로, 누적적으로, 단계적으로 더 복잡한 물건으로 변해 가는 과정으로 이해해야 할 것이다. '1단계 환원주의'로는 복잡한 메커니즘을 설명할 수 없고, 양파 껍질 벗기기 식의 작은 단계로 나누어진 설명만이 그 복잡성을 설명할 수 있는 것과 마찬가지로, 복잡한 물건이 단 한 번의 단계를 거쳐 생겨났다고 생각할 수는 없다. 시간순으로 배열된, 일련의 작은 단계들로 설명해야 한다.

옥스퍼드 대학교의 물리화학자 피터 앳킨스는 그의 훌륭한 저서 『창조』에서 다음과 같이 말하고 있다.

나는 여러분과 마음의 여행을 떠나려 한다. 그것은 우리를 시간과 공간 그리고 깨달음의 변두리로 데려가는 여행이다. 거기서 나는 이해할 수 없는 것은 아무것도 없고 설명할 수 없는 것 또한 아무것도 없으며 모든 것은 대단히 단순하다고 주장할 것이다. 우주의 상당 부분은 특별한 설명이 필요 없다. 예를 들면 코끼리 같은 것이다. 일단 분자들이 경쟁하는 방법과 다른 분자들로 자신의 닮은꼴을 만들어 내는 방법을 배우기만 하면 코끼리와 코끼리를 닮은 것들이 들판을 걸어다니는 광경은 자연히 관찰될 것이다.

앳킨스는 일단 적절한 물리적인 조건만 갖추어지면 (이 책의 주제인) 복잡한 것의 진화는 필연적으로 이루어진다고 가정하고 있다. 그는 우주와 코끼리 그리고 다른 복잡한 것들이 어느 날 갑자기 생겨나기 위해 갖춰야 할 최소한의 물리적인 조건이 어떤 것이며, 매우 게으른 창조주가 해야 할 최소한의 설계 작업이 무엇인가에 대해 의문을 품는다. 그가 물리화학자의 관점에서 얻은 답은 창조주는 극히 게으를 수 있다는 것이다. 모든 것의 생성 과정을 이해하기 위해 우리가 당연한 것으로 생각할 필요가 있는 근원적인 기초 단위들은 (어떤 물리학자들의 말에 따르면) 글자 그대로 아무것도 아닌 것이거나, 아니면 (다른 물리학자들의 말에 따르면) 너무나 단순해서 계획이나 창조 같은 고상한 단어조차 전혀 필요하지 않는, 극도로 단순한 존재들이다.

앳킨스는 코끼리를 비롯한 복잡한 물건들은 설명이 필요 없다고 말한다. 그러나 그것은 그가 진화론을 당연한 것으로 생각하는 물리학자이기 때문이지 진심으로 코끼리에 대해 설명이 필요 없다고 생각한 것은 아니다. 그는 생물학자들이 물리학의 어떤 사실들을 당연한 것으로 여기기만 한다면 코끼리를 설명할 수 있다는 사실에 만족한 것이다. 따라서 물리화학자로서의 그의 임무는 물리학의 그러한 사실들을 당연한 것으로 여기게 만드는 것이다. 그는 그 일을 성공적으로 완수했다. 그러므로 나는 그의 일을 보충하는 위치에 있다. 나는 생물학자이다. 나는 물리학의 그 사실들, 단순한 세계의 그 사실들을 당연한 것으로 여긴다. 물리학자들이 여전히 그러한 단순한 사실들을 이해하지 못하겠다고 말한다 하더라도 그것을 설명하는 일은 내가 해야 할 일이 아니다. 나의 임무는 코끼리와 세상의 모든 복잡한 것들을 물리학자들이 이해하거나 아직 연구하고 있는 단순한 것의 견지에서 설명하는 것이다. 물리학자들의 과제는 궁극적인 기원과 궁극적인 자연법칙을 밝혀내는 것이다. 생물학자들의 과제는 복잡함을 이해하는 것이다. 생물학자는 복잡한 사물의 작용과 생성 과정을 더 단순한 사물의 입장에서 설명하려고 한다. 그는 물리학자들에게 안심하고 넘길 만큼 단순한 것에 도달했을 때 자신의 일이 끝났다고 생각한다.

(통계학적으로 거의 불가능한, 여러 가지 부품들의 특정한 배열 방식이라는) 복잡한 사물에 대한 내 나름의 정의 방식이 색다른 것으로 비칠까 두렵다. 또한 물리학을 단순한 학문이라고 규정하는 내 생각 역시 색다른 것으로 비칠까 두렵다. 만약 독자가 복잡한 것을 정의하는 다른 방법을 선호한다면 나는 거기에 대해 괘념치 않겠다. 그리고 토론을 위해 그 정의를 기꺼이 사용할 것이다. 통계학적으로 거의 불가능한 '복잡성'이라고 하는 특성을 어떻게 정의하든 간에 내 관심은 거기에 특별한 설명이 필요하다는 것이다. 그것은 생물학적인 대상을 물리학적인 대상과 구별할 수 있게 해 주는 특성이다. 우리가 해야 할 설명은 물리학의 법칙을 위배해서는 안 된다. 실제로 그것은 물리학의 법칙을 사용할 것이고 물리학의 법칙 이외에는 아무것도 필요 없을 것이다. 그러나 물리학 교과서에서는 다루지 않는 특별한 방식으로 물리학의 법칙을 전개하여 '복잡성'에 대해 설명할 것이다. 그 특별한 방식이란 바로 다윈의 방식이다. 나는 다윈의 방식의 기본적인 요점을 3장에서 '누적적인 자연선택'이

라는 이름으로 소개할 것이다.

　그 과정에서 나는 우리가 직면한 문제의 중요성과, 생물의 복잡성에서 느낄 수 있는 장엄함, 설계의 정밀성과 아름다움을 강조하기 위해 페일리를 인용할 것이다. 2장에서는 페일리의 시대가 지난 지 한참 뒤에 발견된 박쥐의 '레이더'라는 특정한 사례를 가지고 논의를 확장하겠다. 그리고 이 장에서는 눈의 단면도(그림 1)를 실었다.(페일리가 있었다면 전자 현미경을 얼마나 좋아했을까.) 그리고 눈의 부분을 확대한 그림 둘을 추가했다. 맨 위의 그림 1의 (a)는 눈의 단면 그 자체를 보여 주는 그림이다. 이 정도의 확대 수준으로는 눈이 그저 단순한 광학 기계로 보인다. 카메라와 닮은 점이 확연히 드러난다. 눈의 홍채는 여러 가지 수치를 갖는 카메라의 조리개에 해당한다. 수정체는 초점을 맞추는 렌즈(카메라는 여러 개의 렌즈가 모인 컴파운드 렌즈로 이루어진 것이지만)에 해당된다. 근육으로 수정체를 잡아당겨 초점을 바꿀 수 있다.(카멜레온의 경우는 사람이 만든 카메라처럼 수정체를 앞뒤로 움직여 망막과의 거리를 변화시킴으로써 초점을 조절한다.) 상은 뒤쪽에 있는 망막에 맺혀 망막에 있는 시세포를 자극한다.

　그림 1의 (b)는 망막의 일부를 확대한 것이다. 빛은 그림의 왼쪽에서 들어온다. 빛을 감지하는 세포(시세포)는 빛을 최초로 접하는 부분이 아니다. 대신 그것들은 안쪽에 묻혀 있어서 빛을 직접 받지 않는다. 이 기이한 형태에 대해서는 나중에 다시 거론할 것이다. 빛이 처음 닿는 곳은 시세포와 뇌를 '전기적으로 연결해 주는' 신경절 세포의 층이다. 실제 이 신경절 세포들은 뇌로 정보를 전달하기 전에 어떤 정교한 방법으로 그 정보를 사전 처리하는 역할을 한다. 따라서 단순한 '연결선'이라는 말은 적합하지 않다. 오히려 '중계 컴퓨터'라는 말이 좀 더 적당할 것이다. 신경절 세포에서 나온 선은 망막의 표면을 지나 '맹점'이라는 곳에

수양액
수정체
(a)
홍채
모양체
시신경
유리체
망막
확대 부위
맹점
연락신경
공막
(b)
간상세포
(c)
핵
신경 접속부
미토콘드리아
빛 감지층

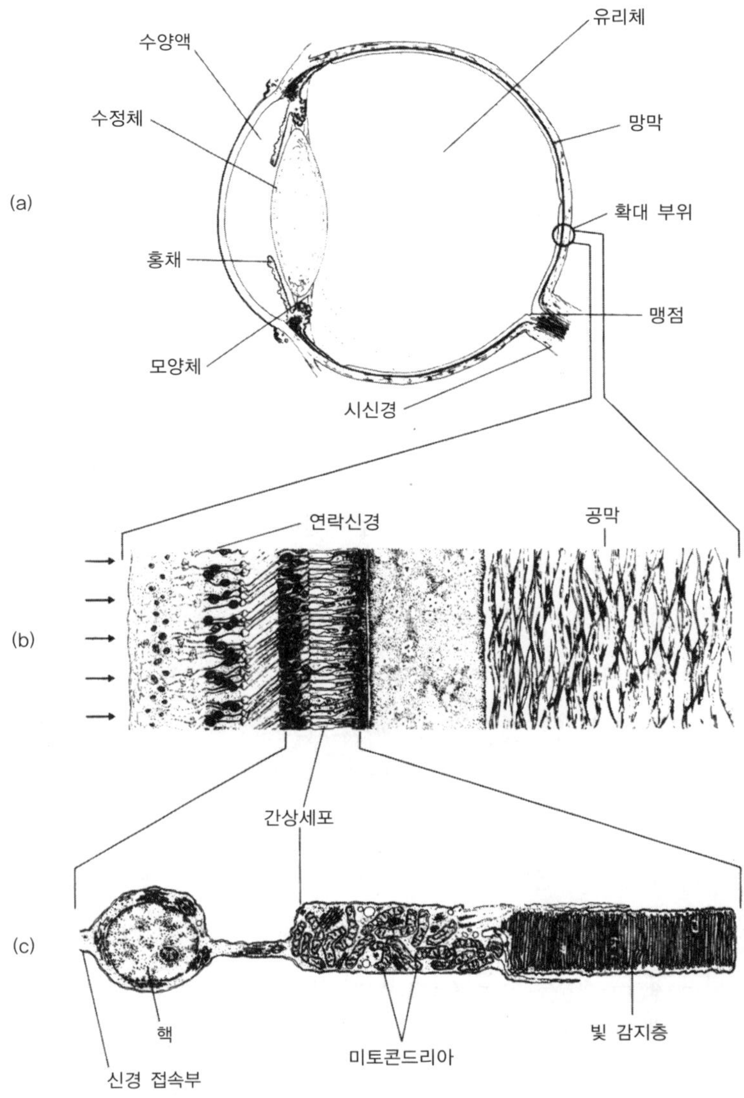

그림 1 눈의 단면도

서 합쳐져서 망막을 뚫고 뇌에 연결된다. 이것을 시신경이라 한다. 시세포와 뇌를 연결하는 이 전기적인 접속부에는 1억 2500만 개가량의 시세포로부터 정보를 수집하는 300만 개가량의 신경절 세포들이 있다.

그림 1의 (c)에는 크게 확대한 하나의 시세포, 즉 간상세포가 있다. 그림에서 보듯이 이 세포는 매우 정교한 구조를 이루고 있다. 망막에는 이 복잡한 구조의 세포가 1억 2500만 개나 들어 있다. 그리고 몸 전체에는 시세포만큼이나 복잡한 세포가 몇조 개나 된다. 1억 2500만 개의 시세포는 양질의 인쇄 사진에 있는 색점의 5,000배에 해당한다. 시세포의 오른쪽에 있는 주름진 막은 실제로 빛을 모으는 기관이다. 그 다층 구조는 시세포가 광자(光子), 즉 빛의 기본 입자를 포착하는 효율을 높여 준다. 광자가 첫 번째 막에 걸리지 않으면 두 번째 막에서 걸리게 된다. 만약 두 번째 막도 통과하면 세 번째 막에 걸리게 되고 이런 식으로 결국 어디에선가는 걸리게 된다. 그 결과 눈은 단 하나의 광자라도 감지할 수 있는 것이다. 사진가들이 사용할 수 있는 가장 빠르고 가장 민감한 감광 용액이라 할지라도 한 점의 빛을 감지하기 위해서는 눈이 감지할 수 있는 광자의 약 25배의 광자가 필요하다. 세포 중간에 있는 막대 모양의 기관은 대개 미토콘드리아이다. 미토콘드리아는 시세포에서만 발견되는 것이 아니라 대부분의 세포에서 볼 수 있다. 미토콘드리아는 복잡하게 접힌 내막의 표면을 따라 배열된 700개 이상의 다른 종류의 물질들을 통해 세포가 사용할 수 있는 에너지를 만들어 내는 일종의 화학 공장이라고 생각할 수 있다. 그림 1의 (c)의 왼쪽에 있는 둥근 것은 핵이다. 세포 속에 핵이 있는 것은 모든 동물과 식물 세포에서 발견되는 공통된 특징이다. 각각의 핵에는, 5장에서 나오겠지만, 『브리태니커 백과사전』 30권 전부에 들어 있는 정보보다 더 많은 정보가 디지털 신호로 저장되어 있다. 몸 전체의 세포를 통틀어 그렇다는 것이 아니고 세포 하나하나

가 그렇다는 이야기이다.

그림 1의 (c)의 긴 막대기가 하나의 세포이다. 인간의 몸 전체 세포 수는 약 10조 개이다. 그러니까 우리가 스테이크를 먹을 때 『브리태니커 백과사전』 1000억 개에 해당하는 정보를 찢어 없애는 셈이다.

2장

훌륭한 설계

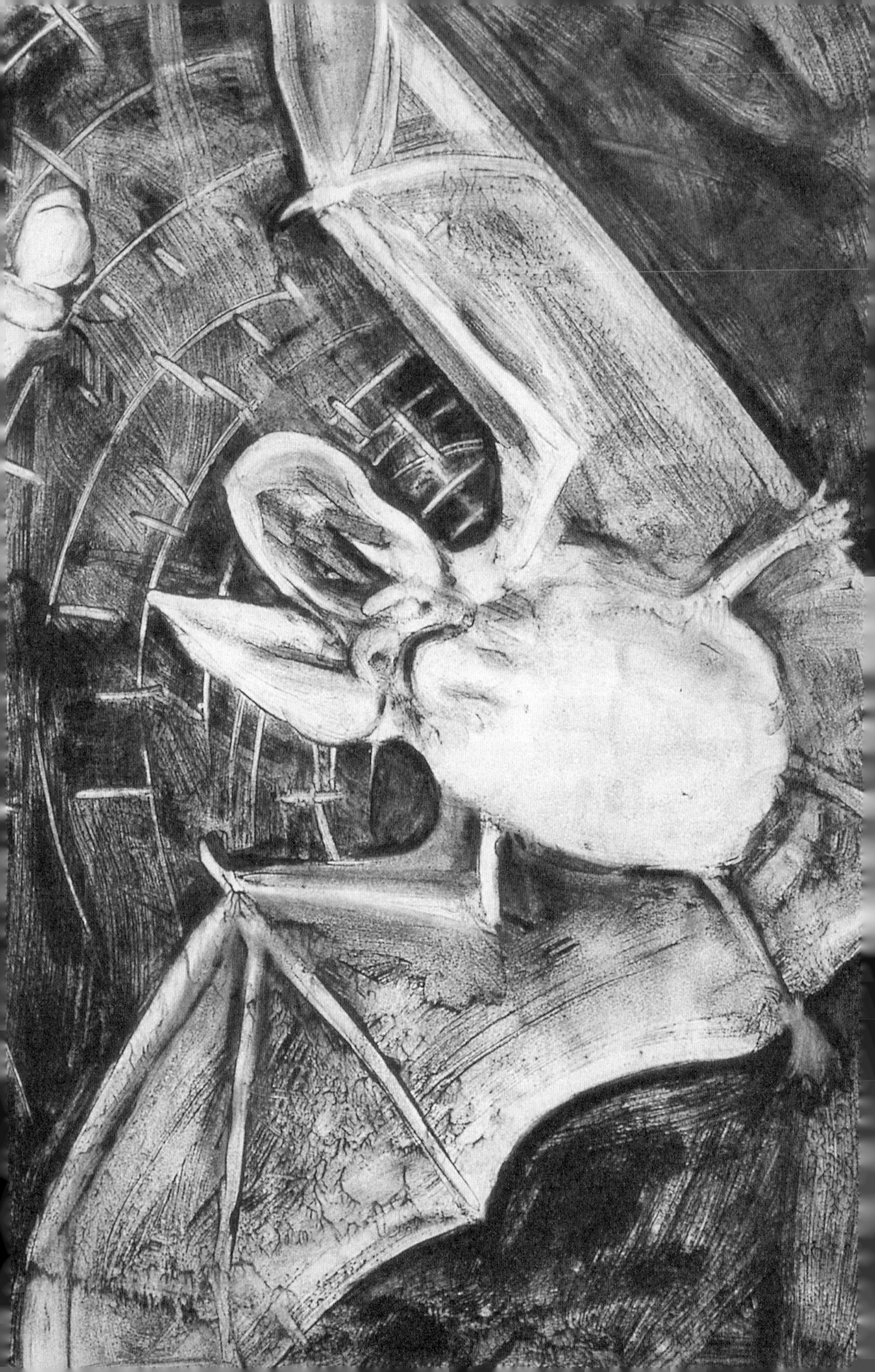

자연선택은 눈먼 시계공이다. 눈이 멀었다고 말하는 것은 앞을 내다보지 못하고 절차를 계획하지 않고 목적을 드러내지 않기 때문이다. 그러나 자연선택의 결과인 생물은 마치 숙련된 시계공이 있어서 그가 설계하고 고안한 것 같은 인상을 준다. 이 책의 목적은 이 역설의 비밀을 푸는 것이지만 이 장의 목적은 설계의 환상을 심화시키는 것이다. 이것을 위해 특별한 예를 하나 살펴볼 것이다. 그러고 나면 여러분도 페일리가 그 복잡성과 아름다움을 알았을 때 거기에 대해 한마디라도 언급하지 않고는 못 배겼을 것이라는 결론을 내리게 될 것이다.

살아 있는 생물이나 그것의 기관을 보면 마치 풍부한 지식과 지능을 갖춘 기술자가 어떤 뚜렷한 목적, 이를테면 날고, 수영하고, 보고, 먹고, 번식하는 것, 더 일반적으로 이야기하면 유전자의 보존과 증식을 위해 정교하게 설계해 놓은 것 같다. 현재의 신체나 기관의 형태가 기술자가 설계할 수 있는 '최선'이라고 생각할 필요는 없다. 종종 어떤 기술자가 설계할 수 있는 최선의 형태는 다른 기술자, 특히 기술의 역사에서 나중에 등장하는 기술자가 설계할 수 있는 것보다 못할 수가 있다. 그러나 기술자라면 누구나 어떤 대상을 보면 그것이 무슨 목적을 위해 설계된 것인지 알 수 있다. 그리고 단순히 어떤 물체의 내부 구조를 들여다보는 것만으로도 그 물체를 설계한 목적을 알아낼 수 있다. 1장에서는 철학적인 문제로 고민했다. 이 장에서 필자는 특별한 예, 즉 어떤 공학자라도 감탄할 만한 박쥐의 반향 위치 결정 기술(레이더)을 살펴보려 한다. 각각의 내용을 설명할 때, 먼저 살아 있는 기계들이 직면한 문제를 짚어 볼 것이다. 그런 다음 창의력 있는 기술자라면 능히 생각할 수 있는 그 문제의 해결책을 살펴볼 것이다. 마지막으로 자연이 실제로 채택한 해결책을 설명할 것이다. 물론 이 특별한 예는 단지 설명을 위한 것이다. 만약 어떤 기술자가 박쥐를 보고 깊은 인상을 받았다면 그는 생물이 가진 다른 무수한 예에서도 큰 감명을 받을 것이다.

박쥐에게는 해결해야 할 문제가 한 가지 있다. 그것은 어둠 속에서 어떻게 길을 찾느냐 하는 것이다. 그들은 밤에 사냥을 한다. 따라서 먹이를 발견하고 장애물을 피하는 데 빛을 이용할 수가 없다. 혹자는 그것은 단지 박쥐 스스로가 만든 문제라고 말할 수도 있다. 즉 습관을 바꾸어 낮에 사냥하면 문제는 간단히 해결된다는 것이다. 그러나 낮이라고 하는 시간은 새와 같은 다른 생물이 이미 이용할 만큼 이용하고 있다. 밤에 활동하도록 만들어진 생물이 있다고 가정해 보자. 그리고 낮 시간은 이미 누군가가 전부 차지해 버렸다면 자연선택은 박쥐가 밤에 사냥하는 기술을 개발하도록 지원할 것이다. 사실 야행성이라는 습관은 포유류가 이미 오래전부터 지니고 있었던 것이다. 공룡이 낮을 지배하던 시대에 포유류의 조상들은 밤에 활동하여 살아가는 방법을 발견했기 때문에 근근이 생존할 수 있었을 것이다. 6500만 년 전에 일어난 공룡의 멸종이라는 불가사의한 사건을 겪고 나서야 비로소 우리의 조상들은 어느 정도 낮에 활동할 수 있는 권리를 얻었던 듯하다.

다시 박쥐에게 돌아가자. 박쥐에게는 기술상의 문제가 있다. 바로 빛이 없는 상태에서 어떻게 길을 찾고 먹이를 잡을 것인가 하는 것이다. 이 문제에 직면한 생물은 박쥐만이 아니다. 박쥐에게 잡아먹히는 야행성 곤충들도 이 문제에 대한 해결책을 찾아야만 한다. 심해의 물고기나 고래들은 낮이나 밤이나 빛이 닿지 않는 완전한 암흑 세계에 살고 있다. 심해에는 태양 광선이 도달하지 못하기 때문이다. 매우 짙은 흙탕물에 사는 물고기나 돌고래도 빛은 있지만 물속의 진흙에 산란되고 차단되기 때문에 앞을 볼 수 없다. 이처럼 현존하는 많은 동물들이 시각을 이용해 사물을 관찰하기 어렵거나 불가능한 조건에서 살아가고 있다.

어둠 속에서 활동해야 할 때 기술자라면 어떤 해결책을 생각해 낼 수 있을까? 생각할 수 있는 첫 번째 방법은 랜턴이나 서치라이트를 사용하여 빛을 만드는 것이다. 반딧불이나 일부 물고기들은 (대개 세균의 도움을 받아) 스스로 빛을 만들어 낸다. 그러나 그 과정에서 많은 에너지가 소모된다. 반딧불이는 배우자를 유인하는 데 불빛을 사용하는데 여기에는 그다지 큰 에너지를 필요로 하지 않는다. 암컷의 눈은 광원 자체에 직접적으로 노출되어 있기 때문에 어두운 밤 상당히 떨어진 거리에서도 수컷의 작은 깜박임을 볼 수 있다. 반면 빛을 만들어 내서 길을 찾는 방법은 일단 몸을 떠난 빛이 눈앞에 펼쳐진 모든 대상에 도달하여 반사된 다음 다시 눈에 들어와 시세포를 자극해야 하기 때문에 앞의 경우보다 더 큰 밝기를 필요로 하고, 따라서 훨씬 더 많은 에너지가 든다. 그러므로 헤드라이트를 길을 비추는 광원으로 사용하려면, 개체 간 신호로 사용하는 경우보다 훨씬 밝아야 한다. 어쨌거나 에너지가 많이 소모되기 때문인지는 잘 모르겠지만 몇 종류의 기묘한 심해 어류를 예외로 한다면 길을 밝히기 위해 빛을 만들어 내는 동물은 사람밖에 없다.

기술자가 생각해 낼 수 있는 다른 방법은 없을까? 맹인들은 길을 갈 때 마치 장애물을 감지하여 피해 가는 것 같다. 그러한 맹인들의 감각을 '안면시(facial vision)'라고 부르는데 그 이유는 맹인들이 무언가 얼굴에 닿는 듯한 느낌을 받는다고 보고하기 때문이다. 비록 잘리고 없는 수족에서 느껴지는 고통과 같은 것이기는 하지만, '안면시'는 얼굴 앞면이나 어떤 접촉과도 전혀 상관이 없음이 실험을 통해 입증되었다. '안면시'라는 감각은 실제로는 귀로 느끼는 것임이 밝혀졌다. 맹인들은 무의식적으로 자신의 발소리나 다른 소리의 반향을 이용해 장애물을 감지하는 것이다. 이 사실이 알려지기 전에 기술자들은 이미 이 원리를 이용한 기구를 만들었다. 배 밑의 수심을 측정하는 '소나'라는 기구가 그것이다. 이 기술이 개발된 후 곧바로 무기 설계자들은 바닷속의 잠수함을 찾아내는 데 그것을 사용했다. 제2차 세계 대전 당시 전쟁 당국들은 모두 이 기술에 크게 의존했다. 영국에서는 이것을 '애스딕(Asdic)'이라는 암호명으로 불렀고 미국에서는 '소나(Sonar)'라고 불렀다. 마찬가지로 소리 대신 전파를 사용한 기술도 '레이더'(미국)나 'RDF'(영국)와 같은 암호명으로 불렀다.

그 당시 소나와 레이더를 개발한 사람들은 박쥐, 또는 박쥐에 작용한 자연선택이 수천만 년 전에 이미 그 시스템을 완벽하게 만들었다는 사실과 박쥐의 '레이더' 기술이 어떤 공학자라도 감탄해 마지않을 정도로 훌륭한 탐지 및 운항 기술임을 알지 못했다. 그러나 오늘날 그런 사실을 모르는 사람은 없다. 사실 박쥐가 사용하는 것은 전파가 아닌 소리이기 때문에 엄밀하게 이야기하자면 박쥐의 기술을 '레이더'라 부르는 것은 옳지 않다. 굳이 구분하자면 그것은 '소나'의 일종이다. 그러나 레이더와 소나의 기본적인 원리가 매우 유사하고 레이더의 원리를 박쥐에게 적용함으로써 박쥐의 행동에 대한 세부적인 내용을 알 수 있다. 박쥐의 소나를 발견하는 데에 크게 공헌한 미국의 동물학자 도널드 그리핀은 동물이 사용하건 사람이 만든 기계에 사용되건 그러한 기술을 통틀어 부르는 이름으로, 즉 소나와 레이더 모두를 포괄하는 이름으로 '반향 위치 결정법(echo-location, 전파나 초음파가 물체에 부딪혀 되돌아온 것을 분

석하여 물체에 대한 정보를 알아내는 방법 | 옮긴이)’이라는 용어를 만들어 냈다. 실제로 그 용어는 동물의 소나를 일컫는 명칭으로 널리 사용되고 있다.

박쥐라면 모두 같은 종류로 생각하지만 실제로는 그렇지 않다. 그것은 마치 인간이 육식성이기 때문에 개, 사자, 곰, 족제비, 하이에나, 팬더, 수달과 매한가지라고 이야기하는 것과 같다. 박쥐는 종류에 따라 각기 전혀 다른 방법으로 소나를 사용한다. 마치 영국, 독일, 미국이 각각 독자적으로 레이더를 개발한 것처럼, 박쥐들도 종류마다 각기 독립적으로 그 기술을 ‘발명’했던 것 같다. 박쥐들 모두가 반향 위치 결정법을 사용하지는 않는다. 구대륙(유럽, 아시아, 아프리카)의 열대 지방에 사는, 과일을 먹는 박쥐들은 훌륭한 시각을 가지고 있다. 그리고 그들 대부분은 시력에만 의존하여 길을 찾는다. 그러나 그들 중 한두 종류, 예를 들어 루셋큰박쥐속(屬)은 아무리 눈이 좋아도 무기력할 수밖에 없는 완전한 어둠 속에서 길을 찾을 수 있다. 그들은 소나를 사용한다. 하지만 그들의 소나는 온대 지방의 소형 박쥐들이 사용하는 것에 비하면 조잡한 것이다. 루셋큰박쥐는 나는 동안 크고 리드미컬한 혀 차는 소리를 낸다. 그리고 각각의 소리와 그것의 반향 사이의 시간차를 측정하여 방향을 잡는다. 루셋큰박쥐의 혀 차는 소리는 대부분 사람에게도 뚜렷이 들린다.(따라서 그것은 초음파가 아니라 음파다. 초음파란 사람이 들을 수 없는 소리를 말한다.)

이론상 소리의 주파수가 높을수록 더 정확한 소나가 될 수 있다. 왜냐하면 주파수가 낮은 소리는 긴 파장을 가지고 있어서 서로 가까운 거리를 두고 떨어져 있는 두 물체를 구분할 수 없기 때문이다. 따라서 다른 모든 조건이 같다면, 레이더 유도 장치를 사용하는 미사일은 매우 높은 주파수의 소리를 발생시켜야 할 것이다. 실제 대부분의 박쥐들은 주파수가 너무 높아서 사람에겐 들리지 않는 초음파를 사용한다. 매우 뛰어난 시력을 가지고 있고, 그것을 보충하기 위해 비교적 덜 발달된 낮은 주파수를 사용하는 루셋큰박쥐와는 달리 소형의 박쥐들은 기술적으로 고도로 진보된 반향 위치 결정법을 사용한다. 그들의 눈은 대부분 아주 작은데, 필경 시력도 형편 없을 것이다. 그들은 반향(메아리)의 세계에 살고 있으며 그들의 뇌는 화상(畵象)을 보는 것과 동등한 효과로 반향을 이용할 것이다. 그러나 그런 이미지가 어떤 것인지 우리가 느낄 수 있도록 '가시화' 하는 것은 불가능하다. 그들이 만들어 내는 소음은 개 훈련용 초음파 휘슬처럼 사람이 듣기에 약간 높은 정도가 아니다. 사람들이 들어본 적이 있거나 아니면 상상할 수 있는 가장 높은 소리보다 월등히 높은 것이다. 사실 그 소리를 들을 수 없다는 것은 우리에게는 무척 다행스러운 일이다. 왜냐하면 그 소리는 너무나 시끄러워서 만약 우리가 그 소리를 들을 수 있다면 금방 귀가 멀거나 잠을 제대로 잘 수 없을 것이기 때문이다.

이 박쥐들은 정밀한 기계로 무장하고 털을 곤두세운 첩보용 모형 비행기와 같다. 그들의 뇌는 반향의 세계를 실시간 분석하는 데 필요한 훌륭한 소프트웨어로 프로그램된, 정밀한 소형 전자 장치이다. 박쥐의 얼굴은 괴물처럼 일그러져 있어서, 왜 그런 모습을 할 수밖에 없는지 이유를 알기 전까지는 소름이 끼칠 정도이다. 일그러진 얼굴은 원하는 방향으로 초음파를 발사하기 위한 절묘한 형태이다.

비록 이들 박쥐가 내는 초음파를 직접 듣지는 못한다 할지라도, 번역 기계 또는 '박쥐 탐지기(bat detector)' 를 사용하여 그것이 어떤 것일지 추측할 수는 있다. 이 기계는 특수 초음파 마이크를 통해 신호를 잡아서 각각의 파동을 사람이 들을 수 있는 소리로 바꾸어 들려준다. 만약 박쥐 탐지기를 박쥐들이 먹이를 먹고 있는 곳으로 들고 가면, 박쥐들이 내는 파동이 실제로 어떻게 '들릴지'는 알 수 없더라도 그 파동을 들을 수 있다. 만약 그 박쥐가 흔히 볼 수 있는 작은 갈색의 미오티스속 박쥐라면 일상적인 비행을 할 때 초당 대략 10회의 비율로 파동을 내는 것을 들을 수 있을 것이다. 이것은 표준적인 인쇄 전신기나 브렌 기관총의 속도와 비슷하다.

아마 그 박쥐가 비행할 때 느끼는 주변 세계에 대한 이미지는 초당 10회씩 깜박이며 진행될 것이다. 우리가 시각을 통해 느끼는 이미지는 눈을 뜨고 있는 한 연속적으로 진행된다. 밤중에 스트로보스코프(주기적으로 점멸하는 빛을 운동하는 물체에 비추어 물체의 운동을 분석하는 장치 | 옮긴이)를 사용해서 보면 시간이 불연속적으로 지나는 세계가 대략 어떤 이미지로 비칠지 알 수 있다. 이 기술은 종종 디스코텍에서 극적인 효과를 높이는 데 사용된다. 춤추는 사람의 모습은 빛이 비치는 짧은 순간순간 얼어붙은 듯이 보이고, 이것은 구분 동작의 연속으로 나타난다. 스트로보스코프를 빠르게 하면 우리가 정상적으로 느끼는 '연속적인' 영상에 가까워진다. 박쥐가 비행하면서 초당 10회의 비율로 영상을 표본 추출하는 것은 비록 날아오는 공을 피하거나 벌레를 잡기에는 부족할지 몰라도, 일상적인 목적을 위해서는 우리가 정상적이라고 느끼는 '연속적인' 영상만큼 훌륭한 것일 수 있다.

초당 10회라는 비율은 단지 박쥐가 일상적인 비행을 할 때만 사용하는 비율이다. 곤충을 찾거나 장애물을 피해 비행할 때면 그 비율이 올라간다. 그 속도는 기관총보다 빨라서 박쥐가 움직이는 목표물에 최종적으로 접근할 때면 초당 200회까지 올라간다. 이것을 모방하려면 스트로보스코프의 속도를 올려서 플래시가 주전원의 주파수(60헤르츠의 교류를 말함 | 옮긴이)보다 두 배 이상 빠르게 깜박이도록 해야 한다. 이것은 형광등에서는 느낄 수 없는 속도이다. 그 정도 빠른 속도로 깜박이며 보이

는 세계에서는 분명 정상적인 활동을 하는 데 아무런 지장이 없을 것이다. 심지어 스쿼시나 탁구 같은 운동을 하기에도 어려움이 없다. 만약 박쥐의 뇌가 우리의 시각 이미지와 비슷한 이미지를 만들어 낸다고 가정하고 파동의 속도에 한정해서 생각할 때, 반향을 통해 형성된 박쥐의 이미지는 우리의 시각 이미지만큼 자세하고 '연속적'일 것이라고 추측할 수 있다. 물론 실제로는 그것이 우리의 시각 이미지만큼 자세하지 못한데, 거기에는 다른 이유가 있다.

만약 박쥐가 그들의 초음파를 초당 200회의 속도로 발사할 수 있다면 왜 그 속도를 줄곧 유지하지 않을까? 그들의 '스트로보스코프'에 속도 조절 '손잡이'가 있다는 것이 명백한데, 왜 그것을 항상 최대로 유지하지 않을까? 어떤 위급한 돌발 상황이 일어날지도 모르고, 그렇게 하면 외부 세계에 대한 영상을 언제나 가장 정확한 상태로 유지할 수 있는데 말이다. 한 가지 이유는, 이런 높은 속도는 단지 가까운 목표물에만 적합하다는 것이다. 만약 파동이 앞서 나간 것에 너무 가깝게 따라붙으면 멀리 있는 목표물에 맞고 되돌아오는 앞선 파동의 메아리와 뒤섞여 버린다. 이런 일이 발생하지 않는다 하더라도 줄곧 최대 속도를 유지하지 않는 데는 경제적인 이유가 있을 것이다. 고주파의 초음파를 발생시키려면 에너지도 많이 소모되고, 그에 따라 목청과 귀가 상하며, 아마 컴퓨터 사용 시간(뇌가 받아들인 정보를 분석하는 데 드는 시간) 때문에 비용도 많이 들 것이다. 초당 200회의 반향을 분석하려면 뇌가 다른 일을 할 겨를이 없을 것이다. 물론 초당 10회로 줄어든 속도에서도 비용은 들 것이나 최대 속도인 초당 200회보다는 훨씬 적을 것이다. 필요 이상의 높은 속도로 파동을 발생시키는 박쥐는 영상의 정확도 증가로는 보상되지 않는 에너지와 그 밖의 다른 추가 비용을 부담해야 할 것이다. 가까운 거리 안에 물체라고는 박쥐 자신밖에 없을 때 초당 10회의 비율로 추출된 영상은 세계의 참모습에 충분히 흡사해서 이 이상의 빈도로 영상을 추출할 필요는 없다. 가까운 거리 안에 다른 움직이는 물체가 있을 때, 특히 추적자를 피해 이리저리 선회하고, 오르락내리락하는 날벌레가 있다면 박쥐가 영상 추출 빈도를 높임으로써 얻는 이득은 추가된 비용을 상쇄하고 남을 것이다. 물론 지금까지 말한 손익 계산은 모두 추측일 뿐이다. 그러나 이와 같은 작업이 진행되고 있음은 거의 확실하다.

성능 좋은 소나 또는 레이더를 개발하려는 기술자는 매우 큰 소리를 내는 파동을 만들어야 하는 난관에 부딪힌다. 한없이 팽창하는 구면에 파장이 도달하려면 소리가 매우 커야 한다. 소리의 밀도는 소리가 도달하는 구면을 따라 퍼져 나가며 '희석된다.' 구체의 표면적은 반지름의 제곱에 비례한다. 파장이 진행되고 구가 커짐에 따라 구면의 특정 지점에서 측정한 소리의 강도는 음원(音原)과의 거리(구의 반지름)에 비례해서가 아니라 거리의 '제곱'에 비례해서 감소한다. 이것은 소리가 음원(박쥐)에서 멀어질수록 상당히 빠른 속도로 작아짐을 뜻한다.

이 작아진 소리가 어떤 물체, 가령 파리에 닿으면 파리에 부딪혀 튕겨져 방사상으로 퍼져 나간다. 원래의 소리와 마찬가지로 그 소리의 세기 역시 거리의 제곱에 비례해서 감소한다. 메아리가 박쥐에게 다시 돌아올 때 그 소리의 세기는 파리와 박쥐 사이의 거리의 비례나 그 거리의 제곱에 비례해서가 아니라, 그 거리의 제곱의 제곱, 즉 네제곱에 비례해서 감소한다. 따라서 그 소리는 극히 미약하다. 이 문제는 박쥐가 확성기와 같은 수단을 사용한다면 부분적으로 극복할 수 있다. 그러나 그것은 박쥐가 목표물의 방향을 미리 알고 있을 경우에만 가능하다. 어쨌든 박쥐는 떨어져 있는 목표물로부터 어느 정도 쓸 만한 세기의 메아리를 들을 수 있어야 한다. 그렇다면 박쥐가 내는 소리는 틀림없이 매우 클 것이다. 그리고 메아리를 탐지하는 기구인 그들의 귀는 아주 작은 소리

(메아리)에도 매우 민감할 것임에 틀림없다. 이와 같이 박쥐는 입으로는 매우 큰 소리를 내는 반면, 귀로는 아주 작은 소리에도 매우 민감하게 반응한다.

박쥐와 같은 기계를 만들고자 하는 기술자가 부딪히는 문제가 바로 여기에 있다. 만약 마이크나 귀가 극도로 민감하다면 스스로 내는 커다란 소리에 손상되어 버릴 위험이 있다. 소리를 작게 만드는 것은 되돌아오는 메아리가 더욱 작아지기 때문에 좋은 해결책이 못 된다. 또한 이 문제를 해결하기 위해 마이크(귀)를 더욱 민감하게 만드는 것도 좋은 방법이 아니다. 그럴 경우 전보다 작아진 소리에도 더 쉽게 손상될 것이기 때문이다! 이것은 냉혹한 물리학의 법칙에 따라 필연적으로 생기는, 내보내는 소리의 크기와 되돌아오는 메아리의 크기 사이에 생긴 급격한 차이에서 비롯된 딜레마이다.

이 문제를 어떻게 해결할 수 있을까? 제2차 세계 대전 중에 레이더를 설계한 기술자들도 이와 유사한 문제에 부딪혔는데, 그들은 우연히 '송신 · 수신' 레이더라는 해결책을 발견했다. 들릴까 말까 한 메아리를 기다리고 있는 극도로 민감한 안테나가 있고, 레이더의 신호는 그것을 손상시킬 만큼 매우 강력한 파동을 내보낸다. '송신 · 수신' 장치는 파동이 방출되기 바로 직전에 수신 안테나의 회로를 차단한다. 그런 다음 메아리가 되돌아올 때를 맞춰 다시 안테나의 회로를 연결한다.

박쥐들은 오래전에, 아마도 우리 조상들이 나무에서 내려오기 수백만 년 전에, 이 '송신 · 수신' 전환 기술을 개발했을 것이다. 그것은 다음과 같이 작동한다. 박쥐의 귀에서는 (사람과 마찬가지로) 고막의 진동이 마이크와 같은 청세포에 전달될 때 3개의 작은 뼈, 즉 그 모양에서 이름이 유래된 망치뼈, 모루뼈, 등자뼈를 거치게 된다. 그런데 이 3개의 뼈의 결합은 고음질의 오디오 제작자가 설계했음 직한 '임피던스 정합

기구(impedance-matching function, 입력단과 출력단의 저항 차이를 줄여 주는 기구 | 옮긴이)'와 정확히 같은 것이다. 그러나 그것은 다른 이야기이고 여기서 말하고자 하는 것은 어떤 박쥐들은 등자뼈와 망치뼈에 잘 발달된 근육을 갖고 있다는 사실이다. 이 근육들이 수축하면 그 뼈들은 소리를 효율적으로 전달하지 못한다. 마치 떨고 있는 진동판에 손가락을 대서 소리를 죽이는 것과 같다. 박쥐는 이 근육을 사용하여 귀가 잠깐씩 안 들리게 할 수 있다. 각각의 파동을 내보내기 바로 직전에 근육을 수축시켜 시끄러운 파동에 귀가 다치지 않도록 하는 것이다. 그런 다음 수축되었던 근육은 다시 이완되어, 메아리가 돌아올 때쯤이면 본래 가진 고도의 민감성이 회복된다. 이 송신·수신 전환 체계는 1초를 몇 번에 걸쳐 나눌 수 있을 정도로 정확한 타이밍을 유지할 때에만 제대로 기능할 수 있다. 큰귀박쥐라 불리는 박쥐는 기관총 같은 초음파 파동에 정확히 타이밍을 맞추어 근육을 초당 50회씩 수축시키고 이완시킬 수 있다. 이것은 제1차 세계 대전에서 기관총을 장착한 전투기에 사용된 기술과 비견할 수 있을 만큼 정밀한 타이밍 기술이다. 그 기관총의 탄환은 프로펠러를 '통과해서' 발사된다. 프로펠러의 회전에 정확히 타이밍을 맞추어 발사된 탄환이 항상 프로펠러의 날개 사이를 지나가므로 결코 날개를 맞추는 일은 없다.

기술자가 해결해야 할 다음 문제는 무엇일까? 만약 소나가 소리의 방출과 복귀 사이의 시간차로 목표물의 거리를 측정한다면(실제로 루셋큰박쥐가 이 방법을 사용하고 있는 듯하다.) 그 소리는 매우 짧은 스타카토 파동이 되어야 할 것이다. 길게 내뿜는 소리는 메아리가 돌아오고 있는 동안에도 계속 방출될 수 있다. 또한 송신·수신 근육 때문에 부분적으로 소리가 죽는 것이 메아리 탐지에 방해가 될 수도 있다. 이상적이 되려면 박쥐가 내는 파동이 매우 짧아야 할 것 같다. 그러나 소리가 짧을 수록 알맞은 강도의 메아리가 만들어질 만큼 충분히 힘 있는 소리가 생성되기 힘들다. 물리학의 법칙에 따라 또 하나의 불행한 교환이 이루어져야 할 것 같다. 유능한 기술자라면 두 가지 해결책을 제시할 수 있다. 레이더를 설계한 기술자도 실제 같은 문제에 봉착했으나 그 해결책을 발견했다. 두 가지가 있는데, 그중 어느 것을 사용할 것인가는 측정하고자 하는 거리(기구로부터 목표물이 얼마나 떨어져 있는가 하는 것)와 속도(상대적으로 목표물이 기구로부터 얼마나 빠르게 움직이는가 하는 것) 중 어느 쪽이 주된 관심사인가에 달려 있다. 첫 번째 해결책은 레이더 기술자들에게는 '짹짹거리는 레이더(chirp radar)'로 알려져 있다.

레이더 신호는 파동의 연속이라고 생각할 수 있다. 그러나 각각의 파동은 이른바 반송 주파수라는 것을 갖고 있으며, 이것은 음파 또는 초음파의 음조(音調, 음의 높이)와 같은 것이다. 앞에서 보았듯이 박쥐는 초당 수십 또는 수백 번의 파동 반복 속도를 갖고 있다. 그러한 파동 하나하나는 초당 수만 또는 수십만 번 진동하는 반송 주파수를 갖는다. 달리 말하면 각각의 파동은 높은 음조의 비명이다. 이와 마찬가지로 레이더가 내는 각각의 파동도 높은 반송 주파수를 가진 전파의 '비명'이다. '짹짹거리는 레이더'의 특징은 각각의 비명이 고정된 반송 주파수를 갖지 않는다는 점이다. 오히려 반송 주파수는 한 옥타브가량을 오르락내리락한다. 그것을 소리에 비유한다면 각각의 레이더가 내는 소리는 늑대 울음(늑대 울음소리를 생각해 보면 그 음조가 높은 데서 낮은 데로 연속적으로 변함을 알 수 있을 것이다. | 옮긴이) 같은 것이라고 생각할 수 있다. '짹짹거리는 레이더'가 일정한 음조를 가진 파동이 아닌 음조가 각기 다른 파동을 낼 때의 장점은 다음과 같다. 즉 되돌아오는 메아리와 방금 레이더에서 나간 소리가 뒤섞인다고 해서 문제될 것이 없는 것이다. 그것들은 서로 섞여도 혼동될 염려가 없다. 왜냐하면 감지된 메아리는 앞서 발사된 소

리가 반사된 것일 테고, 따라서 방금 발사한 소리와는 다른 높낮이를 갖고 있을 것이기 때문이다.

레이더 기술자는 이 기발한 기술을 훌륭히 이용했다. 송신 · 수신 체계와 마찬가지로 박쥐들 또한 이 기술을 '발견'했다는 증거가 있을까? 실제 수많은 종류의 박쥐들이 매번 울 때마다 한 옥타브가량을 오르내리는 울음소리를 낸다. 늑대 울음소리 같은 것을 주파수 변조(frequency modulated, FM)라고 하는데 '쩍쩍거리는 레이더'가 사용하는 기술도 바로 이것이다. 그러나 지금까지 제시된 증거로 볼 때 박쥐들은 되돌아온 메아리와 방금 내보낸 소리를 구별하기 위해서가 아니라, 각 메아리를 구별하는 더 정밀한 작업을 위해 이 기술을 사용하는 듯하다. 박쥐는 가까운 물체, 멀리 떨어진 물체 그리고 중간 거리에 있는 모든 물체에서 반사된 메아리들의 세계에 살고 있다. 그들은 이들 여러 가지 물체에서 반사된 메아리들을 서로 구분해야만 한다. 만약 박쥐가 늑대 울음같이 음조가 내려가는 파동을 내면, 메아리들의 서로 다른 높낮이에 따라 메아리의 분류 작업은 말끔하게 이루어질 것이다. 멀리 떨어진 물체에 부딪혀 되돌아오는 메아리는 가까운 물체에 부딪혀 동시에 되돌아오는 메아리보다 '더 오래된' 메아리일 것이다. 따라서 그것은 더 높은 음조를 갖고 있을 것이다. 만약 거리가 다른 여러 물체들에서 부딪혀 나온 메아리들이 한꺼번에 밀려드는 사태에 직면하게 되면 박쥐는 경험에 따라 그것들을 분류할 수 있다.

움직이는 물체의 속도를 측정하는 데 관심이 있는 사람이 떠올릴 수 있는 두 번째 기발한 아이디어는 물리학자들이 도플러 효과라고 부르는 원리를 이용하는 것이다. 이것은 '구급차 효과'라고도 부를 수 있는데 우리가 그 효과를 경험할 수 있는 가장 친숙한 예가 바로 구급차가 스쳐지나갈 때이기 때문이다. 구급차가 다가오고 있을 때에는 사이렌 소리가 높은 음조로 들리지만 옆을 스치고 지나 멀어져 가면 갑자기 그 사이렌 소리의 음조가 떨어진다. 도플러 효과는 소리(또는 빛 그리고 다른 종류의 파동)의 발생원과 청취자가 상대적인 운동을 하고 있을 때에 언제든지 발생한다. 음원은 정지되어 있고 청취자가 움직이는 경우가 가장 이해하기 쉽다. 어떤 공장 지붕 위에 줄곧 한 음으로 울리는 사이렌이 있다고 가정하자. 그 소리는 일련의 파장으로 외부로 퍼져 나간다. 소리의 파장은 눈에 보이지 않는다. 그 이유는 공기의 압력 변화에 따라 소리의 파장이 발생하기 때문이다. 만약 그 파장이 우리 눈에 보인다면 잔잔한 연못 한가운데 돌을 던졌을 때 퍼져 나가는 동심원과 비슷할 것이다. 물결이 계속해서 퍼져 나가도록 돌을 연달아서 던진다고 상상해 보자. 연못의 어떤 고정된 지점에 작은 장난감 배가 떠 있다고 하면, 그 배는 물결이 지나감에 따라 규칙적으로 오르락내리락할 것이다. 배가 오르내리는 진동수는 소리의 음조와 같다. 이제 그 배가 떠 있는 대신 물결이 시작되는 중심을 향해 움직이고 있다고 생각하면 배는 정지해 있을 때보다 더 자주 오르내리게 될 것이다. 즉 진동수가 커지는 것이다. 반면 그 배가 물결의 중심을 지나 연못의 반대편을 향하게 될 때에는 배가 오르내리는 진동수는 확실히 작아진다.

마찬가지로 (되도록이면 조용한) 오토바이를 타고 사이렌이 울리고 있는 공장을 빠른 속도로 지나친다면, 공장에 접근할 때에는 사이렌 소리의 음조가 올라갈 것이다. 즉 우리의 귀가 제자리에 가만히 정지해 있을 때보다 더 빠른 속도로 파동을 만나게 되는 것이다. 같은 이유로 오토바이가 공장을 지나 멀어져 가면 음조는 내려갈 것이다. 오토바이를 멈추면 앞서 말한 도플러 효과로 변형된 두 가지 음조의 중간인 실제 음조을 듣게 될 것이다. 따라서 사이렌의 정확한 음조를 알고 있다면, 귀로 듣는 음조와 실제 음조를 비교해서 우리가 얼마나 빠른 속도로 음원을 향해 가는지 또는 멀어져 가는지를 이론적으로 산출할 수 있다.

음원이 움직이고 청취자가 가만히 있을 때에도 같은 원리가 적용된다. 구급차의 사이렌이 바로 이 경우이다. 자신이 발견한 효과를 시험해 보기 위해 크리스티안 도플러가 지붕이 없는 객차에 악단을 숨겨 놓고 연주하게 하여 깜짝 놀라는 청중들을 빠르게 스쳐 지나가게 했다는 사실은 다소 믿기 어렵다. 문제는 상대적인 운동이다. 도플러 효과에 관한 한 음원이 움직이고 귀가 고정되어 있든 음원은 고정되어 있고 귀가 움직이든 문제가 되지 않는다. 만약 각각 시속 200킬로미터로 달리는 2대의 열차가 서로 반대 방향으로 스쳐 지나가면, 한쪽 열차에 타고 있는 승객은 극적인 도플러 효과를 통해 다른 열차의 기적 소리의 음조가 낮아지는 것을 느낄 수 있을 것이다. 왜냐하면 상대 속도가 시속 400킬로미터이기 때문이다.

도플러 효과는 교통경찰의 과속 차량 단속에 이용된다. 정지된 과속 단속기에서 레이더 신호가 도로에 퍼져 나간다. 레이더 신호는 접근해 오는 차량에 부딪혀 되돌아와서 수신 장치에 기록된다. 움직이는 차의 속도가 빠를수록 도플러 효과를 통해 변동된 진동수가 더 커진다. 밖으로 퍼져 나가는 진동수와 되돌아오는 메아리의 진동수를 비교함으로써 경찰, 또는 단속기는 차량의 속도를 계산할 수 있다. 경찰이 그 기술을 이용하여 도로의 무법자들의 속도를 측정할 수 있다면, 박쥐들이 먹이가 되는 곤충의 속도를 계산하는 데 그것을 사용하지 못하란 법이 있을까?

그렇다. 박쥐라고 도플러 효과를 이용하지 말란 법은 없다. 관박쥐라고 알려진 작은 박쥐들은 오래전부터 스타카토의 찍찍거리는 소리나 늑대 울음처럼 음조가 내려가는 소리 대신, '경적 소리' 같은, 고정된 음조의 소리를 길게 낸다고 알려져 있다. 여기서 길다는 말은 박쥐의 기준에서 길다는 뜻이다. 실제로 그 소리는 10분의 1초보다 짧다. 그리고 종종 앞서 살펴본 '늑대 울음' 같은 소리가 각각의 '경적 소리' 끝에 붙는다. 먼저 관박쥐가 정지된 물체, 이를테면 나무를 향해 빠르게 비행하면서 끊임없이 웅 하는 소리의 초음파를 낸다고 상상해 보자. 만약 나무에 귀가 달려 있다면, 박쥐가 움직이고 있기 때문에, 박쥐 소리의 도플러 효과에 의해 음조가 올라간 소리로 '들릴' 것이다. 그리고 나무에 반사된 메아리도 이런 식으로 음조가 올라갈 것이다. 나무에서 반사된 메아리는 박쥐 쪽으로 이동하고 있으며 박쥐도 여전히 나무를 향해 빠르게 움직이고 있다. 따라서 박쥐가 메아리를 들을 때에는 도플러 효과가 한 번 더 일어나게 된다. 박쥐의 움직임은 이중의 도플러 효과를 만들어 내고, 그 효과의 크기는 박쥐와 나무 사이의 상대 속도를 측정하기 위한 정밀한 지표가 된다. 따라서 자신의 울음과 메아리의 음조를 비교함으로써 이론상 박쥐(또는 그들의 뇌에 장치된 컴퓨터)는 자신이 나무를 향해 얼마나 빠르게 움직이고 있는지 계산할 수 있다. 하지만 이것으로는 박쥐와 나무가 얼마나 멀리 떨어져 있는지 알 수 없다. 그러나 어쨌든 박쥐와 나무의 상대 속도는 매우 유용한 정보임에 틀림없다.

만약 소리를 반사하는 물체가 나무와 같이 정지된 것이 아니라 움직이는 곤충이라면 도플러 효과에 따른 계산 과정은 더 복잡해진다. 그래도 여전히 박쥐는 자신과 목표물의 상대적인 속도를 계산할 수 있다. 그리고 확실히 그것은 먹이를 사냥하는 박쥐와 같은 정교한 유도 미사일이 필요로 하는 정보들 중 한 가지이다. 실제 어떤 박쥐들은 경적 소리 같은 일정한 음조의 소리를 낸 후 돌아오는 메아리의 음조를 측정하는 것보다 더 재미있는 기술을 구사한다. 그들은 물체에 부딪혀 되돌아오는 메아리가 도플러 효과를 통해 다른 음조로 변형된 후, 그 변형된 음조가 일정하게 유지되도록 내보내는 소리의 음조를 조심스럽게 조정한다. 즉 움직이는 곤충을 향해 속도를 낼 때, 그 곤충에 부딪혀 되돌아오는 메아리의 음조를 일정하게 유지하기 위해 박쥐는 내보내는 울음소리의 음조를 끊임없이 변화시킨다. 이 기발한 기술 때문에 박쥐는 가장 민감하게 들리는 음조로 메아리를 유지할 수 있다. 앞서 살펴보았듯이 물체에 부딪혀 되돌아오는 메아리는 매우 희미하기 때문에 이것은 매우 중요한 기술이다. 박쥐는 일정한 음조의 메아리를 얻기 위해 내보내는 울음소리의 음조를 관찰하고 도플러 효과를 계산함으로써 필요한 정보를 얻을 수 있다. 사람이 고안한 장치인 소나나 레이더가 이 절묘한 기술을 사용하는지는 모르겠다. 그러나 이 분야에 관한 가장 훌륭한 아이디어들은 원칙적으로 박쥐에 의해 최초로 개발되었다. 이 말에 내기를 걸어도 좋다.

다소 어려운 이 두 가지 기술, 즉 도플러 효과를 사용한 기술과 '짹짹거리는 레이더' 기술은 각기 서로 다른 특별한 목적에 유용할 것이라고 추측할 수 있다. 어떤 박쥐들은 그 두 가지 기술 중 하나를 전문화했고, 그 외 박쥐들은 다른 기술을 전문화했다. 어떤 박쥐들은 양쪽의 장점 모두를 취하기 위해 FM(주파수 변조) '늑대 울음'의 끝에(어떤 때에는 앞에) 일정한 주파수의 긴 '경적 소리'를 붙인다. 관박쥐가 사용하는 또 하나의 신기한 기술은 밖으로 드러난 귓바퀴와 관계가 있다. 다른 박쥐들과는 달리 관박쥐는 귓바퀴를 앞뒤로 빠르게 움직인다. 목표물을 향한 쪽으로 빠르게 움직이는 이 동작은 또 다른 도플러 효과를 일으키고 박쥐는 이것을 통해 추가 정보를 얻을 수 있다. 귀가 목표물을 향해 움직이면 그 움직임에 따라 상대 속도가 커지고 귀가 목표물에서 멀어지는 방향으로 움직이면 반대 상황이 발생한다. 박쥐의 뇌는 각각의 귀가 향하는 방향을 '알고 있고', 따라서 원칙적으로 그 정보를 이용하기 위해 필요한 계산을 할 수 있을 것이다.

아마 박쥐가 직면하는 가장 어려운 문제는 다른 박쥐들이 내는 소리,

즉 '방해 전파'를 극복하는 문제일 것이다. 실험 결과, 인공적으로 큰 초음파를 만들어 박쥐들의 움직임을 방해하기란 상당히 힘든 것으로 밝혀졌다. 이것으로 미루어 다음과 같은 추측을 할 수 있다. 박쥐들은 이 방해 전파의 문제를 이미 오래전에 경험하고 해결했으리라는 것이다. 많은 종류의 박쥐들이 떼를 지어 동굴 속에서 잠을 잔다. 그곳에는 귀가 멀 정도로 시끄러운 초음파와 메아리 들이 가득하지만 여전히 박쥐들은 빛 하나 들어오지 않는 어두운 동굴 속을 벽에 부딪히거나 자기들끼리 서로 충돌하는 일 없이 재빠르게 날아다닌다. 어떻게 박쥐들이 다른 박쥐가 내는 소리에 잘못 이끌리는 것을 피할 수 있을까? 기술자가 떠올릴 수 있는 첫 번째 해결책은 주파수를 할당하는 방법이다. 즉 각각의 박쥐가 라디오 방송국들처럼 고유한 주파수를 갖는 것이다. 이러한 방법으로 어느 정도는 그 문제를 극복할 수 있다. 그러나 결코 그것이 전부는 아니다.

박쥐가 어떻게 다른 박쥐의 '전파 방해'를 받지 않는지는 잘 알려져 있지 않다. 그런데 박쥐를 곤경에 빠뜨리는 실험을 통해 재미있는 단서 한 가지가 발견되었다. 박쥐들 '자신'의 울음소리를 인공적인 지연 장치를 써서 들려주면 박쥐들을 효과적으로 속일 수 있다는 것이 밝혀졌다. 즉 그들에게 자신들이 낸 소리의 잘못된 메아리를 들려주는 것이다. 잘못된 메아리를 내는 전자 장치를 쓰면 박쥐들을 실체가 없는 '가상'의 바위턱에 착륙시킬 수도 있다. 그것은 마치 박쥐가 렌즈를 통해 왜곡된 세상을 보는 것과 같다.

박쥐는 '이상한 것을 걸러 내는 필터'라고 부를 수 있는 무엇인가를 사용하는 듯하다. 박쥐 자신이 낸 소리에서 생긴 각각의 연속적인 메아리는 먼저 생긴 메아리에 따라 만들어진 영상과 비교해 볼 때 급격한 변화가 없는 연속적인 영상을 만들어 낸다. 만약 박쥐의 뇌가 다른 박쥐가 낸 소리의 메아리를 듣고 그것을 먼저 만들어진 영상에 맞춰 보려고 하면 그것(다른 박쥐가 낸 소리의 메아리)은 조화를 이루지 못한다. 마치 여러 방향에서 물체들이 갑자기 불쑥불쑥 솟아 나오는 모습일 것이다. 현실 세계의 물체들은 그렇게 돌발적인 양상을 나타내지 않는다. 따라서 뇌는 주위의 소음으로부터 확실한 메아리만을 안전하게 걸러 낼 수 있다. 실험자가 박쥐가 낸 소리의 메아리들을 인공적으로 지연시키거나 가속시켜 내보내면, 이 잘못된 메아리들은 박쥐가 먼저 만들어 놓은 영상 세계의 견지에서 보았을 때 '그럴듯할 것이다.' 먼저 만들어진 메아리와 전후 관계를 볼 때 그럴듯해 보이기 때문에 그 잘못된 메아리는 '이상한 것을 걸러 내는 필터'를 통과한다. 그것은 물체가 단지 조금 위치를 바꾼 것처럼 보이게 한다. 그리고 실제 세계에서 물체가 그렇게 움직이는 것은 있을 법한 일이다. 박쥐의 뇌는, 어느 한 순간에 받아들인 메아리에 따라 영상화된 세계는 그전 메아리에 따라 만들어진 세계와 같거나 단지 약간 다를 뿐이라는 전제에 근거해 판단한다. 가령 '쫓고 있는 곤충은 아주 조금씩 움직일 것이다.' 라는 식이다.

철학자 토마스 나겔이 쓴 「박쥐와 같이 된다는 것이란 어떤 것인가?」라는 유명한 논문이 있다. 그 논문은 박쥐와는 별 관련이 없고 우리가 우리 자신과 다른 어떤 존재가 된다면 그 상태가 '어떤 것일까?' 라는 철학적인 문제에 관한 것이다. 여기에서 박쥐가 철학자에게 각별히 시사적인 예가 된 이유는 박쥐가 메아리로 사물을 탐지하는 것이 특별히 이질적이고 우리가 경험하는 것과는 다르다고 가정했기 때문이다. 박쥐가 경험하는 세계가 어떤 것인지를 알고자 할 때, 동굴에 들어가서 큰 소리를 지르거나 숟가락 2개를 두들겨서 메아리가 돌아오는 시간을 재고 벽이 얼마나 멀리 떨어져 있는지를 계산하려고 한다면 이는 완전히 잘못된 생각이다.

　위와 같은 행동을 한다고 해서 박쥐가 되는 것이 아니듯 다음과 같은 것으로 색깔을 본다고 말할 수 없다. 즉 눈에 들어오는 빛의 파장을 어떤 장치를 이용하여 측정하여, 파장이 길면 빨간색, 짧으면 파란색이거나 보라색이라고 생각하는 것이다. 우리가 빨간색이라고 부르는 빛이 파란색이라고 부르는 빛보다 더 긴 파장을 가지고 있다는 것은 물리적인 사실이다. 여러 파장들은 우리 눈의 망막에 있는 빨간색에 민감한 시세포와 파란색에 민감한 시세포를 흥분시킨다. 그러나 우리가 주관적으로 색을 느끼는 세계에는 파장이라는 개념이 없다. 파란색 또는 빨간색을 본다는 것이 어떤 것인가 하는 문제는 어느 빛이 더 긴 파장을 가지고 있는가에 대해서는 아무것도 말해 주지 않는다. (대개는 그렇지 않지만) 파장이 문제가 된다면 단지 파란색은 짧은 파장을 가지고 있으며 빨간색은 긴 파장을 갖는다는 사실을 떠올리기만 하면 된다. 또는 (내가 항상 하는 방법인데) 그와 관련된 책을 한 권 통독하는 것이다. 박쥐는 우리가 메아리라고 부르는 것을 사용하여 곤충의 위치를 파악한다. 하지만 우리가 빨간색 또는 파란색을 판단할 때 파장이란 말을 생각하지 않는 것처럼 박쥐가 곤충의 위치를 파악할 때에 메아리가 돌아온 시간 따위를 생각하지 않는 것은 확실하다.

　만약 박쥐가 되는 것이 어떤 것인가를 상상하는 불가능한 일을 강요받는다면, 나는 박쥐가 메아리를 이용하여 사물을 탐지하는 것이 사람이 눈을 통해 사물을 보는 일과 같을 것이라고 생각하고 싶다. 우리는 완전한 시각을 갖춘 동물이기 때문에 보는 것이 얼마나 복잡한 작업인지 거의 깨닫지 못한다. 물체는 단순히 ‘거기에 돌출해 있고’, 우리는 거기에 있는 물체를 ‘본다’고 생각한다. 그러나 실제 우리의 관념은 그곳에서 온 정보를 기초로 우리의 뇌 속에서 형성된 것이다. 하지만 있는 그대로가 아니라 뇌가 ‘이용’할 수 있는 정보의 형태로 변형된 정교한 모형일지도 모른다. 뇌 속에 있는 컴퓨터는 빛의 파장의 차이를 '색깔'의 차이로 처리한다. 모양이나 그 밖의 다른 정보도 같은 방법으로 처리하여 다루기 편리한 형태로 변환시킨다. 보는 감각(시각)은 사람에게는 듣는 감각(청각)과 매우 다른 것이다. 그러나 이 차이는 빛과 소리의 물리적인 차이에서 직접적으로 비롯된 것은 아니다. 빛과 소리는 모두 그것에 상응하는 감각 기관에서 번역되어 최종적으로는 신경 자극이라는 동일한 것이 된다. 신경 자극의 물리적인 양상만 보면 그것이 빛에 관한 정보를 운반하는지 아니면 소리나 냄새에 관한 정보를 운반하는지 분간할 수 없다. 시각이나 청각, 후각이 서로 다른 이유는, 뇌가 내부 모형을 사용할 때 보이는 세계와 들리는 세계, 냄새나는 세계에 각각 다른 종류의 모형을 사용하는 것이 편리하다는 사실을 발견했기 때문이다. 그러니까 시각과 청각이 다른 것은 우리가 시각 정보를 청각 정보와는 다른 목적과 방법으로 내부에서 사용하고 있기 때문이다. 빛과 소리의 물리적인 차이가 직접적인 원인인 것은 아니다.

박쥐는 우리가 시각 정보를 사용하는 것과 동일한 목적으로 소리를 이용해 얻은 정보를 사용하고 있다. 그들은 소리를 사용하여 사물을 인식한다. 그리고 우리가 빛을 사용하는 것과 똑같이 3차원 공간의 영상과 그 속에 있는 물체들의 위치를 끊임없이 점검한다. 따라서 그들이 사용하는 내부의 컴퓨터 모형은 3차원 공간에서 운동하는 물체를 표현하기에 적합한 것이다. 여기서 말하고자 하는 것은 동물이 경험하는 세계의 형태는 주관적으로 형성된 내부 컴퓨터 모델의 성질에 따라 달라진다는 것이다. 그 모델은 진화에 따라, 외부로부터 들어온 물리적인 자극에는 관계없이 내부적인 표현 형태로 쓰기에 가장 적합한 모습으로 설계될 것이다. 3차원 공간에서 물체의 위치를 표현하기 위해서는 박쥐와 사람 모두 같은 종류의 내부 모형이 필요하다. 사람은 빛의 도움으로 내부 모형을 만드는 데 반해, 박쥐는 메아리의 도움으로 내부 모형을 만든다. 외부로부터 들어오는 정보는 어느 경우든 뇌로 전달되기 전에 같은 종류의 신경 자극으로 번역된다.

따라서 나는 비록 '저기 있는' 세계가 신경 자극으로 번역될 때의 물리적인 매개체는 다르지만(빛이 아니라 초음파) 박쥐는 귀를 통해 사람과 마찬가지로 '본다'고 추측한다. 심지어 박쥐들은 파장의 물리학과는 상관이 없는 외부 세계의 어떤 차이를 표현하기 위해 사람이 느끼는 색깔과 유사한 기능을 갖는, 그들 나름의 방법으로 색깔을 감지할 수 있다. 아마 박쥐 수컷 몸의 표면은 정교하게 직조되어 거기에 반사되는 메아리가 암컷에게는 화려한 색깔로 인식될 것이다. 극락조가 번식기에 갖는 화려한 깃털과 마찬가지로 말이다. 나는 이것이 그럴듯한 비유라고 생각한다. 박쥐 암컷이 수컷을 인식할 때 경험하는 주관적인 감각은 실제로 사람이 플라밍고를 볼 때 경험하는 것과 같은 감각, 즉 연분홍색과 같은 것일 수 있다. 그렇지 않으면 사람이 플라밍고를 볼 때 느끼는 감각이 플라밍고가 플라밍고를 볼 때 느끼는 감각과 다르지 않은 것처럼 최소한 박쥐가 자기의 배우자를 느끼는 감각이 사람이 플라밍고를 볼 때 느끼는 감각과 다르지 않을 것이다.

도널드 그리핀은 1940년에 동료인 로버트 갤럼보스와 함께 박쥐가 메아리를 이용해서 사물을 탐지한다는 새로운 사실을 발견하고 이를 동물학계에 보고했을 때 일어난 일을 다음과 같이 이야기하고 있다.

한 저명한 과학자는 분개하여 갤럼보스의 어깨를 붙잡고 흔들면서 감히 그런 터무니없는 주장을 할 수 있느냐고 불만을 터뜨렸다. 아직까지 레이더와 소나는 군사 기술 분야에서나 가능한 고도의 기술이었고, 따라서 박쥐들이 전자 기술이 이룩한 최후의 성과와 똑같지는 않지만 조금이라도 비슷한, 어떤 일을 할 수 있다는 말에 대해 대부분의 사람들은 불쾌해 했으며 심정적으로 거부감을 느꼈다.

쉽게 공감할 수 있는 말이다. 그들이 믿기 싫어한 것은 아주 인간적인 태도이다. 실제로 그것은 인간은 정확히 인간이라는 것을 의미한다. 정확히 말하면 우리 인간의 감각으로는 박쥐가 하는 것을 할 수 없기 때문이다. 우리는 그것을 단지 인공적인 기계와 종이에 쓴 수학적인 계산의 수준에서 이해할 수 있기 때문에, 작은 동물의 머릿속에서 이루어진다는 사실을 상상하기는 힘들다. 시각의 원리를 설명하는 데 필요한 수학적인 계산 과정도 똑같이 복잡하고 어렵지만, 아무도 작은 동물이 볼 수 있다는 사실을 의심하지 않는다. 인간이 이런 이중적인 잣대의 회의론을 갖고 있는 이유는 아주 단순하다. 즉 인간은 볼 수 있지만 메아리를 이용해서 사물을 탐지할 수는 없기 때문이다.

어떤 다른 세계에 지성을 갖고 있지만 눈이 완전히 먼 박쥐 같은 생물이 있다고 가정하자. 그들이 학회를 열어 자신들이 군사 기술상의 극비로 취급하고 있고 그것을 이용해 길을 찾는 데 이용하려고 하는, 새로 발견되어 빛이라 불리고 들을 수 없는 방사선에 대해 이야기하고 있다. 그런데 그들은 이 '빛'이라고 불리는, 들을 수 없는 방사선을 실제로 이용할 수 있는 인간이라는 동물에 관한 보고를 듣고서 당황해 하고 있다. 이 변변찮은 인간이라는 동물은 거의 완전하게 귀머거리이다.(물론 그들도 어느 정도 들을 수 있다. 심지어 지루할 정도로 느리고 낮은 으르렁거리는 소리를 몇 마디씩 중얼거리기도 한다. 그러나 그들은 이런 소리를 서로 의사소통을 하는 따위의 초보적인 목적을 위해 사용할 뿐이다. 그들은 그것을 이용하여 가장 큰 물체조차도 탐지해 낼 수 없다.) 대신 그들은 '광선'을 이용할 수 있는, '눈'이라 불리는 고도로 발달된 기관을 갖고 있다. 태양은 광선의 주요 공급원이다. 그리고 인간은 태양으로부터 나온 광선이 물체에 부딪힐 때 생기는 복잡한 반사광을 이용할 수 있는 대표적인 존재다. 그들은 '수정체'라고 불리는 기발한 발명품을 갖고 있다. 그 장치의 모양은 이 소리 없는 파동을 굴절시켜 '망막'이라 불리는 세포들의 층에 외부 세계의 물체들이 일대일로 대응하는 정확한 '영상'이 맺히도록 수학적으로 계산하여 만들어진 듯하다. 이 망막 세포들은 어떤 신비스런 방법으로 빛을 '들을 수 있게'(그들은 이렇게 말할 것이다.) 해 준다. 그리고 그 정보를 뇌에 전달한다. 수학자들은 복잡한 계산 과정을 통해 이 광선을 이용하여 세상을 안전하게 날아다니는 것이 이론적으로 가능함을 증명하였다. 그것은 초음파를 사용하는 그들 방법만큼 효과적이며 어떤 면에서는 '더' 효과적이다! 그렇지만 변변찮은 인간이 이런 계산을 할 수 있다고 누가 생각하겠는가?

박쥐가 메아리를 이용한다는 것은 생물의 기관들이 훌륭한 설계에 따라 만들어진 것처럼 보인다는 사실을 이야기하기 위해 택할 수 있는 수천 가지 예 중 하나에 불과하다. 동물들은 마치 이론에도 통달하고 실기에서도 천재적인 물리학자나 기술자가 설계한 것 같은 인상을 준다. 그러나 박쥐들이 물리학자들이 이해하는 것과 같은 의미로 그러한 이론을 알고 있으며 이해한다는 증거는 어디에도 없다. 박쥐를 경찰이 사용하는 속도 측정기에 가까운 것이라고 생각해야지, 속도 측정기를 설계한 사람이라고 생각하면 안 된다. 속도 측정기를 설계한 사람은 도플러 효과의 원리를 이해하고 있고 자신이 이해하고 있는 것을 종이 위에 공식으로 표현할 수 있다. 설계자가 이해한 것은 기계의 설계에 반영된다. 하지만 그 기계 자체는 자기가 어떻게 작동되는지 알지 못한다. 그 기계는 전자 부품을 가지고 있고 이것들은 2개의 레이더 주파수를 자동적으로 비교하여 결과를 시속 몇 킬로미터라는 사용하기 편리한 단위로 바꿔 주도록 회로가 꾸며져 있다. 그 계산 과정은 복잡하지만 현대의 첨단 전자 기술에 따라 생산된 부품들로 적절하게 꾸며진 작은 상자를 통해 훌륭히 수행된다. 물론 고도로 세련된 의식을 가진 뇌가 그 상자의 회로를 만들었다.(아니면 최소한 설계라도 했다.) 그러나 그 기구가 작동하는 순간에는 어떤 의식 있는 뇌도 관여하지 않는다.

전자 장치에 관해 생각해 볼 때, 그 장치가 마치 복잡한 수학 공식을 알고 있는 것처럼 작동할 수 있다는 사실을 이해하기는 어렵지 않다. 이 생각은 살아 있는 기계(생물)의 움직임에도 바로 적용할 수 있다. 박쥐도 하나의 기계이다. 아무런 의식도 없으면서 비행기를 추적하는 유도 미사일처럼, 그 내부의 전자 장치는 날개 근육을 움직여서 곤충을 추적하게 만든다. 전자 기술에서 빌려 온 우리의 통찰이 지금까지는 정확했다. 그러나 전자 기술에 대한 경험은 우리로 하여금 어떤 목적과 의식을 가진 설계자가 정교한 기계 장치를 만든 것이라는 생각을 하게 한다. 살아 있는 기계의 경우에는 이 두 번째의 통찰이 맞지 않다. 살아 있는 기계를 '설계한 자'는 의식이 없는 자연선택, 즉 눈먼 시계공이다.

윌리엄 페일리가 박쥐에 관한 이런 사실을 알았다면 그는 틀림없이 경외심을 품었을 것이다. 독자들도 경외심을 갖기 바란다. 나는 페일리와 똑같은 목적을 갖고 있다. 나는 독자들이 자연의 놀라운 업적과 그것을 설명할 때 부딪히는 문제를 과소평가하지 않기를 바란다. 박쥐가 메아리를 이용하여 사물을 탐지하는 방법은 비록 페일리의 시대에는 알려지지 않았지만, 그가 인용한 다른 어떤 예보다도 훌륭하게 그의 의도에 부합하는 것이다. 페일리는 여러 가지 예를 인용함으로써 자신의 주장을 뒷받침했다. 그는 신체를 머리끝에서 발끝까지 속속들이 관찰함으로써 각 부분과 그것의 가장 세밀한 부분이 정밀하게 설계된 시계와 얼마나 흡사한지를 보여 주었다. 이 책에서도 여러 가지 방법으로 그와 같은 것을 이야기할 것이다. 왜냐하면 그러한 이야기는 매우 재미있고 나 역시 그런 이야기를 좋아하기 때문이다. 그러나 솔직히 말해서 많은 예를 들 필요는 없다. 하나나 둘이면 족하다. 박쥐의 비행 기술을 설명하는 가설은 생물계의 어느 것이든 설명하는 데에 좋은 후보이다. 만약 페일리가 예로 든 것이 틀렸다면 예를 추가함으로써 바로잡을 수 있다. 그의 가설은 살아 있는 시계들은 글자 그대로 숙련된 시계 제작자가 설계하고 만들었다는 것이다. 오늘날 우리가 채택한 가설은 그 작업은 자연선택을 통해 점진적인 진화 단계 속에서 이루어졌다는 것이다.

　오늘날 신학자들은 페일리처럼 노골적이지는 않다. 그들은 살아 있는 생물의 복잡한 체계를 지적하며 그것들은 시계처럼 그 자체가 창조주가 설계한 증거라는 식으로 말하지 않는다. 그러나 그 복잡성을 볼 때, 그러한 복잡성과 완벽함이 자연선택을 통해 진화할 수 있다는 사실은 "도저히 믿을 수 없다."라고 말한다. 나는 그러한 내용의 글을 읽을 때마다 여백에 '당신 자신의 견해를 밝히시오.' 라고 쓰고 싶은 충동을 억누를 수가 없다. 버밍엄의 주교 휴 몬테피어가 최근에 쓴『신의 존재 가능성』에 그러한 예가 많다.(한 장에서 무려 서른다섯 번이나 찾을 수 있었다.) 나는 이 책의 나머지 부분에서 줄곧 그 책을 예로 들 것이다. 왜냐하면 저명하고 지적인 작가의 저술이고 최근에 유행하는 자연 신학을 이끌어 낸 진지하고 솔직한 글이기 때문이다. 여기서 말하는 솔직함이란 말 그대로 솔직함이다. 몬테피어 주교는 다른 동료 신학자와는 달리 '그렇다면 궁극적으로 신이 존재한단 말인가?' 라는 물음을 두려워 하지 않았다. 그는 '기독교는 일종의 삶의 방식이다. 신의 존재에 대한 질문은 제거되었다. 그것은 현실의 왜곡에서 비롯된 하나의 신기루일 뿐이다.' 와 같은 발빠른 타협과 거래하지 않았다. 그의 책의 많은 부분이 물리학과 천문학에 관한 것인데 사실 나는 그의 주장을 옹호하는 근거로 물리학자들의 주장을 사용한 듯한 그러한 예외들에 대해서는 언급할 자격이 없다. 그는 생물학의 분야에서도 똑같은 일을 했다. 불행하게도 그는 여기서 아서 케스틀러, 프레드 호일, 고든 래트레이 테일러 그리고 칼 포퍼의 작품을 주로 참고했다. 몬테피어는 진화를 믿고 있었다. 그러나 자연선택이 진화에 대한 적합한 설명이라는 것을 믿지는 않았다.(안타깝게도 그는 다른 사람들처럼 자연선택이 '무작위적'이고 '의미가 없는' 것이라고 잘못 이해하고 있었다.)

그는 '개인적인 불신에서 비롯된 주장'을 지나치게 많이 사용했다. 어느 한 장(章)에는 다음과 같은 구절이 차례로 나타난다.

…… 다윈 이론의 바탕은 설명이 되지 않는 듯하다. …… 그것은 설명하기가 쉽지 않다. …… 는 이해하기 어려우며 …… 이해하기가 쉽지 않다. 그것은 똑같이 설명하기 어렵다. …… 나는 그것이 이해하기 쉽다고 생각하지 않는다. …… 나는 그것이 알아듣기 쉽다고 생각하지 않는다. …… 나는 그것이 이해하기 어렵다고 생각한다. …… 그것은 설명하기 쉬운 것처럼 보이지 않는다. …… 나는 어떻게 그렇게 되는지 이해할 수 없다. …… 신다윈주의는 동물 행동의 복잡성과 다양함을 설명하기에는 부적절한 것 같다. …… 어떻게 그러한 행동이 단지 자연선택만으로 진화할 수 있는지 이해하기 어렵다. …… 그것은 불가능하다. …… 어떻게 그런 복잡한 기관이 진화할 수 있는가? …… 이해하기 쉽지 않다. …… 이해하기 어렵다.

다윈이 지적했듯이, "개인적인 불신에서 비롯된 주장"은 극히 빈약한 주장이다. 대개의 경우 그것은 단순한 무지에 기초를 두고 있다. 예를 들면 몬테피어 주교가 이해하기 힘들다고 한 내용 중 한 가지는 북극곰의 하얀 털 색깔이다.

신다윈주의의 전제를 기초로 위장이라는 면에서 생각해 보면 이것이 언제나 쉽게 이해되는 것은 아니다. 만약 북극곰이 북극의 최고 포식자라면 위장을 위해 굳이 털 색깔이 하얀색으로 진화해야 할 필요는 없는 것 같다.

이 말은 다음과 같이 해석될 수 있다.

나는 개인적으로 내가 연구하는 것에 대해 깊이 생각하지 않았다. 한번도 북극에 가 본 일이 없으며, 야생 상태의 북극곰을 한번도 본 적이 없다. 그리고 나는 북극곰이 하얀 털을 가짐으로써 어떤 이득을 얻는지, 그 이유를 설명해 본 적이 없는 고전 문학과 신학 교육을 받았다.

이 특수한 예에는 먹이가 되는 동물만이 위장이 필요하다는 전제가 들어 있다. 포식자 역시 피식자의 눈을 속임으로써 이익을 얻을 수 있다는 사실은 간과한 것이다. 북극곰은 얼음 위에서 쉬고 있는 물개에게 살금살금 접근한다. 만약 물개가 충분히 먼 거리에서 곰을 발견한다면 도망칠 수 있을 것이다. 나는 칙칙한 회색의 불곰이 하얀 눈 위를 가로질러 물개에게 살금살금 접근하려는 모습을 주교가 상상해 봤는지 의심스럽다. 그랬다면 그는 자신이 제기한 문제에 대한 답을 금방 알아낼 수 있었을 것이다.

북극곰의 문제는 너무 간단해서 반박할 가치조차 없음이 판명되었지만 중요한 문제는 그것이 아니다. 세계적으로 유명한 저술에서조차도 몇 가지 특별한 생물학적 현상을 설명하지 못한다. 그러나 그러한 현상의 비밀을 결코 풀 수 없다는 뜻은 아니다. 많은 미스터리가 수세기 동안 풀리지 못한 채 남아 있었지만 결국은 해답을 얻었다. 오늘날 대부분의 생물학자들은 주교가 말한 서른다섯 가지 예 하나하나를 자연선택 이론으로 설명하는 것이 어렵지 않음을 알 것이다. 비록 그것들 모두가 북극곰의 경우처럼 간단하지는 않지만 말이다. 나는 인간의 현명함을 의심하지 않는다. 비록 우리가 설명하지 못하는 문제를 만나더라도 우리 자신의 무능력을 인정하는 터무니없는 결론을 끌어내지는 않을 것이다. 다윈은 이 점에서 매우 확고했다.

개인적인 불신에서 비롯된 주장이 보다 더 진지하게 변형된 주장들이 있다. 이러한 주장들은 단순히 무지나 지혜의 부족에 근거한 것이 아니다. 그러한 주장들 중에는 우리가 박쥐의 반향 위치 결정법과 같이 완벽하고 고도로 복잡한 기계를 대할 때 느끼는 신비감을 직접적으로 이용하는 것이 있다. 그러한 기계들은 자연선택에 따라서는 도저히 진화할 수 없는 너무나 놀라운 것이기 때문에 그 자체가 증거라는 것이다. 주교는 거미가 거미줄을 치는 것에 대해 베넷이 쓴 내용에 맞장구를 치며 그것을 인용했다.

그 작업을 몇 시간 동안 앉아서 지켜본 사람이라면 거미나 거미의 조상이 원래는 거미줄을 치는 건축가가 아니었다는 사실이나 거미줄이 무작위적인 변이를 통해 단계적으로 만들어질 수 있다는 생각에 회의를 품지 않을 수 없다. 파르테논 신전의 복잡한 각 부분이 아무 계획 없이 그저 대리석 조각을 차곡차곡 쌓아 올리는 것으로 정확하게 만들어질 수 있다고 생각하는 것이 과연 합리적인가?

전적으로 불가능한 일은 아니다. 나는 그것을 확고하게 믿는다. 그리고 나는 거미가 거미줄을 치는 것을 본 적이 있다.

주교는 계속해서 사람의 눈에 관해 설명하면서 '어떻게 그렇게 복잡한 기관이 진화할 수 있는가?' 라는 질문에는 답이 없음을 암시했다. 이것은 주장이 아니라 그저 불신을 확고히 하는 과정에 불과하다. 다윈이 극도의 완벽함과 복잡성을 갖춘 기관이라고 부른 것들을 우리 모두가 불신하는 밑바탕에는 두 가지 이유가 자리 잡고 있다. 첫 번째 우리는 진화가 일어날 수 있는 거대한 시간을 즉각적으로 이해할 수 없다. 자연 선택에 대해 회의를 품고 있는 대부분의 사람들도 산업 혁명 이후 다양한 종류의 나방이 어두운 색깔로 진화했다는 사실과 같은 작은 변화는 인정한다. 그러나 동시에 그것이 얼마나 보잘것없는 변화인가를 입증하려고 애쓴다. 주교가 지적했듯이 그 검은 나방은 "새로운 종"이 아니다. 나도 이것이 눈의 진화나 박쥐의 반향 위치 결정 기술에 필적할 수 없는 작은 변화라는 것은 인정한다. 하지만 나방은 그 변화를 이룩하는 데 단지 100년의 시간밖에는 사용하지 않았다. 100년이라는 세월은 사람의 수명보다 길기 때문에 우리는 긴 시간이라고 느낀다. 그러나 지질학자들에게는 그들이 일상적으로 취급하는 시간보다 1,000배 정도 짧은 시간이다!

눈은 화석으로 남지 않는다. 그래서 무(無)에서 시작하여 지금과 같은 복잡성과 완벽함을 갖춘 눈으로 진화하는 데 얼마나 많은 시간이 걸렸는지 알아낼 방도가 없다. 그러나 생각할 수 있는 시간은 수억 년이다. 선택 교배로 늑대를 개로 변화시키는 데 들인 훨씬 짧은 시간을 생각해 보라. 그리고 비교해 보라. 수백 년 혹은 기껏해야 수천 년 동안에 우리는 늑대로부터 발바리, 불도그, 치와와, 세인트 버나드를 만들어 왔다. 아! 그러나 그것들은 여전히 갯과(科)이다. 그렇지 않은가? 그것들이 다른 '종류'의 동물로 변화한 것은 아니지 않은가? 그렇다. 그런 식으로 말하는 것이 편하다면 그것들을 전부 개라고 불러도 좋을 것이다.

하지만 변화에 걸린 시간을 생각해 보라. 한 종(種)의 늑대로부터 이 모든 혈통의 개들이 진화하는 데 걸린 전체 시간을 보통 사람의 보폭이라고 가정해 보자. 그렇다면 같은 보폭으로 현생 인류에서 확실한 직립 인간으로서 가장 오래된 화석인 루시와 그녀의 동료들에게로 되돌아가기 위해서는 얼마나 걸어야 할까? 답은 약 3킬로미터이다. 그리고 지구에서 최초로 진화가 시작된 지점으로 가려면 얼마나 걸어야 할까? 런던에서 바그다드까지 꼬박 걸어야 한다. 늑대가 치와와로 변화하는 데 들어간 총 변화량을 생각해 보자. 그리고 그것을 런던에서 바그다드까지 가는 데 들어간 걸음 수만큼 제곱해 보라. 그러면 실제의 자연선택 과정에서 기대할 수 있는 변화의 총량이 얼마나 되는지를 금방 이해할 수 있을 것이다.

우리가 인간의 눈이나 박쥐의 귀 같은 매우 복잡한 기관의 진화에 대해 쉽게 의심하는 두 번째 이유는 확률 이론을 직관적으로 적용하는 데 있다. 몬테피어 주교는 레이븐의 뻐꾸기에 관한 논문을 인용했다. 뻐꾸기들은 다른 새의 둥지에 알을 낳는다. 그러면 둥지의 주인은 순진하게도 양부모 노릇을 한다. 다른 생물학적 적응들처럼 뻐꾸기의 경우도 단순한 것이 아니라 복합적인 것이다. 뻐꾸기에 관한 여러 가지 복합적인 사실들이 그들로 하여금 기생적인 생활 방식에 적합하도록 만들었다. 예를 들면 어미새는 알을 다른 새의 둥지에 낳는 습성이 있고 그 새끼는 원래 둥지에 있던 다른 알들을 둥지 밖으로 밀어내는 습성이 있다. 이 두 가지 습성이 뻐꾸기라는 족속이 기생적인 생활을 성공적으로 영위하는 것을 돕는다. 레이븐은 계속해서 다음과 같이 말했다.

개개의 과정이 전체의 성공에 필수적임을 이해할 수 있을 것이다. 각각은 그 자체만으론 쓸모가 없다. '완벽한 작품'은 전체가 동시에 이루어

져야 가능하다. 무작위적인 조합에 따라 그러한 일련의 과정들이 동시 발생할 경우의 수는 이미 언급했던 것처럼 천문학적이다.

이런 식의 주장은 원칙적으로 단순한 불신에 기초한 주장보다는 존중해 줄 만하다. 어떠한 주장이 들어맞을 통계적인 확률을 계산하는 것은 그 주장을 믿지 못하는 사람이 자신의 생각을 뒷받침하기 위해 취해야 할 정당한 방법이다. 실제 그것은 이 책에서 여러 번 써먹은 방법이다. 문제는 바르게 사용하는 것이다! 레이븐의 주장에는 두 가지 잘못이 있다. 첫째, 그 주장에는 나를 다소 짜증나게 하는 자연선택과 무작위성을 혼동하는 경향이 있다. 돌연변이는 무작위적이다. 그러나 자연선택은 무작위성의 정반대편에 있다. 둘째, '각 부분은 그것만으로는 쓸모가 없다.' 라는 말도 '진실' 이 아니다. 전체로서의 완벽함이 동시에 달성되어야 한다는 말은 거짓이다. 모든 부분이 전체의 성공에 필수적이라는 말도 사실이 아니다. 단순하고 덜 발달되었으며 반만 완성된 눈이나 귀, 음향 탐지 체계, 뻐꾸기의 기생 생활 방식 등은 전혀 없는 것보다는 낫다. 눈이 없다면 전혀 볼 수 없다. 눈이 절반만이라도 있으면 비록 초점이 맞는 정확한 영상을 얻지는 못하더라도 천적이 움직이는 대강의 방향이나마 탐지할 수 있을 것이다. 그리고 이것이 삶과 죽음의 차이를 만들어 낼 것이다. 이러한 사실들은 다음의 두 장에서 더 상세히 다룰 것이다.

3장

바이오모프의 나라

우리는 지금까지 생물이 우연히 생겨나기에는 너무 훌륭하게 설
계된, 있을 법하지 않은 존재라는 사실을 살펴보았다. 그렇다면
생물은 어떻게 존재하게 되었을까? 이 물음에 대한 정확한 답, 즉 다윈
의 답은 우연히 생겨날 수 있을 만큼 충분히 단순한 원시 형태에서 생물
이 시작해서 점진적으로 한발씩 한발씩 변화하였다는 것이다. 점진적인
진화 과정에 있는 각각의 연속적인 변화는 '그 앞의 것과 비교할 때' 우
연히 생겨날 정도로 충분히 단순한 것이었다. 그러나 최초의 출발점과
최종 산물의 복잡성을 비교하면 전체 과정은 결코 우연일 수 없다. 변화
의 축적 과정은 선택적이고 차별적인 생존을 통해 유도되었다. 이 장의
목적은 근본적으로 무작위적이지 않은 과정인 '누적적인 자연선택'의
힘을 보여 주려는 것이다.

자갈이 깔린 해변을 걷다 보면 자갈들이 아무렇게나 널려 있는 것이
아님을 발견할 수 있을 것이다. 자갈들은 해안선을 따라가며 그 크기에
따라 각각 띠를 이루고 있다. 작은 자갈로 이루어진 띠가 있는가 하면
큰 자갈로 이루어진 띠도 있다. 그 자갈들은 분류되고 배열되고 선택된
것이다. 바닷가 가까운 곳에 사는 부족은 세상이 어떤 것을 분류하고 배
열한다는 이 증거를 보고 이상하게 생각했을 것이며 아마도 그것을 설
명할 신화를 만들어 냈을 것이다. 그리고 그 신화는 단정함을 좋아하는

마음과 질서 의식을 가진 하늘에 있는 '위대한 정신'에 관한 것일 게다. 우리는 그러한 미신을 들으면 진리를 깨달은 자의 미소를 지으며 그러한 배열은 맹목적인 물리적인 힘, 즉 이 경우에는 파도의 작용에 따라 이루어진 것임을 설명할 것이다. 파도는 목적도 의도도 갖고 있지 않을 뿐만 아니라 단정함을 특별하게 좋아하지도 않는다. 아예 마음이라는 것 자체를 갖고 있지 않다. 파도는 단지 자갈들을 이리저리 굴릴 뿐이다. 큰 자갈과 작은 자갈 들은 이 작용에 대해 나름대로의 방식으로 반응한다. 해변에 있는 자갈들이 크기대로 모여 띠를 이루는 것은 그 결과일 뿐이다. 비록 사소한 것이지만 무질서로부터 질서가 나왔으며, 이 과정에는 어떠한 마음도 개입하지 않았다.

파도와 자갈이 자동적으로 질서를 만들어 내는 간단한 체계를 알아보았다. 질서를 만들어 내는 방법의 또 한 가지 단순한 예로는 구멍을 들 수 있다. 구멍보다 작은 물체만이 구멍을 통과할 수 있다. 구멍 위에 아무 물체나 올려놓고 이리저리 흔들고 굴리면 잠시 후에 구멍의 위와 아래로 물체들이 나누어지는데, 그 방식에 어떤 질서가 있음을 확인할 수 있다. 구멍 위에 모인 물체들은 아래에 모인 것들보다 클 것이고, 아래에 모인 물체들은 위에 모인 물체보다 작을 것이다. 말할 것도 없이 인류는 질서를 만들어 내는 이 단순한 원리를 이용하여 체라는 도구를 만들었고 오래전부터 그것을 사용해 왔다.

태양계는 행성과 혜성 그리고 태양 주위를 도는 암석 들로 이루어진 안정된 배열이다. 또한 아마도 우주에 무수히 널려 있는 궤도 시스템 중의 하나일 것이다. 태양의 중력에 끌려가지 않고 안정된 궤도를 유지하려면 태양에 가까운 행성일수록 더 빨리 운동해야 한다. 행성이 일정한 거리의 안정된 궤도를 유지하며 운동하기 위해서는 특정한 속도로만 운동해야 한다. 만약 다른 속도로 운동했다가는 넓은 우주 공간으로 튕겨져 나가거나 태양으로 빨려 들어가거나, 아니면 다른 궤도로 이동할 것이다. 우리가 살고 있는 태양계의 행성들을 관찰해 보자. 이럴 수가! 모든 행성들이 자신의 궤도를 안정적으로 유지하기 위한 정확한 속도로 돌고 있지 않은가! 미래를 고려한 설계가 이룬 기적이란 말인가? 아니다. 그것은 단지 자연이 만든 다른 하나의 '체'일 뿐이다. 우리가 보고 있는 태양계의 모든 행성들은 그 궤도를 유지하기 위해 아주 오래전부터 정확한 속도로 돌고 있었다. 그것은 틀림없는 사실이다. 그렇지 않았다면 우리는 태양계의 다른 행성들을 볼 수 없었을 것이다. 왜냐하면 그 궤도를 벗어났을 테니까! 그렇지만 이것이 어떤 위대한 설계자가 혜안을 가지고 설계한 증거는 확실히 아니다. 그것은 단지 다른 종류의 '체'일 뿐이다.

이처럼 단순한 질서를 만들어 내는 '체'는 그 자체만으로는 생물에서 관찰할 수 있는 거대한 질서를 설명하기에 충분하지 않다. 다이얼이 달린 자물쇠를 생각해 보자. '하나의 체'라는 단순한 여과기로 질서를 만드는 것은 단 하나의 다이얼이 달린 자물쇠를 여는 것과 같다. 그 경우 우리는 순전히 운에만 의존해도 자물쇠를 쉽게 열 수 있다. 반면 생물에서 관찰할 수 있는 질서는 거의 무한한 수의 다이얼을 가진 어마어마한 크기의 자물쇠에 비유할 수 있다. 단순한 체를 가지고 혈액 속에 있는 붉은 색소인 헤모글로빈과 같은 생체 물질을 만들어 내려고 하는 것은 헤모글로빈을 구성하고 있는 모든 종류의 아미노산을 아무렇게나 쌓아 놓고 그것들이 스스로 순전히 운에 의해 헤모글로빈 분자로 결합되기를 바라는 것과 같다. 그러한 일이 실현되려면 거의 상상할 수 없을 정도로 큰 행운이 따라야 한다. 이것은 아이작 아시모프나 다른 사람들이 사람들로 하여금 깜짝 놀라게 하기 위한 예로 자주 사용하곤 했다.

헤모글로빈 분자 하나는 아미노산들로 이루어진 4개의 사슬이 함께 모여 만들어진다. 이 사슬 4개 중 하나만을 생각해 보자. 사슬 하나는 아미노산 146개로 이루어져 있다. 생물에서 공통적으로 발견되는 아미노산은 20개이다. 물건 20개로 146개의 고리가 있는 사슬을 만드는 경우의 수는 상상할 수 없을 정도로 크다. 아시모프는 그것을 '헤모글로빈의 수'라고 부른다. 그것을 계산하기는 어렵지 않다. 그러나 그 답을 보여 주는 것은 불가능하다. 첫 번째 고리에 올 수 있는 것은 20개의 아미노산 중 어느 하나이다. 두 번째 고리에 올 수 있는 것 역시 20개의 아미노산 중 하나이다. 따라서 2개의 고리로 만들어지는 경우의 수는 20×20, 즉 400이다. 고리가 3개 있을 때의 경우의 수는 20×20×20, 즉 8,000이다. 146개의 고리로 만들어지는 경우의 수는 20을 146번 곱한 것과 같다. 이것은 정신이 아찔할 정도로 큰 수이다. 1억이라는 수는 1 뒤에 0을 8개 붙인 것이다. 1조라는 수는 1 뒤에 0을 12개 붙인 것이다. 우리가 구하려는 '헤모글로빈의 수'는 1 뒤에 0을 190개 붙인 것이다! 헤모글로빈이 운에 따라 만들어지길 바랄 때 필요한 행운이 바로 이 수만큼이다. 그리고 헤모글로빈은 생물의 복잡성을 고려할 때 단지 작은 부분에 지나지 않는다. 단순하게 걸러내는 것이나 그것만 가지고는 도저히 생물의 복잡성에 근접조차 할 수 없다. 걸러냄은 생물이 가지고 있는 질서를 만들어 내기 위해 필수 불가결한 요소이다. 그러나 그것은 이야기의 전체 줄거리와는 거리가 멀다. 다른 뭔가가 필요하다. 이야기의 요점을 설명하기 위해 '1단계' 선택과 '누적적인' 선택을 구별해야겠다. 지금까지 이야기해 왔던 단순한 걸러냄 작용들은 모두 '1단계' 선택에 속하는 예들이다. 반면 생물의 탄생은 '누적적인' 선택의 결과이다.

1단계 선택과 누적적인 선택의 가장 중요한 차이점은 다음과 같다. 1단계 선택에서는 선택되거나 따로 분류되는 것은 그것이 자갈이든 아니면 다른 것이든 한 번에 전체가 선택되거나 따로 분류된다. 반면 누적적인 선택에서는 그것들이 '새끼를 친다.' 달리 말하면 어떤 방법을 통한 첫 번째 거름 작용의 결과가 두 번째로 넘어가고 그 결과는 그 다음으로, 또 그 결과는 그 다음으로 하는 식으로 계속 넘어간다. 선택되고 분류되는 것들은 연속되는 '여러 세대'에 걸쳐 다시 선택되고 분류된다. 한 세대에서 선택된 최종 산물은 다음 세대 선택의 출발점이 되고 그러한 과정이 여러 세대에 걸쳐 반복되는 것이다. 여기서 생물책에나 나올, '번식'과 '세대' 따위의 단어를 빌려 쓴다 해도 전혀 이상할 것이 없다. 왜냐하면 생물이야말로 우리가 알고 있는 것들 중 누적적인 선택과 관련이 있는 가장 중요한 사례이기 때문이다. 실제로 그것들은 누적적인 선택의 유일한 예일지도 모른다. 그러나 당분간 그 의문은 접어 두자.

바람이 반죽하고 빚은 구름은 종종 눈에 익은 어떤 물체의 형상을 띤다. 널리 알려진 사진 중에 경비행기 조종사가 찍은 것이 있다. 그것은 하늘에서 내려다보는 제우스의 얼굴처럼 보인다. 우리는 어떤 형체, 이를테면 해마나 웃는 사람의 얼굴 등을 연상시키는 구름들을 많이 봐 왔다. 어떤 형체를 닮은 구름은 그것이 1단계 선택을 통해 생겨난 것이다. 말하자면 단 한 번의 우연의 일치로 생겨났다는 뜻이다. 따라서 그것들은 아주 인상적이지는 않다. 하늘에 떠 있는 별들이 전갈, 사자 등을 닮았다는 것도 점성술사의 예언만큼이나 시시하다. 누적적인 선택의 결과인 생물의 적응과 비교할 때 그러한 시시한 유사성을 보고 놀랄 사람은 없다. 나뭇잎을 쏙 빼닮은 나비와 분홍색 꽃을 닮은 사마귀 등을 이야기할 때 우리는 '불가사의한', '믿기지 않는', '기막힌' 따위의 표현을 쓴다. 구름이 족제비를 닮았다는 것은 옆사람의 주의를 환기시킬 만한 가치밖에는 없다. 더욱이 구름이 정확히 무엇을 닮았는가 하는 것도 금방 바뀌고 만다.

햄릿 : 낙타를 닮은 저 이상하게 생긴 구름이 보이는가?

폴로니우스 : 확실히 저것은 낙타처럼 보이는군요.

햄릿 : 다시 보니 족제비처럼 보이는데.

폴로니우스 : 그러고 보니 그것이 다시 족제비처럼 보이는군요.

햄릿 : 아니면 고래처럼 보이든가.

폴로니우스 : 고래를 꼭 닮았습니다.

누가 처음 이야기한 것인지는 모르지만, 시간만 충분하다면 원숭이가 아무렇게나 타자기를 두들겨서 셰익스피어의 모든 작품을 칠 수도 있을 것이다. 앞 문장에서 핵심이 되는 구절은 말할 것도 없이 '시간만 충분하다면'이다. 원숭이가 해야 할 일을 작은 것으로 제한하자. 셰익스피어의 작품 전체가 아니라 단지 'Methinks it is like a weasel(내가 보기에는 그것이 족제비 같다.)'라는 짧은 문장을 만들어 내야 한다고 가정하자. 원숭이에게 알파벳 26개와 하나의 스페이스바가 있는 타자기를 준다면 원숭이가 문장 만드는 일을 비교적 편하게 할 수 있을 것이다. 그게 어떤 문장이든 말이다. 그렇다면 원숭이가 이 짧은 문장 하나를 찍어 내는 데 시간이 얼마나 걸릴까?

그 문장에는 28개의 글자가 있다. 원숭이가 한 번 시행에서 타자기를 28번씩 친다고 가정하자. 그 문장을 정확히 완성하면 실험이 끝나는 것이다. 그렇지 않다면 원숭이는 계속해서 타자기를 28번씩 쳐야 한다. 나는 실험 대상이 될 만한 원숭이를 알지 못했다. 그러나 다행히도 11개월 된 나의 딸이 원숭이를 대신하여 실험 대상이 되어 주었다. 여기에 내 딸이 컴퓨터에 친 글이 있다.

UMMK JK CDZZ F ZD DSDSKSM

S SS FMCV PU I DDRGLKDXRRDO

RDTE QDWFDVIOY UDSKZWDCCVYT

H CHVY NMGNBAYTDFCCVD D

RCDFYYYRM N DFSKD LD K WDWK

JJKAUIZMZI UXDKIDISFUMDKUDXI

그러던 중 딸 아이가 다른 중요한 일을 해야 했으므로, 나는 컴퓨터를 프로그램할 수밖에 없었다

WDLDMNLT DTJBKWIRZREZLMQCO P

Y YVMQKZPGJXWVHGLAWFVCHQYOPY

MWR SWTNUXMLDLEUBXTQHNZVJQF

FU OVAODVYKDGXDEKYVMOGGSVT

HZQZDSFZIHIVOHZPETPWOVPMZGF

GEWRGZRPBCTPGOMCKHFDBGW ZCCF

컴퓨터(또는 아기나 원숭이)가 아무렇게나 타이핑하여 METHINKS IT IS LIKE A WEASEL이라고 칠 때까지 얼마나 기다려야 하는가를 계산하기는 어렵지 않다. 원숭이나 아기 또는 컴퓨터가 아무렇게나 쳐서 만들 수 있는 문장들의 전체 숫자를 생각해 보자. 그것은 헤모글로빈에서 했던 것과 같은 종류의 계산이며, 마찬가지로 매우 큰 수가 나온다. 첫 번째 자리에 올 수 있는 글자는(띄어쓰기도 글자 하나로 쳐야 하므로) 27개다. 따라서 원숭이가 첫 번째 글자로 M을 제대로 칠 확률은 27분의 1이다. 그래서 첫 번째 글자를 M으로 치고 두 번째 글자를 E로 쳐서 처음 두 글자 ME를 제대로 칠 확률은 $(1/27) \times (1/27)$, 즉 $(1/729)$이다. 첫 번

째 단어를 제대로 칠 확률은 8개 글자가 각각 $(1/27)$, 말하자면 $(1/27) \times$ $(1/27) \times (1/27) \times \cdots$, 즉 $(1/27)$의 8제곱이다. 전체 문장 스물여덟 글자를 제대로 칠 확률은 $(1/27)$의 28제곱이다. 이것은 매우 작은 확률이다. 대략 1×10^{40}분의 1에 가까운 수다. 다시 말해서 우리가 얻고자 하는 문장이 나오려면 꽤 오랜 시간을 기다려야 한다는 것이다. 셰익스피어의 작품 전체는 말할 것도 없다.

무작위적인 변화를 1단계 선택으로 걸러 내는 데에는 너무 많은 시간이 걸렸다. 누적적인 선택의 경우는 어떨까? 얼마나 더 효과적일까? 사실 비교할 수 없을 만큼 효과적이다. 천천히 되새겨 보면 확실해지겠지만, 아마 처음 생각한 것보다 훨씬 더 효과적일 것이다. 다시 컴퓨터 원숭이를 사용하겠다. 그러나 이번 프로그램은 앞의 것과 큰 차이가 있다. 이번에는 첫 단계로 28글자로 된 아무 의미 없는 문장을 하나 선택한다. 앞에서 나온 문장 하나를 예로 들어 보자.

WDLDMNLT DTJBKWIRZREZLMQCO P

이제 이 무의미한 문장이 '자손을 퍼뜨린다'. 그것은 반복해서 복제된다. 그러나 그 복제 과정에서 무작위적인 실수, '돌연변이' 가 생기는데 그 확률은 정해져 있다. 컴퓨터는 원래 문장의 자손, 즉 무의미한 돌연변이 문장을 조사한다. 그래서 목적하는 문장 METHINKS IT IS LIKE A WEASEL에 비록 아주 조금이지만 그나마 가장 가까운 문장을 고른다. 그 결과 선택된 다음 세대의 문장은,

WDLTMNLT DTJBSWIRZREZLMQCO P

이 되었다. 이렇다 할 개선점은 전혀 없다! 그러나 이런 과정이 반복되어, 다시 돌연변이 '자손'이 그 문장으로부터 '새끼를 쳐서 나오고', 새로운 '승자'가 선택된다. 이 작업이 여러 세대를 거쳐 계속된다. 10세대가 지난 후 '새끼를 치도록' 선택된 문장은,

MDLDMNLS ITJISWHRZREZ MECS P

였다. 20세대가 지난 후 그것은,

MELDINLS IT ISWPRKE Z WECSEL

가 되었다. 이제부터는 그 문장이 우리가 원하는 문장과 비슷해진다는 느낌을 받기 시작한다. 30세대가 지나면 의심할 여지가 없어진다.

METHINGS IT ISWLIKE B WECSEL

40세대가 지나면 우리가 원하는 문장과 한 글자가 틀린 문장을 얻게 된다.

METHINKS IT IS LIKE I WEASEL

결국 43세대 만에 최종적으로 원하는 문장을 얻게 된다. 두 번째 시행은 다음 문장으로 시작한다.

Y YVMQKZPFJXWVHGLAWFVCHQXYOPY

10세대가 지날 때마다 선택된 문장은 다음과 같다.

    Y YVMQKSPFfXWSHLIKEFV HQYSPY

    YETHINKSITISHLIKEFA WQYSEY

    METHINKS IT ISSLIKE A WEFSEY

    METHINKS IT ISBLIKE A WEASES

    METHINKS IT ISJLIKE A WEASEO

    METHINKS IT IS LIKE A WEASEP

원하는 문장을 34세대 만에 얻는다. 세 번째 시행은 다음의 문장으로 시작한다.

    GEWRGZRPBCTPGQMCKHFDBGW ZCCF

그리고 41세대 동안의 선택적인 번식을 통해 METHINKS IT IS LIKE A WEASEL에 도달한다.

컴퓨터가 원하는 문장에 도달하기까지 걸린 정확한 시간은 중요하지 않지만 원한다면 이야기하겠다. 점심을 먹으러 밖으로 나간 사이에 컴퓨터는 첫 번째 시행을 완료했다. 약 30분이 걸린 것이다.(컴퓨터광들은 매우 느리다고 생각할 것이다. 왜냐하면 프로그램이 컴퓨터의 유아어에 해당하는 베이직으로 작성되었기 때문이다. 프로그램을 파스칼로 다시 작성했을 때 11초가 걸렸다.) 이런 종류의 일에서 컴퓨터는 원숭이보다 약간 빠르지만 그 차이는 그다지 중요하지 않다. 중요한 것은 누적적인 선택에 따라 걸린 시간과, 같은 컴퓨터를 같은 속도로 작동시켜 1단계 선택이라는 다른 과정을 통해 원하는 문장에 도달하기까지 걸리는 시간의 차이다.

1단계 선택의 과정을 통하면 대략 10^{30}년이 걸린다. 이것은 우주 나이의 10^{18}배다. 사실은 다음과 같이 이야기하는 편이 더 정확할 것이다. 원숭이 또는 아무렇게나 글자를 치도록 프로그램된 컴퓨터가 원하는 문장을 치는 데 걸리는 시간을 우주의 나이와 비교하면 우주의 나이는 무시할 수 있을 정도로 작은 수이다. 그 수는 너무 작아서 봉투 뒷면에 계산하는 것과 같은 종류의 계산에서 생길 수 있는 오차의 범위에 충분히 들어갈 수 있는 양이다. 반면에 컴퓨터가 무작위적으로 그러나 누적적인 선택으로 같은 일을 수행할 때 걸리는 시간은 사람들이 일상적으로 이해할 수 있는 시간, 즉 짧으면 11초, 길면 점심 먹는 데 걸리는 시간 정도이다.

이렇듯 (비록 작기는 하지만 매번의 개선이 미래를 건설하는 기초가 되는) 누적적인 선택과 (매번 전혀 새로운 시도를 하는) 1단계 선택 사이에는 커다란 차이가 있다. 만약 1단계 선택에 의존해야 했다면 진화는 아예 불가능했을 것이다. 그러나 자연의 눈먼 힘이 누적적인 선택의 필요조건을 충족시켜 주었다면 진화 과정은 실현 가능한 것이다. 그것이 실제로 바로 이 지구라는 행성에서 일어난 일이다. 그리고 우리 자신은 그러한 과정이 가장 최근에 낳은 가장 기이하고 놀라운 결과물이다.

헤모글로빈의 수와 같은 계산은 마치 다윈의 이론에 대항하기 위해 사용된 듯하다. 이런 것을 여전히 여기저기서 읽을 수 있다는 사실이 놀랍다. 이러한 종류의 계산을 하는 사람들은 종종 자기 분야에서 전문가일 때가 많다. 그들의 전문 분야가 천문학이건 아니면 그 무엇이건 간에, 그들은 다윈주의가 살아 있는 생물을 확률, 즉 1단계 선택 한 가지만으로 설명했다고 믿는 듯하다. 이러한 믿음, 다시 말해 다윈이 설명한 진화는 '무작위적이다.'라는 믿음은 단순한 오해가 아니라 정확히 진실과 반대되는 것이다. 다윈의 조리법에서 확률은 별볼일없는 양념이다.

반면에 가장 중요한 요소는 절대로 무작위적이지 않은, 누적적인 선택이다.

구름은 누적적인 선택의 범주에 넣을 수 없다. 특정한 형태의 구름이 그 자신을 닮은 딸 구름을 만들어 낼 수 있는 방법이 없기 때문이다. 만약 그런 방법이 있다면, 즉 족제비나 낙타를 닮은 구름이 조잡하게나마 같은 모양을 가진 일련의 다른 구름을 만들어 낼 수 있다면 누적적인 선택이 적용될 여지가 있을 것이다. 물론 구름들도 가끔 둘로 갈라져 '딸 구름'을 만든다. 그러나 이것만으로는 누적적인 선택이 적용되기에 충분하지 않다. 어떤 구름의 자손이 오래전 조상보다도 부모를 더 많이 닮아야 한다는 조건이 또한 필요하다. 이 점은 대단히 중요한데, 최근에 자연선택 이론에 관심을 가진 몇몇 철학자들은 이 점에 대해 완전히 오해하고 있다. 거기에 더하여 주어진 구름이 생존하고 자손을 퍼뜨릴 확률 또는 가능성이 그것의 생김새에 의존한다는 전제가 또한 필수적이다. 아마 멀리 떨어진 은하들 중 어느 곳에서 이러한 조건들이 갖추어지고 그로부터 충분히 오랜 세월이 흐른다면 공기와 같은 희미한 생물이 만들어졌을 것이다. 이것은 그럴싸한 SF 소설(거기에 제목을 붙인다면 '하얀 구름')이 될 것이다. 그러나 지금은 원숭이·셰익스피어 모델과 같은 컴퓨터 프로그램 쪽이 더 이해하기 쉽다.

원숭이·셰익스피어 모델이 1단계 선택과 누적적인 선택의 차이를 설명하는 데 유용하기는 하지만 오해를 불러일으킬 수 있는 부분도 있다. 그중 한 가지가 바로 이것이다. 즉 선택적인 '번식'을 하는 각각의 세대에서 돌연변이 '자손' 문장의 선택 여부는 '먼 미래의 이상적인' 목표, 즉 METHINKS IT IS LIKE A WEASEL이라는 문장과 얼마나 닮았는가 하는 기준에 따라 판단되었다. 생물은 그렇지 않다. 진화에는 장기적인 목표 따위는 없다. 먼 미래의 목표, 선택의 기준이 될 궁극적인

 눈먼 시계공

완벽함 따위는 없다. 진화의 궁극적인 목표가 우리 인간이라는 믿음은 터무니없는 인간 허영심의 산물에 불과하다. 실제 상황에서 선택의 기준은 항상 단기적인 것이다. 그것은 단순한 개체의 생존이거나 아니면 더 일반적으로 말해서 성공적인 번식이다. 수백만 년이 흐른 뒤에 뒤돌아보았을 때 그 과정이 어떤 머나먼 목표를 향해 조금씩 앞으로 나간 것처럼 보이더라도, 그것은 언제나 단기간의 선택으로 이루어진 여러 세대에 걸친 우연적인 결과이다. '시계공', 즉 누적적인 자연선택은 미래를 알지 못하며 장기적인 목표 따위는 갖고 있지 않다.

우리는 이 점을 고려하여 컴퓨터 모델을 바꿀 수 있다. 또한 다른 점도 개선하여 더욱 실제에 가깝게 만들 수 있다. 글자와 단어는 인간만의 독특한 표현 양식이다. 따라서 컴퓨터가 문장을 만드는 대신에 그림을 그리게끔 해 보자. 아마 컴퓨터에서 돌연변이 형태가 누적적인 선택을 통해 진화하여 동물과 같은 모양으로 변하는 것을 보게 될 것이다. 프로그램에 애당초 특정한 동물 모양이 만들어져 있었을 것이라고 성급하게 판단해서는 안 된다. 오로지 무작위적인 돌연변이들의 누적적인 선택의 결과로 동물 모양이 출현하기를 바란다.

실제 자연에서 개개의 동물들의 형태는 배 발생을 통해 만들어진다. 진화가 일어나는 것은 세대가 거듭되면서 배 발생 시에 약간씩의 변이가 생기기 때문이다. 이러한 변이는 발생을 조절하는 유전자의 변화(돌연변이, 여기서 말하는 돌연변이는 무작위적이고 작은 변화이다.)에서 비롯된다. 따라서 우리의 컴퓨터 모델에도 배 발생에 해당하는 어떤 것과 돌연변이가 생길 수 있는 유전자에 해당하는 무엇이 있어야 한다. 이러한 주문을 컴퓨터 모델에 입력하는 데에는 여러 가지 방법이 있다. 그중 하나를 택해서 프로그램을 작성했다고 하자. 아마도 이 컴퓨터 모델이 뭔가를 밝혀주리라 기대되기 때문에 이에 대해서 설명을 해 보겠다. 컴퓨터에 대해 아무것도 모른다면 컴퓨터란 단지 지시를 정확히 그대로 따르는 기계, 그러나 가끔 놀라운 결과를 보여 주는 기계라는 사실만 기억하면 된다. 컴퓨터에게 순차적으로 지시하는 명령들의 집합을 프로그램이라 부른다.

배 발생은 매우 정교한 과정이기 때문에 작은 컴퓨터를 가지고 배 발생을 사실적으로 시뮬레이션하기는 너무나 힘들다. 그래서 비슷하지만 그보다는 단순화된 것, 컴퓨터가 쉽게 따를 수 있는 간단한 그림 그리기 규칙을 만든다. 그런 다음 그것이 '유전자'의 영향으로 변화되도록 만든다. 어떤 그림 규칙을 선택해야 할까? 전산학 교재는 종종 단순한 나무의 가지 뻗기 과정으로 이루어진 이른바 '반복적인' 프로그램의 위력을 소개하고 있다. 컴퓨터는 먼저 하나의 수직선에서 작업을 시작한다. 그런 다음 그 선이 2개의 가지로 갈라지고 그 다음 각각의 가지는 다시 2개의 잔 가지로 갈라진다. 잔 가지는 다시 더 잔 가지로 갈라지고, 이런 과정이 반복된다. 성장하고 있는 나무의 모든 부분에서 같은 규칙(이 경우는 가지를 뻗는 규칙)이 적용되기 때문에 그것은 '반복적이다.' 나무가 얼마나 크게 자랐는가에는 상관없이 나무의 모든 잔가지의 끝에는 똑같은 가지 뻗기 규칙이 적용된다.

반복 횟수라는 말은 전 과정이 끝나기까지 가지를 몇 번이나 쳤는가를 의미한다. 그림 2는 컴퓨터에게 그러한 규칙을 따르도록 명령했을 때 어떤 일이 발생하는가를 보여 준다. 각각은 반복 횟수가 다를 뿐이다. 반복 횟수가 많을 경우 매우 복잡한 그림이 된다. 그러나 그림 2에서 보는 바대로 그것 역시 바로 그 단순한 가지 뻗기 규칙에 따라 만들어진 것임을 알 수 있다. 말할 것도 없이 이것은 실제 나무에서 일어나는 일이다. 참나무나 사과나무가 가지를 뻗는 형태는 복잡해 보이지만 사실은 전혀 그렇지 않다. 가지를 치는 기본 법칙은 매우 단순하다. 왜

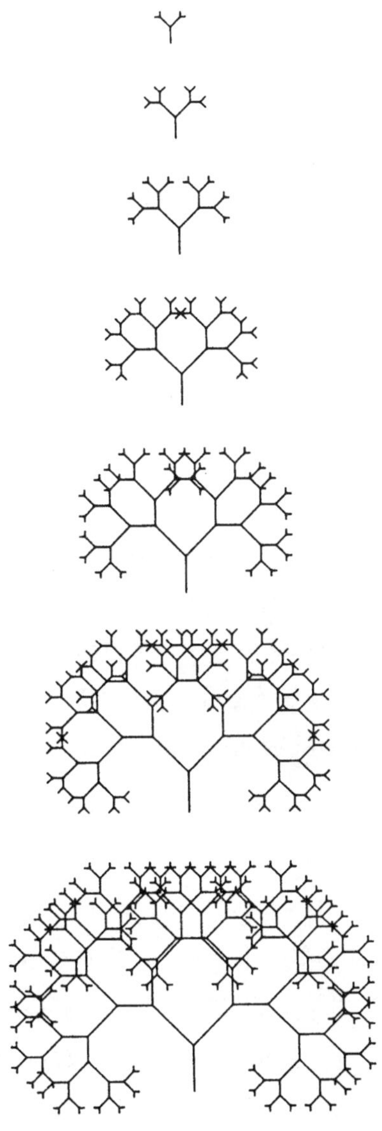

그림 2 가지가 반복적으로 뻗어 나가는 나무들

냐하면 나무의 모든 잔가지에 그 단순한 법칙이 반복적으로 적용되기 때문에(가지는 잔가지를 만들고 잔가지는 더 잔가지를 만들고 그 잔가지는 더욱더 잔가지를 만든다.) 나무 전체는 크고 무성해지는 것이다.

일반적으로 반복적인 가지 뻗기는 동물과 식물의 배 발생에 대해서도 훌륭한 비유가 될 수 있다. 이 말이 동물의 배가 나뭇가지와 같다는 뜻은 아니다. 둘은 엄연히 다르다. 그러나 모든 배아는 세포 분열로 성장하며 세포는 언제나 2개의 딸세포로 분열된다. 그리고 유전자들은 항상 세포들에 대해 국부적으로 영향을 미침으로써, 또한 세포가 둘로 분열될 때에 영향을 미침으로써 신체에 대한 최종적인 효과를 나타낸다. 동물의 유전자들은 몸 전체의 청사진, 즉 전체 계획이 결코 아니다. 앞으로 살펴보게 되겠지만, 유전자들은 청사진보다는 조리법에 가깝다. 게다가 발생 중인 배 전체가 아니라 각각의 세포, 또는 분열 중인 세포들의 국부적인 집합들이 이 조리법을 따른다. 배 그리고 나중의 성체가 전체적인 큰 형태를 갖는다는 사실을 부정하는 것이 아니다. 그러나 이 전체적인 큰 형태는 작고 국부적인 세포들이 미치는 효과들이 모여 이루어졌으며 이 국부적인 효과들은 기본적으로 두 갈래 가지 뻗기, 즉 세포가 두 개의 딸세포로 분열하는 형태로 이루어졌다는 것이다. 유전자들이 궁극적으로 성체의 몸에 영향을 미칠 수 있는 것은 이 국부적인 사건들에 영향을 미치기 때문이다.

이제 나무를 그려 내는 이 단순한 가지 뻗기 규칙은 배 발생에 대해서도 만족할 만한 비유인 것처럼 보인다. 그래서 우리는 그것을 하나의 작은 공정으로 묶어 발생이라고 표시했다. 그리고 진화라고 이름 붙인 더 큰 프로그램에 집어넣었다. 이 더 큰 프로그램을 기술하기 위해 거쳐야 할 첫 번째 단계로 우선 유전자를 주목해 보자. 우리가 사용할 컴퓨터 모델에서 어떻게 '유전자'를 표현할 것인가? 실제 상황에서 유전자는 두 가지 일을 한다. 유전자는 배 발생에 영향을 미치고 다음 세대로 이동한다. 실재하는 동물과 식물은 수만 가지의 유전자를 가지고 있다. 그러나 우리의 컴퓨터 모델에서는 9개로 제한할 것이다. 9개의 유전자는 컴퓨터에서 숫자에 의해 표시되는데, 우리는 그 수를 '값'이라 부를 것이다. 이를테면 특정한 유전자의 값은 4 또는 −7로 불릴 것이다.

그럼 이제 이 유전자들을 어떻게 발생에 영향을 미치도록 만들 수 있을까? 이것들이 할 수 있는 일은 많다. 기본적인 생각은 그것들이 그림 그리기 규칙에 작지만 어떤 정량적인 영향을 미친다는 것이다. 가령 어떤 유전자는 가지를 뻗는 각도에 영향을 미친다. 다른 유전자는 어떤 특정한 가지의 길이를 변화시킨다. 유전자가 담당한 다른 중요한 요소로 반복 횟수, 즉 가지 뻗는 횟수가 있다. 유전자 9가 그것을 담당하도록 프로그램했다. 그래서 그림 2를 볼 때, 거기에 그려진 7개의 그림이 유전자 9를 제외하고는 서로 동일한, 연관된 생물들이라고 생각해도 무방하다. 나머지 8개의 유전자가 각각 어떤 역할을 하는지 시시콜콜하게 설명하지는 않겠다. 그림 3을 자세히 살펴보면 그것들이 하는 역할이 어떤 '종류'인지 대강 짐작할 수 있을 것이다. 그림의 한가운데 있는 것이 기본이 되는 나무인데, 이것은 그림 2에 있는 것 중 하나다. 그 주위에 8개의 나무가 있는데 이들은 하나의 유전자를 제외하면 기본이 되는 나무와 똑같다. 어떤 유전자가 변했나 하는 것은 8개의 나무에서 모두 다르지만 어쨌든 한 가지 유전자에 돌연변이가 일어났다는 것 빼고는 가운데 있는 나무와 모든 면에서 동일하다. 가령 가운데 나무를 기준으로 오른쪽에 있는 나무는 유전자 5의 값이 +1만큼 증가했을 때 무슨 일이 일어나는지를 보여 준다. 여백이 충분했다면 나는 가운데 있는 나무 둘레에 18개의 돌연변이를 그려 놓으려고 했다. 왜 하필 18개인가? 그것은 유전자가 9개이고 각각이 양의 방향(원래의 값에 1을 더한다.)과 음

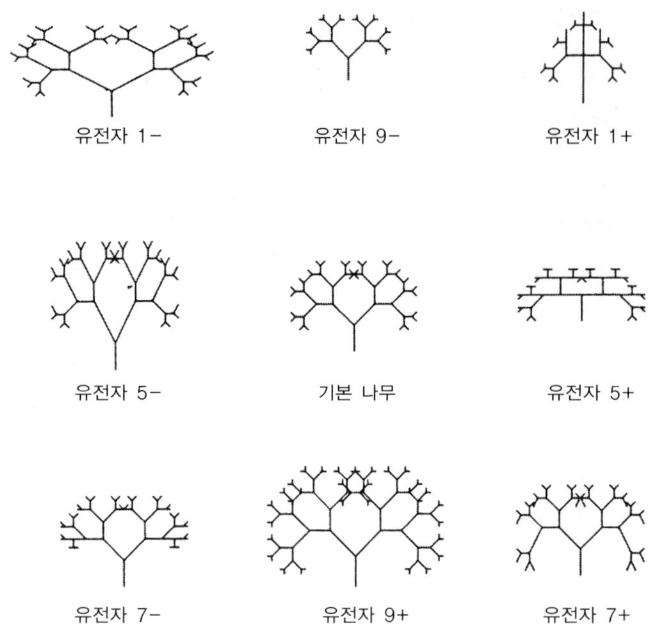

그림 3 기본 나무에서 가지 뻗은 횟수만을 달리한 나무들

의 방향(원래의 값에서 1을 뺀다.)으로 돌연변이를 일으킬 수 있기 때문이다. 그래서 18개의 그림이면 하나의 기본 나무에서 얻을 수 있는 1단계 돌연변이를 모두 나타낼 수 있다.

이 각각의 나무들은 모두 고유의 단일한 '유전 형식(genetic fomula)', 즉 9개 유전자가 갖는 고유의 값을 갖고 있다. 여기서 그 유전 형식을 기술하지는 않을 것이다. 그 자체로는 아무런 의미도 없기 때문이다. 실제의 유전자에서도 마찬가지이다. 유전자들은 단백질 합성이라는 과정을 통해, 발생 중인 배의 성장 규칙(growing rule)으로 번역되었을 때 비로소 의미를 갖기 시작한다. 그리고 컴퓨터 모델에서도 마찬가지로 9개 유전자의 값들은 가지를 뻗는 나무 그림의 성장 규칙으로 번역되었을 때에만 어떤 의미를 갖는다. 그러나 우리는 특정 유전자가 달라진 두 개체의 몸을 비교함으로써 각각의 변한 유전자가 무엇인가에 대한 단서를 얻을 수 있다. 예를 들어 가운데 있는 기본 나무와 양옆에 있는 2개의 나무를 비교해 보라. 그러면 유전자 5가 어떤 역할을 하는지 어렴풋하게나마 알 수 있을 것이다.

사실 유전학자들도 이와 똑같은 일을 한다. 유전학자들은 대개 유전자들이 어떻게 배 발생에 효과를 발휘하는지 알지 못한다. 더군다나 동물의 완전한 유전 형식도 알지 못한다. 그러나 어떤 하나의 유전자가 변한 것이라고 알려진 2개의 성체를 비교함으로써 그 유전자가 나타내는 효과를 이해할 수 있는 것이다. 유전자들의 효과는 각각의 단순한 합보다 더 복잡한 방식으로 상호 작용하기 때문에 이해하기 힘들다. 컴퓨터가 만드는 나무에서도 마찬가지다. 다음에 나올 그림에서 훨씬 더 많은 것을 알 수 있다.

자세히 살펴보면 모든 그림의 형태가 좌우 대칭이라는 사실을 발견할 수 있을 것이다. 이것은 내가 발생 과정에서 그렇게 되도록 고정해 놓았기 때문이다. 부분적으로는 심미적인 이유에서였고, 부분적으로는 필요한 유전자의 숫자를 제한하려는 경제적인 이유에서였다.(만약 유전자가 나무의 좌우에 똑같은 거울상 효과를 발휘하지 않는다면 왼쪽에 필요한 유전자와 오른쪽에 필요한 유전자가 따로 있어야 한다.) 또 부분적으로는 실제 동물을 닮은 형태가 만들어지길 바랐기 때문이다. 대부분의 동물들이 좌우대칭이 아니던가? 그렇기 때문에 나는 지금부터 그 형태들을 '나무'라고 부르지 않을 것이다. 대신 '신체' 또는 '바이오모프(biomorph, 생물 모양을 나타낸 장식적 형태 | 옮긴이)'라고 부를 것이다. 바이오모프라는 말은 데스먼드 모리스가 자신의 초현실주의적 그림 속에 있는 어렴풋이 동물을 닮은 형태를 지칭하기 위해 만들어 낸 말이다. 나는 그 그림들을

보고 굉장한 감동을 받았으며, 그것들 중 하나를 내 첫 책의 표지 그림으로 사용했다. 데스먼드 모리스는 그의 바이오모프들이 자신의 마음속에서 진화한다고 말했다. 그리고 그들의 진화는 연속되는 그림을 통해 추적할 수 있다고 했다.

컴퓨터가 만든 바이오모프로 되돌아가자. 가능한 18개의 돌연변이들 중 대표적인 8개가 그림 3에 그려져 있다. 각각의 바이오모프는 중앙의 바이오모프로부터 1단계 돌연변이만 일으킨 것이기 때문에 중앙에 있는 부모의 자식들로 생각할 수 있다. 발생과 마찬가지로 번식에 해당하는 작은 프로그램이 있어서, **진화**라는 큰 프로그램의 일부를 차지하고 있다. 번식에 관해서는 두 가지를 주목할 필요가 있다. 첫째 성(性)이 없다는 것이다. 다시 말해서 번식의 형태는 무성 생식이다. 그래서 나는 그 바이오모프가 암컷이라고 생각한다. 왜냐하면 단위생식을 하는 진딧물과 같은 동물은 거의 대부분 기본 형태가 암컷이기 때문이다. 둘째 돌연변이는 항상 한 번에 하나씩만 일어나도록 했다는 것이다. 자식은 부모와 비교해서 9개의 유전자 중 단지 하나만 다를 뿐이다. 더욱이 모든 돌연변이는 부모가 갖고 있는 해당 유전자의 값에 +1 또는 −1을 더하는 것이다. 이 두 가지는 임의로 정한 것일 뿐이다. 실제의 생물학적인 상황과 완전히 같지는 않겠지만 여전히 사실적이다.

다음에 설명하는 모델은 앞의 두 가지 가정이 들어맞지 않지만 생물학의 기본 법칙을 고스란히 간직하고 있다. 자식들의 형태는 부모의 형태에서 직접적으로 유래되지 않는다. 자식들은 각자가 가진 9개의 유전자(각도, 길이 등에 영향을 미치는 유전자)의 값으로부터 자신의 형태를 얻는다. 그리고 자식들이 가지고 있는 9개 유전자는 부모가 가진 9개 유전자로부터 얻은 것이다. 이것이 실제 세계에서 일어나는 일이다. 신체는 세대에서 세대로 전해지지 않는다. 전해지는 것은 유전자이다. 유전자들은 그들이 자리 잡고 있는 신체의 배 발생 과정에 영향을 미친다. 그런 다음 같은 유전자들이 다음 세대로 전해지기도 하고 전해지지 않기도 한다. 유전자의 성질은 그들이 자리 잡은 신체의 발생 과정에 참여했는가 하지 않았는가에 영향을 받지 않는다. 그러나 그들이 만든 신체의 성공 여부에 따라 다음 세대로 전해질 가능성이 영향을 받는다. 컴퓨터 모델에서 발생과 번식이라는 2개의 과정을 2개의 독립된 프로그램으로 작성하는 중요한 이유가 이것이다. 번식이 발생을 통해서 유전자의 값을 다음 세대로 전하며 또한 발생 과정 동안 성장 규칙에 영향을 끼친다는 것을 제외하면 두 과정은 서로 독립되어 있다. 발생은 절대로 유전자 값을 번식에 되돌려 주지 않는다. 그렇게 된다면 그것은 라마르크주의에 해당할 것이다.(11장을 보라.)

2개의 프로그램에 각각의 기준들을 정리하고, 거기에 발생과 번식이라고 표시를 하자. 번식은 돌연변이가 일어날 확률과 함께 유전자를 다음 세대로 물려준다. 발생은 번식을 통해 주어진 유전자들을 받아서 그림을 그리는 동작으로 번역한 다음 컴퓨터 화면상에 신체의 그림을 나타낸다. 이제 2개의 프로그램을 진화라는 더 큰 프로그램에 합칠 때가 되었다.

진화는 기본적으로 번식의 끝없는 반복으로 이루어진다. 모든 세대에서 번식은 앞 세대로부터 유전자들을 받아 무작위적이며 조그만 실수인 돌연변이와 함께 다음 세대로 물려준다. 돌연변이는 무작위적으로 선택된 하나의 유전자가 원래 가지고 있던 값에 단순히 +1 또는 −1을 더하는 것이다. 이 말은 세대가 거듭됨에 따라 한 번에 하나씩 작은 변화들이 쌓이게 되고 결국 유전적 변이의 총량이 원래 조상과 비교하여 엄청나게 커질 수 있다는 말이다. 비록 돌연변이가 무작위적이기는 하지만, 세대가 거듭됨에 따라 축적되는 변화는 무작위적이지 않다. 한 세대의 자손은 무작위적인 방향으로 부모와 달라진다. 그러나 그 자손들 중 어느 것이 선택되어 다음 세대로 이어질 것인지는 무작위적이지 않다. 다윈의 자연선택 이론이 도입될 부분이 바로 이곳이다. 선택의 기준은 유전자들 자체가 아니라 유전자들이 발생을 통해 영향을 미친 신체의 형태다.

각각의 세대에서 유전자들은 **재생산될** 뿐만 아니라 **발생으로** 넘겨진다. 발생은 고유의 엄격한 규칙에 따라 화면 위에 적절한 신체의 모양을 그린다. 매 세대의 '자손들'(즉 다음 세대의 개체들) 전체가 화면에 나타난다. 자손들 모두는 같은 부모에서 나온 돌연변이들로 부모와 유전자 하나가 다르다. 이러한 매우 높은 돌연변이율은 컴퓨터 모델에서나 볼 수 있는 것으로 명백히 비생물적인 양상이다. 실제 세계에서 하나의 유전자가 돌연변이를 일으킬 확률은 대개 100만분의 1보다 작다. 컴퓨터 모델에 높은 돌연변이율을 입력한 이유는 보기 편하게 하기 위해서이다. 게다가 사람들은 하나의 돌연변이가 일어나는 것을 보기 위해 100만 세대를 기다릴 만큼의 참을성이 없다!

프로그램을 실행할 때에는 사람의 눈이 능동적인 역할을 한다. 즉 선택을 하는 것이다. 눈은 컴퓨터 화면 위의 자식들을 죽 훑어본 후, 다음 세대를 이어 갈 하나를 고른다. 선택된 자식은 다음 세대의 부모가 되고 동시에 화면에는 선택된 자식의 돌연변이 자식들이 나타난다. 인간의 눈은 여기서 족보 있는 개나 품평회에서 최고상을 받은 장미를 만들어 낼 때 했던 것과 정확히 같은 일을 한다. 달리 말하면 우리가 사용하는 모델은 엄밀히 이야기해서 자연선택이 아니라 인위 선택의 모델인 것이다. 성공의 기준은 실제 자연선택에서 사용되는 생존이라는 직접적인 기준이 아니다. 실제 자연선택에서 어떤 신체가 살아남는 행운을 얻었다면 그 유전자는 자동적으로 살아남게 된다. 왜냐하면 신체 속에 유전자가 들어 있기 때문이다. 따라서 살아남는 유전자는 자연히 신체가 생존하는 데 도움을 주는 자질들을 제공하는 유전자인 경향이 있다. 반면에 컴퓨터 모델에서는 선택의 기준이 생존이 아니라 인간의 변덕스러운 마음이다. 항상 변덕을 부릴 필요는 없다. 왜냐하면 수양버들을 얼마나 닮았는가 따위의 특정 자질을 선택의 기준으로 삼을 수 있기 때문이다. 그러나 내 경험에 비추어 보면 사람의 선택은 변덕스럽고 기회주의적이기 십상이다. 이 또한 실제의 자연선택과 다른 점이다.

사람은 컴퓨터에게 현재의 자손들 중 누가 대를 이어 나갈 것인가를 말해 준다. 선택된 자손이 가지고 있는 유전자들은 번식으로 넘어가고 새로운 세대가 시작된다. 이 과정은 실제의 진화처럼 끝없이 계속된다. 바이오모프의 각 세대는 앞선 세대로부터 단지 1단계의 돌연변이를 거쳐 만들어진다. 그러나 100세대의 **진화** 후 바이오모프는 원래의 조상으로부터 100단계의 돌연변이를 거친 셈이 될 것이다. 그리고 100단계의 돌연변이라면 큰 변화가 일어날 수 있다.

새로 작성한 **진화** 프로그램으로 처음 시작할 당시에는 그것이 얼마나 큰 변화를 만들어 낼 것인지 꿈도 꾸지 못했다. 내가 놀라게 된 가장 큰 이유는 바이오모프가 상당히 빠른 시간 안에 나무 모양을 벗어났기 때문이다. 양쪽으로 가지를 치는 기본 구조는 언제나 계속되었다. 그러나 금세 선과 선이 교차하여 빽빽한 색(인쇄된 그림은 단지 검은색과 흰색이지만)의 덩어리를 만들어 버렸다. 그림 4는 겨우 29세대로만 이루어진 특정 진화 과정을 보여 주고 있다. 비록 태초의 조상은 원시 수프 속에 있는 박테리아와 같은 작은 점에 불과하지만 내면에는 그림 3의 중앙에 그려진 나무의 형태를 정확히 그릴 수 있는 잠재력이 숨어 있다. 단지 그것의 유전자 9가 가지를 0번 뻗는다고 지시했을 뿐이다! 그 쪽에 그려진 바이오모프는 모두 그 작은 점에서 유래된 것이다. 그림을 한 쪽에

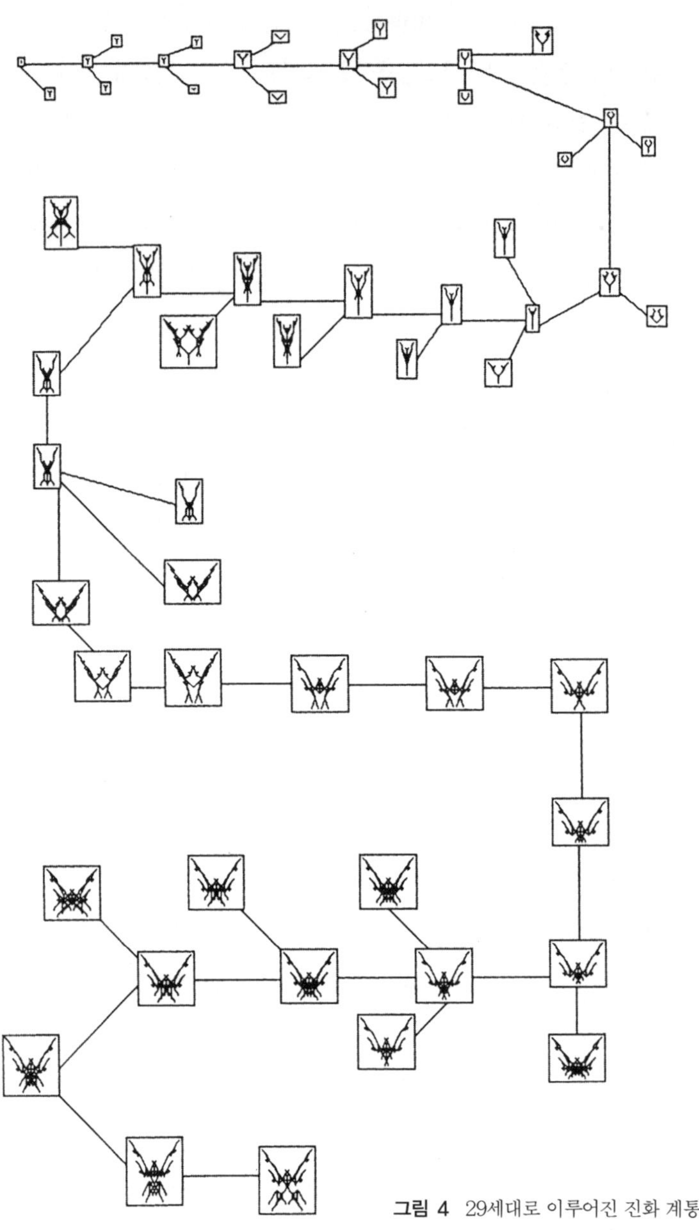

그림 4 29세대로 이루어진 진화 계통

다 그려 넣기 위해 각 세대에서 성공한 자손(즉 다음 세대의 부모가 된 것)과 성공하지 못한 자매들 중 하나 또는 둘만을 그려 놓았다. 따라서 그림은 기본적으로 나의 심미적인 선택에 의해 유도된 하나의 주요 진화 계통만을 보여 주는 셈이다. 주요 계통의 모든 단계가 나타나 있다.

그림 4에 나타난 진화 계통의 처음 몇 단계를 간단히 살펴보도록 하자. 제2대에서 최초의 점은 Y가 된다. 그 다음의 두 세대에서는 Y가 커진다. 그런 다음 양쪽의 가지가 마치 잘 만들어진 새총처럼 살짝 휘어진다. 제7대에서 가지의 휘어짐이 눈에 띄게 두드러져 2개의 가지가 거의 만날 정도가 된다. 휘어진 가지는 커져서 제8대에서는 각각이 2개의 작은 부속지를 갖게 된다. 제9대에서는 이 부속지가 다시 없어진다. 그리고 새총의 손잡이가 길어진다. 제10대는 마치 꽃의 단면처럼 보인다. 휘어진 양쪽의 가지가 중앙의 부속지 또는 '암술머리'를 둘러싸고 있는 꽃잎처럼 보인다. 제11대에서는 같은 '꽃' 모양이 더 커지고 약간 더 복잡해졌다.

더 이상의 설명은 하지 않겠다. 29세대를 거치며 어떻게 변했는지 독자들이 직접 알아보기 바란다. 각각의 세대가 부모나 자매로부터 단지 어떻게 조금씩 다른지 주의해서 살펴보아라. 각각이 부모와는 약간 다르기 때문에 조부모(그리고 손자)와는 단지 약간 '더' 다르리라고 예상할 수 있으며, 증조부모(그리고 증손자)와는 조금 더 다르리라고 예상할 수 있다. 비록 돌연변이율을 크게 잡아서 진화 속도를 비사실적으로 빠르게 했지만 이것이 바로 '누적적인' 진화라는 것이다. 이것(비사실적으로 빠른 진화 속도) 때문에 그림 4가 개체들의 족보라기보다는 '종'들의 족보처럼 보이지만 그 원리는 마찬가지다.

프로그램을 작성할 때, 나는 그것이 나무 모양의 변형 이외의 어떤 것으로 진화하리라고는 꿈에도 생각하지 못했다. 그저 수양버들이나 레바논의 삼나무, 양버들, 해조류, 그리고 사슴뿔 모양 정도를 기대했다. 생물학자의 직관, 20년 동안의 컴퓨터 프로그래밍 경험 그리고 어설픈 예상, 그 어떤 것도 실제 화면에 무엇이 출력될지 맞히지 못했다. 과정이 진행되는 중에 정확히 언제인지는 기억하지 못하지만 그림의 형태가 곤충과 비슷한 형태로 진화할 수 있겠다는 생각이 떠오르기 시작했다. 어렴풋한 예측만으로 나는 자손들 중 곤충과 가장 비슷해 보이는 것들을 택해서 여러 세대 동안 번식시켰다. 진화하는 형태가 실제의 곤충을 닮아 감에 따라 나는 더욱 놀랐다. 그림 4의 맨 아래쪽에서 독자들은 그 결과를 볼 수 있다. 솔직히 말하면 곤충처럼 다리가 6개가 아니라, 거미처럼 다리가 8개이지만 어쨌거나 곤충을 닮았다! 눈앞에 이 우아한 형태가 나타나는 것을 처음 보았을 때 내가 얼마나 큰 환희를 느꼈을지 독자들은 모를 것이다. 마치 가슴속에서 교향시 「차라투스트라는 이렇게 말했다」(영화 「2001년—스페이스 오디세이」의 주제곡)의 첫 부분이 장엄하게 울려 나오는 것 같았다. 나는 밥을 먹을 수 없었다. 그날 밤 잠을 이루려 할 때 눈꺼풀 속에서 '내가 만든' 곤충들이 바글거렸다.

컴퓨터 게임 중에는 게이머에게 마치 지하의 미로를 헤매는 듯한 착각을 불러일으키게 만드는 것이 있다. 거기서 게이머는 복잡한 지형과 용, 미노타우로스(그리스 신화에 나오는 괴물로 사람의 몸에 소의 머리를 하고 있다. | 옮긴이), 신화에 나오는 다른 적과 마주친다. 이 게임에 나오는 괴물의 가짓수는 몇 개 되지 않는다. 그것들은 모두 프로그래머가 디자인한 것이다. 미로의 지형도 마찬가지다. 실제든 컴퓨터 모델이든 진화의 게임에서 게이머(또는 관찰자)는 계속해서 여러 갈래로 갈라지는 미로를 헤매는 듯한 느낌을 받을 것이다. 갈 수 있는 길의 가짓수는 무한하고 만날 수 있는 괴물도 미리 디자인된 것이 아니기 때문에 예측을 할 수도 없다. 바이오모프의 나라에서 물결을 따라 흘러간 여행에서 나는

그림 5 생물과 닮은 바이오모프들

아름다운 새우, 아스텍의 사원, 고딕 양식의 교회 창문, 원주민이 그린 캥거루 그림을 만났다. 그리고 기억이 나긴 하지만 다시 찾을 수는 없는 경우인데, 윈체스터 대학 논리학 교수의 얼굴과 상당히 닮은 형태를 만난 적도 있다. 그림 5는 내 개인 박물관에서 가져온 몇 가지 형태들로서 모두 같은 방법으로 만든 것이다. 이 형태들이 예술가의 영감으로 만들어진 것이 아니라는 점을 강조하고 싶다. 나는 그것들을 어떤 식으로든 건드리거나 수정한 적이 없다. 정확히 컴퓨터가 진화시켜 만들어 낸 것이다. 사람의 눈이 한 역할은 누적적인 진화가 이루어지는 여러 세대 동안, 무작위적인 돌연변이로 만들어진 자손들 중 어떤 것을 선택하는 일로 제한되어 있었다.

이제 우리는 원숭이가 셰익스피어의 작품을 치는 것보다 훨씬 더 사실적인 진화의 모델을 갖게 되었다. 그러나 바이오모프 모델에는 여전히 결함이 있다. 누적적인 선택의 힘이 거의 무한한 종류의 생물과 비슷한 형태를 만들어 낼 수 있음을 입증했지만, 거기에는 자연선택이 아닌 인위 선택이 개입했다. 바로 사람의 눈이다. 사람의 눈을 배제하고 생물학적으로 사실적인 어떤 기준을 기초로 컴퓨터 스스로가 선택하도록 프로그램할 수 있을까? 이것은 보기보다는 어려운 일이다. 왜 그런지를 설명하는 데 약간의 지면을 할애하는 것도 가치 있는 일일 것이다.

모든 동물의 유전자를 해독할 수 있는 특정한 유전자 형식을 선택하는 것은 매우 쉬운 일이다. 그러나 자연선택은 유전자를 직접적으로 선택하는 것이 아니라, 유전자들이 신체에 미친 **효과**, 학술적인 용어로 '표현형에 미치는 효과'를 선택하는 것이다. 수많은 품종의 개, 젖소, 비둘기를 번식시킬 때 입증된 것처럼(나는 그림 5에서도 입증되었다고 생각하고 싶다.) 사람의 눈은 표현형에 미치는 효과를 선택하는 데 익숙해 있다. 컴퓨터가 표현형에 미친 효과를 직접적으로 선택하게 하려면 매우 정교한 형태 인식 프로그램을 작성해야 한다. 형태 인식 프로그램은 구할 수 있다. 그것들은 인쇄된 것, 심지어 손으로 쓴 것도 읽을 수 있다. 그러나 그러한 프로그램들은 아주 난해한 '예술의 경지'에 이른 것으로서 매우 크고 빠른 컴퓨터가 필요하다. 내가 갖고 있는 64킬로바이트 컴퓨터가 그러한 형태 인식 프로그램을 충분히 수행할 능력이 있다고 하더라도, 그리고 내가 프로그램을 작성할 능력이 있다 하더라도 나는 그 일로 방해를 받고 싶지는 않다. 그 일은 사람의 눈과 두개골 속에 있는 10기가바이트(1기가는 10억) 뉴런 컴퓨터(더 중요한 것은 이것이다.)를 이용하면 더 잘 수행할 수 있는 일이다.

컴퓨터가 모호하고 광범위한 판단 기준, 이를테면 길고 가는 것과 짧고 뚱뚱한 것, 그리고 곡선미나 날카로움, 심지어 로코코 양식 따위를 선택하도록 만드는 것은 매우 어려운 일이지만 불가능한 일은 아닐 것이다. 한 가지 방법은 컴퓨터가 사람들이 앞서서 좋아했던 어떤 **종류의** 성질을 기억하도록 프로그램하는 것이다. 그리고 장차 있을 선택의 기회에 같은 종류를 선택하는 것이다. 그러나 그런다고 **자연선택**에 한 발이라도 더 가깝게 다가가는 것은 아니다. 가장 중요한 점은 암공작이 수공작을 선택할 때처럼 특별한 경우를 제외하고 자연은 선택을 하기 위해 뭔가를 복잡하게 따져 보거나 계산하지 않는다는 점이다. 자연선택은 단도직입적이고 명확하며 단순하다. 자연선택은 사신(死神)이다. 물론 죽음을 면하고 살아남는 이유들은 결코 단순하지 않다. 자연선택이 동물과 식물 들을 엄청나게 복잡하게 만들 수 있었던 이유가 바로 이것이다. 그러나 죽음 자체는 매우 조잡하고 단순하다. 그리고 자연 상태에서 선택적인 죽음은 전적으로 표현형을, 그래서 거기 담긴 유전자들을 선택한다.

컴퓨터를 가지고 재미있게 자연선택을 시뮬레이션하기 위해서는 로코코 양식 따위나 시각적으로 정의된 다른 모든 성질을 기억 속에서 지워 버려야 한다. 대신 선택적인 죽음을 시뮬레이션하는 데 온 정신을 집중해야 한다. 바이오모프들은 컴퓨터 속에 조성된 혹독한 환경 조건과 상호 작용을 해야 한다. 그것들이 가진 형태의 어떤 특징이 그 환경 조건에서 그것들의 생과 사를 결정할 것이다. 이상적으로 말하자면 그 혹독한 환경 조건에는 다른 바이오모프, 즉 '포식자', '먹이', '기생체', '경쟁자' 등이 포함되어야 한다. 이를테면 먹이가 되는 바이오모프의 특정한 모양은 특정한 형태의 포식자 바이오모프에 붙잡힐지 아닐지를 판단하는 기준이 될 것이다. 그러한 판단 기준은 프로그래머가 설정해서는 안 된다. 여러 가지 형태의 바이오모프들이 저절로 생겨난 것과 마찬가지로 그러한 판단 기준들도 저절로 생겨나야 한다. 그렇게 되면 컴퓨터에서 일어나는 진화는 진정으로 자연에서 일어나는 진화를 닮아 가게 될 것이다. 왜냐하면 거기서 생겨나는 조건들은 결국 먹이와 포식자 모두가 스스로를 강화하는 '군비 확장 경쟁'에 접근할 것이기 때문이다.(군비 확장 경쟁에 대해서는 7장을 보라.) 그리고 나는 그 모든 것이 어디서 끝나게 될지 감히 상상하지 않겠다. 불행하게도 그러한 모형의 세계를 구축하는 것은 나의 프로그래밍 실력으로는 어림없는 일이다.

시중에 널리 유통되고 있는 소란스러운 게임인 스페이스 인베이더나 그 아류의 게임을 개발하는 프로그래머 정도라면 그 일을 훌륭히 할 수 있을 것이다. 이들 게임에서는 모형의 세계가 시뮬레이션된다. 거기에는 어쩌다가 3차원의 지형도 있고, 빠르게 지나가는 시간이라는 차원도 있다. 시뮬레이션되는 3차원 공간에서 물체들은 소음을 내면서 주변을 비행하고, 서로 충돌하며, 서로 쏘아 떨어뜨리거나 서로 잡아먹는다. 더 훌륭한 점은 조이스틱을 조작하는 게이머가 자신이 그 세계의 일부가 된 듯한 강한 환상을 갖게 된다는 것이다. 이러한 종류의 프로그램이 절정을 이룬 것은 비행기나 우주선 조종사를 훈련시키는 모의 항법 장치라고 생각한다. 그러나 이러한 프로그램들도 복잡한 모형 생태계에 놓인 포식자와 먹이 간의 군비 확장 경쟁을 시뮬레이션하는 프로그램에 비하면 새발의 피다. 어쨌거나 그것은 확실히 실현될 수 있는 것이다. 도전해 보겠다는 의욕을 느끼는 전문적인 프로그래머가 있다면, 나는 그 사람으로부터 조언을 듣고 싶다.

한편 그것보다 훨씬 쉬운 것이 있는데, 여름이 되면 시험해 볼 작정이다. 컴퓨터를 정원의 그늘진 곳에 둔다. 모니터는 컬러 모니터를 쓴다. 내게는 이미 형태를 조절하는 데 9개의 유전자를 사용하는 것과 같은 방법으로, 색깔을 조절하는 데 몇 개의 '유전자'를 사용하는 프로그램이 있다. 먼저 다소 간단하고 밝은 색깔을 가진 어떤 바이오모프에서 시작할 것이다. 동시에 컴퓨터는 그 바이오모프와 모양이나 색깔이 다른 돌연변이 자손들을 만들어 낼 것이다. 틀림없이 꿀벌이나 나비 그리고 다른 곤충들이 화면을 찾을 것이다. 그 곤충들은 화면에 그려진 여러 바이오모프들 중 어떤 특정한 것에 몰려듦으로써 그 부분에 있는 바이오모프를 '선택'할 것이다. 선택된, 즉 곤충이 가장 선호하는 바이오모프를 번식시켜 다음 세대의 돌연변이 자손들을 화면에 나타낸다.

나는 세대가 숱하게 교체되면 실제의 야생 곤충들이 컴퓨터 꽃들의 진화를 유도할 것이라는 커다란 희망을 품고 있다. 만약 그렇게 된다면, 컴퓨터가 그린 꽃들은 야생의 세계에서 꽃들의 진화를 유도한 것과 정확히 같은 자연선택압에 따라 진화한 셈이 된다. 곤충들이 가끔 여자들의 옷에 그려진 밝은 색깔의 무늬로 날아든다는 사실(이러한 사실은 체계적인 실험을 통해 입증되었고 또한 책으로 출판되었다.)을 생각할 때 내 희망이 터무니없는 것은 아니라고 생각한다. 훨씬 더 흥미있는 다른 가능성도 있다. 즉 야생의 곤충들이 곤충과 비슷한 형태의 진화를 유도할 수도 있다는 것이다. 이것에 관한 선례(그래서 내가 희망을 갖는 근거가 되기도 한다.)는 과거에 꿀벌들이 벌난초(꽃의 순판(脣瓣, 입술꽃부리) 형태가 벌을 닮은 난초 | 옮긴이)의 진화를 유도했다는 사실이다. 수벌들은 벌난초가 여러 세대를 거치며 누적적인 진화를 하는 동안 꽃과 교미하려고 애썼다. 그 결과 꽃가루를 운반해 주었고, 난초는 벌을 닮은 모양을 완성한 것이다. 그림 5에 있는 '벌난초'의 색깔을 상상해 보라. 독자가 만약 벌이라면 그것에 유혹당하지 않겠는가?

그러면서도 한편 걱정되는 것이 있는데, 그것은 곤충의 시각이 사람과 다르다는 사실이다. 비디오 화면은 꿀벌의 눈이 아닌 사람의 눈에 맞춰 설계된 것이다. 이것은 비록 사람과 꿀벌 양쪽 모두가 나름의 방법으로 실제의 벌난초를 볼 수 있다고 해도, 꿀벌은 비디오 화면에 나타난 난초를 전혀 보지 못할 수가 있음을 뜻한다. 꿀벌들은 625개의 주사선 외에 아무것도 볼 수 없을지도 모른다! 그럼에도 불구하고 이 실험은 시도할 만한 가치가 있다. 아마도 이 책이 출판될 때쯤에는 그 답을 알 수 있을 것이다.

'컴퓨터는 깡통이다.' 라는 상투적인 표현이 있는데, 이것은 컴퓨터로 부터는 입력한 것 이상의 어떤 결과도 얻지 못한다는 말이다. 컴퓨터는 정확히 지시받은 것만을 수행할 뿐이므로 결코 창조적이지 않다는 뜻이다. 이러한 상투적인 표현이 셰익스피어가 그의 초등학교 선생님이 가르쳐 준 단어를 쓰는 것 외에 아무것도 한 일이 없다는 식의 천박한 의미라면 그것은 사실이다. 나는 컴퓨터에 **진화**를 프로그램해서 입력하였다. 그러나 내가 곤충을 설계하지는 않았다. 전갈도, 전투기도, 달착륙선도 설계한 바 없다. 나는 그것들이 출현하리라고 전혀 예상하지 못했다. 따라서 '출현' 이라는 단어가 제대로 된 의미를 갖게 된다. 실제로 나는 어떤 거시적인 안목을 가지고 그들의 진화를 유도하기 위한 선택을 한 것이 아니고, 매 단계마다 무작위적인 돌연변이를 통해 생겨난 적은 수의 자손 중에서 제한된 선택을 하였다. 그리고 나의 선택 '방법'은 말 그대로 기회주의적이고 변덕스러우며 단기적인 것이었다. 자연선택과 마찬가지로 나도 어떤 먼 미래의 목표를 염두에 둔 것이 아니었다.

내가 먼 미래의 목표를 겨냥하여 그것을 추구하려고 애썼던 일이 있는데 그 일에 대해 이야기해 보자. 그전에 먼저 고백해야 할 것이 있다. 날카로운 안목을 가진 독자라면 벌써 눈치 챘을 것이다. 그림 4에 나타난 진화의 역사는 다시 작성된 것이다. 그것은 내가 처음 보았던 '나의' 곤충(도킨스가 '나의' 곤충이란 표현을 쓴 것은 그 곤충이 다리가 8개 있는 등 실제의 곤충과 다르기 때문이다. | 옮긴이)이 아니다. 처음 '나의' 곤충들이

팡파르를 울리며 등장했을 때, 그것들의 유전자를 기록해 둘 방법이 없었다. 컴퓨터 화면상에 있었지만 나는 가질 수 없었다. 그것들의 유전자를 해독할 수 없었던 것이다. 컴퓨터를 끄지 않고 저장할 방법을 생각해 내려고 머리를 짜내었지만 어쩔 도리가 없었다. '나의' 곤충들의 유전자들은 실제 유전자와 마찬가지로 너무 깊숙한 곳에 묻혀 있었다. 몸뚱이를 프린터로 찍어 낼 수는 있었지만, 유전자는 잃어버렸다. 유전 형식을 사용자가 볼 수 있는 기록으로 남겨 놓도록 즉시 프로그램을 개선했지만 이미 때는 너무 늦었다. 나는 내 곤충을 잃어버린 것이다.

'나의' 곤충들을 '찾기 위해' 다시 시작했다. 그것들은 분명 진화의 결과로 나타났기 때문에 다시 진화하여 출현하는 것은 틀림없이 가능한 일이었다. 그러나 잃어버린 암호문처럼 '나의' 곤충들은 나를 괴롭혔다. 나는 이상한 생물과 물건으로 가득 찬 끝없는 땅덩어리를 옮겨 다니며 바이오모프의 나라를 헤매었지만 끝끝내 내 곤충들을 되찾을 수 없었다. 그것들이 틀림없이 어딘가에 숨어 있을 것이라는 사실은 알고 있었다. 또한 처음 진화가 시작된 때의 유전자들도 알고 있었다. '내' 곤충의 몸뚱이가 그려진 그림도 가지고 있었다. 심지어 하나의 점으로부터 시작하여 조금씩 변해 가면서 결국은 곤충의 몸뚱이에 이르게 되는 진화 과정의 그림까지 가지고 있었다. 그러나 나는 그것들의 유전 형식을 알지 못했던 것이다.

독자들은 그 진화 과정의 경로를 다시 만드는 일이 쉬울 것이라고 생각할지 모른다. 하지만 그렇지 않다. 앞에서도 이야기했지만 그 이유는 이렇다. 비록 9개의 유전자가 변화할 뿐이지만, 진화 경로가 길어지면 거기서 만들어질 수 있는 바이오모프의 숫자는 천문학적이다. 바이오모프의 나라를 순례하는 동안 '나의' 곤충의 부모와 비슷한 형태를 여러 번 만났던 것 같다. 그러나 그때마다 진화 수행자로서 최선의 노력을 기울였음에도 불구하고, 잘못된 경로로 빠져 들었음이 드러나고는 했다. 바이오모프의 나라를 헤매다 결국은 그것들을 다시 찾아냈다.(처음 '나의' 곤충을 발견했을 때에 비하면 이 경우에는 승리라는 의미를 붙이기에는 너무 하찮은 감이 있다.) 나는 그것들이 정확히 원래의, 즉 '잃어버린 차라투스트라 화음'의 곤충들인지, 아니면 겉모양만 '수렴'(4장을 보라.)한 것인지 알지 못했다.(지금도 알지 못한다.) 그러나 다시 찾은 것들은 원래의 것과 같다고 생각될 만큼 훌륭했다. 이제 실수란 없다. 나는 유전 형식을 기록했고, 이제 원하면 언제든지 그 곤충들을 '진화' 시킬 수 있다.

내용을 약간 극적으로 과장한 감이 있지만 진지하게 짚고 넘어가야 할 게 있다. 컴퓨터에 프로그램을 집어넣어 컴퓨터가 무엇을 어떻게해야 할지 자세하게 지시한 것은 내가 한 일이지만 진화해 나올 동물들을 설계한 것은 결코 내가 아니라는 점이다. 나는 그것들을 처음 보았을 때 깜짝 놀랐다. 따라서 진화를 조정하는 데 있어서 나는 아무런 힘이 없었으며, 심지어 어떤 특정한 진화 과정을 추적하려고 간절히 원했을 때에도 그것을 하지 못했던 것이다. 만약 내가 '나의' 곤충 그림과 그것의 진화 과정에서 나타난 완전한 계통도를 갖고 있지 않았다면, 결코 '나의' 곤충을 다시 찾을 수 없었을 것이다. 곤충의 그림과 완전한 계통도를 갖고 있었음에도 그 작업은 어렵고 지루한 것이었다. 프로그래머가 컴퓨터 안에서 일어나는 진화 과정을 조정하거나 예측할 수 없다는 사실이 역설적으로 들리는가? 컴퓨터 안에서 어떤 불가사의한 일이, 마술과 같은 일이 일어나는 것 같은가? 물론 아니다. 실제의 동물과 식물의 진화에 신비스러운 과정은 없다. 우리는 그 역설을 푸는 데 컴퓨터 모델을 사용할 수 있다. 그리고 그것으로부터 실제 진화 과정에 관한 어떤 사실을 알아낼 수 있다.

그 역설을 푸는 기초는 다음과 같을 것이다. 어떤 정해진 모양의 바이오모프들이 있다. 각각은 항상 어떤 수학적인 공간에서 자기 고유의 위치에 머물러 있다. 그렇기 때문에 유전 형식을 알기만 하면 즉시 찾을 수 있다. 또한 이 특별한 종류의 공간에 있는 그들의 이웃은 그들과 단지 하나의 유전자가 다른 바이오모프이다. 이제 나는 '나의' 곤충이 갖고 있는 유전 형식을 알고 있고, 원하면 그것들을 다시 만들어 낼 수 있다. 그리고 컴퓨터에게 어떤 임의의 출발점에서 시작하여 그것들을 향하여 '진화' 하도록 명령할 수 있다. 컴퓨터 모델을 사용한 인위 선택을 통해 새로운 생물을 진화시켰을 때, 그 일은 창조적인 것으로 느껴질 것이다. 실제로 그 일은 창조적이다. 그러나 더 엄밀하게 말한다면 사람이 한 일은 그 생물을 발견한 것일 뿐이다. 수학적인 의미에서 보았을 때 그것들은 바이오모프의 나라의 유전자 공간 속에 있는 자신의 고유한 위치에 원래부터 있었던 것이기 때문이다. 그럼에도 그 작업이 창조적인 과정이라고 한 이유는 특정한 바이오모프를 발견하는 일이 극히 어렵기 때문이다. 이유는 단순하다. 즉 바이오모프의 나라가 무지무지하게 크고 거기에 존재하는 바이오모프의 숫자가 엄청나서 거의 무한에 가깝기 때문에 아무런 목표 없이 아무렇게나 찾는 것은 불가능한 일이다. 효과적이고 창조적인 어떤 수색 방법을 도입해야 가능한 것이다.

어떤 사람들은 장기를 두는 컴퓨터가 어떤 수를 두기에 앞서 속으로 말이 움직일 수 있는 모든 방법들을 시도해 본다고 믿고 싶어 한다. 그 이유는 자기들이 컴퓨터에게 졌을 때 그렇게 믿는 쪽이 덜 속상하다는 사실을 발견했기 때문이다. 그러나 그러한 생각은 전적으로 잘못된 것이다. 장기의 말이 움직일 수 있는 길은 너무나 많아서 이기기 위해 맹목적으로 말을 움직여 어떤 위치를 찾아가려 하면 수십억 배에 달하는 공간을 헤매야 한다. 훌륭한 장기 프로그램을 작성하는 비결은 찾고자 하는 위치를 효율적으로 찾아가는 지름길을 생각해 내는 데 있다. 컴퓨터 모델에서 사용되는 인위 선택이든 실제 자연 세계에서 일어나는 자연선택이든 누적적인 선택이 효율적인 수색 방법의 한 가지다. 그리고 그 과정은 창조적인 과정과 매우 흡사하다. 결국 이것이 윌리엄 페일리가 설계에 대해 주장한 것의 의미이다. 컴퓨터 바이오모프 게임에서 사람의 역할은 학술적으로 말해서 수학적인 의미로 발견되기를 기다리고 있는 동물들을 찾는 일이 전부이다. 그런데 그 작업이 예술적인 창조의 과정으로 느껴지는 것이다. 사실 단지 몇 개만 들어 있는 좁은 공간을 수색하는 작업은 창조적인 과정으로 느껴지지 않는다. 종지에 들어 있는 콩을 찾는 놀이 같은 것 말이다. 물건을 마구잡이로 뒤집어 보거나 이리저리 건너뛰는 것은 대개 찾는 공간이 작을 때나 적합한 방법이다. 찾는 공간이 커지면 더욱더 정교한 수색 방법이 필요하게 되고 수색 공간이 충분히 커지면 효율적인 수색 방법은 진정한 창조와 구별할 수 없게 된다.

컴퓨터 바이오모프는 이 점을 잘 설명하고 있다. 그리고 그 모델은 장기에서 이길 수 있는 전략을 세우는 것처럼 인간이 만들어 내는 창조적인 과정과, 눈먼 시계공, 즉 자연선택이 만들어 내는 진화적인 창조를 비교하여 이해하는 데 도움이 된다. 이것을 이해하기 위해 바이오모프의 나라라는 개념을 수학적인 '공간' 개념으로 발전시켜 보자. 그 공간에는 바이오모프의 다양한 변종들이 끝없이, 그러나 질서정연하게 늘어서 있고, 또 모든 바이오모프들은 자신의 정확한 위치에 놓여 있어서 발견되기를 기다리고 있다. 그림 5에 있는 17개의 형태들은 자기만의 특정한 자리가 있는 것은 아니다. 하지만 바이오모프의 나라에서는 유전형식에 따라 정해지는 고유한 위치를 점하고 있고 특정 이웃들에 의해 둘러싸여 있다. 바이오모프의 나라에 있는 모든 바이오모프들은 서로의 공간적인 관계가 엄밀히 결정되어 있다. 이것은 무엇을 뜻하는가? 공간적인 위치에 어떤 의미를 부여할 수 있다는 말인가?

우리가 논의하고 있는 공간은 유전자 공간이다. 각각의 동물들은 유전자 공간에서 각자의 위치가 있다. 유전자 공간에서 가까이 있는 이웃들은 단지 하나의 유전자에 돌연변이가 생겨서 달라진 동물들이다. 그림 3에서 가운데 있는 기본이 되는 나무는 유전자 공간에서 18개의 이웃들로 둘러싸여 있는데, 그림에는 그중 8개만을 그려 놓았다. 우리가 사용한 컴퓨터 모델의 규칙에 따르면, 어떤 동물을 둘러싸고 있는 18개의 이웃들은 그 동물에서 생겨날 수 있는 자손들을 의미한다. 동시에 그 동물을 낳을 수 있는 부모들이다. 한 칸을 건너면 각각의 동물들은 324개(18×18, 논의를 간단히 하기 위해 역돌연변이는 무시한다.)의 이웃들을 갖게 된다. 이들은 손자들, 조부모들, 고모들, 이모들, 삼촌들, 조카들이다. 다시 한 칸 건너면 5,832개(18×18×18)의 이웃들을 만나게 되는데 이들은 증손자들, 증조부모들, 사촌들이다.

유전자 공간의 견지에서 생각하는 것이 어떤 점에서 중요한가? 무엇을 얻고자 하는 것인가? 그 질문에 대한 답은 그것이 우리로 하여금 진화를 점진적이고 누적적인 과정으로 이해하는 방법을 제공한다는 것이다. 컴퓨터 모델에 사용된 규칙에 따르면 유전자 공간을 통해서 한 세대를 거치는 동안에는 단지 한 단계만 움직일 수 있다. 유전자 공간에서는, 29세대라면 처음 조상으로부터 29단계 이상 움직이는 것이 불가능하다는 이야기이다. 모든 진화의 역사는 유전자 공간을 통과하는 특정한 경로 또는 궤적으로 이루어진다. 예를 들어 그림 4에 나타난 진화의 역사는 유전자 공간에 그려진, 점과 곤충 사이를 연결하는 특정한 궤적이다. 거기에는 28개의 중간 단계가 있다. 이것이 바이오모프의 나라를 '방황한다.' 라고 이야기했던 참 의미다.

나는 이 유전자 공간을 그림의 형태로 표현하고 싶었다. 그러나 그림은 2차원이라는 데 문제가 있다. 바이오모프들이 놓여 있는 유전자 공간은 2차원 공간이 아니다. 3차원 공간도 아니다. 그것은 9차원 공간이다.(수학을 하면서 명심해야 할 중요한 자세는 놀라지 않는 것이다. 수학은 그것을 성직으로 여기는 사람들이 종종 이야기하는 것만큼 그렇게 어렵지는 않다. 나는 위축감을 느낄 때면 항상 실바누스 톰슨이『쉽게 쓴 미적분학』이라는 저서에서 했던 말을 떠올리고는 한다. "어떤 바보가 할 수 있는 것은 다른 사람도 할 수 있다.") 9차원을 그릴 수만 있다면 각각의 차원은 하나의 유전자에 해당할 것이다. 동물들, 가령 전갈이나 박쥐 또는 곤충은 그것들이 가진 9개 유전자의 값에 따라 결정되는, 유전자 공간 속의 고정된 위치를 가진다. 진화는 9차원 공간에서 한 걸음 한 걸음 나아가는 여정으로 이루어진다. 어떤 동물과 다른 동물 간의 유전적 변이의 총량, 즉 처음 동물에서 나중의 동물로 진화한 데 걸린 시간 그리고 처음 것에서 나중 것으로 진화하는 것이 얼마나 어려운가 하는 정도는 9차원 공간에서 서로 떨어져 있는 거리로 가늠할 수 있다.

아! 그러나 9차원 공간을 그릴 방법은 없다. 임시변통이기는 하지만 9차원의 유전자 공간인 **바이오모프**의 나라에서, 어떤 한 점에서 다른 점으로 이동하는 것 같은 느낌을 갖게 해 줄 수 있는 어떤 요소를 끄집어내어 2차원 그림으로 표현할 수 있는 방법들이 있다. 여기에는 여러 가지 방법이 있을 수 있는데 나는 그중의 하나를 택해서 삼각형 트릭이라고 부르기로 했다. 그림 6을 보라. 삼각형의 3개의 꼭지점에는 임의로 택한 3개의 바이오모프가 있다. 맨 위 꼭지점에 있는 것이 기본형의 나무다. 왼쪽 아래에 있는 것이 '나의' 곤충이다. 오른쪽 아래에 있는 것은 이름이 없다. 하지만 나는 그것이 예쁘게 생겼다고 생각하므로 임시로 그것을 '예쁜 것'이라고 부르겠다. 다른 모든 바이오모프처럼 이 3개의 바이오모프들도 각각의 고유한 유전 형식이 있고 그것이 9차원의 유전자 공간에서 각자의 고유한 위치를 결정한다.

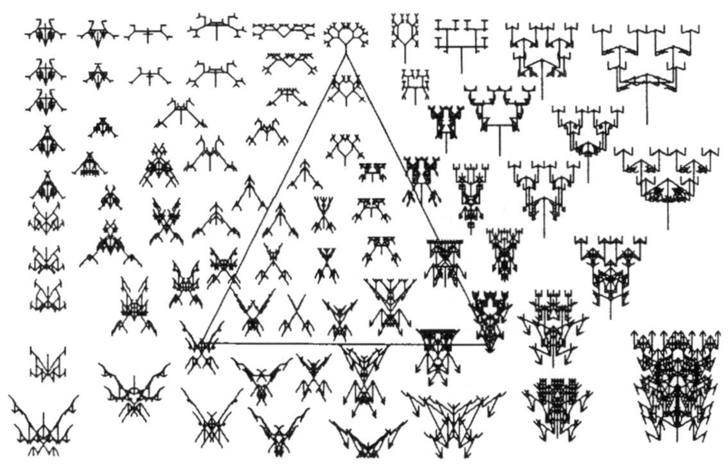

그림 6 2차원 평면의 고정 바이오모프

삼각형은 9차원의 초공간을 자르는 2차원의 평면에 놓여 있다.("어떤 바보가 할 수 있는 것은 다른 사람도 할 수 있다.") 그 평면은 투명한 젤리 속에 박힌 편평한 유리판과 같은 것이다. 그 유리 위에 삼각형이 그려져 있고 몇 개의 바이오모프들도 같이 그려져 있는데 그것들은 유전 형식에 따라 그 평면에 놓일 자격을 갖게 된 것이다. 그렇다면 유리판에 놓여 있을 자격을 주는 것은 무엇인가? 그것은 삼각형의 세 꼭지점에 있는 동물들이 어디에 위치하는가이다. 그것들을 고정 바이오모프(anchor biomorph)라고 부르자.

유전자 '공간'에서 '거리'가 뜻하는 것은 다음과 같다. 즉 가까운 이웃은 유전적으로 비슷한 바이오모프이고 멀리 떨어진 이웃은 유전적으로 많이 다른 바이오모프라는 뜻이다. 이 특정한 평면에서 거리는 3개의 고정 바이오모프를 모두 고려하여 계산된다. 이 유리판 위의 어떤 점이 삼각형 안에 있든 바깥에 있든, 그것에 상응하는 유전 형식은 3개의 고정 바이오모프가 가지고 있는 유전 형식의 '가중 평균'으로 산출한다. 독자들은 이미 어떻게 계산되는지 추측했을 것이다. 그것은 주어진 점과 세 개의 고정 바이오모프가 있는 평면과의 거리, 더 정확히 말해서 근접도로 측정된다. 따라서 어떤 지점에 있는 바이오모프가 곤충의 위치에 가까울수록 더 곤충과 비슷해진다. 유리판을 따라 나무 쪽으로 옮겨 가면 그 '곤충'은 점점 곤충과 다른 모습을 가지며, 그 대신 점차 나무와 같아진다. 삼각형의 중심으로 들어가면 거기서 만나는 동물, 가령 '가지가 7개 달린 유대교의 촛대'를 머리에 이고 있는 거미는 3개의 고정 바이오모프 사이에서 생긴 변화무쌍한 '유전적 절충 형태'가 될 것이다.

그러나 이 설명은 3개의 고정 바이오모프(나무, 곤충 그리고 예쁜 것)가 너무 많이 돌출하도록 만들고 있다. 사실 컴퓨터는 그것들을 그림에 나타난 모든 지점의 유전 형식을 계산하는 데 사용하고 있다. 하지만 실제로 그 평면 위에 있는 어떤 점이든 3개만 있으면 그 작업을 똑같이 잘할 수 있고, 동일한 결과를 낼 수 있다. 이러한 이유 때문에 그림 7에서는 삼각형을 그리지 않았다. 그림 7은 그림 6과 정확히 같은 종류의 그림인데 단지 다른 평면을 보여 주고 있을 따름이다. 3개의 고정점들 중 하나가 앞에서 본 곤충이다. 이번에는 오른쪽에 있다. 이번 경우, 다른 고정점은 그림 5에서 보았던 전투기와 벌난초다. 이번 평면에서도 독자들은 가까운 바이오모프가 멀리 떨어진 바이오모프보다는 더 닮았다는 사실을 발견할 수 있을 것이다. 예를 들어 전투기는 비슷하게 생긴 비행기들이 편대 비행을 하고 있는 쪽에 있다. 곤충이 그림 6과 그림 7 양쪽 유리판에 동시에 있기 때문에 2개의 유리판이 어떤 각도를 이루며 서로 교차하고 있다고 생각할 수 있을 것이다. 그림 7의 평면은 그림 6의 평면에 대해 곤충을 축으로 '회전'했다고 말할 수 있다.

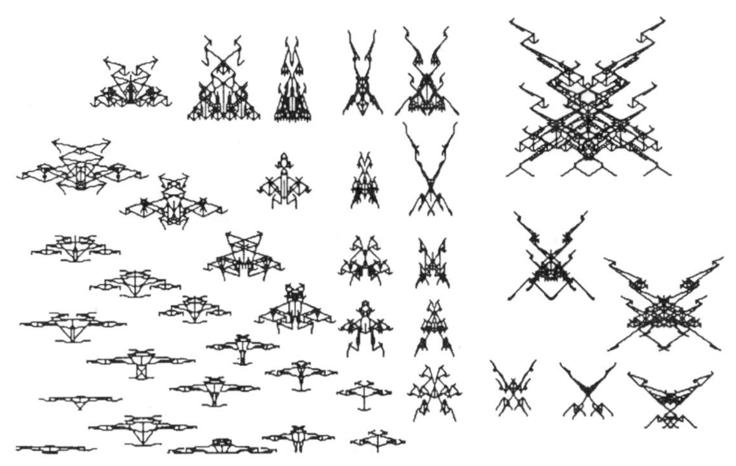

그림 7 곤충을 축으로 회전한 평면 위의 바이오모프

삼각형의 제거로 우리의 방법을 개선할 수 있다. 삼각형은 주의를 산만하게 만들기 때문이다. 삼각형은 평면에서 특정한 3개의 점을 부각시킨다. 개선해야 할 것이 또 하나 있다. 그림 6과 7에서 공간적인 거리는 유전적인 거리를 나타낸다. 그러나 눈금이 온통 왜곡되어 있다. 위로 1인치(약 2.5센티미터)가 반드시 옆으로 1인치와 동등하지는 않다. 이것을 고치기 위해, 우리는 3개의 고정 바이오모프를 선택할 때, 서로 간의 유전적 거리가 전부 같아지도록 신중하게 골라야 한다. 그림 8은 이 점을 보완하여 그린 것이다. 이번에도 삼각형은 그리지 않았다. 3개의 고정 바이오모프는 그림 5에서 본 전갈과, 또다시 곤충(곤충을 축으로 또 다른 '회전'을 한 셈이다.) 그리고 뭐라고 말하기 힘든 맨 위의 바이오모프이다. 이들 3개의 바이오모프들이 서로 떨어진 거리는 모두 돌연변이 30회만큼이다. 이것은 한쪽에서 다른 쪽으로 진화하는 것이 모두 같은 정도로 쉽다는 것을 의미한다. 3개의 경우 모두 최소한 30번의 유전적

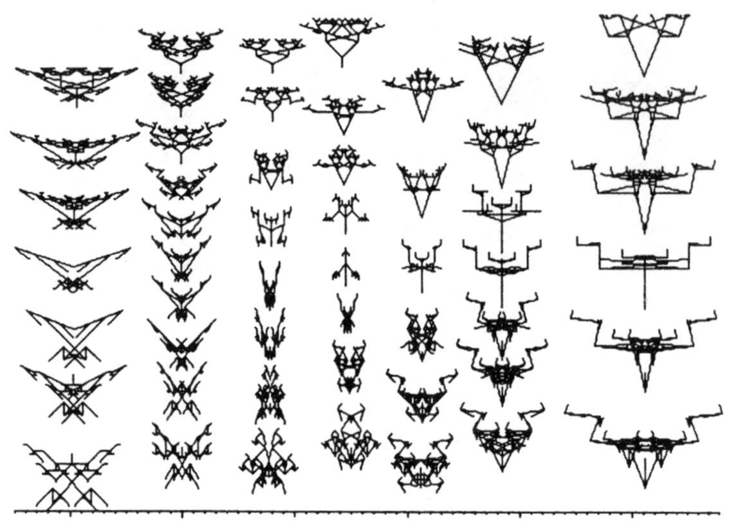

그림 8 ‘유전적인 거리를 재는 자’를 사용하여 진화에 걸리는 시간을 측정할 수 있다.

인 단계를 밟아 가면 된다. 그림 아래쪽에 그려진 작은 눈금들은 유전적인 거리를 나타낸다. 즉 그것을 유전적 거리를 재는 자라고 생각하면 된다. 이 자는 수평 방향으로만 유효한 것이 아니다. 어떤 방향으로든 기울여 유전적인 거리를 측정할 수 있고 따라서 평면 위의 어떤 점에서 다른 점으로 진화해 가는 데 걸리는 최소한의 거리를 계산할 수 있다.(그런데 그림 8로는 정확한 계산을 할 수 없다. 컴퓨터의 프린터로 인쇄하는 과정에서 비율이 왜곡되었기 때문이다. 그렇지만 이 효과는 너무나 보잘것없는 것이기 때문에 크게 걱정할 필요는 없다. 그림 8에 있는 눈금을 사용하여 계산을 하면 약간 틀린 답이 나올 것이다.)

9차원의 유전자 공간을 자르는 이 2차원 평면들은 바이오모프의 나라를 돌아다니는 것이 어떤 것인가를 대략 가늠하게 해 준다. 정확히 말하면 진화는 어떤 하나의 평면에만 제한된 것이 아니라는 사실을 기억해

 눈먼 시계공

둘 필요가 있다. 실제 진화 과정에서는 어느 때건 다른 평면으로, 예를 들어 그림 6에 나타난 평면에서 그림 7의 평면으로 이동할 수 있다.(곤충 근처에 2개의 평면이 서로 가까이 있을 경우에.)

앞에서 그림 8에 있는 '유전적인 거리를 재는 자'를 사용하면 어떤 한 점에서 다른 점으로 진화하는 데 걸리는 최소 시간을 계산할 수 있다고 하였다. 원래의 모델로 한정한다면 그렇다. 그러나 이 경우 중요한 단어는 최소라는 말이다. 곤충과 전갈은 유전적인 단위로 30개만큼 떨어져 있기 때문에 길을 잘못 들어서지만 않으면, 즉 지향하는 쪽의 정확한 유전 형식을 알고 있고 어떻게 하면 정확히 방향을 잡아서 그곳으로 갈 수 있는지를 안다면, 어느 한쪽에서 다른 쪽으로 진화하는 데는 단지 30세대만 거치면 된다. 실제 진화에서는 멀리 떨어진 목표를 향해 정확한 방향을 잡아 주는 자가 없다.

「햄릿」을 타이핑하는 원숭이의 이야기에서 말하고자 했던 요점은 진화 과정에서, 완전한 우연이 아닌, 점진적이고 단계적인 변화가 갖는 중요성이었다. 이것을 바이오모프를 사용하여 살펴보도록 하자. 먼저 그림 8의 아래쪽에 있는 눈금에 다른 단위를 붙이자. '진화하기 위해서 변해야 하는 유전자의 수'로써 측정하는 대신에, '순전히 우연을 통해서, 멀리 떨어진 곳으로 한 번에 건너뛸 확률'로써 계산하자. 이것을 위해서는 컴퓨터 게임에 입력했던 한 가지 제한 규정을 풀어야 한다. 끝에 가서 처음에 왜 이 제한 규정을 입력해 놓았는지 살펴볼 것이다. 그 제한 규정이란 부모로부터 자식들이 만들어질 때 오직 한 차례의 돌연변이만 일어난다는 것이다. 달리 말하면 한 번에 단지 유전자 하나만 변하는 것이 허용된다는 뜻이다. 그리고 그 유전자는 유전자 값이 +1 또는 −1만큼 변한다는 것이다. 이 제한 규정을 풂으로써, 어떤 수의 유전자든 동시에 변화할 수 있게 되었고, 또 그 유전자들의 현재의 값에 양수 음수를 가리지 않고 어떤 수든 더할 수 있게 되었다. 사실 이것은 너무나 큰 허용이다. 왜냐하면 유전자의 값이 -무한대에서 +무한대까지 변할 수 있으니 말이다. 따라서 유전자의 값을 한자리 수로 제한한다면, 다시 말해 -9에서 +9까지로 제한한다면 적절한 타협이 될 것이다.

따라서 이 폭넓은 제한 규정의 범위에서는 이론적으로 한 번에, 즉 한 세대에 9개의 유전자들 중 어떤 것이든 변화할 수 있다. 더욱이 각 유전자의 값도 두 자리 수가 아닌 이상 어떤 값으로든 변할 수 있다. 이 것이 뜻하는 바는 무엇인가? 이것은 이론적으로 진화는 한 세대 만에 바이오모프의 나라의 임의의 모든 점에서 다른 어떤 점으로든 도약할 수 있다는 뜻이다. 단지 하나의 평면 안에서가 아니라, 9차원의 초공간 전체의 어느 점으로든 말이다. 예를 들어 그림 5에 있는 곤충을 여우로 도약하게 만들고 싶다면 다음과 같이 하면 된다. 유전자 1에서 9까지에 각각 -2, 2, 2, -2, 2, 0, -4, -1, 1을 더하면 된다. 그러나 우리는 무작 위적인 도약에 대해 논하고 있기 때문에 바이오모프의 나라의 모든 점 으로 이러한 도약이 일어날 확률은 같다. 따라서 순전히 우연을 통해서 어떤 특정한 점, 예컨대 여우로 도약할 확률을 계산하기는 쉽다. 단지 공간 안에 있는 바이오모프의 총수를 세기만 하면 된다. 알다시피 우리 는 또 하나의 천문학적인 숫자의 계산으로 가고 있다. 9개의 유전자가 있고 각각은 19개의 값들 중 어떤 것이든 가질 수 있다. 그래서 한 번에 도약할 수 있는 전체 바이오모프의 숫자는 19를 9번 곱한 19^9이다. 이것 을 계산하면 1조의 절반에 가까운 수의 바이오모프가 산출된다. 아시모 프의 '헤모글로빈 수'에 비하면 보잘것없지만 큰 숫자임에는 틀림없다. 곤충에서 시작해서 정신나간 벼룩처럼 다른 점으로 건너뛰는 일을 1조 의 절반에 가까운 수만큼 한다면, 그중에 한 번은 여우로 도약할 때가 있을 것이다.

실제의 진화에서 이것은 무엇을 의미하는가? 그것은 **점진적이고** 단계적인 변화의 중요성을 다시 한번 일깨운다. 진화에 이러한 종류의 점진주의가 필요하다는 사실을 부인하는 진화론자들이 있다. 바이오모프를 사용한 계산은 왜 점진적이고 단계적인 변화가 중요한가 하는 이유를 정확히 보여 준다. 진화에서 기대할 수 있는 것은 곤충에서 여우나 전갈로 직접 도약하는 것이 아니라 바로 옆에 있는 이웃으로 옮기는 것이라고 할 때, 이 말의 정확한 의미는 다음과 같다. 만약 완전히 무작위적인 도약이 실제로 일어난다면, 곤충에서 전갈로의 도약은 충분히 가능할 것이다. 게다가 그 사건은 바로 옆에 있는 이웃으로 옮기는 것과 똑같은 확률을 가질 것이다. 또한 그때의 확률은 그 나라에 있는 다른 모든 바이오모프로 도약할 확률과도 같을 것이다. 여기에 문제가 있다. 바이오모프의 나라 안에는 1조의 절반에 가까운 수의 바이오모프가 있고, 그들 중 어느 것도 기착지가 될 가능성이 다른 것보다 크지 않기 때문에, 어느 특정한 한 점으로 건너뛸 확률은 무시할 만큼 작아진다는 것이다.

강력하고 비무작위적인 '선택압'이 있다고 가정해도 별 도움이 되지는 않음을 명심하라. 운 좋게도 전갈로 도약하는 데 성공했을 경우 왕의 몸값에 해당하는 큰 돈이 주어진다고 해도 아무런 변화를 일으키지 못할 것이다. 그 확률은 여전히 1조의 절반분의 1이다. 그러나 만약 한 번에 도약하는 대신 한 단계씩 걷고, 올바른 방향으로 갔을 경우 매번 동전 한 냥이 보상으로 주어진다면, 아주 짧은 시간 안에 전갈에 도달할 수 있을 것이다. 반드시 가장 짧은 시간인 30세대가 아닐지라도, 어쨌거나 매우 빠른 시간 안에 도착할 것이다. 이론적으로는 도약이 보상을 더 빨리, 단 한 번에 받을 수도 있다. 그러나 그것이 성공하기 위해서는 천문학적인 확률을 기대해야 하기 때문에, 가능한 유일한 방법은 단계마다 하나하나씩 성공을 쌓아 가는 것이다.

앞 문단의 어투가 오해를 불러일으키기 쉽기 때문에 확실히 해 둬야겠다. 또다시 그것은 마치 진화가 전갈과 같은 멀리 떨어진 목표를 겨냥하는 것처럼 들린다. 앞에서 밝혔듯이 결코 그런 것이 아니다. 하지만 그 목표라는 것을 생존 가능성을 높이는 어떤 것이라고 생각한다면 그 주장은 유효하다. 부모가 된 동물이 있다면 그 동물은 적어도 다 자랄 때까지 살아남을 정도의 좋은 자질을 갖고 있음에 틀림없다. 그 부모가 낳은 돌연변이 자식은 부모보다 더 잘 살아남을 수도 있다. 그러나 자식에게 일어난 돌연변이가 매우 커서 유전자 공간에서 부모와 멀리 떨어진 곳으로 이동해 갔다면, 부모보다 더 좋게 될 가능성은 어떨까? 답은 그렇지 않을 가능성이 훨씬 더 크다는 그대로이다. 그 이유는 바이오모프에서 방금 이해했던 것이다. 만약 돌연변이가 매우 큰 것이라면 그 도약의 착지점이 될 수 있는 바이오모프의 수는 천문학적이다. 그리고 1장에서 보았듯이 죽어 있는 방법의 수는 살아 있는 방법의 수보다 엄청나게 크기 때문에 유전자 공간에서 아무렇게나 크게 도약한 결과가 죽음으로 끝날 확률은 매우 높다. 심지어 유전자적 공간에서 아무렇게나 작게 건너뛴 것이 죽음으로 끝날 확률도 꽤 높다. 그러나 도약하는 거리가 작으면 작을수록 그 결과 죽음으로 이어질 확률은 줄어들고, 오히려 개선이 될 확률이 커진다. 이 주제는 다음 장에서 더 자세히 살펴볼 것이다.

이것이 바이오모프의 나라를 빌려 설명하고자 했던 것이다. 독자들이 너무 어렵다고 생각하지 않기를 바란다. 우리가 살고 있는 세계에는 9개의 유전자를 가진 바이오모프가 아닌, 각각 수만 개의 유전자를 가진 세포 수십억 개로 이루어진, 살과 피를 가진 동물들로 가득 찬 수학적인 공간이 있다. 이것은 바이오모프의 공간이 아니라 실제의 유전자 공간이다. 지구에서 과거에 살았거나 현재 살고 있는 동물들은 이론적으로 존재가 가능한 수많은 동물들 중 작은 소집단에 불과하다. 이 실제 동물들은 유전자 공간을 통과하는 아주 적은 수의 진화 경로에서 비롯된 산물이다. 그 공간에 있는 다른 많은 이론적인 경로를 통하면 상상을 초월한 괴물들이 나오게 된다. 실제 동물들은 그 가상의 괴물들 주위 여기저기에 점으로 표시되며, 각각은 이 유전자 초공간에서 고유의 위치를 차지한다. 각각의 실제 동물들은 이웃들이라는 작은 집단으로 둘러싸인다. 그 이웃들의 대부분은 전혀 존재하지 않았지만 몇몇은 그들의 조상이거나 자손이거나 사촌이다.

이 거대한 수학적인 공간의 어느 곳에 인간과 하이에나, 아메바와 개미핥기, 편형동물과 오징어, 도도새(인도양 모리셔스 섬에서 살았던 날지 못하는 새로 지금은 멸종되었다. | 옮긴이)와 공룡이 자리 잡고 있다. 만약 유전공학이 고도로 발달하여 우리가 생물의 유전자를 마음대로 다룰 수 있다면, 이론적으로는 동물 공간의 한 점에서 다른 어떤 점으로든 자유롭게 옮겨 갈 수 있다. 시작하는 점이 어디든 우리는 미로를 찾아 헤매어 도도새, 티라노사우루스, 삼엽충 등을 다시 만들 수 있다. 단지 어떤 유전자를 수선해야 하는지, 그리고 염색체의 어떤 부분을 복제하고 뒤집고 삭제해야 하는지 알기만 한다면 말이다. 인류가 그 정도로 충분히 유전공학에 능통하게 될지는 의심스럽다. 그러나 이 친애하는 멸종된 동물들은 그 거대한 유전자 초공간 속에 있는 그들만의 고유한 장소에 언제까지나 잠복해 있으면서 (우리가 미로 속에 있는 정확한 경로를 찾아 항해할 수 있는 지식을 갖게 되었을 때) **발견되기**를 기다리고 있다. 우리는 비둘기를 선택적으로 번식시킴으로써 도도새를 정확하게 재창조하는 진화를 이루어 낼 수도 있을 것이다. 비록 그 실험을 완성하기 위해서는 우리 인간이 100만 년 동안 살아남아야 하지만……. 그러나 실제 여행

이 불가능할 때에는 상상도 괜찮은 대용품이다. 나처럼 수학자가 아닌 사람들에게는 컴퓨터가 상상의 세계로 들어가는 데 큰 도움을 줄 수 있다. 수학자들과 마찬가지로 컴퓨터는 단지 상상을 펼치는 데에만 머물지 않는다. 그것은 상상을 훈련시키고 제어하기도 한다.

4장

진화의 갈림길

2 장에서 살펴보았듯이, 사람들은 페일리가 즐겨 인용하는 눈처럼 수많은 부품들이 상호 연관되어 있는, 복잡하고 훌륭하게 설계된 기관이 처음에는 작고 단순한 것에서 출발하여 단계적이고 점진적인 일련의 변화를 거쳐 만들어질 수 있다는 사실을 믿기 어려워 한다. 바이오모프를 통해 얻은 새로운 직관의 등불로 이 문제를 짚어 보자. 다음의 두 가지 질문에 답해 보라.

(1) 사람의 눈이 전혀 눈이 아닌 것에서 시작해 여러 단계를 거치지 않고 단번에 발생할 수 있는가?

(2) 사람의 눈이 그것과는 약간 다른, 우리가 편의상 X라고 부를 수 있는 어떤 것에서 바로 발생할 수 있는가?

질문 (1)에 대한 답은 확실히 '아니다.' 이다. 질문 (1)에 대해 '그렇다.' 라는 답이 나오지 않을 가능성은 우주에 있는 원자의 수의 수십억 배 이상이다. 그런 일이 일어나려면 유전자 초공간에서 거의 불가능할 정도로 어마어마한 거리를 건너뛰어야 한다. 지금의 눈과 바로 전 단계인 X의 차이가 충분히 작다면, 다시 말해 생각할 수 있는 모든 것들로 이루어진 공간에서 그 둘의 거리가 충분히 가깝다면, 질문 (2)에 대한 답은 '그렇다.' 이다. 이것은 질문 (1)에 '아니다' 라고 대답한 것만큼 확실하다. 눈과 X의 차이가 어떤 특정한 정도 이상이어서 질문 (2)에 대한 답이 '아니다.' 로 나오면, 그보다 더 작은 차이를 갖는 X를 가정하고 질문 (2)를 다시 던져 보는 것이다. 그 차이가 충분히 작아져서 답이 '그렇다.' 로 나올 때까지 차이를 계속 줄여 나가는 것이다.

X는 사람의 눈과 매우 유사한 어떤 것이라고 정의한다. 그것으로부터 사람의 눈이 단 한 번의 변형을 거쳐 생겨날 수 있을 정도로 충분히 닮은 것 말이다. 독자가 만약 마음에 그려 놓은 X가 있는데, 그것으로부터 사람의 눈이 곧바로 만들어질 것이라곤 도저히 생각할 수 없다면, 이 말은 단지 독자가 X를 잘못 선택했다는 것 외에는 아무 의미도 아니다. X가 사람의 눈 바로 전 단계의 것이라고 느껴질 때까지 마음속에 그려 놓은 X의 그림을 사람의 눈에 점점 가깝게 만들어 보라. 독자가 '이것이다.' 라고 생각하는 것이 내가 생각한 것보다 더 또는 덜 신중하게 생각한 것일 수는 있어도 어쨌거나 그런 것이 하나는 있어야 한다.

질문 (2)에 대한 답이 '그렇다.' 로 나올 수 있는 X를 찾았다면 이제 같은 질문을 X 자체에도 적용할 수 있다. 눈의 경우와 마찬가지 이유로 X는 그것과 약간 다른 어떤 것, 즉 우리가 X′ 라 부를 수 있는 것으로부터 단 한 번의 변화를 거쳐 생겨날 수 있다고 결론을 내려야 한다. 더 나아가 X′ 는 그것과 약간 다른 X″로부터 생겨날 수 있고 X″는 X‴로부터, X‴는 X⁗로부터…… 이런 식으로 거슬러 올라갈 수 있다. 충분한 수로 이루어진 X의 계열을 도입함으로써 눈과 약간 다른 것으로부터가 아니라 눈과 '전혀' 다른 어떤 것으로부터 눈을 유도해 낼 수 있다. 다시 말해 '동물 공간' 안에서 멀리 떨어진 곳까지 이동할 수 있다. 잔걸음으로 차근차근 오랫동안 걷는다면 그러한 이동은 충분히 가능할 것이다. 이제 세 번째 질문에 답할 차례가 되었다.

⑶ 지금의 인류가 갖고 있는 눈과 결코 눈이라고 볼 수 없는 상태의
어떤 것을 연결하는 연속적인 X의 계열이 있는가?

내 생각에는 '충분히 많은 수로 이루어진' X의 계열이 있다고 가정
하면 이 질문의 답은 '그렇다.'가 확실한 것 같다. X가 1,000개 정도면
충분하다고 생각할 수도 있을 것이다. 그러나 더 많아야 된다고 생각할
때에도 1만 개의 X를 가정하면 그만이다. 1만 개가 충분하지 않다면
10만 개를, 10만 개가 충분하지 않다면 100만 개를…… 이런 식으로 늘
려 나가면 된다. 여기서 확실히 밝히고 넘어가야 할 것은 X의 수를 결
정할 때의 제약 조건은 시간이 한정되어 있다는 사실이다. 한 세대에는
단 하나의 X만 존재할 수 있기 때문이다. 그래서 위의 질문은 다음과
같이 바뀐다. 즉 '그렇게 많은 세대를 수용할 만한 시간적 여유가 충분
한가?'로 말이다. 정확히 몇 세대가 필요한지는 답할 수 없다. 우리가
아는 것은 단지 지질학적인 시간은 가공할 정도로 길다는 사실뿐이다.
어느 정도인가 하면 우리와 우리의 가장 오래된 조상 사이에는 수십억
세대가 놓여 있다. 1억 개 정도의 X가 주어진다면, 아무것에서나 시작
하여 아주 조금씩 변화해 가서 결국 사람의 눈에 이르는 그럴싸한 계통
을 만들 수 있다. 지금까지 다소 집약된 추리 과정을 거쳐 우리는 다음
과 같은 결론에 도달했다. 즉 전혀 눈이 아닌 것에서부터 완전한 눈까지
를 연결하는 수많은 가상의 X들이 있고, 각각은 바로 옆에 있는 것과
충분히 닮아서 기꺼이 그 옆의 것으로 변화할 수 있다. 그러나 우리는
아직도 이 X들의 계열이 실제로 존재하는지를 증명하지 않았다. 우리
는 여기서 두 가지 질문에 봉착한다.

⑷ 결코 눈이 아닌 것과 의심의 여지가 없는 완전한 사람의 눈을 연결

하는 가상의 X들을 가정할 때, 그 각각의 X들은 모두 바로 전 단계의 것에서부터 무작위적인 돌연변이를 거쳐 만들어질 수 있는가?

사실 이 질문은 유전학에 관한 것이 아니라 발생학에 관한 것이며 버밍엄 주교와 다른 사람들이 우려했던 것과는 전혀 별개의 것이다. 돌연변이는 기존의 배 발생 과정에 변화를 주어야 가능하다. 발생 과정의 어떤 부분은 특정한 방향의 변화를 흔쾌히 받아들인다. 반면 다른 부분은 그렇지 않다. 이 문제는 11장에서 다시 다루겠다. 여기서는 단지 작은 변화와 큰 변화의 차이점만을 다시 강조하고 넘어가고자 한다. 변화가 작을수록, 즉 X' 와 X''의 차이가 작을수록 발생학적으로 볼 때 그 돌연변이가 일어날 가능성은 더 커진다. 통계학적으로만 따져 볼 때 돌연변이의 정도가 크면 돌연변이의 정도가 작은 경우보다 일어날 확률이 더 작다는 사실을 앞 장에서 살펴보았다. 그렇다면 질문 (4)가 제기한 문제점이 무엇이든지 간에 최소한 X' 와 X''의 차이를 작게 만들면 돌연변이의 가능성은 커진다는 사실을 이해할 수 있을 것이다. 우리가 가정한 일련의 X들에서 이웃하는 중간 단계들 간의 차이가 충분히 작다면 돌연변이는 거의 필연적으로 출현할 수밖에 없다는 것이 내 생각이다. 결국 우리는 기존의 배 발생 과정에서 일어나는 작은 양적인 변화에 관해서 이야기하고 있는 것이다. 주어진 세대의 발생 과정이 아무리 복잡하다고 해도 각 단계에서 일어나는 돌연변이는 매우 작고 단순한 것이라는 점을 기억하라. 이제 우리는 마지막 질문에 도달했다.

(5) 사람의 눈과 결코 눈이라고 볼 수 없는 것을 연결하는 X의 계열에 있는 각각의 X들은 모두가 그것을 지닌 개체의 생존과 번식에 이로운 기능을 충분히 발휘할 수 있는가?

이해하기 어려운 사실은 어떤 사람들은 이 질문 자체에 답이 '아니다.'라고 써 있다고 생각해 왔다는 점이다. 1982년에 출판된 프랜시스 히칭의 『기린의 목, 다윈은 어디서부터 잘못 생각했나』를 예로 들 수 있다. '여호와의 증인' 쪽에서 나온 거의 모든 소책자에서 같은 생각을 담고 있는 글들을 찾을 수 있지만 굳이 이 책을 택한 이유는 믿을 만한 출판사(팬 북스 주식 회사(Pan Books Ltd.))에서 출판하기에 적합하다고 인정을 했기 때문이다. 물론 일자리를 못 구한 생물학과 졸업생이나 아직 졸업도 못한 재학생이 훑어봐도 숱한 착오를 발견할 수 있을 정도의 수준이긴 하지만.(내가 가장 웃었던 대목은 수학적 유전학을 가장 수학적이지 않은 방법으로 비판한 에른스트 마이어 교수를 수학적 유전학의 '고위 성직자'로 묘사한 것과, 작위도 받지 않은 존 메이너드 스미스 교수에게 기사 작위를 수여한 것이다.)

눈이 제대로 기능하려면 최소한 다음의 조건이 완벽하게 갖추어져야 한다. 이외에도 동시에 이루어져야 할 일이 여러 가지가 있지만 이렇게 엄청나게 단순화시켜 이야기한다 해도 다윈의 이론이 갖는 문제점을 지적하기에는 충분하다. 눈은 청결해야 하고 적당한 수분이 있어야 한다. 이것은 눈물을 분비하는 눈물샘과 감았다 떴다 할 수 있는 눈꺼풀의 상호 작용으로 유지된다. 눈썹이 달린 눈꺼풀은 햇빛을 대충 거르는 필터의 역할도 한다. 그런 다음 빛은, 눈의 바깥을 덮고 있으며 보호 기능을 하는 막(공막)에 있는 빛이 통과할 수 있는 작은 구역(각막)을 통과한 다음, 망막에 영상이 맺히게 하는 기능을 가진 수정체를 통과하게 된다. 망막에는 1억 3000만 개의 간상세포와 원추세포가 있어서 빛을 전기적 신호로 바꾸는 반응을 일으킨다. 아직 정확히 밝혀지지 않은 방법으로 이런 신호가 초당 약 10억 개씩 뇌로 전달되고 이것에 따라 사람은 적절한 행동을 한다. 자, 이제 이러한 일련의 과정 중 어느 하나가 조금이라도 잘못되었다고 가정해 보자. 예를 들어 각막이 혼탁해졌다거나, 눈썹이 필터의 기능을 하지 못하거나, 수정체가 망가져서 초점을 제대로 맞추지 못한다면 제대로 알아볼 수 있는 상이 만들어질 수 없음은 명백하다. 눈에 관한 한 전체가 완벽하게 조화를 이루어 제 기능을 발휘하든가 아니면 전혀 기능하지 못하든가 둘 중 하나다. 따라서 눈이 어떻게 다윈의 이론처럼 느리고 꾸준하며 무한한 개선 과정을 통해 점진적으로 진화할 수 있었겠는가? 수천에 수천을 곱한 행운의 돌연변이가 동시에 일어나서 수정체와 망막이 (둘 중 어느 하나만 없어도 제 기능을 하지 못하는데) 동시에 진화하는 일이 정말로 가능할까? 보는 능력이 없는 눈이 개체가 생존하는 데 무슨 가치가 있을까?

이 뛰어난 글은 빈번하게 인용된다. 그 이유는 아마도 사람들이 이 글의 결론을 믿고 '싶어 하기' 때문일 것이다. 가장 사소한 것이 잘못되면(만일 초점을 맞추는 것이 잘못되면) "제대로 알아볼 수 있는 상이 만들어질 수 없음"이라는 문장을 생각해 보자. 이 글을 읽고 있는 독자가 안경을 끼고 있을 가능성은 반반일 것이다. 안경을 벗고 주위를 둘러보라. "제대로 알아볼 수 있는 상이 만들어질 수 없음"이라는 말에 동의하겠는가? 독자가 남자라면 색맹일 가능성은 약 12분의 1이다. 독자는 난시일 수도 있을 것이다. 안경이 없다면 독자의 눈에 비친 상은 부옇게 흐려진 형태일 것이다. (비록 작위는 받지 못했지만) 오늘날 가장 뛰어난 진화론자로 평가받는 한 사람은 거의 안경을 닦지 않는데 그의 시야는 아마 부옇게 흐린 상태일 것이다. 그러나 그의 말에 따르면 그는 아무 불편 없이 잘 지내고 있으며 스쿼시 같은 게임도 즐긴다고 한다. 독자가 만약 안경을 잃어버리면 길에서 만나는 친구를 알아보지 못해서 그들을 어리둥절하게 만들 것이다. 하지만 누군가 독자에게 다가와서 "이제 당신의 시력은 완벽하지 않기 때문에 안경을 찾을 때까지 눈을 꼭 감고 주위를 더듬어 보는 것이 좋겠소."라고 말하면 독자는 훨씬 더 당황할 것이다. 그렇지만 이것이 앞에서 인용한 글을 쓴 사람의 핵심 주장이다.

그는 또한 수정체와 망막 중 어느 하나라도 없으면 눈이 제 기능을 발휘하지 못한다는 말을 만고의 진리라도 되는 듯 주저 없이 떠벌인다. 무슨 근거로 그렇게 당당하게 말할 수 있을까? 내가 아는 어떤 사람은 백내장 수술을 받았다. 그 사람의 눈에는 수정체가 없다. 안경이 없으면 그는 테니스를 즐길 수도, 사격을 할 수도 없어야 한다. 그러나 그는 눈이 아예 없는 것보다는 수정체 없는 눈이나마 있는 편이 훨씬 낫다고 확실하게 말했다. 수정체 없는 눈이라도 있으면 지금 자신이 벽을 향해 가고 있는지 아니면 사람을 향해 가고 있는지 구별할 수는 있다. 수정체 없는 눈을 가진 당사자가 야생 동물이라면 그 눈을 사용하여 자신을 향해 다가오는 맹수의 희미한 형태와 방향을 알아차릴 수 있을 것이다. 눈이라고는 전혀 없는 생물과 수정체 없는 눈이나마 있는 생물이 원시 시대에 같이 살고 있었다면 수정체 없는 눈을 가진 생물이 훨씬 유리했을 것이다. 그리고 눈이 차츰 개선됨에 따라 눈에 보이는 형태가 뿌연 얼룩들의 집합에서부터 사람이 보는 것과 같은 완벽한 영상으로 변했을 것이다. 그리고 그 과정에서 개체의 생존 가능성은 차츰 높아졌을 것이다. 계속해서 그 책은 유명한 고생물학자인 하버드 대학교의 스티븐 제이 굴드 교수의 글을 인용한다.

'5퍼센트의 눈이란 것이 어떤 도움이 될까?' 라는 이 뛰어난 질문에 대해, 우리는 그런 원시적인 구조의 눈을 가진 생물은 그것을 보는 데 사용하지 않았다고 주장함으로써 그 질문을 비껴갔다.

5퍼센트의 눈을 가진 원시 생물은 실제로 보는 것이 아닌 다른 목적으로 그 눈을 사용했을 수도 있지만 최소한 5퍼센트는 보는 데 사용했을 것이다. 사실 그 질문이 그다지 뛰어난 것은 아니라고 생각한다. 5퍼센트라도 보는 편이 전혀 보지 못하는 것보다는 훨씬 가치가 있다. 따라서 완전히 눈먼 것보다는 1퍼센트라도 보이는 쪽이 낫다. 5퍼센트보다는 6퍼센트가 낫고, 6퍼센트보다는 7퍼센트가 낫다.

이런 종류의 질문은 '의태'로 자신을 보호하는 동물들에 관심을 가진 사람들도 제기하는 것이다. 대벌레는 막대기처럼 위장함으로써 새들에게 잡아먹히는 것을 피한다. 곤충들 중 어떤 것은 나뭇잎과 거의 흡사한 것도 있다. 나비들 중 많은 종류가 독이 있고 맛이 없는 다른 나비를 흉내 내어 목숨을 보전하기도 한다. 이러한 종류의 닮음은 구름이 족제비를 닮은 것보다 훨씬 더 큰 감동을 준다. 컴퓨터로 만든 곤충이 실제 곤충을 닮은 것보다도 훨씬 인상적이다. 왜냐하면 실제 곤충은 결국 8개가 아닌 6개의 다리를 갖고 있으니까! 실제의 자연선택은 의태를 완벽하게 만들기 위해 컴퓨터가 만든 곤충이 실제 곤충을 닮아 가도록 하는 데 사용한 세대보다 최소한 몇백만 배나 많은 세대를 사용했다.

우리는 이러한 예를 두고 '의태'란 말을 사용하는데, 동물들이 의식적으로 다른 어떤 종을 닮으려 한다고 생각해서가 아니라, 자연선택이 다른 종과 혼동되는 어떤 동물들에게 유리하게 작용했다는 뜻으로 사용하는 것이다. 달리 말하면 막대기를 닮지 않은 대벌레는 자손을 퍼뜨리지 못했다는 것이다. 이러한 의태가 진화 초기에는 자연선택의 혜택을 받을 수 없었다고 주장하는 사람들이 있는데, 그들 중 가장 두드러지는 학자는 독일계 미국인 유전학자 리처드 골드슈미트이다. 골드슈미트의 찬미자인 굴드 교수는 새똥을 닮은 곤충을 두고 다음과 같이 말했다. "어느 각도에서 보면 5퍼센트 정도는 똥으로 보인다는 말이 가능한 이야기인가?" 골드슈미트가 살아 있는 동안에는 제대로 평가받지 못했으나 실제로 그가 우리에게 많은 것을 가르쳐 주고 있다는 말이 최근 들어 유행하게 된 것은 굴드의 영향력이 커진 까닭이다. 여기 그가 쓴 예문이 있다.

포드는 어쩌다가 더 잘 살아남는 종을 조금이라도 닮게 돼서 작지만 어떤 이득이 생길지도 모를 돌연변이에 대해 이야기한다. 우리는 여기서 그 닮은 정도가 어느 만큼이어야 비로소 자연선택의 가치를 갖게 되는지 질문해 봐야 한다. 새와 원숭이 그리고 사마귀 들이 (또는 그들 중에 매우 총명한 어떤 놈들이) 그 조금 닮은 것을 알아보고 그것을 피해갈 정도로 그렇게 뛰어난 관찰자라고 가정할 수 있을까? 내가 보기에 이것은 너무 지나친 생각인 것 같다.

골드슈미트가 토대로 삼고 있는, 이 흔들리는 기반 위에 서 있으면 누구라도 그러한 빈정거리는 병에 걸리게 된다. 뛰어난 관찰자라니? 그들 중에 매우 총명한 어떤 놈들이라니? 사정을 잘 모르는 사람이 읽으면 마치 새와 원숭이 들이 그 약간 닮은 것에 속음으로써 이익을 얻고 있다고 생각할 것이다! 골드슈미트는 다음과 같이 말하는 편이 나을 뻔했다. "새들이 (또는 그들 중 매우 아둔한 놈들이) 그렇게 형편없는 관찰자라고 가정할 수 있을까?" 그럼에도 불구하고 여기에 딜레마가 있다. 대벌레가 막대기를 닮아 가는 초기에는 그 닮음이라고 하는 것이 매우 동떨어진 것이었음에 틀림이 없다. 그렇다면 새는 그 정도로도 속을 만큼 극히 형편없는 시각을 갖고 있어야 한다. 그런데 현재의 대벌레가 막대기를 닮은 것을 보면 아주 환상적이어서, 잎이 붙어 있던 자국과 가짜 눈까지 세밀하게 흉내 내고 있다. 자신들의 선택적인 사냥으로 대벌레의 진화에 마지막 손길을 가하게 되는 새들은 전체는 아닐지라도 최소한 일부만이라도 아주 뛰어난 시각을 갖고 있어야 한다. 그러니까 대벌레가 그들을 속이기가 아주 힘들어야 한다는 뜻이다. 그렇지 않으면 대벌레는 그런 완벽한 의태를 진화시키지 못했을 것이다. 다시 말해서 상대적으로 덜 완벽한 의태로 남아 있었어야 한다는 말이다. 어떻게 해야 이 명백한 역설을 풀 수 있을까?

한 가지 답은 곤충의 의태가 진화하는 동안 새들의 시각이 함께 개선되었다는 주장이다. 약간 우스꽝스럽게 말하자면, 똥을 5퍼센트 닮은 고대의 곤충은 아마 5퍼센트의 시각을 가진 고대의 새를 속여 넘겼을 것이라는 생각이다. 그러나 이것은 내가 말하려는 답이 아니다. 사실 내 추측은 이렇다. 새의 시각은 오래전부터 오늘날과 마찬가지로 훌륭했고, 그 긴 시간 동안 곤충의 의태는 서투른 모방에서 시작해서 지금과 같은 완벽한 형태로 진화해 왔으며, 이 전 과정은 여러 곤충 집단에서 여러 번 반복되었고 다소 빠르게 진행되었을 것이다.

딜레마를 해결하기 위한 다른 한 가지 답은 다음과 같다. 아마 새나 원숭이 개개의 종은 형편없는 시각을 가지고 있고, 이들은 곤충이 갖고 있는 단지 한 가지 제한된 특징만을 파악할 것이다. 어떤 포식자는 색깔만 가지고 먹이를 식별한다. 다른 포식자는 모양을, 또 다른 포식자는 질감만을 가지고 구별하는 식이다. 그렇다면 막대기의 어떤 한 가지 특징만을 닮은 곤충은 다른 모든 종류의 포식자에게는 잡아먹힐지라도 한 종류의 포식자는 속일 수 있을 것이다. 진화가 진행됨에 따라 곤충은 의태의 레퍼토리에 다른 특징들을 하나둘씩 추가한다. 여러 종류의 포식자들을 통해 수행된 총체적인 자연선택에 따라 결국 모든 특징들을 흉내 낸 완벽한 의태가 만들어진다. 어떤 포식자도 그 완벽한 의태를 구별할 수 없다. 오직 우리 인간만이 할 수 있다.

이 말은 단지 우리 인간만이 그 절정에 달한 의태를 구별할 수 있을 만큼 '똑똑하다'는 것을 함축하고 있는 듯하다. 나는 이것이 아닌 다른 종류의 설명을 선호하는데 그 이유는 인간의 이 오만함 때문만은 아니다. 내가 선호하는 설명은 포식자의 시각이 어떤 조건하에서 아무리 뛰어나다 하더라도 조건이 바뀌면 형편없는 것이 되고 만다는 것이다. 실제로 우리가 보는 영상은 매우 불분명한 것에서부터 뚜렷한 것에 이르기까지 광범위하다. 우리는 이러한 것을 일상적으로 경험하고 있다. 만약 한낮의 강한 햇빛이 비치는 조건에서 코앞 20센티미터 떨어진 곳에 대벌레가 있다면 그 위장술이 아무리 뛰어나다 하더라도 속지 않을 것이다. 몸통을 따라 꼭 붙어 있는 긴 다리들을 구별할 수 있을 테고 진짜 대나무에서는 볼 수 없는 부자연스러운 대칭을 찾아낼 수 있을 테니까. 그러나 바로 어두운 숲 속을 걷고 있다면 그 시력과 그 두뇌를 가지고도 주변 어디에나 널려 있는 잔가지와 칙칙한 색깔의 곤충 들을 거의 하나도 구별하지 못할 것이다. 곤충의 영상은 훨씬 정확한 영상이 맺히는 우리 눈의 망막 중심부, 즉 황반 부위가 아닌 주변부를 스쳐 지나갈 것이다. 곤충은 50미터 정도 떨어져 있을 것이고, 따라서 망막에 맺히는 영상은 작은 점에 지나지 않을 것이다. 광선이 너무나 약해서 숲을 통과하는 동안 줄곧 아무것도 보지 못할 것이다.

사실 대벌레가 대나무를 얼마나 빼닮았는지, 또는 그 위장술이 얼마나 형편없는지는 문제가 되지 않는다. 어느 정도 어둡고 포식자의 눈에서 적당히 떨어져 있으며 포식자의 주의를 흐트러트릴 만큼 어느 정도 주변이 산만하다면 대벌레가 대나무를 그다지 닮지 않아도 매우 뛰어난 시각을 가진 포식자도 속일 수 있다. 독자가 머릿속에 그린 대벌레의 의태 정도가 만족스럽지 못하다면, 상상 속의 조명 상태를 조금만 어둡게 해 보거나 포식자와의 거리를 조금 더 멀리 해 보라! 요점은 많은 곤충들이 포식자와 멀리 떨어진 경우나 어둑어둑해지는 황혼 무렵, 또는 안개가 끼었을 때, 아니면 발정기의 포식자 수컷이 암컷에게 현혹당할 때에 나뭇가지나 잎, 똥 덩어리 등과 극히 조금만 닮은 정도로도 자기 목숨을 건졌다는 것이다. 그리고 밝은 햇빛 아래에서 매우 가까운 거리를 두고 포식자와 마주치더라도 나뭇가지를 쏙 빼닮은 많은 곤충들은 목숨을 건질 수 있었다. 밝기, 포식자와의 거리, 망막 중심부로부터 영상이 맺힌 지점까지의 거리, 그 밖의 유사한 변수들에서 중요한 점은 그것들이 모두 연속 변수라는 것이다. 그것들은 완전히 보이지 않는 극단에서부터 완전히 보이는 극단까지 변화한다. 그러한 연속 변수가 연속적이고 점진적인 진화를 추동한다.

이로써 골드슈미트가 제기한 것은 전혀 문제가 되지 않음이 확실해졌다. 그는 진화가 작은 계단을 하나씩 밟아 올라가는 식이 아니라 단번에 몇 개를 뛰어 올라가는 식으로 일어난다는 믿음을 갖고 있었고, 그의 연구 활동 대부분을 그 극단적인 믿음에 의존하였다. 덧붙인다면, 5퍼센트의 시각이 전혀 보지 못하는 상태보다는 낫다는 것이 다시금 증명된 것이다. 망막의 오른쪽 구석에 맺히는 영상의 질은 망막의 중심부에 맺히는 영상의 질과 비교할 때 그것의 5퍼센트에도 미치지 못할 것이다. 그렇지만 나는 망막의 맨 구석에 맺히는 영상으로도 화물차나 버스 같은 커다란 물체 정도는 감지할 수 있다. 이 사실이 아마도 내 생명을 지켰을 것이다. 왜냐하면 나는 매일 자전거를 타고 출근하기 때문이다. 비가 오거나 모자를 쓰고 있을 때면 그 차이를 느낄 수 있다. 어두운 밤중에 우리가 느끼는 시각은 한낮의 시각의 5퍼센트에 훨씬 못 미칠 것이다. 그러나 많은 고대 생물들이 한밤중에 검치호랑이나 절벽 같은 정말로 위험한 어떤 것을 그 희미한 영상으로나마 감지함으로써 목숨을 건졌을 것이다.

각자는 개인적인 경험을 통해 어두운 밤중에는 아무것도 보이지 않다가 차츰 시간이 흐름에 따라 시나브로 밝아져서 아침이 되면 완전하게 보이는 일련의 과정이 있으며, 이 과정의 각 단계가 중요한 이득을 제공한다는 사실을 알고 있다. 쌍안경을 통해 멀리 떨어진 어떤 물체를 보고자 할 때, 대개는 나사를 돌려 초점을 맞추게 되는데, 이 과정에서도 흐린 영상이 뚜렷한 영상으로 변해 가는 일련의 점진적인 단계가 있다는 것을 알 수 있다. 각 단계는 그 전보다 개선된 상태이다. 텔레비전의 색상 조절 나사를 조금씩 돌려 보면 완전한 흑백 화면에서 완전한 컬러 화면에 이르기까지 차차 개선되어 가는 점진적이고 연속적인 변화 과정을 볼 수 있다. 홍채는 밝은 조명 아래서는 동공을 축소시켜 눈이 부시는 현상을 막아 주기도 하고 희미한 빛에서는 동공을 확대시켜 잘 볼 수 있게 해 준다. 마주 오는 차의 헤드라이트 때문에 순간적으로 눈이 부실 때 우리는 홍채가 없다면 발생할 어떤 일을 경험하게 된다. 이런 눈부심이 불쾌하고 위험하기도 하지만 이 자체가 눈 전체가 기능을 못함을 의미하진 않는다! 그러므로 '눈은 100퍼센트 완전할 때 기능을 발휘하거나 그렇지 않으면 전혀 기능하지 않는다.' 라는 주장은 자신이 경험했던 것을 2초 동안만 떠올려 보면 명백한 오류임이 밝혀진다.

질문 (5)로 돌아가 보자. 결코 눈이라고 할 수 없는 것에서부터 완전한 인간의 눈까지 연결하는 X들에서 개개의 X가 해당 동물의 생존과 번식을 돕기에 충분한 기능을 발휘했을까? 이제까지 우리는 이 질문에 대해 '확실하게 아니다.' 라고 답하는 진화론 반대자들의 주장이 얼마나 어리석은가를 살펴보았다. 그렇다면 이 질문에 대한 답이 '그렇다.' 인가? 물론 이것도 분명치 않지만 나는 그것이 답이라고 생각한다. 눈이 일부라도 있는 편이 전혀 없는 것보다는 낫다는 것은 명확한 사실이다. 뿐만 아니라 현존하는 동물들 가운데서 그에 해당하는 것들을 찾아볼 수 있다. 물론 이 말은 이 현존하는 것이 고대의 중간 단계의 것과 똑같다는 의미는 아니다. 그러나 중간 단계의 것도 나름대로 기능을 발휘할 수 있다는 사실을 입증하기에는 부족함이 없다.

어떤 단세포 생물들은 작은 색소막이 깔린, 빛을 감지하는 점(안점)을 갖고 있다. 그 색소막은 빛이 들어오는 방향 중 어느 한쪽을 막아서 빛이 어디서부터 오는가에 대한 '관념'을 만든다. 다세포 생물 중에서는 여러 가지 형태의 기어 다니는 벌레들과 몇 종류의 달팽이 종류들이 유사한 눈 구조를 하고 있다. 그러나 색소가 밑에 깔린, 빛을 감지하는 세포들은 작은 컵의 형태로 배치되어 있다. 이것은 빛의 방향을 탐지하는 능력 면에서 약간 개선된 형태다. 왜냐하면 각각의 세포들은 자신들이 향하고 있는 고유한 방향에서부터 컵 안으로 들어오는 광선을 선택적으로 감지하고 있기 때문이다. 빛을 감지하는 세포들이 편평한 면에 배열된 것에서부터, 얇은 접시 모양으로 배열된 것 그리고 바닥이 깊은 컵 모양으로 배열된 것에 이르기까지 연속적인 단계가 있다고 할 때, 각 단계는 작든 크든 그 전 단계보다는 광학적으로 개선된 것이다. 만약 컵의 바닥을 아주 깊게 만들어 옆으로 눕히면 그것은 렌즈 없는 바늘 구멍 사진기가 된다. 얇은 접시에서부터 바늘 구멍 사진기에 이르는 연속적인 단계들이 만들어진 것이다.(그림 4의 진화 단계에서 처음의 일곱 세대를 보라.)

바늘 구멍 사진기는 '뚜렷한 영상'을 만든다. 구멍이 작을수록 영상은 더 선명해진다.(그렇지만 어두워진다.) 구멍이 크면 영상은 밝아진다.(그러나 흐려진다.) 물속에서 헤엄쳐 다니는 연체동물 중에 앵무조개가 있다. 오징어를 닮은 다소 이상하게 생긴 동물인데 중생대에 번창했던 암모나이트와 같은 모양의 껍데기를 가지고 있다. 이 앵무조개는 한 쌍의 바늘 구멍 사진기 눈을 가지고 있다. 그것은 기본적으로 우리 인간의 눈과 같은 형태이나 수정체(렌즈)가 없고, 동공은 단지 구멍에 불과해서 바닷물이 눈의 안쪽으로 드나들 수 있다. 사실 앵무조개는 눈만이 아니라 그 자체가 온통 불가사의다. 앵무조개의 조상이 처음 바늘 구멍 사진기와 같은 눈을 진화시킨 이래 수억 년이 지나는 동안 왜 그것은 렌즈의 원리를 발견하지 못했을까? 렌즈를 사용하면 영상이 선명하면서 동시에 밝아진다는 장점이 있다. 앵무조개가 가진 것과 같은 망막에 렌즈까지 장착한다면 즉각적이고 커다란 이익이 따를 것이다. 마치 무딘 바늘이 달린 턴테이블에 고성능 앰프를 연결한 하이파이 시스템과 같을 것이다. 이 시스템은 입력 신호의 작은 변화에도 큰 출력의 변화를 일으킨다. 유전자 초공간에서 앵무조개는 확실하고 즉각적인 개선 상태로 나아가는 문턱에 있는 듯하다. 그러나 그것은 필요한 작은 단계를 밟지 않았다. 왜 그럴까? 무척추동물의 눈에 관한 한 가장 뛰어난 권위자인 서섹스 대학교의 마이클 랜드는 이 점을 고민하고 있다. 나 역시 그렇다. 앵무조개의 어린 배의 발생 시 수정체를 만드는 데 필요한 돌연변이가 일어날 수 없는 것일까? 나는 그렇게 믿고 싶지 않다. 하지만 이것보다 나은 설명을 할 수도 없다. 어쨌든 앵무조개는 눈이 전혀 없는 것보다는 수정체가 없는 눈이나마 있는 편이 낫다는 사실을 확실하게 입증하고 있다.

컵처럼 생긴 눈이 있을 때, 입구에 조금이라도 볼록하고 빛을 조금이라도 통과시키는 성질이 있는 물질 또는 반투명 물질이 있다면, 그것의 렌즈 같은 성질 때문에 전보다 성능이 향상된 눈이 될 것이다. 그 물질은 빛을 모아서 망막의 더 좁은 지역에 집중시키기 때문이다. 일단 그렇게 투박한 렌즈가 있다면, 그것은 점차 더 두꺼워지고, 빛을 더 잘 투과시키고, 상을 덜 왜곡하도록 매끈한 형태로 차츰 개선되어 결국은 진정한 수정체라고 할 만한 기관이 되는 어떤 방향이 있을 수 있다. 앵무조

개와 유연관계에 있는 오징어와 문어는 완전한 수정체를 가지고 있다. 그것은 인간의 것과 흡사하지만 그들의 조상은 인간과 무관하게 완전히 독립적으로 카메라 눈의 원리를 발견하고 진화시켜 왔다. 부연하면 마이클 랜드는 눈이 영상을 만드는 데 사용하는 원리는 아홉 가지가 있으며, 그 대부분이 여러 차례 독립적으로 진화했다고 말했다. 예를 들면 구면 반사경의 원리는 우리 인간이 가진 카메라 눈의 원리와 현격한 차이가 있다.(우리는 이것을 전파 망원경과 커다란 광학 망원경을 만드는 데 사용한다. 왜냐하면 큰 렌즈를 만드는 것보다는 큰 거울을 만드는 편이 더 쉽기 때문이다.) 그리고 여러 종류의 연체동물과 갑각류가 각기 독립적으로 이 원리를 '발명했다.' 어떤 갑각류는 곤충이 갖고 있는 것과 같은 겹눈을 가지고 있다.(이것은 작은 낱눈들이 모인 것이다.) 또 앞에서 밝혔듯이 어떤 연체동물은 우리 인간이 가지고 있는 것과 같은 카메라 눈을 가지고 있다. 현존하는 여러 동물들이 갖고 있는 이러한 눈의 형태들은 눈의 진화 과정에서 각각의 단계에 해당한다.

진화론을 반대하는 주장을 들어 보면, 점진적이고 연속적인 중간 단계들을 거쳐서는 도저히 '생겨날 수 없을 것이라고' 함부로 단정 짓는 복잡한 기관들을 예로 드는 경우가 많다. 이것은 이미 2장에서 살펴보았던 다소 감정적인 개인적인 불신에서 비롯된 주장에 불과한 경우가 많다. 예를 들면 『기린의 목, 다윈은 어디서부터 잘못 생각했나』에서는 눈에 관해 기술한 단락 바로 다음에 **폭탄먼지벌레**에 관해 이야기하고 있다.

이 벌레는 적을 만나면 과산화수소와 하이드로퀴논이 섞인 치명적인 혼합물을 뿜어댄다. 이 두 가지 물질이 혼합되면 그것은 문자 그대로 폭발한다. 따라서 폭탄먼지벌레는 이 혼합물을 몸속에 안전하게 저장하기 위해 화학적인 억제제를 발달시켰다. 꽁무니에서 그 액체를 뿜어낼 때에는 일종의 항(抗)억제제를 혼합물에 첨가한다. 그래서 그 혼합물은 다시금 폭발한다. 복잡하고 미묘한 균형을 이루며 고도로 체계화된 이러한 메커니즘이 단순하게 단계적으로 발달했다는 생물학적 설명은 설득력이 부족하다. 화학적 평형을 약간이라도 흐트러뜨리면 그 결과는 즉각적으로 폭탄먼지벌레라는 종의 멸망으로 귀결될 것이다.

나는 생화학을 전공하는 동료 한 명에게 부탁하여 과산화수소수 한 병과 폭탄먼지벌레 50마리가 뿜어낼 정도의 하이드로퀴논을 얻었다. 이제 나는 이 두 가지 화합물을 막 섞으려 한다. 앞의 글에 따르면 이 혼합물은 내 얼굴 앞에서 폭발할 것이다. 자, 이제 섞는다…….

웬걸, 나는 멀쩡하다. 하이드로퀴논을 과산화수소수에 섞었지만 아무 일도 일어나지 않았다. 심지어 온도가 올라가지도 않았다. 물론 나는 아무 일도 일어나지 않을 것이라는 사실을 미리 알고 있었다. 그렇게 위험한 실험을 아무런 대책 없이 할 정도로 바보는 아니다. "두 가지 물질이 혼합되면 그것은 문자 그대로 폭발한다."라는 문장은 창조론자들의 글에 꾸준히 인용되는 말이지만 거짓임이 확실하다. 그럼 도대체 어떻게 된 일일까? 궁금해 할 독자들을 위해 진실을 말하면 다음과 같다. 폭탄먼지벌레가 적에게 화상을 입힐 정도로 뜨거운 과산화수소와 하이드로퀴논의 혼합물을 뿜어대는 것은 사실이다. 그러나 과산화수소와 하이드로퀴논은 촉매가 첨가되지 않는 한 반응하지 않는다. 폭탄먼지벌레가 하는 일은 혼합물에 촉매를 첨가하는 일이다. 이러한 메커니즘이 진화하는 초기 단계에서 과산화수소와 다양한 종류의 퀴논들은 모두 생체 화학 반응에서 다른 용도로 사용되던 것이었다. 폭탄먼지벌레의 조상은 이미 존재하는 화합물을 방어 무기라는 다른 용도로 사용한 것이다. 진화는 가끔 이런 식으로 일어난다.

폭탄먼지벌레에 관해 언급한 그 책의 같은 쪽에 다음과 같은 질문이 있다. "절반의 허파가 무슨 소용이 있을까? 자연선택의 결과 그러한 비정상적인 허파를 가진 생물은 틀림없이 도태될 것이다." 건강한 성인의 경우 좌우 양쪽에 있는 각 허파에서는 기관이 분지를 거듭하여 결국은 3억 개의 작은 방(허파꽈리)으로 나뉜다. 이러한 분지 방식은 앞 장의 그림 2 맨 밑에 있는 바이오모프의 나무를 닮았다. 그 나무에서 분지 횟수는 '유전자 9'에 따라 결정되는데 그 수는 8회이다. 그래서 가지 끝의 수는 2⁸, 즉 256개이다. 그림 2에서 밑으로 내려갈 때마다 가지 끝의 수는 두 배씩 늘어난다. 가지 끝이 3억 개가 되려면 단지 29차례의 배수화(倍數化)가 필요할 뿐이다. 1개의 방이 3억 개의 작은 방이 되는 데에도 연속적인 단계가 있음을 주목할 필요가 있다. 각각의 단계는 전 단계에서 다시 한 번 분지하는 방식으로 만들어진다. 1개의 방이 3억 개의 작은 방이 되는 전 과정은 29회의 분지를 통해 완결된다. 쉽게 말해 유전자 공간에서 문자 그대로 스물아홉 걸음을 내딛으면 되는 것이다.

각각의 허파는 이러한 분지의 결과 내부 표면적이 약 60제곱미터에 이르게 된다. 허파에서 표면적은 매우 중요한 변수이다. 왜냐하면 산소를 받아들이고 이산화탄소를 내보내는 효율이 이 표면적에 따라 결정되기 때문이다. 표면적에 관해 중요한 점은 그것이 연속 변수라는 것이다. 면적은 전부 아니면 전무(全無)의 변수가 아니다. 그것은 조금 덜 가질 수도 있고 조금 더 가질 수도 있는 것이다. 무엇보다도 허파의 내부 표면적은 0제곱미터에서 60제곱미터에 이르기까지 점진적이고 단계적으로 변화할 수 있다는 점이 중요하다.

한쪽 허파만 가지고 살아가는 외과 수술 환자를 흔히 볼 수 있다. 그들 중 일부는 정상 허파 내부 표면적의 3분의 1만 가지고 있다. 하지만 그들은 걸어 다닐 수 있다. 그러나 먼 거리를 갈 수 없으며 빠른 걸음으로 돌아다닐 수도 없다. 바로 이 점이다. 허파의 내부 표면적이 점진적으로 줄어들 경우, 그것이 개체의 생존에 미치는 영향은 절대적이거나 아니면 어느 선까지는 살다가 그 이하로 내려가면 갑자기 죽는 식의 효과를 나타내는 것이 아니다. 그것은 쉬지 않고 걸어갈 수 있는 거리와 걸음의 속도에 영향을 미치며, 그 변화하는 양상은 점진적이고 연속적이다. 사실 얼마나 오래 살 수 있는가 하는 것도 점진적이고 연속적으로 변화한다. 허파의 내부 표면적이 특정 수치 이하로 내려가면 갑자기 죽게 되는 식이 아니다! 허파의 내부 표면적이 적정 수준 이하로 내려가면 죽을 확률이 점차 증가하는 것이다.(또한 적정 수준 이상으로 올라가도 죽을 확률은 증가한다. 그러나 그 이유는 다르다. 이번에는 경제성, 또는 효율성과 관계가 있다.)

허파를 발달시킨 최초의 조상은 물속에서 살고 있었음이 거의 확실하다. 현존하는 물고기를 관찰함으로써 최초의 조상이 어떤 방식으로 호흡을 했으리라고 추측할 수 있다. 현생 어류의 대부분이 아가미를 가지고 물속에서 호흡한다. 그러나 많은 종이 더러운 늪에서 살며 수면에 주둥이를 내밀고 공기를 들이켜서 부족한 산소를 보충한다. 이러한 종들은 구강의 내부를 일종의 투박한 원시 허파로 이용한다. 그리고 종종 이 구강은 확장되어 숨 쉬는 주머니가 되며 그 내부에는 모세 혈관이 풍부하게 분포한다. 앞서 살펴보았듯이 단 하나의 주머니로 이루어진 허파에서 현생 인류가 가진 것처럼 3억 개의 작은 주머니로 나뉜 허파까지를 연결하는 X들을 상상하는 데에는 아무런 문제가 없다.

흥미롭게도 현존하는 많은 물고기들이 그 주머니를 단 하나로 놓아 둔 채 살고 있으며 완전히 다른 용도로 사용한다. 처음에 그것은 아마도 허파로 시작했을 것이나 진화 과정에서 부레가 되었다. 부레는 물고기가 물속에서 부력의 평형을 유지하게 해 주는 기발한 장치이다. 몸속에 부레가 없는 동물은 보통 물보다 약간 무거우므로 바닥으로 가라앉는다. 따라서 상어는 가라앉지 않으려고 끊임없이 헤엄을 쳐야 한다. 몸속에 커다란 공기주머니를 가진 동물, 즉 커다란 허파를 가진 우리 인간과 같은 동물은 물 위에 뜬다. 이 연속선 상의 중간 어디쯤에 물 위에 뜨지도 바닥으로 가라앉지도 않는 적당한 크기의 부레를 가진 동물이 있을 것이다. 그들은 힘들이지 않고 부력의 평형을 유지해서 꾸준하게 물속에 머물러 있을 수 있는 것이다. 이것이 상어류를 제외한 현생 어류가 완성한 기술이다. 그들은 가라앉지 않으려고 힘을 낭비하는 상어처럼 살지 않는다. 그들의 지느러미와 꼬리는 가라앉지 않도록 하는 일에서 해방되어서 방향을 유도하거나 강한 추진력을 내는 데 사용된다. 그들은 부레를 채우는 데 더 이상 외부의 공기를 이용하지 않는다. 그 대신 몸속에 기체를 만들어 내는 특별한 샘을 갖게 되었다. 이러한 샘과 그 밖에 다른 수단을 이용하여 그들은 부레 안의 기체 양을 정확하게 조절한다. 그 결과 그들은 정밀한 부력의 평형을 얻게 되었다.

현생 어류 중 몇몇 종류는 물을 떠날 수 있다. 극단적인 예로 인도의 나무를 기어오르는 물고기를 들 수 있다. 이 종은 물속으로 거의 들어가지 않는다. 이들은 우리 인류의 조상의 것과는 전혀 다른 종류의 허파를 독자적으로 진화시켜 왔다. 그들이 가진 허파는 아가미를 둘러싼 공기주머니 형태이다. 이 종을 제외한 다른 물고기들은 기본적으로 물속에서만 살 수 있다. 하지만 잠깐 동안 물을 떠날 수는 있다. 아마 우리 조상도 처음에는 그랬을 것이다. 물을 벗어난다는 것에서 중요한 점은, 그 지속 시간이 0에서부터 시작하는 연속 변수라는 것이다. 기본적으로 물속에서 살고 물속에서 호흡하지만, 가끔 가뭄을 만나 말라가는 웅덩이를 떠나 다른 웅덩이를 찾아가기 위해 땅으로 올라가는 모험을 하는 물고기가 있었다면, 그 물고기는 절반의 허파뿐 아니라 100분의 1의 허파로부터도 큰 도움을 얻었을 것이다. 그 원시 허파가 얼마나 작은가는 문제가 되지 않는다. 작으면 작은 대로 크면 큰 대로 물을 떠나 견딜 수 있는 나름대로의 시간이 있을 테고, 그것은 허파 없이 견딜 수 있는 시간보다는 조금이라도 길 것이다. 시간은 연속적인 변수다. 물속의 산소로 호흡을 하는 동물과 공기 중의 산소로 호흡하는 동물을 칼로 두부 자르듯 구분할 수는 없다. 동물의 종류에 따라 그들 생애의 99퍼센트를 물에서 보내는 것, 98퍼센트를 물에서 보내는 것, 97퍼센트를 물에서 보내는 것, 전혀 물에서 보내지 않는 것 등 온갖 종류가 다 있을 수 있다. 매 단계마다 허파의 내부 표면적을 조금씩 늘리는 것은 전보다 이득이 된다. 허파의 내부 표면적에서도 점진주의와 연속성이 존재한다.

절반의 날개가 무슨 소용이 있을까? 많은 동물들이 나뭇가지 사이를 뛰어다닌다. 그러다가 가끔 땅으로 떨어진다. 특히 작은 동물의 경우에는 몸무게에 비해 표면적이 크기 때문에 온몸이 공기의 저항을 받아 자유 낙하를 방지하고 부상을 막는다. 즉 몸 전체가 투박한 날개로 기능하는 것이다. 어떤 방법으로든 체중에 대한 표면적의 비율을 늘리면 추락하여 부상당하는 것을 방지하는 데 도움이 될 것이다. 가령 관절 부위의 피부막을 늘려 비막(飛膜)을 만드는 방법이 있다. 그렇다면 거기에서 시작하여 본격적인 활공 비행을 위한 날개에 이르는 연속적인 단계들이 있을 수 있다. 퍼덕이는 날개의 경우도 마찬가지다. 원시 날개를 가진 고대의 동물이 뛰어 건널 수 없는 거리가 있었으리라는 것은 확실하다. 마찬가지로 바람을 받는 표면적이 작든, 형태가 투박하든 상관없이 그 날개가 있으면 건너뛸 수 있지만, 없으면 건너뛸 수 없는 어떤 거리가 틀림없이 있다.

원시 형태의 날개가 추락하는 것을 방지하는 기능을 한다면 '특정한 크기 이하의 날개는 전혀 소용이 없다.'라는 말을 함부로 할 수 없다.

최초의 날개가 얼마나 작은가. 그리고 얼마나 날개답지 못한가는 전혀 문제가 되지 않는다. 어떤 동물이 떨어지면 목이 부러지는 일정한 높이가 있다. 그 높이를 h라 부르자. 그러나 조금이라도 낮은 높이에서 떨어지면 그 동물은 살 수 있다. 이 임계점에서 바람을 받는 몸의 표면적을 조금이라도 늘려서 무작정 추락하는 것을 방지한다면, 비록 작은 개선에 불과할지라도 그것은 사느냐 죽느냐의 차이를 가져올 수 있다. 따라서 보잘것없지만 원시 형태의 날개를 가진 동물은 자연선택을 통해 진화할 것이다. 이 작은 날개가 보편화되었을 때, 임계 높이 h는 약간 높아질 것이다. 그럼 이번에는 날개를 조금 더 크게 만드는 것이 사느냐 죽느냐를 결정할 것이다. 이 과정을 거듭하다 보면 완전한 날개를 얻게 된다.

현존하는 동물 중에는 이 연속체의 각 단계를 기막히게 드러내는 종들이 여럿 있다. 발가락 사이에 있는 커다란 비막으로 활강하는 개구리가 있는가 하면 몸을 납작하게 만들어 바람을 받는 면적을 넓혀 활강하는 날뱀이 있고 체축을 따라 비막이 달린 도마뱀이 있다. 또한 앞다리와 뒷다리 사이에 있는 비막으로 활강하는 여러 종류의 포유류가 있다. 이것들을 보면 진화 초기에 박쥐가 어떤 모습이었을지 추측할 수 있다. 창조론자들의 말과는 대조적으로 '절반의 날개'를 가진 동물뿐만 아니라 4분의 1의 날개, 4분의 3의 날개를 가진 동물도 흔하다. 몸집이 아주 작은 동물은 그 모양에 관계 없이 공기 중에 뜨려는 성질이 있다는 사실을 생각해 보면 이러한 날개의 연속체에 대한 개념이 훨씬 설득력 있게 들린다. 이것이 설득력 있는 또 다른 이유는 현존하는 동물 중에 그 연속체의 각 단계를 보여 주는 종류가 있기 때문이다.

조그만 변화가 여러 번에 걸쳐 단계적으로 축적된다는 개념은 강력한 힘을 가진 생각이다. 그것은 다른 방법으로는 설명이 불가능한 큰 규모의 변화를 설명할 수 있다. 뱀의 독은 어떻게 해서 시작되었을까? 많은 동물들이 먹이를 물어뜯는다. 그리고 어떤 동물이든 그 침 속에는 먹이가 되는 동물의 상처로 침투했을 경우 알레르기 반응을 일으킬 수 있는 단백질이 들어 있다. 사람들 중에는 이른바 독 없는 뱀에 물려도 이 알레르기 반응 때문에 고통받는 사람들이 있다. 따라서 보통의 침에서 치명적인 독으로 이어지는 연속체가 있을 수 있다.

귀는 어떻게 시작되었을까? 피부는 진동하는 물체와 접촉하면 그 진동을 느낄 수 있다. 우리 몸 어느 부위의 피부든 마찬가지다. 이것이 촉각의 자연스러운 발달 과정이다. 자연선택의 결과 이 기능은 점진적으로 발달하여 아주 미세한 진동도 느낄 수 있을 정도의 민감한 촉각이 만들어진다. 그런 다음 이번에는 시끄러운 소리가 공기를 진동시킬 때 이것을 느낄 수 있을 정도로, 또는 소리가 작더라도 진동원이 충분히 가까우면 그것을 느낄 수 있을 정도로 더욱 민감해진다. 자연선택은 이제 공기를 진동시키는 진동원이 점차 멀어져도 그것을 느낄 수 있는 특별한 기관(귀)을 진화시키도록 한다. 처음부터 끝까지 단계적인 발전을 거쳐 완전한 귀로 진화하는 연속적인 경로가 있을 것이라고 추측하는 데에는 아무런 무리가 따르지 않는다. 반향 위치 결정 기술은 어떻게 시작했을까? 모든 동물은 청각을 갖고 있고 메아리를 들을 수 있다. 맹인들은 종종 이 메아리를 이용하는 방법을 배운다. 이러한 초보적인 형태의 기술이 고대의 포유류에서 시작했을 것이고, 이것은 박쥐가 완성한 고도의 기술에 단계적으로 접근해 가는 데 필요한 기초로서 충분하다.

5퍼센트의 시각이나마 있는 편이 전혀 못 보는 것보다는 낫다. 또 5퍼센트의 청각이라도 있는 편이 전혀 듣지 못하는 것보다는 낫다. 따라서 실재하는 모든 신체 기관 또는 기구가 동물 공간을 관통하는 매끈한 경로를 거쳐 온 결과물이며, 그 경로에 있는 모든 중간 단계들이 개

체의 생존과 번식에 유리한 쪽으로 작용했다는 주장은 충분한 설득력이
있다. X가 실제 살아 있는 생물의 어떤 기관이든 또는 단 한 번의 우연
으로 생겨나기에는 너무 복잡한 어떤 기관이든, 자연선택에 의거한 진
화 이론에 따르면 X의 10분의 1이라도 전혀 없는 상태보다는 낫다. 또
한 X의 10분의 2가 10분의 1보다 유리하며 완전한 X가 10분의 9보다
낫다. 나는 위의 문장이 눈과 박쥐의 귀를 포함한 귀, 날개, 곤충의 의태
와 위장술, 뱀의 독, 벌의 침, 뻐꾸기의 습성, 그 외에 진화론 반대자들
이 거론하는 모든 사례에 다 들어맞는 진실이라고 믿는다. 상상 속에서
는 그 문장이 들어맞지 않는 X를 충분히 생각할 수 있다. 다시 말해 중
간 단계의 어떤 것이 그 전 것보다 좋아진 것이 아닌 진화 경로도 충분
히 상상할 수 있다. 그러나 그러한 X는 실제의 세계에서는 발견되지 않
는다.

(『종의 기원』에서) 다윈은 이렇게 말했다.

작은 개조가 수없이 거듭되는 것으로도 결코 만들어질 수 없는 어떤
복잡한 기관이 있다는 것이 증명이 된다면 나의 이론은 붕괴될 것이다.

다윈 이후 150년이 지나는 동안 우리는 생물에 대해 더 많은 사실을 알
게 되었다. 그러나 나는 작은 개조가 수없이 거듭되어도 결코 만들어질
수 없는 어떤 복잡한 기관을 단 하나도 발견하지 못했다. 나는 그런 것
이 존재할 수 있다고 믿지 않는다. 만약 존재한다면 그것은 정말 복잡한
기관이어야 할 것이다. 하지만 이 경우 '작은' 개조란 말의 의미를 다시
정의할 필요가 있다. 이것은 다음 장에서 논의하겠다. 아무튼 그런 기관
이 존재한다면 나 역시 진화론을 포기할 것이다.

종종 중간 단계의 기관이 현생 동물들에서 나타나기도 한다. 심지어

최종 단계가 불완전한 형태로 남아 있는 경우도 있다. 스티븐 제이 굴드는 그의 뛰어난 저서 『팬더의 엄지』(팬더는 앞발을 손처럼 사용해서 물건을 쥐는데 엄지발가락이 다른 4개의 발가락과 같은 방향으로 나란히 나 있고 따라서 같은 방향으로 굽는다. 대신 엄지발가락 옆으로 뼈가 하나 튀어 나와 두 번째 엄지 역할을 한다. 팬더의 엄지란 이 두 번째 엄지를 말한다. | 옮긴이)에서 진화론을 뒷받침하는 증거로서는 완벽한 형태를 갖춘 기관보다는 불완전한 것이 더 강력하다고 말했다. 여기서 두 가지 예를 살펴보자.

바다 밑바닥에 사는 물고기는 몸을 납작하게 만들어 바닥에 엎드리는 편이 유리하다. 해저에 사는 납작한 물고기는 두 종류가 있는데, 이들은 서로 큰 차이가 있다. 그리고 몸을 납작하게 만드는 데도 전혀 다른 방식으로 진화해 왔다. 상어와 가까운 종류인 홍어와 가오리는 이른바 정도(正道)를 거쳐 몸을 납작하게 만들었다. 그것들은 몸을 양옆으로 늘려서 커다란 '날개'를 만들었다. 마치 압착기를 통과한 상어와 같다. 그러나 여전히 몸은 좌우대칭이며 '바로 서 있는 형태'이다. 가자미, 혀가자미, 핼리벗(북태평양산의 큰 넙치 | 옮긴이) 그리고 그와 비슷한 종류들은 다른 방식으로 몸을 납작하게 만들었다. 이것들은 청어, 송어 등과 같은 (부레가 있는) 경골어류로 상어와는 유연관계가 멀다. 상어류와는 다르게 경골어류는 대개 세로로 납작한데, 이러한 경향은 매우 뚜렷하다. 가령 청어는 앞에서 봤을 때 좌우의 폭보다 상하의 높이가 훨씬 더 크다. 이 물고기는 세로로 납작해진 자신의 몸 전체로 물을 밀어내면서 헤엄친다. 따라서 가자미나 넙치의 조상이 바다 밑바닥에 엎드릴 때, 홍어나 가오리의 조상들처럼 배를 깔고 엎드리는 것보다는 몸을 한쪽으로 눕히는 것이 자연스러운 행동이었을 것이다. 그러나 이런 방식은 아래를 향한 눈 하나가 항상 모래 속에 파묻히게 되어 결과적으로 외눈박이가 된다는 문제점이 있다. 이 문제는 진화 과정에서 아래로 내려간 눈이

위쪽으로 '돌아가는' 것으로 해결되었다.

눈이 돌아가는 과정은 가자미나 넙치의 어린 새끼가 자라는 동안 재현된다. 가자미나 넙치는 유년기를 해수면 근처에서 보낸다. 그리고 그 형태는 청어와 마찬가지로 세로로 납작하며 좌우대칭이다. 하지만 성장함에 따라 차츰 두개골이 비대칭적으로 변모하여 기이한 형태의 뒤틀림이 생긴다. 그 결과 한쪽 눈, 가령 왼쪽 눈이 머리의 앞 끝을 거쳐 오른쪽으로 옮겨 간다.(가자미의 경우 | 옮긴이) 어느 정도 자란 가자미는 양쪽 눈이 모두 위로 향한, 마치 피카소의 그림과 같은 우스꽝스런 모습을 하고 해저에서 살아간다. 어떤 물고기는 오른쪽으로 눕고, 어떤 물고기는 왼쪽으로 눕는다. 또 어떤 물고기는 좌우 어느 쪽으로든 눕는다.

경골어류인 넙치와 가자미의 비틀린 두개골은 그들의 조상, 즉 출발점이 잘못 선정되었다는 것을 입증한다. 그 불완전한 형태가 그들의 고대사에 대한 강력한 증거다. 그것은 출발점부터 미리 설계된 우아한 역사가 아니라 이미 형성된 출발점에서 시작하여 단계적인 변화를 거쳐 온 왜곡된 역사인 것이다. 디자이너에게 아무것도 그리지 않은 깨끗한 제도지 위에 납작한 형태의 물고기를 설계하라고 주문하면, 그 누구도 그런 괴물 같은 물고기를 그리지는 않을 것이다. 정신이 바로 박힌 디자이너라면 홍어와 같은 형태의 물고기를 설계할 것이다. 그렇지만 진화는 결코 그런 깨끗한 제도지 위에서 시작하지 않는다. 진화는 이미 무언가 있는 데서 출발한다. 홍어의 경우, 그 출발점은 상어였다. 청어와 같은 경골어류는 세로로 납작한데, 일반적으로 상어류는 그렇지 않다. 굳이 납작한 곳을 찾아보면 상어는 위아래로 약간 납작한 것을 알 수 있다. 이 말은 고대의 어떤 상어가 처음 해저 생활을 시작했을 때, 홍어와 같은 형태로 진화한 편이 훨씬 자연스럽고 더 쉬웠을 것임을 시사한다.

반면에 가자미나 넙치의 조상은 청어처럼 세로로 납작하기 때문에

해저 생활을 할 때 칼날 같은 배로 균형을 잡으려고 애쓰는 것보다는 한쪽으로 눕는 편이 나았다! 결과적으로 눈을 한쪽으로 몰기 위해 복잡하고 아마도 큰 대가를 지불했을 두개골의 뒤틀림이 수반되었다. 경골어류에게도 홍어와 같은 형태로 납작해지는 것이 궁극적으로는 최선의 방식이다. 하지만 가자미의 조상이 만약 그와 같은 진화 경로(홍어의 형태로 납작해지는 경로 | 옮긴이)를 따랐다면, 단기적으로는 가자미처럼 한쪽으로 눕는 종과의 경쟁에서 뒤졌을 것이다. 가자미의 조상들이 단기적으로는 훨씬 유리했을 것이다. 자유롭게 헤엄쳐 다니는 경골어류에서 시작하여 비틀린 두개골을 가진 납작한 물고기에 이르는 진화 경로는 매끄럽게 이어진다. 반면에 이 경골어류에서 시작하여 홍어처럼 배를 바닥에 깔고 다니는 납작한 물고기를 연결하는 진화 경로는 자연스럽지 않다. 그러나 이 추론이 항상 들어맞는 것은 아니다. 왜냐하면 홍어와 같은 방식으로 좌우대칭을 유지하면서 납작해진 경골어류가 몇 종류 있기 때문이다. 아마도 그것들의 조상은 다른 이유로 이미 위아래로 약간 납작해져 있었을 것이다.

이롭지 않은 중간 단계 때문에 진화하지 않은 경우를 보여 주는(궁극적으로는 진화하는 편이 더 나을 뻔했지만) 두 번째 예는 우리 인간의(그리고 다른 모든 척추동물의) 망막과 관계된 것이다. 다른 신경들과 마찬가지로 시신경도 여러 개의 신경 섬유들이 뭉친 신경 다발이다. 대략 300만 개의 신경 섬유가 모여서 시신경을 이룬다. 300만 개의 신경 섬유들은 망막의 시세포들과 일대일로 대응하고 시세포의 신호를 뇌에 전달한다. 말하자면 이 신경 섬유들은 300만 개의 시세포와 거기서 나온 정보를 처리할 뇌를 연결해 주는 전선이라고 할 수 있다.(사실은 300만 개 이상의 시세포에서 나온 정보를 전달하는 300만 개의 중계국인 셈이다.) 시세포는 망막 전체에 분포하고, 따라서 신경 섬유도 망막 전체에서 뻗어 나와 하나의 다발로 묶여 시신경을 형성한다.

공학자에게 눈을 설계해 보라고 한다면, 누구든지 시세포를 빛이 들어오는 쪽에 놓고 거기서 나온 정보를 전달할 신경을 시세포 뒤로 빼서 뇌로 연결하려고 할 것이다. 이것이 당연한 생각이다. 만약 시세포를 빛이 들어오는 방향의 반대쪽에 놓고 신경을 빛이 들어오는 쪽에 놓는다면 그런 엉터리 설계가 어디 있냐고 비웃을 것이다. 하지만 그것이 모든 척추동물들이 가진 망막의 형태이다. 다시 말해 시세포가 신경 섬유의 뒤로 연결되어 있고 이 신경이 빛을 먼저 받는다. 이 신경은 망막 표면을 따라 이어져 어떤 한 점(이른 바 '맹점')에 모인 다음 망막을 뚫고 안구의 뒤쪽으로 나가 뇌로 연결된다. 빛이 아무런 간섭도 받지 않고 시세포를 만나는 것이 아니라 우선 신경들의 숲을 먼저 통과해야 한다는 말이다. 그러면 아마도 빛이 약해지거나 굴절되어 고통을 받을 것이다.(실제 그 효과가 그리 크지는 않다. 그래도 이러한 형태는 물리 법칙에 어긋난 것과 껄끄러운 것을 용납하지 못하는 공학자를 괴롭힐 것이다.)

나는 이 기이한 형태가 어떻게 생겨나게 되었는지 정확히 설명해 줄 수 있는 어떤 이론도 알지 못한다. 그것은 아주 오래전부터 진화하였다. 나는 이 기이한 눈의 형태가 물리 법칙에 맞는 적절한 형태로 변화하지 않는 이유는 실제의 진화 경로와 연관이 있다고 믿는다. 그 경로란 바이오모프의 나라에서 실제 생물과 동등한 것들을 통과하는 경로를 말한다. 눈의 기원이 되는 기관이 무엇이든 간에 거기서 출발하여 망막의 방향을 바른쪽으로 되돌리기 위해서는 반드시 통과해야만 하는 경로가 이 실제의 경로이다. 그러한 경로가 아마 있을 것이다. 그러나 그 가상의 경로가 실제의 중간 생물의 몸에서 현실로 되었을 때, 그것은 불리한 것임이 판명될 것이다. 단지 일시적으로 불리한 것이다. 하지만 그것만으로도 진화를 방해하기에는 충분하다. 중간 종은 그들의 불완전한 조상들보다 시각이 뒤떨어진다. 그리고 그들이 장차 먼 후손을 위해 더 나은 시각을 만드는 과정에 있다는 것으로도 위안이 되지 않는다! 중요한 것은 당장의 생존과 번식이다.

'달로의 법칙'은 진화가 비가역적이라고 말한다. 이 법칙은 종종 진보의 불가피성을 주장하는 많은 공상적인 난센스와 혼동되기도 한다. 또 종종 진화는 '열역학 제2법칙을 거스르는 것'이라는 무식한 난센스와 결합하기도 한다.(스노에 따르면 지식인 계층의 절반이 열역학 제2법칙이 어떤 것인지를 알고 있다. 그들은 아기의 성장이 열역학 제2법칙을 거스르지 않는 것처럼 진화도 그것을 거스르지 않는다는 것을 깨닫게 될 것이다.) 진화의 방향이 뒤집어지지 못할 이유가 없다. 진화 과정에서 사슴의 뿔이 잠시 동안 커지는 경향이 있었다면 그것이 다시 작아지는 쪽으로 진행할 수도 있는 것이다. 달로의 법칙은 어느 방향으로든 똑같은 진화 경로(또는 어떤 특정한 경로)를 두 번 밟는 것이 확률적으로 불가능함을 표현한 것에 불과하다. 일회적인 돌연변이는 쉽게 되돌아갈 수 있다. 그러나 여러 번의 돌연변이를 차례로 거치는 경우에는 사정이 달라진다. 아홉이라는 작은 수의 유전자를 가진 바이오모프의 경우에도, 가능한 모든 경로로 채워진 수학적 공간은 엄청난 부피를 가지기 때문에 2개의 진화 경로가 같은 지점에 도달할 확률은 매우 낮다. 더욱이 훨씬 더 많은 수의 유전자를 가진 실제의 동물들에서는 이 확률이 더욱 낮아진다. 달로의 법칙에는 어떤 신비스러운 것도 없다. 또한 우리가 이해하지 못하거나 풀어야 하는 어떤 것도 아니다. 그것은 단지 확률의 기본 법칙일 뿐이다.

따라서 실제의 세계에서는 서로 다른 출발점을 갖는 독립적인 진화 경로가 같은 종착점으로 수렴하는 예가 아주 많다. 이 사실은 자연선택의 위력이 얼마나 대단한 것인가를 입증한다. 그러나 자세히 살펴보지 않으면 그것은 또 다른 고민거리로 비칠 것이다. 그 수렴 형태가 완전히 똑같은 것은 아니다. 서로 다른 진화 경로는 여러 세부 지점에서 각각 독립적인 기원들을 가지고 있다. 가령 문어의 눈은 우리 인간의 눈과 매우 흡사하지만, 신경이 빛이 들어오는 방향에서 시세포보다 앞에 있는 것이 아니라 뒤로 빠져나간다. 이것을 보면 문어의 눈이 인간의 눈보다 더 '합리적으로' 설계되었다. 문어는 인간과는 현저히 다른 출발점에서 시작하여 매우 유사한 종착점에 도달했다. 그리고 이 사실은 앞에서 기술한 세부 사항에서 드러난다.

이처럼 피상적으로 유사한 귀결점에 수렴하는 예 중에 종종 기막힌 것이 있다. 그것들 중 몇 가지를 기술하는 것으로 이 장을 마치려고 한다. 이것들은 자연선택이 얼마나 뛰어난 기관을 설계할 수 있는지를 보여 주는 가장 인상적인 예들이다. 피상적으로 닮은 그 기관들 역시 세부적인 면에서는 다르다는 사실은 그것들이 독립적인 진화의 역사와 기원을 가지고 있음을 입증한다. 기본 원리는 이렇다. 일단 어떤 설계가 진화하기에 충분할 정도로 훌륭한 것이라면 똑같은 설계 원칙은 동물계의 다른 영역에서, 다른 출발점에서 다른 진화 경로를 거쳐 재차 진화하기에 충분할 정도로 훌륭하다는 것이다. 이 사실을 확인하는 데에는 뛰어난 설계를 보여 주는 실제의 예를 기술하는 것보다 더 좋은 방법은 없다. 그것은 바로 반향 위치 결정법이다.

반향 위치 결정법에 대해 우리가 알고 있는 것의 대부분이 박쥐(그리고 인간이 발명한 도구)에 관한 것이다. 그러나 박쥐와 관련이 없는 다른 여러 동물 집단 또한 이 방법을 사용한다. 조류 중에 최소한 두 그룹이 이 방법을 사용하며, 돌고래와 고래는 매우 높은 수준의 정교한 반향 위치 결정법을 사용한다. 또한 이 방법은 최소한 2개의 서로 다른 박쥐 집단에서 각각 독자적으로 '발견되었음'이 거의 확실하다. 반향 위치 결정법을 사용하는 새로는 남아메리카산 오일버드(쏙독새의 일종)와 둥지가 수프의 재료가 되기도 하는 극동의 바다제비가 있다. 이 새들은 자기가 지저귄 소리의 메아리를 이용해서 어둠 속에서 길을 찾는다. 양쪽 모두 그 지저귀는 소리는, 더 전문화된 박쥐의 경우처럼 초음파가 아니라 사람의 귀에도 들리는 소리다. 어느 쪽도 박쥐가 사용하는 것처럼 고도로 정교한 반향 위치 결정법을 개발하지는 못한 것 같다. 그들이 사용하는 소리는 주파수가 변하지 않는다. 또한 도플러 효과를 이용해서 속도를 측정하기에도 적합하지 않은 것 같다. 과일을 주식으로 하는 루셋큰박쥐처럼 그들은 아마 성대에서 나간 소리가 메아리로 돌아올 때까지의 시간을 측정하는 것으로 소리를 반사한 물체와의 거리를 가늠하는 정도밖에 하지 못하는 것 같다.

이 경우 우리는 두 종류의 새들이 박쥐와는 전혀 상관없이, 또한 그들끼리도 서로 상관없이 각자 나름대로 반향 위치 결정법을 발명했다는 사실을 확신할 수 있다. 이러한 결론을 추론하는 과정은 진화론자들이 자주 사용하는 방법이다. 지구에는 수천 종의 새들이 있지만 그들 대부분이 반향 위치 결정법을 사용하지 않는다는 것을 우리는 알고 있다. 단지 2개의 다른 속(屬)에 속하는 새들만이 이 기술을 사용한다. 그 두 집단은 동굴에서 생활한다는 공통점 외에는 전혀 관련성이 없다. 진화 경로를 충분히 거슬러 올라가면 새와 박쥐의 공통의 조상이 있을 것이라고 확신하지만, 그 조상은 앞에서 말한 두 종류의 새들과 박쥐만의 조상이 아니라 (인간을 포함한) 모든 포유류와 모든 조류의 조상이다. 포유류의 대부분 그리고 조류의 대부분이 반향 위치 결정법을 사용하지 않는다. 그리고 그들의 공통 조상 또한 그것을 사용하지 않았을 것임이 거의 확실하다. (또한 그 조상은 날지도 못했을 것이다. 나는 기술 역시 여러 차례 독자적으로 진화한 기술이다.) 따라서 반향 위치 결정 기술은 박쥐와 새가 각기 독자적으로 개발한 것이다. 마치 그 기술을 영국, 미국, 독일의 과학자들이 각자 독립적으로 개발한 것처럼 말이다. 더 작은 규모에서도 같은 방식의 추론을 할 수 있다. 다시 말해서 오일버드와 바다제비의 공통 조상 역시 반향 위치 결정 기술을 사용하지 않았으며, 이 두 종류의 새들은 각자 독자적으로 같은 기술을 발달시켰다는 결론이다.

포유류 중에서도 박쥐만이 반향 위치 결정법을 개발한 유일한 집단은 아니다. 뒤쥐, 쥐, 바다표범 등의 여러 종류의 포유류가 마치 눈먼 장님이 하는 것과 같이 보잘것없기는 하지만 어느 정도 메아리를 이용하는 것 같다. 그러나 박쥐 정도의 정교함에 필적할 수 있는 것은 고래뿐이다. 고래는 크게 두 부류로 나눌 수 있다. 이빨고래와 수염고래가 그것이다. 물론 양쪽 다 육상 생활을 하던 조상에서 유래한 포유류이다. 그들은 육상 생활을 하던 서로 다른 조상들에서 출발하여 아마도 각각 독립적으로 고래의 생활 방식을 '발명' 했을 것이다. 이빨을 갖고 있는 고래에는 향유고래, 범고래 그리고 다양한 종류의 돌고래가 포함되며, 모두 물고기나 오징어 같은 입으로 잡을 수 있는 비교적 큰 먹이를 먹고 산다. 이빨을 갖고 있는 여러 종류의 고래들 중에서 돌고래만이 완전하게 연구되었는데, 그들은 정수리에 정교하게 발달된 반향 위치 결정 장치를 가지고 있다.

돌고래는 높은 주파수의 소리를 빠르게, 연속적으로 내보낸다. 일부는 사람도 들을 수 있으며, 일부는 초음파이다. 돌고래의 머리에 돔처럼 불거져 나온 '혹' 은 마치 님로드 조기 경보기에서 기묘한 형태로 불거져 나온 레이더 돔처럼 보인다. 이것은 놀라운 우연의 일치다. 그 혹은 음파를 전방으로 쏘아 보내는 일을 하는 것 같다. 그러나 정확한 기능은 아직 밝혀지지 않았다. 박쥐는 비교적 낮은 비율로 소리를 내보내다가 먹이에 접근할 때에는 소리를 내보내는 비율을 아주 높이(초당 400번까지) 올린다. 비교적 '낮다'는 비율도 꽤 높다. 황토 강에 사는 돌고래가 아마도 가장 뛰어난 반향 위치 결정 기술자일 것이다. 하지만 연구 결과 바다에 사는 돌고래들 중 일부도 그만큼 뛰어난 기술을 사용한다는 것이 판명되었다. 대서양에 사는 주둥이가 뭉툭한 돌고래는 반향 위치 결정 기술만을 사용해서 원, 사각형, 삼각형(넓이가 비슷한 도형들로 실험했다.)을 구별할 수 있다. 그들은 2개의 목표물 중 어느 것이 더 가까이 있는지 알아낼 수 있는데, 약 3센티미터에서 약 6미터까지의 차이를 구별할 수 있고 약 60미터 이내에 있는 골프공 절반만 한 크기의 강철구를 찾아낼 수도 있다. 이 정도의 능력이면 밝은 빛 아래에서의 인간의 시각보다는 못하지만 어스름 달빛 아래에서의 인간의 시각보다는 나을 것이다.

돌고래와 관련된 흥미로운 추론이 한 가지 있다. 돌고래는 반향 위치 결정 기술을 사용하여 힘들이지 않고 어떤 '머릿속의 영상'을 다른 개체에게 전달할 수 있다는 것이다. 돌고래가 해야 할 일은 단지 그들이 낼 수 있는 그 다재다능한 소리를 이용하여 특정한 물체에서 반사된 소리의 형태를 흉내 내는 것이다. 이 방법을 이용하여 그들은 다른 개체에게 그 물체에 대한 '머릿속의 영상'을 전할 수 있을 것이다. 하지만 이 그럴듯한 추측에 대한 증거는 어디에도 없다. 이론적으로 박쥐들도 이 방법을 사용할 수 있다. 그러나 돌고래가 더 적합한 후보인 것 같다. 왜냐하면 그들은 일반적으로 박쥐보다 더 사회성이 더 발달된 동물이고 박쥐보다 더 '똑똑하다.' 하지만 돌고래가 더 적합한 후보라는 결론에서 돌고래의 높은 지능이 필수적인 근거가 되는 것은 아니다. 반사된 영상을 이용해서 의사소통을 하는 데 필요한 기술과 장비는 박쥐와 돌고래가 이미 사용하고 있는 반향 위치 결정 기술보다 더 정교한 것은 아니다. 메아리를 만들기 위해서 목소리를 사용하는 것과 메아리를 흉내 내기 위해 목소리를 사용하는 것 사이에는 점진적이고 무리가 없는 연속체가 있을 수 있다고 본다.

최근 몇억 년 사이에 최소한 두 종류의 박쥐와 두 종류의 새, 이빨고 래 그리고 보잘것없지만 다른 여러 종류의 포유류들이 모두 독자적으로 반향 위치 결정 기술이라는 귀결점에 도달했다. 지금은 멸종된 다른 어 떤 동물(혹시 익수룡이 아닐까?)도 이 기술을 독자적으로 개발했을지 누 가 알겠는가?

곤충과 물고기 중에는 반향 위치 결정법을 사용하는 종류가 발견되 지 않았다. 그러나 각각 남아메리카와 아프리카에 사는 서로 다른 두 종 류의 물고기가 비슷한 방식의 탐지법을 발전시켜 왔다. 이 방식은 반향 위치 결정법만큼이나 정교하고 또한 서로 관련이 있는 것처럼 보이지 만, 같은 문제를 서로 다른 방식으로 해결한 경우이다. 이 물고기들을 약한 전기 물고기라 부른다. 여기서 '약하다' 는 말은 높은 전압의 전기 를 발생시켜 항해가 아닌 먹이를 기절시킬 때 사용하는 강한 전기 물고 기들과 구별하기 위한 것이다. 전기로 기절시키는 기술도 역시 서로 관 련이 없는 여러 종류의 물고기들, 가령 전기뱀장어(전기뱀장어는 진정한 뱀장어가 아니지만 생김새가 뱀장어와 닮았다.) 또는 전기가오리 등이 각각 독자적으로 개발해 왔다.

남아메리카와 아프리카의 약한 전기 물고기들은 서로 관련이 없다. 그러나 둘 다 대륙에서 같은 종류의 물속에서 살고 있다. 그들이 살고 있는 물은 진흙이 너무 많아서 눈으로 보는 것은 불가능하다. 그들이 사 용하는 물리 법칙(물속의 전기장)은 박쥐와 돌고래의 반향 위치 결정법 보다 훨씬 더 생소하다. 우리 인간에게도 최소한 메아리가 어떤 것이라 는 추상적인 개념은 있다. 그러나 전기장이 어떻게 느껴지는가에 관해 서는 어떤 추상적인 개념도 없다. 심지어 200년 전까지는 전기의 존재 조차도 몰랐다. 우리는 인간이므로 전기 물고기가 느끼는 것과 같이 느낄 수는 없다. 그러나 우리는 과학적으로 그것들을 이해할 수 있다.

저녁 식탁에서 우리는 물고기의 근육 조각들이 마치 배터리가 연결되어 있는 것처럼 질서 정연하게 배열되어 있는 것을 쉽게 관찰할 수 있다. 대부분의 물고기들이 그 근육들을 차례로 수축시켜 몸에서 사인 곡선을 만들고, 그 힘으로 전진한다. 강한 것이든 약한 것이든, 전기 물고기들에서는 그 근육들이 전기적인 의미에서 배터리가 된다. 그 배터리의 각 조각(전지)들이 전압을 발생시킨다. 이 전압은 물고기의 몸길이 방향으로 근육 조각들이 직렬 연결됨에 따라 자꾸 올라간다. 강한 전기 물고기인 전기뱀장어의 경우, 650볼트에서 1암페어의 전류를 발생시킬 수 있다. 전기뱀장어는 사람도 기절시킬 만큼 강력하다. 약한 전기 물고기들은 순수하게 정보만을 수집할 목적으로 전류를 발생시키므로 그렇게 강한 전압과 전류는 필요 없다.

전기장 탐사법의 원리는 말 그대로 물리학 수준에서 이해해야만 한다. 전기 물고기가 어떻게 느끼는가 하는 수준에서는 이해할 수 없다. 다음에 이어질 설명은 남아메리카와 아프리카에 사는 약한 전기 물고기 모두에게 해당되는 것이다. 적응 수렴은 그만큼 철저하다. 전류는 물고기의 몸 앞 절반에서 흘러나온다. 그것은 물속에서 커브를 그리며 물고기의 몸 뒷부분 절반, 즉 꼬리 부분으로 되돌아간다. 실제는 어떤 구분된 ‘선’이 있는 것이 아니라 연속적인 ‘장(場)’이 있을 뿐이다. 그것은 마치 물고기의 몸을 둘러싸고 있는 보이지 않는 고치와 같은데 여러 가닥의 선으로 되어 있는 것처럼 생각하는 쪽이 이해하기 쉽다. 그 곡선들은 몸 옆으로 줄지어 나 있는 ‘옆줄 구멍’들 중 앞부분에 있는 것들에서 나와 뒷부분에 있는 것으로 들어간다. 각각의 구멍에는 전압을 측정할 수 있는 작은 전압계들이 들어 있다. 물고기가 어떤 장애물도 없는 물속에 떠 있으면 그 곡선은 매끄러운 커브를 그리고 각각의 구멍 속에 있는 작은 전압계들은 '정상' 상태임을 기록한다. 그러나 근처에 바위나 먹이 같은 장애물이 출현하여 전기장을 나타내는 곡선이 장애물에 걸리면 곡선은 변형된다. 그리고 변형된 곡선에 해당되는 구멍의 전압계에 이 사실이 기록되어 이론상으로 물고기의 신경계 어딘가에 있는 컴퓨터가 모든 구멍의 전압계에 기록된 전압의 형태를 비교하여 장애물이 어떤 것인가를 판단할 수 있는 것이다. 물고기의 뇌가 이 작업을 한다는 것은 확실하다. 재차 강조하건대 이 말은 물고기가 뛰어난 수학자라는 뜻이 아니다. 단지 필요한 방정식을 풀 수 있는 도구를 가지고 있다는 뜻이다. 마치 공을 잡을 때 우리의 뇌가 무의식적으로 그런 방정식을 풀듯이 말이다.

약한 전기 물고기가 전기장 탐사법을 사용할 때, 자신의 몸을 뻣뻣하게 만드는 것은 매우 중요하다. 물고기의 뇌에 있는 컴퓨터가 보통의 물고기가 헤엄칠 때처럼 몸을 구부리고 비트는 동작 때문에 생기는 전기장의 왜곡을 감안할 수 있을 정도로 성능이 뛰어나지는 않기 때문이다. 전기 물고기는 적어도 두 번의 독자적인 개발을 통해 이 기발한 탐사법을 완성했다. 그러나 그에 따른 대가를 치러야만 했다. 그들은 보통의 물고기들이 갖고 있는 뛰어난 영법, 즉 몸 전체로 파동을 만들어 물을 밀어내는 방법을 포기해야 했다. 자신의 몸을 단단하게 하는 대신 체축 방향으로 길게 뻗은 하나의 지느러미를 만들어 움직이는 것으로 이 문제를 해결했다. 몸 전체로 파동을 만드는 대신 그 지느러미로 파동을 만드는 것이다. 전기 물고기는 물속을 다소 느리게 헤엄치지만 어쨌든 움직인다. 그리고 빠른 움직임을 포기할 만한 가치가 확실히 있었다. 말하자면 그 탐사법에서 얻는 이익이 빠른 움직임을 포기함으로써 잃는 손실을 보상하고도 남는다는 말이다. 놀라운 것은 남아메리카의 약한 전기 물고기가 찾아낸 해결 방법은 아프리카의 물고기가 찾아낸 방법과 거의 똑같다는 사실이다. 하지만 완전히 똑같지는 않다. 즉 두 집단 모두 체축의 방향을 따라 하나의 긴 지느러미를 갖고 있지만 아프리카의 물고기는 그것이 등에 달렸고, 남아메리카의 것은 배쪽에 달려 있다. 앞서 살펴보았듯이 세부적인 면에서 나타나는 이러한 차이야말로 수렴 진화의 특징이다. 물론 이것은 공학자들의 설계가 수렴할 때 나타나는 특징이기도 하다.

아프리카와 남아메리카에 사는 약한 전기 물고기의 대부분이 전류를 불연속적으로 흘려보내기 때문에 이른바 '펄스' 물고기라고 부르지만, 어떤 것들은 다른 방식을 사용하기 때문에 '파동' 물고기라고 부른다. 여기서는 그 차이에 대해 더 이상 논의하지 않겠다. 관심을 가져야 할 부분은 펄스 물고기와 파동 물고기의 분화도 서로 관련이 없는 신대륙과 구대륙의 집단에서 각각 독자적으로, 즉 두 번 일어났다는 사실이다.

내가 알고 있는 수렴 진화의 실례들 중에서 가장 인상적인 것은 이른바 매미의 발생 주기이다. 본격적인 논의에 들어가기 전에 몇 가지 지식을 익혀 둘 필요가 있다. 많은 곤충들이, 일생의 대부분을 차지하며 영양을 섭취하는 단계인 유생 시기를 거쳐 번식을 위한 짧은 성체의 시기를 보내고 생을 마감한다. 이러한 시기 구분은 다소 엄격하다. 가령 하루살이는 물속에서 영양을 섭취하는 유생 시기로 생의 대부분을 보내고 변태를 거친 후 성체가 되면 하루, 이틀밖에 살지 못한다. 따라서 하루살이의 성체는 단풍나무와 같은 식물의 날개 달린 씨앗이라고 생각할 수 있다. 그런데 그 씨앗은 하루밖에 살지 못한다. 유생은 그 식물의 몸체와 같다. 차이가 있다면 단풍나무는 씨앗을 많이 만들어 매년 그것들을 뿌린다는 것이고 하루살이의 유충은 생의 막바지에 단지 하나의 성체로 발생한다는 것이다. 어쨌거나 매미는 하루살이에서 나타나는 그같은 경향을 극단으로 밀고 나간 경우이다. 성체는 단지 몇 주 동안만

살지만 '유충'(번데기가 아니라 애벌레로서)으로 보내는 시간은 (어떤 변종은) 13년 또는 (다른 변종은) 17년이다. 13년 (또는 17년)을 땅속에서 은둔한 후, 거의 같은 순간에 성충으로 부화하여 세상에 나온다. 어떤 특정 지역에서 정확히 13년(또는 17년)마다 대규모로 발생하는 매미 떼는 장관을 이루며 그래서 미국에서는 메뚜기 떼(locusts는 메뚜기라는 뜻과 매미라는 뜻이 있음 | 옮긴이)라는 부정확한 이름으로 불리기도 한다. 아무튼 매미는 13년 주기의 변종과 17년 주기의 변종이 있는 것으로 알려져 있다.

여기에 정말로 놀라운 사실이 있다. 매미 중에는 단지 13년 매미 한종과 17년 매미 한 종만이 있는 것이 아님이 판명된 것이다. 매미에는 세 가지 종이 있으며 각기 모두 17년 변종과 13년 변종을 갖고 있다. 13년 변종과 17년 변종으로의 분화가 각각 독립적으로, 최소한 세 차례 일어난 것이다. 14년, 15년, 16년이라는 중간 주기가 마치 약속이나 한 듯 똑같이 무시되어 버린 것처럼 보인다. 최소한 세 번에 걸쳐서……. 왜 그럴까? 모른다. 단지 13이라는 숫자와 17이라는 숫자가 14, 15, 16과는 달리 소수(素數)라는 것이고, 이 사실과 어떤 관련이 있지 않을까 하고 추측할 수 있을 뿐이다. 소수란 1과 자신을 제외한 어떤 수로도 나눌 수 없는 수를 말한다. 주기적으로 대규모로 발생하는 동물들은 천적이나 포식자, 기생충을 궁지에 몰아넣거나 굶어 죽게 함으로써 이득을 얻을 수 있을지도 모른다. 그리고 이러한 대규모의 발생이 소수의 연주기를 가지도록 조심스럽게 조절된다면 천적들이 매미의 생활사를 거기에 맞추기가 훨씬 더 힘들 것이다. 가령 매미가 14년 주기로 발생한다면 그것들은 7년의 생활사 주기를 가지는 기생충의 공격을 받을 것이다. 기발한 생각이다. 하지만 실제 현상 자체가 더 기막히다. 13년과 17년이 무엇이 특별한지 우리는 알지 못한다. 중요한 것은 그 숫자들에는 틀림없이 특별한 어떤 것이 있다는 사실이다. 왜냐하면 서로 다른 세 종류의 매미들이 각기 독자적으로 그 주기에 도달했기 때문이다.

대규모의 수렴 진화의 예는 둘 또는 그 이상의 대륙들이 서로 떨어진 채 오랜 세월이 흘렀을 경우에 발견할 수 있다. 각 대륙에서 서로 관련이 없는 동물들이 같은 '생활 방식'을 채택한다는 사실이다. '생활 방식'이란 벌레의 구멍 파기, 개미의 땅 파기, 대형 초식 동물 사냥하기, 나뭇잎 따먹기 등을 의미한다. 포유류의 생활 방식 전체에서 발견할 수 있는 수렴 진화의 예는 서로 연결되어 있지 않은 대륙인 남아메리카 대륙, 오세아니아, 구대륙에서 발견된다.

이 대륙들이 항상 분리되어 있었던 것은 아니다. 우리 인간의 일생이 겨우 몇십 년에 불과하고 문명과 왕조의 지속 기간이 겨우 몇백 년에 불과하기 때문에 우리는 세계 지도와 대륙의 윤곽선이 변하지 않는 것으로 생각하는 데 익숙하다. 대륙이 이동한다는 생각은 오래전에 독일의 지질학자 알프레트 베게너가 제안한 것이다. 그러나 제2차 세계 대전 후까지도 대부분의 사람들은 그의 생각을 비웃었다. 남아메리카 대륙의 동쪽 해안선과 아프리카의 서쪽 해안선이 그림 맞추기 퍼즐 조각처럼 잘 들어맞는다는 사실은 인정했다. 하지만 그것은 단지 놀라운 우연의 일치에 불과하다고 생각했다. 과학사에서 가장 급속하고 완전한 혁명 중 한 가지인 '대륙 이동설'은 판 구조론이라는 이름으로 널리 알려져 있다. 오늘날 남아메리카 대륙이 아프리카 대륙에서 떨어져 나왔다는 것과 같은 대륙 이동의 증거는 문자 그대로 수없이 알려져 있다. 하지만 이 책은 지질학에 관한 책이 아니므로 그런 증거들을 열거하지는 않겠다. 우리에게 중요한 것은 대륙이 이동하는 시간이 동물이 진화하는 시간만큼 느리다는 점이다. 그리고 그러한 대륙에서 일어나는 동물의 진화 경향을 이해하기 위해서는 대륙의 이동을 무시해서는 안 된다는 점이다.

대략 1억 년 전에는 남아메리카 대륙의 동쪽에 아프리카 대륙이 붙어 있었고 남쪽에는 남극 대륙이 이어져 있었다. 남극 대륙은 오세아니아와 이어져 있었고 인도는 마다가스카르 섬을 가운데 두고 아프리카와 이어져 있었다. 그래서 지금의 남아메리카, 아프리카, 마다가스카르, 인도, 남극 대륙, 오세아니아가 하나로 뭉쳐 곤드와나라고 부르는 거대한 초대륙을 만들었고, 이것이 남반구에 자리잡고 있었다. 북반구에는 지금의 북아메리카, 그린란드, 유럽 그리고 (인도를 제외한) 아시아가 하나로 뭉쳐진 로라시아라는 초대륙이 있었다. 북아메리카 대륙은 남아메리카 대륙과 갈라져 있었던 것이다. 약 1억 년 전에 그 땅덩어리가 갈라지는 대규모의 균열이 있었고, 그 후 매우 느린 속도로 움직여 지금의 위치를 차지하게 된 것이다.(물론 그것들은 앞으로도 계속 움직일 것이다.) 아프리카는 아라비아 반도를 사이에 두고 아시아 대륙과 연결되어 오늘날 구대륙이라고 부르는 거대한 대륙의 일부가 되었다. 북아메리카 대륙은 유럽에서 떨어져 나왔고 남극 대륙은 남쪽으로 이동하여 눈과 얼음으로 뒤덮인 현재의 위치에 자리를 잡았다. 인도 대륙은 아프리카에서 떨어져 나와서 오늘날 인도양이라고 부르는 곳을 횡단하여 아시아 대륙의 남쪽에 충돌하여 히말라야 산맥이 솟아오르게 만들었다. 오세아니아는 남극 대륙과 분리되어 망망대해로 떨어져 나왔고 다른 어느 대륙과도 연결되어 있지 않은 섬이 되었다.

남반구에 있던 거대한 초대륙 곤드와나가 갈라지기 시작한 때는 공룡의 시대라 불리는 중생대였다. 남아메리카 대륙과 오세아니아가 나머지 땅덩어리에서 떨어져 나와 오랜 세월 동안 고립되어 있었을 때, 그 대륙들은 공룡과 오늘날 포유류의 조상이 될 몇 가지 동물들을 실은 독립된 화물칸이 된 셈이었다. 얼마 안 있어 알 수 없는, 그래서 여러 가지 상상을 가능하게 해 주는 이유로 공룡들이 사라져 갔다. 전 세계적으로 말이다.(한 부류만은 예외였다. 그것들은 오늘날 조류라고 불리고 있다.) 공룡이 비워 놓은 자리는 육상 동물에게 개방되었다. 수백만 년이라는 진화의 역사를 거치는 동안 공룡의 빈 자리는 채워졌다. 그 자리를 채운 동물은 대부분 포유류였다. 여기서 재미있는 것은 오세아니아, 남아메리카 그리고 구대륙이라는 3개의 빈자리가 있었고, 이곳들이 각기 독자적으로 포유류에게 점령당했다는 사실이다.

그 세 대륙에서 어느 정도 시간을 맞춰 공룡들이 사라져 가고 있었을 때, 거기에 있었던 원시 포유류는 모두 작고 보잘것없었다. 그들은 아마도 야행성이었을 것이며, 그 전에는 공룡의 위세에 눌려 기를 펴지 못했을 것이다. 그들은 세 지역에서 전혀 다른 진화의 길을 걸었다. 어떤 의미에서는 이것이 바로 사건이다. 안타깝게도 지금은 멸종된 남아메리카의 자이언트그라운드나무늘보를 닮은 동물이 구대륙에는 아무것도 없다. 남아메리카의 다양한 포유류에는 멸종된 자이언트기니피그가 포함된다. 이 동물은 지금의 코뿔소만 한 크기였지만 쥐와 같은 설치류이다.('지금의' 코뿔소라는 말을 쓴 이유는 구대륙의 동물군에는 한때 이층집만 한 거대한 코뿔소가 있었기 때문이다.) 3개의 대륙에서 각기 독특한 포유류가 진화했지만 진화의 일반적인 형태는 모두 같은 것이었다. 3개의 지역 모두에 포유류가 있었고, 그것들이 진화의 출발점이 되었다. 그 결과 각각의 생활 방식에 알맞는 전문가들이 탄생했으며 다른 대륙에서도 그에 상응하는 전문가들이 매우 유사한 방식으로 진화했다. 각각의 생활 방식, 이를테면 땅파기, 대형 초식 동물 사냥, 풀 뜯어먹기 등은 분리된 2개 혹은 3개의 대륙에서 각각 독자적으로 수렴 진화하는 대상이었다. 독자적인 진화의 길을 걷는 이 3개의 주요 지역에 덧붙여서 마다가스카르 같은 작은 섬들은 고유의 재미있는 진화 역사를 갖고 있다. 하지만 이것까지 살펴볼 여유는 없다.

오스트레일리아에 있는 알을 낳는 신기한 포유류인 오리너구리와 바늘두더지를 제외하면, 현대의 포유류는 모두 두 집단으로 분류할 수 있다. 이들 두 집단은 유대류(아주 작은 새끼를 낳아서 주머니에 넣고 기르는 종류)와 태반류(인간을 포함한 나머지 포유류)이다. 유대류는 오세아니아를 점령했고 태반류는 구대륙을 점령했다. 그리고 남아메리카 대륙에서 이들 두 집단은 나란히 중요한 역할을 했다. 남아메리카 대륙은 북아메리카 대륙 포유류로부터 간헐적인 침략을 당했다는 사실과 함께 매우 복잡한 양상을 띠고 있다.

남아메리카 대륙으로 장소를 옮겨 몇 가지 생활 방식과 수렴 진화를 살펴보자. 중요한 생활 방식 중의 하나가 프레리(미시시피 강 연안의 대초원 | 옮긴이), 팜파스(남아메리카 아르헨티나의 대초원 | 옮긴이), 사바나(미국 남동부의 나무가 없는 평원 | 옮긴이) 등의 여러 가지 이름으로 불리는 대초원을 이용하는 것이다. 이 생활 방식을 영위하는 동물에는 여러 종류의 말(이 중 아프리카에 사는 종을 얼룩말이라 부르고 건조한 사막에 사는 종을 당나귀라 부름)과 무분별한 사냥으로 지금은 거의 멸종된 아메리카들소 같은 소가 있다. 초식 동물은 대개 긴 소화관을 갖고 있고 거기에는 섬유소를 분해하는 여러 가지 세균이 살고 있다. 왜냐하면 풀은 영양가가 낮으므로 대량으로 섭취하여 많은 양을 소화시켜야 하기 때문이다. 초식 동물들은 식사 시간을 정해 놓고 먹는 것이 아니라 하루 종일 계속해서 먹는다. 막대한 양의 풀이 온종일 소화관을 따라 강물처럼 흐른다. 그들은 대개 매우 커다란 몸집을 갖고 있고 큰 무리를 지어 생활하는 경우가 많다. 포식자에게 이 대형 초식 동물은 한 마리 한 마리가 커다란 음식의 산(山)이다. 따라서 대초원에는 또 다른 생활 방식이 한 가지 존재한다. 바로 이 대형 초식 동물을 잡아먹는 것이다. 이 일은 온 정성을 다 쏟아야 하는 매우 힘든 것이다. 맹수들이 바로 이 생활 방식을 채택

하고 있다. 앞에서 한 가지 생활 방식이라고 했지만 사실 이것은 더 세분화할 수 있다. 사자, 표범, 치타, 들개, 하이에나 모두 각자의 독특한 방식으로 사냥을 한다. 초식 동물도 마찬가지로 생활 방식을 더 세분화할 수 있다. 다른 생활 방식도 마찬가지다.

초식 동물은 매우 예민한 감각을 가지고 있어서 항상 포식자를 경계한다. 그리고 대개 매우 빠른 속도로 달릴 수 있어서 포식자로부터 도망칠 수 있다. 이를 위해 대개 가늘고 긴 다리를 가지고 있으며, 진화 과정을 통해 특별히 길고 단단해진 발가락 끝으로 달린다. 이 특별한 발가락의 끝에 달린 발톱은 크고 단단하게 변해서 이른바 발굽이 되었다. 들소는 네 다리 모두 발 끝에 2개의 커다란 발가락이 있다. 이른바 갈라진 발굽이다. 말도 마찬가지로 발굽을 가지게 되었지만 한 가지 다른 점이 있다. 그들은 2개의 발가락 대신 1개의 발가락으로만 달린다. 이것은 아마 말의 진화사에서 일어난 어떤 사건 때문일 것이다. 말의 조상은 원래 발가락이 5개였다. 나머지 4개는 진화 과정에서 완전히 퇴화되었다. 가끔 발가락이 5개 달린 기형이 나타나기도 한다.

앞에서 살펴본 대로 남아메리카 대륙은 말과 소가 진화하는 동안 여타 지역으로부터 고립되어 있었다. 그러나 남아메리카 대륙에도 고유의 대초원이 있고, 그 자원을 이용하는 남아메리카 고유의 대형 초식 동물이 진화했다. 한때 남아메리카 대륙에는 코뿔소를 닮은 괴물이 있었다. 이것은 코뿔소를 닮기는 했지만 지금의 코뿔소와는 아무런 관련이 없다. 남아메리카 대륙에 살았던 고대의 초식 동물 몇 종류의 골격을 보면 그들은 코끼리와 같은 거대한 몸집을 독자적으로 '발명' 한 것 같다. 어떤 것은 낙타를 닮았고 어떤 것은 (현존하는) 지구상의 어떤 동물과도 닮지 않았다. 또 어떤 것은 현존하는 동물 몇 가지를 짜깁기해 놓은 것 같은 모습이다. 리톱턴스라고 불리는 동물의 발 모양은 믿기지 않을 정도로 현재 말과 흡사하다. 하지만 이 동물은 말과는 아무런 관련이 없다. 자기 나라에 대한 긍지가 투철한 19세기의 아르헨티나 학자 한 사람은 이 외관상의 유사성을 보고 리톱턴스가 지구의 다른 곳에 있는 모든 말의 조상이라고 생각했다. 그러나 그 동물이 말을 닮은 것은 겉모양에 불과하다. 이것은 수렴 진화의 결과일 뿐이다. 초원에서의 생활은 세계 어디에서나 마찬가지이고 말과 리톱턴스는 초원 생활의 문제점을 해결할 수 있는 똑같은 특성을 각각 독립적으로 진화시켜 온 것이다. 특히 리톱턴스는 말처럼 네 다리 모두 가운데 발가락 하나만 남겨놓고 나머지 발가락은 퇴화되었다. 가운데 발가락은 길어져서 다리 끝의 마지막 관절이 되었고 커다란 발굽을 발달시켰다. 리톱턴스의 다리는 말의 다리와 거의 구별할 수 없다. 하지만 그 두 동물은 유연관계가 멀다.

오스트레일리아에 사는 대형 초식 동물은 다른 대륙에서는 볼 수 없는 매우 특이한 모습을 하고 있다. 이 동물이 바로 캥거루이다. 캥거루도 마찬가지로 빨리 달릴 필요가 있는데 이들은 이 문제를 다른 방식으로 해결했다. 말처럼 (그리고 아마 리톱턴스처럼) 네 다리로 뛰는 방법을 완벽한 수준까지 발전시키는 대신, 캥거루는 두 다리로 뛰고 커다란 꼬리로 균형을 잡는 고난이도 기술을 완성했다. 어떤 방식이 더 나은지는 논란거리가 될 수 없다. 그들은 각자 자신의 신체를 최대한 활용할 수 있는 방법을 발달시킨 것이다. 말과 리톱턴스는 네 다리로 달리는 방법을 사용하게 되었고, 그 결과 거의 똑같은 다리 모양을 갖게 되었다. 캥거루는 두 다리로 뛰는 방법을 사용했고 그 결과 그들만의 독특한 (최소한 공룡 이후로는) 굵은 뒷다리와 꼬리를 갖게 되었다. 캥거루와 말은 동물 공간에서 전혀 다른 종착점에 도달했다. 이것은 아마 출발점이 서로 달랐기 때문일 것이다.

초식 동물을 잡아먹는 맹수에게 관심을 돌려 보면 훨씬 더 기막힌 수렴 진화의 예를 몇 가지 발견할 수 있다. 구대륙에 사는 대형 육식 동물에는 잘 알다시피 늑대, 들개, 하이에나 등과 사자, 호랑이, 표범, 치타와 같은 커다란 고양잇과 동물이 있다. 최근에 사라진 커다란 고양이로 검치호랑이(劍齒虎)가 있는데 이 이름은 위턱에서 아래로 뻗어 나온 커다랗고 무시무시한 송곳니 때문에 붙여졌다. 최근까지도 오세아니아와 신대륙에는 고양잇과에 속하는 맹수와 갯과에 속하는 맹수가 없었다.(푸마와 재규어는 구대륙의 고양이로부터 최근에 진화되어 나온 것이다.) 그러나 두 대륙 모두에 유대류로서 그에 상응하는 종류가 있었다. 오스트레일리아에는 주머니늑대(태즈메이니아주머니라고도 불리는데, 이것은 본토인 오세아니아보다 태즈메이니아 섬에서 조금 더 오래 생존했기 때문이다.)가 있었는데, 이 동물이 사람을 해친다는 이유로 그리고 일종의 '스포츠' 로서 어마어마한 수가 도살되었고 아직도 생생한 기억 속에서 비극적으로 사라져 갔다.(태즈메이니아의 어떤 외진 곳에 아직도 이 동물이 살아 있을지도 모른다는 작은 희망이 남아 있다. 하지만 태즈메이니아 섬은 사람들에게 '일자리'를 제공하려는 목적으로 파괴될 위험에 처해 있다.) 주머니늑대를 딩고와 혼동해서는 안 된다. 딩고는 더욱더 최근에 인간(오스트레일리아 원주민)이 오스트레일리아로 들여온 진짜 개다. 1930년대에 제작된 것으로 최후의 주머니늑대로 알려진 동물을 촬영한 필름이 있다. 그 필름을 보면 이 동물이 동물원 울타리 안에서 불안한 듯이 왔다갔다하는 것을 볼 수 있는데, 개를 닮은 기괴한 모습이다. 유대류로서의 특징은 골반과 뒷다리가 약간 개와 다르다는 것밖에는 드러나 있지 않다. 그것은 아마 주머니를 갖추기 위한 구조와 관계가 있을 것이다. 이 동물은 1억 년이나 전에 분리된 평행선을 따라 진화 여행을 했고, 그 결과 어떤 부분은 친숙하지만 다른 부분은 개와 전적으로 다른 데까지 왔다. 이 과정을 잠시라도 응시한다면 개를 좋아하는 사람이라면 누구나 가슴 뭉클

해져 오는 것을 경험할 것이다. 그러나 사람들은 주머니늑대를 골칫거리로 여겼다. 그러나 주머니늑대에게 사람들이 훨씬 더 큰 골칫거리였다. 이제 주머니늑대는 멸종되고 없다. 대신 그만큼 인간들이 있을 뿐이다.

오랜 기간 동안 고립되어 있었던 남아메리카 대륙에도 진정한 개와 고양이 종류는 없었다. 그러나 그곳에도 오세아니아처럼 유대류가 있었다. 그중에서 가장 대단한 것은 구대륙의 검치호랑이를 빼닮은 틸라코스밀루스(*Thylacosmilus*)일 것이다. 틸라코스밀루스는 아가리를 검치호랑이보다 더 넓게 벌릴 수 있어서 훨씬 더 무시무시했을 것이다. 틸라코스밀루스라는 이름은 이 동물의 외양이 검치호랑이(*Smilodon*)와 주머니늑대(*Thylacinus*)를 닮았기 때문에 붙여졌다. 그러나 이 두 동물과의 유연관계는 매우 멀다. 굳이 따지자면 주머니늑대 쪽에 조금 더 가까운데 두 짐승 모두 유대류이기 때문이다. 하지만 두 종은 서로 다른 대륙에서 각자 독립적으로 대형 육식 동물로 진화했다. 또한 이들은 각각 태반류 육식 동물, 즉 구대륙의 진짜 고양잇과와 갯과와도 아무런 관련이 없이 독립적으로 진화한 것이다.

오세아니아, 남아메리카 대륙 그리고 구대륙은 헤아릴 수 없을 만큼 많은 수렴 진화의 예를 갖고 있다. 오세아니아에는 유대류 '두더지' 가 있는데 외관상으로는 다른 대륙에서 흔히 보던 두더지와 구별하기 힘들다. 강력한 앞발로 땅을 파는 생활 방식 또한 보통 두더지와 마찬가지지만 이 종은 주머니를 가지고 있다. 오스트레일리아에는 또 주머니쥐가 있는데 이 경우에는 외관도 쥐와 그렇게 닮지 않았고 생활 방식도 다르다. 개미를 주식으로 삼는 것(여기서 '개미' 란 편의상 흰개미도 포함한다. 개미와 흰개미도 또 다른 수렴 진화의 예이다.)은 여러 가지 포유류가 채택하고 있는 생활 방식이다. 이들을 세분하면 땅을 파는 종류, 나무를 기어오르는 종류, 땅 위를 돌아다니는 종류로 나눌 수 있다. 주머니개미핥기라 불리는 동물은 긴 주둥이를 가지고 있어서 이것을 개미집에 쑤셔 넣고는 길고 끈끈한 혀로 개미를 핥아 먹는다. 이 종류는 땅 위를 돌아다니는 개미핥기이다. 오스트레일리아에는 또 땅을 파는 개미핥기가 있는데 바로 바늘두더지이다. 바늘두더지는 유대류가 아니라 단공류라 불리는 알을 낳는 포유류인데 이들은 태반류와의 유연관계가 멀다. 이들과 유대류를 비교한다면 상대적으로 유대류가 우리에게 더 가까운 친척이다. 바늘두더지도 길고 뾰족한 주둥이를 가지고 있으나 몸에 난 바늘 때문에 겉모습은 다른 전형적인 개미핥기보다는 고슴도치와 더 비슷해 보인다.

유대류 검치호랑이가 있었던 것처럼 남아메리카 대륙에도 유대류 개미핥기가 존재할 수 있었다. 그러나 개미를 주식으로 삼는 생활 방식은 일찌감치 태반류 포유류가 차지해 버렸다. 현존하는 개미핥기 중 가장 큰 종류는 큰개미핥기(*Myrmecophaga*, 그리스 어로 개미를 먹는다는 뜻)이다. 이 종류는 남아메리카 대륙에 사는 땅 위를 돌아다니는 개미핥기로 아마 세계에서 가장 뛰어난 개미 사냥꾼일 것이다. 오세아니아에 있는 유대류 주머니개미핥기처럼 큰개미핥기도 길고 뾰족한 주둥이를 가지고 있는데, 이 경우는 정도가 심해서 주둥이가 아주 길고 뾰족하며 혀도 매우 길고 끈적끈적하다. 남아메리카 대륙에는 또한 나무를 기어오르는 작은 개미핥기가 있다. 이들은 큰개미핥기와 유연관계가 가까운 종류로 마치 큰개미핥기의 축소판, 또는 덜 극단적인 형태, 또는 제삼의 중간 형태처럼 보인다. 이들 개미핥기가 비록 태반류이긴 하지만 구대륙의 태반류와는 유연관계가 매우 멀다. 이들은 아르마딜로와 나무늘보를 포함한 단일한 남아메리카 과(科)에 속한다. 이 고대의 태반류는 대륙이 분리된 초기에는 유대류와 공존했다.

구대륙의 개미핥기에는 아프리카와 아시아에 있는 다양한 종류의 천산갑이 포함된다. 이들의 생활 방식은 나무를 기어오르는 것에서부터 땅을 파는 것까지 다양하며 전부 뾰족한 주둥이를 가지고 있으며 솔방울처럼 생겼다. 또한 아프리카에는 이상하게 생긴, 개미 먹는 곰 또는 땅돼지(남아프리카산 개미핥기의 일종｜옮긴이)가 있는데 특별히 땅을 파는 종으로 분화된 것이다. 유대류든 단공류든 또는 태반류든 개미핥기의 특징은 대사율이 극히 낮다는 것이다. 대사율이란 생체 내에서 화학적 '연소'가 일어나는 속도를 말한다. 이것을 가장 쉽게 가늠할 수 있는 것은 혈액의 온도다. 포유류의 대사율은 일반적으로 신체의 크기와 관계가 있다. 작은 동물일수록 높은 대사율을 갖는다. 마치 작은 차의 엔진 회전 속도가 큰 차보다 높은 것과 같다. 그러나 몇 종류의 동물은 몸집에 비해 높은 대사율을 갖고 있다. 개미핥기의 경우에는 조상과 친척이 무엇이었든 간에 몸집에 비해 극히 낮은 대사율을 갖고 있다. 왜 그런지는 아직 밝혀지지 않았지만 이것은 개미를 주식으로 하는 생활 방식 외에는 아무런 공통점도 찾아볼 수 없는 여러 동물들이 공통적으로 지니고 있는 수렴 형태이다. 틀림없이 이것은 개미를 주식으로 하는 생활 방식과 어떤 관련이 있을 것이다.

앞서 설명했듯이 개미핥기가 잡아먹는 '개미'는 종종 진짜 개미가 아니라 흰개미를 일컫는 경우가 있다. 흰개미는 이름에 개미가 들어가기는 하지만 개미가 아니라 바퀴벌레와 유연관계가 있다. 사실 개미는 꿀벌이나 말벌과 유연관계가 있다. 흰개미는 겉모습이 개미를 닮았는데, 그 이유는 그들이 같은 생활 방식으로 수렴했기 때문이다. 같은 종류의 생활 방식이라고 말하는 것이 더 정확하겠다. 왜냐하면 개미와 흰개미의 생활 방식에도 여러 종류가 있고, 이들은 모두 각각 독립적으로 그 생활 방식들에 적응했기 때문이다. 다른 수렴 진화의 예와 마찬가지로 이들에게서도 유사성뿐만 아니라 차이점도 발견된다.

개미와 흰개미는 커다란 집단을 이루고 살며 이 집단의 대부분은 생식 능력 및 날개가 없는 노동 계급이 차지하고 있다. 이들 노동 계급은 날개가 달린 생식 계급을 효과적으로 생산하기 위해 헌신적으로 봉사하며 생식 계급은 무리를 떠나 새로운 집단을 건설한다. 재미있는 것은 개미의 경우는 노동 계급이 모두 생식 능력이 없는 암컷으로 이루어져 있지만, 흰개미의 경우는 수컷도 있고 암컷도 있다는 것이다. 개미나 흰개미나 모두 집단 안에 한 마리(어떤 경우는 여러 마리)의 커다란 '여왕개미'가 있다. 이 여왕개미는 (개미와 흰개미 모두) 대개 몸집이 거대하다. 개미와 흰개미 모두 노동 계급에 병정개미와 같은 전문화된 계급이 포함되기도 한다. 이들은 커다란 턱을 무기로 갖고 있으며 (흰개미의 경우는 화학전을 치를 수 있는 '소총'을 가진 종류도 있다.) 대개 물불을 안 가리는 싸움꾼이다. 이들은 혼자서는 음식을 먹을 수 없고 병정개미가 아닌 일개미가 먹여 줘야만 한다. 개미의 특정 종이 흰개미의 특정 종에 대응되기도 한다. 예를 들면 곰팡이를 기르는 습성은 (신대륙의) 개미와 (아프리카의) 흰개미에서 각각 독립적으로 생겨났다. 그 개미(또는 흰개미)는 자신들이 소화시킬 수 없는 식물로 곰팡이가 자랄 수 있는 퇴비를 만들고 그 퇴비에서 자란 곰팡이를 먹는다. 두 경우 모두 그 곰팡이는 개미의 집이나 흰개미의 집 말고는 어디서도 자라지 않는다. 곰팡이를 기르는 생활 방식은 개미뿐만 아니라 여러 종류의 딱정벌레도 (한 번 이상) 독립적으로 수렴 진화시킨 습성이다.

개미들 가운데에서도 재미있는 수렴 진화의 예가 있다. 대부분의 개미 집단이 고정된 집에서 정착 생활을 하지만 개중에는 많은 수의 군대를 이끌고 돌아다니며 다른 집단을 약탈하는 것으로 성공적인 삶을 영위해 가는 종류가 있다. 이런 종류를 군대개미라 부른다. 물론 모든 개미들이 돌아다니며 약탈을 하기는 하지만, 대부분은 전리품을 가지고

여왕과 새끼들이 기다리는 집으로 다시 돌아온다. 반면에 군대개미는 여왕과 어린 새끼들을 함께 데리고 돌아다니는 것이 특징이다. 알과 유충은 일개미가 턱으로 물어 운반한다. 아프리카에서는 군대개미의 습성이 이른바 행군개미(*Dorylus* 속 개미의 총칭 | 옮긴이)라 불리는 종류에서 발전되었다. 중앙아메리카와 남아메리카에서는 그에 상응하는 '군대개미'가 습성과 겉모양에서 행군개미를 빼닮았다. 하지만 그들이 특별히 가까운 유연관계에 있는 것은 아니다. 그들은 '군대개미'로서의 생활 방식과 특징을 독자적으로 진화시켰으며 그 결과로 수렴했을 것임이 틀림없다.

행군개미와 군대개미 모두 아주 큰 무리를 이룬다. 군대개미는 한 무리의 개체수가 100만 마리 가까이 되고 행군개미는 2000만 마리 가까이 된다. 두 종류 모두 방랑하는 시기와 상대적으로 안정되어 있으며 진을 치고 야영을 하는 시기, 즉 '안정기'를 교대로 반복하며 생활한다. 군대개미와 행군개미, 또는 아메바 같은 하나의 단위로 간주할 수 있는 그들의 군집은 모두 그들 세계에서는 무자비하고 무시무시한 포식자이다. 두 종류 모두 그들의 앞을 가로막는 어떤 동물이라도 갈기갈기 조각내 버린다. 그래서 그들이 사는 지역에서는 공포의 대상이 된다. 남아메리카에 사는 원주민들은 군대개미의 큰 무리가 마을을 향해 다가올 때면, 모든 것을 잠그고 숨겨 놓고 저장한 후에 마을을 비운다고 한다. 군대개미는 마을을 통과하면서 바퀴벌레 한 마리 남기지 않는다. 심지어 초가 지붕 속에 숨어 있는 거미와 전갈까지도 남김없이 해치운다. 그리고 군대개미가 마을을 통과한 후에야 원주민들은 다시 마을로 되돌아온다. 어렸을 때 아프리카에서 사자나 악어보다도 행군개미를 보고 더 겁에 질렸던 일이 기억난다. 세계 제일의 개미 연구 권위자이자 『사회생물학』의 저자이기도 한 에드워드 O. 윌슨의 말을 인용함으로써 이 무시무시한 평판을 바로잡아 줄 필요가 있을 것 같다.

개미에 관해 가장 자주 받는 질문이 하나 있는데, 그에 대한 답은 다음과 같다. 아니, 행군개미는 그렇게 무시무시한 존재가 아니다. 행군개미의 집단은 2000만 개의 턱과 침을 가진, 전체 무게가 20킬로그램에 달하는 한마리의 '동물'이고 곤충의 세계에서는 확실히 가장 무시무시한 존재이긴 하지만 사람들이 알고 있는 것보다는 덜 무서운 존재이다. 개미 떼는 결국 3분 동안 1미터밖에 휩쓸지 못한다. 사람이나 코끼리는 말할 것도 없고 관목숲에 사는 생쥐조차도 옆으로 비켜서서 그 성난 군중들을 관찰할 수 있다. 위협적인 대상이기보다는 신기하고 재미있는 대상인 것이다. 지구상에 존재할 수 있는 방식 중에서, 포유류와는 다른 형태로 진화하여 그 상태가 정점에 달한 것이 이 개미들이다.

어른이 되어 파나마에 갔을 때, 어린 시절에 아프리카에서 보고 놀랐던 행군개미에 해당하는 신대륙의 개미들을 옆에 서서 관찰한 일이 있다. 그것들은 내 옆을 성난 강물처럼 흘러갔고, 나는 그 신기한 광경을 내 눈으로 확인할 수 있었다. 개미들은 서로의 몸을 마치 땅을 밟듯이 타고 넘으며 내 옆을 행진해 갔다. 나는 2시간이 넘도록 여왕개미를 기다렸다. 그리고 마침내 여왕개미가 나타났다. 여왕개미의 모습은 두려움을 불러일으키기에 충분했다. 물론 몸뚱이는 전혀 볼 수 없었다. 단지 성난 노동자들의 물결(개미들의 행렬이 가두 시위하는 군중의 모습과 흡사하며 또한 대부분이 일개미, 즉 노동 계급이기 때문에 이런 표현을 썼다. | 옮긴이)이 여왕개미를 에워싸고 있었다. 일개미들이 여왕개미를 보호하기 위해 서로서로 다리를 걸고 몇 겹으로 둘러싸고 있어서 마치 맥동하는 공처럼 보였던 것이다. 여왕개미는 일개미들로 이루어진 그 공의 중심

어딘가에 있었다. 그 공을 둘러싸고 있는 병정개미들은 여차하면 물어 뜯을 듯이 바깥쪽으로 턱을 내놓은 위협적인 자세를 취하고 있었다. 모두들 여왕을 지키기 위해서라면 기꺼이 싸우다 죽을 준비가 되어 있었다. 여왕을 보고 싶은 내 호기심을 양해해 주기 바란다. 나는 여왕을 끄집어낼 헛된 욕심으로 일개미로 이루어진 그 공을 긴 막대기로 찔러 보았다. 곧바로 20마리가량의 병정개미들이 집게와 같은 강력한 턱을 내 막대기에 박아 넣어 막대기가 빠져나가지 않도록 붙들었다. 그러는 동안 열댓 마리가 막대기를 타고 올라왔고 나는 놀라서 그만 막대기를 놓고 말았다.

여왕개미는 결국 볼 수 없었다. 그러나 맥동하는 공의 중심 어딘가에는 중앙 정보 은행이자 개미 집단 전체의 마스터 DNA를 저장하고 있는 여왕개미가 있을 터였다. 그 위협적인 병정개미들은 여왕을 위해서라면 기꺼이 죽을 준비가 되어 있었다. 그들이 어머니를 사랑하기 때문이 아니라, 충성심을 갖도록 훈련받았기 때문이 아니라, 단지 그들의 뇌와 그들의 턱이 여왕개미가 가지고 있는 원본으로부터 복제된 유전자에 따라 만들어졌기 때문이다. 오랜 세월 동안, 여왕을 위해 기꺼이 목숨을 바치는 병정개미를 만들 수 있는 여왕개미와 그 유전자가 살아남았고 이 유전자가 병정개미에게 들어 있기 때문에 그들은 용감한 군인처럼 행동한다. 옛날의 병정개미들이 옛날의 여왕개미로부터 유전자를 물려받았듯이 내가 건드린 병정개미들도 지금의 여왕개미로부터 같은 유전자를 받았다. 병정들은 원본을 지키라는 지시가 들어 있는 바로 그 원본을 지키고 있었다. 그들은 조상의 지혜, 즉 모세의 십계명을 지키고 보호하고 있었던 것이다. 이 기이한 내용은 다음 장에서 쉽게 풀어 설명하겠다.

그 일이 있고 난 후 나는 신비감을 느꼈으며, 어린 시절에 아프리카에서 경험했던, 그리고 커 가면서 반쯤은 잊었던 공포가 되살아났다. 그러나 어렸을 때에는 부족했던 개미에 대한 이해가 깊어짐에 따라 그것은 형태를 바꾸었고 더 심화되었다. 또한 이 군대개미에 대한 이야기가 한 번이 아니라 두 번씩이나 똑같은 진화의 정점을 이루었다는 것을 알고 나서 그 느낌이 더 강해졌다. 앞에서 설명한 것은 내 어린 시절의 악몽인 행군개미가 아니었다. 그것을 많이 닮긴 했지만 멀리 떨어진 신대륙에 있는 사촌이었다. 그들은 행군개미가 했던 일을 같은 이유 때문에 하고 있었다. 이제 밤이 깊었고 나는 다시 경외심을 가진 어린아이가 되어 집으로 돌아가려고 한다. 그러나 아프리카의 어두운 공포를 밀어내고 신세계에서 얻은 즐거운 지식을 가지고…….

5장

유전자의 힘

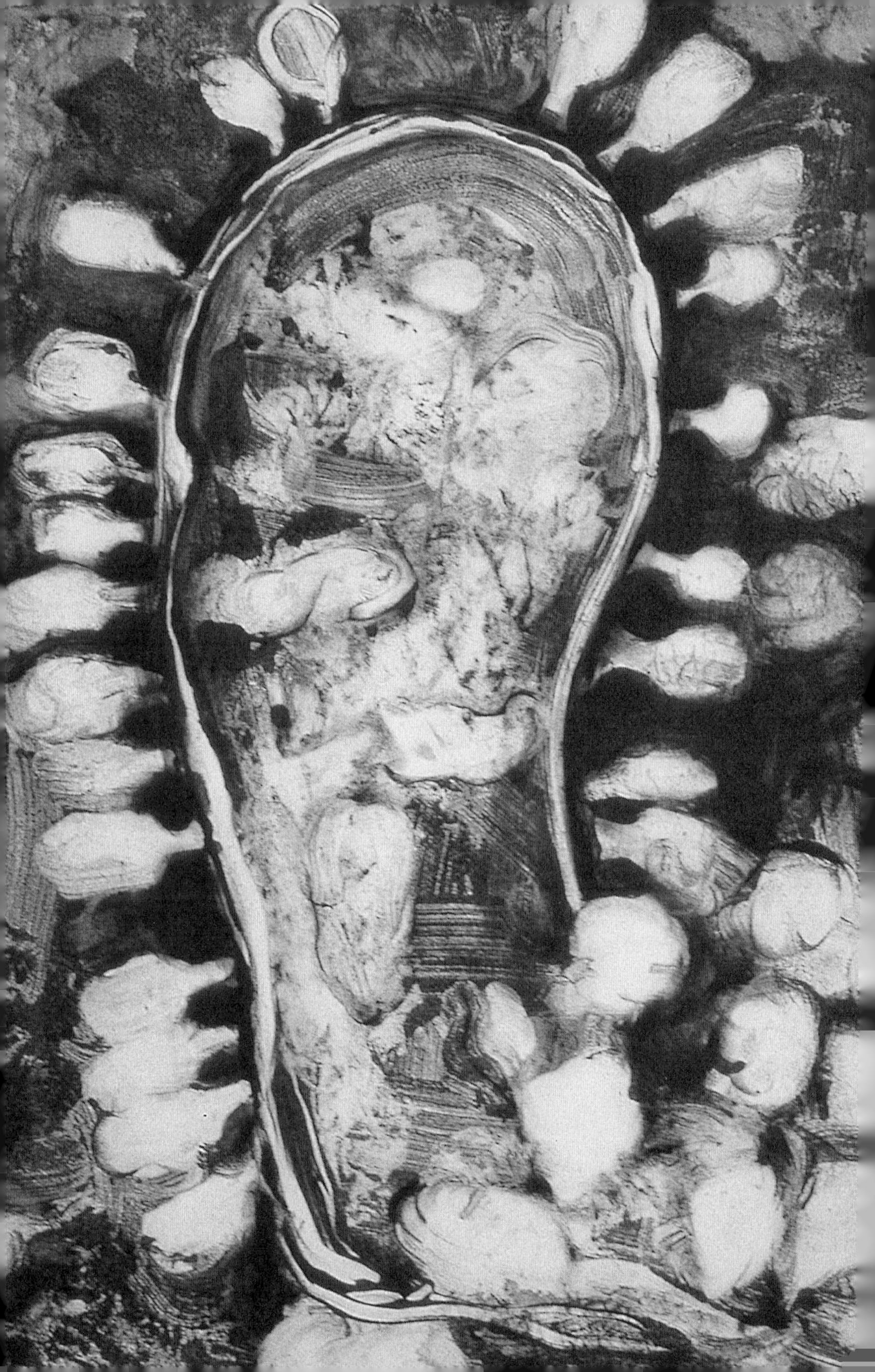

밖에 DNA의 비가 내리고 있다. 우리 집 정원 아래쪽에 있는 옥스 퍼드 대학교 수로변 제방에 커다란 버드나무가 있다. 그 나무가 공기 중으로 종모(種毛, 봄에 솜처럼 공기 중을 떠다니는 버드나무 따위의 씨앗. 흔히 꽃가루라고 잘못 알고 있음.│옮긴이)를 흩뿌리고 있는 것이다. 일정한 공기의 흐름이 없기 때문에 씨앗은 나무 주변 모든 방향으로 퍼져나간다. 수로의 위와 아래, 내 쌍안경의 시야가 미치는 범위까지. 물은 온통 흰 솜으로 덮여 있다. 그 흰 솜은 다른 방향으로도 같은 반지름만큼 땅을 뒤덮었을 것이 확실하다. 그 솜은 대개 섬유소(셀룰로오스)로 만들어진 것이다. 그리고 그 솜은 DNA, 즉 유전 정보를 담은 작은 캡슐을 떠받치고 있다. DNA의 양은 작은 부분에 불과할 것이다. 그런데 왜 섬유소의 비가 아닌 DNA의 비가 내린다고 했을까? 왜냐하면 중요한 것은 DNA이기 때문이다. 섬유소 솜뭉치는 비록 부피가 크긴 하지만 나중에 떼어 버릴 낙하산에 불과하다. 섬유소 솜뭉치, 버드나무, 꽃이삭 그 밖의 모든 것이 한 가지 일, 단지 한 가지 일을 하기 위해 존재한다. 그 일은 DNA를 널리 퍼뜨리는 것이다. 아무 DNA나 퍼뜨리는 것이 아니라, 버드나무를 만들고 또다시 새로운 세대의 씨앗을 퍼뜨릴 특별한 정보를 담고 있는 DNA를 퍼뜨리는 일이다. 그 작은 솜뭉치는 말 그대로 DNA를 널리 퍼뜨리는 수단이며 솜뭉치의 조상들이 그와 똑같은 일을 하는 데 성공했기 때문에 거기 있게 되었다. 바깥에 정보의 비가 내리고 있다. 프로그램의 비, 나무를 자라게 한 후 종모를 퍼뜨리는 지시문의 비가 내리고 있다. 이것은 비유가 아니다. 정확한 사실이다. 플로피 디스크의 비가 내리고 있다고 말한다면 거짓이겠지만 말이다.

명백한 사실이지만 사람들은 오랫동안 이해하지 못하고 있었다. 몇 년 전까지만 해도 무생물과 비교해서 생물만이 갖는 특성이 무엇이냐고 생물학자에게 물어보면, 그는 원형질이라고 하는 특별한 물질에 대해 이야기했을 것이다. 원형질은 다른 물질과 다르다. 그것은 살아 있고 맥동하며 '감응한다.' (학교에서 배운 식으로 이야기하면 '자극에 반응한다.') 살아 있는 생물을 작은 조각으로 나누면 순수한 원형질을 얻을 수 있다. 19세기에 씌어진 아서 코난 도일의 소설에 나오는 챌린저 교수의 실존 모델은 바다 밑바닥의 '글로비게리나 연니(globigerina ooze, 球形蟲 軟泥)'에 순수한 원형질이 있다고 생각했다. 내가 학생이던 시절, 그 당시에는 더 정확하게 알 수 있었음에도 불구하고 교과서에서는 여전히 원형질에 대해서 이야기하고 있었다. 오늘날에는 그 단어를 보거나 들을 수 없다. 그것은 플로지스톤이나 우주 공간의 에테르와 같이 사장(死藏)된 개념이다. 생물을 만드는 물질에 어떤 특별한 성질이 있는 것은 결코 아니다. 생물 역시 다른 사물과 마찬가지로 분자들의 집합체다.

특별한 것은 생물에서는 이 분자들이 훨씬 더 복잡한 형태로 배열된다는 것이다. 그리고 이러한 배열은 어떤 정해진 프로그램에 따라 이루어지며, 프로그램은 생물이 어떻게 발생해야 하는지 그리고 그 생물이 프로그램을 어떻게 보존해야 하는지를 지시한다. 아마 생물은 진동하고 맥동하며 자극에 반응할 것이다. 또 '살아 있는' 온기를 가지고 성장할 것이다. 하지만 이러한 성질은 모두 부수적으로 생긴 것이다. 모든 생물의 핵심에 놓여 있는 것은 불도, 따스한 호흡도, '생명의 불꽃' 도 아니다. 그것은 정보, 언어, 지시문이다. 생명의 본질에 관한 비유를 원한다면 불이나 불꽃이나 호흡을 생각해서는 안 된다. 그 대신 어떤 결정체 속에 들어 있는 10억 개에 달하는 불연속적인 문자를 생각하라. 생명을 이해하려면 맥동하는 겔(gel)이나 연니가 아닌 정보 기술에 관해 생각하라. 앞 장에서 여왕개미를 중앙 정보 은행이라 부르면서 암시한 것이 바로 이 내용이다.

정보 저장 기술 발달에 기본적인 요건은 많은 수의 기억 장소를 가진 저장 매체를 개발하는 것이다. 각각의 장소는 어떤 불연속적인 수의 상태를 표현할 수 있어야 한다. 이것은 현재의 인공적인 세계에 만연된 디지털 정보 저장 기술의 핵심이다. 그와는 달리 아날로그 정보를 저장하는 정보 저장 기술도 있다. 흔히 보는 축음기 레코드의 경우 구불구불한 홈에 아날로그 방식으로 정보가 저장되어 있다. 오늘날의 레이저 디스크(보통 컴팩트 디스크라고 불리는데, 이는 안타까운 일이다. 왜냐하면 그 이름에는 레이저 디스크의 특성에 대한 어떤 정보도 들어 있지 않으며, 게다가 대개 첫 음절에 강세를 두어 잘못 발음하고 있기 때문이다.)는 디지털 방식이다. 일련의 작은 점에 정보를 저장하며, 그 점들은 있거나 아니면 없거나 둘 중 하나이다. 중간 상태의 점이란 없다. 이것이 디지털 방식의 특징이다. 기본 요소가 어떤 한 상태에 있거나 아니면 완전히 다른 상태에 있다. 중간 또는 타협이란 없다.

유전자의 정보 저장 기술은 디지털 방식이다. 이 사실은 19세기에 그레고어 멘델이 발견했다. 비록 그가 이런 식의 설명을 하지는 못했지만 말이다. 멘델은 부모에게서 물려받은 유전자가 자손의 몸에서 잉크와 물이 섞이듯 뒤섞여 버리지 않는다는 사실을 입증했다. 자손은 부모로부터 여러 가지 유전자를 받을 때, 그것들을 구분된 입자의 형태로 받는다. 각각의 입자에 관해 말하자면 자손은 그것을 물려받든가 물려받지 못하든가 둘 중 하나다. 오늘날 신다윈주의이라 불리는 사조를 일으킨 선구자 중 한 사람인 R. A. 피셔는 입자 형태의 유전이라는 이 사실은 우리가 자손의 성별에 관해 생각하면 금방 알 수 있는 것임을 지적했다. 우리는 남성인 아버지와 여성인 어머니로부터 유전자를 물려받지만 양성 또는 중성이 아니라, 항상 남성 아니면 여성이다. 새로 태어날 아기가 남성이 될 확률과 여성이 될 확률은 거의 똑같다. 그러나 항상 아기는 이 두 성별 중 한 가지를 가질 뿐 2개의 성이 혼합되지는 않는다. 우리는 이제 다른 유전 입자에서도 마찬가지 사실이 적용된다는 것을 안다. 그것들은 뒤섞이지 않는다. 그것들은 서로 구분된 채로 있으며 세대를 거쳐 내려가는 동안 카드들이 섞였다가 다시 분리되는 것과 같은 행동을 반복한다. 물론 유전 단위들이 한 몸 안에 있을 때 마치 잉크가 물에 섞이는 것과 같은 현상을 나타내는 일이 종종 있다. 키가 큰 사람이 키가 작은 사람과 결혼했을 경우, 또는 흑인이 백인과 결혼했을 경우 그들의 자손은 중간형을 띤다. 그러나 잉크가 물에 섞이는 것과 비슷해 보이는 이러한 현상은 단지 겉보기에 불과할 뿐이다. 실제로는 각자 작은 효과를 나타내는 많은 수의 유전 입자들이 모여 만들어진 결과이다. 입자들 각각은 분리된 채로 남아 있으며 다음 세대로 그대로 이어진다.

유전이란 물과 잉크가 섞이는 것과 같다는 생각과, 그것이 아니라 유전자는 중간에 뒤섞이거나 소멸되지 않는 입자의 형태로 다음 세대로 넘어간다는 생각을 구분하는 것은 진화론의 역사에서 매우 중요한 의미를 갖는다. 다윈의 시대에는 모든 사람들이 유전이란 물과 잉크가 섞이는 것과 같다고 생각했다.(수도원에 은둔했던 멘델은 예외이다. 그러나 불행하게도 그가 발견한 내용은 사후에도 상당 기간 빛을 보지 못했다.) 스코틀랜드의 기술자 플레밍 젠킨은 (당시 사람들이 생각하던 대로) 유전이란 물과 잉크가 섞이는 것과 같고, 이 사실 때문에 자연선택 이론이 진화를 설명하는 이론으로서는 적절하지 못함을 지적했다. 에른스트 마이어는 젠킨의 글이 "줄곧 일상적인 편견과 생리학을 연구하는 과학자에 대한 오해에 근거하고 있다."라고 다소 불쾌한 어투로 말했다. 그럼에도 불구하고 다윈은 젠킨의 주장에 대해 크게 걱정했다. 이것은 배가 난파하여 '흑인'들이 살고 있는 섬에 떠 내려온 백인의 우화 속에 가장 잘 표현되어 있다.

일반적으로 백인이 흑인보다 우월하다고 생각한다. 그는 백인이므로 그 모든 장점을 지니고 있다. 다시 말해서 생존 경쟁에서 그가 살아남을 확률은 흑인 추장보다 월등히 높다고 가정한다. 그러나 이런 모든 조건에도 불구하고 제한된 세대 안에 또는 세대를 제한하지 않더라도 그 섬의 주민들이 백인들로 가득 찰 것이라는 결론이 나오지는 않는다. 난파당한 우리의 주인공은 아마도 그 섬의 왕이 될 것이다. 그는 생존 경쟁에서 많은 수의 흑인을 죽일 것이고, 많은 수의 아내와 자식들을 거느릴 것이다. 그러는 동안 그의 백성들 중 많은 수가 독신으로 살다가 죽어 갈 것이다. 그가 백인이기 때문에 갖고 있는 특성은 확실히 그가 긴 수명을 유지하도록 해 줄 것이다. 그러나 몇 세대를 거쳐야 그의 백성들이 백인으로 바뀔지에 대해 여전히 그는 만족하지 못할 것이다. 1대에서는 몇 명의 똑똑한 흑백의 혼혈아가 태어날 것이고 그들의 평균 지능은 흑인보다 훨씬 높을 것이다. 몇 세대가 지나면 피부색이 다소 노란 사람이 왕위를 차지할 것이다. 하지만 섬 전체의 사람들이 점점 하얀 피부색을 가질 것이라고 믿을 수 있겠는가? 아니면 황인종으로라도? 혹은 사람들이 용기, 힘, 인내심, 자제력 등, 그들의 원주민 조상을 수없이 죽이고 또 많은 자손을 퍼뜨린 우리의 주인공이 가진 미덕을 가질 것이라 믿을 수 있겠는가? 이러한 자질들은 사실 생존 경쟁을 통해 선택될 것이다. 만약 생존 경쟁이 어떤 것을 선택할 수 있다면 말이다.

　백인의 우월성을 전제하는 인종주의자의 주장에 미혹되지는 말자. 오늘날 우리가 인간의 권리, 인간의 존엄, 인간 생명의 신성함을 전제로 하여 다른 종을 차별하는 종차별주의자(speciesist)의 주장을 의심하지 않듯이 이러한 주장은 젠킨과 다윈이 살던 시대에는 누구도 의심하지 않던 생각이다. 젠킨의 주장을 좀 더 중립적인 비유로 바꾸어 보자. 흰색 물감과 검은색 물감을 섞으면 회색 물감이 만들어진다. 그러나 회색 물감과 회색 물감을 섞어서는 원래의 검은색 물감과 흰색 물감 어느 한 가지도 만들지 못한다. 물감을 섞는 것은 멘델 이전의 유전에 대한 견해와 다르지 않다. 심지어 오늘날에도 어떤 문화권에서는 유전을 '피'를 섞는다는 말로 표현한다. 젠킨의 주장은 스스로를 궁지에 모는 주장이다. 물감을 섞는 것과 같은 유전을 전제로 하면 세대가 거듭됨에 따라 다양성은 감소하고 획일성이 증가할 것이다. 결국 자연선택이 작용할 만한 다양성은 하나도 남아 있지 않게 될 것이다.

　젠킨의 주장이 그럴듯하게 들리는가? 그렇다면 그것은 단지 자연선택에 반대하는 주장일 뿐 아니라 유전에 관한 불가피한 사실 자체도 반대하는 주장이 되어 버린다! 세대가 거듭됨에 따라 다양성이 사라진다는 말은 전혀 '사실'이 아니다. 현대인들이 우리의 할아버지가 살던 시절보다 서로를 더 닮지는 않았다. 다양성은 보존된다. 선택이 작용할 수 있는 다양성의 풀(pool)이 있는 것이다. 이 사실은 1908년에 W. 와인버그가 수학적으로 증명했고 괴짜 수학자 G. H. 하디도 독자적으로 그 사실을 증명했다. 덧붙여 말하면 하디는 그의 (그리고 나의) 대학 시절, 한번은 "태양이 내일 다시 떠오를 것이라는 사실에 대해 반 페니(penny, 화폐 단위)와 죽을 때까지의 운을 걸고" 그의 동료와 내기를 한 적이 있다.

다양성이 보존된다는 사실은 현대의 집단유전학의 선구자인 R. A. 피셔와 그의 동료들에 의해 수용되어 멘델의 입자 유전 이론의 견지에서 젠킨의 주장을 반박하는 완벽한 답변으로 발전했다. 당시에는 이것이 일종의 아이러니였다. 왜냐하면 11장에서 살펴보겠지만 20세기 초 멘델의 추종자들은 자신을 다윈의 반대자로 생각했기 때문이다. 피셔와 그의 동료들은 진화 과정에서 변화하는 것이 구분된 유전 입자의 상대적 빈도라면, 즉 특정한 개체의 몸에 있거나 아니면 없거나 하는 유전자들의 상대적인 빈도라면 다윈의 자연선택 이론이 타당하며 젠킨이 제기한 문제가 멋지게 해결된다는 사실을 입증했다. 피셔 이후의 다윈주의를 신다윈주의라 부른다. 유전자가 디지털 방식으로 정보를 저장하게 된 것은 우연이 아니다. 디지털 방식은 아마 다윈주의 자체가 효력을 발휘하는 데 필요한 전제 조건일 것이다.

오늘날의 전자 기술에 널리 사용되는 불연속적인 디지털 방식의 정보 저장 기술에서 각각의 저장 장소는 단지 두 가지 상태만을 나타낼 수 있다. 편의상 그것들을 0과 1로 표현하지만 생각하기에 따라 그것은 높고 낮음, 위와 아래, 켜짐과 꺼짐 등이 될 수 있다. 중요한 것은 그 두 상태가 엄격히 구분된다는 것이고, 그것들이 배열되어 있는 형태가 어떤 내용을 담은 '정보'가 될 수 있다는 것이다. 전자 기술은 이 0과 1을 저장하기 위해 여러 가지 매체를 사용한다. 자기 디스크, 자기 테이프, 천공 카드와 천공 테이프, 작은 반도체가 무수히 집적되어 있는 '칩' 따위가 바로 그것이다.

버드나무 씨, 개미 그리고 다른 모든 살아 있는 세포들 속에 들어 있는 주요 저장 매체는 전기적인 재료가 아니라 화학적인 재료이다. 여기에는 어떤 분자들은 무한한 길이의 긴 사슬로 연결될 수 있다는 사실, 즉 '중합(重合)'될 수 있다는 사실이 이용된다. 중합체의 종류는 수없이 많다. 가령 '폴리에틸렌'은 에틸렌이라는 작은 분자들이 긴 사슬을 이룬 에틸렌 중합체이다. 녹말과 셀룰로오스는 당(糖)의 중합체이다. 어떤 중합체들은 에틸렌과 같은 한 종류의 분자로 사슬을 형성하는 대신, 두 가지 이상의 다른 분자들로 이루어진다. 중합체 사슬을 구성하는 단위 분자에 이러한 이질성이 생기면 그 중합체는 이론적으로 정보를 저장하는 것이 가능하다. 사슬을 구성하는 단위 분자가 두 종류라면 그것들을 각각 1과 0으로 생각할 수 있다. 사슬이 충분히 길다는 요건만 갖추면, 곧바로 중합체는 어떤 종류의, 얼마만 한 양의 정보를 저장할 수 있다. 살아 있는 세포가 사용하는 특별한 중합체를 폴리뉴클레오티드라 부른다. 여기에는 두 종류가 있는데 각각 DNA와 RNA라고 부른다. 두 종류 모두 뉴클레오티드라는 작은 분자로 이루어진 사슬이다. DNA나 RNA 모두 네 종류의 뉴클레오티드로 이루어진 이질적인 사슬이다. 말할 필요도 없이 바로 이 사실 때문에 DNA나 RNA는 정보를 저장할 수 있는 것이다. 살아 있는 세포는 1과 0의 두 가지 상태만 가지고 정보를 저장하는 대신에 A, T, G, C로 표현할 수 있는 네 가지 상태를 사용한다. 원론적으로 인간의 전자 기술에서 사용하는 2진법의 정보 저장 기술과 살아 있는 세포가 사용하는 4진법의 정보 저장 기술에는 큰 차이점이 없다.

1장의 끝부분에서 언급했듯이 단 1개의 세포가 저장할 수 있는 정보는 『브리태니커 백과사전』 30권 전질, 또는 그 3배나 4배의 분량이다. 버드나무 씨나 개미의 몸에 어떻게 그만 한 분량의 정보가 들어갈 수 있을지 적절한 비유를 찾을 수는 없지만, 어쨌거나 놀라운 일이다. 백합꽃씨 1개 또는 도롱뇽의 정자 1개에 들어 있는 DNA는 『브리태니커 백과사전』 60배 분량의 정보를 저장하기에 충분한 수용 능력이 있다. '원시적인' 아메바라는 부당한 이름으로 불리는 어떤 원생생물의 DNA에는 『브리태니커 백과사전』 1,000배만큼의 정보가 들어 있다.

놀라운 것은 그 엄청난 유전 정보 중 극히 적은 분량만이 실제로 사용된다는 사실이다. 가령 인간의 세포는 그중 1퍼센트만을 실제로 사용한다. 어림잡아 『브리태니커 백과사전』 한 권에 해당하는 분량이다. 그렇다면 나머지 99퍼센트는 왜 거기에 있는 것일까? 그 이유는 아무도 모른다. 이전에 썼던 책에서 나는 99퍼센트의 DNA가 1퍼센트의 DNA의 노력에 편승하여 기생하고 있다는 제안을 했다. 최근의 분자생물학자들은 이 생각을 이기적인 DNA라는 이름으로 부르고 있다. 세균은 인간의 세포보다 정보 수용 능력이 모자라다. 대략 인간의 1,000분의 1 정도인데, 세균은 아마 그 정보의 대부분을 활용할 것이다. 즉 기생할 여지가 없다는 말이다. 세균의 DNA는 '단지' 신약 성경 한 권만을 수록할 수 있는 셈이다.

현대의 유전공학은 세균의 DNA에 신약 성경이나 그 밖의 원하는 내용을 끼워 넣을 수 있는 기술을 이미 확보했다. 어떤 정보 저장 기술이든 거기에 사용되는 상징(예를 들면 문자나 기호 | 옮긴이)의 '의미'는 정하기 나름이다. 따라서 DNA 글자 4개를 몇 개씩 조합해서, 가령 3개씩 조합해서 영어 알파벳 26개를 표현하지 못할 이유가 없다.(대문자와 소문자를 구별할 수 있을 뿐만 아니라 문장 부호 12개까지도 충분히 표현할 수 있다.) 그러나 불행히도 사람이 신약 성경을 세균에다 적어 넣으려면 500년이 걸릴 것이다. 누가 이 지루한 일을 할 수 있겠는가? 어쨌거나 그 작업이 완성된다면, 세균의 번식 속도로 볼 때, 하루에 신약 성경 1000만 권이 쏟아져 나오는 꼴이 될 것이다. DNA의 알파벳을 사람들이 읽을 수만 있다면, 그것은 꿈같은 일이 될 것이다. 그러나 안타깝게도 그 글자는 너무 작아서 신약 성경 1000만 권이 핀의 머리에서 한꺼번에 춤을 출 수 있을 정도이다.

컴퓨터의 기억 장치는 편의상 ROM과 RAM으로 구분한다. ROM은

읽기 전용 기억 장치(read only memory)라는 뜻이다. 더 정확히 말한다면 그것은 '한 번 써 놓고, 여러 번 읽는' 기억 장치이다. ROM은 생산 과정에서 0과 1이 처음 배열된 그 상태대로 도자기를 굽듯이 고정된다. 그런 다음 수명이 다할 때까지 그 배열 상태가 변하지 않은 채 몇 번이고 읽어 들이는 것이다. RAM이라 불리는 다른 종류의 기억 장치는 읽을 수 있을 뿐만 아니라 '쓸' 수도 있다.(이 세련되지 못한 컴퓨터 용어에 곧 익숙해질 것이다.) 따라서 RAM은 ROM이 할 수 있는 기능은 모두 할 수 있으며 그 이상의 기능을 발휘한다. RAM이라는 글자가 의미하는 바는 그것의 성격을 제대로 표현하지 못하기 때문에 여기서는 언급하지 않겠다. RAM에서 중요한 것은 사용자가 원하는 내용을 원하는 장소에 집어넣을 수 있다는 것이다. 대부분의 컴퓨터 기억 장치는 RAM이다. 내가 이 글자의 자판을 두드리고 있을 때 그것들은 RAM으로 직접 들어간다. 그리고 그것들을 통제하는 워드프로세서 프로그램도 RAM 안에 들어 있다. 이론적으로 워드프로세서 프로그램은 ROM으로 만들 수 있고 그렇게 되면 결코 변경할 수 없다. ROM은 자주 쓰게 되는 표준화된 프로그램의 고정된 레퍼터리를 저장하는 데 사용한다. 그 내용은 사용자가 원한다 하더라도 결코 바꿀 수 없다.

DNA는 ROM이다. 그것은 수백만 번 읽히고 또 읽힌다. 그러나 단지 딱 한 번(DNA가 거주하고 있는 세포가 탄생하면서 처음 배열되었을 때) 씌어진 것이다. 어떤 개체든 세포들 속에 들어 있는 DNA는, 도자기에 그림을 그리고 구우면 그림이 지워지지 않듯이 '구워진 것이다.' 그리고 매우 드물게 변질되는 경우만 제외하면 개체가 살아 있는 동안 거의 변하지 않는다. A, T, G, C 뉴클레오티드의 배열 상태는 아기가 성장하는 동안 만들어지는 몇조 개의 새로운 세포들의 DNA로 충실히 복제된다. 새로운 개체가 수태되면 새롭고 독특한 형태의 자료가 그의 DNA ROM

에 저장되어 '구워진다.' 그런 다음 그는 나머지 생을 그 형태에 매달려 살아간다. 그리고 그가 가진 모든 세포 속으로 복제되어 들어간다.(생식 세포는 예외다. 나중에 살펴보겠지만 생식 세포에는 DNA의 절반이 무작위적으로 복제되어 들어간다.)

'ROM' 이든 'RAM' 이든 모든 컴퓨터 기억 장치에는 구획이 나누어져 있고 주소가 정해져 있다. 이 말은 기억 장치의 모든 장소에 번호가 붙어 있다는 말이다. 기억 장소의 주소와 내용을 혼동해서는 안 된다. 모든 장소는 그 주소로 알아본다. 예를 들면 이 장의 첫머리 두 글자는 지금 이 순간 내 컴퓨터 RAM의 6,446과 6,447번 장소에 들어 있다. RAM에는 총 6만 5536개의 기억 장소가 있다. 동시에 그 2개의 기억 장소에 들어 있는 내용도 다르다. 기억 장소에 들어 있는 내용이란 그 내용이 어떤 것이든 가장 최근에 그 장소에 씌어진 것을 말한다. ROM의 모든 기억 장소에도 주소와 내용이 있다. 차이점은 ROM은 각각의 장소에 내용이 한 번 쓰이면 영원히 변하지 않는다는 것이다.

DNA는 마치 긴 컴퓨터 저장 테이프처럼 염색사를 따라 배열되어 있다. 어떤 한 개체의 모든 세포들 속에 들어 있는 DNA는 컴퓨터 ROM(실제는 컴퓨터 저장 테이프와 더 비슷하지만)과 같은 방식으로 주소가 정해져 있다. 기억 장소에 붙이는 정확한 번호나 이름은 컴퓨터 기억 장치와 마찬가지로 정하기 나름이다. 중요한 것은 어떤 사람이 가진 DNA의 특정한 저장 장소는 정확히 다른 사람이 가진 DNA의 특정한 저장 장소와 대응한다는 사실이다. 즉 그것이 같은 주소를 갖고 있다는 말이다. 내가 가진 DNA의 32만 1762번 장소에 저장된 내용은 독자의 32만 1762번 장소의 내용과 같을 수도 있고 다를 수도 있다. 하지만 내가 가진 32만 1762번 장소가 내 세포 속의 어떤 정해진 위치에 있듯이 독자의 32만 1762번 장소도 독자의 세포 속에서 정확히 같은 위치에 있다. 여기서 위치란 어떤 특정한 염색체를 길이 방향으로 훑어 내릴 때의 위치를 뜻한다. 세포 속에 들어 있는 어떤 염색체의 정확한 물리적인 위치는 문제가 되지 않는다. 실제로 염색체는 액체 속에 떠 있기 때문에 물리적인 위치는 변한다. 그러나 염색체 속의 모든 장소는 길이 방향으로 정밀하게 구획되어 주소가 정해져 있다. 마치 컴퓨터 테이프가 가지런히 말려 있지 않고 바닥 위에 아무렇게나 흩어져 있다 하더라도 테이프의 길이 방향으로 모든 기억 장소가 구획되어 있고 각 장소의 주소가 정확히 정해져 있는 상태가 변하지 않는 것과 같다. 모든 인간은 같은 형태의 DNA 주소 체계를 가지고 있다. 하지만 주소가 같다고 해서 내용까지 반드시 같은 것은 아니다. 그래서 사람들이 서로 다르게 생긴 것이다.

종(種)이 다르면 주소 체계도 다르다. 예를 들면 사람은 46개의 염색체를 갖고 있는데 반해 침팬지는 48개를 가지고 있다. 엄밀히 말하면 서로 다른 종 간에는 주소 체계가 대응하지 않기 때문에 주소별로 내용을 비교한다는 것이 불가능하다. 하지만 유연관계가 매우 가까운 종들, 가령 인간과 침팬지는 같은 주소 체계를 사용하지는 않는다 하더라도 서로 공통된 내용들이 몇 개씩 뭉쳐 있는 부분들이 있다. '구성원 전체의 DNA가 같은 주소 체계로 되어 있는 집단'을 종이라 정의하기도 한다. 극소수의 예외를 제외하면 모든 구성원이 같은 수의 염색체를 갖고 있다. 그리고 염색체의 길이 방향으로 구획된 모든 장소는 개체들 간에 서로 대응하며, 대응하는 장소에는 같은 번호가 붙어 있다는 말이다. 같은 종에 속하지만 구성원 간에 차이가 생기는 이유는 그 장소에 들어 있는 내용이 다르기 때문이다.

다른 개체가 가진 내용상의 차이는 다음과 같은 방식 때문에 비롯된 것이다. 여기서 내가 말하고자 하는 종은 우리 인간처럼 유성 생식을 하는 종류임을 유의하라. 인간의 정자와 난자는 각각 23개의 염색체를 가지고 있다. 어떤 한 정자 속에 있는 모든 장소는 다른 나머지 정자 속에 들어 있는 특정한 장소들에 각각 대응한다. 이것은 다른 사람의 난자나 정자와 비교할 때도 마찬가지다. 다른 세포들(체세포)은 모두 46개의 염색체, 즉 두 벌을 갖고 있다. 이러한 세포들에서는 같은 주소가 두 번 사용되는 것이다. 모든 세포는 9번 염색체 2개를 가지고 있고, 따라서 9번 염색체 속에 들어 있는 7,230번 장소도 2개이다. 그 두 장소에 있는 내용은 같을 수도 있고 다를 수도 있다. 이것은 다른 개체와 비교할 때도 마찬가지다. 46개의 염색체를 가진 세포에서 23개의 염색체를 가진 정자가 만들어질 때, 정자는 같은 주소를 가진 2개의 장소 중 어느 하나만을 갖게 된다. 정자가 그중 어느 것을 가질지는 예측할 수 없다. 난자도 마찬가지다. 그 결과 정자와 난자의 주소 체계는 같은 종이면 모두 같지만 저장된 내용이라는 면에서는 같은 것이 하나도 없다.(무시해도 좋을 극소수의 예외가 있긴 하지만 말이다.) 정자와 난자가 만나서 수정되면 다시 46개의 염색체 모두가 갖추어진다. 그리고 이 46개의 염색체는 발생 중에 있는 배의 모든 세포 속에서 복제된다.

ROM은 처음 만들어질 때를 제외하고는 거기에 뭔가를 써넣을 수는 없다고 했다. 복제 중에 가끔 실수가 생길 때를 제외하면 이것은 세포 속에 있는 DNA도 마찬가지다. 하지만 종 전체의 ROM들로 이루어진 집합적인 정보 은행의 차원에서는 무엇인가를 써넣을 수 있다는 말이 틀리지 않는다. 같은 종에 속하는 개체들이 세대를 거듭하면서 선택적으로 살아남고 번식하는 과정에서 결과적으로 발전된 생존 지침이 그 종의 유전자 집합에 '씌어진다.' 진화는 세대가 거듭됨에 따라 DNA의 각 저장 장소에 들어 있는 여러 가지 내용들 중 어떤 것이 득세하는가 하는, 유전자의 빈도 변화에서 비롯된다. 말할 것도 없이 모든 내용들은 어느 때건 개체의 몸속에 들어 있어야 한다. 그러나 진화에서 중요한 것은 집단 안에 있는 여러 가지 대립 유전자들의 빈도 변화이다. DNA의 주소 체계는 그대로 보존된다. 하지만 세월이 지남에 따라 저장 장소에 들어 있는 내용들의 통계적인 수치가 변화하는 것이다.

아주 오랜 세월이 지나면 주소 체계 자체도 변화한다. 침팬지는 24쌍의 염색체를 가지고 있고, 우리 인간은 23쌍을 가지고 있다. 침팬지와 인간은 같은 조상에서 유래했다. 따라서 침팬지의 족보든 인간의 족보든 과거 어느 한 시점에서 염색체 수에 변화가 생겼을 것임에 틀림없다. 인간이 염색체 하나를 잃어버렸거나(2개가 합쳐졌을 수도 있고) 아니면 침팬지가 하나를 더 얻었을 것이다.(하나가 둘로 갈라졌을 수도 있다.) 최소한 한 개체가 부모로부터 개수가 다른 염색체를 받았을 것이다. 전체 유전 체계에 다른 종류의 우연한 변화가 생기기도 한다. 나중에 살펴보겠지만 전체 코드가 가끔 완전히 다른 염색체로 복사될 수도 있다. 이 사실은 어떻게 알게 되었는가 하면, 염색체의 어떤 부분의 DNA 내용이 멀리 떨어진 다른 부분의 내용과 완전히 똑같은 경우가 발견되었기 때문이다.

컴퓨터가 기억 장치의 어떤 특정한 장소로부터 저장된 정보를 읽어 내는 것은 두 가지 일 중 어떤 한 가지를 하기 위해서이다. 즉 다른 장소에 그 내용을 써넣기 위해서든가, 아니면 어떤 '작동'을 하기 위해서이다. 다른 장소에 써넣는다는 것은 복사를 의미한다. 어떤 세포에서 다른 세포로 DNA를 쉽게 복사해 줄 수 있으며, 또한 어떤 개체에서 다른 개체로, 즉 부모에서 그 자식에게로 쉽게 복사해 줄 수도 있다는 사실은 앞에서 이미 살펴보았다. '작동'은 더 복잡하다. 컴퓨터에서는 작동의 한 종류가 프로그램의 실행이다. 내 컴퓨터의 ROM에서 주소 6만 4489번, 6만 4490번, 그리고 6만 4491번은 어떤 특별한 내용을 담고 있다. 그것을 번역하면 컴퓨터의 스피커가 어떤 소음을 내게 된다. 여기에 담긴

1과 0의 배열 상태는 10101101001100011000000이다. 이 배열 상태 자체
는 소리와는 거리가 멀다. 배열 상태 자체만 보면 그것에서 스피커의 소
리가 비롯되었다는 것을 알아챌 방법이 전혀 없다. 배열 상태가 소리를
내는 것은 컴퓨터의 나머지 부분들이 그것을 나름의 방식으로 해석하기
때문이다. 마찬가지로 DNA 글자 4개가 배열된 상태가 어떤 효과를 나
타낼 수 있다. 가령 눈의 색깔을 나타낸다든가 아니면 특정한 행동을 유
발한다든가 하는 효과 말이다. 그러나 이러한 효과가 DNA의 자료 유형
자체에 들어 있는 것은 아니다. 단지 그것이 배가 발달하는 방식에 영향
을 미쳐 효과를 발휘하게 되는 것이다. 그런 다음 그것은 다시 DNA의
다른 부분에 들어 있는 자료 유형에 영향을 받는다. 유전자 사이의 이러
한 상호 작용은 7장의 주제로 남겨 놓자.

어떤 작동을 하기에 앞서 DNA의 문자는 다른 매체로 번역되어야 한
다. 그것들은 우선 RNA의 언어로 문자 하나하나가 정확히 일대일 대
응하여 번역된다. RNA도 역시 4개의 알파벳을 갖고 있다. 그런 다음
그것들은 단백질 또는 폴리펩티드라 불리는 다른 종류의 중합체로 번역
된다. 단백질은 다른 말로 폴리아미노산이라고 부를 수 있다. 왜냐하면
구성 단위가 아미노산이기 때문이다. 살아 있는 세포는 스무 가지의 아
미노산을 가지고 있다. 모든 생체 단백질은 이 스무 가지 기본 구성 단
위로 만들어진 사슬인 것이다. 단백질이 비록 아미노산의 사슬이긴 하
지만, 길다란 실 모양인 것은 드물다. 대부분의 사슬은 복잡한 실타래처
럼 뒤엉켜 있다. 그리고 그것의 정확한 모양은 아미노산의 순서에 따라
결정된다. 따라서 이 실타래 같은 모양은 아미노산의 배열 순서가 정해
지면 결코 변하지 않는다. 아미노산의 배열 순서는 (중간에 RNA를 통하
여 번역된) DNA의 암호 배열 방식에 따라 결정된다. 따라서 실타래 같
은 단백질의 3차원적인 구조가 DNA 암호 문자의 1차원적인 배열 순서

에 따라 결정된다는 말은 타당성이 있다.

DNA 암호의 번역 과정에는 그 유명한 '유전 암호'가 개입한다. DNA(또는 RNA)의 문자 3개로 이루어진 '트리플렛'은 총 64개(4×4×4)가 있고 각각은 20개의 아미노산들 중 어느 한 가지나 아니면 '읽는 것을 중지하라.'라는 신호로 번역된다. 64개의 코드 중 '읽는 것을 중지' 시키는 명령을 내리는 것은 세 가지이다. 대부분의 아미노산이 1개 이상의 '트리플렛'과 대응한다.(트리플렛은 64개씩이나 되지만 아미노산은 20개밖에 안 된다는 사실을 생각하면 쉽게 추측할수 있다.) 완전히 1차원적인 DNA ROM의 정보가 3차원적인 단백질의 형태로 전환되는 전체 번역 과정은, 디지털 정보 저장 방식의 두드러진 특징이다. 유전자가 차후에 신체에 어떤 영향을 미치게 되는 과정은 컴퓨터의 방식과는 약간 동떨어진 것이다.

모든 살아 있는 세포, 심지어 단 하나의 세균도 거대한 화학 공장으로 생각할 수 있다. DNA의 배열 또는 유전자는 그 화학 공장에서 일어나는 사건들에 영향을 미쳐서 효과를 나타낸다. 그리고 유전자는 단백질 분자의 3차원적인 구조에 영향을 미치는 것을 통해서 그 일을 한다. 세포 1개를 표현할 때 '거대한'이라는 단어를 쓰는 것이 어울리지 않을지도 모른다. 특히 핀 머리에 1000만 개의 세균을 한꺼번에 올려놓을 수 있다는 사실을 기억한다면 말이다. 그러나 세균 하나가 신약 성경 전체 내용 또는 그 이상을 수용할 수 있다는 사실을 잊어버려서는 안 된다. 세포 하나에 들어 있는 수많은 정밀 기계들을 생각한다면 세포는 그야말로 '거대하다.' 여기서 기계란 DNA의 지시를 받아서 만들어진 거대한 단백질 분자들을 말한다. 효소라고 불리는 단백질 분자들은 각각이 특정한 화학 반응을 일으키기 때문에 기계라고 부를 수 있는 것이다. 여러 종류의 단백질 기계는 각기 고유한 화합물을 생산한다. 이것을 위해 세포 주위에 떠다니는 원료 물질을 사용해야 하는데, 그 원료도 대개는 다른 단백질 기계가 만들어 놓은 생산품들이다. 이 단백질 기계들은 대개 6,000개의 원자로 이루어지는데 분자치고는 매우 큰 종류에 속한다. 세포 하나에는 이런 거대한 분자들이 대략 100만 개 정도 들어 있고, 그 종류는 2,000가지에 달한다. 그리고 각각의 분자는 그 화학 공장, 즉 세포에서 특정한 공정을 담당하도록 전문화되어 있다. 세포들이 각기 독특한 모양과 행동을 보이는 것은 이러한 효소들이 생산한 특징적인 화합물 때문이다.

모든 체세포가 똑같은 유전자를 갖고 있다. 그럼에도 불구하고 체세포들의 형태와 기능이 천차만별인 것은 놀랄 만한 일이다. 체세포들이 똑같은 유전자를 가지고 있으면서도 서로 다른 모양과 행동을 보이는 것은 세포마다 다른 유전자들이 '읽히기' 때문이다. 특정한 유전자들만 읽고 나머지는 무시해 버린다. 가령 간세포는 자기의 DNA ROM에서 신장 세포를 만드는 데 해당하는 유전자는 읽지 않는다. 반대의 경우도 마찬가지다. 세포가 어떤 모양을 갖고 어떤 행동을 하는가는 세포 속의 유전자 중 어떤 것이 읽히고 번역되어 단백질 분자로 만들어지는가에 달려 있다. 이것은 다시 세포 안에 이미 존재하는 화합물의 영향을 받는다. 세포 안에 이미 존재하는 화합물이 어떤 것인가는 전에 읽힌 유전자가 어떤 것인가 하는 것과, 인접한 세포가 어떤 종류인가에 따라 결정된다. 1개의 세포가 2개로 분열할 때, 2개의 딸세포가 반드시 똑같지는 않다. 가령 수정란 속에서는 특정한 화합물이 골고루 분포하지 않고 세포의 어느 한쪽에 몰려 있는 경우가 있다. 이런 극화(極化)된 세포가 분열하면 딸세포는 위치에 따라 다른 종류의 화합물을 갖게 된다. 이것은 두 딸세포에서 서로 다른 유전자가 읽힐 것임을 의미한다. 그 결과 세포 스스로 분화를 촉진하는 과정이 진행된다. 최종적인 신체의 모양, 팔다리의 길이, 뇌의 기능, 행동 양식 등은 모두 다른 종류의 세포들이 상호 작용하여 나타나는 간접적인 결과이다. 세포들의 차이는 다른 종류의 유전자를 읽었기 때문에 나타난 것이다. 이러한 분화 과정은 고도로 복잡한 하나의 기관이 치밀하게 구성된 어떤 위대한 설계에 따라 만들어지는 것이 아니라, 3장에서 살펴본 ‘피드백’ 방식을 통해 자동적으로 만들어질 수 있음을 보여 주는 가장 훌륭한 예다.

이 장에서 사용한 ‘작동’이란 말은 유전학에서 이야기하는 유전자의 ‘형질 발현’을 가리킨다. DNA는 눈 색깔, 머리카락의 형태, 공격적 행동의 강도 그리고 그 밖의 수천 가지 성질에 영향을 미친다. 이 모든 것을 형질 발현이라고 한다. DNA 속의 정보는 RNA를 통해 읽혀 단백질로 번역된 후, 처음에는 국부적으로 영향을 미친다. 그런 다음 세포의 모양과 기능에 영향을 미친다. 이것은 DNA의 정보가 읽힐 수 있는 두 가지 방식 중 하나이다. 다른 한 가지 방식은 새로운 DNA 사슬로 복제되는 것이다. 이것은 이미 살펴본 바 있다.

DNA의 정보가 전달되는 두 가지 경로, 즉 수직적 전달과 수평적 전달 간에는 기본적인 차이점이 있다. DNA의 정보는 정자나 난자를 만드는 세포의 DNA로 수직적으로 전달된 다음에 다음 세대에게 전달된다. 다음 세대는 또 그 다음 세대에게 전달한다. 이런 식으로 DNA의 정보는 미래에 나타날 세대에게 한없이 전달된다. 이것을 ‘보존용 DNA’라 부르겠다. 이 보존용 DNA는 결코 사라지지 않는다. 보존용 DNA가 전달되는 세포들의 계보를 생식 세포선(germ line)이라 부른다. 생식 세포는 정자와 난자를 만드는 세포들의 집합이다. 그래서 이것들은 다음 세대의 조상인 셈이다. DNA는 또한 ‘옆으로’, 즉 수평적으로도 전달된다. 생식 세포가 아닌 세포, 예를 들면 간세포나 피부 세포 따위에 전달되고, 그러한 세포들 속에서 다시 RNA에 전달된다. 그 다음 단백질에 전달되고, 그 결과 배의 발생 과정에 여러 가지 영향을 미치고 최종적으로 성체의 형태나 행동에 영향을 미치는 것이다. 수평적 전달과 수직적 전달은 3장에서 말한 '발생'이라는 프로그램과 '생식'이라는 프로그램에 각각 해당한다고 생각할 수 있다.

자연선택이란 경쟁하는 DNA가 종 전체의 보존용 DNA에서 수직적으로 전달될 때 어떤 것은 성공을 거두고 어떤 것은 실패함을 말한다. 여기서 '경쟁하는 DNA'란 염색체의 특정 저장 장소에 들어 있는 대립하는 내용들을 의미한다. 종 전체의 보존용 DNA 속에서 어떤 유전자는 다른 유전자보다 더 성공적일 수 있다. 종 전체의 보존용 DNA 속에서 수직적으로 전달되는 것 자체가 궁극적인 '성공'이지만, 성공의 평가 기준은 대개 유전자가 '수평적' 전달를 통해 신체에 어떤 '작용'을 나타내는가에 달려 있다. 이것은 컴퓨터 바이오모프와 똑같다. 가령 호랑이의 몸속에 있는 특정한 유전자가 턱 세포에 수평적 영향을 미쳐서 경쟁 유전자보다도 더 날카로운 이빨을 만들게 했다고 가정해 보자. 더 날카로운 이빨을 가진 호랑이는 보통의 호랑이보다 더 효과적으로 사냥감을 물어 죽일 수 있을 것이고 그리하여 더 많은 자손을 남긴다. 날카로운 이빨을 만드는 유전자는 수직적으로 전달되고 더 많이 복제된다. 물론 다른 유전자들도 동시에 전달된다. 하지만 '대개는' 그 특별한 '날카로운 이빨 유전자'가 호랑이 몸속에 들어 있게 될 것이다. 유전자가 신체에 대해 어떤 효과를 발휘하면 수직적 전달이라는 면에서도 어떤 이익을 얻을 수 있음을 확인할 수 있다.

기록 보존용 매체로서 DNA의 기능은 탁월하다. 메시지를 보존하는 능력은 돌이나 바위의 불변성을 훨씬 능가한다. 소와 강낭콩은(그 밖의 모든 생물도) 히스톤 H4 유전자라는 거의 동일한 유전자를 갖고 있다. 그것의 내용은 306개의 DNA 문자로 이루어져 있다. 히스톤 H4 유전자가 모든 종의 염색체에서 같은 주소에 들어 있다고 말할 수는 없다. 왜냐하면 서로 다른 종은 염색체의 주소 체계가 달라서 주소를 비교할 수 없기 때문이다. 하지만 소의 DNA에 들어 있는 그 306개의 문자열과 강낭콩에 있는 306개의 문자열이 동일하다고 말할 수는 있다. 소와 강낭콩은 그 306개의 문자열 중 단지 2개에서만 차이가 있다. 소와 강낭콩의 공통 조상이 정확히 얼마나 오래전에 살고 있었는지는 모른다. 그러나 화석 증거에 따르면 그 시기가 10억 년 전과 20억 년 전 사이일 것이라고 추정할 수 있다. 대략 15억 년 전이라고 가정해 보자. (사람한테는) 상상을 초월할 정도로 긴 시간 동안 공통 조상에서 갈라진 이 두 생물은 각자 306개의 문자 중에서 305개를 보존했다.(아니면 어느 한쪽이 306개 모두를 보존하고 다른 쪽이 304개를 보존했을 수도 있다.) 묘비에 새긴 글자도 수백 년 정도만 지나면 닳아 없어져 거의 분간할 수 없게 되는 것과 비교하면 엄청난 내구성이라 할 수 있다.

히스톤 H4 DNA 기록의 보존은 돌에 새겨진 글자가 보존되는 방식과는 완전히 다른 방식과 물리적 성질에 따른 것이다. 그렇기 때문에 훨씬 인상적이다. 그 기록은 세대를 거듭하면서 복제되고 또 복제된다. 마치 유대인들이 히브리 어 성경이 닳아 없어지는 것을 방지하기 위해 종교 의식의 하나로 80년마다 한 번씩 다시 쓰는 것과 같다. 소와 강낭콩의 공통 조상에서부터 지금의 소와 강낭콩까지 내려오는 동안 히스톤 H4 DNA가 정확히 몇 번이나 복제되었는지는 알 수 없다. 하지만 최소한 200억 번가량은 될 것이다. 200억 번의 연속적인 복제 과정 중 정보의 99퍼센트 이상이 보존된 것인지를 판단할 수 있는 기준을 찾는 것도 힘들다. 귓속말 전달하기 놀이와 같은 방식으로 이것을 재현해 볼 수 있다. 200억 명의 타자수가 한 줄로 늘어서 있다고 가정해 보자. 그 줄은 지구를 500번 정도 감을 만큼 길 것이다. 첫 번째 타자수가 어떤 메시지를 친 후 그것을 다음 사람에게 넘겨준다. 두 번째 타자수는 앞에서 받은 내용을 다시 친 후 자기가 친 것을 다음 사람에게 넘겨준다. 다음 타자수도 같은 일을 반복한다. 마침내 그 메시지는 그 줄의 맨끝에 도달할 것이다. 마지막 타자수가 그 메시지를 읽어 본다.(우리가 읽는 것이 아니라 우리의 1만 2000대 후손이 읽게 될 것이다. 모든 타자수가 타자 1급의 속도를 갖고 있다고 가정한다면 말이다.) 최초의 메시지가 얼마나 보존되었을까?

이 질문에 답하기 위해서는 타자수의 실력이 어느 정도인지를 미리 정했어야 한다. 그 질문을 다르게 표현해 보자. DNA에 필적하려면 타자수들의 실력이 얼마나 정확해야 하는가? 답이 워낙 황당무계해서 말하기 힘들 정도다. 모든 타자수는 100경분의 1(10^{16}분의 1)의 오타율을 갖고 있어야 한다. 다시 말해 성경을 25만 번 치는 동안 딱 한 번 실수하는 정도의 정확도를 지녀야 한다는 말이다. 실제의 1급 타자수는 대략 한 쪽의 내용을 칠 때 한 군데 실수하는 정도의 오타율을 보인다. 이것은 히스톤 H4 DNA가 가진 오타율의 5억 배이다. 현실의 타자수가 그 일을 한다고 했을 때 200억 명 중 스무 번째 사람까지 오면 원래 내용의 99퍼센트가 남아 있고, 1만 번째 타자수까지 오면 원문의 1퍼센트만이 제대로 남아 있을 것이다. 99.9995퍼센트의 타자수가 원문을 보기도 전에 내용은 이미 거의 완전히 바뀌어 있는 것이다.

이런 비교법은 다소 장황하기는 하지만 요점을 정확히 이해할 수 있게 해 주고 흥미도 있다. 앞에서 한 이야기는 마치 우리가 복제 과정 중의 실수를 찾아내는 듯한 인상을 준다. 하지만 히스톤 H4 DNA는 단순히 복제만 되는 것이 아니고 자연선택의 영향도 받는다. 히스톤은 생존을 위해서 꼭 필요한, 매우 중요한 단백질로서 염색체의 구성 성분이다. 아마 히스톤 H4 DNA가 '복제' 되는 중에 많은 실수가 있었을 것이다. 그러나 그런 돌연변이는 살아남지 못한다. 그렇지 않으면 최소한 생식 능력을 잃는다. 정확한 비교를 하기 위해서는 타자수들이 앉은 의자에

총이 장치되어 있고, 타자수가 실수를 하면 그 총이 발사되고 그 자리에 다른 타자수가 앉도록 되어 있다고 가정해야 한다.(마음이 약한 사람은 의자에 총 대신 스프링이 장치되어 있어서 타자수가 실수를 하면 그 줄에서 밀어내 버리도록 만든 장치를 더 좋아하겠지만, 실수하면 발사되는 총 쪽이 실제 자연선택의 본질에 가깝고 더 현실적인 느낌을 준다.)

천문학적인 긴 시간 동안 실제로 몇 번의 변화가 일어났나를 살펴봄으로써 DNA의 정보 보존 능력을 측정하는 이 방법과 자연선택의 여과 효과를 함께 고려하면 진정한 유전자의 보존 능력을 알 수 있다. 우리는 단지 DNA의 변종들 중 생존에 성공한 것의 후손들을 볼 뿐이다. 개체를 죽음으로 이끈 DNA들은 지금 우리가 보고 있는 것과는 아무런 관련이 없다. 이러한 사전 지식을 갖고 있을 때, 선택을 통해 DNA 변종이 제거되는 것까지 고려한 DNA의 진정한 복제 성능을 우리가 알 수 있을까? 알 수 있다. 이것은 돌연변이율의 역수이다. 돌연변이율은 측정할 수 있다. 한 번의 복제 과정 중에 특정한 문자가 잘못 복제될 확률은 10억분의 1보다 조금 크다. 이만 한 크기의 돌연변이율과 히스톤 유전자가 진화 과정에서 실제로 겪은, 그보다 더 낮은 변화율과의 차이는 이 고대의 문서를 보존하는 데 작용한 자연선택의 효율성을 가늠할 수 있는 척도이다.

영겁을 뛰어넘는 히스톤 유전자의 이러한 보존 능력은 유전자의 수준에서도 예외에 속한다. 다른 유전자들은 높은 비율로 변한다. 아마도 자연선택이 그러한 유전자들의 변화를 히스톤 유전자의 변화보다 잘 수용하기 때문일 것이다. 예를 들면 피브리노펩티드(섬유 모양의 단백질 | 옮긴이)라는 단백질의 암호를 가지고 있는 유전자는 기본 돌연변이율에 거의 육박하는 비율로 변한다. 이러한 사실은 아마도 이 단백질(이것들은 혈액이 응고할 때 만들어진다.)들의 세부 구조가 변하는 것이 개체의 생

존에 별다른 영향을 미치지 않는다는 사실을 뜻할 것이다. 헤모글로빈 유전자는 히스톤과 피브리노펩티드의 중간 정도의 변화율을 갖고 있다. 자연선택이 그런 변화를 수용할 수 있는 한도도 아마 그 중간일 것이다. 헤모글로빈은 혈액 속에서 산소를 운반하는 중요한 역할을 한다. 그리고 그 일을 하는 데 있어서 헤모글로빈의 세부 구조는 정말로 중요하다. 그러나 분자 구조가 조금 달라진 헤모글로빈의 몇 가지 변종도 그 일을 똑같이 잘할 수 있는 것 같다.

좀 더 깊이 생각하면 뭔가 약간 역설적인 면이 있는 듯하다. 히스톤 같이 아주 느리게 진화하는 분자들은 자연선택의 영향을 가장 받기 쉬운 분자들이었다. 피브리노펩티드는 가장 빠르게 진화하는 분자들이다. 왜냐하면 자연선택에 거의 완전히 무시당하기 때문이다. 피브리노펩티드는 돌연변이가 일어나는 속도로 자유롭게 진화할 수 있다. 이것이 역설적으로 들리는 이유는 항상 진화의 원동력으로 자연선택을 강조하기 때문이다. 그래서 자연선택이 없으면 진화도 일어나지 않을 것처럼 생각한다. 역으로 강력한 '선택압'은 진화 속도를 빠르게 할 것으로 생각한다. 앞에서 설명한 내용은 그와 정반대이다. 자연선택은 진화에 브레이크를 거는 효과를 나타낸 것이다. 자연선택이 없는 상태의 표준 진화 속도가 바로 진화의 최대 속도이며. 그것은 돌연변이 속도의 동의어이다.

하지만 이것은 전혀 역설적이지 않다. 잘 생각해 보면 다른 해답이 없음을 알 수 있다. 자연선택를 통한 진화는 돌연변이 속도보다 빠를 수 없다. 왜냐하면 돌연변이는 궁극적으로 새로운 변종이 만들어질 수 있는 유일한 길이기 때문이다. 자연선택이 할 수 있는 일이라고는 어떤 새로운 변종을 수용하고 다른 것을 도태시키는 일이다. 돌연변이 속도는 진화가 일어나는 속도가 가질 수 있는 최대 한계선이다. 자연선택은 대개 진화에 관련된 변화를 막는 것과 상관이 있지 그것을 추동하는 것과는 별 관련이 없다. 그렇다고 이 사실이 자연선택이란 오로지 파괴적인 작용만 한다는 것을 의미하진 않는다. 자연선택은 건설적인 작용도 한다. 7장에서 그 방식을 살펴볼 것이다.

돌연변이 속도라는 것도 매우 느리다. 이 말은 자연선택이 없어도 DNA의 암호가 정확하게 보존되는 데에는 별 지장이 없다는 뜻이다. 자연선택이 없는 상태에서 DNA가 얼마나 정확히 복제되는가 하면, 그것은 500만 세대가 복제되는 동안 그 내용의 1퍼센트가 잘못 복제되는 정도이다. 앞에서 가정한 타자수들은 자연선택이 없다고 하더라도 여전히 DNA의 정확도를 감히 넘보지 못한다. 자연선택이 없는 상태의 DNA에 필적하려면 타자수 개개인은 신약 성경 전체를 치는 동안 딱 한 번 실수하는 정도의 정확도를 갖고 있어야 한다. 타자수보다 450배 정도 정확해야 한다는 말이다. 이 정도의 정확도는 확실히 자연선택이 개입했을 경우의 히스톤 H4 유전자의 정확도보다는 많이 뒤쳐지는 것이다. 하지만 그것조차도 여전히 매우 정확한 것이다.

타자수와 비교하는 앞의 내용에서 공정하지 못한 것이 한 가지 있다. 앞의 내용에서 타자수는 자신이 실수를 했는지 여부를 알 수 없고, 따라서 그 실수를 수정하지 못하는 것처럼 가정했다. 다시 말해서 검토 과정을 완전히 배제했던 것이다. 말할 것도 없이 실제의 타자수는 자기가 친 것을 검토해 본다. 그러므로 보통의 경우라면 앞에서 가정한 타자수들은 원본의 내용을 그렇게 많이 손상시키지는 않을 것이다. 마찬가지로 DNA 복제 과정에도 그와 똑같은 실수 수정 과정이 있다. 만약 이런 과정이 없다면 앞에서 말한 그런 정확도를 갖지 못할 것이다. DNA 복제 과정에는 여러 가지 '실수 수정' 공정이 개입되어 있다. DNA의 암호가 돌에 새긴 상형 문자와 같이 안정된 것이 결코 아니기 때문에 이 과정은 더욱 필요하다. 오히려 거기에 관련된 분자들이 너무 작기 때문에(수천 권의 신약 성경이 1개의 핀 머리에 올라갈 수 있다는 사실을 기억하라.) 그것들은 끊임없이 열운동을 하는 다른 분자들과 부대끼고 있다. 메시지의 글자를 뒤바꿀 수 있는 끊임없는 유동이 일어나는 것이다. 사람의 세포 속에서는 하루에 대략 5,000개의 DNA 문자가 사라지지만 수리 메커니즘을 통해 즉시 복구된다. 수리 메커니즘이 존재하여 끊임없이 작용하지 않으면 메시지는 조금씩 사라질 것이다. 새로 복제된 DNA의 내용을 검토하여 틀린 곳을 수정하는 것은 일반적인 수리 과정에 속하는 특수한 경우일 뿐이다. DNA의 뛰어난 복제 능력과 정보 저장 능력은 주로 이 수리 메커니즘 덕분이다.

생물의 놀라운 정보 저장 능력의 핵심에 DNA 분자가 있다는 것을 알았다. DNA는 아주 작은 공간에 엄청난 양의 정밀한 디지털 정보를 담을 수 있다. 그리고 그 정보를 수백만 년 단위의 오랜 기간 동안 보존할 수 있다.(거의 틀리지 않고, 하지만 틀리는 수가 있긴 있다.) 이 사실이 무엇을 의미하는가? 그것은 DNA가 지구에 살고 있는 생물의 본질이라는 말이다. 이것은 버드나무 씨앗의 이야기에서 끌어내려고 했던 사실이다. 살아 있는 생물은 다름 아닌 바로 DNA의 이익을 위해 존재한다는 말이다. 이 사실이 확실하지 않을 수도 있다. 하지만 나는 독자가 그 사실을 받아들여 주기를 바란다. DNA 분자가 담고 있는 메시지는 개체의 일생과 비교해 볼 때 거의 영원히 보존된다. DNA가 담고 있는 메시지의 수명은 (몇 안 되는 돌연변이를 포함한다면) 몇백만 년에서 몇억 년에 이른다. 다시 말해서 개체 수명의 몇만 배에서 몇조 배에 달하는 것이다. 개체는 단지 DNA가 그들의 천문학적인 수명 중 얼마간의 시간 동안만 짧게 거처하는 일시적인 용기에 불과한 것이다.

세상은 나름대로의 방식으로 존재하는 것으로 가득 차 있다! 그건 맞는 말이다. 그래서 어쨌단 말인가? 어떤 사물이 지금 이 순간에 존재하는 이유는 그것이 금방 생겨났든지 아니면 과거에 생겨났지만 아직까지 사라지지 않을 만큼의 내구성이 있었기 때문이다. 바위는 그렇게 쉽게 생겨나는 것이 아니다. 그러나 그것은 일단 한번 만들어지면 단단하고 내구성이 있어서 오래 버틴다. 그렇지 않다면 바위가 아닌 해변의 모래가 되어 있을 것이다. 실제로 그것들 중 일부는 그렇게 되었다. 그래서 백사장이 있는 것이다! 바위가 존재하는 이유는 그것이 내구성을 갖고 있기 때문이다. 반면에 이슬은 바위와 같은 내구성이 있어서 존재하는 것이 아니라 금방 만들어졌기 때문이고 아직 증발하지 않았기 때문이다. 세상에는 두 종류의 '존재 방식'이 있는 것 같다. 하나는 '쉽게 생겨날 수 있지만 그리 오래 가지 못하는' 이슬과 같은 존재 방식이고 다른 하나는 '쉽게 생겨날 수 없지만 일단 한번 생겨나면 오래 가는' 바위와 같은 존재 방식이다. 바위는 오래 견디는 성질을 갖고 있고 이슬은 '쉽게 만들어지는 성질'(좀 더 세련된 단어를 생각해 봤지만 마땅한 것을 찾을 수 없었다.)을 가지고 있다.

DNA는 두 가지 존재 방식 모두에 있어서 탁월하다. DNA 분자 자체는 물리적 성질이 이슬과 같다. 조건만 갖춰지면 매우 빠른 속도로 생겨난다. 하지만 어느 것도 그리 오래 가지는 못한다. 대부분이 몇 개월 안에 망가질 것이다. 바위와 같은 내구성이 없다. 하지만 DNA가 갖고 있는 문자들의 배열 형태(정보)는 가장 단단한 바위와 같은 내구성이 있다. 그 형태는 수백만 년을 버틸 수 있고, 바로 그것이 DNA가 오늘날 존재하는 이유이다. DNA와 이슬의 가장 큰 차이점은 이슬은 새것이 낡은 것으로부터 생겨나지 않는다는 사실이다. 이슬이 다른 이슬을 닮았다는 사실은 의심할 여지가 없다. 하지만 그것들이 특별히 자신들의 '부모' 이슬을 닮은 것은 아니다. DNA 분자와는 달리 이슬은 족보가 없다. 따라서 어떤 정보를 전달할 수도 없다. 이슬은 저절로 만들어지지만 DNA의 정보는 복제를 통해 만들어진다.

'세상은 나름대로의 방식으로 존재하는 것으로 가득 차 있다.' 라는 뻔한 말은, 여러 번 복제되어 계보를 만드는 것을 통해 유지되는 특별한 종류의 내구성에 적용하기 전까지는 하잘것없고 바보스러운 말에 속했다. DNA의 정보는 바위와는 다른 종류의 내구성을 가지고 있고, 또한 이슬과는 다른 종류의 생성 방식을 갖고 있다. DNA 분자에 대해 '세상에 존재하는 방식'을 말하는 것은 뻔한 말을 되풀이하는 것이 결코 아니다. '세상에 존재하는 방식'에는 우주 전체에서 가장 복잡한 것으로 알려진 사람과 같은 기계를 만드는 능력도 포함된다. 이러한 일이 어떻게 가능한지 살펴보자.

기본적으로는 누적적인 자연선택을 위한 기본적인 요소라고 판명된 DNA의 성질 때문이다. 3장의 컴퓨터 모형에서 우리는 누적적인 자연선택을 위한 기본 요소를 신중하게 컴퓨터에 입력시켰다. 만약 누적적인 자연선택이 정말로 일어난다면 어떤 것들은 그러한 기본적인 요소를 만들 수 있는 성질을 갖게 될 것이다. 이제 그러한 요소가 무엇인지 살펴보자. 먼저 이러한 요소들이 최소한 어떤 조악한 형태로나마 지구 안에서 저절로 생겨날 수 있어야 한다. 특별히 DNA를 염두에 두고 하는 말이 아니다. 우주의 어느 곳에서든 생겨날 수 있는, 생물이 갖추어야 할 기본적인 요소를 말하는 것이다.

예언자 에스겔이 뼈의 골짜기에 있을 때, 그가 신을 대신해 뼈에다 대고 말을 하자 그것들이 스스로 결합했다. 그런 다음 다시 대언(代言) 하자 살이 돋고 근육이 붙었다. 하지만 그것은 숨을 쉬지 않았다. 생명력, 생명의 필수 요소가 없었던 것이다. 생명이 없는 행성에도 원자, 분자 그리고 더 큰 덩어리의 물체들이 있고, 그것들은 물리 법칙에 따라 끊임없이 서로 뒤섞이고 부딪힌다. 가끔 물리 법칙은 원자와 분자 들을 에스겔의 메마른 뼈들처럼 서로 결합하게 만든다. 또 어떤 때에는 그것들이 서로 떨어지게도 한다. 꽤 큰 원자들의 집합체가 만들어질 수 있고 그것들이 다시 깨져 떨어져 나갈 수도 있다. 하지만 여전히 거기에는 생명력이 없다.

에스겔은 마른 뼈다귀에 숨을 불어넣기 위해 네 가지 바람을 불렀다. 처음 만들어졌을 당시의 지구와 같은, 생명이 없는 행성에서 생명이 생기기 위한 필수 요소는 무엇인가? 그 요소는 지구에서 어느 순간에 생명력으로 변했다. 그것은 숨도, 바람도, 죽은 사람을 살려 내는 어떤 종류의 만병통치약도 아니다. 그것은 물질이 아니다. 그것은 어떤 성질이다. 스스로를 복제할 수 있는 성질이다. 이것이야말로 누적적인 자연선택을 위한 기본적인 요소다. 어쨌거나 생명이 존재하기 위해서는 물리학 법칙에 따라 스스로를 복제할 수 있는 어떤 존재, 또는 내가 즐겨 사용하는 용어로 복제자(複製子)가 있어야 한다. 오늘날의 생물에서 그 역할은 거의 전적으로 DNA 분자가 맡고 있다. 하지만 그러한 성질을 가진 것이면 어떤 물질도 가능하다. 원시 지구에 출현한 최초의 복제자가 DNA는 아니었을 것이다. 살아 있는 세포 속에서만 정상적으로 존재하고 다른 분자의 도움 없이는 제대로 유지될 수 없는 DNA 분자가 저절로 생겨날 가능성은 거의 없다. 최초의 복제자는 아마 DNA보다 더 투박하고 단순했을 것이다.

첫 번째 요소인 스스로를 복제하는 능력에서 자동적으로 생겨나는 두 가지 필수 요소가 있다. 자기 복제 과정 중에 틀림없이 우연한 실수가 생겨날 것이다. 심지어 DNA조차도 가끔 실수를 한다. 지구에 나타난 최초의 복제자는 훨씬 실수가 많았을 것이다. 그리고 최소한 복제자들 중 일부는 자신의 미래에 대해 위력을 발휘할 것이다. 이 마지막 요소는 실제보다 이상하게 들릴 수도 있다. 그 말이 의미하는 것은 복제자들 중 어떤 것들은 자기들이 복제되는 확률에 대해 영향을 미칠 수 있다는 것이다. 미숙한 형태이기는 하지만 이것은 자기 복제라는 기본적인 사실이 가져야 하는 필수 불가결한 결과이다.

그래서 개개의 복제자는 자기의 복제품을 만든다. 각각의 복제품은 원본과 똑같고 따라서 같은 성질을 가진다. 물론 이러한 성질들 가운데 복제품을 다른 것들보다 더 잘 만들 수 있는 성질도 있다.(가끔 실수도 하면서) 그래서 모든 복제자들은 수없이 많은 후손 복제자들의 조상인 셈이다. 그 계보는 먼 미래로 뻗어 나가며 가지를 친다. 새로 생기는 복제품들은 모두 원료 물질로 만들어지며, 그 원료는 주변에 있는 작은 구성 단위이다. 아마 복제자는 일종의 주형이나 틀의 역할을 했을 것이다. 작은 구성 성분이 틀에 채워진 후 새로운 주형이 만들어지는 식이다. 틀에서 만들어진 주형은 틀에서 떨어져 나와 이번에는 자기가 틀의 역할을 한다. 이렇게 해서 복제자들의 수가 늘어나는데 그 수가 무한히 늘어날 수는 없다. 왜냐하면 결국에 가서는 틀에 들어갈 원료 물질이 바닥날 것이기 때문이다.

이제 두 번째 요소를 도입할 때가 되었다. 가끔 복제가 완벽하지 않아서 실수가 생긴다. 실수가 생길 가능성은, 아주 낮은 수준으로 내려갈 수는 있어도, 어떤 복제 과정에서도 완전히 배제할 수는 없다. 이것은 고품질의 장비를 만드는 사람들이 끊임없이 신경을 쓰는 일이다. 그리고 앞서 보았듯이 DNA는 실수를 줄이는 능력이 매우 뛰어나다. 하지만 오늘날의 DNA가 갖고 있는 고도의 기술은 수많은 세대를 거쳐 오며 누적적인 자연선택을 받은 결과로 획득한 것이다. 나중에 살펴보겠지만 최초의 복제자는 아마 비교적 투박하고 낮은 성능의 장치를 가지고 있었을 것이다.

다시 복제자들의 집단으로 되돌아가서 복제 과정 중에 생긴 실수가 어떤 결과를 초래할지 살펴보자. 복제 과정 중에 실수가 생기면 동일한 복제자들로만 이루어진 것이 아닌 여러 종류의 복제자가 뒤섞인 집단이 만들어질 것이다. 잘못 복제된 것들 중 많은 수는 필경 조상이 가지고 있던 자기 복제 능력을 잃을 것이다. 그러나 일부는 부모와는 다른 자기 복제 능력을 얻을 것이다. 그래서 집단 내에서는 실수로 만들어진 복제자가 차츰 자기의 복제품을 늘여 갈 것이다.

'실수' 라는 단어를 읽을 때, 마음속에 떠오르는 편견을 버려라. 그것은 단지 복제의 정확도라는 관점에서 본 실수를 의미한다. 실수가 개선으로 이어질 수도 있다. 나는 요리사가 기존 조리법을 따르던 중 우연한 실수로 새롭고 훌륭한 여러 가지 요리를 만들게 되는 것이라고 장담할 수 있다. 과학적인 아이디어도 원래는 다른 사람의 생각을 잘못 이해하거나 잘못 읽어서 생기는 경우가 있다. 잘못 복제된 많은 원시 복제자들 중 대부분이 복제 능력을 잃거나 효율이 떨어지겠지만, 일부는 그것들을 낳아 준 조상보다 복제 능력 면에서 더 나을 수도 있다.

'더 낫다' 는 말은 무슨 뜻인가? 궁극적으로 그것은 자기 복제를 하는 데 있어 더 효율적이라는 의미다. 하지만 이것이 실제에서는 어떻게 나타나는가? 이제 세 번째 요소를 거론할 때다. 나는 이것을 '위력' 이라 부를 것이다. 왜 그렇게 부르는지는 곧 이해하게 될 것이다. 앞에서 복제 과정을 틀에 부어 주형을 만드는 것으로 생각할 수 있다고 말했다. 그 과정의 마지막 단계는 새로운 주형이 낡은 틀에서 떨어져 나오는 것이다. 이때까지 걸리는 시간은 '점착성' 이라고 부를 수 있는 낡은 틀의 성질에 따라 결정된다. 복제 과정 중의 실수로 복제자의 집단에 다른 것보다 더 잘 들러붙는 변종이 생겨났다고 가정해 보자. 이러한 변종의 틀은 새로 만든 복제품을 오래 붙들고 있는다. 그래도 결국에는 새로운 주형이 낡은 틀에서 떨어져 나오고 복제 과정은 다시 시작된다. 덜 끈적거리는 변종의 틀은 새로 생긴 복제품이 틀에서 금세 떨어져 나와 다시 새로운 복제품을 만들 수 있도록 한다. 복제자 집단 내에서 이 두 가지 변종 중 어느 것이 더 많아질까? 답은 뻔하다. 그 두 가지 변종이 가진 유일한 차이점이 '점착성'이라면 덜 끈적거리는 변종의 수가 훨씬 많아질 것이다. 덜 끈적거리는 주형이 덜 끈적거리는 복제품을 만드는 속도가 끈적거리는 주형이 끈적거리는 복제품을 만드는 속도보다 수천 배는 빠를 것이다. 중간 정도의 점착성을 가진 변종들은 중간 정도의 번식 속도를 가질 것이다. 따라서 점착성이 줄어드는 쪽으로 진행하는 '진화 경향'이 생긴다.

이런 종류의 초보적인 자연선택이 시험관에서 재현된 적이 있다. Q 베타라고 불리는 바이러스가 있는데 이것은 대장균과 같은 장(腸)세균에 기생한다. Q 베타는 DNA를 갖고 있지는 않지만 친척뻘인 한 줄로 된 RNA 분자를 가지고 있다. 사실 Q 베타의 주성분은 RNA다. RNA도 DNA와 비슷한 방법으로 복제될 수 있다.

정상 세포에서는 RNA의 지시에 따라 단백질 분자가 만들어진다. RNA는 DNA 원본을 베껴 만든 현장용 설계도이다. 하지만 RNA로부터 RNA를 복제할 수 있는 특별한 도구(그것은 다른 도구와 마찬가지로 단백질 분자일 것이다.)를 만들 수 있다. 그 도구를 RNA 복제 효소(RNA 레플리카아제)라고 부른다. 세균은 이 도구가 전혀 필요 없다. 따라서 만들지도 않는다. 하지만 RNA 복제 효소도 다른 것과 마찬가지로 단백질이기 때문에, 세균 속에 들어 있는 단백질 합성 기계들은 그 효소를 쉽게 만들 수 있다. 마치 자동차 공장에 있는 기계들이 전쟁 중에는 군장비 생산용으로 쉽게 전환될 수 있는 것과 같다. 필요한 것은 설계도이다. 이 설계도는 바이러스가 가지고 들어온다.

바이러스에서 작업 지시를 내리는 부분은 RNA이다. 겉으로 보기에 그것은 세균의 DNA에서 떨어져 나온 후 세포 속 여기저기를 떠다니는 다른 RNA와 구별할 수 없다. 하지만 바이러스의 RNA에 적힌 내용을 읽어 보면 뭔가 사악한 것이 적혀 있음을 알 수 있을 것이다. 거기에 적힌 내용은 RNA 복제 효소를 만들라는 지시이다. RNA 복제 효소는 바로 그 RNA를 복제하기 위해 필요한 도구이다. 그 도구로 새로 만들어진 RNA는 또다시 새로운 도구를 만들 테고, 이번에는 새로운 도구가 RNA를 만들고, 다시 그 RNA는 도구를 만들고, 그 도구는 다시 RNA를 만들고…….

그 결과 공장은 이 자기 중심적인 청사진들에 점령당한다. 어떤 의미에서는 세균이 점령당하려고 울부짖은 셈이다. 만약 너무나 정밀해서 어떤 청사진이든 제시하기만 하면 그대로 만들어 내는 기계들이 공장을 채우고 있다면, 조만간 청사진이 자기의 복제품을 만들라고 기계들에게 지시하는 일이 벌어질 것이다. 그리고 자꾸만 불어나는 이 깡패 기계들로 공장이 가득 찰 것이고 그 기계들은 깡패 청사진을 쏟아 낼 것이며 그 청사진들은 더욱더 많은 기계를 만들 것이다. 결국 불쌍한 세균은 터져 버리고 수백만 개의 바이러스가 쏟아져 나와서 또다시 새로운 세균을 찾는다. 이것이 바이러스의 생활사이다.

앞의 글에서 RNA 복제 효소를 기계에 비유했고 RNA를 청사진에 비유했다. (다음 장에서 다른 배경을 갖고 논의해 봐야겠지만) 어떤 의미에서는 그 말이 맞다. 하지만 그것들도 역시 분자들이므로 화학적으로 순수 분리할 수 있고 그런 다음 병 속에 넣어 냉장고에 보관할 수 있다. 1960년대에 미국에서 솔 스피겔만과 그의 동료들이 그 일을 했다. 그런 다음 그들은 이 두 가지 물질을 하나의 용액 속에서 섞었다. 그러자 놀라운 일이 일어났다. 시험관에서 RNA 분자는 RNA 복제 효소의 도움을 받아 스스로를 복제했다. 기계와 청사진은 서로 분리 추출되어 차가운 냉장고 속에 보관되어 있었다. 그런데 물속에서 그들이 만나자마자 (원료가 되는 작은 분자들도 필요했겠지만) 마치 시험관이 아니라 살아 있는 세포 속에 있는 듯 그 오래된 기술을 발휘했던 것이다.

그러나 이것은 실험실에서 재현된 진화와 자연선택으로 나가는 작은 한 걸음에 불과하다. 그것은 단지 컴퓨터 바이오모프를 화학적으로 재현했을 뿐이다. 실험은 기본적으로 RNA 복제 효소가 들어 있는 용액을 담은 시험관을 한 줄로 길게 늘어놓는 것으로 시작했다. 그 용액에는 RNA를 합성하는 데 필요한, 분자량이 작은 원료 물질도 들어 있다. 각 시험관에 기계와 원료가 들어 있는 셈이다. 하지만 청사진이 들어 있지 않기 때문에 아무 일도 하지 않고 그대로 있다. 이제 아주 적은 양의 RNA를 첫 번째 시험관에 떨어뜨린다. 그 복제 효소는 즉시 일을 시작해서 새로 들어온 RNA 분자의 복제품을 많이 만들어 낼 것이다. 그래서 새로 만들어진 RNA는 시험관을 가득 채운다. 이제 첫 번째 시험관에서 용액 한 방울을 떠서 두 번째 시험관에 떨어뜨린다. 두 번째 시험관에서도 첫 번째 시험관과 마찬가지의 일이 진행되고, 거기서 다시 용액 한 방울을 떠서 세 번째 시험관에 씨를 뿌리듯 떨어뜨린다. 이와 같은 일을 반복한다.

아마 복제 중의 실수 때문에 약간 다른 돌연변이 RNA 분자가 저절로 생길 것이다. 만약 어떤 이유로든 새로운 변종이 그전 것보다 우월하다면, 가령 '점착성'이 낮다면 그것은 더 빠르거나 더 효과적으로 복제되어 그것을 낳아 준 조상형 RNA의 숫자를 압도하여 처음 생긴 시험관의 용액 속에서 증식할 것이다. 그래서 그 용액 한 방울을 다음 시험관에 떨어뜨리면 새로운 돌연변이 RNA가 씨를 뿌리게 된다. 길게 늘어선 시험관들 속에 들어 있는 RNA를 조사해 보면 진화가 무엇인지 이해할 수 있을 것이다. 여러 '세대'의 시험관들 중 끝부분에서 생산된 우월한

RNA 변종들은 병 속에 보관하여 나중에 쓰기 위해 이름을 붙여 둔다. 가령 V2라 부르는 어떤 변종은 보통의 Q 베타 RNA보다 훨씬 빠르게 복제된다. 그 이유는 아마도 그것이 더 작기 때문일 것이다. Q 베타 RNA와는 달리 그것은 복제 효소를 만들기 위해 필요한 설계도가 없고, 따라서 그것을 만드느라 '방해' 받을 필요도 없다. 복제 효소는 실험에서 무상으로 제공되었기 때문이다. 캘리포니아의 레슬라 오겔과 그의 동료들은 V2 RNA를 출발점으로 사용하여 흥미로운 실험을 하였다. 그 실험에서는 '어려운' 환경을 채택했다.

그들은 RNA 합성을 방해하는 에티디움 브로마이드라는 일종의 독극물을 시험관에 집어넣었다. 그것은 도구들의 작용을 방해한다. 오겔과 동료들은 낮은 농도의 독성 물질부터 시작했다. 처음에는 그 독으로 인해 RNA 합성 속도가 떨어졌다. 그러나 9개의 시험관을 옮겨 가는 동안 일어난 진화에 따라 그 독에 내성이 생긴 새로운 혈통의 RNA가 만들어졌다. RNA 합성 속도는 독이 없는 보통 상태의 V2 RNA 수준에 육박하게 되었다. 그런 다음 이번에는 독의 농도를 두 배로 올려 보았다. 다시 RNA 복제 속도가 떨어지는가 싶더니 열 번째 시험관에서 그 높아진 농도의 독에 내성을 가진 RNA 계통이 진화해 나왔다. 또다시 독의 농도를 두 배로 올렸다. 이런 식으로 독의 농도를 여러 차례 배로 증가시킨 결과 오겔과 동료들은 V2 RNA의 복제를 방해하기 위해 처음 사용했던 농도의 10배나 되는 아주 높은 농도의 에티디움 브로마이드 속에서도 스스로를 복제할 수 있는 RNA 계통을 진화시킬 수 있었다. 그들은 여기에 내성 RNA V40이라는 이름을 붙였다. V2에서 V40이 진화하는 데 대략 100개의 시험관이 필요했다.(물론 시험관을 옮길 때마다 실제로는 100개보다 훨씬 더 많은 세대의 RNA가 복제되었다.)

오겔은 또한 효소가 없는 상태에서도 실험을 했다. 그는 RNA 분자가 이러한 조건에서도 매우 느리기는 하지만 저절로 자신을 복제한다는 사실을 발견했다. 그것들은 다른 촉매, 가령 아연 같은 것을 필요로 하는 것 같았다. 이 사실은 매우 중요하다. 왜냐하면 복제자가 생겨난 초기에는 그들이 복제되는 것을 도울 만한 효소가 없었을 것이기 때문이다. 하지만 아마도 아연은 있었을 것이다.

10여 년 전에 맨프레드 아이겐의 지도 아래 생명의 기원에 관한 연구를 하고 있던 영향력 있는 독일의 실험실에서 보충 실험이 이루어졌다. 이 연구자들은 복제 효소와 RNA의 구성 단위를 시험관에 함께 넣었다. 하지만 RNA가 들어 있는 용액을 파종하지는 않았다. 그럼에도 불구하고 시험관에서 커다란 RNA 분자가 저절로 생겨났다. 그리고 뒤이은 독립된 실험에서 똑같은 분자가 재차 만들어졌다! 면밀히 조사해 본 결과 우연히 RNA가 묻어 들어갔을 가능성은 없는 것으로 판명되었다. 그와 같은 커다란 분자가 두 번씩이나 저절로 생겨날 수 있는 통계학적인 확률을 고려해 볼 때 이것은 놀라운 결과이다. 무작위적으로 METHINKS IT IS LIKE A WEASEL을 치는 것보다 훨씬 불가능한 일이다. 컴퓨터 모의 실험에서 생긴 그 문구처럼 그 특별한 RNA 분자도 점진적이고 누적적인 진화를 통해 만들어진 것이다.

이 실험에서 반복해서 만들어진 RNA는 스피겔만이 만들었던 분자와 똑같은 크기에 똑같은 구조를 가지고 있었다. 그러나 스피겔만은 이미 존재하고 있던, 그것보다 큰 Q 베타 RNA를 '퇴화' 시켜서 그것을 만들었는데 아이겐 그룹은 거의 전무의 상태에서 합성해 냈다. 이 특별한 형태는 이미 만들어진 복제 효소가 들어 있는 시험관 환경에 잘 적응했다. 결과적으로 그것은 서로 다른 출발점에서 시작되었지만 누적적인 자연 선택을 통해 수렴된 것이다. 그것보다 더 큰 Q 베타 RNA 분자는 시험관 환경보다는 대장균이 제공한 세포 속 환경에 더 잘 적응했다.

이런 실험들은 자연선택이 완전히 자동적이며 아무런 사전 계획도 자연선택에 개입하지 않음을 이해하는 데 도움을 준다. 그 복제 효소라는 '기계'는 왜 자기들이 RNA 분자들을 만드는지 '알지 못한다.' 그 성질은 단지 그들의 형태에서 유래한 부산물일 뿐이다. 그리고 RNA 분자들은 자신들을 복제할 전략을 그들 스스로 수립하지 않는다. 그들이 생각을 할 수 있다고 가정하더라도, 생각할 수 있는 존재가 왜 하필 자신을 복제하겠다는 생각을 가지게 되는지 설명할 방법이 없다. 만약 내가 나 자신을 복제할 방법을 안다고 해도, 하고 싶은 일을 젖혀 두고 나 자신을 복제하는 바로 그 일에 우선순위를 둘지는 장담하지 못하겠다. 내가 왜 그래야만 하는가? 생각이라는 말은 분자에게는 적당하지 않다. 단지 바이러스의 RNA가 갖고 있는 구조가 세포 속에 있는 기계들로 하여금 바이러스의 RNA를 복제하도록 만드는 일이 벌어진 것뿐이다. 우주의 어느 구석에 자신을 복제하는 능력을 갖춘 어떤 존재가 있으면, 그것의 복제품이 자동적으로 더욱더 많이 생겨날 것임에 틀림없다. 뿐만 아니라 그것들은 자동적으로 어떤 계보를 형성하고, 또한 복제 과정 중에 가끔 실수를 하기 때문에 나중에 생겨난 것들은 그전 것보다 복제를 '더 잘할' 것이다. 왜냐하면 누적적인 자연선택이라는 강력한 과정을 거치기 때문이다. 그것은 아주 단순하고 자동적이며 너무나 자명하다.

시험관에서 생긴 '성공적인' RNA 분자는 앞에서 예로 든 '점착성'과 같은 어떤 직접적이고 본질적인 성질 때문에 성공하게 된 것이다. 그러나 이제 점착성 따위는 다소 싫증이 난다. 그것들은 복제자 자체가 갖는 기본적인 성질이다. 복제가 된다고 하는 바로 그 특성에서 직접 유래하는 성질이라는 말이다. 만약 복제자가 다른 뭔가에 어떤 영향을 미친다면, 그것은 또 다른 무엇인가에 영향을 미치고, 그것은 또 다른 뭔가에 영향을 미치고…… 결국 복제자가 복제될 가능성으로 다시 돌아와 간접적인 영향을 미치게 되는 것은 없을까? 그와 같은 인과 관계의 긴 사슬이 존재한다면 그 기본적이고 뻔한 것이 쓸모가 있음을 금방 이해할 수 있을 것이다. 복제 기구를 우연히 갖게 된 복제자는 그 인과 관계의 사슬이 얼마나 길고 얼마나 간접적이든 상관없이 세상을 가득 채우게 될 것이다. 그와 더불어 세상은 이 인과 관계의 사슬로 가득 찰 것이다. 이제 우리는 그 사슬을 보게 될 것이다. 그리고 그것에 매료될 것이다.

오늘날의 생물에서 우리는 그 사슬들을 줄곧 보고 있다. 그것들은 눈과 피부, 골격, 발가락, 뇌 그리고 본능이다. 이것들은 DNA 복제 도구들이며 DNA에 의해 만들어졌다. 눈, 피부, 골격, 본능 따위의 차이는 DNA의 차이에서 유래한 것이다. 그것들은 자신들을 만든 DNA의 복제에 영향을 준다. 그리고 그들의 신체가 생존하고 번식하는 데 영향을 미친다. 그 신체는 바로 DNA를 가지고 있고, 따라서 신체는 DNA와 운명을 함께한다. DNA는 신체를 통해 자신의 복제에 영향을 미치며 DNA가 자신의 운명에 대해 위력을 발휘하고 있다고 말할 수 있다. 그리고 신체와 거기에 딸린 기관들과 행동 양식은 그 위력을 발휘하기 위한 도구라고 말할 수 있다.

위력이라고 말할 때, 그것은 복제자가 자신의 미래에 영향을 미치는 과정을 의미한다. 그러나 그 과정은 간접적이다. 원인과 결과 사이에 얼마나 많은 관계의 사슬이 들어가는지는 문제가 되지 않는다. 스스로를 복제할 수 있는 어떤 존재가 원인이라면, 결과는 그것이 얼마나 간접적이고 멀든 상관없이 자연선택의 영향을 받는다. 이 일반적인 개념을 비버에 관한 이야기로 요약해 보겠다. 그 이야기에서 세부 사항은 가설이지만 전체적으로는 진실에 가깝다. 어느 누구도 비버의 뇌가 발생하는 과정을 직접 연구한 적은 없지만, 그 비슷한 연구가 곤충과 같은 다른 동물에 대해서 이루어진 적이 있다. 거기서 나온 결론을 빌려 비버에게 적용해 보겠다. 굳이 비버를 예로 드는 이유는 사람들에게는 벌레보다 비버가 더 흥미롭고 친근하기 때문이다. 비버에게 있는 어떤 돌연변이 유전자는 수백억의 글자 중 단지 한 글자가 변한 것으로서 유전자 G라는 특별한 유전자에 생긴 변화이다. 어린 비버가 성장함에 따라 그 변이는 다른 모든 문자와 함께 복제되어 비버의 모든 세포 속에 들어간다. 대부분의 세포에서 유전자 G는 읽히지 않는다. 여러 종류의 형태에 상응하는 다른 유전자들이 읽히고, 유전자 G는 발생 중인 뇌 세포에서 읽힌다. 이것은 RNA로 전사되고, 그 업무용 RNA는 세포 속을 떠돌아다닌다. 그중 일부가 리보솜이라는 단백질 합성 기계와 결합한다. 단백질 합성 기계는 RNA를 읽고 그 지시에 따라 새로운 단백질 분자를 생산한다. 이 단백질 분자는 자체의 아미노산 배열 순서에 따라 결정되는 어떤 특정한 형태로 꼬이고 접힌다. 아미노산 배열 순서는 유전자 G의 DNA 암호에 의해 결정된다. 유전자 G가 돌연변이를 일으키면 그것은 정상적인 유전자 G가 만드는 아미노산 배열 순서에 변화를 가져온다. 그 결과 단백질의 꼬이고 접힌 형태가 변화한다.

이 약간 변화된 단백질 분자들은 발생 중인 뇌 세포 속에 들어 있는 단백질 합성 기계를 통해 대량으로 생산된다. 이번에는 그것들이 효소로 작용하여 다른 물질, 즉 그 유전자의 산물을 만들어 낸다. 유전자 G의 산물은 세포를 둘러싼 세포막으로 제 갈 길을 찾아간 다음 세포와 세포의 연결 과정에 개입한다. 원래의 DNA에서 약간 변화됨으로써 세포막의 성분인 이 화합물의 생산 속도가 변한다. 이것이 이번에는 뇌 세포가 다른 뇌 세포와 연결되는 방식을 변화시킨다. 간접적이고 멀리 떨어진 DNA의 변화로 인해 비버 뇌의 어떤 특정한 부분에서 일어난 신경망 연결 과정에 미묘한 변화가 생긴 것이다.

이제 비버 뇌의 이 특정 부분은 그것이 전체 신경망에서 차지하는 위치 때문에 비버의 댐 만드는 행동에 어떤 변화를 일으킨다. 물론 뇌의 많은 부분이 항상 비버의 댐 만드는 행동에 관계한다. 하지만 유전자 G 가 돌연변이를 일으키면 그것은 뇌의 신경망 중 어떤 특정 부분에 영향 을 미치고, 그 변화가 비버의 행동에 특정 효과를 나타내는 것이다. 그 것은 비버가 나뭇가지를 물고 헤엄을 칠 때 머리를 조금 더 높이 쳐들도 록 만든다. 즉 돌연변이가 일어나지 않은 비버보다 더 높이 쳐든다는 말 이다. 이것은 비버가 헤엄을 치는 동안 나뭇가지에 묻은 진흙이 덜 씻겨 내려가게 만든다. 이 말은 나뭇가지가 더 끈적끈적하다는 말이고, 이것 은 다시 비버가 나뭇가지를 댐에 쌓았을 때 더 잘 들러붙는다는 말이다. 이것은 이 특별한 돌연변이가 생긴 비버가 운반한 모든 나뭇가지에 적 용된다. 나뭇가지의 점성 증가는 결국 DNA의 변화에서 유래한 매우 간 접적인 영향의 결과이다.

더 끈적거리는 나뭇가지는 댐의 구조를 보다 안정된 것으로 만들어 잘 부서지지 않게 한다. 이것은 다시 댐 위에 생기는 호수의 크기를 증 대시키고, 그 결과 호수의 중앙에 있는 비버의 보금자리는 천적으로부 터 더 안전한 곳이 된다. 따라서 비버는 성공적으로 새끼들을 양육할 수 있고, 그래서 자손의 수가 증가한다. 이렇게 해서 시간이 지난 다음 비 버 전체 집단을 조사해 보면 그 돌연변이 유전자를 지닌 개체들이 유전 자가 없는 개체보다 평균적으로 더 많은 수의 자손을 가질 것이며 그 자 손들은 부모가 가진 유전자를 물려받을 것이다. 그래서 비버 집단 안에 서 그 유전자는 세대를 거듭할수록 더 많은 수로 불어날 것이다. 결국에 는 유전자의 변화는 보편적인 것이 되고 더 이상 '돌연변이' 라는 이름 을 달고 있지 않을 것이다. 비버의 댐은 일반적으로 높은 수준으로 개선 될 것이다.

이 특별한 이야기가 가설이며 세부 사항이 틀릴 수도 있다는 사실은 별 문제가 안 된다. 비버의 댐은 자연선택에 따라 진화되었다. 따라서 세부 사항을 제외하면 실제 일어난 일이 앞에서 이야기한 것과 크게 다르지 않을 것이다. 생물에 대해 이런 관점을 일반적으로 적용한 것은 내가 쓴 『확장된 표현형』에서 자세하게 설명하였다. 그래서 이 자리에서는 더 이상 논의하지 않겠다. 앞에 서술한 가상의 이야기에서 유전자의 변화가 생존 확률의 증가로 이어지는 데 11개나 되는 인과 관계 사슬이 있음을 주목하기 바란다. 실제 생물에서는 더 많을 수도 있다. 모든 사슬은, 그것이 세포 안에서 일어나는 화학 반응이든 뇌 세포가 연결된 후에 생기는 효과든, 아니면 호수의 크기가 변하는 최종적인 효과든, DNA의 변화로 인해 생기는 것으로 간주할 수 있다. 111개의 사슬이 있어도 상관이 없다. 유전자에서 일어난 어떤 변화가 그 자신의 복제 가능성에 어떤 영향을 미친다는 것은 자연선택의 게임에서 공정한 규칙이다. 그것은 매우 단순하고 자동적이며 미리 생각할 필요가 없는 것이다. 이처럼 거의 불가피한, 누적적인 자연선택에 필요한 기본적인 요소(복제, 실수 그리고 위력)가 태초에 저절로 생겨나게 되었다. 하지만 그런 일이 어떻게 발생했는가? 그것들이 어떻게 생명이 없던 지구에 출현하게 되었는가? 이 어려운 문제는 다음 장에서 다룰 주제이다.

6장

생명 탄생의 기적

우연, 행운, 우연의 일치, 기적. 이 장에서 다룰 주요한 주제 중 하나가 바로 기적이다. 그리고 기적이 의미하는 바가 무엇인가 하는 것이다. 나는 여기서 우리가 흔히 기적이라고 부르는 사건이 초자연적인 것이 아닌, 단지 가능성이 적을 뿐이며, 자연적인 사건들로 이루어진 스펙트럼의 일부라고 주장할 것이다. 다시 말해서 기적은 그것이 어쨌든 일어난 사건이라면 단지 엄청난 우연과의 조우일 뿐이다. 사건들은 칼로 두부 자르듯 자연스러운 사건과 초자연적인 기적으로 구분되지 않는다.

가능성이 극히 적어서 고려해 볼 가치조차 없는 사건들이 있다. 하지만 계산을 해 보기 전에는 정말 불가능한지 어쩐지 알 수 없다. 그리고 계산을 하기 위해서는 사건이 일어나기 위해 필요한 시간이 얼마나 되는지 알아야 한다. 더 일반적인 용어로 말하자면 얼마만큼의 경우의 수가 필요한지를 알아야 한다. 무한한 시간 또는 무한한 경우의 수가 주어진다면 어떤 일인들 불가능하랴? 천문학적이라는 말로 표현되는 거대한 수 그리고 지질학의 특징인 엄청나게 긴 시간이 결합하면 우리가 일상적으로 가능한 일이라고 생각하는 것과 기적 같은 일이라고 생각하는 것이 뒤바뀐다. 이 사실을 설명하기 위해 특별한 예를 한 가지 소개할 텐데, 그것은 이 장에서 다룰 주제 중의 하나다. 바로 지구에서 어떻게 생명이 탄생하게 되었는가 하는 문제이다. 지금까지 제시된 생명의 기원에 관한 여러 이론들 중 어느 것이라도 괜찮겠지만, 요점을 명확히 하기 위해 특별한 이론 한 가지에 주력할 것이다.

생명의 기원에 관한 이론들은 생명이 탄생하는 데에 얼마간의 행운이 따랐음을 인정한다. 하지만 그 행운이 너무 많은 것은 아니다. 여기서 의문점은 얼마만큼의 행운이 필요했나 하는 것이다. 지질학적 시간의 유구함은 법률이 우연으로 인정하는 것보다 더 불가능한 우연의 일치를 상상할 수 있게 해 주었다. 그렇지만 거기에도 한계가 있다. 생명에 관한 현대의 이론에서 핵심은 누적적인 자연선택이다. 그 이론들은 일어날 수 있는 일련의 운 좋은 사건들(무작위적인 돌연변이)과 자연선택 과정을 결합한다. 그래서 그 과정이 끝나갈 때쯤 완성된 최종 산물은 한 번의 행운으로 생겨나기에는 거의 불가능한, 심지어 우주의 나이보다 100만 배나 긴 시간이 주어져도 도저히 생겨날 수 없는 엄청난 행운이라는 생각을 갖게 한다. 누적적인 자연선택이 문제를 푸는 열쇠다. 하지만 그것도 일단은 어떤 작용을 통해 시작되어야 한다. 따라서 누적적인 자연선택의 기원 그 자체에서도 일회의 우연으로 발생한 사건을 생각해야만 한다.

생명 탄생에 필수적인 첫 번째 단계는 발생하기 힘든 것이었다. 왜냐하면 바로 핵심에 역설적으로 보이는 것이 있기 때문이다. 우리가 알고 있는 복제 과정에는 복잡한 기구들이 필요한 것 같다. 복제 효소라는 기구가 있으면 RNA 조각들은 똑같은 귀결점을 향해 반복적이고 수렴적으로 진화할 것이다. 그 귀결점이 '존재할 가능성'은 너무 미미해서 누적적인 자연선택의 위력을 생각해 보기 전에는 상상하기조차 힘들다. 하지만 이 누적적인 자연선택이 일어나게 하려면 앞에서 설명한 복제 효소와 같은 '촉매'의 도움이 필요하다. 그 촉매는 다른 RNA 분자의 지시 없이 저절로 생겨나기는 힘든 것 같다. DNA 분자들은 세포 속에 복잡한 기구들이 있어야 복제가 가능하다. 종이에 씌어진 글씨는 복사기로 복제할 수 있다. 하지만 DNA와 종이에 씌어진 글씨, 이 두 가지 중 어느 것도 그것을 뒷받침하는 기구 없이 저절로 복제되지는 않는다. 복사기로 복사기의 설계도를 복사할 수는 있다. 하지만 복사기가 저절로 생겨날 수는 없다. 바이오모프는 컴퓨터 프로그램이 제공하는 적절한 환경 속에서 스스로를 복제했다. 하지만 바이오모프가 그 프로그램을 스스로 작성하거나 컴퓨터를 만들 수는 없다. 어찌됐든 태초부터 스스로를 복제할 수 있는 어떤 존재가 있었다고 전제한다면, 그래서 누적적인 자연선택이 일어날 수 있다면 눈먼 시계공의 이론은 아주 강력한 것이 된다. 하지만 복제 과정에 복잡한 기구가 필요하고, 또한 그 복잡한 기구가 생겨날 수 있는 유일한 방법은 누적적인 자연선택밖에 없기 때문에 문제가 되는 것이다.

DNA를 복제하고 단백질을 합성하기 위해 오늘날의 세포가 가지고 있는 기구는 확실히 고도로 진화된 특별한 형태의 기구임에 틀림이 없다. 이미 우리는 그것이 얼마나 정확한 정보 저장 장치인지를 이해했다. 초미시적인 세계에서 실현된 정밀도와 복잡성은 거시적인 수준에서 사람 눈의 정밀함에 비견할 수 있다. 그 문제에 관해 생각해 본 사람이라면 누구라도 눈과 같은 복잡한 기관이나 기구는 단 한 번의 자연선택으로 출현할 수 없다는 데 동의할 것이다. 불행하게도 이 말은 적어도 DNA의 복제를 포함한 세포의 몇 가지 기구에 관해서도 적용되는 것 같다. 또한 이것은 우리 인간이나 아메바 같은 발달한 생물의 세포뿐 아니라 세균이나 남조류 같은 비교적 원시적인 생물에도 적용되는 말이다.

따라서 누적적인 자연선택은 복잡성을 구축할 수 있지만, 단 한 번의 자연선택은 그럴 수 없다. 최소한 복제를 위한 어떤 기구와 복제 능력을 갖춘 어떤 것이 구비되지 않으면 누적적인 자연선택은 일어나지 않는다. 그런데 우리가 알고 있는 유일한 복제 기구 또한 너무나 복잡해서 여러 세대에 걸친 누적적인 자연선택이 아니고서는 생겨날 수 없다! 어떤 사람들은 바로 이것이 눈먼 시계공 이론이 가지고 있는 근본적인 약점이며 동시에 태초에 어떤 설계자가 있었다는 궁극적인 증거라고 믿는다. 그 설계자는 눈먼 시계공이 아니고 멀리 내다볼 줄 아는 초자연적인 시계공이다. 그들의 주장은 이렇다. 창조주는 아마 매일매일 일어나는 진화 과정을 통제하지는 않을 것이다. 창조주가 호랑이나 염소를 설계하거나 나무를 만들지는 않지만 태초의 복제 기구와 복제자, 즉 DNA와 단백질을 만들어 놓았고, 그 결과 누적적인 자연선택이 일어나 모든 진화 과정이 가능하게 되었다.

이것은 자가당착에 빠지는, 근거가 박약한 주장이다. 생물이 가진 복잡성을 설명하기가 힘들다는 사실은 틀림없다. 일단 어떤 복잡한 것을 전제하는 것이 가능하다면, 즉 그 복잡한 DNA · 단백질 복제 기구를 전제한다면 그것이 더 복잡한 생물을 만드는 과정을 상상하는 것은 비교적 간단하다. 이 책의 주된 내용이 바로 그것이다. 하지만 DNA · 단백질 복제 기구와 같은 복잡한 것을 설계할 수 있는 창조주가 있다면 그 창조주도 최소한 그 복제 기구만큼이나 복잡할 것이다. 하물며 그가 기도를 들어주고 죄를 벌하는 따위의 고도의 기능까지 추가로 가진다면 그는 훨씬 더 복잡한 존재일 것이다. 초자연적인 설계자로 DNA · 단백질 복제 기구의 기원을 설명하는 것은 엄밀히 밝히면 아무것도 설명하지 못하는 것이나 다름없다. 그 설계자의 기원에 관해서는 아무런 설명도 하지 못하기 때문이다. 그래서 그들은 '신은 원래부터 있었다.' 따위의 말을 할 수밖에 없다. 만약 그런 나태한 방식을 버리고자 한다면 단지 'DNA가 원래부터 있었다.' 또는 '생명은 원래부터 있었다.' 라고 말하면 된다.

　기적, 우연의 일치, 불가능성, 엄청난 행운 따위에서 멀어질수록, 그리고 그 엄청난 행운을 작은 행운의 연속으로 잘게 쪼갤수록 설명은 더 합리적이고 만족스럽게 될 것이다. 하지만 이 장에서 알아보고자 하는 것은 우리가 생각할 수 있는 그 한 번의 사건이 얼마나 일어나기 힘든가, 얼마나 기적 같은가 하는 것이다. 이론의 합리성을 유지하면서 생명의 기원에 관한 만족할 만한 설명을 할 수 있는, 그리고 순전히 우연의 일치로 발생하는, 완전히 기적에 가까운 가장 큰 단일 사건은 무엇인가? 원숭이가 우연히 'Methinks it is like a weasel'을 치기 위해서는 엄청난 행운이 필요하다. 하지만 그것은 여전히 측정할 수 있는 양이다. 우리는 그 가능성이 대략 10^{40}분의 1이라고 계산했다. 아무도 그런 엄청난 숫자를 진정으로 이해하지 못한다. 단지 그 정도의 가능성은 불가능에 가깝다고 생각할 뿐이다. 하지만 우리가 비록 그 정도의 가능성을 마음속으로 이해하지는 못할지라도 그것을 두려워하여 도망쳐서는 안 된다. 10^{40}이라는 숫자는 매우 큰 숫자일지 모르지만, 우리는 그 숫자를 종이 위에 적고 있다. 그리고 계산에 사용하고 있다. 사실 그보다 큰 숫자도 있지 않은가? 가령 10^{46} 같은 숫자 말이다. 10^{46}은 10^{40}과 비교할 때 단순히 큰 정도가 아니라 100만 배나 크다. 만약 원숭이 10^{46}마리가 각자 타자기를 가지고 아무렇게나 친다면? 이게 어찌된 일인가? 그중 한 마리가 'Methinks it is like a weasel'을 치고 있지 않은가? 또 다른 원숭이는 'Cogito ergo sum(나는 생각한다. 고로 나는 존재한다.)'을 치고 있지 않은가? 물론 문제는 우리가 그 많은 원숭이를 구할 길이 없다는 것이다. 우주에 있는 모든 물질이 원숭이의 살점으로 변한다 해도 그 많은 원숭이를 만들어 내지는 못한다. 원숭이가 'Methinks it is like a weasel'을 치는 기적은 정량적으로 측정할 수 없을 만큼 커서 그것을 실제로 일어난 사건을 설명하는 이론에 수용하기에는 무리가 따른다. 하지만 차분히 앉아서 계산해 보기 전에는 그 사실을 알 수 없었다.

그래서 생명의 기원에 관해서는, 빈약한 인간의 상상력에 비해 너무 크지 않으면서도 냉철한 계산이 허락하는 수준에서 어느 정도의 우연이 필요하다. 그러나 어느 정도 수준의 행운인가, 어느 정도의 기적인가 하는 질문을 다시 할 수 있을까? 커다란 숫자가 개입된다는 이유만으로 이 질문을 회피하지는 말자. 그것은 합당한 질문이다. 그리고 그 답을 계산하기 위해서 알아야 할 필요가 있는 숫자를 최소한 종이에 적을 수는 있다.

자, 여기 기막힌 생각이 있다. 어느 정도의 행운을 생각할 수 있는가 하는 질문에 대한 답은, 우리가 살고 있는 이 지구가 생물을 가진 유일한 행성인가 아니면 생명이란 우주 도처에 깔려 있는 것인가 하는 질문에 어떤 답을 하는가에 따라 달라진다. 우리가 확실히 알고 있는 한 가지 사실은, 생물이 우리가 사는 바로 이 행성에서 한 번은 출현했다는 것이다. 그러나 우주의 다른 어딘가에 또 다른 생물이 살고 있는지 어떤지는 전혀 모르고 있다. 다른 곳에 생물이 있을 가능성이 전혀 없을 수도 있다. 어떤 사람들은 우주의 다른 어딘가에도 생물이 있다는 것을 다음과 같은 근거로 계산해 냈다.(그 방법이 지닌 오류는 나중에 설명하겠다.) 대충 계산해서 우주에는 최소한 10^{20}개의 적당한 행성이 있다. 우리는 우리가 살고 있는 이 지구에서 생물이 출현했다는 사실을 안다. 따라서 다른 행성에서 생명이 탄생하는 것이 전혀 불가능한 것은 아니다. 그러므로 그 많은 숫자의 행성들 중 몇 개는 생물을 가지고 있을 것이다.

이 주장의 결함은 '생물이 지구에서 탄생했기 때문에 다른 행성에서도 생물이 탄생하는 것이 전혀 불가능하지는 않다.' 라는 문장에 있다. 이 문장은 지구에서 일어난 일이면 우주에 있는 다른 행성에서도 일어날 수 있다는 것을 전제하고 있음을 알 수 있다. 그리고 이것은 질문을 비껴가는 것이다. 다시 말해서 지구에 생물이 있기 때문에 우주의 다른 곳에도 생물이 있을 것이라는 식의 통계학적인 주장은, 입증되지 않은 (따라서 입증해야만 하는) 사실을 전제로 깔고 있는 것이다. 이 말이 우주의 다른 곳에도 생물이 있다는 결론이 틀렸다는 뜻은 아니다. 나도 그 말이 맞다고 생각한다. 단지 내가 하고자 하는 말은 어떤 주장은 주장으로서의 면모를 전혀 갖추지 못하고 있다는 것이다. 그런 주장은 주장이 아니라 단지 가정에 불과하다는 말이다.

심도 있는 논의를 위해서 반대 가정, 즉 생명은 단 한 번 바로 이 지구에서 탄생했다는 가정을 살펴보자. 이 가정을 다음과 같은 정서적인 배경에서 반대하는 것이 가능하다. 이 말에 중세 분위기가 풍기지 않는가? 지구는 우주의 중심이며 별들은 단지 우리를 즐겁게 해 주기 위해 하늘에 만들어진, 빛이 새어 나오는 작은 바늘 구멍일 뿐이라고 (또는 훨씬 터무니없고 주제넘은 생각으로, 별들은 우리의 인생에 점성술적인 영향을 미치기 위해 운행하는 것이라고) 교회에서 가르치던 중세 시대로 되돌아가지는 않을까? 우주에 널린 그 수많은 행성들 중에서 하필 우리 은하계에서, 그중에서도 하필 우리 태양계에서, 그중에서도 하필 우리 행성에서, 이 외진 곳에서만 생물이 존재해야 한다는 생각은 얼마나 오만한 생각인가? 왜 하필 우리 행성이어야 한단 말인가?

참으로 유감스러운 것은 우리가 중세 교회의 그 편협한 마음을 떨쳐 버렸다는 것이다. 나는 그 사실에 진심으로 감사한다. 그리고 현대의 점성술을 멸시한다. 하지만 앞 단락의 외진 곳이라는 표현은 단지 공허한 수사법에 불과하다는 것을 알아주기 바란다. 우리가 살고 있는 이 외진 행성이 생명을 간직한 유일한 행성일 수도 있다. 요점은 만약 생명이 탄생한 행성이 단 하나뿐이라면 그것은 우리 지구라는 것이다. 왜냐하면

'우리'가 지금 여기서 그 질문에 대해 논하고 있기 때문이다! 생명의 탄생이 우주에서 단 하나의 행성에서만 일어날 정도로 불가능한 사건이라면 그 불가능한 사건이 발생한 행성은 바로 우리 지구다. 따라서 지구에 생물이 있다는 사실을 다른 행성에서도 생명이 탄생할 수 있다는 결론을 내리는 데 사용할 수는 없다. 우주에 널린 다른 행성들 가운데 얼마나 많은 행성에 생물이 있을까에 답하기 전에 다른 행성에서 생명이 탄생하기가 쉬운가 또는 어려운가를 먼저 생각해 보아야 한다. 그리고 그에 관한 주장들을 살펴보아야 한다.

하지만 그 질문은 우리가 추구하려는 바가 아니다. 우리의 의문은 '지구에서 생명이 탄생한 과정을 설명할 수 있는 이론이 어느 정도의 행운을 가정하고 있는가?' 였다. 그 질문에 대한 답은 생명이 단지 한 번만 발생했는지 아니면 여러 번 발생했는지 하는 질문에 달려 있다고 앞에서 말했다. 생명이 어떤 특정한 형태의, 무작위적으로 설계된 행성에서 탄생할 확률에 이름을 하나 지어 주고 시작하자. 그 확률이 아무리 보잘것없다 하더라도 말이다. 그것을 자연 발생할 확률 또는 SGP(spontaneous generation probability)라고 부르자. 화학 책을 가지고 앉아서 계산할 때, 또는 실험실에 혼합 기체를 갖추고 불꽃 방전을 일으킬 때 그리고 전형적인 행성의 대기에서 스스로를 복제하는 분자가 자연 발생할 확률을 계산할 때 결국 도달하는 것이 바로 이 자연 발생 확률, 즉 SGP다. SGP가 극히 작은 숫자, 가령 10억분의 1이라고 가정해 보자. 이 정도의 확률은 너무나 미미해서 생명의 탄생과 같은 엄청난 행운과 기적이 따르는 사건이 실험실에서 재현되기를 기대하기는 힘들다. 그러나 우주 전체에서 생명이 단 한 차례밖에 탄생하지 않았다는 주장을 옹호하기 위해서라면 이론적으로는 엄청난 기적을 생각할 수밖에 없다. 왜냐하면 우주에는 생명이 탄생할 가능성이 있는 행성들이 매우 많기 때문이다. 어림잡아 그런 행성이 10억의 10억 개가 있다고 하자. 그렇다면 하필 우리 지구에서 생명이 탄생하게 된 행운은 우리가 상정한 그 SGP보다도 10억의 10억 배가 큰 기적 같은 행운이다. 결론을 내리기 위해 다음과 같은 가정을 하자. 생명의 기원에 관한 어떤 특정한 이론의 진실성 여부를 판단하기 앞서 우리가 상정할 수 있는 행운의 최댓값은 N분의 1의 확률을 가진다고 하자. 이때 N은 우주 전체에 있는 생명 탄생에 적합한 행성의 수다. 여기서 '적합한' 이란 단어에 많은 뜻이 숨어 있다. 앞의 주장에서 허용한 행운의 최댓값은 10^{20}분의 1이다.

이것이 무엇을 뜻하는지 생각해 보라. 화학자에게 가서 다음과 같이 말한다고 상상해 보자. "전공 서적과 계산기를 꺼내시오. 연필심과 기지를 날카롭게 갈고 머리는 공식으로 가득 채우시오. 그리고 플라스크에는 메탄과 암모니아와 수소와 이산화탄소와 그 밖에 아직 생물이 생겨나지 않은 원시 행성이 갖고 있을 것이라고 여겨지는 다른 기체들을 채우시오. 그것들을 오랫동안 가열하면서 거기에 방전 불꽃을 때려 보시오. 당신의 두뇌에는 영감을 불어 넣으시오. 당대의 저명한 화학자들이 사용하는 방법들을 총동원하시오. 그래서 생명이 탄생하기에 적합한 행성에서 스스로를 복제할 수 있는 분자가 저절로 생겨날 확률을 계산해 보시오. 최고의 화학자로서의 체면을 걸고 말이오." 다른 방식으로 표현한다면 이렇게 말할 수 있을 것이다. "그 행성에서 일어나는 무작위적인 화학적 사건들과 원자와 분자들의 임의적인 열운동이 자기 복제 분자를 만들어 내려면 얼마나 오랜 시간이 걸릴까요?"

화학자들은 이 문제에 대한 답을 알지 못한다. 오늘날 대부분의 화학자들은 아마 다음과 같이 말할 것이다. 그 시간은 인간의 수명으로 볼 때에는 아주 긴 시간이지만 우주의 규모로 보면 그리 긴 시간은 아니다. 지구에서 발견된 화석 기록을 보면 그 기간이 대략 10억 년 정도임을 알 수 있다. 이 기간을 1 '이언(aeon)'이라고 정의한다. 이것은 대략 45억 년 전 지구가 탄생한 시기와 최초의 화석 생물이 살고 있었던 시기의 절반쯤 되는 시간이다. 화학자들은 생명 탄생의 기적을 바란다면 우주의 나이보다도 긴 10억 × 10억 년을 기다려야 한다고 말한다. 그럼에도 불구하고 '행성의 수'에 관한 주장의 요점은 우리가 여전히 그 판결을 침착하게 받아들일 수 있다는 것이다. 우주에는 생명 탄생에 적합한 행성이 아마도 10억 × 10억보다도 많을 것이다. 그것들 전부가 지구만큼 오래 지속된다면 우리가 사용할 수 있는 시간은 10억 × 10억 × 10억 행성년이다. 그렇다면 됐다! 곱에 곱을 함으로써 기적이 실제적인 가능성으로 변한 것이다.

이와 같은 주장에는 드러나지 않은 가정이 있다. 사실 그 가정은 여러 개인데 지금부터 이야기하려는 것은 그중에서도 특정한 한 가지이다. 그것은 생명(즉 복제자와 누적적인 자연선택)이 일단 탄생하면 진화를 계속하여 마침내는 그 자신의 기원에 관해 생각할 수 있을 정도의 지능을 갖춘 생물이 될 때까지 발전해 간다는 가정이다. 그렇지 않다면 우리가 생각하는 행운의 정도는 그에 걸맞게 축소되어야 한다. 좀 더 정확히 말하자면 앞에서 주장한 이론이 허용하는 어떤 행성에서 생명이 탄생할 확률의 최댓값은 우주에 있는 생명 탄생에 적합한 행성의 수를, 일단 탄생한 생물이 자신의 기원에 관해 생각할 수 있을 정도의 지능을 갖춘 생물로 진화할 확률로 나눈 값이라는 말이다.

'자신의 기원에 관해 생각할 수 있을 정도의 지능'이 적절한 변수라는 말이 약간 이상하게 들릴 수도 있을 것이다. 왜 그것이 적절한 변수인지를 이해하려면 그와 반대되는 가정을 해 보면 된다. 생명의 탄생이라는 사건이 꽤 가능성이 있는 것이지만, 그것에 따른 지능의 진화는 거의 불가능하고 엄청난 행운이 필요한 사건이라고 가정해 보자. 생명은 여러 행성에서 탄생했지만, 지능의 진화라는 사건이 거의 불가능에 가까운 사건이어서 우주에 있는 행성 가운데 단 한 군데서만 그런 일이 벌어졌다. 그렇다면 우리는 우리 인간이 그 의문점에 관해 토론할 정도의 상당한 지능을 갖추었기 때문에 지구가 바로 그 행성이라는 것을 알 수 있다. 이번에는 생명의 탄생과 생명 탄생 후 지능의 탄생이라는 두 사건이 모두 거의 불가능에 가까운 사건이라고 가정해 보자. 그렇다면 지구와 같은 어떤 한 행성이 그 두 가지 행운을 모두 누릴 확률은 매우 낮은 2개의 확률을 곱한 것과 같다. 그러면 가능성은 훨씬 더 적어진다.

그것은 마치 우리가 어떻게 생겨나게 되었는지를 설명하는 지금의 이론에서 얼마간의 행운을 기대하는 것과 같다. 이 얼마간의 행운의 최댓값은 우주에 존재하는 생명 탄생에 적합한 행성의 숫자와 같다. 우리에게 할당된 행운이 주어지면 그것을 우리의 존재를 설명하는 데 필요한 제한된 용품으로 '소비'할 수 있다. 만약 어떤 행성에서 생명이 처음 탄생한 과정을 설명하는 데 우리에게 할당된 행운의 거의 대부분을 써버린다면 그 이론의 나머지 과정, 즉 뇌와 지능의 누적적인 진화를 설명하는 데 쓸 수 있는 행운은 거의 남아 있지 않을 것이다. 만약 생명의 탄생 부분에서 행운의 대부분을 사용하지 않는다면 그 후의 진화 과정에 사용할 행운이 어느 정도는 남아 있을 것이다. 더욱이 지능의 탄생에 할당된 행운의 대부분을 사용하기를 바란다면, 생명의 탄생 부분에서 행운을 많이 사용해서는 안 된다. 다시 말해 생명의 탄생을 거의 불가피한 사건으로 간주해야 한다는 것이다. 이와는 반대로 할당된 행운의 전부가 우리 이론의 두 단계 모두에 필요한 것이 아니라면 사실상 우주의 도처에서 생명이 존재하기를 기대하는 것과 같다.

개인적인 생각으로는 일단 누적적인 자연선택이 적절하게 시작되기만 하면 그것에 따른 지능의 진화에는 적은 양의 행운을 할당해도 괜찮을 것 같다. 누적적인 자연선택이 일단 시작되기만 하면, 지능의 진화를 불가피한 것 정도는 아닐지라도 상당한 가능성이 있는 것으로 만들 위력이 충분히 있다고 생각한다. 이것은 우리가 원하기만 한다면 할당된 행운 전체를 행성에서의 생명 탄생 과정에 쏟아 부을 수 있다는 뜻이다. 그 결과 생명 탄생의 과정에 최대 10^{20}분의 1의 확률을 써야만 한다. 이것이 우리의 이론에서 생각할 수 있는 행운의 최댓값이다. 가령 생명이 DNA와 단백질을 기초로 한 복제 기구가 한꺼번에 우연히 자연 발생했을 때 시작되었다는 주장을 한다고 가정하자. 이 우연의 일치가 한 행성에서 동시 발생할 확률이 10^{20}분의 1보다도 작지 않을 경우 우리는 그러한 터무니없는 이론의 사치를 허용할 수 있다.

이 허용선은 매우 커서 아마도 DNA나 RNA의 자연 발생을 수용하기에도 넉넉할 것이다. 그러나 누적적인 자연선택이 없이는 전혀 충분하지 않다. 단 한 번의 사건(1단계 자연선택)으로 칼새처럼 잘 날고, 돌고래처럼 헤엄을 잘 치고, 독수리처럼 먼 곳을 잘 보는 훌륭한 신체를 만들어 낼 확률은 우주에 있는 행성의 수는 고사하고 원자의 수보다도 더 큰 어마어마한 수의 역수이다! 생명의 기원을 설명함에 있어 누적적인 자연선택이 차지하는 비중은 매우 크다.

생명의 기원에 관한 이론에 최대 10^{20}분의 1에 달하는 행운을 사용할 수 있지만, 내 육감에는 그 할당양의 적은 부분만 있어도 될 것 같다. 어느 한 행성에서 생명이 탄생한다는 것은 우리가 매일 사용하는 시간의 척도로 볼 때, 또는 화학 실험실의 수준에서는 거의 불가능에 가까운 사건임에 틀림이 없다. 하지만 우주 전체로 볼 때에는 한 번이 아니라 여러 차례 일어날 수 있을 정도로 충분히 가능성이 있는 사건이다. 행성의 수에 관한 통계학적인 주장은 최후의 휴식처에 대한 주장(온 우주를 통틀어 지구만이 인류가 살 수 있는 최후이자 유일한 휴식처라는 주장 | 옮긴이)과

같은 것으로 간주할 수 있다. 이 장의 끝부분에서는 우리가 기대하는 이론들이 우리의 주관적인 판단에 따르면(우리가 주관적인 판단을 내리는 방식 때문에) 불가능한 것으로, 심지어 기적같이 보일 필요가 있다는 역설을 제시할 것이다. 그럼에도 불구하고 생명의 기원에 관한 이론에서는 최대한 가능성이 있어 보이는 이론을 추구하는 것이 올바른 태도이다. 만약 DNA와 그 복제 기구들이 저절로 생겨났다는 이론이 너무 가능성이 없어서 우주에는 생명이 매우 드물 것이라고 가정하거나, 지구에만 유일하게 존재할 것이라고 가정할 수밖에 없다면 우리가 먼저 해야 할 일은 좀 더 가능성이 있는 이론을 찾는 것이다. 그러므로 누적적인 자연선택이 시작된 것을 설명하는 비교적 가능성이 높은 추측을 살펴보도록 하자.

'추측'이라는 단어가 진실성이 떨어지는 듯한 느낌을 주지만 여기서는 그런 것을 따질 필요가 없다. 우리가 논하고 있는 사건이 대략 40억 년 전에 일어났고, 더욱이 오늘날 알고 있는 세계와는 전혀 다른 세계에서 일어난 사건일 경우에는 추측 이상을 기대할 수는 없다. 일례로 당시의 대기 중에는 산소가 거의 없었다. 그러나 그 세계의 화학 조성은 변할 수 있어도 화학의 **법칙**은 변하지 않는다.(그렇기 때문에 우리는 그것을 법칙이라고 부른다.) 그리고 오늘날의 화학자들은 그럴듯한 추측을 할 수 있을 정도로 화학 법칙들에 대해 잘 알고 있다. 추측들은 화학 법칙에 따라 고안된 여러 가지 가능성 테스트를 통과해야만 한다. SF 소설에서나 볼 수 있는 '초추진력', '시간 도약', '불가능성 무한 추진' 따위의 터무니없는 만병통치약으로는 그럴듯한 추측을 할 수 없다. 생명의 기원에 관한 가설들 대부분이 화학 법칙에 위배되며, 그러므로 폐기해도 좋은 것들이다. 행성의 수에 관한 통계학적인 주장의 뒷받침을 받더라도 말이다. 따라서 건설적인 추측을 찾기 위해서는 신중해야 한다. 하지만 그 일을 하려면 우선 화학자가 되어야만 한다.

나는 화학자가 아니라 생물학자이다. 화학자들이 이룬 성과를 바르게 이용하기 위해서는 화학자에게 의존해야만 한다. 화학자들은 각자 나름대로 선호하는 이론이 있고 그러한 이론들은 매우 많다. 나는 이 모든 이론들을 공평하게 독자들에게 제시하고 싶은 유혹을 느낀다. 학생들이 배우는 교과서라면 그렇게 하는 것이 바람직할 것이다. 하지만 이 책은 교과서가 아니다. 『눈먼 시계공』의 기본 생각은 우리가 생명이나 우주의 다른 것을 이해하려고 할 때, 어떤 설계자를 가정할 필요는 없다는 것이다. 우리의 관심사는 설계자를 가정할 필요가 없는 문제에 맞닥뜨리고 있기 때문에 설계자를 가정할 필요가 없는 해답을 찾고자 하는 것이다. 내 생각에 이는 여러 가지 이론들을 살펴보는 것이 아니라 기본 문제(누적적인 자연선택이 처음에 어떻게 시작되었나 하는 문제)가 어떻게 해결될 수 있는가를 보여 주는 한 가지 예를 살펴보는 것으로 가장 적절하게 설명될 수 있다고 본다.

그럼 어떤 이론을 본보기로 들 것인가? 대부분의 교과서들은 유기물로 이루어진 '원시 수프'를 기초로 한 일련의 이론(오파린의 가설과 밀러의 실험 등을 말함 | 옮긴이)에 가장 큰 비중을 두고 있다. 생명이 탄생하기 전 지구의 대기 상태는 아마 현재 생명이 없는 다른 행성의 대기와 비슷했을 것이다. 원시 대기에는 산소가 없었고 수소와 물과 이산화탄소가 풍부했으며 암모니아, 메탄 그리고 그 밖의 몇 가지 간단한 유기 분자들이 있었을 것이다. 화학자들은 이처럼 산소가 없는 환경에서는 유기 화합물이 자연적으로 합성되기 쉽다는 사실을 알고 있다. 그들은 플라스크 안에서 원시 지구의 조건을 축소하여 재현했다. 그런 다음 번개를 대신하는 방전 불꽃을 일으켰고, 지금처럼 오존층이 태양 복사선으로부터 지구를 보호하기 전에는 훨씬 강했을 자외선을 쬐었다. 실험 결과는 놀

라운 것이었다. 정상적으로는 살아 있는 생물 속에서만 발견할 수 있는 몇 가지 유기 분자를 포함해서 여러 종류의 유기 분자들이 플라스크 안에서 저절로 만들어진 것이다. DNA나 RNA는 나타나지 않았지만 그 구성 단위인 퓨린 염기와 피리미딘 염기가 플라스크 안에 있었다. 단백질의 구성 단위인 아미노산도 있었다. 이 이론에서 아직도 해결되지 않은 것은 복제자의 기원이다. 구성 단위들이 서로 모여 RNA 같은 자기 복제 사슬을 만들지는 않았던 것이다. 아마 언젠가는 만들겠지만 말이다.

하지만 유기 분자의 원시 수프 이론은 우리가 기대하는 종류의 답이 아니다. 내가 처음 썼던 책 『이기적인 유전자』에서는 그 이론을 택했다. 그래서 여기서는 조금은 덜 세련된 것일지 모르지만 다른 이론을 하나 소개하려고 한다.(그것은 최근에 와서야 지지를 받고 있다.) 그렇게 하는 것이 최소한 공정한 기회를 주는 것이라고 생각한다. 그 이론의 대담무쌍함은 강한 호소력이 있다. 그리고 그 이론은 생명의 기원에 관한 이론이라면 반드시 갖추어야 할 특성들을 잘 구비하고 있다. 이 이론은 글래스고 대학교의 화학자 그레이엄 케언스스미스가 주장하는 '무기 광물질' 이론이다. 처음 제안된 것은 20년 전이었고 그 후 세 권의 책을 통해 개선되고 정교해졌다. 가장 최근의 것인 『생명의 기원에 관한 일곱 가지 단서』에서는 생명 탄생의 수수께끼를 명탐정 셜록 홈즈가 사건을 해결하는 방식으로 다루고 있다.

케언스스미스는 DNA · 단백질 기구가 비교적 최근에 출현했을 것이라는 견해를 갖고 있다. 대략 30억 년 전 정도 되는 비교적 최근에 그것들이 출현했다는 말이다. 그전에는 지금과는 사뭇 다른 형태의 복제자가 여러 세대에 걸쳐 이룩한 누적적인 자연선택이 있었다. 그러던 중 DNA가 출현했고 그것이 훨씬 효율적인 복제자로 판명되자 원래의 복제 시스템은 DNA에게 자리를 물려주고 잊혀져 갔다. 이 견해에 따르면 오늘날의 DNA 체계는 뒤늦게 출현했으며, 기본적인 복제자로서의 역할을 찬탈했고, 초기의 투박한 복제자가 했던 역할을 최근에 넘겨 받은 것이다. DNA에게 기본적인 복제자의 역할을 빼앗기기는 했어도 최초의 복제자는 내가 항상 뇌까리는 '1단계 자연선택'을 통해서 생겨날 수 있을 정도로 단순해야만 한다.

화학은 크게 유기화학과 무기화학으로 나뉜다. 유기화학이란 탄소라는 특정한 원소에 관한 화학이며 무기화학은 그 나머지를 말한다. 탄소는 매우 중요한 원소이고 화학에서 고유한 영역으로 분류될 만한 가치가 있다. 그 이유는 생물에 관련된 화학이 탄소 화학이기 때문이고, 탄소 화학을 생물에 적합하게 만든 바로 그 성질이 플라스틱 공업과 같은 산업에도 유용하기 때문이다. 탄소 화학을 생물과 공업에 적합하도록 만든 탄소 원자의 가장 중요한 성질은, 거의 무한히 많은 종류의 거대 분자를 만들 수 있다는 것이다. 이러한 성질을 가진 원소로는 탄소말고도 규소가 있다. 오늘날 지구 생물의 화학이 탄소 화학이긴 하지만, 이것이 우주 전체에 해당된다고 볼 수는 없다. 또한 지구에서도 그 사실이 항상 변함이 없었다고 볼 수도 없다. 케언스스미스는 지구에 출현한 최초의 생물은 스스로를 복제하는 규산염 같은 무기 결정에 바탕을 둔 존재라고 믿는다. 만약 그것이 사실이라면 유기물 복제자, 즉 DNA는 나중에 그 역할을 넘겨 받았거나 찬탈한 것이 된다.

그는 이 '넘겨 받음'에 대한 생각을 그럴듯하게 설명하기 위해 몇 가지 예를 제시했다. 가령 돌로 만든 아치가 있다고 하자. 이것은 상당히 안정된 구조물이어서 돌들을 붙여 주는 시멘트 없이도 수년 동안을 그대로 서 있을 수 있다. 진화를 통해 어떤 복잡한 구조를 만드는 것은 모르타르 없이 한 번에 1개씩 돌을 쌓아 올려 아치를 만들려고 애쓰는 것과 같다. 단순하게 생각해 보면 그것은 불가능한 작업이다. 아치는 마지막 돌까지 제자리에 끼워졌을 때에야 비로소 안정된 상태가 되는 것이지 그 중간 상태는 불안정하다. 그렇지만 돌을 끼워 넣기만 하는 것이 아니라 빼낼 수도 있다면, 아치를 만드는 것은 생각보다 쉽다. 돌을 일단 둥글게 쌓아서 단단한 받침대를 만든다. 그런 다음 그 받침대 위에 아치를 만들 돌을 놓는다. 아치의 성패를 좌우하는 맨 꼭대기의 종석(宗石, key-stone)을 포함해서 아치를 만드는 돌을 모두 제자리에 끼워 맞춘 다음 조심스럽게 받침돌을 제거한다. 약간의 행운이 따라 준다면 아치는 무너지지 않고 서 있을 것이다. 스톤헨지는 일종의 발판을 사용해서 만들었다는 사실을 알기 전까지는 불가사의로 취급되었다. 발판은 아마 흙으로 쌓은 경사면이었을 것이다. 그 발판은 지금은 거기에 없다. 우리는 단지 최종 생산물만을 볼 수 있다. 그래서 사라진 발판은 추리할 수밖에 없다. 마찬가지로 DNA와 단백질은 모든 부분이 동시에 존재할 때에만 지탱할 수 있는 안정되고 우아한 아치의 두 기둥이다. 따라서 초기에 어떤 받침대가 있었는데 지금은 이것이 완전히 사라졌다고 생각해야지, 그러지 않고 그것들이 단계적인 과정을 거쳐 생겨났다고 보는 것은 무리이다. 그 받침대는 초보적인 형태의 누적적인 자연선택을 통해 스스로 만들어진 것이어야 하며, 그것의 성질은 추측할 수밖에 없다. 어쨌거나 그 받침대는 자신의 운명에 대해 위력을 발휘할 수 있는 어떤 복제자를 기초로 한 것이어야 한다.

케언스스미스는 최초의 복제자가 진흙이나 점토에서 발견되는 무기물의 결정들이었을 것이라고 추측한다. 결정이란 원자나 분자가 고체의 상태로 질서정연하게 배열된 것을 말한다. 원자나 작은 분자들은 그들의 '모양' 때문이라고 생각할 수 있는 어떤 성질에 따라서 어떤 고정된 질서정연한 방식으로 자연스럽게 차곡차곡 쌓인다. 마치 어떤 특정한 방식으로 서로 끼워 맞춰지길 '원하는' 것처럼 보이지만 이런 현상은 그들이 지닌 성질에 따라 무의식적으로 일어나는 과정일 뿐이다. 원자나 작은 분자들이 서로 끼워 맞춰질 때 어떤 방식을 '선호하는가'에 따라 전체 결정의 모양이 달라진다. 이 말은 또한 다이아몬드와 같은 커다란 결정에서조차도 흠이 있는 곳을 제외한다면 어떤 한 부분의 형태가 여타의 부분과 정확하게 같음을 뜻한다. 만약 우리가 원자의 크기로 줄어들 수 있다면 우리는 수평선을 향해 곧게 뻗은 끝없이 이어진 원자들을 볼 수 있을 것이다.

우리가 관심을 두는 것은 복제이기 때문에 먼저 알아야 할 것은 결정이 자체의 구조를 복제할 수 있는가 하는 문제다. 결정은 원자(또는 그에 상응하는 것)의 층들이 겹겹이 쌓인 것이고 각각의 층은 바로 아래의 층 위에 만들어진다. 원자들은 용액 속에서 자유롭게 돌아다니지만(원자와 이온의 차이는 지금으로서는 큰 문제가 안 된다.) 우연히 결정을 만나면 결정의 표면에 있는 적당한 위치에 끼어 들어가는 자연스런 경향이 있다. 흔히 볼 수 있는 소금물에는 나트륨 이온과 염소 이온이 무질서하게 뒤섞여 있다. 소금 결정은 나트륨 이온과 염소 이온이 전후 좌우 상하 교대로 배열되어 있는 것이다. 물속에 떠다니던 이온이 결정의 딱딱한 표면에 부딪히게 되면 거기에 달라붙어서 새로운 층을 형성하는데, 그 층은 바로 아래층과 동일하다. 그래서 일단 결정이 자라기 시작하면 각 층은 그 밑의 층과 똑같이 만들어진다.

가끔 결정은 용액 속에서 저절로 만들어지기도 한다. 그렇지 않을 경우에는 '씨'가 들어가야만 하는데, 그것은 먼지일 수도 있고 다른 곳에서 가져온 작은 결정일 수도 있다. 케언스스미스는 다음과 같은 실험을 권유한다. 사진을 현상할 때 정착액으로 사용하는 '하이포' 용액은 티오황산나트륨 수용액을 말한다. 티오황산나트륨을 아주 뜨거운 물에 많은 양을 녹인 다음 용액을 식히는데 이때 주의할 것은 먼지 하나라도 들어가게 해서는 안 된다는 것이다. 이제 그 용액은 '과포화 상태'가 되어 여차하면 결정을 만들 태세가 된다. 하지만 결정 형성 과정을 추동할 결정의 '씨'가 없다. 다음 글은 케언스스미스가 쓴 『생명의 기원에 관한 일곱 가지 단서』에서 인용한 것이다.

조심스럽게 비커의 뚜껑을 연 후, 용액의 표면에 조그만 '하이포' 결정 한 조각을 넣어라. 그런 다음 비커 안에서 벌어지는 경이로운 광경을 한 번 지켜보라. 결정은 눈에 띄게 자라날 것이다. 결정은 가끔 부러지기도 하는데, 그 부러진 조각들도 다시 자라날 것이다.…… 금세 비커는 결정들로 가득 찰 것이고, 어떤 것은 수 센티미터의 길이가 될 것이다. 그리고 몇 분 후에는 이러한 현상이 모두 중단될 것이다. 이제 마술 용액은 힘을 잃었다. 만약 그 용액이 또 한번 마술을 부리기를 바란다면 그저 다시 데웠다가 식히기만 하면 된다.…… 과포화 상태란 녹을 수 있는 양보다 더 많이 녹았다는 뜻이다.…… 냉각된 과포화 용액은 문자 그대로 무엇을 해야 할지 전혀 알지 못한다. '하이포' 결정의 고유한 특성대로 (수십억의 수십억) 구성 단위들이 이미 한데 뭉친 작은 결정 한 조각을 넣어 줌으로써 무엇을 어떻게 해야 할지 '말해 주어야'만 그 용액은 결정을 만들기 시작한다. 즉 그 용액에는 씨가 뿌려져야 한다는 말이다.

화학 물질은 두 가지 다른 방식으로 결정을 만들 수 있다. 예를 들면 흑연과 다이아몬드는 모두 순수하게 탄소로만 이루어진 결정이다. 그들이 가지고 있는 원자는 모두 같은 것으로 단지 탄소 원자가 배열된 기하학적 형태가 다를 뿐이다. 다이아몬드에서는 탄소 원자가 정사면체 모양으로 배열되어 극히 안정한 상태가 된다. 그래서 다이아몬드가 그토록 단단한 것이다. 흑연에서는 탄소 원자가 평면 육각형의 형태로 배열되고 그 평면(층)이 겹겹이 쌓인다. 층과 층 사이의 결합은 약해서 서로 미끄러질 수 있다. 그래서 흑연은 매끄럽게 느껴지고 윤활제로 사용된다. 불행하게도 다이아몬드는 '하이포' 용액을 가지고 했던 것처럼 용액을 만들고 씨를 뿌리는 방법으로 결정화하지는 못한다. 만약 그것이 가능하다면 그 일을 하는 사람은 부자가 될 것이다. 아니다. 다시 생각해 보니 부자가 될 수 없겠다. 왜냐하면 누구든지 그 일을 할 것이고 그렇게 되면 다이아몬드의 희소가치는 떨어질 테니까.

하이포 용액처럼 어떤 물질이 과포화 상태로 녹아 있어서 금방이라도 결정이 만들어지려는 상태에 있다고 가정하자. 그리고 그 물질은 탄소처럼 두 가지 방식으로 결정을 만들 수 있다. 한 가지 방식은 흑연처럼 원자들이 얇은 한 층으로 배열되어 납작한 결정을 만드는 것이고, 다른 한 가지 방식은 동글동글한 다이아몬드 모양의 결정을 만드는 것이다. 그 과포화 용액에 납작한 결정과 동글동글한 결정을 동시에 집어넣는다. 케언스스미스는 하이포 용액으로 실험했던 것처럼 그 용액에서 무슨 일이 벌어지는지 자세히 기록한다. 아마 놀랄 것이다. 결정의 성장 속도는 매우 빨라서 성장하는 것이 눈에 보일 것이다. 그것들은 가끔 몇 개의 조각으로 부러지고 그 조각들은 다시 또 성장한다. 납작한 결정은 여러 개의 납작한 결정들을 만들어 내고 동글동글한 결정들은 여러 개의 동글동글한 결정을 만들어 낸다. 만약 어떤 한 종류가 더 빨리 성장하고 더 빠르게 부러진다면, 그 과정은 일종의 간단한 자연선택이 될 것이다. 하지만 여전히 그 과정에는 진화를 일으킬 생명의 요소가 빠져 있다. 그 요소는 유전적인 변이 또는 그와 동등한 어떤 것이다. 딱 두 가지 형태의 결정만 있는 것이 아니라, 어떤 변종은 실처럼 길쭉한 모양을 띠기도 하고 또 가끔 새로운 형태를 갖는 '돌연변이'가 생겨날 수도 있을 것이다. 실제의 결정들이 유전적 돌연변이에 해당하는 어떤 것을 갖고 있을까?

진흙과 점토와 바위는 작은 결정들로 만들어져 있다. 그것들은 지구 어디에나 풍부하며 아마 줄곧 그래 왔을 것이다. 점토와 암석의 표면을 주사 전자 현미경으로 들여다보면 놀랍고 아름다운 광경이 펼쳐진다. 마치 꽃송이들이 줄지어 있는 것처럼 자라난 결정, 선인장처럼 자란 결정들, 장미꽃 가득한 정원처럼 보이는 부분, 다육질 식물의 단면처럼 생긴 작은 나선들, 쭉쭉 뻗은 파이프 오르간 모양, 벌레의 똥이나 치약을 짜 놓은 것 같은 구불구불하고 비틀린 모양의 결정, 투명 플라스틱으로 만든 모형처럼 생긴 각진 결정 등 온갖 모양의 결정들을 볼 수 있다. 좀 더 확대해 보면 결정들이 가진 질서정연한 형태에 더욱 놀라게 된다. 원자들의 위치가 드러날 정도로 확대해 보면 결정의 표면은 마치 기계로 짠 옷감과 같은 규칙성을 갖고 있다. 하지만 거기에는 약간의 흠이 있는데 이것이 바로 핵심적인 요소이다. 잘 짜여진 옷감의 한가운데 짜깁기한 부분이 있는 것이다. 그것은 다른 부분과 똑같지만 단지 옷감이 짜여진 방향이 다르다. 아니면 방향은 같은데 약간 밀려나서 다른 부분과 줄이 맞지 않는 것일 수도 있다. 자연적으로 만들어진 결정들은 거의 대부분 흠이 있다. 그리고 일단 흠이 생기면 그 위에 새로 생기는 층에도 그 형태가 그대로 복사된다.

흠은 결정 표면 어디에나 생길 수 있다. 정보를 저장할 수 있는 가능성을 생각하고 있다면 결정의 표면에 여러 가지 형태로 생길 수 있는 수많은 흠들을 상상하면 된다. 신약 성경을 세균 1개가 가진 DNA 속에 저장한다고 할 때 써 먹은 방식은 지금 이야기하고 있는 결정의 경우에도 똑같이 적용된다. DNA가 결정보다 우수한 점은 저장된 정보를 읽어 낼 수 있다는 것이다. 읽어 내는 문제는 일단 접어 두자. 결정 속의 원자 배열 형태에 생긴 흠이 2진수를 나타내는 암호가 될 수 있다. 그렇다면 편의 머리 크기만 한 결정 속에 신약 성경 여러 권에 해당하는 정보를 담을 수 있다. 거시적인 수준에서 보면 이런 방식은 레이저 디스크(콤팩트 디스크) 표면에 음향 정보를 담는 것과 똑같다. 음향 또는 음악은 컴퓨터를 통해 2진수로 바뀐다. 레이저는 유리같이 매끈한 디스크의 표면에 작은 홈들을 낸다. 레이저로 만든 각각의 홈들은 2진법의 1(또는 0이다. 이것은 정하기 나름이다.)을 나타낸다. 디스크를 걸어 음악을 재생할 때에는 다른 레이저 빔이 그 홈들의 패턴을 '읽는다.' 그러면 CD 플레이어 속에 장치된 특별한 목적을 가진 컴퓨터를 통해 그 2진수가 음의 진동으로 변환되고 다시 엠프를 통해 증폭되어 들을 수 있게 된다.

지금은 레이저 디스크가 주로 음악을 저장하는 데 사용되지만, 똑같은 기술로 『브리태니커 백과사전』의 전체 내용을 저장하고 읽을 수 있다. 결정 속 원자 수준에서 생긴 홈은 레이저 디스크 표면에 만들어진 홈보다 훨씬 작다. 따라서 결정은 같은 면적에 더 많은 정보를 담을 수 있는 잠재력이 있다. 앞에서 DNA의 정보 저장 능력을 살펴보고 깊은 인상을 받은 바 있는데 사실 DNA는 그 자체가 결정과 매우 흡사하다. 비록 점토의 결정들이 이론적으로는 DNA나 레이저 디스크만큼의 정보 저장 능력이 있다고 할지라도 그것들이 실제로 정보를 저장하고 있다고는 아무도 생각지 않는다. 우리가 지금 논의하고 있는 이론에서 점토와 다른 광물 결정들이 하는 역할은 지구상에 최초로 출현한 '저급한 수준'의 복제자이다. 그리고 그 역할은 어느 순간에 '고급 수준'의 DNA로 대체되었다. 결정들은 지구에 풍부하게 존재하는 물에서 자연적으로 만들어진다. DNA가 복제될 때 복제 효소와 같은 정교한 '기구'가 필요한 것과는 대조적이다. 동시에 그 결정에는 홈이 생긴다. 그것들 중 어떤 것은 결정이 자라면서 새롭게 만들어지는 층에서 복제된다. 결정이 자란 후에 몇 개의 조각으로 부러지면 그것들은 새로운 씨를 뿌리는 셈

이다. 그리고 각각의 조각들은 '부모' 결정이 갖고 있는 홈의 형태를 그대로 '물려받는다.'

그래서 우리는 이제 원시 지구에서 복제, 증식, 유전, 돌연변이를 보여 주는 광물 결정을 머릿속에 그릴 수 있게 되었다. 그 결정들이 보여 주는 현상들은 누적적인 자연선택이 일어나기 위해서는 필수적인 것들이다. 하지만 아직도 '위력'이라는 요소가 부족하다. 이것은 복제자가 자신의 복제 과정에 영향을 미치는 성질을 말한다. 복제자를 추상적으로 생각했을 때, 우리는 '위력'이라는 것을 복제자가 가진 직접적인 성질, 즉 '점착성' 같은 본질적인 성질로 이해했다. 이 초보적인 수준에서는 '위력'이라는 용어가 합당하지 않은 것 같다. 단지 진화의 나중 단계에서 사용되는 것과 같은 의미로 사용했을 뿐이다. 가령 뱀의 독니의 위력은 (뱀의 생존 가능성을 높이는 간접적인 방법으로) 독니에 대한 DNA 암호를 보존하는 것이다. 최초의 저급한 복제자가 광물 결정이었는지 아니면 DNA 자체의 직접적인 조상이었는지는 모르지만, 그것들이 발휘한 '위력'은 점착성 같은 초보적이고 직접적인 것이었으리라고 추측할 수 있다. 뱀의 독니와 난초의 꽃 같은 고등한 수준의 위력은 훨씬 나중에 나타났다.

점토에 있어 '위력'이란 어떤 것인가? 점토의 어떤 성질이 자기와 같은 종류의 변종이 풍부해지게 만들 수 있을까? 점토는 강이나 냇물의 상류에서 바위가 풍화되어 물에 녹아 들어온 규산과 금속 이온 같은 화학적 구성 단위로 만들어진다. 조건이 적당히 갖추어지면 그것들은 하류에서 다시 결정을 이루고 점토를 형성한다.(사실 여기서 말하는 '물의 흐름'은 일반적으로 이야기하는 강이나 냇물의 흐름이 아니라 지하수의 침투와 흐름을 뜻하는 것이다. 하지만 논의를 단순하게 하기 위해 앞으로도 계속 일상적인 의미로 그 단어를 사용할 것이다.) 어떤 특정한 형태의 점토 결정이 만들어지느냐 안 만들어지느냐는 무엇보다도 물 흐름의 속도와 패턴에 달려 있다. 그러나 반대로 점토의 침전도 물의 흐름에 영향을 줄 수 있다. 그것들은 지하수가 흐르는 땅의 짜임새, 모양, 수위를 변화시킴으로써 무심코 이 일을 한다. 어떤 점토 변종이 우연히 토양의 구조를 바꿔서 지하수의 흐름을 빠르게 하는 성질을 갖게 되었다고 가정해 보자. 그 결과 점토는 씻겨 내려갈 것이다. 이런 종류의 점토는 '성공적'이지 못하다고 정의한다. 또 흐름을 변화시켜서 경쟁 관계에 있는 다른 점토에게 유리한 조건을 만들어 주는 점토도 성공적이지 못하다.

물론 점토가 존재하고 '싶어한다'고 주장하는 것은 아니다. 복제자가 우연히 갖게 된 성질에서 비롯된 사건과 결과에 대해 이야기하고 있는 것이다. 이제 다른 종류의 점토를 생각해 보자. 이번 것은 지하수의 흐름을 늦춰서 자기와 같은 종류의 점토가 더 많이 침전되도록 만든다. 확실히 이런 변종이라면 시간이 갈수록 더 많아질 것이다. 왜냐하면 그것은 자신에게 '유리하도록' 지하수의 흐름을 조작했기 때문이다. 이번 것은 '성공적인' 점토 변종이 될 것이다. 하지만 지금까지는 단지 1단계 자연선택에 관해서만 다루었다. 어떤 형태로든 누적적인 자연선택이 이루어질 수 있을까?

상상력을 조금 더 발동시켜서 이번에는 어떤 점토 변종이 아예 물의 흐름을 막아서 자기와 같은 점토 결정이 침전될 가능성을 높인다고 생각해 보자. 이것은 점토의 특별한 구조에서 비롯된 무의식적인 결과이다. 어떤 흐름에 이런 종류의 점토가 존재하면 그 흐름에서는 댐이 만들어지고 그 댐 위쪽에는 흐름이 정지한 커다랗고 수심이 얕은 연못이 생겨날 것이다. 그리고 물의 흐름은 진행 방향을 바꿔 새로운 경로로 흘러갈 것이다. 그 고요한 연못에서는 더 많은 점토가 침전된다. 물이 흐르는 방향으로 죽 늘어서면서 생겨난 얕은 연못들은 이런 종류의 점토 씨앗에 감염된다. 이제 물의 흐름 방향이 바뀌어 연못들은 고립되었기 때문에 건기가 되면 연못은 말라붙는다. 햇볕 아래 점토는 말라붙고 갈라진다. 그리고 점토의 맨 위층은 바람에 날려 먼지로 흩어진다. 각각의 먼지 입자들은 댐을 만드는 조상 점토가 가지고 있는 구조적 특징을 물려받았다. 그 구조적 특징에서 댐을 만드는 성질이 유래한다. 버드나무 씨앗이 유전 정보를 담고서 흩어지는 것과 마찬가지로, 그 먼지들은 댐을 만들고 그래서 결과적으로 더 많은 먼지를 만들어 낼 수 있는 방법을 담은 '지시문'을 운반하는 셈이다. 먼지들은 바람을 타고 널리 퍼진다. 그러면 그중 일부가 아직 댐을 만드는 점토에 감염되지 않은 다른 흐름에 떨어질 가능성이 커진다. 일단 그 점토 입자가 새 흐름에 들어가면 댐을 만드는 점토 결정이 자라기 시작한다. 그래서 점토 결정이 침전되고 댐을 만들고 연못이 생기고 햇볕에 연못이 말라붙고 바람에 점토 입자가 먼지로 날리는 전체 주기가 다시 반복된다.

이것을 점토의 '생활사'라고 부르면 논란의 여지가 있겠지만, 어쨌거나 그 비슷한 종류임에는 틀림없다. 그리고 여기에는 진정한 '생활사'와 마찬가지로 누적적인 자연선택이 일어날 수 있다. 한 흐름에서 날아온 먼지가 다른 흐름에 씨를 뿌리기 때문에 여러 흐름들을 조상과 자손으로 분류할 수 있다. 흐름 B에서 댐을 만든 점토는 흐름 A에서 날아온 점토 결정의 먼지였다. 결과적으로 흐름 B에 생긴 연못은 말라붙어서 또다시 먼지를 만들고, 이것들은 흐름 F와 P에 씨를 뿌린다. 댐을 만드는 점토의 기원을 따져보면 흐름들의 '계통도'를 만들 수 있다. 먼지에 감염된 모든 흐름은 '부모'가 있게 마련이다. 그리고 그 부모는 1개 이상의 '딸' 흐름을 갖고 있을 것이다. 각각의 흐름은 생물의 신체에 해당한다. 그것의 '발생'은 점토 먼지 씨, 즉 '유전자'의 영향을 받는다. 또 그 신체는 결국 새로운 먼지 씨를 퍼뜨린다. 그 주기에서 각 '세대'의

씨 결정은 부모 흐름에서 먼지의 형태로 떨어져 나올 때부터 시작된다. 먼지 입자의 결정 구조는 부모 흐름의 점토에서 복제된 것이다. 딸 흐름은 그 결정 구조를 물려받고, 그 결정은 자라고 번식하고 결국 새로운 씨앗을 다시 퍼뜨린다.

조상 결정의 구조는 세대를 거듭하면서 보존되지만 가끔 결정의 성장 과정에서 실수가 생긴다. 즉 원자들이 배열한 형태에 변화가 생기는 것이다. 그 후에 생기는 층은 그 변화를 그대로 복제한다. 결정이 2개로 부러지면 변화된 결정들의 소집단이 생기게 된다. 만약 변종이 댐을 만들고 말라붙고 바람에 날리는 주기를 더 효과적으로 만들거나 덜 효과적으로 만든다면, 그것은 이후 '세대'에서 얼마나 더 많은 복제를 만드는가에 영향을 미칠 것이다. 가령 변화된 결정이 더 잘 부러진다면(즉 더 잘 '번식한다' 면) 점토가 댐을 더 잘 만들 것이고, 그렇게 되면 같은 햇볕을 가지고도 점토 먼지를 더 잘 날려보낼 수 있을 것이다. 버드나무 씨처럼 먼지가 바람에 더 잘 날려가는 것이다. 어떤 결정은 '생활사'를 짧게 만들어서 결국 '진화' 속도를 높일 수 있을 것이다. 뒤이어 오는 '세대'가 자손을 더 잘 만들게 될 가능성은 얼마든지 있다. 달리 말하면 원시적인 형태의 누적적인 자연선택이 시작될 가능성은 얼마든지 있다.

약간은 허무맹랑해 보이는 케언스스미스의 이런 생각은 누적적인 자연선택이 일어날 수 있는 여러 가지 방법 중에서 단지 한 가지 종류만을 다룬 것이다. 다른 것도 있을 수 있다. 가령 다른 종류의 결정은 먼지 '씨'를 퍼뜨리는 방법이 아니라 큰 흐름을 작은 흐름들로 나누어서 널리 퍼지게 한 다음 새로운 흐름과 만나 씨를 퍼뜨릴 수도 있다. 어떤 변종들은 폭포를 만들어 바위가 더 빨리 닳게 만든 다음 거기서 녹아나온 원료 물질로 하류에서 새로운 점토를 만들 수도 있다. 또 어떤 변종들은 원료를 두고 '경쟁하는' 다른 변종에게 불리한 조건을 만듦으로써 상대적으로 더 잘 번식할 수 있다. 경쟁하는 변종을 부숴 그 원소를 원료로 하여 자기를 만드는 어떤 변종은 '포식자'라고 부를 수 있을 것이다. 지금 논하고 있는 점토나 오늘날의 DNA에 근거를 둔 생물이 어떤 '정교한' 조작을 한다는 말이 아님을 명심하라. 단지 자신들을 널리 퍼뜨리고 오래 지속되도록 만드는 성질을 우연히 갖게 된 점토(또는 DNA)의 변종이 있다면 세상은 그것들로 가득 찰 것이라는 말이다.

자, 이제 다음 단계로 넘어가 보자. 결정들 중의 일부가 촉매 역할을 하여 새로운 물질을 합성하는 일이 우연히 발생했다. 그 새로운 물질은 결정들이 새로운 '세대'를 만들어 가는 것을 돕는다. 이 이차 물질들은 (처음에는) 그것들만의 고유한 가계(家系), 다시 말해 조상과 자손을 갖지 않았다. 그 대신 원래의 복제자를 통해 각 세대에서 그때그때 새로 만들어졌다. 그것들은 결정들의 도구, 즉 원시적인 '표현형'이라고 생각할 수 있다. 케언스스미스는 그의 결정 복제자가 만든 도구들이 복제되지 않으며, 이들 가운데 유기 분자가 많았을 것이라고 믿는다. 무기화학 공업에서 유기 분자들이 자주 사용되는데, 그 이유는 유기 분자들이 액체의 유동성이나 무기 입자의 성장 또는 균열 등에 영향을 미치기 때문이다. 이러한 효과는 결정 복제자의 '성공' 여부에 영향을 주는 성질과 똑같다. 예를 들어 몬트모릴로나이트(montmorillonite)라는 아름다운 이름을 가진 점토 광물은 카르복시메틸 셀룰로오스(carboxymethyl cellulose)라는 덜 아름다운 이름의 유기 분자가 소량 존재할 경우 잘 부러지는 경향이 있다. 그러나 카르복시메틸 셀룰로오스의 양이 적어지면 정반대의 효과가 나타나서 몬트모릴로나이트 입자들이 서로 붙는다. 탄닌이라는 유기 분자는 석유를 시추하기 위해 진흙에 구멍을 뚫을 때 구멍을 더 쉽게 뚫으려고 사용한다. 석유 시추업자가 진흙의 점성을 변화시키고 구멍이 잘 뚫리는 정도를 조절하기 위해 유기 분자를 사용할 수 있다면, 자기 복제 능력이 있는 광물질이 누적적인 자연선택의 결과, 자기 복제를 위해 유기 분자를 사용하지 못할 이유가 없다.

여기서 케언스스미스의 이론은 약간의 기분 좋은 보너스를 얻는다. 이제까지 정설로 여겨 왔던 유기 분자의 '원시 수프' 이론을 지지하고 있는 다른 화학자들이 점토 광물이 그 이론에 도움이 된다는 사실을 오래전부터 인정하고 있었던 것이다. 그들 중의 한 사람(D. M. 앤더슨)은 "지구에서 스스로를 복제하는 미생물을 탄생시킨 몇 가지 혹은 대다수의 비생물적인 화학 반응과 과정이 지구 역사의 초기에 점토 광물의 표면이나 다른 무기 분자의 표면에 아주 근접한 곳에서 일어났다는 사실은 널리 받아들여지고 있다."라고 말했다. 그는 계속해서 점토 광물이 유기 생물의 탄생을 돕는 다섯 가지 '기능'을 열거했다. 가령 "흡착을 통해 반응물을 농축하는 것"과 같은 기능이 있다. 여기서 그 다섯 가지를 일일이 열거하거나 이해할 필요는 없다. 중요한 것은 점토 광물이 가진 이 다섯 가지의 '기능'들이 각각 다른 방식으로 전환될 수 있다는 것이다. 유기물의 화학적 합성과 점토 광물의 표면은 밀접한 관계가 있음이 증명되었다. 그래서 그것은 점토 복제자가 유기 분자를 합성하여 자신의 목적에 유리하게 사용한다는 이론에 대한 보너스이다.

케언스스미스는 점토 결정 복제자가 초기에 사용한 것이 단백질이나 당류, 그리고 무엇보다 중요한 것은 RNA 같은 핵산이었을 가능성이 있다고 말한다. 그는 여기서 내가 설명하는 것보다 더 자세하게 설명했는데 RNA가 초기에는 단순한 기능적인 목적, 마치 석유 시추업자가 탄닌을 사용하는 것, 또는 우리가 비누를 세제로 사용하는 것과 같은 목적으로 사용되었을 것이라고 추측한다. RNA 같은 분자들은 음의 전하를 띠고 있기 때문에 점토 입자를 끌어 모아 겹을 둘러싸게 만드는 성질이 있다. 여기서부터는 우리가 볼 수 없는 영역이다. 우리의 관심사는 RNA

나 그와 비슷한 분자들이 스스로를 복제하는 분자가 되기 훨씬 전부터 존재했다는 사실이다. 광물 결정 '유전자'가 RNA(또는 비슷한 물질)를 더 효과적으로 만들어 내기 위해, RNA가 스스로 복제되도록 만들었다. 즉 RNA의 자기 복제 능력은 RNA를 더 효과적으로 만들기 위한 수단이었던 것이다. 마침내 RNA는 자기 복제 능력을 갖게 되었다. 일단 새로운 자기 복제 분자가 탄생하자 새로운 종류의 누적적인 자연선택이 시작되었다. 새로운 복제자는 본래 찬조 출연자였지만 원래의 결정보다 더 효과적인 것으로 드러나자 그 역할을 넘겨 받게 되었다. 그들은 진화를 계속했다. 그래서 결국 오늘날 우리가 알고 있는 DNA 암호를 완성하였다. 원래의 광물 복제자는 닳아빠진 주형처럼 버려졌다. 그리고 오늘날의 생물은 단일한 유전 체계와 단일한 생화학을 바탕으로 비교적 최근의 조상에서 진화해 나왔다.

『이기적인 유전자』에서 나는 현대의 상황이 또다시 새로운 종류의 복제자로 넘어가는 문턱에 있다는 생각을 피력했다. DNA 복제자는 자신을 위해 '생존 기계'(자기를 담고 있는 생물의 신체)를 만들었다. 그 장비의 일부로 신체는 컴퓨터, 즉 뇌를 진화시켰다. 뇌는 언어와 문화적 전통이라는 수단으로 다른 뇌와 의사소통을 할 수 있는 능력을 진화시켰다. 그러나 문화적 전통이라는 그 새로운 환경은 새로운 종류의 복제자가 생겨날 가능성을 열어 놓았다. 새로운 복제자는 DNA가 아니고 점토 결정도 아니다. 그것은 뇌와 뇌를 통해 인공적으로 만들어진 물건, 예컨대 책이나 컴퓨터 같은 것 속에서만 존재할 수 있는 정보의 패턴들이다. 하지만 뇌, 책, 컴퓨터가 존재하면 이 새로운 복제자들은 뇌에서 뇌로, 뇌에서 책으로, 책에서 뇌로, 뇌에서 컴퓨터로, 컴퓨터에서 컴퓨터로 번식할 수 있다. 나는 이것을 유전자(gene)와 구별하기 위해 '밈(meme)'이라고 불렀다. 그것들은 번식하면서 변화될 수 있다. 즉 돌연변이를 일으키는 것이다. 그리고 '돌연변이' 밈은 아마 내가 여기서 '복제자의 위력'이라고 부르는 영향력을 발휘할 수 있을 것이다. 이것은 번식에 영향을 미친다. 새로운 복제자의 영향력 아래 이루어지는 진화(밈의 진화)는 현재 유아기에 머물러 있다. 문화의 진화라고 부르는 현상은 전부터 알려져 있었다. 문화의 진화는 여러 면에서 **DNA**에 기초를 둔 진화보다 빠르다. 이것 때문에 또 다른 '넘겨 받음'을 생각하게 된다. 그리고 만약 새로운 종류의 복제자가 주도권을 넘겨 받기 시작했다면 그것들은 장차 그들의 부모인 **DNA**를(그리고 케언스스미스가 옳다면, 조부모인 점토를) 저 뒤편으로 떨쳐 버릴 것이다. 만약 그렇게 된다면 앞으로는 컴퓨터가 선두에 설 것이라고 확신할 수 있다.

먼 미래의 어느 날 지능을 갖춘 컴퓨터가 잃어버린 자신들의 기원에 관해 추론하는 일이 생기게 될까? 그 컴퓨터들 중 하나가 자신들의 신체를 구성하는 실리콘에 기초한 전자기적 원리에서 컴퓨터들이 만들어진 것이 아니라 유기 화학, 즉 탄소 생물이라는 아주 먼 옛날의 초창기 생명 형태에서 자신들이 만들어졌다는 이단적인 이론을 생각해 내게 될까? 로봇 케언스스미스가 『전자기적 점령(*Electronic Takeover*)』이라는 책을 쓰게 될까?(케언스스미스가 쓴 『유전자의 점령(*Genetic Takeover*)』을 염두에 두고 한 말ㅣ옮긴이) 그가 전자 기술에서 아치의 비유에 해당하는 것을 재발견하게 될까? 그리고 컴퓨터는 저절로 생겨날 수 없으며 어떤 초기 형태의 누적적인 자연선택에서 유래한 것임을 깨닫게 될까? 그가 더 깊이 파고 들어가서 **DNA**가 바로 초기의 복제자이며 전자기적 점령의 희생물임을 알게 될까? 그리고 그에게 멀리 내다볼 수 있는 통찰력이 있어서 **DNA**조차도 훨씬 전에 존재했던 원시적인 복제자, 즉 무기 규산염 결정의 주도권을 넘겨 받은 존재임을 추측할 수 있을까? 만약 그가 시적인 마음을 가지고 있어서, **DNA**가 비록 30억 년 이상을 지배했지만

결국은 막간에 불과하고 자신들이 출현함으로써 또다시 규소에 기초를 둔 생물이 주도권을 넘겨 받았다는 사실(케언스스미스의 규산염 점토 결정 이론이 옳다면 말이다.|옮긴이)이 일종의 사필귀정(事必歸正)임을 이해하게 될까?

이것은 SF 소설이다. 그리고 아마 억지 주장으로 들릴 것이다. 하지만 그것은 문제가 안 된다. 얼핏 들으면 케언스스미스의 이론, 그리고 생명의 기원에 관한 다른 모든 이론들이 사실상 억지 주장으로 들리고 믿기 어려운 소리로 들릴 것이다. 케언스스미스의 점토 이론과, 더 정설로 받아들여지는 유기 분자의 원시 수프 이론, 모두가 거의 가능성이 없어 보인다는 사실을 아는가? 마구잡이로 뒤섞이는 원자들이 스스로를 복제하는 분자로 결합하기 위해서는 기적이 필요할 것처럼 들리지 않는가? 내 생각도 마찬가지다. 그러나 이 기적과 불가능성의 문제를 좀 더 깊이 파고들어 보자. 그 과정에서 나는 역설적이고 훨씬 흥미로운 어떤 점을 설명하겠다. 즉 생명의 기원이라는 문제가 우리 인간의 의식에 비추어 기적으로 보이지 않더라도 우리는, 모름지기 과학자로서 걱정할 필요가 없다는 말이다. 정확하게 생명의 기원이라는 이 특별한 문제를 놓고 우리가 기대할 수 있는 이론은 (보통의 인간의 의식에 비춰 볼 때) 명백하게 기적적인 이론이다. 이 장의 남은 부분에서 우리가 기적이라고 부르는 것의 양이 어느 정도인가를 논할 것이다. 그것은 앞에서 했던 수십억의 행성에 관한 논의의 연장이다.

기적이란 무엇을 의미하는가? 기적은 일어나기는 하지만 매우 놀라운 일이다. 만약 대리석으로 만든 성모 마리아 상이 갑자기 손을 흔든다면 우리는 그 현상을 기적으로 취급할 것이다. 왜냐하면 우리가 알고 있는 모든 지식과 경험에 비추어 볼 때, 대리석 조각상이 그런 행동을 하지는 않기 때문이다. "내가 지금 벼락을 맞을 수도 있다."라고 말하고 나서, 1분 안에 벼락이 나를 내리치면 그 사건은 기적으로 취급될 것이다. 하지만 벼락이 내리칠 것이라고 말하는 것과 벼락이 실제로 내리치는 이 두 사건이 과학적으로 불가능한 것은 아니다. 단지 가능성이 극히 낮을 뿐이다. 대리석 조각상이 손을 흔드는 것은 벼락이 내리치는 것보다도 훨씬 더 가능성이 적다. 사람들은 가끔 벼락을 맞는다. 누구든지 벼락을 맞을 가능성이 있지만, 어떤 한 순간에 벼락을 맞을 가능성은 매우 낮다.(『기네스 북』에는 버지니아에 사는 인간 피뢰침이라는 별명을 가진 남자에 대한 기록이 있다. 일곱 번째 벼락을 맞고 병원에 입원하여 당황하고 걱정스러운 표정을 짓고 있는 모습이 기록되어 있다.) 내가 가정한 이야기에서 기적적인 것이라고는 단지 재앙을 예견한 내 말이 입밖으로 나오는 순간과 벼락이 내리치는 순간이 우연히 일치한 것밖에는 없다.

우연의 일치란 불가능성이 배가되었다는 것을 뜻한다. 일생의 어느 한 순간에 내가 벼락을 맞을 확률은 아마 어림잡아 1000만분의 1일 것이다. 특정한 한 순간에 내가 한 말이 벼락을 불러올 확률도 또한 매우 낮다. 나는 지금까지 살아온 인생 2340만분 동안 그 일을 했지만, 아직까지 성공하지 못했고 앞으로도 그럴 것 같다. 그래서 내가 말한 그 순간에 벼락이 내리칠 확률은 2500만분의 1보다 적을 것이다. 어느 한 순간에 두 가지 사건이 동시에 발생할 확률은 각각의 사건이 독립적으로 일어날 확률을 곱하면 된다. 그래서 대충 계산해 보면 앞에서 말한 사건이 일어날 확률은 2500억분의 1이다. 이 정도 확률의 우연의 일치가 내게 일어난다면 나는 그것을 기적이라고 부를 것이고 앞으로도 내가 말한 것이 실현되는지를 지켜보게 될 것이다. 그 우연의 일치가 발생할 확률이 극히 적긴 하지만 여전히 계산할 수 있다. 그것들은 문자 그대로 0은 아니다.

대리석 조각상의 경우 고체 상태의 대리석 속에 있는 분자들은 모든 방향으로 끊임없이 진동한다. 어떤 한 분자의 진동은 다른 분자의 진동으로 상쇄되기 때문에 조각상의 손은 제자리에 조용히 머물러 있는 것이다. 하지만 순전히 우연의 일치로 모든 분자들이 같은 순간에 같은 방향으로 움직인다면 손이 움직일 것이다. 그런 다음 분자들이 또다시 반대 방향으로 일제히 움직인다면 다시 제자리로 돌아갈 것이다. 이런 방식으로 대리석 조각상이 우리에게 손을 흔드는 것이 가능하다. 그 일은 일어날 수 있다. 그러한 우연의 일치가 발생할 확률은 상상할 수 없을 정도로 작지만 계산하지 못할 정도는 아니다. 동료 물리학자 한 명이 친절하게도 그 확률을 계산해 주었다. 그 수는 너무나 작아서 소수점 아래의 0을 모두 쓰는 데 걸리는 시간은 우주의 나이를 다 사용한다고 해도 모자랄 정도이다! 이론적으로는 송아지가 달을 뛰어넘는 사건도 그와 마찬가지의 확률로 가능하다. 여기서 내릴 수 있는 결론은 우리가 그럴싸하다고 **생각할** 수 있는 것보다도 훨씬 더 적은 확률을 가지는 기적적인 사건도 그 확률을 계산할 수 있다는 것이다.

그럴싸하다고 생각하는 것이 무엇을 의미하는지 살펴보자. 우리가 그럴싸하다고 생각할 수 있는 것들은 실제로 일어날 가능성이 있는 넓은 영역의 사건들 중에서 아주 좁은 것에 국한된 사건들을 의미한다. 가끔 그것은 실재하는 것보다 더 좁을 수도 있다. 빛을 생각해 보면 좋은 비유가 될 것이다. 인간의 눈은 다양한 진동수의 전자기파들 중에서 (우리가 빛이라고 부르는) 아주 좁은 영역의 것들만 감지할 수 있다. 전자기파의 한쪽 끝은 긴 파장을 가진 전파이고, 다른 쪽 끝은 짧은 파장을 가진 X선이다. 인간의 눈은 그 중간의 한 부분만을 볼 수 있는 것이다. 우리는 가시광선의 영역 바깥의 전자기파를 볼 수는 없지만, 그것들을 계산해 낼 수 있고 그것들을 탐지해 낼 장치를 만들 수 있다. 마찬가지로 우리는 우리가 이해할 수 있는 규모의 크기와 시간에 대해서만 안다. 우리의 마음은 천문학이 다루는 극대(極大)의 거리를 상상할 수 없고, 또한 입자물리학이 다루는 극미(極微)의 거리도 상상할 수 없다. 하지만 그러한 거리를 수학적인 상징으로 나타낼 수는 있다. 우리의 마음은 피코초 정도의 짧은 시간을 상상할 수 없다. 하지만 피코초에 관해 계산할 수 있고 피코초 안에 계산을 끝내는 컴퓨터를 만들 수 있다. 우리의 마음은 지질학자들이 일상적으로 사용하는 수십억 년은 고사하고 100만 년 정도의 시간도 상상할 수 없다.

자연선택을 통해 우리 조상들은 전자기파의 어떤 좁은 영역만을 볼 수 있게 되었다. 우리가 그 좁은 영역만을 볼 수 있듯이 우리의 뇌는 크기와 시간의 좁은 영역에 적합하도록 만들어져 있다. 아마 우리 조상들은 매일매일 실행할 수 있는 짧은 시간과 작은 규모의 사건 외에는 생각할 필요가 없었던 것 같다. 그래서 우리의 뇌는 그것들을 넘어선 긴 시간과 큰 규모를 생각할 능력을 진화시키지 않았나 보다. 우리가 상상할 수 있는 규모들 가운데 대략 중간쯤에 있는, 인간의 몸길이에 해당하는 1~2미터 정도의 크기가 중요했을 것이다. 그리고 우리가 상상할 수 있는 시간들 가운데 대략 중간 정도의 크기는 인간의 수명에 해당하는 몇십 년 정도이다.

가능성과 기적이라는 문제에 관해서도 같은 이야기를 할 수 있다. 원자의 크기에서 은하의 크기까지 크기에 대한 계단을 만들고, 1피코초에서 10억 년까지 시간에 관한 계단을 만드는 것과 마찬가지로, 확률에 관해서도 거의 0에 가까운 것에서 1까지 여러 계단을 만들자. 그 계단들 가운데 여러 곳에 경계점을 표시할 수 있다. 왼쪽 끝에는 (G. H. 하디가 반 페니를 걸고 내기했던) '태양은 내일도 떠오를 것이다.' 같은 확실한 사건들이 있다. 이 왼쪽 끝 근처에 주사위 2개를 던져 동시에 6이 나오는 것과 같은, 약간 가능성이 적은 사건이 있다. 그 확률은 36분의 1이다. 나는 그런 일이 꽤 자주 일어나리라고 예상한다. 오른쪽 끝으로 옮겨 가면 거기에는 브리지 게임에서 네 명이 모두 완벽한 패를 갖게 될 확률 같은 것이 있다. 그 기적과 같은 사건이 일어날 확률은 2,235,197,406,895,366,368,301,559,999분의 1이다. 이것을 확률의 단위로서 1딜리온(dealion)이라고 부르자. 1딜리온 정도의 확률을 가진 사건을 예언했는데 그것이 실제로 일어났다면 우리는 그 기적을 분석할 것이고 아마 십중팔구 사기가 아닐까 의심할 것이다. 하지만 그러한 사건은 사기가 아닌 정당한 절차로 일어날 수 있다. 그것이 일어날 확률은 대리석 조각상이 손을 흔들 확률보다 훨씬 더 크다. 그럼에도 불구하고 대리석 조각상이 손을 흔드는 사건은 앞에서 계산해 보았듯이 확률의 스펙트럼에서 정해진 위치가 있다. 그 사건이 일어날 확률은 비록 10억 딜리온보다도 더 크지만 계산할 수는 있다. 2개의 주사위가 모두 6이 나올 사건과 브리지에서 완벽한 패를 갖게 될 사건 사이에 종종 일어나는 다소 가능성이 적은 사건들이 있다. 예를 들면 어떤 사람이 벼락을 맞는다든가, 축구 경기장에서 경품을 탄다든가, 골프를 치다가 홀인원을 기록한다든가 하는 등의 사건들이다. 또한 그 중간 어디쯤에 등골이 오싹하는 느낌을 주는 무시무시한 우연의 일치가 있을 수 있다. 마치 몇십 년 만에 처음으로 어떤 사람에 대한 꿈을 꾸었는데, 아침에 일어나 보니 그 사람이 간밤에 죽었다는 기별이 와 있는 사건 같은 것 말이다. 이러한 무시무시한 우연의 일치가 우리에게 또는 친구들 중 한 사람에게 일어나면 큰 충격을 받는다. 하지만 그런 일이 벌어질 가능성은 겨우 몇 피코딜리온에 지나지 않는다.

수학적인 확률의 계단을 만들고 거기에 표시까지 했으면, 이제 우리가 일상적으로 사고하고 대화하는 사건들의 영역으로 초점을 옮겨 보자. 그러한 사건들이 일어날 확률의 폭은 너무 작아서, 전자기파의 넓은 스펙트럼에서 우리의 눈이 좁은 범위만을 볼 수 있는 상황과 비슷하다. 또 우리가 상상할 수 있는 크기가 우리의 신체만 한 크기에 불과하고, 우리가 상상할 수 있는 시간의 범위가 우리의 수명인 몇십 년, 혹은 몇백 년 정도 규모를 벗어나지 않는 상황과 비슷하다. 확률 스펙트럼에서 우리가 상상할 수 있는 사건의 폭은 왼쪽 끝(거의 확실한 사건)에서부터 홀인원이나 꿈이 현실로 나타나는 것 같은 작은 기적까지다. 수학적으로 계산할 수 있는 확률은 그 폭을 넘어 훨씬 더 멀리까지 뻗어 나간다.

마치 우리의 눈이 전자기파의 어떤 영역만을 볼 수 있게 진화한 것처럼 우리의 뇌는 자연선택을 통해 어떤 범위에 해당하는 위험과 확률만을 계산할 수 있게 진화하였다. 즉 인간의 생활에 유용한 범위에 들어가는 확률만을 마음속에서 계산할 수 있도록 진화한 것이다. 들소를 겨냥하여 화살 한 대를 쏘았는데 그 들소가 죽지 않아서 그 뿔에 들이받히거나, 폭풍이 몰려올 때 들판에 홀로 서 있는 나무 밑으로 피신했을 때 벼락을 맞거나, 헤엄을 쳐 강을 건너가다 빠져 죽거나 하는 따위의 위험 정도만을 계산할 수 있다는 뜻이다. 이런 종류의 납득할 만한 위험은 몇십 년이라는 우리의 일생 중에 자주 겪는 일이다. 우리가 생물학적으로 수백만 년을 살 수 있다면, 또 그렇게 하기를 원한다면 우리는 위험이라는 것을 완전히 다르게 규정해야 한다. 가령 도로를 가로질러 건너는 버릇을 없애야 한다. 왜냐하면 50만 년 동안 매일같이 도로를 가로질러 건넌다면 언젠가는 틀림없이 차에 치일 것이기 때문이다.

진화는 우리의 뇌로 하여금 1세기가 조금 못 되는 수명을 가진 생물에 합당한 위험과 그것의 발생 확률에 대해 주관적인 의식을 갖도록 만들었다. 우리의 조상들은 항상 어떤 위험과 그것이 발생할 확률에 대한 결정을 내려야 했을 것이다. 그래서 자연선택은 우리의 뇌가 인간의 짧은 수명에 기초한 확률들만을 계산할 수 있도록 만들었다. 만약 어떤 행성에 수억 년의 수명을 가진 생물이 살고 있다면 그들이 생각하는 위험의 범위는 우리가 만든 확률 스펙트럼의 오른쪽 끝으로 쭉 뻗어 나갈 것이다. 그들은 때때로 브리지 게임에서 완벽한 패를 잡게 될 사건을 기대할 것이다. 그리고 만약 그런 사건이 벌어진다고 해도 집에다 편지를 쓰는 야단법석을 피우지는 않을 것이다. 하지만 그들도 대리석 조각상이 그들을 향해 손을 흔든다면 깜짝 놀랄 것이다. 왜냐하면 그 정도의 기적을 보려면 그들의 수명보다도 몇 딜리온 년을 더 살아야 하기 때문이다.

이 이야기가 생명의 기원에 관한 이론에서 차지하는 역할이 무엇인가? 우리는 약간 허무맹랑하게 들리고 거의 불가능한 것 같은 케언스스미스의 이론과 원시 수프 이론에 동의하는 것에서부터 시작했다. 그런 이유 때문에 이 이론들을 반대하고 싶은 것이 자연스러운 감정이다. 그러나 '우리'는 수학적으로 계산 가능한 확률의 스펙트럼에서 왼쪽 끝의 좁은 영역만을 이해할 수 있는 뇌를 가지고 있다는 사실을 명심하라. 우리의 주관적인 판단으로 그럴싸하게 보이는 것은 실제로 그럴싸한 것과는 관계가 없다. 수억 년의 수명을 갖는 외계인의 주관적 판단은 우리와는 사뭇 다를 것이다. 그들에게는 어떤 화학자가 생각해 낸, 원시 복제자의 탄생에 관한 이론 같은 것이 꽤 그럴듯하게 들릴 것이다. 진화를 통해 수십 년 동안만 지속되는 세계 속에서 살아가도록 만들어진 우리는 기적 같은 일이라고 생각하는 그 사건이 말이다. 수명이 긴 외계인의 판단과 우리의 판단 중에서 어느 것이 옳은가?

이 문제의 답은 간단하다. 케언스스미스의 이론이나 원시 수프 이론과 같은 것을 그럴싸한 이론이라고 생각하는, 수명이 긴 외계인의 판단이 옳다. 왜냐하면 그 두 가지 이론은 수십억 년에 한 번 일어날까말까 하는 어떤 특정한 사건(스스로를 복제하는 존재가 자연 발생하는 사건)에 관한 것이기 때문이다. 15억 년은 지구가 탄생한 시점부터 화석에 기록

된 최초 세균이 출현한 시점까지의 기간의 중간 정도에 해당하는 시간
이다. 수십 년 정도밖에는 생각하지 못하는 우리의 뇌로서는 10억 년에
한 번 일어나는 사건은 너무나 드문 일이므로 기적처럼 느껴진다. 하지
만 수명이 긴 외계인에게는 그런 사건이 마치 우리가 홀인원을 기록했
을 때 느끼는 것보다도 덜 기적같이 느껴질 것이다.(아마 대부분은 홀인
원을 기록한 이와 아는 사이인 사람을 알고 있을 것이다.) 생명의 기원에 관
한 이론을 판단할 때에는 그 오래 사는 외계인의 주관적인 시간 규모가
합당하다. 왜냐하면 그것은 생명의 탄생에 관계하는 시간 규모에 가깝
기 때문이다. 1억 년 정도를 가지고 생명의 기원에 관한 이론이 그럴싸
한지를 판단하는 우리의 주관적인 생각은 틀리기 쉽다.

사실 우리의 주관적인 판단은 훨씬 더 큰 폭으로 빗나갈지 모른다.
우리의 뇌는 짧은 시간 안에 이루어지는 사건들에 관해 사고하기에 적
합하도록 만들어져 있을 뿐만 아니라 개인적으로 경험하는 사건, 또는
우리가 알고 있는 몇몇 사람들이 경험하는 사건들에 관해서만 사고하기
에 적합하도록 만들어져 있다. 이것은 우리의 뇌가 대중매체가 발달한
환경에서 진화하지 않았기 때문이다. 우리는 일어나는 게 거의 불가능
할 것 같은 어떤 사건이 세상 어딘가의 누군가에게서 발생했을 경우 그
것을 신문이나 『기네스 북』 같은 데서 읽을 수 있는 대중매체의 시대에
살고 있다. 만약 세상 어딘가에서 어떤 웅변가가 그가 거짓말을 할경우
벼락을 맞을 것이라고 공언한 즉시 벼락을 맞았다면 우리는 신문을 통
해 그 사실을 알게 될 것이고, 깊은 인상을 받을 것이다. 하지만 세상에
는 그런 우연의 일치를 경험할 수 있는 사람이 수십억이 있기 때문에,
우연의 일치임에 틀림없는 사건도 실제로는 생각하는 것만큼 대단한 것
이 아니다. 우리의 뇌는 천성적으로 우리 자신에게 일어나는 일이나 기
껏해야 몇백 명 정도의 사람들로 이루어진 우리 조상들의 마을에서 일

어나는 일에 관심을 가질 수 있도록 만들어진 것 같다. 벨파소나 버지니아에 있는 사람에게 우연의 일치로 깜짝 놀랄 만한 사건이 일어났다는 소식을 신문을 통해 들으면 우리는 실제로 놀라야 하는 정도보다 더 놀란다. 신문을 통해 뉴스가 수집되는 세계의 인구와 우리의 뇌가 진화된 원시 시대 마을의 인구 사이에는 1억 대 1이라는 비율이 있다는 사실 때문에 더욱 놀란다.

인구에 빗댄 이런 식의 계산 방식은 생명의 기원에 관한 이론의 진실성 여부를 판단하는 데에도 이용할 수 있다. 지구에 살고 있는 사람의 수가 많기 때문이 아니라 우주에 생명이 탄생할 수 있는 행성의 수가 많기 때문이다. 이것은 앞에서 한 번 나왔던 내용이므로 여기서 다시 언급할 필요는 없을 것이다. 브리지 게임과 주사위를 던지는 사건의 확률을 표시한 확률의 계단을 다시 생각해 보자. 마이크로딜리온에서 시작하여 딜리온까지 이르는 확률의 계단에 다음에 이야기하는 3개의 점을 더 표시하자. 태양계 하나에 한 번 꼴로 생명이 탄생한다고 가정했을 때, 어느 한 행성에서 (1억 년 안에) 생명이 탄생할 확률. 은하계 하나에 한 번 꼴로 생명이 탄생한다고 가정했을 때, 어느 한 행성에서 생명이 탄생할 확률. 온 우주에서 딱 한 번만 생명이 탄생한다고 가정할 때, 아무렇게나 선택한 한 행성에서 생명이 탄생할 확률. 이 세 점에 각각 태양계 수, 은하계 수, 우주 수라는 이름을 붙이자. 우주 전체에 약 100억 개의 은하계가 있다. 각 은하계마다 태양계가 몇 개씩 있는지는 알지 못한다. 왜냐하면 우리는 항성만을 볼 수 있을 뿐이지, 행성은 볼 수 없기 때문이다. 하지만 앞에서 이미 우주에 대략 10^{20}개의 행성이 있다고 가정하고 이야기한 바 있다.

케언스스미스가 주장하는 것과 같은 사건이 일어날 가능성에 대해 생각할 때, 우리는 그 사건이 가능하다 혹은 불가능하다는 주관적인 판단을 내리는 대신에 앞에서 말한 세 가지 수, 즉 태양계 수, 은하계 수, 우주 수 같은 수치로 판단해야 한다. 이 세 가지 수 가운데 어느 것이 가장 적절한 수치인가 하는 것은, 판단하는 사람이 다음에 기술하는 세 가지 문장 중 어느 것이 가장 진실에 가깝다고 생각하는가에 달려 있다.

   (1) 생명은 전 우주에서 오직 하나의 행성에서만 출현했다.(그리고 그 행성은 이미 우리가 알고 있듯이 바로 지구이다.)

   (2) 생명은 은하 하나에 행성 하나 꼴로 출현했다.(우리 은하계에서 그 행운의 행성은 바로 지구다.)

   (3) 생명의 탄생이란 가능성이 충분한 사건이어서 태양계 하나에 행성 하나 꼴로 출현한다.(우리 태양계에서는 그 행운이 지구에 배당되었다.)

이 세 문장은 생명의 단일성에 관한 세 가지 대표적인 견해를 대변한다. 실제의 생명의 단일성은 아마 양 극단에 있는 문장 (1)과 문장 (3)의 중간 어디쯤에 있을 것이다. 왜 이렇게밖에 말하지 못할까? 왜 다른 가능성은 배제했을까? 생명의 탄생이란 사건은 문장 (3)에서 이야기하는 것보다 훨씬 더 가능성이 큰 사건이라고 왜 이야기하지 못하는가? 왜냐하면 그럴 가능성은 거의 없기 때문이다. 만약 그런 일이 벌어졌다면 그 상황은 다음과 같을 것이다. 생명의 탄생이라고 하는 사건이 태양계 수가 제시하는 수치보다 훨씬 더 가능성이 큰 사건이라면 우리는 지금 그 외계의 생물과 만나고 있을 것이다. 직접적인 대면이 아니라면 최소한 전파를 통해서라도 말이다.

많은 화학자들이 생명의 자연 발생 과정을 실험실에서 재현해 보려고 시도했는데, 그 모든 노력이 실패로 돌아갔다는 사실이 종종 지적되고는 한다. 이러한 사실은 그 화학자들이 검증해 보려고 했던 생명의 기원에 관한 이론에 반대하는 증거로 이용된다. 하지만 화학자들이 시험관 속에서 생물을 자연 발생시키는 것이 매우 쉽다면 그것이야말로 우려할 만한 일이다. 화학자들이 실패한 이유는 그 실험들이 수십억 년이 아닌 기껏해야 몇 년 동안에 이루어졌기 때문이다. 그리고 실험을 하는 화학자의 수가 수십억이 아니라 단지 몇 명에 불과했기 때문이다. 만약 생명의 자연 발생이라는 사건이 화학자들이 실험한 몇십 년 동안에 발생할 수 있을 정도로 가능성이 큰 사건이었다면, 생명은 그 동안 지구에서도 여러 번 탄생했을 것이다. 지구 밖으로 퍼져 나간 전파가 미치는 범위 안에 드는 행성들에서도 여러 번 탄생했을 것이다. 물론 이 모든 것에 앞서 화학자들이 원시 지구의 환경을 완벽하게 재현했는가 하는 중요한 질문을 먼저 해 봐야 한다. 그러나 설혹 그 질문에 답할 수 없다고 해도 그 주장은 가치가 있다.

만약 생명의 탄생이란 사건이 보통의 인간적 기준에 비춰 봐도 충분히 가능성이 있는 사건이라면 지구의 전파가 미치는 범위 안에 있는 행성들 중 많은 수가 오래전에 전파 기술을 발달시켰을 것이다.(전파는 1초에 30만 킬로미터를 간다.) 그렇다면 우리가 전파를 탐지할 수 있는 기술을 보유하게 된 최근 몇십 년 동안 그 행성들 가운데 최소한 1개의 행성에서 날아오는 전파가 포착되었어야 한다. 만약 그 행성이 갖고 있는 전파 기술이 우리 지구에서만큼 오래된 것이라면 그 전파가 미치는 범위 안에는 대략 50개의 항성이 존재한다. 하지만 50년이라는 시간은 짧은 순간이다. 그래서 지구 가까운 곳에 외계의 다른 문명이 있다고 하는 것은 대단한 우연의 일치이다. 그 외계 문명이 만약 1,000년 전에 전파 기술을 발명했다고 가정하면 그 전파가 미치는 범위 안에 100만 개의 항성이 있게 된다.(그리고 그것들 하나하나마다 몇 개씩의 행성이 있다.) 만약 그 문명이 전파 기술을 10만 년 전에 발명했다면 그 전파가 미치는 범위는 수조 개의 항성을 가진 전 은하계를 포괄한다. 물론 행성 밖으로 퍼져 나가는 전파 신호는 그렇게 어마어마한 거리를 지나면 상당히 약해질 것이다.

그래서 우리는 다음과 같은 역설에 이르게 되었다. 만약 생명의 기원에 관한 어떤 이론이 충분히 가능성이 있는 이야기여서, 가능성에 관한 우리의 주관적인 판단을 만족시킬 수 있을 정도라면, 그것은 우리가 관찰하고 있는 우주에 지구말고는 생명이 없다는 사실을 설명하지 못한다. 따라서 이 주장에 따르면 우리가 바라는 이론은 우리의 제한된, 지구에 한정된, 몇십 년에 한정된 상상력으로는 불가능한 것으로 보이는 종류의 이론이다. 이런 관점에서 보면 케언스스미스의 이론이나 원시 수프 이론은 모두 너무 가능성이 커서 틀리는 쪽에 속하는 것 같다! 말하는 김에 고백한다면, 계산을 할 때 너무나 많은 곳에서 불확실한 숫자를 사용했기 때문에, 만약 어떤 화학자가 생명의 자연 발생 실험에 성공했다고 하더라도 나는 당황하지 않을 것이다!

우리는 아직도 지구에서 어떻게 자연선택이 시작되었는지 정확히 알지 못한다. 이 장은 단지 그것이 일어날 수 있는 한 가지 방법을 소개하려는 소박한 목적으로 쓴 것이다. 생명의 기원에 관해서는 오늘날에도 딱 부러지는 해답이 없다는 사실이 전체 다윈주의 세계관의 걸림돌로 작용해서는 안 된다. 하지만 (아마 어떤 의도에 따라서) 종종 그렇게 받아들여지는 것 같다. 앞 장에서는 그런 종류의 다른 장애물들을 없애 왔다. 다음 장에서도 다른 한 가지 장애물을 살펴보려고 한다. 즉 자연선택은 단지 파괴만 할 뿐이지 건설을 하지는 못한다는 잘못된 생각이다.

7장

건설적인 진화

흔히 사람들은 자연선택이 순전히 부정적인 힘에 지나지 않는다고 생각한다. 기형이나 실패작을 제거하는 능력은 있지만 복잡하거나 아름답고 효율적인 설계를 구축할 능력은 없다는 것이다. 그렇다면 자연선택은 이미 존재하는 것에서 무언가를 제거하는 역할밖에 하지 못하는 것일까? 진정 창조적이라고 말할 수 있는 과정을 통해 무언가를 덧붙이지는 못하는 것인가? 우리는 조각 작품의 예를 통해 이 물음에 대한 부분적인 답을 얻을 수 있을 것이다. 조각가는 대리석 덩어리에 아무것도 더하지 않는다. 조각가는 오직 떼 내기만 할 뿐이지만, 그래도 아름다운 조각 작품이 탄생한다. 그러나 이 비유는 자칫하면 사람들을 나쁜 생각(즉 조각가가 의식을 가진 설계자라는 생각)으로 비약하게 만들고 정작 중요한 사실을 간과하게 만들 위험의 소지가 있다. 이 비유에서 중요한 점은 조각가의 작업이 무엇을 부가하는 것이 아니라 제거하는 것이라는 사실이다. 그러나 이 점에서도 조각가의 비유에 지나치게 매달려서는 안 된다. 그것은 단지 비유일 뿐이기 때문이다. 자연선택은 무언가를 제거하기만 할지도 모르지만 돌연변이는 무언가를 부가할 수 있다. 돌연변이와 자연선택을 결합하는 방법 중에는 오랜 지질학적 시간 동안 삭제보다 부가를 많이 함으로써 복잡성의 구축을 이끌어 낼 수 있는 방법들이 있다. 주로 두 가지가 있는데 하나는 '서로 적응한 유

전자형(coadapted genotypes)' 이고 다른 하나는 '군비 확장 경쟁(arms races)' 이다. 이 두 가지 방법은 표면적으로는 다른 것처럼 보이지만 '공진화(계통적으로 관계없는 여러 생물이 서로 연관되며 진화하는 것 | 옮긴이)' 와 '서로에게 환경이 되는 유전자' 라는 측면에서 하나로 결합된다.

우선 '서로 적응한 유전자형' 에 대해 살펴보기로 하자. 유전자가 특정한 효과를 가지는 것은 거기에 이미 유전자가 작동할 수 있는 구조가 마련되어 있을 때 '뿐' 이다. 유전자가 뇌의 배선에 영향을 미치는 것은 그러한 배선을 가진 뇌가 존재하기 때문이다. 그런 배선을 가진 뇌가 존재할 수 있는 것은 발생 중인 완전한 배아가 있을 때뿐이다. 그리고 발생 중인 완전한 배가 존재하려면 화학적 세포적 수준에서 모든 것이 결정되어 있는 프로그램 전체가 존재하지 않으면 안 된다. 또한 그 프로그램은 무수한 다른 유전자와 무수한 비유전적 원인의 영향하에 있다. 유전자가 가지는 특정한 효과는 그 유전자의 본질적인 성질은 아니다. 그것은 배아 발생 중 특정한 장소 및 시간에 일어나는 발생 과정의 성질이며 그 발생 과정 자체의 상세한 내용은 유전자에 따라 변경될 수 있다. 우리는 이미 지금 이야기하고 있는 내용들이 컴퓨터 바이오모프의 발생에서 기본적으로 표현되었음을 보았다.

어떤 의미에서 배아 발생 과정 전체는 수천 개에 이르는 유전자들이 함께 운영하는 협동 사업이라고 볼 수 있다. 배아는 발생 중인 유기체 속에 들어 있는 서로 협력하는 모든 유전자들에 의해 구축된다. 따라서 이제 우리는 그러한 협력 작업이 어떻게 이루어지는가를 이해할 수 있는 열쇠를 얻게 된 셈이다. 자연선택의 과정에서 유전자들은 항상 자신들이 포함되어 있는 환경 속에서 번성할 수 있는 능력에 따라 선택된다. 환경이라고 이야기할 때면 흔히 포식자와 기후를 포함한 외부 세계를 떠올리게 되지만, 각각의 유전자의 관점에서 본다면 환경의 가장 중요한 부분은 '각 유전자가 만나는 다른 모든 유전자'이다. 그렇다면 유전자는 어디에서 다른 유전자를 '만나는가?' 대부분은 그 유전자가 포함되어 있는 개체의 세포들 속에서이다. 각각의 유전자는 몸속에서 만날 가능성이 높은 다른 유전자의 집단과 얼마나 성공적으로 협동할 수 있는가에 따라 선택된다.

특정 유전자가 작동할 수 있는 환경을 구성하는 실제 유전자 집단은 결코 일시적인 집합이 아니다. 최소한 유성 생식을 하는 종(種)에서는 교잡 가능한 개체군의 모든 유전자 집합, 즉 유전자 '풀(pool)'이 그 유전자의 실제 환경인 셈이다. 개별 원자들의 집합이라는 관점에서 한 유전자의 특정한 복제품은 개체를 구성하는 특정한 시점에 1개의 세포 속에 위치해야만 한다. 그러나 어떤 유전자의 복제품에 불과한 그 원자들의 집합이 영원한 것은 아니다. 겨우 수개월의 단위로 측정될 수 있는 평균 수명을 가질 뿐이다. 앞에서 설명했듯이 수명이 긴 진화 단위로서의 유전자는 결코 물리적 구조가 아니며, 수세대를 거쳐 텍스트로 보존되면서 복제되어 온 '정보'인 것이다. 이처럼 텍스트화된 자기 복제자는 분산되어 존재한다. 공간적으로 여러 개체에 퍼져 있고, 시간적으로 여러 세대에 걸쳐 있다. 이렇듯 분산되어 있다는 면에서 살펴본다면, 하나의 몸을 공유하고 있을 때 어느 유전자가 다른 유전자와 '만났다'고 말할 수 있을 것이다. 유전자는 분산되어 존재하기 때문에 장구한 지질학적 시간을 거쳐 분산된 존재 속에서 서로 다른 시간에 무수히 다른 유전자와의 만남을 '기대'할 수 있다. 성공한 유전자는 다른 몸속에서 만나게 되는 다른 유전자가 제공한 환경에 능숙하게 대처할 수 있는 유전자일 것이다. 그러한 환경에서 '능숙하게 대처할 수 있다'는 의미는 결국 다른 유전자와 '협동한다'는 것이다. 그것이 가장 직접적으로 나타나는 것이 생화학적 경로의 예일 것이다.

생화학적 경로는 에너지 방출이나 중요한 물질의 합성과 같은 유익한 과정에서 순차적인 단계를 구성하는 일련의 화학 반응이다. 이 경로의 각 단계는 효소를 필요로 한다. 효소는 화학 공장에서 하나의 기계와 같은 역할을 하는 거대 분자의 일종이다. 화학적 경로의 단계가 다르면 필요한 효소도 달라진다. 때로는 동일한 유익한 목적에 대해 2개 이상의 대체 가능한 화학적 경로가 있는 경우도 있다. 어느 경로든 최종적으로는 같은 유익한 결과를 가져오더라도, 그 결과에 이르기까지의 중간 단계가 다르거나 출발점이 다른 것이 보통이다. 이 두 가지 대체 경로의 어느 한쪽이 훌륭하게 기능하고 있다면 어느 쪽이 채택되든 큰 문제가 아니다. 특정 동물에서 중요한 사실은 양쪽 경로를 동시에 이용하지 않도록 피하는 것이다. 중복이 이루어질 경우 화학 반응에 혼란이 야기되어 효율이 나빠지기 때문이다.

그러면 경로 1은 원하는 화학 물질 D를 합성하기 위해 일련의 효소 A1, B1, C1을 필요로 하고, 경로 2는 같은 최종 산물을 얻기 위해 효소 A2, B2, C2를 필요로 한다고 가정하자. 각 효소는 특정 유전자에 의해 만들어진다. 따라서 경로 1의 연속 작업을 진화시키기 위해서 한 종은 A1, B1, C1을 암호화하고 있는 모든 유전자를 공진화시키지 않으면 안 된다. 또한 대체 경로 2의 연속 작업을 진화시키기 위해서도 A2, B2, C2를 암호화하고 있는 모든 유전자를 공진화시켜야 한다. 이 두 가지 공진화 중 어느 쪽이 일어날 것인지가 사전에 계획되는 것은 아니다. 어느 쪽이 선택되는가는 당시 각 유전자가 '여러 유전자 집단 중에서 이미 우세를 점하고 있는' 다른 유전자와 비교하여 적합한지의 여부에 따라 결정된다. 그때 우연히 유전자 집단 가운데 B1과 C1 유전자가 풍부하다면 A2 유전자가 아니라 A1 유전자가 유리한 상황이 설정되는 셈이다. 역으로 집단 가운데 B2와 C2의 유전자가 풍부하다면 이때에는 A1 유전자가 아니라 A2 유전자가 자연선택에서 유리한 위치에 서게 될 것이다.

물론 실제로 벌어지는 일은 이처럼 간단하지 않을 것이다. 그러나 어떤 유전자에게 유리한 '상황'이 되느냐 불리한 '상황'이 되느냐에 가장 중요하게 작용하는 것은 그 집단 가운데 이미 다수를 점하고 있는 다른 유전자, 즉 몸을 공유할 가능성이 높은 다른 유전자라는 사실을 이해하게 되었을 것이다. '다른' 유전자의 경우에도 마찬가지일 것이기 때문에 우리는 유전자 집단이 일체가 되어 어떤 문제를 협동해서 해결하는 방향으로 진화하게 되리라는 것을 머릿속에 그릴 수 있다. 유전자 자신이 진화하는 것은 아니다. 유전자는 오직 유전자 풀 속에서 생존하는 데 성공하거나 실패할 뿐이다. 진화하는 것은 유전자의 '팀(team)'이다. 그런데 다른 팀 역시 마찬가지로 또는 그 이상으로 능숙하게 기능할지도 모른다. 그러나 일단 한 팀이 그 종의 유전자 풀 속에서 우세를 점하기 시작하면 그 팀은 필연적으로 유리한 위치에 서게 된다. 설령 어떤 소수파 팀이 훨씬 더 효율적으로 기능한다 하더라도 소수파 팀이 뚫고 들어오기란 매우 어렵다. 다수파 팀은 단순히 다수파라는 이유만으로 밀려나지 않기 위해 필사적으로 저항한다. 그렇다고 해서 다수파 팀이 절대 치환되지 않는다는 뜻은 아니다. 만약 절대 바뀌지 않는다면 진화는 브레이크가 걸려 정지하고 말 것이다. 따라서 그 속에 일종의 내재된 관성이 있다는 뜻이다.

물론 이런 논의가 생화학적 수준에만 한정되는 것은 아니다. 눈, 귀, 코, 보행에 사용되는 사지(四肢)처럼 동물 신체의 협동적인 기관을 구성하고 있는 여러 부분을 만드는 적응력이 높은 유전자 집단에 대해서도 마찬가지로 적용할 수 있다. 살을 베어 무는 데 적합한 이빨을 만드는 유전자는 고기를 소화하는 데 적합한 창자를 만드는 유전자가 우위를 점한 '상황'에서 유리하게 된다. 역으로 식물을 으깨기 좋은 이빨을 만드는 유전자는 식물을 소화하는 데 적합한 창자를 만드는 유전자가 우세한 '상황'에서 유리해질 것이다. 두 경우 모두 역이 성립한다. 따라서 '초식 유전자' 팀은 함께 진화하기 쉬울 것이다. '육식 유전자' 팀 역시 함께 진화하기 쉽다. 실제로 어떤 의미에서는 같은 몸속에 들어 있는 유전자의 대부분은 하나의 팀으로 서로 협동하고 있다고 말할 수 있다. 왜냐하면 진화적 시간을 거쳐 그 유전자들(그들 자신도 선조의 복제이다.)은 서로 자연선택을 하는 환경의 일부가 되었기 때문이다. 왜 사자의 선조는 육식을 선택했고, 영양의 선조는 초식을 채택했는가 하는 물음에 대해 원래 처음부터 우연히 결정되었다고 답할 수 있을 것이다. 그러나 그것이 우연이라고 말한다면 사자의 선조가 초식을 선택할 수 있었고, 영양의 선조 역시 육식을 채택할 수 있었다는 의미도 된다. 하지만 어느 특정한 계통이 일단 풀보다 고기를 잘 처리하는 유전자 팀을 구축하기 '시작'하면 이 과정은 필연적으로 (자기) 강화의 길을 걷게 될 것이다. 마찬가지로 다른 계통이 일단 고기보다 풀을 잘 처리하는 유전자 팀을 구축하기 시작하는 경우에도 '그' 과정은 필연적으로 또 하나의 방향으로 강화될 것이다.

생물의 초기 진화에서 반드시 나타나는 사건의 하나는 그러한 협동 사업에 참여하는 유전자의 수가 증가한다는 것이다. 박테리아의 유전자 수는 동물이나 식물에 비해 훨씬 적다. 유전자 수는 여러 종류의 유전자가 중복됨으로써 증가해 왔을 것이다. 유전자도 컴퓨터 디스크에 써넣은 파일과 마찬가지로 부호화된 길다란 기호라는 사실을 상기할 필요가 있다. 파일이 디스크상에서 다른 장소로 복사되는 것과 마찬가지로 유전자는 염색체상에서 다른 장소로 복사될 수 있다. 이 장의 원고를 담고 있는 디스크에는 공식적으로 오직 3개의 파일밖에 없다. 내가 '공식적으로'라는 말을 사용하는 것은 컴퓨터의 운영 체계가 디스크에 3개의 파일만이 있다고 표시한다는 의미다. 나는 컴퓨터에게 3개의 파일 중에서 하나를 읽어 들여 알파벳 문자열로 나타내라고 지시할 수 있다. 그 속에는 여러분이 지금 읽고 있는 문자도 들어 있다. 그 문자열은 완전히 질서정연한 모습으로 보인다. 그러나 실제로 디스크 자체를 들여다보면 거기에 들어 있는 문자열은 전혀 질서정연한 상태가 아니다. 컴퓨터 자체의 공식적인 운영 체계의 통제에서 벗어나 디스크의 전 영역에 실제로 작성되어 있는 내용을 해독하는 개인적 프로그램을 써넣을 수 있다면 실제의 문자열을 살펴볼 수 있을 것이다. 3개의 파일은 수많은 단편으로 여기저기 흩어져 있을 것이고, 그 사이에는 내가 오래전에 삭제하고 잊고 있던 낡은 파일과 죽은 파일들의 단편이 끼어 있을 것이다. 모든 단편들은 디스크 전체의 여러 곳에 퍼져 있을 것이다.

그 이유는 매우 흥미로울 뿐 아니라 유전학에 대해 훌륭한 비유를 제공한다는 점에서 가치가 있다. 어느 파일을 소거하라는 명령을 컴퓨터에 내리면 컴퓨터는 그 명령을 곧이곧대로 따르는 것처럼 보인다. 그러나 실제로 그 파일은 완전히 지워진 것이 아니다. 파일의 위치를 나타내는 모든 표시가 지워진 것에 불과하다. 말하자면 『채털리 부인의 연인』이라는 책을 파기하라는 지시를 받은 도서관 사서가 책은 그대로 서가에 남겨 둔 채 검색 카드에서 문제의 카드만 빼내 파기시킨 것과 같은 셈이다. 컴퓨터의 측면에서는 이런 과정이 매우 경제적인 처리 방식일 것이다. 왜냐하면 '소거된' 파일이 그때까지 차지하고 있던 공간은 낡은 파일의 표시가 사라지는 것과 동시에 자동적으로 새로운 파일이 이용할 수 있을 것이기 때문이다. 그 공간을 일부러 공백으로 비워 놓으려 한다면 공연한 시간 낭비일 뿐이다. 낡은 파일 자체는 그것이 점하고 있던 모든 공간을 새로운 파일을 저장하는 데 사용하지 않는 한 완전히 지워지지는 않을 것이다.

그러나 이 공간의 재이용은 아주 조금씩 진행된다. 새로운 파일과 낡은 파일의 길이가 정확히 같은 경우는 극히 드물다. 컴퓨터는 새로운 파일을 디스크에 보존할 때 먼저 비어 있는 단편적 공간을 찾아 그곳에 새로운 파일의 내용을 그 공간만큼만 써넣는다. 그런 다음 다른 비어 있는 단편적 공간을 찾아 좀 더 써넣는다. 이런 식으로 파일 전체를 디스크의 어딘가에 기록해 간다. 사람들은 흔히 파일을 질서 있게 배열된 단일한 문자열로 착각하고 있다. 그것은 컴퓨터가 여기저기 흩어져 있는 모든 단편의 주소(address)를 '지정하는' 기록을 계속 유지하기 때문이다. 이러한 '지침'은 《뉴욕 타임스》에서 흔히 사용되는 '94쪽에 계속됨'과 같은 식의 안내 지침과 동일하다. 문자열의 여러 단편의 무수한 복제가 하나의 디스크상에서 발견되는 것은 이 책의 각 장들이 몇 번씩 반복적으로 편집되는 과정에서 편집될 때마다 새롭게 저장되는 것과 마찬가지 이유이다. 이런 과정을 거쳐 보존되면 표면적으로는 같은 파일을 보존하는 것처럼 보인다. 그러나 이미 살펴보았듯이 실제로 그 문자열은 디스크상의 사용 가능한 '공백' 사이사이에 반복적으로 분산된다. 특정한 문자열은 복제품의 단편 형태로 디스크 표면 전체에서 여러 번 발견되며 디스크를 오랫동안 사용할수록 복제품의 수가 늘어난다.

종의 DNA 운영 체제가 몹시 오래된 것이고 장기적으로 보면 디스크 파일을 갖춘 컴퓨터와 흡사하다는 분명한 증거가 있다. 그 증거는 '인트론(유전자 중 엑손 사이에 위치하여 그 유전자의 최종 산물로 발현되지 않는 염기 서열 | 옮긴이)'과 '엑손(진핵 생물의 mRNA 정보 배열을 가리킴 | 옮긴이)'이라는 흥미로운 유전자 형태에서 찾을 수 있다. 연속적으로 읽히는 DNA 문자열의 한 소절인 '1개'의 유전자는 한 곳에 모두 저장되어 있는 것은 아니라는 사실이 지난 10여 년에 걸친 연구 결과 밝혀졌다. 실제로 염색체를 따라 발견되는 암호 문자를 읽는다면(즉 '운영 체제'의 통

제에서 벗어나는 것과 마찬가지 일을 한다면) 엑손이라 불리는 '의미 있는' 단편이 인트론이라 불리는 '무의미한' 부분으로 나뉘어 있다는 사실을 이해할 수 있을 것이다. 기능적인 의미에서의 '유전자' 는 실제로 의미 없는 인트론을 통해 나뉘어 있는 일련의 단편(엑손)들로 분할되어 있다. 그것은 마치 하나하나의 엑손이 '94쪽으로 연결됨' 이라는 내용의 지침으로 끝맺는 것과도 같다. 단백질로 번역하는 '공식' 운영 체제를 통해 판독되기 시작할 때에만 실제로 엑손들이 하나로 연결되어 1개의 완전한 유전자가 형성될 수 있는 것이다.

또 다른 증거는 염색체에는 더 이상 사용되지 않지만 상당한 의미를 가진 낡은 유전적 문자열이 흩어져 있다는 사실에서 찾을 수 있다. 컴퓨터 프로그래머에게 있어서 이러한 '화석 유전자' (단편)의 분포 패턴은 놀랍게도 문자열을 자주 편집한 낡은 디스크의 표면에 남아 있는 문자열의 패턴을 상기시킨다. 어떤 동물의 경우 실제로는 전체 유전자의 상당 부분이 한번도 읽힌 적이 없다. 이러한 유전자들은 아무런 의미도 없는 것이거나 낡은 '화석 유전자' 이다.

때로 문자열의 화석은 내가 이 책을 집필하는 과정에서도 경험했듯이 다시 모습을 나타낸다. 컴퓨터의 실수(또는 좀 더 정확하게 말하자면 인간의 실수였지만)로 인해 나는 3장의 내용을 담고 있던 컴퓨터 디스크를 '소거' 해 버렸다. 물론 그 문자열 자체는 문자 그대로 완전히 소거된 것은 아니었다. 확실하게 소거된 것은 각 엑손의 시작과 끝을 나타내는 표지였다. '공식적' 인 운영 체제로는 아무것도 읽어 들일 수 없었다. 그러나 나는 '비공식적' 으로 유전공학자의 역할을 수행할 수 있었고, 그 결과 디스크에 있는 문자열을 전부 조사할 수 있었다. 거기에서 발견한 것 중 일부는 최근의 것이었다. 나머지는 고대의 '화석' 에 해당하는 문자열의 단편들이었는데 혼란스러울 정도로 서로 뒤엉켜 있어서 마치 조각 그림 맞추기 같았다. 그 조각들을 한데 결합하자 3장을 재구성할 수 있었다. 그 조각들 중 어떤 것이 최근 것이고, 어떤 것이 화석인지 상세히 알 수는 없었지만 약간의 새로운 편집과 수정에 따른 차이를 제외하고는 거의 비슷했기 때문에 조각들을 맞추는 데 큰 문제는 없었다. 최소한 '화석'의 일부, 또는 오래된 '인트론'의 일부가 다시 모습을 드러냈다. 그 화석들은 곤경에 빠진 나를 구해 주고 3장 전체를 되살려 내는 수단으로 훌륭한 역할을 해냈다.

생물 종 중에도 때때로 '화석 유전자'가 100만 년 이상 되는 오랜 잠에서 깨어 모습을 드러내 재이용되는 경우가 있다는 증거가 있다. 그 문제를 상세히 다루기 시작하면 이 장의 중심 주제에서 벗어날 것이다. 아니, 이미 우리는 옆길로 들어선 셈이다. 우리의 중심 주제는 어떤 종의 유전적 용량은 유전자 중복(duplication)을 통해 증가할 수 있다는 것이었다. 현존하는 유전자 속에 들어 있는 낡은 '화석' 복제의 재이용은 유전적 용량을 증가시키는 하나의 방법이다. 그런데 또 하나의 보다 직접적인 방법이 있다. 즉 파일이 같은 디스크의 다른 위치나 혹은 다른 디스크로 복제되는 것과 같이 유전자가 염색체상의 넓게 분산된 위치에 복제되는 것이다.

인간은 서로 다른 염색체상에 실려 있는 글로빈 유전자(여러 가지 기능이 있지만 그중에서도 헤모글로빈을 만드는 데 사용된다.)라 불리는 8개의 유전자를 가지고 있다. 궁극적인 단계까지 파고들어 간다면 8개의 유전자는 모두 단일한 글로빈 유전자라는 선조에서 복제되었음이 확실하다. 약 11억 년 전 글로빈 유전자의 선조는 중복을 일으켜 2개의 유전자가 되었다. 이 사건이 일어난 연대를 추정할 수 있는 것은 글로빈이 통상 어느 정도의 속도로 진화하는가에 대한 증거를 얻을 수 있기 때문이다.(5장 및 8장 참조) 최초의 중복을 통해 만들어진 이 2개의 유전자 중 하나가 척추동물의 헤모글로빈을 만드는 모든 유전자의 선조가 되었다. 다른 한쪽의 유전자는 근육 속에서 작용하는 단백질과 유연관계에 있는 미오글로빈을 만드는 모든 유전자의 조상이 되었다. 그 뒤 중복이 반복되면서 이른바 알파, 베타, 감마, 델타, 엡실론, 제타 등의 글로빈이 형성될 수 있었다. 무척 흥미로운 사실은 우리가 전 글로빈 유전자족(族)의 완전한 계보(系譜)를 구축할 수 있으며 나아가 그 분지점의 모든 연대까지 결정할 수 있다는 점이다.(예를 들면 텔타 글로빈과 베타 글로빈은 약 4000만 년 전에, 엡실론 글로빈과 감마 글로빈은 약 1억 년 전에 분리되었다.) 그러나 이들 8개의 글로빈은 먼 선조가 살았던 오랜 과거의 분지의 후손으로 지금까지도 그 전부가 한 사람 한 사람의 몸속에 남아 있다. 그것들은 선조의 염색체의 서로 다른 부분에 분산되어 있었고, 우리는 서로 다른 염색체상에서 글로빈 유전자를 전달받았다. 분자들은 오랜 과거의 분자들과 주요 부분의 조성을 공유하고 있다. 그러한 중복이 염색체의 모든 위치에서 지질학적 시간에 걸쳐 대량으로 진행되었다. 이것은 현실의 생물이 3장에서 설명한 바이오모프보다 복잡하다는 것을 나타내는 중요한 사실이다. 바이오모프는 겨우 9개의 유전자를 가지고 있을 뿐이다. 그것들은 9개의 유전자의 변화를 통해 진화했고 유전자 수가 10개로 늘어나는 방향으로는 진화하지 않았다. 실제 동물의 경우에도 한 종의 모든 구성원들이 DNA '주소' 시스템을 공유하고 있다는 주장을 무효화하지 못할 만큼 이러한 중복은 희귀하다.

종 내에서의 유전자 중복이 진화에서 협동하는 유전자의 숫자가 증가하는 유일한 방법은 아니다. 그보다 훨씬 희귀하고 중요한 사건은 다른 종, 특히 극단적으로 유연관계가 먼 다른 종들의 유전자들이 우연히 혼합되는 경우이다. 일례로 완두 같은 콩과 식물의 뿌리에는 헤모글로빈이 있다. 헤모글로빈은 다른 식물의 과에서는 절대 발견되지 않으며 바이러스를 매개로 하여 동물과의 교차 감염을 통해 콩과에 들어온 것이 확실하다.

많은 사람들이 받아들이고 있는 미국의 생물학자 린 마굴리스의 이론에 따르면 진핵 세포의 기원에서도 이와 같은 일이 벌어졌다고 한다. 진핵 세포란 박테리아 세포를 제외한 모든 세포를 말한다. 생물계는 기본적으로 박테리아 대 그 밖의 세포로 나뉜다. 우리는 그 밖의 쪽, 즉 진핵 생물이라 총칭하는 그룹에 속한다. 우리와 박테리아의 가장 큰 차이는, 우리의 세포 내부에는 따로 떨어져 있는 작은 세포들이 있다는 점이다. 이 작은 세포들에는 염색체를 포함하고 있는 핵, 복잡한 막 속에 들어 있는 미토콘드리아라 불리는 소형 폭탄처럼 생긴 물체(그림 1에 간략하게 표현되어 있다.) 그리고 식물의 (진핵) 세포에서 발견되는 엽록체 등이 있다. 미토콘드리아와 엽록체는 독자적인 DNA를 가지고 있으며, 이들의 DNA는 핵의 염색체상에 있는 주 DNA와는 전혀 다른 방식으로 자기를 복제하거나 증식한다. 여러분의 몸속에도 있는 미토콘드리아는 모두 난자를 통해 어머니로부터 전달된 미토콘드리아 소집단의 자손이다. 정자는 미토콘드리아를 담기에는 너무 작기 때문에 미토콘드리아는 여성을 통해서만 독점적으로 전해진다. 따라서 남성의 몸은 미토콘드리아의 번식에 관한 한 막다른 골목인 셈이다. 이것은 우리가 미토콘드리아를 이용해 선조를, 더 정확하게 말하자면 여성 쪽의 선조를 추적할 수 있다는 뜻이 된다.

마굴리스의 이론은 미토콘드리아와 엽록체 그리고 그 밖의 몇몇 세포 내 구조가 각기 다른 박테리아에서 유래했다고 주장한다. 진핵 세포는 약 20억 년 전 몇 종류의 박테리아가 힘을 합쳐 형성되었다. 그 편이 상대로부터 이익을 얻을 수 있기 때문이었다. 박테리아들은 상상할 수 없을 만큼의 오랜 시간에 걸쳐 철저한 통합을 진행시킴으로써 협동적

단위인 진핵 세포가 되었으며, 이제는 한때 그들이 서로 독립된 별개의 박테리아였다는 사실(만일 그것이 사실이라면)을 확인할 길이 없을 정도가 되어 버렸다.

일단 진핵 세포가 형성되자 완전히 새로운 설계가 가능해졌다. 그중에서 가장 흥미로운 사실은 수십억 개의 세포로 구성된 거대한 몸을 구축할 수 있게 되었다는 점이다. 모든 세포는 둘로 갈라져서 증식하고, 분열된 2개의 세포 각각은 모두 완전한 유전자를 가진다. 핀의 머리에 있는 박테리아의 예에서 보았듯이, 계속적인 이분열을 통해 짧은 시간 동안 막대한 수의 세포가 발생한다. 하나의 세포에서 시작해 보자. 그 세포는 2개로 분열한다. 2개의 세포가 각기 분열해 4개의 세포가 되고, 그 4개가 다시 분열해서 8개의 세포가 된다. 이 수는 8에서 16, 32, 64, 128, 256, 512, 1024, 2048, 4096, 8192 등으로 배로 늘어나게 된다. 20회 분열하기까지 시간은 별로 걸리지 않았지만 세포의 숫자는 수백만 개에 달하게 된다. 그리고 겨우 40회로 세포의 수는 1조 개 이상이 된다. 박테리아의 경우에 계속된 제곱으로 만들어진 막대한 수의 세포는 뿔뿔이 흩어져 서로 다른 길을 간다. 가령 아메바와 같은 원생생물 등의 진핵 세포들에서도 이와 마찬가지 현상이 나타났다. 진화의 측면에서 이루어진 큰 진전은 연속적인 분열을 통해 만들어진 세포가 독립적으로 분리되기보다는 함께 결합되었다는 사실이다. 비교할 수 없을 정도로 작은 규모이기는 하지만 두 갈래로 분지하는 컴퓨터 바이오모프와 마찬가지의 과정을 거쳐 고차원의 구조가 탄생한 것이다.

이제 최초로 몸이 커질 수 있는 가능성이 생겨났다. 사실상 사람의 몸은 거대한 세포 집단이고 그 세포들은 모두 하나의 조상, 즉 수정란의 자손이다. 따라서 그들은 모두 사촌이고 자식이고 손자이며 삼촌이다. 각자를 구성하고 있는 10조 개의 세포는 수십 세대에 걸친 분열을 통해 형성되었다. 이 세포들은 약 210가지의 서로 다른 종류로 분류된다.(분류하는 방법이야 취향에 따라 다를 것이다.) 그것들은 모두 같은 유전자 집합으로 만들어지지만 세포의 종류에 따라 유전자 집합의 다른 부분에서 스위치가 켜진다. 앞에서 살펴보았듯이 간세포와 뇌 세포가 다르고, 뼈 세포와 근육 세포가 다른 것은 바로 그런 이유 때문이다.

다세포체의 기관이나 행동 양식을 통해 작동하는 유전자는 단세포가 스스로에게 행사할 수 없는 방법으로 그 자신의 증식을 확실하게 도모할 수 있다. 다세포체에 속한 유전자는 단세포에 비해 훨씬 큰 규모의 도구를 사용해 세계를 조작할 수 있을 것이다. 유전자는 세포의 미세 규모에 대한 보다 직접적인 작용을 통해 이러한 대규모의 간접적인 조작을 하게 된다. 예를 들어 유전자는 세포막의 모습을 바꾼다. 그러면 세포는 집단으로 상호 작용을 하면서 대규모 그룹 효과를 낳아 팔이나 다리, (좀 더 간접적으로는) 비버의 댐 등을 만들게 된다. 우리의 눈으로 볼 수 있는 대부분의 생물은 이른바 '창발적 성질(emergent property, 기존 요소의 예기치 못한 재편성 결과로 진화의 한 단계에서 전혀 새로운 양상이 나타나는 특성|옮긴이)'을 가지고 있다. 9개의 유전자를 가진 컴퓨터 바이오모프도 창발적 성질을 가지고 있다. 실제 동물에서 이러한 성질은 세포 사이의 상호 작용을 통해 몸 전체의 수준에서 만들어진다. 모든 생물은 하나의 단위로 기능하고 그 유전자는 몸 전체에 효과를 미친다고 말할 수 있다. 비록 어느 한 유전자의 복제가 각각 자신의 세포 내에만 직접적인 효과를 발휘한다 하더라도 그 결과는 마찬가지이다.

앞에서 살펴보았듯이 유전자의 환경으로 매우 중요한 부분은 몸속에서 만나게 되는 다른 유전자이다. 세대의 진전에 따라 점차 형성되는 이 유전자들은 그 종(種) 안에서 여러 가지 방식으로 결합되고 교환된다. 실제로 유성 생식을 하는 종들은 서로 익숙해져 있는 여러 가지 유전자

조합을 교환하는 장치라고 생각할 수 있다. 이런 관점에 따르면 종은 끊임없이 뒤섞이는 유전자의 집합체이고 유전자는 그 종 안에서만 서로 만나며, 다른 종의 유전자와는 결코 만나지 않게 된다. 그러나 이렇게 말한다면 다른 종의 유전자 역시, 비록 세포의 안쪽 가까운 거리에서 직접 만나지는 않는다 하더라도, 어떤 의미에서는 상호 환경으로서 매우 중요한 부분을 구성하고 있다. 그 관계는 협동적이 아니라 적대적인 경우가 많지만, 거기에 반드시 양이나 음의 부호를 붙이는 식으로 생각할 필요는 없다. 여기에서 우리는 이 장의 두 번째 주제인 '군비 확장 경쟁'에 도달하게 된다. 군비 확장 경쟁은 포식자와 피식자 사이에서, 기생 생물과 숙주 사이에서 그리고 한 종의 수컷과 암컷 사이에서도(수컷과 암컷 사이의 관계는 훨씬 미묘한 것이어서 여기에서는 더 이상 자세히 언급하지 않겠다.) 나타난다.

군비 확장 경쟁은 개체가 살아 있는 동안 이루어지는 것이 아니라 진화적 시간 척도에서 진행된다. 그것은 한쪽의 계통(예를 들면 포식자)이 진화시킨 장비의 개선에 따른 직접적인 결과로 다른 한쪽의 계통(예를 들면 피식자)이 살아남기 위해 장비를 개선시키는 과정으로 이루어진다. 군비 확장 경쟁은 각 개체에게 진화적인 개선 능력을 갖춘 적(敵)이 있는 경우에 어디서든 관찰할 수 있다. 내가 군비 확장 경쟁에 가장 큰 중요성을 부여하는 이유는 진화에 '진보성'을 끼워 넣어 온 가장 큰 원인이 바로 군비 확장 경쟁이기 때문이다. 과거의 선입관과는 정반대로 진화 자체에 진보라는 특성이 내재되어 있는 것은 아니다. 동물이 기후나 그 밖의 비생물적 환경에서 야기되는 문제만 직면했다면 어떤 일이 일어났을까를 한번 생각해 본다면 그 이유를 쉽게 이해할 수 있을 것이다.

어느 한 장소에서 수세대에 걸쳐 누적적인 자연선택이 이루어진 후에 그 지방의 동식물은 그 지역의 조건, 예를 들면 기후 조건에 훌륭하게 적응하게 된다. 날씨가 추워지면 동물은 두꺼운 털이나 깃털 외투를 가질 것이고 건조해지면 소량의 수분만으로도 몸을 보존할 수 있는 가죽이나 왁스로 덮인 방수성 피부를 진화시킬 것이다. 국지적 조건에 대한 적응은 형태나 색깔, 내부 기관, 행동, 세포 내의 화학 반응 등 몸의 모든 구석까지 영향을 미친다.

어떤 동물 계통의 생활 조건이 일정한 상태, 예를 들어 건조하고 더운 상태로 100세대에 걸쳐 계속 유지된다면, 그 계통의 진화는 최소한 온도나 습도에 대한 적응에 관해서는 브레이크가 걸려 정지하고 말 것이다. 그 동물은 국지적 조건에 대해서는 가능한 한 훌륭하게 적응하게 될 것이다. 그렇다고 해서 그 이상 개선되는 방향으로 설계가 완전히 바뀌는 일이 절대 일어날 수 없다는 뜻은 아니다. 작은 (그래서 쉽게 일어날 수 있는) 진화 단계를 통해서는 설계를 개선할 수 없다는 뜻이다. 말하자면 '바이오모프' 공간에서 인접해 있는 이웃이 더 나을 것이 없다는 뜻이다.

무언가 다른 조건이 변하지 않는 한, 진화는 휴지(休止) 상태에 빠지게 된다. 예를 들면 빙하기가 시작될 때처럼 그 지역의 평균 강수량의 변화나 우세풍의 풍향 변화 등이 필요하다. 그러한 변화는 진화적 시간과 같이 오랜 시간 척도를 취급하는 경우에는 확실하게 나타난다. 그 결과 진화는 멈추지 않고 변화하는 환경을 계속해서 '뒤따른다.' 그 지역의 평균 기온이 착실하게 하강 경향을 나타낼 경우, 더욱이 그 경향이 수세기 동안 계속된다면 동물은 수세대에 거쳐 일정한 선택압을 받게 되어, 예를 들어 모피를 두껍게 하는 방향으로 진화를 추진하게 될 것이다. 2,000년 내지 3,000년 동안 온도 저하가 계속된 후, 그 경향이 역전되어 평균 기온이 차츰 올라가게 되면 그 동물은 이번에는 새로운 선택압을 받아 다시 모피를 얇게 하는 방향으로 진화를 진행시킬 것이다.

　그런데 지금까지 우리가 살펴본 것은 환경의 한정된 부분, 즉 기후에 대한 것뿐이었다. 기후는 동물과 식물 모두에게 극히 중요한 요소이다. 그 패턴은 수세기에 걸쳐 변화하며, 끊임없이 진화가 그 변화를 '뒤따르'도록 강제한다. 그러나 기후 변동은 임의적이고 일관성도 없다. 그런데 동물의 환경에는 그보다 훨씬 일관적이고 악의에 찬 방향으로 변화하지만, 그럼에도 불구하고 '뒤따르지' 않는 수많은 부분이 있다. 환경의 이러한 부분이란 생물 그 자체이다. 하이에나와 같은 포식자에게 있어 최소한 기후만큼 중요한 환경은 먹이, 즉 누(소처럼 생긴 영양의 일종 | 옮긴이)나 얼룩말이나 영양 같은 동물들의 개체군이다. 풀을 찾아 평원을 이동하는 영양이나 그 밖의 초식 동물에게는 기후뿐 아니라 사자나 하이에나 같은 육식 동물들도 매우 중요하다. 누적적인 자연선택은 동물들을 기후 조건에 훌륭하게 적응하게 만들 뿐 아니라 먹이가 되는 초식 동물들을 포식자보다 빠른 속도로 적응하게 만든다. 따라서 진화가 장기적인 기후 변동을 '뒤따르는' 것과 마찬가지로, 먹이가 되는 생물의 진화적 변화는 포식자의 습성이나 무기의 장기적 변화를 '뒤따르게' 된다. 물론 그 역도 성립한다.

　어느 종의 '천적'이라는 일반적인 용어는 그 생물의 생활을 곤란하게 만드는 다른 생물을 지칭할 때에 사용된다. 사자는 얼룩말의 천적이다. 이 말을 뒤집어서 '얼룩말은 사자의 천적이다.'라고 한다면 터무니없는 이야기처럼 들릴 것이다. 이 관계에서 얼룩말이 맡고 있는 역할은 사자에게 아무런 해도 입히지 않는 것인데도 얼룩말에게 '천적'이라는 악의에 찬 표현을 사용하는 것은 가당치 않은 것 같다. 그러나 한 마리 한 마리의 얼룩말은 전력을 다해 사자에게 먹히지 않으려고 저항하고, 얼룩말의 이러한 행위는 사자의 생활을 곤란하게 만든다. 사자의 관점에서 본다면 얼룩말의 행위는 사자에게 해를 입히는 셈이다. 만약 얼룩말이나 그 밖의 초식 동물들이 자신들의 목적을 완전히 달성한다면 사자는 모두 굶어 죽고 말 것이다. 따라서 이런 정의에 따르면 얼룩말은 사자의 천적인 것이다. 촌충과 같은 기생충은 숙주의 천적이고, 그리고 숙주 또한 기생충에게 대항하는 수단을 진화시키는 경향이 있으므로 역시 기생충의 천적이다. 초식 동물은 식물의 천적이며, 식물도 가시나 유독 물질 또는 맛이 고약한 화학 물질을 만들기 때문에 초식 동물의 천적인 것이다.

동물이나 식물의 계통은 진화적 시간 속에서 평균적인 기후 조건의 변화를 뒤따르는 데 뒤지지 않을 만큼 부지런히 적의 변화를 '뒤따를' 것이다. 가젤의 관점에서 말하자면 치타의 무기나 전술의 진화적 개선은 기후의 지속적인 악화와 마찬가지이다. 가젤은 기후에 적응하는 것과 같은 방법으로 치타의 개선을 뒤따를 것이다. 그러나 둘 사이에는 중요한 차이점이 있는데 기후는 수세기에 걸쳐 느린 속도로 변화할 뿐이고 가젤에 대해서만 특별히 악의적인 방식으로 변화하지는 않는다는 것이다. 기후가 가젤을 '잡아먹지'는 않는다. 치타도 수세기에 걸쳐 변화한다. 그것은 연평균 강우량이 수세기에 걸쳐 변화하는 것과 마찬가지이다. 그러나 연평균 강우량은 특별한 이유나 주기 없이 오르내리는 데에 비해 치타는 수세기에 걸쳐 그 선조보다 가젤을 포획하는 능력을 높여 가는 경향이 있다. 이것은 계속되는 치타의 세대가 해마다 바뀌는 기후 조건의 연속적인 변화와 달리 그 자체가 누적적인 자연선택이 되기 때문이다. 따라서 치타의 다리는 점점 빨라지고, 눈은 점차 예리해지고, 이빨은 계속 날카로워진다. 기후 같은 무생물적 조건들은 그것이 아무리 '적대적'인 것처럼 보인다고 해도 그 적대성을 점진적으로 강화할 필요가 어디에도 없다. 반면 살아 있는 천적은 진화적 시간 척도에서 볼 때, 그 적대성을 점진적으로 강화할 필요가 있다.

육식 동물이 차츰 '나아지는' 경향은 먹이가 되는 동물이 육식 동물과 마찬가지로 평행하게 나아지지 않는다면 사람들의 군비 확장 경쟁처럼 (앞으로 살펴보게 될 경제적 비용 문제 때문에) 금방 속도가 떨어지게 될 것이다. 먹이가 되는 생물에게도 마찬가지 경우가 성립한다. 가젤은 치타와 동일하게 누적적인 자연선택을 통해, 역시 세대를 거치면서 점차 빠른 속도로 달리고 신속하게 반응하고 키 큰 풀 속으로 들어가 몸을 숨기는 방법을 터득하는 등의 능력을 개선하게 된다. 가젤 역시 천적에 대해서(이 경우에는 치타에 대해서) 적대성을 높이는 방향으로 진화할 수 있는 것이다. 주위 환경에 훌륭하게 적응한 동물에게는 어떤 변화도 악화라는 것을 제외한다면, 치타의 관점에서 연평균 기온의 변화는, 해를 거듭한다고 체계적으로 더 좋아지거나 나빠지지는 않는다. 그러나 시간이 갈수록 가젤은 오로지 나쁜 방향으로만, 즉 치타로부터 교묘하게 도망칠 수 있는 방향으로만 적응해서 점점 더 잡기 어려워진다. 여기에서도 포식자가 그와 평행하게 개선되는 경향이 나타나지 않는다면, 가젤의 전진적인 개선을 향한 경향은 점차 느려져 언젠가는 브레이크가 걸려 버릴 것이다. 한쪽이 조금 개선되면 다른 한편도 조금 개선된다. 그리고 다른 편이 조금 더 개선되면 한편도 조금 더 개선된다. 이 과정은 수십만 년이라는 시간 척도 속에서 악의에 찬 나선을 그려 간다.

국가들로 이루어진 세계에서 이보다 훨씬 짧은 시간 척도로 두 적대국이 병기류를 서로 다른 나라의 개선에 대응해 전진적으로 개선시키고 있을 때 이것을 '군비 확장 경쟁'이라고 부른다. 군비 확장 경쟁과 진화는 매우 유사한 특성을 가지기 때문에 이 용어를 차용해도 아무런 문제는 없을 것이다. 그리고 나는 이렇듯 분명한 이미지를 갖고 있는 말을 우리 용어로 사용하는 것에 대해 내 거만한 동료들에게 어떠한 양해도 구하지 않을 것이다. 나는 여기서 가젤과 치타라는 단순한 예를 골라 설명하면서 이 개념을 도입했다. 그것은 그 자체가 진화적으로 변화하는 살아 있는 적과, 변화하기는 하지만 체계적으로 진화적 변화를 수행하지는 않는 기후와 같은 악의 없는 무생물적 조건 사이에 매우 중요한 차이가 있다는 사실을 분명히 하려는 의도에서였다. 그러나 이 설명에 독자의 오해를 부를 수도 있는 부분이 있다는 사실을 인정할 때가 된 것같다. 내가 묘사한 끊임없이 진보하는 군비 확장 경쟁이라는 이미지는 최소한 한 가지 측면에서 분명 지나치게 단순하다. 달리기 속도를 생각해 보자. 군비 확장 경쟁의 관점에서 본다면 치타와 가젤의 달리기 속도는 세대가 바뀜에 따라 점차 빨라져 마침내는 음속을 넘어서게 될 것이다. 그러나 실제로 이런 일은 일어나지 않았고 일어날 수도 없다. 군비 확장 경쟁에 대해 논의를 재개하기 전에 미리 이런 식의 오해의 소지를 없애는 것이 나의 임무일 것이다.

첫 번째 나는 치타가 먹이를 잡는 능력과 가젤이 포식자를 회피하는 능력이 착실하게 성장해 나간다는 인상을 주었다. 독자들은 세대를 거듭하면서 매 세대가 그 부모 세대보다 더 낫고 훨씬 더 용감해진다는 빅토리아 시대의 완고한 진보 개념을 연상할 수도 있을 것이다. 그러나 자연계의 진실은 전혀 다르다. 의미 있는 개선이 확인될 수 있는 시간 척도는 어떤 경우든 한 세대와 그 이전 세대를 비교해 식별할 수 있는 시간보다 훨씬 길다. 더욱이 그 '개선'은 전혀 연속적이지 않다. 그것은 군비 확장 경쟁이라는 개념에서 나타나는 개선의 방향처럼 항상 분명한 '진보'를 지향하는 것이 아니며, 정체하거나 심지어는 '역행'하기까지 하기 때문이다. 내가 '기후'이라는 일반 항목에 일괄적으로 붙인 조건의 변화, 즉 무생물적 힘의 변화는 관찰자가 느낄 수 있는 한 군비 확장 경쟁이라는 느리고 변덕스러운 경향을 압도할 수 있을 것으로 생각된다. 군비 확장 경쟁에는 장기간에 걸친 '진보'도, 그것에 따른 어떠한 진화적 변화도 전혀 일어나지 않는다고 말할 수 있을 것이다. 군비 확장 경쟁은 때때로 멸종과 파국을 맞이하고 그때부터 새로운 군비 확장 경쟁이 시작될 수도 있다. 그러나 이 모든 사실에도 불구하고 군비 확장 경쟁이라는 개념이 동물이나 식물이 가지고 있는 진보된 복잡한 기관의 존재에 대해 만족스럽게 설명할 수 있을 것 같지는 않다. 군비 확장 경쟁의 이미지로 묘사될 수 있는 진보적 '개선'은 비록 간헐적이기는 하지만 계속 이루어진다. 다른 영향이 가감된 알짜 진보 속도가 너무 느려서 어떤 사람의 일생이나 유사 이래의 모든 시간을 통해서도 확인할 수 없을 수도 있지만 그래도 개선은 계속된다.

두 번째 내가 '천적'이라 부르는 관계가 치타와 가젤의 이야기에서 설정한 둘로 이뤄진 단순한 관계보다 훨씬 복잡하다는 점이다. 여기에서 발생하는 한 가지 골치 아픈 문제는 어느 종이 천적 둘(혹은 그 이상)을 가지고 있고 게다가 그 천적들이 서로 앙숙일 경우에 생긴다. 이것은 풀이 뜯어먹힘(혹은 베임)으로써 이익을 얻는다는 절반의 진리의 배후에 깔려 있는 원리이다. 소는 풀을 뜯어먹는다. 그런 의미에서 소는 풀의 천적이라고 생각할 수 있을 것이다. 그러나 풀은 식물계에서 소 이외의 다른 천적을 가지고 있다. 즉 경쟁 관계에 있는 잡초가 그 천적이다. 잡초가 아무런 방해도 받지 않고 성장하는 것이 허용된다면 잡초는 풀의 천적이 될 것이다. 어쩌면 소보다 훨씬 강력한 적이 될지도 모른다. 풀은 소에게 먹힘으로써 손해를 입지만 경쟁 관계에 있는 잡초 또한 소 때문에 그 이상의 손해를 입게 된다. 따라서 풀에 대해 소가 미치는 순효과(純效果)를 따진다면 풀이 이익을 얻는 셈이다. 이런 의미에서 소는 풀의 천적이 아니라 오히려 이익을 주는 친구이다.

그럼에도 불구하고 소는 풀의 천적이다. 개체로서의 풀은 먹히기보다 먹히지 않는 편이 낫기 때문이다. 예를 들면 소로부터 자신을 지키기 위해 화학적 무기를 가지는 돌연변이 식물은 소의 입맛에 맞아 소에게 먹히기 쉬운 동종의 경쟁 개체보다 (그 화학적 무기를 만들기 위한 유전적 지시를 갖추고 있는) 종자를 많이 퍼뜨릴 수 있을 것이다. 특수한 의미에서 소가 풀의 '친구'라고 말할 수 있다 하더라도, 자연선택은 소에게 먹히는 쪽을 선택하는 풀의 개체에게 유리하게 작용하지 않는다! 이 단락의 결론을 일반적으로 서술하자면 다음과 같을 것이다. 소와 풀, 또는 가젤과 치타와 같은 두 계통 사이의 군비 확장 경쟁에 대해서뿐만 아니라, 쌍방이 각기 다른 천적을 가지고 있으며 그들의 천적 사이에 나타나는 또 다른 군비 확장 경쟁에 대해서도 간과해서는 안 된다는 사실이다. 여기서는 이 문제를 더 이상 깊이 언급하지 않을 생각이다. 그러나 그 문제는 왜 어떤 군비 확장 경쟁은 안정화되어 그 이상 진행되지 않는 것인가(예를 들어, 왜 포식자가 2마하의 속도로 사냥감을 추적할 수 없는가? 하는 문제)에 대한 설명으로 발전될 수 있을 것이다.

단순한 군비 확장 경쟁에 대한 제삼의 '제한 조건'이 있다. 이것은 제한 조건이라기보다는 오히려 그 자체가 하나의 흥미로운 논점이 될 것이다. 치타와 가젤에 대한 가상 논의에서 나는 치타가 기후 조건과는 달리 세대를 거쳐 '더욱 향상된 치타가 되는', 즉 가젤을 죽이는 능력에서 더욱 강력한 천적이 되는 경향을 갖는다고 말했다. 그러나 그렇게 이야기한다고 해서 치타가 가젤을 죽이는 데 훨씬 '성공적'이라는 뜻은 아니다. 군비 확장 경쟁 개념의 핵심은, 군비 확장 경쟁에 관계하는 양자가 각자의 관점에서 개선을 하고 동시에 상대편이 군비 확장 경쟁에서 벌이는 활동을 방해하는 것이다. 군비 확장 경쟁에서 한편이 다른 한편에 비해 특히 성공적이거나, 또는 덜 성공적인 경우를 기대할 수 있는 특별한 이유는 없다.(아니, 최소한 지금까지 우리의 논의에서 이런 경우는 한 번도 발생하지 않았다.) 사실 가장 순수한 형태의 군비 확장 경쟁 개념에 따르면 이 경쟁에 관계하는 양자의 성공을 위한 장비에서는 뚜렷한 진전이 이루어지지만 양자의 '성공률'은 절대적으로 0에 머물고 말 것이다. 포식자는 차츰 사냥 능력을 향상시키지만, 동시에 피식자 또한 죽음을 면하기 위한 능력을 향상시킬 것이기 때문에 실질적인 결과로 나타나는 사냥 성공률에는 아무런 변화도 없게 된다.

이것은 만약 어느 시대에서 타임머신을 타고 찾아온 포식자가 먹이가 되는 생물을 만났다고 가정했을 때, 포식자와 피식자 양편 중 어느 쪽이든 더 새롭고 '현대적인' 동물이 된 쪽이 과거의 동물에 대해 압도적인 승리를 거두게 될 것이라는 의미가 된다. 물론 이런 실험은 실제로는 불가능하다. 그러나 어떤 사람들은 오스트레일리아나 마다가스카르와 같이 다른 세계와 격리된 지역의 동물들을 마치 과거에서 온 동물처럼 간주할 수 있다고 생각하기도 한다. 즉 오스트레일리아를 여행하는 것은 타임머신을 타고 과거로 여행하는 일과 같다는 것이다. 그들은 오스트레일리아의 토착종은 외부 세계에서 도입된 경쟁 관계에 있는 종이나 적에게 대부분 멸종되었을 것이라고 생각한다. 토착종은 침입한 종에 비해 '훨씬 오래된', '시대적으로 뒤진' 모델이어서 마치 유틀란트 해전(1916년 덴마크의 유틀란트 반도 앞바다에서 벌어진 영국과 독일 사이의 해전 | 옮긴이) 당시의 전함이 원자력 잠수함과 싸우는 격이라는 것이다. 하지만 오스트레일리아가 '살아 있는 화석'의 동물상을 가지고 있을 것이라는 가정은 정당화될 수 없다. 어쩌면 그런 주장에도 나름대로의 논거가 있을 수 있겠지만, 그 주장이 정당화될 가능성은 희박하다. 나는 그러한 가정이 동물학의 맹목적인 속물성에 해당하지 않을까 우려스럽다. 그것은 모든 오스트레일리아 사람들이 차양 둘레에 코르크를 두른 모자를 쓰고 있는 투박한 부랑자라고 생각하는 것과 마찬가지인 셈이다.

비록 '장비' 면에서는 큰 진화적 진전이 있었더라도 '성공률' 변화는 0이라는 원리에는 미국의 생물학자 리 반 밸런이 '붉은 여왕 효과(Red

Queen effect)'라는 기억하기 쉬운 명칭을 부여했다. 여러분은 『거울 나라의 앨리스』에서 붉은 여왕이 앨리스의 손을 잡고 시골길을 점점 빨리 미친 듯이 달리던 광경을 기억할 것이다. 그러나 아무리 빨리 달려도 두 사람은 계속 같은 장소에 머물러 있었다. 앨리스는 어리둥절해져서 이렇게 말했다. "우리 나라에서라면 벌써 어딘가 다른 장소에 도착해 있었을 거예요. 이렇게 빠른 속도로 오랫동안 달렸다면 말이에요." 그러자 여왕은 이렇게 말했다. "네가 살던 곳은 아주 느린 나라인 모양이구나! 여기에서는 그 자리에 머물러 있기 위해서 전력을 다해 달려야 해. 어딘가 다른 곳으로 가려면 적어도 지금 속도의 배로 달려야 한단다."

붉은 여왕이라는 명칭은 아주 재미있지만, 그녀의 말을 수학적으로 엄밀한 의미로 받아들여서 상대적인 진전이 0이라는 식으로 생각한다면(때때로 그런 식으로 생각되고는 한다.) 오해의 소지가 있다. 또 한 가지 오해의 소지는 앨리스의 이야기에서는 붉은 여왕의 말이 물리적 세계의 상식과는 전혀 부합되지 않는 순전한 패러독스라는 것이다. 그러나 반 밸렌의 진화적인 붉은 여왕 효과는 전혀 역설적이지 않다. 물론 상식이 이성적으로 통용되는 경우의 이야기지만, 그것은 상식과 완전하게 일치하고 있다. 설령 역설적이 아니라 하더라도 군비 확장 경쟁은 경제적 관념이 발달한 인간에게는 낭비라고 생각될 수 있는 상황을 야기시킬 것이다.

예를 들어 숲의 나무가 어떻게 그처럼 높을 수 있을까 하는 물음을 제기해 보자. 이 물음에 간단하게 답하면 다른 나무들이 모두 높기 때문에 모든 나무가 높아지지 않을 수 없다고 할 수 있다. 그렇게 높이 자라지 않으면 다른 나무에 가려 햇빛을 받을 수 없게 된다. 이 말은 본질적으로는 옳지만, 경제 관념이 발달한 인간의 마음에는 만족스럽지 않은 답이다. 아마도 무의미하고 낭비적으로 들릴 것이다. 모든 나무의 수관부(樹冠部)가 최고 높이까지 자란다면, 모두 거의 비슷한 햇빛을 받을 수 있을 것이므로 그보다 낮은 나무는 생겨나지 않을 것이다. 그런데 '모든' 나무가 그보다 낮으면 어떤 일이 일어날까? 만약 나무들 사이에서 수관부의 높이를 낮추기 위한 일종의 노동조합 협상 같은 것이 벌어진다면 '모든' 나무들이 함께 이익을 누릴 수 있을 것이다. 이 경우에도 나무들은 정확히 같은 햇빛을 받을 수 있는 수관부의 높이에서 서로 경쟁을 벌이겠지만, 이전에 비해 훨씬 낮은 성장 비용만을 '지불하고도' 수관부에 도달할 수 있게 된다. 따라서 삼림 전체의 경제도 이익을 높일 수 있고, 나무들 하나하나도 모두 이익을 높일 수 있을 것이다. 그러나 불행하게도 자연선택은 전체의 경제에 대해 고려하지 않는다. 자연선택에는 카르텔이나 협상이 들어설 여지가 없다. 숲의 수목이 세대가 바뀌면서 점차 커지는 것은 군비 확장 경쟁이 있기 때문이다. 군비 확장 경쟁의 어느 단계에서도 키가 커지는 현상 자체에는 아무런 내적 이익도 없다. 어느 단계에서나 나무의 키가 커지는 유일한 목적은 인접하는 나무보다 상대적으로 커지는 것이다.

군비 확장 경쟁이 계속 진행될수록 삼림의 수관부 평균 높이는 높아져 간다. 그러나 나무가 높아지는 현상 자체를 통해 얻는 이익은 커지지 않는다. 실제로는 성장에 들어가는 비용이 늘어나기 때문에 정작 이익은 줄어드는 셈이다. 나무는 여러 세대에 걸쳐 계속 키를 높여 왔지만 어떤 의미에서는 높아지기 시작하기 이전과 같은 상태 그대로 머물러 있는 셈이다. 즉 이 점이 붉은 여왕과 관련되는 대목인데, 나무의 경우에는 조금도 역설적이지 않다는 사실을 분명히 알 수 있을 것이다. '아무도' 커지지 않으면 모두의 복지가 더 나은 상태가 되지만, 누군가 하나라도 커지면 모두 그렇게 따라하지 않을 수 없는 것이 인간의 경우를 포함하는 군비 확장 경쟁의 일반적인 특징인 것이다. 하지만 여기에서도 내가 지나치게 이야기를 단순화시켰다는 점을 강조해야 할 것 같다.

말 그대로 다음 세대의 나무가 전 세대의 나무보다 항상 키가 크다거나 그것을 강제하는 군비 확장 경쟁이 계속 진행되고 있음을 뜻하려는 것은 아니다.

나무의 예를 통해 잘 드러나는 또 한 가지 사실은 군비 확장 경쟁이 반드시 다른 종 사이에서 일어나는 것은 아니라는 점이다. 한 그루 한 그루의 나무는 이종(異種)의 경우와 마찬가지로 동종의 구성원이 드리운 그늘 때문에 피해를 입게 될 것이다. 어쩌면 실제로는 그런 경우가 더 많을 수도 있다. 모든 생물은 이종보다는 동종과의 경쟁에서 더 심각한 위협을 받기 때문이다. 동종의 구성원은 같은 자원을 둘러싼 경쟁자이며, 경쟁의 정도는 다른 종의 구성원과 비교해 훨씬 세세한 점에까지 파급된다. 같은 종 내에서는 수컷과 암컷의 역할의 사이에서, 그리고 부모와 자식의 역할 사이에서도 군비 확장 경쟁이 나타난다. 그 문제에 대해서 『이기적인 유전자』에서 자세히 다루었으므로 여기서는 더 이상 언급하지 않겠다.

나무의 이야기를 통해 대칭 군비 확장 경쟁과 비대칭 군비 확장 경쟁이라 불리는 두 종류의 군비 확장 경쟁 사이의 일반적이고도 중요한 차이점을 소개했다. 대칭 군비 확장 경쟁은 대체적으로 서로 비슷한 일을 하려는 경쟁자 사이의 경쟁이다. 빛을 더 많이 받기 위해 싸우는 나무들 사이에서 벌어지는 군비 확장 경쟁이 그 한 예이다. 다른 종의 나무들은 서로 다른 방식으로 살아가기 때문에 모든 면에서 다른 종의 나무와 경쟁하는 것은 아니다. 하지만 지금 우리가 이야기하고 있는 특정 경쟁, 즉 수관부가 받는 햇빛을 둘러싼 경쟁에 관한 한 같은 자원을 두고 다투는 경쟁자들이다. 이 나무들은 한편의 성공이 다른 한편의 실패가 되는 의미에서 군비 확장 경쟁에 참가하고 있다. 그리고 이런 경쟁이 대칭 군비 확장 경쟁이라 불리는 이유는 양쪽 모두에서 성공과 실패의 성질이 같기 때문이다. 즉 어느 편에게도 성공이란 햇빛을 획득하는 것이며, 실패란 그늘로 밀려나는 것이다.

그러나 치타와 가젤의 군비 확장 경쟁은 비대칭이다. 어느 한편이 성공하면 다른 한편은 실패한다는 점에서는 동일한 군비 확장 경쟁이지만, 성공과 실패의 성질이 양자에게 매우 다르다. 양쪽의 동물은 각기 전혀 다른 일을 '시도'한다. 치타는 가젤을 먹으려 한다. 반면 가젤의 의도는 치타를 먹는 것이 아니라 치타에게 먹히지 않도록 도망치는 것이다. 진화적인 관점에서 본다면 비대칭 군비 확장 경쟁 쪽이 훨씬 더 흥미롭다. 왜냐하면 비대칭 군비 확장 경쟁에 참여하는 경쟁자들이 복잡한 병기 체계를 생성할 가능성이 높기 때문이다. 인간의 군사 기술의 예를 살펴보면 쉽게 이해할 수 있을 것이다.

미국과 (구)소련을 예로 들어도 좋겠지만 구태여 특정 국가를 들먹일 필요는 없을 것이다. 어느 공업 선진국의 회사에서 제조된 병기는 최종적으로는 많은 나라로 퍼져 나가게 될 것이다. 바다 위를 스치듯 날아가는 엑조세형 미사일처럼 성공적인 공격 무기의 존재는 예를 들어 미사일의 제어 시스템을 '혼란시키는' 전파 방해 장치와 같은 효과적인 대항 기술의 발명을 '초래'할 것이다. 그 대항 장치는 어쩌면 적국이 제조할 수도 있겠지만 같은 나라, 아니 같은 회사가 제조할 수도 있을 것이다! 그 이유는 결국 최초로 미사일을 제조한 회사 이상으로 그 미사일에 대한 방해 장치를 설계할 수 있는 능력을 갖춘 회사는 없기 때문이다. 같은 회사가 미사일과 방해 장치를 모두 제조하고 그 무기들을 전쟁 중인 양 당사국에게 판매하는 것이 불가능한 일은 아니다. 나는 그런 정도의 일이 충분히 일어날 수 있다고 생각할 만큼 냉소적이다. 이 예는 실질적인 유효성이 변하지 않는 상태에서 장비가 개선됨을 (그러면서도 비용은 증가하는 것을) 생생하게 보여 주고 있다.

지금까지 이야기한 관점에서 본다면 군비 확장 경쟁을 하고 있는 대립 진영에 병기를 공급하고 있는 제조 회사들이 서로에 대해 적인가 아니면 아군인가 하는 문제는 무척 흥미롭기는 하지만 실제로는 어떤 경우든 큰 문제는 없다. 중요한 문제는 제조 회사에 상관없이 그 장치들 자체가 이 장에서 내가 정의한 특수한 의미에서 서로에 대해 적인지의 여부이다. 즉 미사일과 미사일에 대한 특수한 대응물인 방해 장치는 한편의 성공이 필연적으로 다른 한편의 실패로 이어진다는 점에서 서로 적이다. 그 장치들의 설계자들 역시 서로에 대해 적인가라는 문제도(그렇게 생각하기 쉬운 것이 사실이지만) 상관없다.

지금까지 나는 미사일과 그것에 대한 대항 병기의 예에 대해 진화적, 진보적인 측면을 크게 강조하지 않으면서 기술해 왔다. 이 장에서 미사일과 방해 장치라는 예를 든 것은 바로 그 진보적인 측면 때문이었다. 여기서의 요점은 미사일의 현재 설계가 적당한 대항 병기, 가령 전파 방해 장치를 낳는 데 그치지 않는다는 사실이다. 대(對) 미사일 장비는 다시 미사일의 설계 개선, 즉 그 대항 병기에 대항하기 위한 개선, 이른바 대 대 미사일 장치를 탄생하게 한다. 일반적으로 그것은 미사일의 개선이 그 대항 병기에 미치는 효과를 통해 미사일의 또 다른 개선을 자극하는 방식으로 진행된다. 그러니까 장비의 개선은 스스로를 양식으로 삼는다. 이것이야말로 폭발적이자 폭주적(暴走的)인 진화의 비결이다.

이처럼 발명과 대항 발명의 쫓고 쫓기는 싸움이 수년간 계속되는 과정에서 미사일과 대항 병기의 최신형은 모두 극도로 세련되어질 것이다. 그러나 동시에 (여기에서 다시 붉은 여왕 효과가 등장한다.) 군비 확장 경쟁을 하고 있는 양쪽 중 어느 쪽도 군비 확장 경쟁의 개시 시점에 비해 병기로서의 기능을 보다 성공적으로 수행하리라고 기대할 수 있는 이유는 어디에도 없다. 실제로 미사일과 그 대항 병기 양자가 같은 속도로 개선되어 왔다면 가장 진보된 세련된 최신형도, 가장 유치하고 단순한 구식형도 당시의 대항 장치에 대해 서로 정확히 같은 정도로 성공적일 것이라고 생각된다. 설계상의 진보는 이루어졌을지 모르지만, 군비 확장 경쟁의 양 진영에게 동일한 정도의 설계상의 진보가 이루어졌기 때문에 그 성과의 측면에서는 아무런 진보도 없는 것이다. 정확히 말하자면 양 진영에서 거의 동일한 정도의 진보가 있었기 때문에 설계상의 세련화의 수준에는 상당한 진보가 있었다. 만약 어느 한쪽, 예를 들어 대 미사일 방해 장치가 설계 경쟁에서 훨씬 앞서 나갔다면 다른 쪽, 이 경우 미사일은 이용이 불가능하고 결국 제조 중지되어 버릴 것이다. 다시 말해서 미사일은 '멸종' 되는 것이다. 앨리스의 이야기의 역설과는 달리 군비 확장 경쟁이라는 상황에서는 붉은 여왕 효과가 분명 진보적 개선이라는 개념 자체의 기본을 이루고 있음을 알 수 있다.

나는 비대칭 군비 확장 경쟁이 대칭 군비 확장 경쟁보다 더 흥미로운 개선을 보여 줄 것이라고 말했다. 우리는 인간이 사용하는 무기의 예를 통해 그 이유를 알아볼 수 있을 것이다. 어느 나라가 2메가톤 급의 폭탄을 가지고 있다면, 그 적국은 5메가톤 급의 폭탄을 개발할 것이다. 그렇게 되면 처음에 2메가톤의 폭탄을 가지고 있던 나라를 자극해서 10메가톤 급의 폭탄을 개발하게 하고, 그 결과는 또 두 번째 나라를 자극해 20메가톤 급의 폭탄을 만들게 하고…… 이런 식으로 계속된다. 이것이 바로 가장 전형적인 진보적 군비 확장 경쟁이다. 즉 한편의 진보가 다른 한편을 자극해서 대항 진보를 낳게 하고 그 결과 시간이 경과하는 동안 특정한 속성이 착실히 증가한다.(이 경우에서는 폭탄의 폭발력이 증강된다.) 그러나 그러한 대칭 군비 확장 경쟁에서 발견할 수 있는 설계 간에는 상세한 측면의 일대일 대응이 없다. 미사일과 미사일 방해 장치와 같은 비대칭 군비 확장 경쟁의 경우에 존재하는 세부 설계의 '복잡한 얽힘'이나 '상호 결합' 등을 찾아볼 수 없다는 말이다. 미사일 방해 장치는 미사일의 상세한 특징을 극복하기 위해 그것에 해당하는 특수한 설계를 가지고 있다. 다시 말해 대항 병기의 설계자는 미사일의 세부 설계를 고려에 넣고 있다. 게다가 대항 병기에 대한 대항을 설계하는 다음 세대의 미사일 설계자는 전 세대의 미사일에 대한 대항 병기의 상세한 설계에 관한 지식을 이용한다. 이것은 끊임없이 메가톤 수(數)를 늘려 가는 폭탄의 경우에는 적용되지 않는다. 폭탄의 경우에도 한편의 설계자가 다른 편으로부터 우수한 아이디어를 훔치거나 설계상의 특징을 모방하는 일은 있을 수 있다. 그러나 설령 그런 일이 일어난다 하더라도 그것은 부수적인 문제이다. 러시아제 폭탄의 설계의 일부가 미국제 폭탄의 구체적인 세부 사항에서까지 반드시 일대일 대응을 해야 할 필요는 없을 것이다. 어느 병기의 계통과 그 병기에 대한 특정 대항 병기 사이의 비대칭 군비 확장 경쟁에 있어 연속적인 '세대'를 거치면서 끊임없이 세련화와 복잡화에 이르도록 만드는 것은 바로 이 일대일 대응이다.

생물계에서도 장구한 비대칭 군비 확장 경쟁의 최종 산물을 다루는 경우에는 항상 복잡하고 세련화된 설계가 존재한다고 생각해도 좋을 것이다. 그러한 군비 확장 경쟁에서는 한쪽의 진보가 같은 정도로 성공한 다른 쪽의 (경쟁자가 아닌) '대항 병기'의 미세한 세부 사항까지 항상 일대일 대응하게 된다. 이것은 포식자와 그 먹이의 군비 확장 경쟁에서 명백하게 나타난다. 어쩌면 기생자와 그 숙주의 군비 확장 경쟁에서도 그 이상의 뚜렷한 특징을 발견할 수 있을지 모른다. 박쥐의 반향 위치 결정 기술은 2장에서 이야기했듯이 모든 세부적인 측면에서까지 세련되어 온, 긴 군비 확장 경쟁의 최종 산물로 생각된다. 그다지 놀랄 일은 아니지만, 그 상대에게서도 그와 같은 군비 확장 경쟁을 찾아볼 수 있다. 박쥐가 먹이로 삼는 곤충은 박쥐의 것에 필적하는 세련된 전자 음향 장비를 갖추고 있다. 나방 중 일부는 박쥐와 같은 종류의 (초)음파를 발생시켜서 박쥐를 방해하기도 한다. 거의 모든 동물은 다른 동물에게 잡아먹히거나 혹은 다른 동물을 잡아먹는 데 실패할 수 있는 위험을 안고 있다. 따라서 동물과 관련한 막대한 숫자의 상세한 사실은 오직 우리가 그것을 길고도 괴로운 군비 확장 경쟁의 최종 산물이라고 생각할 때에만 비로소 그 의미를 올바르게 이해할 수 있을 것이다. 고전에 속하는 『동물의 적응색』이라는 책의 저자인 H. B. 코트는 이미 1940년에 이 점을 훌륭하게 지적했다. 생물학에 있어서의 군비 확장 경쟁이라는 비유가 활자상으로 나타난 것은 이 책이 최초일 것이다.

메뚜기나 나비가 가지고 있는, 사람의 눈을 속이는 듯한 외관이 불필요한 정도까지 상세하다고 말하기 전에 그 천적의 지각력과 식별력이 어느 정도인가를 먼저 확인해야 할 것이다. 그렇게 하지 않는다면 적의 군사적 특징이나 전투력을 잘 알지도 못하면서 순양함이 지나치게 중무장을 하고 있다는 둥, 대포의 사정거리가 너무 길다는 둥 이러쿵저러쿵 하는 것과 같을 것이다. 실제로 밀림 속에서 벌어지는 원시적인 전투에서도, 문명 시대의 전쟁이 세련되어지는 것과 마찬가지로 거대한 진화적인 군사 경쟁이 진행되고 있음을 알 수 있을 것이다. 그 결과는, 방어하는 측에서는 속도, 경계, 갑주(甲冑), 가시, 굴 뚫는 습성, 야행성, 유독물의 분비, 고약한 맛, 위장이나 그 밖의 종류의 보호 등의 장치로 나타나고 있다. 반면 공격하는 측에서는 속도, 불의의 공격, 잠복, 유혹, 시각의 예리함, 발톱, 이빨, 바늘, 독니, 미끼를 통한 유인 등의 대항 속성으로 나타나고 있다. 추적당하는 측의 속도가 추적하는 쪽의 속도 증가와 연관되어 발달하거나, 또는 방어용 갑주가 공격용 무기와 연관되어 발달하는 것과 마찬가지로 몸을 숨기기 위한 장치의 완결성은 지각력의 증가에 반응해서 진화한다.

인간의 과학 기술에서 관찰할 수 있는 군비 확장 경쟁은, 생물학의 세계에서 일어나는 경쟁에 비해 월등하게 빠른 속도로 진행되기 때문에 연구하기 쉽다. 우리는 현실에서 매년 진행되는 군비 확장 경쟁을 바로 눈앞에서 확인할 수 있다. 한편 생물의 군비 확장 경쟁의 경우에 일반적으로 우리가 볼 수 있는 것은 최종적인 산물뿐이다. 극히 드물게 죽은 동물이나 식물이 화석화되어 동물의 군비 확장 경쟁의 진행 단계를 직접 볼 수 있기도 하다. 가장 흥미로운 예의 하나는 화석 동물의 뇌의 크기를 통해 나타나는 전자적(電子的) 군비 확장 경쟁에 관한 것이다.

뇌 자체는 화석화되지 않지만 두개골은 화석이 되기 때문에 뇌가 들어 있던 공동(空洞), 즉 두개(頭蓋)를 주의 깊게 해석하면 뇌의 크기를 알 수 있다. 나는 '주의 깊게 해석한다면'이라고 말했는데 이것은 매우 중요한 조건이다. 해석을 하는 가운데 여러 가지 문제가 발생할 수 있는데, 그중 하나로 다음과 같은 것이 있다. 몸집이 큰 동물은 부분적으로는 단순히 그 동물이 크다는 이유 때문에 큰 뇌를 가지는 경향이 있다. 그렇지만 몸집이 큰 동물이, 어떤 흥미있는 의미에서도, 반드시 '머리가 좋다'는 것은 아니다. 코끼리의 뇌가 사람의 뇌보다 크지만 우리는 사람이 코끼리보다 머리가 좋다고 생각한다. 이것은 분명 타당하다. 더욱이 우리가 코끼리보다 훨씬 작은 동물이라는 사실을 계산에 넣으면 사람의 뇌가 '실제로' 코끼리보다 크다고 생각해도 무리는 없을 것이다. 우리 머리뼈의 부풀어 오른 형태에서도 분명히 나타나듯이, 우리의 뇌는 코끼리의 뇌보다 몸에 대해 훨씬 큰 '비율'을 차지하고 있다. 이렇게 말하는 것이 '단지' 우리 종에 대한 허영심 때문은 아니다. 모든 뇌의 일정 부분은 몸의 일상적인 관리 운영을 수행하기 위해 필요한 부분이다. 그 때문에 덩치가 큰 몸에는 필연적으로 큰 뇌가 필요하다. 우리 뇌의 크기를 계산하기 위해서는 단순히 몸의 크기에 따라 필요로 하는 부분을 '뺀' 남은 부분을 동물의 진정한 '뇌력(腦力)'으로 비교할 수 있는 방법을 찾아야 할 것이다. 이것은 진정한 뇌력이 무엇인가 하는 문제에 대해 확실하게 정의할 수 있는 훌륭한 방법이 필요하다는 주장과 같은 셈이다. 사람에 따라 제각기 계산 방법을 채택하는 것은 자유겠지만, 그중에서 가장 권위 있는 지수(指數)는 '대뇌화 지수', 즉 EQ(encephalization quotient)일 것이다. 뇌의 역사에 관해서는 미국 최고의 권위자인 해리 제리슨이 이 지수를 사용하였다.

실제로 EQ는 상당히 복잡한 방식으로 계산된다. 뇌의 크기와 체중의 대수(對數)를 통해, 포유류 전체와 같은 큰 그룹의 평균값에 대해 표준화한다. 심리학자들이 사용하고 있는 (또는 잘못 사용하고 있을 수도 있는) '지능 지수', 즉 IQ가 전 인류의 평균에 대해 표준화되는 것과 마찬가지로, EQ는 예를 들면 포유류 전체에 대해 표준화된 것이다. 정의상 IQ 100이 인간 전체 IQ의 평균값을 의미하듯이, EQ 1은 예를 들면 그 크기의 포유류의 EQ의 평균값을 뜻한다. 이런 세부적인 것들을 수학적으로 처리하는 기술은 문제가 되지 않는다. 말하자면 코뿔소나 고양이와 같은 특정한 크기의 동물의 EQ는, 그 동물의 뇌가 그 몸의 크기에서 '기대'되는 것보다 얼마나 큰가(또는 작은가)를 나타내는 지표인 것이다. 그 기댓값의 계산 방법을 둘러싸고 논쟁과 비판의 소지가 많다는 것은 분명하다. 인간의 EQ가 7이고 하마의 EQ가 0.3이라고 해서 문자 그대로 인간이 하마보다 23배나 머리가 좋다는 의미는 아닐 것이다! 측정된 EQ는 필경, 어느 동물이 크건 작건 간에, 그 몸을 일상적으로 움직이는 데 꼭 필요하며 그 이상으로는 줄일 수 없는 최소한의 능력 이상으로, 머릿속에 어느 정도의 '계산 능력'을 가지고 있는가에 대한 그 무엇을 이야기하고 있는 것이다.

현생 포유류를 대상으로 측정한 EQ는 매우 다양하다. 생쥐의 EQ는 약 0.8로 포유류의 전체 평균보다 조금 낮다. 다람쥐는 조금 높은 편이어서 약 15이다. 어쩌면 나무라는 3차원의 세계에서는 정확한 도약을 제어하기 위한 추가의 계산 능력이 요구될는지도 모른다. 또한 막다른 곳이 될 수도 있고 다른 곳으로 연결될 수도 있는 미로와도 같은 나뭇가지들 중에서 어느 길이 가장 효율적인 통로인가를 판단하려면 더 많은 계산 능력이 요구될 것이다. 원숭이는 평균보다 훨씬 높고, 유인원(특히 우리 인간)은 현저하게 높다. 원숭이 중에서도 종류에 따라 EQ가 높거나 낮은 것으로 알려져 있다. 그런데 흥미로운 것은 그 차이가 생활 방식과 약간의 관련이 있다는 점이다. 곤충을 잡아먹는 원숭이나 과일을 따먹고 사는 원숭이는 나뭇잎을 먹는 원숭이보다 몸 크기에 비교해서 큰 뇌를 가지고 있다. 자기 주위에 얼마든지 널려 있는 나뭇잎을 발견하는 데 동물이 필요로 하는 계산 능력은, 살아남기 위해 과일을 찾고, 결사적으로 도망치기 위한 수단을 강구하는 곤충을 잡기 위해 필요로 하는 계산 능력보다 작다는 주장은 상당히 설득력 있다. 그런데 유감스럽게도 실제 상황은 이보다 한층 더 복잡하며, 대사 속도와 같은 다른 변수가 훨씬 더 중요한 요소로 생각되고 있다. 포유류 전체라는 관점에서 볼 때, 육식 동물은 그 먹이가 되는 초식 동물보다 약간 높은 EQ를 가지는 것이 보통이다. 그 이유는 무엇일까? 독자들은 의문을 품을 수 있을 것이다. 그러나 그 이유를 밝혀내기란 매우 어렵다. 그리고 어쨌든 이유가 무엇이든 간에 그것은 분명 사실이다.

현생 동물에 있어서 이러한 사실은 명확하게 적용된다. 제리슨이 한 일은 화석이라는 형태로만 존재하는 멸종된 동물의 추정 EQ를 재구성하는 것이었다. 그러기 위해서 그는 두개골 안쪽에 석고 주형을 만들어 뇌의 크기를 추정해야 했다. 이 작업에는 상당한 추측과 추정이 필요했다. 그러나 여기에서 발생하는 오차 범위는 이 계획 전체를 무효로 만들만큼 크지는 않았다. 석고 주형을 이용한 방법의 정확도는 현생 동물로 확인할 수 있다. 즉 현생 동물의 두개골만을 가지고 뇌의 크기를 알기 위해 석고 주형을 이용해 추정한 다음, 실제 뇌를 이용해 추정값이 얼마나 정확했는지 점검한 것이다. 현생 동물의 머리뼈를 이용한 점검을 통해 먼 과거에 죽은 동물의 뇌에 대한 제리슨의 추정값은 신뢰도를 높이게 되었다. 첫 번째로 그의 결론은 수백만 년을 경과하는 동안 뇌가 차츰 커지는 경향이 있다는 것이다. 어느 시점에서 볼 때, 당시의 초식 동물은 그들을 잡아먹는 같은 시대의 육식 동물보다 작은 뇌를 가지고 있으며, 후기의 초식 동물은 초기의 초식 동물보다 큰 뇌를 가지며, 후기의 육식 동물은 초기의 육식 동물보다 큰 뇌를 가지는 경향이 있다. 따라서 우리는 화석 속에서 군비 확장 경쟁, 좀 더 정확하게 말하자면 육식 동물 대 초식 동물의 수차례에 걸쳐 반복되는 일련의 군비 확장 경쟁을 보고 있는 셈이다. 이것은 인간의 군사력 경쟁에 비견되는 매우 흥미로운 평행 현상이다. 그 이유는 뇌란 육식 동물과 초식 동물 양자 모두가 채용하고 있는 탑재 컴퓨터이고, 전자공학은 어쩌면 지금의 인간의 병기 기술에 있어서 특히 급속도로 진보하고 있는 요소이기 때문이다.

군비 확장 경쟁은 어디서 끝이 날까? 때로는 한편의 멸종으로 끝날 수도 있다. 그 경우, 한편은 상대에 대해 특별한 방향으로의 전진적인 진화를 정지시키고, 나아가 경제적인 이유에서 '후퇴' 하게 만들기까지 할 것이다. 이 점에 대해서는 잠시 후에 설명하기로 하자. 또 다른 경우에는, 경제적 압박에 의해 군비 확장 경쟁에 안정적인 휴지 상태가 찾아올지 모른다. 비록 경쟁의 한편이 어떤 의미에서 반영구적으로 앞서 나가고 있어도 안정적인 경우가 있다. 예를 들어 달리기 속도를 살펴보자. 치타와 가젤이 달릴 수 있는 속도에는 궁극적인 한계, 즉 물리 법칙에서 오는 한계가 있다. 그러나 치타와 가젤 모두 그 한계에 도달해 있지는 않다. 양편 모두 경제적이라 생각되는 하한의 경계 이상으로 주행 속도를 올려놓는 데는 성공했다. 고속으로 달리기 위한 기술은 값싸게 얻어지는 것이 아니다. 빨리 달리려면 긴 다리뼈나 강한 근육, 용량이 큰 폐 등이 필요하다. 이런 것들은 어떤 동물이나 정말 빨리 달릴 필요가 있는 경우라면 반드시 손에 넣어야 하는 것이지만 그것을 얻으려면 그것에 상응하는 비용을 지불하지 않으면 안 된다. 더욱이 지불해야 하는 비용은 기하급수적으로 증가한다. 그 비용은 경제학자들이 '기회 비용'이라고 부르는 것이다. 무언가를 얻기 위한 기회 비용은, 그것을 손에 넣기 위해 대신 버려야(포기해야) 하는 다른 모든 비용의 합계로 측정된다. 아이를 유료 사립학교에 보내는 기회 비용은 그 때문에 살 수 없게 된 모든 것의 총합이다. 즉 살 수 없게 된 새차라든가 더 이상 즐길 수 없게 된 휴가 등이 거기에 포함된다.(당신이 이런 것들을 손쉽게 얻을 수 있을 만큼 부자라면, 아이를 사립학교에 보내는 기회 비용은 거의 없는 것이나 마찬가지이다.) 치타의 경우 다리 근육을 굵게 만드는 데 들어가는 비용은, 다리의 근육을 생성하는 데 사용된 물질과 에너지를 이용해 '할 수 있었던' 모든 것, 예를 들면 새끼를 위해 더 많은 젖을 만들 수 있었던 가능성 등의 총합이 된다.

물론 치타가 머릿속으로 이런 원가 계산을 실제로 하고 있었다는 말은 아니다. 모든 것은 일반적인 자연선택을 통해 자동적으로 이루어진다. 그처럼 굵은 다리 근육을 갖지 않은 라이벌 치타는 그렇게 빨리 달릴수는 없을 것이다. 그 대신 더 많은 젖을 만들 수 있는 자원을 확보할 수 있기 때문에 새끼를 한 마리 더 낳아 기를 수 있을지도 모른다. 예를 들어 달리기 속도, 젖 생산량, 그 밖의 모든 필요 항목을 예산 내에서 최적화된 타협물로 갖추고 있는 유전자를 가진 치타로 인해, 더 많은 새끼가 태어날 수 있을 것이다. 젖 생산량과 달리기 속도 사이에서 최적화된 교환이 이루어지는지는 분명치 않다. 그것은 종에 따라 확연히 달라질 것이다. 또한 이러한 변화는 여러 종 내에서 달라질 수 있다. 요점은 이러한 교환이 불가피하다는 사실이다. 치타와 가젤 양자가 각기 내적인 경제 사정에서 '허용될' 수 있는 가장 빠른 최고의 주행 속도에 도달하면 양자 사이의 군비 확장 경쟁은 종국을 맞이한다.

치타와 가젤의 경제적인 휴전 지점이 정확히 일치하는 것은 아니다. 먹이가 되는 동물은 포식자가 공격용 무기에 예산을 할당하는 것보다 상대적으로 더 많은 예산을 방어용 무기에 소비한 상태에서 휴전을 맞이할 수도 있다. 그 이유 중 하나는 이솝 우화에 잘 요약되어 있다. 토끼가 여우보다 빨리 달릴 수 있는 까닭은 토끼가 생명을 걸고 달리는 데 비해 여우는 저녁거리를 장만하기 위해 달리기 때문이다. 경제학 용어를 빌리자면 자원을 다른 사업으로 돌린 여우는 같은 자원을 모두 사냥 장비에 쏟아 부은 여우에 비해 유리한 위치에 서게 된다. 한편 토끼의 개체군에서는 빨리 달리기 위한 장비에 모든 자원을 투자한 개체 쪽으로 경제적 유리함의 균형이 움직여 간다. 따라서 '종 내부에서' 경제적인 예산 배분의 균형이 이루어진 결과, '종 사이의' 군비 확장 경쟁에서는 한쪽이 앞서 나가는 방식으로 상호 안정적인 상태로 귀결하게 된 것이다.

그런데 우리는 역동적으로 전진하고 있는 군비 확장 경쟁을 직접 목격할 수 없다. 왜냐하면 군비 확장 경쟁은 우리가 살고 있는 시대와 같은 지질학적 시간의 어느 특정한 '순간'에 나타나는 것이 아니기 때문이다. 그러나 우리 시대에 볼 수 있는 동물들은 과거에 이루어진 군비 확장 경쟁의 최종 산물로 해석할 수 있다.

그러면 이 장에서 설명한 내용들을 간추려 보기로 하자. 유전자가 선택되는 것은 유전자의 내적 성질에 기인하는 것이 아니라 환경과의 상호 작용에 따른 것이다. 어느 유전자의 환경으로 특히 중요한 구성 요소는 다른 유전자이다. 다른 유전자가 그토록 중요한 구성 요소를 이루는 일반적 이유는 다른 유전자 또한 여러 세대를 거치면서 진화적으로 변화하기 때문이다. 여기에서 두 가지 귀결이 이루어진다.

하나는 어느 유전자가 유리해지면 그것은 그 유전자가 협동을 선호하는 상황하에서 만날 가능성이 높은 다른 유전자와 '협동'하는 성질을 가지게 된다는 것이다. 이것은 특히, 전적인 것은 아니지만, 동종 내의 유전자의 경우에 해당한다. 그 이유는 동일한 종 내의 유전자는 세포를 공유하는 경우가 많기 때문이다. 그것은 협동 관계에 있는 많은 수의 유전자 집단의 진화를 일으키고 나아가서는 협동 사업의 산물로서 몸 자체의 진화로 이어지게 된다. 개체의 몸은 유전자들의 협동조합이 구축한, 각 조합원의 복제를 보존하기 위한 거대한 탈것, 혹은 '생존 기계'인 셈이다. 유전자들이 협동하는 이유는 모든 유전자가 같은 결과, 즉 함께 공유하고 있는 몸의 생존과 번식을 통해 이익을 얻기 때문이며, 또한 그 유전자들이 서로에 대해 자연선택이 작용하는 환경의 중요한 일부를 구성하고 있기 때문이다.

두 번째로 항상 협동이 선호되는 것은 아니다. 지질학적 규모의 시간을 거치는 동안 대립을 선호하는 상황에서 유전자들이 조우할 때도 있다. 이것은 특히, 물론 거기에 국한되는 것은 아니겠지만, 다른 종 사이의 유전자의 경우에 해당된다. 다른 종의 개체들 사이에서는 교배가 불가능하기 때문에 다른 종과는 유전자가 섞일 수 없다는 것이 요점이다. 어느 종 내에서 선택되어 남은 유전자가 다른 종의 유전자가 선택되는 환경을 제공할 때, 흔히 그 결과는 진화적 군비 확장 경쟁이 된다. 군비 확장 경쟁의 한쪽, 예를 들면 포식자에서 선택된 결과 발생한 하나하나의 새로운 유전적 개선은 군비 확장 경쟁의 다른 한쪽, 즉 먹이가 되는 생물의 유전자가 선택되는 환경을 변화시킨다. 진화에서 나타나는 명확한 '진보적인 성질', 예를 들면 달리기 속도, 비행술, 예리한 시각, 발달된 청각 등의 정교한 개선을 낳을 수 있는 원동력은 바로 그러한 군비 확장 경쟁이다. 이 군비 확장 경쟁은 영구적으로 진행되는 것은 아니며, 가령 그 이상 개선된다면 해당 동물 개체에 있어서 경제적 비용이 지나치게 높아질 경우에 안정화된다.

이 장에서는 상당히 어려운 내용을 설명했다. 그러나 이 책에서 빠질 수 없는 중요한 내용이었다. 가령 여기에서 설명한 내용이 간과되었다고 가정해 보자. 그렇게 되면 우리는 자연선택은 파괴적인 과정에 불과하며 기껏해야 자신에게 불필요한 요소들을 제거하는 과정에 지나지 않는다는 믿음을 굳히게 되었을 것이다. 우리는 자연선택이 '건설적인 힘'이 될 수 있는 두 가지 방법을 살펴보았다. 하나는 종 내의 유전자 사이의 협동 관계와 관계가 있다. 우리가 토대로 삼은 기본적 가정은 유전자는 '이기적'이어서 유전자 풀 내에서 자신의 수를 늘리는 데 주력한다는 것이다. 그러나 유전자를 둘러싼 환경은 역시 같은 유전자 풀 속에서 선택된 다른 유전자들로 구성되고 있기 때문에, 이 동일한 유전자 풀에 있는 다른 유전자와의 협동이 원활하게 이루어져야만이 그 유전자는 유리한 위치에 서게 된다. 따라서 공동의 협동 목적을 향해 수미일관하게 작업을 수행하는 거대한 세포체가 진화하게 된 것이다. 서로 분리된 자기 복제자들이 아직까지도 원시 수프 속에서 싸움을 계속하는 대신 거대한 몸을 구성할 수 있었던 것은 바로 그런 이유 때문이었다.

몸이 통합되어 일관된 합목적성을 진화시킨 것은 유전자가 '같은 종 내의' 다른 유전자가 제공한 환경 속에서 선택되기 때문이다. 그러나 유전자는 다른 종의 다른 유전자가 제공하는 환경 속에서도 선택되기 때문에 군비 확장 경쟁이 전개된다. 그리고 군비 확장 경쟁은, 우리가

'진보적이고' 복잡한 '설계'라고 인식할 수 있는 방향으로 진화를 나아가게 하는 또 하나의 거대한 원동력이 된다. 군비 확장 경쟁은 본질적으로 불안정하고 '폭주적'이라는 인상을 준다. 군비 확장 경쟁은 어떤 의미에서는 무익하고 성과도 없는 방법으로, 또 다른 의미에서는 진보적이고 우리 관찰자들에게 말할 수 없이 매력적인 방법을 통해 미래로 나아간다. 다음 장에서는 다윈이 성(性) 선택이라고 부른, 폭발적이고 폭주적인 진화의 조금 특수한 사례를 다루어 보기로 하자.

8장

폭발과 나선

인간의 마음은 비유적 사고에 깊이 뿌리박고 있다. 우리는 서로 상당한 차이를 보이는 과정들에서도 어떻게든 작은 유사점을 찾아내야 한다는 강박 관념에 사로잡혀 있다. 나는 파나마에서 꽤 많은 숫자의 개미 두 무리가 싸우는 모습을 관찰하면서 한나절을 보낸 적이 있다. 그때 나는 개미 몸에서 떨어져 나온 다리들이 여기저기 흩어져 있는 개미들의 싸움터를 보면서 마음속으로 언젠가 한 번 본 적이 있었던 파셴델의 사진을 떠올렸다. 나는 그 장면에서 생생한 총성과 코를 찌르는 포연을 느낄 수 있었다. 내 첫 번째 책『이기적인 유전자』가 출판된 직후 두 사람의 성직자가 따로 나를 찾아왔다. 두 사람 모두 그 책 속에 담긴 사고방식에서 기독교의 원죄라는 교의(敎義)를 유추해 냈다고 했다. 다윈은 진화라는 개념을 무수한 세대를 거치면서 몸의 형태가 변화하는 생물에 대해서만 한정적으로 적용했다. 그런데 그의 후계자들은 모든 사물 속에서 진화를 찾아내고 싶은 유혹을 받았다. 예를 들어 우주의 형상 변화나 인간 문명의 발전 '단계' 그리고 치마 길이의 유행 속에서도 진화를 발견했다. 때로는 그러한 비유가 큰 결실을 가져오기도 하지만 지나친 비약이나 박약한 근거로 도움이 되지 않거나 심지어는 해가 되기까지 한다. 나는 차츰 내게 배달되는 편집광적인 편지에도 익숙해 갔고 막무가내적인 비유는 무익한 편집광적 특징의 하나라는 사실을 깨우치게 되었다.

그러나 다른 관점에 따르면, 과학의 위대한 진보 중 상당수가 이루어질 수 있었던 것은 뛰어난 머리를 가진 일부 사람들이 이미 밝혀진 문제와 아직 수수께끼가 풀리지 않은 다른 문제를 비유적인 사고를 통해 연결할 수 있다는 사실을 깨달았기 때문이라고 한다. 여기에서 가장 중요한 점은 한편으로 극도로 무차별적인 비유를 계속하는 태도와, 다른 한편으로 많은 실익을 가져다주는 비유에 대해 완고하게 눈을 가리고 있는 태도 사이에서 중용을 유지하는 것이다. 훌륭한 과학자와 얼빠진 편집광을 구별해 주는 것은 영감의 질의 차이이다. 그러나 실제로 양자의 차이가 비유를 통해 서로 다른 사물이 연결될 수 있음을 알아차리는 능력의 차이가 아니라, 오히려 어리석은 비유를 '버리고' 유용한 비유를 추구하는 능력의 차이라는 생각이 든다. 이 이야기를 발전시켜 과학의 진보와 다윈주의의 진화적 선택을 비유적 사고를 통해 연결할 수 있겠지만(이것은 어리석을 수도 있고 또는 유익할 수도 있는데, 아무튼 다윈이 원래 제시한 것이 아님은 확실하다.) 여기에서는 다루지 않을 것이다. 이 장에 관련되는 문제를 살펴보자. 굳이 이런 설명을 덧붙이는 이유는, 지금부터 서로 뒤얽힌 비유 2개를 소개할 작정이기 때문이다. 나는 그 비유에서 상당한 자극을 받았지만 주의하지 않으면 자칫 도를 지나칠 수도 있다. 하나는 폭발과 유사하다는 측면에서 서로 연결되어 있는 여러 가지 과정 사이의 비유다. 두 번째는 진정한 다윈적 진화와 이른바 문화의 진화 사이의 비유다. 나는 이러한 비유가 유익하다고 생각한다. 그 점은 분명하다. 만약 내가 그렇게 생각하지 않았다면 그 주제에 이 책의 장 하나를 할애하지는 않았을 것이다. 그러나 독자들은 경계를 게을리해서는 안 될 것이다.

폭발의 성질 중에서 기술자들에게 '정(正)의 피드백'이라고 알려져 있는 것이 있다. 정의 피드백은 그 반대인 부(負)의 피드백과 비교할 때 가장 쉽게 이해할 수 있다. 부의 피드백은 대부분의 자동 제어와 자동 조절의 기본이 되는 원리이며, 가장 적절하고 잘 알려진 예로 와트의 증기 조속기(調速機)가 있다. 우리에게 매우 유용한 엔진이라는 기계는 일정한 속도의 회전력을 공급받지 않으면 안 된다. 더욱이 제분, 직조(織造), 펌프 압축 등의 여러 작업을 위해서는 각각의 임무에 적합한 속도의 회전력을 얻어야 한다. 와트 이전의 문제점은 회전 속도가 증기압에 의존한다는 것이었다. 보일러에 연료를 더 공급하면 엔진의 속도를 높일 수 있었지만, 그것만으로는 균일한 동력 전달을 필요로 하는 제분기나 직기의 경우에서 생기는 여러 가지 문제를 해결할 수 없었다. 피스톤에 들어가는 증기의 흐름을 조절하는 자동 밸브인 와트의 조속기는 오랫동안 해결되지 않은 문제를 해결했다.

이 장치의 핵심은 엔진이 발생시키는 회전 운동에 밸브를 연동시켜서 엔진 회전이 빨라지면 밸브를 닫아 증기를 차단시키게 만든 것이었다. 반대로 엔진의 회전이 느려지면 밸브가 열리게 되어 있었다. 따라서 엔진이 지나치게 느려지면 곧바로 가속되고 엔진이 너무 빨라지면 곧바로 감속되는 원리였다. 이 조속기가 속도를 정확하게 제어하는 수단은 단순하지만 매우 효과적인 것이어서, 그 기본 원리는 오늘날까지 그대로 사용되고 있다. 경첩식 팔에 달려 있는 한 쌍의 공이 엔진의 힘으로 돌아가도록 장치되어 있다. 공이 빨리 돌아가면 원심력으로 인해 경첩식 팔이 펴지면서 공이 올라간다. 반면 공이 천천히 돌아갈 때에는 공이 내려간다. 경첩식 팔은 직접 증기 스로틀과 연동되어 있다. 적당하게 미세 조정하기만 하면, 와트의 조속기는 엔진의 화실에 상당한 변동이 있어도 증기 엔진이 거의 일정한 속도로 회전을 계속할 수 있게 해 준다.

와트의 조속기의 기초 원리는 부의 피드백이다. 엔진의 출력(이 경우에는 회전 운동)은 (증기 밸브를 통해) 엔진에 피드백된다. 피드백이 부인 이유는 높은 출력(공의 빠른 회전)이 입력(증기의 공급)에 대해 부의 효과를 가지기 때문이다. 역으로 낮은 출력(공의 느린 회전)은 (증기의) 입력을 높이며 역시 부호는 역전된다. 내가 부의 피드백이라는 개념을 소개한 것은 단지 정의 피드백과 대비시키기 위해서였다. 그러면 와트의 조속기가 부착된 증기 엔진을 개조해 보자. 그러니까 원심 공 장치와 증기 밸브 관계의 정·부 부호를 역전시켜서 공이 빠른 속도로 돌면 와트의 조속기와 반대로 밸브가 열리고, 공이 천천히 회전하면 밸브가 증기의 흐름을 증가시키는 대신 감소시키게 만들어 보자. 정상적인 와트의 조속기가 부착된 엔진에서는 속도가 떨어진 엔진은 곧바로 이 경향을 수정해 다시 원하는 속도까지 가속된다. 그런데 우리가 개조한 엔진은 그와 정반대의 일을 한다. 엔진이 감속되기 시작하면 개조된 조속기 때문에 엔진은 더욱 감속된다. 따라서 계속 감속되던 엔진은 마침내 멈추어 버리게 된다. 또한 우리가 개조한 엔진은 조금이라도 가속되면 본래 와트의 엔진에서 그 경향이 수정되는 것과는 대조적으로 그 경향은 오히려 증폭된다. 약간의 가속은 이 조속기로 인해 강화되고 엔진은 속도가 빨라진다. 이 가속은 정의 방향으로 피드백되어 엔진은 한층 더 가속된다. 가속이 계속되면, 마침내 과도한 힘이 가해지기 때문에 엔진이 폭주하고 그 결과 엔진의 플라이휠이 공장의 벽을 뚫고 나가 더 이상 증기압을 얻을 수 없을 때까지 무시무시하게 가속될 것이다.

원래 와트의 조속기는 부의 피드백을 이용하고 있지만, 우리가 수정한 가상의 조속기는 정의 피드백이라는 정반대 과정을 보여 준다. 정의 피드백 과정은 불안정하고 폭주하는 성질을 가지고 있다. 처음에는 약하게 증폭되지만, 그런 다음 차차 커지는 나선을 그리면서 폭주해 끝내 참사를 불러오거나 또는 다른 과정을 통해 보다 높은 수준에서 최종적으로 감속될 수밖에 없을 것이다. 공학자는 여러 가지 다양한 과정을 부의 피드백이라는 단일한 항목에, 그리고 또 다른 여러 가지 과정들을 정의 피드백이라는 하나의 항목으로 묶는 것이 유용하다는 사실을 알고 있다. 이러한 비유는 애매모호한 질적인 의미에서만 유용한 것이 아니라 거기에 포함되는 과정들이 모두 다 수학으로 기술할 수 있는 기반을 공유하고 있다는 점에서도 유익하다. 생물학자는 체내의 온도 조절, 과식을 막기 위해 포만감을 느끼게 하는 포만 메커니즘 등의 측면에서 이 현상을 연구하게 되었는데, 그 결과 공학자로부터 부의 피드백에 관한 수학 개념을 빌리는 편이 유익하다는 사실을 깨닫게 되었다. 공학자든 생물의 몸이든 정의 피드백 시스템보다는 부의 피드백 시스템을 많이 사용한다. 그럼에도 불구하고 이 장의 핵심 주제는 정의 피드백이다.

공학자나 생물이 정의 피드백 시스템보다는 부의 피드백 시스템을 더 많이 이용하는 이유는 물론 최적값 부근에서 제어된 조절이 보다 유익하기 때문이다. 불안정한 폭주 과정은 유용성과는 거리가 멀 뿐 아니라 극히 위험하기까지 하다. 화학에서 전형적인 정의 피드백은 폭발이다. 폭발적이라는 말은 대개 폭주 과정을 기술하는 경우에 사용한다. 가령 우리는 누가 폭발적 성질의 소유자라는 말을 하고는 한다. 내가 다닌 학교의 선생님 중 한 분은 교양 있고 예절 바른 신사였지만 때때로 걷잡을 수 없이 감정을 폭발시키는 성격의 소유자였으며, 자신도 그 점을 잘 알고 있었다. 교실에서 극도로 흥분할 때면 그는 처음에는 아무 말도 하지 않았다. 그러나 그의 얼굴은 내면에서 무언가 심상치 않은 일이 벌어지고 있음을 이야기해 주었다. 그런 다음 그는 조용하고 이성적인 어조로 이렇게 말한다. "아! 도저히 참을 수 없다. 나는 지금 냉정을 잃고 있어. 모두 일어나 책상 밑으로 들어가 몸을 숨겨라. 경고한다. 어서, 곧 시작된다." 그러는 사이에 벌써 그의 어조는 차츰 거칠어져서 마침내 최고조에 달하게 되고 그런 다음에는 책, 뒤쪽에 나무를 댄 칠판 지우개, 문진, 잉크병 등 주위에서 손에 잡히는 것이면 무엇이든 움켜쥐고는 그를 화나게 만든 학생이 있는 쪽을 겨냥해서 있는 힘을 다해 계속 집어던졌다. 한바탕 소동이 벌어진 다음에야 그의 성질은 차츰 누그러들었다. 그리고 다음 날이 되면 그는 문제의 소년에게 사과를 하고는 했다. 그 선생님은 자신이 이성을 잃었다는 사실을 분명히 알고 있었다. 즉 자신이 정의 피드백 고리의 희생물이 되어 가는 과정을 스스로 목격하고 있었던 셈이다.

그러나 정의 피드백으로 항상 폭주적인 증가만 일어나는 것은 아니며, 역으로 폭주적인 감소를 가져오기도 한다. 최근 나는 옥스퍼드 대학교의 '의회' 격인 교직원 회의에서 특정인에게 명예 학위를 수여하는 문제를 둘러싸고 벌어진 논쟁에 참여한 적이 있었다. 이례적으로 그 안건은 심한 논쟁을 불러일으켰다. 투표가 끝난 후에 투표 용지를 집계하기까지 15분 남짓한 시간 동안 회의장은 그 결과를 들으려고 기다리고 있던 사람들이 서로 주고받는 이야기 소리로 웅성거리고 있었다. 그런데 어느 순간 사람들의 대화 소리가 차츰 잦아들기 시작하더니 이윽고 완전한 침묵이 찾아왔다. 그 이유는 일종의 정의 피드백이라고 말할 수 있다. 그것은 다음과 같이 작용했다. 모든 사람들이 와글거리며 대화를 나누는 과정에서 소음의 크기는 분명 우발적으로 오르내리면서 계속 변할 것이다. 그런데 대개의 사람들은 그 점을 알아차리지 못한다. 이러한 우발적인 변동 속에서 정적을 향한 변동 하나가 일반적인 경우보다 조금 뚜렷하게 나타나고 몇 사람이 그런 변동을 느끼게 되었다. 모든 사람들이 투표 결과 발표를 기다리고 있었으므로 소음의 크기가 차츰 불규칙하게 줄어드는 것을 느낀 사람들은 얼굴을 들고 대화를 중단했다. 그것을 시작으로 소음 크기는 전체적으로 조금 더 줄어들고, 그 결과 더욱

많은 사람들이 그것을 알아차리고 대화를 그치는 정의 피드백이 일어나기 시작한다. 이 과정은 꽤 급속하게 회의장에 있던 사람들이 완전하게 침묵하게 될 때까지 계속된다. 그리고 정작 아무 일도 일어나지 않았음을 알고 난 다음에는 웃음이 터져나오고 소음은 이전의 수준으로 서서히 회복된다.

가장 관찰이 쉽고 두드러진 정의 피드백은 점차 감소하는 쪽이 아니라 폭발적인 증가를 가져오는 종류이다. 예를 들면 핵폭발이나 발작을 일으키는 학교의 교사, 술집에서 벌어지는 싸움, 미국에 대해 날로 높아지는 비난의 목소리 등이 그것이다.(독자들은 내가 이 장의 첫머리에서 했던 경고를 상기하기 바란다.) 국제 정치에서 정의 피드백이 차지하는 중요성은 '에스컬레이션'이라는 전문 용어나, 중동이 '화약고'라는 표현이나, 어떤 사건이 시작된 '도화선'을 발견했다는 말을 보면 알 수 있다. 정의 피드백이라는 개념과 관련해 가장 잘 알려진 표현 중 하나는 「마태복음」에 잘 나타나 있다. "가진 사람에게는 더 주어서 넘치게 하고 없는 사람에게는 있는 것마저도 빼앗을 것이다." 이 장은 진화에 있어서 정의 피드백에 해당하는 셈이다. 생물에서는 폭발적인 정의 피드백에 따라 유도된 진화의 폭주 과정이 마치 최종 산물처럼 보이는 특성이 있다. 어떤 의미에서는 앞 장의 군비 확장 경쟁도 그 예이지만, 실제로 가장 두드러진 예는 성(性)적인 과시를 위한 기관에서 찾아볼 수 있다.

과거 학부 학생 시절 많은 사람들이 나를 설득하려 했듯이, 나도 공작의 꼬리는 이빨이나 콩팥과 마찬가지로 보통의 기능을 가진 기관이라는 사실, 즉 꼬리는 그것을 가짐으로써 다른 종이 아니라 분명 그 종의 구성원이라는 이름표를 붙이는 것이며 그런 모습을 하게 된 것은 실용적인 이익을 위해 그리고 자연선택에 따라서라고 여러분을 설득하고 싶다. 그런데 과거에 내가 결코 설득되지 않았던 것처럼 여러분도 좀처럼 내 말에 설득당하지 않을 것이다. 내게 공작의 꼬리는 의심할 여지없이 정의 피드백을 나타내는 징표였다. 그것은 분명, 진화적인 시간 속에서 일어난 일종의 제어 불가능하고 불안정한 폭발의 산물이었다. 다윈은 그의 성 선택 이론 속에서 그렇게 생각했고, 그의 가장 위대한 후계자인 R. A. 피셔 또한 여러 글 속에서 분명한 믿음을 밝혔다. 아주 짧은 추론을 거친 끝에 피셔는 (그의 책 『자연선택의 유전학 이론』 속에서) 이렇게 결론지었다.

수컷의 깃털의 발달과 그러한 발달에 대한 암컷의 성적 선호도는 동시에 진행되는 것이 분명하다. 그리고 그 과정이 심한 대항 선택을 통해 정지되지 않는 한, 그 경향은 끊임없이 속도를 증가시켜 나가게 될 것이다. 이처럼 아무런 억제도 존재하지 않는 상황에서 발달의 속도는 이미 달성된 발달의 정도와 비례하게 될 것이며, 따라서 시간에 대해 지수적(指數的)으로 또는 등비수열적으로 증가한다는 사실을 쉽게 알 수 있다.

이것은 전형적으로 피셔다운 결론이지만, 그가 "쉽게 알 수 있다."라고 생각한 내용은 반 세기가 지나도록 다른 사람들에게는 충분히 이해되지 않았다. 그는 성적인 매력을 갖는 깃털의 진화가 끊임없이 속도를 더하면서 지수적이고 폭발적으로 진행될 것이라는 자신의 주장을 상세하게 설명하지는 않았다. 피셔가 종이 위에서나 머릿속에서 이 문제를 증명하기 위해 사용했던 수학적 논의에 생물학계의 다른 사람들이 가세하고 최종적으로 그 논의를 충분한 형태로 재구성하기까지 약 50년의 세월이 소요되었다. 나는 지금부터 이러한 수학적 개념을 완전히 비수학적인 산문으로 설명하려 한다. 이 개념은 대부분 미국의 젊은 수리생물학자인 러셀 랜더가 현대적인 꼴로 다듬은 것이다. 1930년에 발간된

한 책의 「서문」에서 피셔 자신은 "나는 아무리 노력을 해도 사람들이 이 책을 쉽게 읽을 수 있도록 만들 수 없었다."라고 말했지만 나는 그의 책이 그 정도로 난해하다고 생각하지는 않는다. 내가 처음 출간한 책에 대해 어느 친절한 서평자가 했던 "독자들에게 마음의 러닝슈즈를 신으라고 경고해야 할 것이다."라는 말에 비교한다면 말이다. 나 자신도 이러한 난해한 개념을 이해하느라 악전고투를 벌여야 했다. 여기서, 본인은 반대하고 있지만, 나의 동료이자 이전에 나의 학생이기도 했던 앨런 그래픈에게 감사의 뜻을 전해야 할 것이다. 그 자신이 신고 있던 마음의 날개 달린 샌들은 유례없으리 만큼 악명 높았지만, 그는 그것을 벗어 다른 사람들에게 모든 것을 설명할 수 있는 올바른 방법을 찾아내는 재능의 소유자이기도 했다. 그의 가르침이 없었다면, 이 장의 중반은 전혀 쓸 수 없었을 것이다. 그것이 바로 내가 '서문'에서 감사의 글을 넣지 않을 수 없었던 이유이다.

이러한 난해한 문제에 들어가기 전에, 잠깐 우리의 논의를 거슬러올라가 성 선택이라는 개념의 기원에 대해 조금 설명해야 할 것 같다. 그것은 이 분야의 다른 많은 개념들과 마찬가지로 찰스 다윈과 함께 시작되었다. 다윈은 생존과 존재를 위한 투쟁(생존 경쟁)을 가장 강조했지만 존재와 생존이 하나의 목적을 위한 수단에 지나지 않는다는 사실을 인정하고 있었다. 그 목적이란 바로 번식이었다. 어떤 꿩이 아주 오랫동안 살 수 있었다 하더라도 번식을 하지 못한다면 자손에게 그 속성을 전달할 수 없다. 자연선택은 번식에 성공적인 동물들에게 유리하게 작용하며, 생존이란 번식을 하기 위한 투쟁의 일부에 지나지 않는다. 이 싸움의 다른 부분에서 성공은 이성에게 가장 매력적인 개체에게 돌아간다. 다윈은 꿩이나 공작 또는 극락조의 수컷이 설사 자신의 목숨이라는 값비싼 비용을 치르고서라도 성적 매력을 손에 넣으면 죽을 때까지 많은 새끼를 남겨 성적으로 매력 있는 성질이 후손에게 전해진다는 점을 깨닫고 있었다. 그는 공작의 꼬리가 생존에 관한 한 당사자에게 상당한 약점으로 작용하리라는 것을 알고 있었으므로, 수컷에게 주어지는 성적 매력의 증대가 그러한 약점을 능가하는 중요성을 갖는다고 시사했다. 가축화라는 비유를 즐겨 사용했던 다윈은 변덕스러운 심미적 경향에 따라 가축들이 진화하는 과정을 결정하는 인간 육종가를 암탉에 비유했다. 그렇다면 우리도 심미안에 따라 컴퓨터 바이오모프를 선택하는 인물을 암탉에 비유할 수 있을 것이다.

다윈은 암컷의 변덕을 단지 천성적으로 주어진 것으로 받아들였다. 이러한 변덕의 존재는 성 선택의 공리(公理)이며, 스스로 설명되는 무엇이라기보다는 오히려 선험적인(a prior) 전제이다. 그의 성 선택 이론의 평판이 떨어지게 된 이유 중 하나가 바로 그것이다. 그의 이론은 1930년이 되어서야 겨우 피셔에 의해 구출될 수 있었으나 불행하게도 많은 생물학자들은 피셔를 무시하거나 아예 안중에도 두지 않았다. 줄리언 헉슬리를 시작으로 사람들로부터 제기된 반론은 암컷의 변덕이 진정한 과학 이론을 위한 기반으로는 정당한 것이 아니라는 주장이었다. 그러나 피셔는 암컷의 선호를 수컷의 꼬리와 마찬가지로 의심의 여지없이 자연 선택의 정당한 대상으로 취급함으로써 성 선택 이론을 구해 냈다. 암컷의 선호는 암컷의 신경계의 표출이다. 암컷의 신경계는 유전자의 영향으로 발생한다. 따라서 신경계의 속성은 과거 세대에서 이루어진 선택의 영향을 받고 있을 것이다. 다른 사람들은 수컷의 장식이 정적(靜的)인 암컷의 선호도의 영향으로 진화했다고 생각했지만, 피셔는 암컷의 선호가 수컷의 장식과 보조를 같이하며 진화한다고 생각했다. 여기에서 여러분은 이미 이 논의가 폭발적인 정의 피드백이라는 개념과 연결되어 있다는 사실을 알아차렸을지도 모른다.

난해한 이론적 개념에 대해 논의할 때에는 현실 세계의 특정한 예를 머릿속에 그리는 편이 이해하기 쉽다. 나는 아프리카 산(産) 긴꼬리천인조의 예를 들기로 했다. 성적으로 선택된 장식이 있다면 어떤 새라도 무방하겠지만, 나는 조금 변화를 가해서 (성 선택 논의에서) 흔히 거론되는 예인 공작을 피하기로 하겠다. 긴꼬리천인조의 수컷은 어깨 부근이 선명한 오렌지색을 띠는 호리호리하고 검은 새로, 꼬리가 번식기에는 45센티미터까지 자라는 점을 제외한다면 참새만 하다. 아프리카의 초지에서는 마치 길다란 선전용 띠를 달고 날아가는 비행기처럼 원을 그리며 선회하거나 맴돌면서 멋진 과시 비행을 하는 모습을 자주 발견할 수 있다. 그다지 놀라운 일은 아니지만, 이 새는 비가 오는 날에는 지상에서 하늘로 날아오를 수 없다. 땅이 마른 상태에서도 그 정도 길이의 꼬리라면 무게를 고려해 봤을 때 몸을 솟구쳐 하늘로 날아오르는 데 상당히 걸리적거릴 것이 분명하다. 우리가 흥미를 느끼는 것은 이렇게 긴 꼬리의 진화 과정을 설명하는 것인데, 우리의 추측에 따르면 그것은 폭발적인 진화 과정의 산물이다. 따라서 논의의 출발점은 긴 꼬리를 가지지 않은 이 새의 선조이다. 선조의 꼬리 길이는 약 7.5센티미터, 그러니까 현재 살고 있는 수컷 꼬리 길이의 약 6분의 1인 셈이다. 우리가 설명한 진화적 변화에 따르면 꼬리가 무려 여섯 배나 길어진 것이다.

동물의 거의 모든 것을 측정해 보면, 대부분의 종 구성원들이 평균값에 근접해 있지만 평균값을 웃돌거나 밑도는 개체들도 있음을 확실히 알 수 있다. 긴꼬리천인조의 선조의 꼬리 길이도 평균 길이인 7.5센티미터를 기준으로 그보다 길거나 짧았을 것이다. 꼬리 길이는 여러 유전자의 지배를 받기 때문에, 하나하나의 유전자가 미치는 작은 효과들의 합과 먹이의 종류를 비롯한 그 밖의 환경 변수가 함께 작용하여 한 개체의 실제 꼬리 길이가 정해진다고 생각하면 틀림없을 것이다. 효과가 합쳐

지는 다수의 유전자를 폴리진(polygene, 개별적으로는 작용이 약하지만 서로 보완하여 형질 발현에 작용하는 유전자 | 옮긴이)이라 부른다. 예를 들면 키나 몸무게 같은 우리 몸의 측정 항목들은 거의 모두 여러 폴리진들의 영향을 받는다. 내가 지금부터 상세하게 추적하려 하는 성 선택의 수리(數理) 모델, 즉 러셀 랜더의 모델은 폴리진의 모델이다.

먼저 암컷에게 주의를 돌리지 않을 수 없다. 특히 암컷이 어떻게 해서 배우자를 선택하는가를 살펴보아야 한다. 배우자를 선택하는 쪽은 암컷이며, 그 반대의 경우란 없을 것이라는 생각은 얼핏 성차별주의를 연상시킬지 모르지만 실제로 그것이 사실이라고 기대할 수 있는 충분한 이론적 근거가 있다.(『이기적인 유전자』 참조) 실제의 경우에도 그 사실은 일반적으로 적용된다. 현재의 긴꼬리천인조 수컷은 하렘(한 마리의 수컷과 여러 마리의 암컷으로 구성된 집단 | 옮긴이)을 이루어 대여섯마리의 암컷을 유혹한다. 이것은 개체군 속에 번식하지 않는 잉여의 수컷이 존재한다는 뜻일 것이다. 더욱이 암컷이 배우자를 찾는 데 아무런 어려움도 없고, 마음대로 상대를 선택할 수 있는 입장에 있음을 의미한다. 수컷은 암컷에 대해 매력적으로 보일 때 많은 것을 얻는다. 반면 암컷의 경우에는 확실한 수요가 있기 때문에, 수컷에 대해 매력적으로 보여도 그다지 이득이 없다.

암컷이 상대를 선택한다는 가정을 받아들인다면, 다음에는 피셔가 다윈의 비판자를 곤혹스럽게 만들었던 결정적인 방법을 살펴보기로 하자. 암컷이 무척이나 변덕스럽다는 사실을 단순하게 보아 넘기는 대신, 우리는 암컷의 선호를 다른 성질과 마찬가지로 유전적인 영향을 받는 변수로 간주한다. 암컷의 선호는 양적인 변수이고, 수컷의 꼬리 길이와 마찬가지로 폴리진의 지배를 받는다고 가정할 수 있다. 이 폴리진은 암컷 뇌의 광범위한 부분 중 어딘가에는 작용하고 있다. 심지어는 암컷의 눈에 작용하는지도 모른다. 즉 암컷의 선호를 바꾸는 효과를 가지는 것이라면 어디에도 작용할 것이다. 암컷의 선호가 어깨의 색이나 등의 형태 등 수컷의 여러 부분을 고려에 넣고 있다는 점은 의심의 여지가 없다. 그러나 우리는 지금 꼬리 길이에 관심을 가지고 있으므로 꼬리 길이가 다른 여러 수컷에 대한 암컷의 선호에 관심을 가지는 셈이 된다. 따라서 암컷의 선호는 수컷의 꼬리 길이를 측정하듯 같은 단위(센티미터)로 측정할 수 있다. 폴리진의 작용에 따라 평균보다 긴 꼬리를 가진 수컷을 좋아하는 암컷이 있다면, 평균보다 짧은 꼬리를 좋아하는 암컷이나 평균적인 길이의 꼬리를 선호하는 암컷도 있을 것이다.

그러면 여기에서 전체 이론의 관건이 되는 핵심 개념으로 논의를 옮겨 보자. 암컷의 선호에 관여하는 유전자는 암컷의 행동에서만 '발현' 됨에도 불구하고, 그 유전자들은 수컷의 몸에도 존재한다. 마찬가지 이유로 수컷의 꼬리 길이에 관여하는 유전자는 암컷에서는 발현되지 않지만 암컷의 몸에도 존재한다. 유전자가 발현되지 않는다는 이야기는 전혀 어려운 개념이 아니다. 만일 어떤 남성이 긴 음경에 관여하는 유전자를 갖고 있다면, 그의 아들뿐 아니라 딸에게도 똑같이 그 유전자가 전해질 것이다. 아들은 그 유전자를 발현시키겠지만 딸은 애초에 음경이 없으므로 당연히 발현되지 않는다. 그러나 그 남성의 손자들의 경우, 딸이 낳은 외손자도 아들 쪽의 친손자와 마찬가지로 긴 음경을 가지고 있을 것이다. 유전자가 몸 안에 있어도 발현하지 않을 수 있는 것이다. 마찬가지 이유로 피셔와 랜더의 가정에 따르면, 암컷의 선호에 관여하는 유전자는 비록 암컷의 몸에서만 발현하지만 수컷의 몸에도 들어 있다. 따라서 수컷의 꼬리에 작용하는 유전자는 비록 암컷의 몸에서는 발현되지 않아도 암컷의 몸속에 들어 있다.

가령 특별히 제작된 현미경이 있다고 가정하자. 그 현미경을 사용하면 모든 새의 세포 안을 들여다보면서 유전자를 조사할 수 있다. 우연히 평균보다 긴 꼬리를 가진 수컷을 발견해서 그 수컷의 세포 속에 들어 있는 유전자를 조사했다고 하자. 먼저 꼬리 길이에 관여하는 유전자를 조사하면 그 수컷에게서 긴 꼬리를 자라게 하는 유전자를 발견해도 전혀 놀라운 일이 아닐 것이다. 그 수컷이 긴 꼬리를 '가지고' 있기 때문에 당연한 일이라 할 수 있다. 그런 다음에는, 꼬리의 선호에 관여하는 유전자를 조사해 보자. 이 경우에 그 유전자는 암컷에서만 발현하기 때문에 우리는 외부로부터 아무런 단서도 얻지 못한다. 우리는 현미경에 의존할 수밖에 없다. 그러면 과연 어떤 유전자가 보일까? 필경 암컷에게 긴 꼬리를 선호하도록 만드는 유전자가 보일 것이다. 역으로 짧은 꼬리를 가지고 있는 수컷의 내부를 조사해 본다면, 암컷에게 짧은 꼬리를 선호하게 만드는 유전자를 발견해야 할 것이다. 이것이야말로 우리의 논의의 핵심이다. 그 이론적 근거는 다음과 같다. 만약 내가 긴 꼬리를 가진 수컷이라면, 나의 아버지는 긴 꼬리를 가지고 있을 확률이 그렇지 않을 확률보다 높을 것이다. 이것은 통상적인 유전에 불과하다. 그러나 또한 나의 어머니는 나의 아버지를 배우자로 선택했기 때문에 긴 꼬리를 가진 수컷을 좋아할 확률이 그렇지 않은 경우보다 높을 것이다. 따라서 만약 내가 아버지로부터 긴 꼬리에 관여하는 유전자를 받았다면 어머니 쪽으로부터는 긴 꼬리를 좋아하는 유전자를 이어받았을 것이다. 같은 이유에서 짧은 꼬리에 관여하는 유전자를 받았다면 필경 암컷에게 짧은 꼬리를 좋아하게 만드는 유전자도 함께 받았을 것이다.

암컷에게도 같은 논법을 적용할 수 있다. 내가 꼬리가 긴 수컷을 좋아하는 암컷이라면, 틀림없이 나의 어머니도 꼬리가 긴 수컷을 좋아할 것이다. 따라서 나의 아버지는 어머니에게 선택된 이상, 필경 긴 꼬리를 가지고 있었을 것이다. 따라서 내가 긴 꼬리를 좋아하는 유전자를 받았다면 어쩌면 긴 꼬리를 가질 수 있는 유전자 역시(그 유전자가 암컷인 내 몸에서 발현하지 않는다 하더라도) 받았을 것이다. 그리고 내가 짧은 꼬리를 선호하는 유전자를 받았다면 분명 짧은 꼬리를 만드는 데 관계하는 유전자도 받았을 것이다. 일반적인 결론은 이렇다. 수컷이든 암컷이든 모든 개체는 수컷에게 특정 성질을 가지게 한 유전자와 암컷에게 그와 완전히 똑같은 성질을 가지게 한 유전자 양쪽을 모두 가질 가능성이 높다.

즉 수컷의 성질에 관여하는 유전자와 암컷에게 그 성질을 좋아하게 만드는 유전자는 개체군 속에 제멋대로 뒤섞여 있는 것이 아니라 한데 연대해 있는 경향이 있다. 이 '연대(togetherness)'는 조금 어려운 전문 용어로 연결 비평형(linkage diseguilibrium)이라는 현상을 통해 진행되고, 수리유전학자들이 사용하는 방정식에 따라 불가사의한 일을 연출한다. 그 현상은 매우 기묘하고 불가사의한 귀결을 가져오지만, 만약 피셔와 랜더의 이론이 옳다면 실제로 공작이나 긴꼬리천인조의 꼬리 그리고 그 밖의 많은 유인 기관의 폭발적인 진화는 조금도 기묘하거나 불가사의한 일이 아닌 셈이다. 이러한 귀결은 오직 수학적으로만 증명이 가능하지만, 그것이 무엇을 의미하는지 말로 설명할 수도 있다. 수학적인 논의의 향기를 비수학적인 언어로 획득하기 위해 우리는 그러한 시도를 해 볼 수 있을 것이다. 그렇지만 우리에게는 여전히 마음의 러닝슈즈가 필요하다. 아니, 실제로는 등산화가 필요하다고 말하는 편이 더 적합한 비유일지도 모른다. 논의가 거치는 매 단계는 매우 단순하지만 이해라는 정상에 오르기 위해서는 긴 단계를 거쳐야 한다. 만약 최초의 몇 단계에서 발을 잘못 떼어 놓는다면 유감스럽게도 이후의 단계로 전진할 수 없다.

지금까지 우리는 암컷의 선호가 꼬리가 긴 수컷을 좋아하는 암컷에서부터 정반대로 짧은 꼬리의 수컷을 좋아하는 암컷에 이르기까지 그폭이 전 영역에 미칠 수 있다는 가능성을 인정해 왔다. 그러나 특정 개체군의 암컷에 대해 실제로 나타나는 현상을 조사해 보면, 틀림없이 암컷의 대부분은 수컷에 대해 동일한 일반적인 선호도를 공유하고 있음을 발견하게 될 것이다. 그 개체군에 속하는 암컷의 선호도 범위는 수컷의 꼬리 길이의 폭에서 나타나는 것과 같은 단위(센티미터)로 표현할 수 있다. 이렇게 해서 암컷의 '평균적인' 선호도를 센티미터 단위로 표현할 수 있다. 가령 암컷의 평균적인 선호도가 수컷의 평균 꼬리 길이와 똑같이 양쪽 다 7.5센티미터로 판명될 수 있을 것이다. 이 경우에 암컷의 선택은 수컷의 꼬리 길이를 바꾸는 진화적인 힘은 아닐 것이다. 혹은 암컷의 평균적인 선호도는 현실에 존재하는 평균적인 꼬리보다 조금 긴 꼬리, 예를 들면 7.5센티미터가 아닌 10센티미터의 꼬리 쪽으로 향하는 것으로 판명될 수도 있다. 잠시 그런 가능성을 어떻게 가정할 수 있는가 하는 물음을 밀어 놓고, 그러한 불일치가 존재한다는 사실을 받아들인 다음에 다음과 같은 명백한 문제를 제기해 보자. 대부분의 암컷들이 10센티미터의 꼬리를 가진 수컷을 좋아한다면, 실제로 대부분의 수컷이 7.5센티미터의 꼬리를 가지고 있는 이유는 무엇일까? 왜 개체군의 평균 꼬리 길이는 암컷의 성 선택의 영향에 따라 10센티미터로 길어지지 않은 것일까? 암컷이 좋아하는 꼬리 길이의 평균과 실제 꼬리 길이의 평균 사이에서 2.5센티미터의 편차가 나타나는 이유는 무엇인가?

암컷의 선호도가 수컷의 꼬리 길이에 관계하는 유일한 선택이 아니라는 것이 그 답이다. 꼬리는 새의 비행에 중요한 역할을 하기 때문에, 너무 길어도 너무 짧아도 비행 효율은 저하되고 만다. 게다가 긴 꼬리는 이동할 때에도 많은 에너지를 소모하고, 무엇보다 그처럼 길다란 꼬리를 만드는 데 많은 에너지가 필요하다. 10센티미터의 꼬리를 가진 수컷은 암컷의 관심을 끌 수는 있겠지만, 그 대신 비행 효율의 저하, 에너지 비용의 증대, 심지어는 포식자에게 잡아먹힐 위험의 증대라는 크나큰

대가를 지불해야 한다. 이것은 꼬리 길이에 '실용적인 최적값'이 있다는 의미일 것이다. 그 최적값은 성 선택에 따른 최적값과 달리, 일상적인 편의성이라는 기준에서 이상적인 꼬리 길이이다. 즉 암컷을 유혹하는 것을 제외한 모든 관점에서 이상적인 꼬리 길이인 셈이다.

그렇다면 실제 수컷의 평균 꼬리 길이, 우리의 가상적인 예에서 설정한 7.5센티미터라는 평균 꼬리 길이는 이 실용상의 최적값과 같다고 간주해도 좋을까? 그렇지는 않다. 실용적인 면에서의 최적값은 그것보다 작은 값, 대략 5센티미터 정도의 길이를 가진다고 생각할 수 있다. 그 이유는 7.5센티미터라는 실제의 평균 꼬리 길이는 꼬리를 짧게 만들려는 실용 선택과 길게 만들려는 성 선택 사이에서 이루어진 타협의 산물이기 때문이다. 지금까지의 이야기를 요약하자면, 굳이 암컷을 유인할 필요가 없다면 평균 꼬리 길이는 줄어들어서 5센티미터가 되었을 것이고 비행 효율이나 에너지 비용을 고려할 필요가 없다면 평균 꼬리 길이는 차츰 늘어나서 10센티미터가 될 것이다. 7.5센티미터라는 실제 평균 꼬리 길이는 둘 사이의 타협인 것이다.

그렇다면 어째서 암컷은 실용적인 최적값보다 긴 꼬리를 좋아하는가라는 문제가 남는다. 얼핏 생각하기에는 긴 꼬리를 좋아하는 암컷이 매우 어리석은 것처럼 보인다. 훌륭한 설계라는 판단 기준보다 긴 꼬리라는 패션에 민감한 라이벌 암컷은 설계의 측면에서 비효율적이고 형편없는 비행 기술을 가진 새끼를 낳을 것이다. 반면 짧은 꼬리의 수컷을 좋아하고, 패션에는 그다지 취미가 없는 돌연변이 암컷이나, 특히 우연히 실용적인 최적값과 일치하는 길이의 꼬리를 좋아하게 된 돌연변이 암컷은 비행에 적합하게 설계된 비행 효율이 높은 후손을 낳고 그 후손은 패션에 더 민감한 라이벌 암컷의 자식과의 경쟁에서 확실한 우위에 설 것이다. 그러나 여기에 함정이 있다. 그것은 내가 사용하고 있는 '패션'이라는 은유 속에 암묵적으로 내재되어 있다. 돌연변이 암컷의 자식은 훨씬 효율적으로 비행할지는 모르지만, 개체군의 대다수를 이루는 암컷에게 매력적으로 보이지는 않을 것이다. 그들은 극히 소수의 암컷, 즉 패션에 무감각한 암컷의 관심밖에 끌지 못할 것이다. 그리고 이 소수파의 암컷은 수가 적다는 단순한 이유 때문에 당연히 다수파의 암컷에 비해 찾기 어렵다. 교미가 가능한 여섯 마리의 수컷 중에서 단 한 마리의 수컷만이 큰 하렘을 차지하는 행운을 누릴 수 있는 사회에서는 다수파에 속하는 암컷들이 좋아하는 방향을 추종해야만 큰 이익을 얻을 수 있다. 거기서 얻을 수 있는 이익은 에너지나 비행 효율과 같은 실용적인 비용을 능가하고 남을 정도로 크다.

비록 그렇다 해도, 독자들은 이 논의 전체가 자의적인 가정에 토대를 두고 있는 것이 아닌가 하는 불만을 품을지 모른다. 만약 대부분의 암컷들이 실용적인 면에서 열등한 긴 꼬리를 좋아한다면 그 후에 벌어지는 모든 일이 그것을 뒤쫓을 것이라는 사실을 인정할 수 있을 것이다. 그렇지만 최초에 다수파 암컷들에게 그런 선호도가 발생할 수 있었던 이유는 무엇일까? 암컷의 대다수가 실용적인 최적값보다 짧거나, 또는 실용상의 최적값과 일치하는 길이의 꼬리를 좋아하게 되지 않은 이유는 무엇일까? 패션이 실용성과 일치하지 않은 이유는 무엇일까? 이 물음에 대한 답은 그런 일이 일어날 가능성이 있으며, 또한 실제로 많은 종에서 그런 일이 일어났을 수도 있다는 것이다. 내가 들었던 가상적인 예에서 암컷은 긴 꼬리를 좋아했지만, 사실 그것은 임의적인 것이다. 그러나 설령 다수파의 선호도가 아무리 임의적인 것이라 하더라도 그 다수파가 자연선택을 통해 유지되고 심지어는 어떤 조건에 따라 실제로 수를 증가시켜 왔다는 과장된 경향이 있을 것이다. 지금까지 나의 설명에서 수학적인 증명이 결여되어 있다는 점이 두드러지게 드러나는 대목이 바로 여기이다. 가능하다면 랜더의 수학적 추론이 이 점을 입증한다는 사실을 독자들이 받아들이라고 권하고, 이 문제에서 벗어나고 싶을 정도이다. 그것이 내가 취할 수 있는 가장 현명한 방법일 것이라고 생각하지만 그 개념의 일부를 말로 설명해 보겠다.

이 논의의 핵심은 앞에서 분명하게 밝힌 '연결 비평형', 즉 어떤 길이든 주어진 길이에 관여하는 유전자와, 그것에 대응해서 같은 길이의 꼬리를 좋아하는 유전자와의 '연대'라는 점에 있다. 우리는 이 '연대 인자'를 측정 가능한 숫자로 생각할 수 있다. 연대 인자가 상당히 높은 경우에, 특정 개체의 꼬리 길이에 관여하는 유전자를 알면, 상당히 정확하게 그 또는 그녀의 선호에 관여하는 유전자를 예측할 수 있으며 그 역도 가능하다. 반대로 연대 인자가 낮은 경우에는, 어느 개체의 두 가지 부문, 즉 선호와 꼬리 길이 중 어느 한쪽의 유전자에 대한 지식을 얻으면, 그 또는 그녀의 다른 한쪽 부문의 유전자에 대해 약간의 암시밖에 얻을 수 없게 된다.

연대 인자의 크기를 좌우하는 것은 암컷의 선호의 강도, 즉 암컷이 이상적이 아니라고 생각한 수컷을 어느 정도까지 참을 수 있는가, 수컷의 꼬리 길이에서 나타나는 변이가 어느 정도까지 환경 요인이 아닌 유전자의 지배를 받는가 등이다. 이러한 모든 영향의 결과로 연대 인자, 말하자면 꼬리 길이에 관여하는 유전자와 꼬리 길이에 대한 선호에 관계하는 유전자의 결합 정도가 극히 강하다면 다음과 같은 결론을 얻을 수 있다. 어떤 수컷이 긴 꼬리를 가졌다는 이유로 선택될 때, 긴 꼬리에 관여하는 유전자만이 선택되는 것은 아니다. 동시에 그 강한 '연대' 때문에 긴 꼬리를 좋아하는 유전자도 함께 선택된다. 다시 말해 암컷이 특정 길이의 꼬리를 가진 수컷을 선택하게 만드는 유전자는 실제로는 자기 자신의 복제를 선택하는 셈이다. 이것은 자기 강화 과정의 본질적 요소이다. 한마디로 자동적으로 그들 자신을 유지시키는 동기를 가지고 있는 것이다. 일단 진화가 어떤 방향으로 진행되기 시작하면, 이 힘은 진화를 같은 방향으로 지속시키는 경향을 낳는다.

　다른 방식으로 이 과정을 이해하려면 '녹색 수염 효과(green-beard effect)'라고 알려진 개념을 설명하는 것이 좋을 것이다. 녹색 수염 효과는 생물학에서 사용되는 학문적인 농담 같은 것이다. 그것은 순전히 가상적인 것에 불과하지만 상당히 교훈적인 내용을 담고 있기도 하다. 그 말은 원래 W. D. 해밀턴의 중요한 이론인 혈연 선택의 핵심 원리를 설명하기 위해 제안된 것으로, 나는 그 개념을 『이기적인 유전자』에서 길게 설명했다. 현재 옥스퍼드 대학교에 재직 중인 나의 동료 해밀턴은 근연(近緣) 개체에 대해 이타적으로 행동하는 유전자가 자연선택에서 유리하게 되고, 그 이유는 오직 그것과 완전히 동일한 유전자의 복제가 그 개체의 몸에 존재할 확률이 매우 높기 때문이라는 사실을 증명했다. '녹색 수염 효과' 가설은 동일한 논점을 특정한 대상이 아니라 보다 일반적으로 확장하는 것이다. 그의 주장에 따르면 혈연관계라는 것은 유전자가 다른 개체의 몸에 있는 자신의 복제를 효과적으로 찾을 수 있는 방법 중 하나에 지나지 않는다. 이론적으로 유전자는 더 직접적인 수단으로 자신의 복제를 찾아낼 수 있을 것이다. 다음과 같은 두 가지 효과를 가진 유전자가 우연히 나타났다고 가정하자.(둘 이상의 효과를 가지는 유전자는 흔히 발견할 수 있다.) 그 유전자는 자신을 가지고 있는 보유자에게, 예를 들어 녹색 수염처럼 눈에 잘 띄는 '이름표(배지)'를 가지게 하는 효과와, 보유자의 뇌에 영향을 미쳐서 녹색 수염을 가진 개체에 대해 이타적인 행동을 유발시키는 효과를 가진다고 가정해 보자. 분명 그것은 전혀 가능성이 없는 우연의 일치일 것이다. 그렇지만 만약 그런 일이 일어난다면 그 진화적 귀결은 명백하다. 녹색 수염의 이타주의 유전자는 우리 자식이나 형제에 대해 이타적인 유전자와 같은 이유에서 자연 선택을 통해 유리해질 것이다. 녹색 수염을 가진 개체가 다른 녹색 수염 개체를 도울 때마다, 이 차별적인 이타주의에 관여하는 유전자는 항상 자신의 복제를 유리하게 만드는 셈이다. 따라서 녹색 수염 유전자는 필연적으로 확산될 수밖에 없다.

녹색 수염 효과가 이처럼 단순한 형태로 자연계에서 발견되리라고는 아무도 생각하지 않을 것이다. 자연계에서 유전자는 녹색 수염 효과만큼 구체적이지는 않지만 그보다 훨씬 폭넓은 변용 가능성이 있는 이름표를 사용해서 자신의 복제를 유리하게 만들고 있다. 혈연관계 역시 그러한 이름표의 하나이다. 실제로 '형제' 라든가 또는 '방금 내가 떠난 둥지에서 알을 깨고 나온 개체' 라고 말할 수 있는 대상은 통계적인 이름표이다. 그러한 이름표의 소유자에 대해 이타적인 행동을 유발하는 유전자는, 자신의 복제를 지원할 수 있는 통계적으로 충분한 기회를 가지고 있다. 통계적인 측면에서 볼 때 형제는 유전자를 공유할 가능성이 매우 높기 때문이다. 해밀턴의 혈연 선택은 이런 식의 녹색 수염 효과가 나타날 수 있는 가능성이 가장 높은 하나의 방법으로 간주된다. 그런데 기억해 두어야 할 점은 여기에는 유전자가 자신의 복제를 돕기를 '원한다' 는 암시가 없다는 것이다. 단지 우연히 자신의 복제를 돕는 '효과' 를 가지는 유전자가 어쩔 수 없이 개체군 가운데에서 증가하는 경향을 가질 뿐이다.

따라서 혈연관계는 녹색 수염 효과와 같은 무언가가 일어나기 가장 쉬운 한 가지 방식이라고 이해될 수 있을 것이다. 피셔의 성 선택 역시 녹색 수염 효과가 일어나기 쉬운 또 하나의 방법으로 설명될 수 있다. 개체군 속의 암컷이 수컷의 특징을 강하게 선호할 경우, 지금까지의 추론 과정으로 볼 때, 필연적으로 각 수컷의 몸은 암컷으로 하여금 자신의 특징을 좋아하게 만드는 유전자의 복제를 가지는 경향이 있다. 수컷이 아버지로부터 긴 꼬리를 받았다면, 필경 그는 어머니로부터 아버지의 긴 꼬리를 선택하게 만든 유전자도 받았을 것이다. 수컷이 짧은 꼬리를 이어받았다면, 그는 분명 암컷으로 하여금 짧은 꼬리를 좋아하게 만드는 유전자를 가지고 있을 것이다. 따라서 암컷이 수컷을 선택할 때 암컷의 선택을 결정하게 만드는 유전자는 수컷 속에 들어 있는 '자기 유전자의 복제를 선택'하는 것이다. 결국 그 유전자들은 수컷의 꼬리 길이라는 이름표를 사용해서 녹색 수염 유전자가 녹색 수염을 이름표로 사용하는 방식보다 훨씬 복잡한 방식으로 자신의 유전자를 선택하는 것이다.

만약 한 개체군의 암컷 중에서 절반이 긴 꼬리 수컷을 좋아하고, 나머지 절반은 짧은 꼬리 수컷을 좋아한다면 암컷의 선택에 관여하는 유전자들은 여전히 자신의 복제를 선택하겠지만, 한두 가지 꼬리의 유형이 일반적으로 선호되는 경향은 존재하지 않는다. 개체군은 긴 꼬리를 가지고 있고 긴 꼬리를 좋아하는 쪽과 짧은 꼬리를 가지고 있고 짧은 꼬리를 좋아하는 쪽으로 양분되는 경향이 있을 것이다. 그러나 이런 식으로 암컷의 의견이 '양분' 되는 것은 사태를 불안정하게 만든다. 어느 쪽이든 한쪽 유형을 좋아하는 암컷의 숫자가 약간이라도 많아지면, 그 결과 발생한 다수파는 세대를 거듭하면서 강화되어 갈 것이다. 소수파의 암컷이 선호하는 수컷이 짝을 찾기 어려워지기 때문이다. 또한 소수파의 암컷이 낳은 자식은 상대적으로 짝을 찾기 어려워져서 결과적으로 소수파의 후손은 숫자가 적어질 것이다. 소수파는 점점 더 소수파로 몰리고 다수파는 점점 숫자가 늘어나게 될 때, 우리는 정(正)의 피드백의 원리를 다시 보게 된다. "가진 사람에게는 더 주어서 넘치게 하고, 없는 사람에게는 있는 것마저 빼앗을 것이다." 불안정한 균형이 나타나는 경우에는 언제든 임의적이고 무작위적인 출발이 자기 강화되는 경향이 있다. 이것은 나무 둥치를 잘랐을 때 그 나무가 북쪽과 남쪽 어느 방향으로 넘어갈지 확실히 알 수 없지만, 일단 한쪽 방향으로 기울기 시작하면 무엇으로도 되돌릴 수 없는 것과 마찬가지이다.

이제 등산화 끈을 조여 매고 암반에 다음 피톤(등산용 못 | 옮긴이)을 박아 넣을 채비를 하자. 암컷에 의한 선택이 수컷의 꼬리를 어느 방향으로 이끌고, '실용' 선택은 꼬리의 길이를 다른 방향으로 이끌기 때문에 (물론 '이끈다.' 라는 말은 진화적 의미에서 사용된 것이다.) 실제 평균 꼬리 길이는 두 방향의 인력이 타협한 산물이라는 사실을 상기하라. 그러면 여기에서 '선택의 불일치' 라 불리는 양(量)을 받아들이기로 하자. 그것은 개체군 중에서 발견되는 수컷의 실제 평균 꼬리 길이와 그 개체군의 평균적인 암컷이 실제로 좋아하는 '이상적인' 꼬리 길이의 차이이다. 선택의 불일치를 측정하는 단위는 온도를 측정하는 섭씨나 화씨 눈금과 마찬가지로 임의적이다. 섭씨의 경우 물이 어는 점을 0도로 고정하면 편리한 것과 마찬가지로, 성 선택의 인력과 실용 선택의 인력이 균형을 이루는 점을 0으로 고정하는 편이 편리할 것이다. 다시 말하자면 선택의 불일치가 0이라는 것은 두 종류의 서로 대립하는 선택이 완전히 상쇄되어 진화적 변화가 멈추었다는 것을 뜻한다.

분명 선택의 불일치가 클수록 반대 방향으로 작용하는 실용 선택의 인력에 저항해서 암컷이 행사하는 진화적 '인력' 이 강해진다. 여기에서 우리가 관심을 가지는 것은 특정 시점의 선택의 불일치의 절댓값이 아니라 선택의 불일치가 세대를 거치면서 '변화한다' 는 사실이다. 어떤 선택의 불일치의 결과로 꼬리가 점차 길어지면, 동시에(긴 꼬리를 선택하는 데 관여하는 유전자가 긴 꼬리를 가진 유전자와 함께 선택된다는 사실을 기억하라.) 암컷이 좋아하는 이상적인 꼬리 길이 또한 길어진다. 이러한 이중 선택이 한 세대를 경과한 후에, 수컷의 평균 꼬리 길이와 암컷이 좋아하는 평균 꼬리 길이는 모두 길어질 것이다. 그렇지만 어느 쪽이 더 길어질까? 이것은 무엇이 선택의 불일치를 일어나게 만드는가 하는 물음의 다른 표현이라 할 수 있다.

선택의 불일치가 같은 상태로 유지될 수도 있다.(평균 꼬리 길이와 암컷이 좋아하는 평균 꼬리 길이가 같은 길이로 늘어나는 경우) 또한 그 불일치가 차츰 작아질 수도 있다.(평균 꼬리 길이의 증가가 암컷이 좋아하는 평균 꼬리 길이의 증가보다 많을 경우) 또는 불일치가 최종적으로 조금 더 커지는 경우도 있을 수 있다.(평균 꼬리 길이가 조금 길어져도 암컷이 좋아하는 평균 꼬리 길이의 증가가 그 이상인 경우) 만약 꼬리가 길어짐에 따라 선택의 불일치가 적어진다면, 꼬리 길이가 일종의 안정된 평형 길이를 향해 진화하고 있다는 사실을 발견할 수 있을 것이다. 그러나 꼬리가 길어짐에 따라 선택의 불일치가 더 커진다면, 이론적으로는 이후 세대에서 꼬리가 끊임없이 속도를 높여 계속 자라나는 것을 볼 것이다. 활자로 표현된 그의 짧은 글은 당시 그를 제외하고는 아무도 분명하게 이해할 수 없었지만, 이것이야말로 의심의 여지없이 피셔가 1930년 이전에 계산해 냈던 바로 그 내용이 틀림없다.

우선 세대가 바뀜에 따라 선택의 불일치가 점차 줄어드는 경우를 살펴보기로 하자. 차이가 점차 작아져 마침내 암컷의 선호에 따라 한 방향으로 작용하는 인력이 실용 선택에 따라 반대 방향으로 작용하는 인력과 정확히 균형을 이루게 될 것이다. 그렇게 되면 진화적 변화는 멈춘다. 이런 계(系)를 평형 상태라고 말한다. 여기에 대해 랜더는 매우 흥미로운 사실을 입증했다. 그것은 불일치의 크기가 점차 줄어드는 조건에서는 평형점이 하나가 아니라 여럿 존재한다는 것이다.(이론적으로는 그래프의 한 직선상에 무한개의 평형점이 배열된다. 여기서 더 들어가면 수학이 되어 버리고 만다.) 균형을 이룰 수 있는 점은 하나가 아니라 여럿이다.

왜냐하면 어느 방향으로 이끌어 가려는 실용 선택의 인력이 아무리 강하더라도 암컷의 선호도의 강도 역시 마찬가지 세기로 진화해 결과적으로는 정확히 균형을 이루는 한 점에 도달하기 때문이다.

따라서 세대 교체에 따라 불일치가 줄어드는 경향이 있는 조건에서 개체군은 '가장 가까운' 평형점에 낙착할 것이다. 여기에서 한 방향으로 작용하는 실용 선택의 인력은 반대 방향으로 작용하는 암컷의 선택과 정확히 상쇄되어 수컷의 꼬리는 그 길이가 얼마든 항상 같은 길이를 유지할 것이다. 독자들은 이 논의가 부의 피드백 시스템에 해당한다는 사실을 알아차렸을 것이다. 그런데 이것은 조금 특이한 종류의 부의 피드백 시스템이다. 부의 피드백 시스템이 어떤 것인지 알아보려면 그 시스템을 이상적인 '설정 상태'에서 '교란' 시켰을 때 무슨 일이 일어나는지 살펴보면 된다. 예를 들어 창을 열어 방안의 온도를 교란시키면 자동 온도 조절 장치는 히터의 스위치를 넣어 내려간 온도를 다시 올리는 방식으로 반응할 것이다.

성 선택 시스템은 어느 정도까지 교란될 수 있을까? 그런데 지금 우리가 진화적 시간 척도에 대해 이야기하고 있다는 사실을 상기해야 한다. 다시 말해서 인간의 시간 척도에서는 실험을 하는(이 경우에는 창을 여는) 것도 그리고 그 실험 결과를 볼 수 있을 때까지 살아 있기도 힘들다는 것이다. 그러나 자연계에서는 그런 경우를 흔하게 찾아볼 수 있다. 가령 그 결과가 행운이든 불행이든, 우연한 사건을 통해 수컷의 수가 어떤 주기성을 띠고 임의적으로 변동하면서 그 시스템이 자주 교란되는 경우가 있다. 지금까지 이야기한 조건이 주어진다면, 그런 일이 일어났을 때 실용 선택과 성 선택의 결합을 통해 개체군은 수많은 평형점 중에서 가장 가까운 한 점으로 반드시 복귀할 것이다. 어쩌면 그 점은 이전과 동일한 평형점이 '아니라' 평형점을 나타내는 직선에서 조금 위쪽이

거나 또는 조금 아래쪽에 위치한 다른 점일 것이다. 따라서 개체군은 시간이 흐름에 따라 평형점의 직선을 오르내리게 될 것이다. 선을 따라 올라갈 것은 꼬리가 길어지는 경우이다.(이론적으로는 꼬리의 길이가 무한정 늘어날 수 있다. 직선을 따라 내려가는 것은 꼬리가 짧아지는 경우를 뜻한다.) 이론적으로는 꼬리의 길이가 0까지 짧아질 수 있다.

자동 온도 조절 장치의 비유는 평형점의 핵심적인 개념을 설명하는 좋은 예로 사용되고는 한다. 이 비유를 더욱 발전시켜서 '평형선'이라는 조금 더 어려운 개념을 설명할 수도 있다. 온방 장치와 냉방 장치를 모두 설치한 방을 가정해 보자. 두 장치 모두 자동 온도 조절 장치를 갖추고 있다. 2개의 자동 온도 조절 장치는 실온을 섭씨 20도라는 일정한 온도로 유지하도록 맞춰져 있다. 이때 온도가 20도 이하가 되면, 온방 장치의 스위치가 켜지고 냉방 장치는 꺼질 것이다. 온도가 20도 이상이 되면 반대로 냉방 장치의 스위치가 켜지고 온방 장치는 꺼진다. 그런데 긴꼬리천인조의 꼬리 길이의 비유는 온도가 아니라(온도는 20도 부근에서 유지되고 있다.) 총 전력 소비율이다. 여기에서 중요한 핵심은 원하는 온도를 얻는 데에는 여러 가지 서로 다른 방법이 있다는 것이다. 온방 장치와 냉방 장치를 모두 최대로 가동시켜서 온방 장치가 맹렬하게 뜨거운 공기를 뿜어내고 냉방 장치도 최대 강도로 그 열을 내려 원하는 온도를 유지하는 방법이 있다. 또는 온방 장치가 조금 약하게 열을 발생시키고 그에 따라 냉방 장치도 약하게 가동되면서 그 열을 식혀 원하는 온도를 얻을 수도 있을 것이다. 아니면 어느 쪽도 작동시키지 않으면서 목적을 달성하는 방법도 있다. 물론 전기 요금을 감안한다면 마지막 방법이 가장 바람직한 조절 방법이겠지만, 20도라는 일정한 온도를 유지한다는 목적에 관한 한 일련의 가동 속도 모두가 만족스럽다고 할 수 있다. 여기에는 하나의 평형점이 아니라, 평형점의 집합인 하나의 '직선'

이 있다. 그 시스템이 설정되어 있는 상세한 내용과 시스템의 시간적 지연 그리고 그 밖에 기술자들이 관심을 가지는 다른 요소로 인해 이론적으로는 그 방의 전력 소비율이 온도를 일정하게 유지하면서 평형점의 선을 오르내리는 것이 가능하다. 실내 온도가 조금 교란되어 20도 이하가 되어도 그 온도는 곧 회복될 것이다. 그러나 이때 온방 장치와 냉방 장치의 가동 속도의 조합이 이전과 똑같은 상태로 돌아갈 필요는 없을 것이다. 평형선 위의 다른 점으로 복귀할 수도 있을 테니까.

실제 기술적 조건에서 본다면 진정한 평형선이 존재하도록 조정하기는 매우 어렵다. 현실에서는 직선이 '한 점으로 축소'되는 편이 경제적이다. 성 선택의 평형선에 관한 러셀 랜더의 논의 또한 자연계에서는 그다지 현실적이지 않은 가정에 근거하고 있다. 예를 들면 그들의 이론은 끊임없는 새로운 돌연변이의 공급을 가정하고 있다. 또한 암컷의 선택 행위에는 아무런 비용도 들지 않는다고 가정한다. 이 가정이 성립하지 않는다면(실제로 그럴 가능성은 분명히 있다.) 평형 '선'은 하나의 평형점으로 떨어지게 된다. 그러나 어쨌든 우리는 지금까지 수세대에 걸쳐 선택이 계속되면서 선택의 불일치가 '줄어드는' 경우에 대해서만 살펴보았다. 다른 조건에서는 선택의 불일치가 커질지도 모른다.

우리가 이 문제를 논의하기 시작한 지도 꽤 되었기 때문에 그것이 무엇을 의미하는지에 대해 다시 생각해 보기로 하자. 여기서 우리가 다루고 있는 개체군의 수컷은 긴꼬리천인조의 꼬리 길이와 같은 형질을, 꼬리 길이를 길게 하는 암컷의 선호와 그 길이를 짧게 하려는 실용 선택의 영향을 토대로 진화해 나가고 있다. 꼬리가 길어지는 쪽을 향한 진화의 추진력이 존재하는 것은, 암컷이 자신이 '좋아하는' 타입의 수컷을 선택할 때에 항상 임의적이지 않은 유전자의 결합 때문에, 암컷에게 그러한 선택을 하도록 만드는 바로 그 유전자의 복제를 선택하고 있기 때문이다. 따라서 다음 세대에서는 수컷이 더 긴 꼬리를 가지는 경향을 가질 뿐더러 암컷 또한 긴 꼬리에 대해 더 강한 선호성을 가지는 경향을 나타내게 된다. 이들 두 가지 증가 과정 중 어느 쪽이 세대가 바뀌는 과정에서 더 빠른 속도로 진행될지는 확실히 알 수 없다. 우리가 지금까지 고찰한 사실은 세대를 경과하면서 꼬리 길이 쪽이 선호보다 더 빨리 증가하는 경우에 대해서였다. 그러면 이번에는 또 하나의 가능한 경우로 세대를 거치면서 선호 쪽이 꼬리 길이보다 빠른 속도로 증가하는 경우에 대해 살펴보자. 다시 말하자면 지금부터는 세대가 진행되면서 선택의 불일치가 커지는 경우를 살펴보자.

여기에서 도달하는 이론적 귀결은 앞에서보다 한층 더 괴상한 것이다. 이 과정에는 부의 피드백 대신 정의 피드백이 등장한다. 세대가 바뀜에 따라 꼬리는 길어지지만 긴 꼬리에 대한 암컷의 욕구는 더욱 빠른 속도로 증가한다. 이것은 이론적으로 말하자면, 세대의 진행에 따라 꼬리가 계속 길어질 뿐 아니라 꼬리가 자라나는 속도도 끊임없이 가속된다는 것이다. 이론적인 면에 국한한다면 꼬리는 10마일(약 1.6킬로미터)의 길이에 도달한 다음에도 계속 자라나게 된다. 물론 앞에서 든 예처럼 반대로 작동하는 와트의 조속기를 가진 증기 기관이 현실적으로는 매초 100만 회전의 속도로 가속될 수 없듯 이처럼 터무니없는 길이에 도달하기 훨씬 전에 게임의 규칙이 바뀔 것이다. 그러나 극단적인 상태에 도달하면 그 수리 모델의 결론을 상당히 완화시켜야 할지라도, 이 모델의 결론은 실제적으로 조건의 범위가 폭넓을 경우에도 충분히 적용될 수 있다.

이제 50년이 지나서야 우리는 피셔가 대담하게도 "발달의 속도는 이미 달성된 발달의 정도와 비례하게 될 것이며, 따라서 시간에 대해 지수적으로 또는 등비수열적으로 증가한다는 사실을 쉽게 알 수 있다."라고 단언했을 때 무엇을 의미하고자 했는지 이해할 수 있다. 그가 다음과 같이 말했을 때, 그 이론적 근거는 분명 랜더의 그것과 같았다. "그러한 과정에 의해 영향을 받는 두 개의 특징, 즉 수컷의 깃털의 발달과 그러한 발달에 대한 암컷의 성적인 선호도는 동시에 진행되는 것이 분명하다. 그리고 그 과정이 심한 대항 선택을 통해 정지되지 않는 한, 그 경향은 끊임없이 속도를 증가시켜 나가게 될 것이다."

피셔와 랜더가 수학적 추론을 통해 우리의 호기심을 북돋우는 동일한 결론에 도달했다는 사실 때문에 그들의 이론이 자연계에서 실제로 일어나고 있는 현상의 올바른 반영이라는 뜻은 아니다. 성 선택 이론의 일인자인 케임브리지 대학교의 유전학자 피터 오도널드의 말처럼 랜더의 모델에 포함되어 있는 폭주적 성질은 최초의 가정에 '토대를 두고' 있어서 수학적 추론 이외의 다른 방법을 통해서는 나타낼 수 없는 구조가 되어 버렸는지도 모른다. 앨런 그래픈과 W. D. 해밀턴 등의 이론가들은 암컷의 선택이 실리적인 우생학상의 의미에서 그 암컷의 자식들에게 유리한 효과를 가지고 있다는 대체 이론을 더 좋아하는 편이다. 그들이 함께 수립한 이론에 따르면 새의 암컷은 마치 건강 상태를 진단하는 의사처럼 기생충에 가장 감염되기 쉬운 수컷을 가려낸다고 주장한다. 해밀턴다운 이 독창적인 학설에 따르면 색깔이 밝은 깃털은 수컷이 자신의 건강을 선전하기 위한 방법이라고 한다.

기생충의 이론적 중요성에 대해서 충분히 설명하려면 너무 긴 논의가 필요할 것이다. 요점만 이야기하자면 암컷의 선택에 관한 모든 '우생학' 설을 둘러싼 문제점들은 항상 다음과 같은 것들이었다. 만약 암컷이 실제로 최고의 유전자를 가진 수컷을 선택하는 데 성공한다면, 그 성공 자체가 미래에 이루어질 수 있는 선택의 폭을 좁힐 것이다. 따라서 주위에 모두 좋은 유전자만 존재한다면 이제 선택 자체가 아무런 쓸모가 없어져 버린다. 기생충은 이러한 이론상의 난점을 제거해 준다. 해밀턴에 따르면 기생충과 숙주는 서로에 대해 끝없는 '주기적인' 군비 확장 경쟁을 벌이고 있기 때문이다. 즉 한 세대의 새에게 최고의 유전자가 이후 세대에서도 최고의 유전자로 인정받을 수는 없다. 현재 세대의 기생충을 없애기 위해 강구되는 수단은 역시 진화를 계속하는 다음 세대의 기생충에게는 아무런 효과도 없게 된다. 따라서 어느 세대에나 새롭게 등장하는 기생충을 없애는 데 유전적으로 보다 우수한 능력을 가진 수컷이 조금은 있을 것이다. 암컷은 그 세대의 수컷 중에서 가장 건강한 수컷을 선택함으로써 항상 자신의 자식을 유리한 위치에 서게 할 수 있는 것이다. 여러 세대에 걸쳐 암컷이 사용할 수 있는 유일한 일반적 기준은 수의사가 사용하는 것과 같은 지표, 즉 밝은 눈, 광택 있는 깃털 등이다. 진정으로 건강한 수컷만이 이러한 건강의 징후를 드러낼 수 있기 때문에 선택은 그러한 징후를 충분히 드러내고 있는 수컷 그리고 긴 꼬리나 부채처럼 넓어진 꼬리의 형태로 그런 징후를 과장하기까지 하는 수컷에게 유리하게 작용한다.

그러나 기생충 이론은 설사 그것이 옳은 이론이라 하더라도 '폭발'을 다루는 이 장의 논점에서 벗어나 있다. 피셔와 랜더의 폭주 이론으로 돌아오면 지금 우리에게 필요한 것은 실제 동물에 의한 증거이다. 그러한 증거를 찾으려면 어떻게 해야 할까? 그렇게 하기 위해서는 어떤 방법을 사용할 수 있을까? 이런 문제에 대한 매우 유용한 접근은 스웨덴의 말테 안데르손을 통해 이루어졌다. 공교롭게도 그가 연구한 새는 내가 여기서 이론적인 개념을 논하는 데 사용한 종류와 같은 긴꼬리천인조였다. 그는 이 새를 케냐의 자연환경에서 연구했다. 안데르손의 실험이 가능하게 된 것은 최근 과학 기술의 진보가 낳은 강력한 접착제 덕분이었다. 그는 다음과 같이 주장했다. 실제로 관찰 가능한 수컷의 꼬리 길이가 실용상의 최적값과 암컷이 정말 원하는 수치 사이에서 이루어진 타협의 산물이라면 수컷의 꼬리 길이를 충분히 길게 만듦으로써 그 수컷을 '초매력적'으로 만들 수 있을 것이다. 여기서 강력 접착제가 등장한다. 안데르손의 실험은 탁월한 실험 설계의 한 예이기도 하기 때문에, 이 자리에서 간단하게 설명해 보기로 하겠다.

안데르손은 서른여섯 마리의 수컷 긴꼬리천인조를 잡아 네 마리씩 아홉 그룹으로 나누었다. 각기 네 마리로 이루어진 그룹들은 모두 동등하게 다루어졌다. 각 그룹의 네 마리 중에서 한 마리(무의식적으로 발생할 수 있는 편향을 피하기 위해 일부러 임의적으로 선택한다.)는 꼬리 깃털을 14센티미터 길이로 잘랐다. 이렇게 잘라낸 꼬리를 금방 마르는 순간 접착제를 이용해 그 그룹의 두 번째 수컷의 꼬리 끝에 붙여 주었다. 즉 첫 번째 수컷은 인위적으로 꼬리를 짧게 만들고, 두 번째 수컷은 인위적으로 꼬리를 길게 한 것이다. 세 번째 새의 꼬리는, 비교를 위해 손을 대지 않고 그대로 놓아 두었다. 네 번째 새도 꼬리 길이는 그대로 놓아 두었지만 다른 면에서 수정을 가했다. 네 번째 새들은 세 번째와는 달리 꼬리 깃털의 끝을 자른 다음 그것을 다시 붙여 주었다. 얼핏 보기에는 무의미한 실험 과정인 것처럼 보이지만, 어떤 실험이든 그 정도로 주의 깊게 설계하지 않으면 안 된다는 것을 가르쳐 주는 좋은 예이다.

그것은 꼬리 길이 그 자체에는 아무런 변화가 없지만 꼬리 깃털에 수정이 가해졌다는 사실, 또는 인간이 붙잡아 조작을 가했다는 사실이 새에게 영향을 줄 수 있는가를 알아보는 실험이었다. 네 번째의 새들은 그러한 효과에 대한 '대조군'인 셈이다. 이 실험의 주안점은 저마다 다른 방식으로 처리된 새들 사이에서 교미의 성공도를 비교하는 것이었다. 네 가지 방식 중 어느 한 가지로 처리된 모든 수컷을 원래의 위치로 되돌려 놓았다. 따라서 모든 수컷들은 각기 자신의 영역으로 암컷을 유인해서 짝짓기를 하고 둥지를 틀고 알을 낳는 일을 재개했다. 문제는 각 그룹의 네 마리 새 중에서 암컷을 얻는 데 가장 성공적인 수컷이 몇 번째 새인가라는 것이다. 안데르손은 실제로 암컷을 유인하는지 아닌지 관찰하는 대신, 잠시 기다린 다음 각 수컷의 영역에 생겨난 알의 숫자를 세는 방법으로 그 결과를 측정했다. 그런데 그가 발견한 사실은 인위적으로 꼬리를 길게 만든 수컷이 인위적으로 꼬리를 짧게 한 수컷의 거의 네 배나 많은 암컷을 유인하는 데 성공했다는 사실이었다. 정상적인 길이의 타고난 꼬리를 가진 수컷은 그 중간 정도의 성공도를 보여 주었다.

단지 우연적으로 이러한 결과가 발생했는지를 알아보기 위해 통계적으로 분석하였다. 여기에서 나온 결론은 꼬리의 길이가 암컷을 유혹하는 유일한 기준이라면 현재의 꼬리 길이보다 긴 꼬리를 가진 수컷쪽이 번성할 것이라는 사실이었다. 바꾸어 말하면 성 선택은 꼬리를 길게 하는 방향으로 끊임없이(진화적인 의미에서) 진행된다는 것이다. 그런데 실제로 관찰되는 꼬리가 암컷이 좋아하는 것보다 짧다는 사실은 꼬리를 짧은 상태로 유지시키는 또 다른 선택압(選擇壓)이 분명 존재한다는 사실을 뜻한다. 그것은 바로 '실용' 선택이다. 어쩌면 특히 긴 꼬리를 가진 수컷은 평균적인 꼬리의 수컷보다 쉽게 죽을지도 모른다. 그렇지만 유감스럽게도 안데르손에게는 수술을 받은 수컷이 그 뒤 어떠한 운명을 맞았는지 추적할 시간적 여유가 없었다. 만일 그가 수술한 수컷의 운명을 추적할 수 있었다면, 예측하건대 여분의 꼬리를 접착제로 붙인 수컷은 필경 포식자의 먹이가 되기 쉽기 때문에 정상적인 수컷에 비해 평균적으로 훨씬 빨리 죽었을 것이다. 한편 인위적으로 꼬리를 짧게 만든 수컷은, 어쩌면 정상적인 수컷보다도 오래 살았을 것이라고 예상할 수 있다. 정상적인 길이의 꼬리를 가진 개체는 성 선택의 최적값과 실용 선택의 최적값의 타협의 산물로 생각되기 때문이다. 인위적으로 꼬리를 짧게 만든 새는 실용상의 최적값에 가깝기 때문에 오래 살았을 것이다. 그러나 이 결론에는 상당히 많은 가정이 포함되어 있다. 긴 꼬리가 가져다 주는 실용상의 주요한 불이익이 다 성장한 뒤에 쉽게 죽을 수 있다는 사실보다는 처음에 꼬리를 성장시키는 데 들어가는 경제적 비용이라면, 안데르손의 선물로 여분의 긴 꼬리를 받은 수컷이 그 결과 특별히 일찍 죽을 것이라고 기대할 수는 없을 것이다.

나는 지금까지 마치 암컷의 선호도가 꼬리나 기타의 장식을 크게 하는 방향으로 이끄는 경향이 있는 것처럼 말해 왔다. 앞에서 이미 언급했듯이 이론적인 면에서 이야기하자면 암컷의 선호가 정반대 방향, 가령 꼬리를 길게 하는 쪽이 아니라 짧게 만드는 방향으로 작용하지 않을 이유는 전혀 없다. 굴뚝새는 몹시 짧고 뭉툭한 꼬리를 가지고 있기 때문에 그 꼬리는 엄밀한 실용상의 목적에 비추어 '반드시 그러해야 할' 길이보다도 짧은 것이 아닐까 하는 생각을 품기 쉽다. 여러분도 굴뚝새의 체구에 걸맞지 않게 큰 울음소리를 통해 이미 짐작했겠지만 굴뚝새 수컷 사이의 경쟁은 무척이나 격렬하다. 그처럼 큰 울음 소리는 분명 상당한 체력을 요구할 것이기 때문에, 굴뚝새의 수컷은 문자 그대로 죽기를 무릅쓰고 지저귄다고 알려져 있을 정도이다. 성공을 거둔 수컷은 천인조와 마찬가지로 자기 영역 내에 한 마리 이상의 암컷을 거느린다. 이러한 경쟁적 풍토에서는 정의 피드백이 진행될 것이라고 기대해도 무리는 아니다. 과연 굴뚝새의 짧은 꼬리는 진화적인 축소라는 폭주 과정의 최종 산물을 나타내는 것일까?

굴뚝새 이야기는 조금 접어 두고, 공작의 꼬리와 천인조의 꼬리는 그 장식 과잉의 측면에서 정의 피드백 과정에 따라 폭발적으로 나선(螺旋)을 그리며 진행되는 진화의 최종 산물과 가장 유사하다. 피셔와 오늘날 그의 후계자들은 이 과정이 어느 정도까지 발생할 수 있는가를 우리에게 가르쳐 주었다. 이 개념은 본질적으로 성 선택에만 한정되는 것일까,

아니면 다른 종류의 진화에서도 설득력 있는 비유를 발견할 수 있을까? 우리 자신의 진화에 폭발적인 양상을 나타내는 측면이 하나 이상 존재한다는 사실만으로도 이런 물음은 상당한 가치가 있는 셈이다. 예를 들어 우리 뇌의 크기가 과거 수백만 년이라는 기간 동안 극도로 빠른 속도로 늘어났다는 사실만으로도 폭발적인 측면은 분명히 나타난다. 뇌의 용적 증가 또한 성 선택에 따른 것이라고 주장되어 왔다. 즉 지력(智力, 혹은 무척 길고 복잡하기 짝이 없는 댄스 스텝을 기억하는 능력과 같은 다른 형태에서의 두뇌의 능력)은 성적인 측면에서 기대되는 형태라는 것이다. 그러나 뇌의 크기가 성 선택과 비슷하지만 정작 동일하지는 않은 다른 종류의 선택의 영향을 받아 폭발적으로 증가했을 수도 있다. 나는 성 선택에 대해 가능한 비유를 약한 비유와 강한 비유라는 두 가지 단계로 구분하는 것이 유용하다고 생각한다.

약한 비유는 다음과 같이 간단하게 설명할 수 있다. 진화의 어느 단계의 최종 산물이 진화의 다음 단계의 토대를 이루는 진화 과정은 어느 정도 진보적일 가능성이 있고 때로는 폭발적일 수도 있다는 것이다. 우리는 이미 앞 장에서 '군비 확장 경쟁'이라는 형태로 이 개념을 다루었다. 포식자의 설계에서 나타나는 각각의 진화적 개선은 먹이에 대한 선택압을 변화시키고 그에 따라 먹이가 되는 생물은 포식자를 보다 교묘하게 피할 수 있는 방향으로 진화한다. 그런 다음에는 다시 포식자에게 선택압이 가해져 개선이 이루어지면서 우리는 끊임없이 상승하는 나선을 관찰하게 된다. 앞에서 서술했듯이 포식자와 피식자가 동시에 개선되기 때문에 어느 쪽도 결과적으로 성공률의 면에서 확실한 우위를 확보하지는 못할 것이다. 그러나 양쪽 다 진보적이고 더 우수한 장비를 '갖추어' 가게 될 것이다. 이것이 바로 성 선택의 약한 비유이다. 성 선택의 강한 비유는 피셔 랜더 이론의 본질이 '녹색 수염' 식의 현상이라는 사실을 보여 준다. 즉 암컷의 선택에 관여하는 유전자는 자동적으로 '자신'의 복제를 선택하는 경향이 있고, 그것은 저절로 폭발을 향해 나아가는 경향을 가진 과정이라는 것이다. 성 선택 이외에도 이런 종류의 현상의 예가 있는지는 확실치 않다.

나는 성 선택과 같은 폭발적 진화의 비유를 찾아볼 수 있는 좋은 장소가 인간의 문화적 진화가 아닐까 하는 생각을 한다. 그 이유는 여기에서 다시 한번 변덕스러운 선택이 문제가 되며, 더욱이 그러한 선택은 '유행'이나 '다수파의 끊임없는 승리'의 영향을 받을 수 있기 때문이다. 한번 더, 이 장의 첫머리에서 내가 분명히 밝혔던 경고를 상기하는 편이 좋을 것이다. 문화적 '진화'는, 우리가 언어 사용에 대해 무척 까다로운 결벽증을 가졌다면 분명 진화라고 말할 수 없을 것이지만, 문화적 진화와 실제의 진화 사이에는 원리상의 비교를 정당화시켜 줄 수 있는 충분한 공통점이 있을 것 같다. 물론 그렇다고 해서 그 차이를 경시해서는 안 된다. 폭발적인 나선이라는 우리의 논의로 돌아가기 전에 이 문제를 살펴보기로 하자.

인류 역사를 여러 측면에서 볼 때 어딘가 의사(擬似) 진화적인 특성이 있다는 점은 이미 여러 차례 지적되었다. 사실 그 점은 누구라도 알 수 있다. 인간 생활의 어떤 측면의 견본을 일정한 시간 간격으로 모아 본다면, 예를 들어 과학 지식의 상태라든가 연주되는 악기의 종류, 옷의 유행, 수송 수단과 같은 예를 100년 또는 10년 동안 수집한다면, 어떤 경향이 나타날 것이다. A, B, C라는 연속적인 시간에서 얻은 세 가지 견본에서 시간 B에서 측정된 수치가 시간 A와 C에서 측정된 수치 사이에 위치할 때 우리는 거기에 하나의 경향이 있다고 말한다. 물론 예외는 있겠지만 이런 종류의 경향이 문화생활의 많은 측면을 특징짓는다는 점에 대해서는 모두가 동의할 것이다. 물론 그 경향의 방향이 때로는 역전되는 경우도 있지만,(예를 들면 치마의 길이처럼) 이것 역시 진정한 유전적 진화이다.

여러 가지 경향, 특히 실용적인 기술에서 나타나는 경향들은 경박한 유행과는 달리 거의 가치 판단을 둘러싼 논란의 여지없이 '개선'으로 인정된다. 일례로 세계를 여행하는 데 사용되는 탈것이 과거 200년 동안 한 번도 퇴행하지 않고 꾸준히 개선되어 왔다는 사실을 들 수 있을 것이다. 그것은 말이 끄는 마차에서 증기를 이용하는 탈것을 거쳐 오늘날 초음속 제트기에 이르고 있다. 나는 개선이라는 말을 중립적인 의미로 사용하고 있다. 그렇지만 내가 이러한 변화의 결과로 생활의 질이 개선된다는 점에 대해 모두가 동의한다는 사실을 이야기하려는 것은 아니다. 개인적으로 나는 그 사실에 대해 자주 의문을 제기한다. 대량 생산 방식이 숙련된 기술자들을 대체해 감에 따라 노동자들의 기량 수준이 '저하'되어 간다는 일반적인 견해를 부정하려는 생각도 없다. 그러나 세계의 어느 한 장소에서 다른 장소로 '이동'한다는 순수한 관점에서 수송 수단을 살펴본다면, 어느 종류의 개선을 향한 역사적 경향이 존재한다는 점에 대해서는, 설령 그것이 속도의 개선에 한정된다 하더라도, 논쟁의 여지가 없다. 이와 마찬가지로 수십 년 혹은 수년이라는 시간 간격을 두고도 오디오 앰프의 성능에서는 부인할 수 없을 만큼의 진보적 개선이 이루어지고 있다. 가령 여러분이 때로 증폭기가 발명되지 않았다면 이 세상이 좀 더 쾌적한 장소가 되었을 것이라는 점에서 나와 의견을 같이 한다 하더라도 그 성능의 향상은 부인할 수 없는 사실이다. 그것은 취미가 변한 때문이 아니다. 음 재생의 충실도가 1950년에 비해 훨씬 향상되었고 1920년에 비한다면 1950년 쪽이 훨씬 낮다는 것은 객관적이면서 동시에 측정 가능한 사실이다. 텔레비전에서 방송되는 오락 프로그램의 질은 예나 지금이나 매한가지이지만 화질은 오늘날이 과거에 비해 훨씬 깨끗하다. 전쟁에서 사용되는 살인 무기의 성능은 드라마 틱하게 개선되고 있다. 어쨌든 그 무기들은 보다 많은 사람들을 더 신속하게 죽일 수 있게 되었다. 물론 이것이 개선이 아니라는 사실은 너무도 명백한 것이어서 굳이 설명할 필요조차 없을 것이다.

좁은 기술적 의미에서 시대가 바뀜에 따라 상황이 점차 나아지고 있다는 사실에 대해서는 아무런 의심도 없다. 그러나 이것은 비행기나 컴퓨터와 같은 기술적인 실용물에 한정된 이야기이다. 인간 생활에는, 뚜렷한 경향을 나타내면서, 어떠한 명백한 의미에서도 그 경향이 개선과 연결되지 않는 측면이 많이 있다. 언어는 어떤 경향을 나타내면서 분화하고, 그리고 분화가 일어난 때로부터 수세기가 경과하면 점차 서로 이해할 수 없게 된다는 점에서 분명 진화한다고 말할 수 있다. 태평양에 솟아 있는 무수한 섬들은 언어 진화의 연구를 위해 훌륭한 자료를 제공해 준다. 섬 간 언어는 분명 유사성을 보이며, 섬 사이에서 차이가 나타나는 단어의 수로 언어들 사이의 차이를 정확하게 측정할 수 있다. 이러한 척도는 10장에서 살펴보게 될 분자분류학의 척도와 매우 유사하다. 분지(分枝)한 단어의 수로 측정된 언어 사이의 차이는, 마일 수로 측정된 섬 사이의 거리에 대해 그래프에 표시된다. 그러면 그래프에 표시된 점은 어떤 곡선을 그리게 되고, 그 곡선의 수학적 형태를 이용해 섬에서 섬으로 (단어가) 확산되는 속도에 대해서 많은 사실을 알 수 있는 것이다. 단어는 카누를 타고 이동하고 한 섬과 다른 섬이 떨어져 있는 거리에 비례하는 간격으로 섬과 섬 사이를 옮겨 다닐 것이다. 때로 유전자가 돌연변이를 일으키는 것과 마찬가지로 한 섬 안에서는 단어도 일정한 속도로 변화한다. 만약 어떤 섬이 완전하게 격리되어 있다면 그 섬의 언어는 시간의 경과에 따라 어떤 진화적인 변화를 나타내고, 따라서 다른 섬의 언어로부터 어떤 식으로든 분지할 것이다. 서로 가까이 위치한 섬들은 서로 멀리 떨어져 있는 섬들에 비해 카누를 통한 단어의 교류 속도가 월등하게 빠르다. 또 그러한 섬의 언어는 멀리 분산된 섬의 언어보다 가까운 공통의 선조를 가지고 있다. 이러한 현상은 무수한 섬들 사이에서 관찰되는 유사성의 패턴을 설명해 준다. 찰스 다윈에게 영감을 불러일으켰던 갈라파고스 군도의 여러 섬에 서식하는 핀치에 관한 사실과 밀접한 비유가 완성된다. 카누를 통해 이 섬에서 저 섬으로 옮겨 다니는 단어와 마찬가지로 유전자는 새의 몸을 통해 섬에서 섬으로 옮겨 다닌다.

언어는 분명 진화한다. 그러나 현대 영어가 초서(Geoffrey Chaucer, 14세기 영국의 위대한 시인 | 옮긴이) 시대의 영어에서 진화해 왔다는 사실 때문에, 현대 영어가 초서 시대의 영어보다 개선되었다고 주장할 사람은 많지 않으리라고 생각한다. 일반적으로 우리가 언어에 대해서 이야기하고 있는 경우에는 개선이나 질과 같은 개념이 머리에 잘 떠오르지 않는 것이 보통이다. 그뿐 아니라 언어에 대해서 이야기할 때 우리는 흔히 변화를 퇴행이나 퇴화로 보고는 한다. 우리는 오래된 용어를 정통으로, 최근의 변화를 혼란으로 간주하는 경향이 있다. 그러나 우리는 여전히 순수하게 추상적이며 어떤 가치관에도 속박되지 않는다는 의미에서 진보적인 진화와 같은 경향을 찾아낼 수 있다. 그리고 의미의 상승이라는 형태로 (혹은 다른 각도에서 볼 때 퇴화가 되는) 정의 피드백의 증거까지도 발견할 수 있을 것이다. 예를 들면 '스타' 라는 단어는 굉장한 명성을 얻은 배우를 의미하는 말로 사용되어 왔다. 이후 그 단어는 어떤 영화의 주요 등장인물 중 한 명을 지칭하는 식으로 보통 배우를 의미하는 말로 퇴화했다. 따라서 굉장한 명성이라는 원래의 의미를 회복하기 위해, 그 단어는 '슈퍼 스타' 로 단계가 올라갈 수밖에 없었다. 얼마 후 영화사의 선전은 '슈퍼 스타' 라는 단어를 사람들이 한번도 들어 보지 못한 배우에게 사용하기 시작했다. 그런 다음에는 '메가 스타' 라는 한층

더 강화된 단계의 상승이 이루어졌다. 오늘날 많은 '메가 스타'들이 있지만, 최소한 내 경우, 그중에서 한번도 이름을 들어보지 못한 사람들이 있는 사실로 미루어 이후 또다시 명칭의 단계 상승이 있을 것임을 쉽게 짐작할 수 있다. 어쩌면 불과 얼마 후에 '하이퍼 스타' 이야기를 듣게 되지 않을까? 그와 유사한 정의 피드백은 '셰프(요리장)'라는 단어에 내포된 가치 하락에도 작용했다. 물론 이 단어는 프랑스 어의 셰프 드 퀴진(chef de cuisine)이라는 말에서 유래한 것으로, 주방의 책임자 또는 장(長)을 뜻한다. 이것은 옥스퍼드 사전에 실려 있는 뜻풀이이다. 단어의 정의상으로는 주방 하나에 한 명의 셰프밖에 없어야 한다. 그러나 대개의 (남자) 요리사들은 자신의 체면을 세우기 위해 설령 자신이 햄버거 굽는 사람이더라도 스스로를 '셰프'라고 부른다. 그 결과 이제는 '셰프장'이라는 동어 반복적인 말까지도 자주 듣게 된다.

그러나 이것이 성 선택에 대한 비유라면 기껏해야 내가 이름 붙인 '약한' 의미에서의 비유에 불과하다. 그러면 내가 생각하고 있는 '강한' 비유로 곧장 넘어가기로 하자. 그것은 '팝(pop)' 음악의 세계이다. 열광적인 팝 음악 팬들의 이야기에 귀를 기울이거나, 라디오 스위치를 켜 디스크 자키의 영국식도 미국식도 아닌 발음을 듣노라면 아주 이상한 사실을 발견하게 될 것이다. 다른 예술 장르의 비평에서는 표현 형식이나 기교, 무드나 정서적인 충격, 예술 양식의 질과 특성에 관한 무언가 선입관을 드러내지만 '팝' 음악이라는 하위 문화는 거의 배타적으로 '대중성 자체'라는 선입관을 갖게 한다. 분명한 사실이지만, 어떤 음반에 있어서 중요한 것은 그것이 어떤 음악인가가 아니라 얼마나 많은 사람들이 그 음반을 사는가이다. 이 하위 문화 전체가 톱 20이나 톱 40이라 불리는, 판매 숫자에만 토대를 둔 음반 판매 순위에 묶여 있다. 어떤 음반에 있어서 진정 중요한 것은 톱 20 이내에 들어 있는지 여부이다.

이것은 잘 생각해 본다면 매우 기괴한 사실이며, R. A. 피셔의 폭주 진화 이론을 연상하게 만드는 매우 흥미로운 사실이다. 디스크 자키가 어떤 음반이 히트 차트 중에서 차지한 금주의 순위를 말할 때, 거의 동시에 지난 주의 순위를 함께 이야기한다는 사실에도 상당히 깊은 뜻이 함축되어 있을 것이다. 지난 주의 인기 순위를 이야기함으로써 듣는 사람들이 그 음반의 현재의 인기도뿐 아니라 인기 상승 속도나 '변화' 동향에 대해 평가를 내릴 수 있게 하기 때문이다.

많은 사람들이 어떤 음반을 사는 이유는 다른 많은 사람들이 같은 음반을 사고 있거나 앞으로 사리라는 것 이외에는 아무런 이유도 없는 것 같다. 분명한 증거는 음반사가 대리인을 주요 음반 가게에 파견해 자사의 음반을 대량으로 구입하게 만든다는 사실이다. 이것은 물론 판매 숫자를 '불티나게 팔린다' 는 평판을 받을 수 있을 정도로까지 높이기 위해서이다.(이것은 생각처럼 어려운 일은 아니다. 그 이유는 '톱' 이라는 숫자가 소수의 음반 가게에서 보고되는 판매 숫자에 토대를 두고 있기 때문이다. 그래서 어디가 그런 보고를 하는 주요 상점인지 알면 그 상점에서 약간의 음반만을 사들여도 전체적인 판매 진행 추정값에는 상당한 영향을 줄 수 있는 것이다. 이런 주요 상점의 직원이 뇌물을 받는다는 믿을 만한 소문도 있을 정도이다.)

이것보다는 덜하지만, 마찬가지로 대중적으로 인기 있다는 사실 자체가 다시 인기를 불러일으키는 현상은 출판계나 패션 업계 그리고 광고계에서도 잘 알려진 사실이다. 광고업자가 어떤 상품에 대해 제시할 수 있는 가장 훌륭한 설명은 그것이 같은 종류의 물건 중에서 베스트셀러라는 사실이다. 책의 베스트셀러 목록은 매주 발표되는데 어떤 책이 그 목록에 오를 수 있을 만큼 많은 부수가 팔리면 오직 베스트셀러가 되었다는 사실만으로 그때부터 더 많은 부수가 팔리리라는 것은 의심의 여지가 없는 사실이다. 출판 관계자는 책이 '불티나게 팔린다.' 라고 말하고, 조금 과학 지식이 있는 출판 관계자라면 '날개 돋힌 듯 팔리기 위한 임곗값'에 대해서 이야기할 것이다. 여기서 사용된 비유는 원자 폭탄이다. 우라늄 235(U^{235})는 한 곳에 지나치게 많은 양이 집적되지 않는 한 매우 안정적이다. 그런데 일단 그 양을 넘어서기만 하면 연쇄 반응이라는 폭주 과정의 진행을 저지할 수 없게 되어 종국적으로 비참한 결과를 초래하는 임곗값이 존재한다. 1개의 원자 폭탄에는 2개의 U^{235}의 덩어리가 들어 있고, 각각의 덩어리는 임계량보다 작다. 폭탄이 폭발하면, 이 2개의 덩어리가 갑작스럽게 하나로 합쳐져서 임곗값을 넘어서게 된다. 이렇게 해서 중간 규모의 도시 하나가 종말을 맞이하게 되는 것이다. 책의 판매고가 '임곗값을 넘었다.'라는 말은 평판이 다시 평판을 불러일으켜 판매량이 폭주적인 양상으로 늘어나게 되는 지점에 도달했다는 것을 뜻한다. 판매율은 임계량에 도달하기 전에 비해 돌연 극적으로 커지고, 어쩔 수 없이 더 이상 늘어나지 않는 정점에 도달한 후 하향 곡선을 그릴 때까지 지수적인 성장을 보일 것이다.

그 기반이 되는 현상을 이해하는 것은 어렵지 않다. 기본적으로는 좀 더 많은 정의 피드백의 예가 있다. 책이든 팝 음반이든 그것의 진정한 특성이 판매량을 결정하는 데 미치는 영향을 완전히 무시할 수는 없지만, 그럼에도 불구하고 정의 피드백이 숨어 있는 경우에는 언제든 책이나 음반이 성공을 거둘 것인지, 아니면 실패할 것인지를 결정하는 강한 임의적인 요소가 분명히 존재한다. 만약 임계량이나 도약점과 같은 요소가 성공 사례에서 빠질 수 없는 중요한 것이라면, 거기에는 반드시 무수한 행운이 수반되기 마련이다. 따라서 거기에는 내부 사정을 꿰뚫고 있는 사람들이 조작하거나 악용할 여지도 충분히 있을 것이다. 예를 들면 상당한 금액을 투자해서 책이나 음반을 의도적으로 사들여 '임계량에 도달하는' 점까지 판매를 촉진하는 경우가 그런 경우에 해당할 것이다. 어쨌든 일단 그 점에 도달하게 되면 그 후에는 판매 촉진에 그다지 많은 돈을 들이지 않아도 된다. 그때부터는 정의 피드백이 작동하기 시작해 당신을 위한 선전을 대신 떠맡아 줄 것이기 때문이다.

이러한 정의 피드백은 피셔 랜더 이론에 따른 성 선택의 정의 피드백과 어느 정도 공통점을 가지고 있지만 차이점도 있다. 긴 꼬리를 가진 수컷 공작을 좋아하는 암컷 공작은, '다른' 암컷이 같은 선호도를 가지고 있다는 이유만으로 유리해진다. 수컷의 성질 자체는 임의적이며 아무런 상관이 없다. 이 점에서 오직 톱 20이라는 이유만으로 특정 음반을 원하는 음반 마니아는 공작의 암컷과 마찬가지로 행동하고 있는 셈이다. 그러나 정의 피드백이 작용하는 정확한 메커니즘은 두 가지 경우에서 다르다. 그리고 내 생각으로는 바로 이 점이 이 장의 첫머리에서 했던 말을 다시 상기하게 만드는 것 같다. 나는 비유에 대한 해석은 충분히 이루어져야 하지만 도를 지나쳐서는 안 된다는 경고로 이 장을 시작했다.

9장

구멍 난 단속평형설

「출 애굽기」에 따르면 이스라엘 사람들이 시나이의 황야를 가로질러 약속의 땅으로 이주하는 데 40년이 걸렸다고 한다. 거리상으로는 약 320킬로미터가 되니까 평균 이동 속도는 하루에 약 22미터로 시속 0.9미터인 셈이다. 밤에는 이동을 멈추었을 것이라는 점을 고려하면 대략 시속 2.7미터라는 계산이 나온다. 어떻게 계산해 봐도 터무니없이 느린 평균 이동 속도이고, 느리기로 유명한 달팽이의 속도에도 훨씬 뒤진다.(『기네스 북』의 기록에 따르면 달팽이가 세운 가장 빠른 세계 신기록도 시속 50미터이다.) 물론 이 평균 이동 속도가 변함없이 유지되었으리라고 믿는 사람은 아무도 없을 것이다. 이스라엘 사람들은 오랜 기간 동안 한 장소에서 야영 생활을 한 다음 이동하는 식의 변덕스러운 여행을 반복했던 것이 분명하다. 아마 그들 대부분은 어느 일정한 방향으로 여행을 하고 있다는 분명한 의식도 갖지 않았을 것이다. 사막의 유목민들이 흔히 그러하듯 오아시스에서 오아시스로 정처 없이 떠돌고 있었을 것이다. 다시 한번 반복하지만 아무도 이 평균 이동 속도가 계속 변하지 않고 유지되었다고 믿지는 않는다.

그런데 여기에 두 사람의 젊은 능변의 역사가가 등장했다고 가정하자. 그들의 말에 따르면 성경의 역사는 지금까지 '점진설(漸進說)' 학파의 사고방식에 지배되어 왔다고 한다. '점진론자(gradualist)'인 역사가는

이스라엘 사람들이 하루에 22미터씩 여행했다는 사실, 즉 매일 아침 천막을 걷고 동북동 방향으로 22미터씩 기어가듯 이동한 다음, 다시 천막을 설치했다는 사실을 문자 그대로 믿고 있다는 것이다. '점진설'에 대한 유일한 대안은 새로운 역동적인 '단속론자(punctuationist, 변화가 거의 없는 기간이 계속되다가 급격한 변화가 일어난다고 주장하는 사람. 단속평형설을 제기한 미국의 생물학자 스티븐 제이 굴드와 닐스 엘드리지를 빗대어 지칭하고 있다. | 옮긴이)'들이 주장하는 역사학이다. 급진적이고 젊은 단속론자의 주장에 따르면 이스라엘 사람들은 거의 대부분의 시간 동안 전혀 이동하지 않고 '정지한' 상태로 살았고 때로는 수년씩 한 장소에서 야영 생활을 하기도 했다. 그런 다음 사람들은 비교적 빠른 속도로 새로운 야영지로 이동해서 그곳에서 다시 수년 동안 머물렀다. 약속의 땅으로 향하는 그들의 이동은 점진적이거나 연속적인 것이 아니라 불규칙하고 변덕스러운 것이었다. 다시 말해서 긴 정체기가 짧고 급격한 이동기로 단속(斷續)된다는 것이다. 더욱이 그 돌발적인 이동은 항상 약속의 땅을 향해서만 이루어지는 것도 아니어서 그 방향은 거의 임의적이었다. 약속의 땅을 향하는 경향은 훨씬 뒤에 더 큰 규모의 '대이동'이라는 패턴에서야 처음 관찰할 수 있을 뿐이라는 것이다.

단속론자인 성경 역사가들은 워낙 능변이어서 대단한 돌풍을 일으키며 매스컴에 등장했다. 그들의 얼굴은 대량의 발행 부수를 자랑하는 뉴스 잡지의 표지를 장식했고, 성경의 역사에 대한 텔레비전의 다큐멘터리 프로그램은 단속론 지도자 중 한 사람과 인터뷰를 하지 않을 수 없을 정도가 되었다. 이리하여 성경학에 대해서 다른 지식을 아무것도 갖지 못한 사람들은 다음과 같은 의견만을 기억한다. 단속론자가 갑작스럽게 무대에 등장하기 이전의 암흑시대에는 모든 사람들이 완전히 잘못된 생각을 가지고 있었다고 말이다. 그렇지만 단속론자가 세상에 널리 알려

지게 되었다고 해서 그들의 주장이 사실이라는 뜻이 아니라는 점에 주
의해야 한다. 그들은 그전의 권위자들이 '점진론자'였으며 그들의 주장
이 틀렸다고 강변하는 것에 불과하다. 단속론자들이 세간의 이목을 끄
는 이유는 그들의 주장이 옳기 때문이 아니라 그들이 스스로를 혁명가
로 자처하기 때문이다.

　단속론자인 성경 역사가에 대해 지금까지 내가 한 이야기는 물론 사
실이 아니다. 생물 진화 분야의 연구자들 사이에서 교환된 이와 비슷한
강변 섞인 논쟁에 대한 하나의 비유를 든 것에 불과하다. 어떤 점에서는
불공정한 비유일지도 모르지만 그렇다고 완전히 불공정한 것은 아니다.
이 장의 첫머리에서 언급했던 이야기를 정당화할 만큼 충분한 진실을
포함하고 있다. 진화생물학자들 내부에는 폭넓은 선전이 이루어진 일파
(하버드 대학교의 고생물학자인 스티븐 제이 굴드가 대표적인 학자이다. 그는
오늘날의 '종합설'이 지나치게 진화를 좁은 틀 속에 가두며 국부 개체군이 환
경의 영향을 수동적으로 받아들여 누적적, 점진적 변화를 하는 과정으로 잘못
해석하고 있다고 주장하면서 단속평형설(punctuated eguilibrium)을 제기했다.
그는 대부분의 계통이 대부분의 기간 동안 거의 변화하지 않다가 이따금씩 급
격히 일어나는 종 분화라는 사건을 통해 진화가 단속된다고 주장했다. | 옮긴
이)가 있는데, 그 주창자들은 자신을 단속평형론자라고 부르며 가장 영
향력 있는 이전 세대의 학자들에게 '점진론자'라는 딱지를 붙여 놓았
다. 그들은 진화에 대해 아무것도 모르는 사람들 사이에서 명성을 얻고
있지만, 실제로 그들이 누리는 인기는 그들을 대신한 기자들이 그들의
주장을 이전의 진화론, 특히 찰스 다윈의 입장과 근본적으로 다른 것으
로 표현했기 때문이다. 그런 면에서 지금까지 내가 이야기한 성경의 비
유는 공정한 것이다.

　이 비유가 공정하지 않은 점은 성경 역사가의 이야기에 나오는 '점진

론자'는 단속론자가 날조해 낸 가공의 밀짚 인형임이 명백한 데 비해, 진화론의 '점진론자'는 그들이 실재하지 않는 밀짚 인형인지 여부가 그다지 분명하지 않다는 점이다. 그 점은 확실히 밝혀낼 필요가 있다. 다윈을 필두로 많은 진화학자의 말을 고의로 점진론자로 해석하는 것은 가능하지만 점진론자라는 말은 해석 방법에 따라 여러 가지 다른 의미를 가질 수 있다는 점을 이해하는 것이 중요하다. 실제로 나는 '점진론자'라는 용어의 해석 범위를 넓혀서 모든 사람을 점진론자에 포함시킬 작정이다. 이스라엘 사람들에 대한 이야기와는 달리 진화론의 경우에는 사람들의 이목을 끌지 못한 진정한 논쟁이 있었다. 그 논쟁은 상당히 구체적이고 전문적인 내용이어서 매스컴의 과대 선전을 받을 만큼 중요한 것은 아니었다.

진화학자들 중에서 '단속론자'는 원래 고생물학의 분야에서 나왔다. 고생물학은 화석을 연구하는 학문이다. 그 분야가 생물학 분야 중에서 중요한 위치를 차지하는 이유는 진화상의 선조들이 오랜 과거에 모두 죽고 화석만이 먼 과거의 동물이나 식물에 대한 유일하고 직접적인 증거를 보여 주기 때문이다. 만약 우리의 진화적 조상이 누구인지 알고 싶다면, 유일한 희망은 화석밖에는 없다. 과거에는 화석을 악마의 창조물이거나 노아의 홍수로 물에 빠져 죽은 불쌍하고 죄많은 자들의 뼈라고 생각했지만, 사람들이 화석의 본질을 이해하게 되자 모든 진화론이 화석의 기록에 대해 어떤 식으로든 예측을 하지 않을 수 없음이 분명해졌다. 그러나 그 예측이 정확히 어떤 것인지에 대해서는 상당히 많은 논의가 이루어져 왔고, 단속평형설을 둘러싼 논의 역시 그러한 논의의 일부를 이룬다.

화석이 남아 있다는 사실은 우리에게 크나큰 행운이다. 동물의 뼈나 껍질, 그 밖의 단단한 부분이 분해되기 전에 드물게 흔적을 남기고 그 후 그 흔적이 주형 역할을 해서 굳어 가는 암석에 그 동물의 영원한 기억을 남길 수 있다는 것은 지질학에서는 놀랄 만큼 다행스러운 일이다. 동물이 죽은 후에 어느 정도의 비율로 화석화되는지에 대해서는 아직 밝혀지지 않았다. 개인적으로는 화석이 되는 쪽이 명예로운 일이라고 생각하지만 그 비율이 극히 낮다는 것만은 확실하다. 그렇지만 비록 화석화의 비율이 아무리 낮아도 화석 기록 중에는 진화학자라면 누구라도 사실이라고 확실하게 예측할 수 있는 것이 있다. 예를 들면 포유류가 진화했다고 추측되는 때보다 훨씬 이전 시기의 기록에서 화석 인류가 나타나는 것을 발견한다면 우리는 몹시 놀랄 것이다. 만약 단 하나라도 제대로 확인할 수 있는 포유류의 머리뼈가 5억 년 전의 암석에서 나온다면 현대의 진화론은 완전히 붕괴되고 말 것이다. 덧붙여 이야기하자면 이것은 진화론의 모든 이론이 '반증 불가능'한 동어 반복에 불과하다고 주장하는 창조론자와 그들의 동료인 저널리스트들이 퍼뜨리고 있는 망언에 대한 충분한 답이 될 것이다. 역설적이게도 텍사스의 공룡 시대의 지층에 나 있는 가짜 인간의 발자국은 불경기에 관광객을 끌기 위해 사람이 새긴 엉터리 발자국임에도 불구하고, 창조론자들이 이 발자국에 그토록 민감한 반응을 보이는 것도 바로 그런 이유 때문일 것이다.

어쨌든 만약 실제 화석을 가장 오래된 것부터 최근까지 시대순으로 늘어놓는다면, 진화론의 예측으로는 거기에서 엉망진창으로 뒤얽힌 혼란이 아니라 일종의 질서정연한 순서를 발견하게 될 것이다. 이 장의 핵심에 근접한 이야기를 하자면, 같은 진화론이라도 예를 들어 '점진설'이나 '단속평형설'처럼 다른 견해를 가진 이론은 그 패턴도 다르게 예측할 것이다. 이렇듯 서로 다른 예측은 우리가 화석의 '연대 추정' 방법을 가지고 있거나 최소한 화석이 퇴적된 순서를 알 수 있는 방법이 있을 때에만 검증이 가능하다. 따라서 화석의 연대 추정을 둘러싼 문제와 그 문제의 해결책은 우리에게 약간의 탈선을 요구한다. 이제부터 독자들에게 몇 차례의 탈선에 대해 양해를 구해야 할 것이다. 지금부터의 논의는 그 첫 번째 탈선이다. 이 장의 주제를 설명하기 위해서는 그러한 탈선이 반드시 필요하기 때문이다.

화석을 퇴적된 순서에 따라 배열하는 방법은 벌써 오래전부터 알려져 있었다. 그 방법은 '퇴적된다.'라는 말 속에 이미 들어 있다. 새로운 화석은 당연히 오래된 화석 밑이 아니라 위쪽에 퇴적된다. 따라서 퇴적암 속에서 새로운 화석은 낡은 화석 위쪽에 위치한다. 때로는 화산 활동으로 인한 융기로 암석의 순서가 대규모로 뒤집히기도 한다. 물론 이런 경우에는 땅을 파내려 가면서 발견되는 화석의 순서도 정반대가 된다. 그렇지만 이런 일이 일어나는 경우는 아주 드물어서 실제 그런 일이 있으면 누구나 쉽게 알 수 있다. 어느 지역의 암석을 계속 파내려 갈 때 그 암석의 역사적인 기록을 완전한 형태로 얻기는 좀체로 힘들지만 다른 지역에서 나온 화석 중에서 역사적으로 겹치는 부분을 하나씩 결합하면 충분한 기록을 얻을 수 있다.(나는 '파내려 간다'는 이미지를 사용해 이야기를 전개했지만 실제로 고생물학자가 문자 그대로 지층을 직접 파내려 가는 일은 거의 없다. 그들은 다양한 깊이로 묻혀 있는 화석이 침식으로 노출되어 있는 것을 발견하는 경우가 많다.) 화석의 연대를 수백만 년이라는 시간 단위로 추정하는 방법이 발견되기 훨씬 전부터, 고생물학자들은 신뢰할 수 있는 지질 연대 체계를 구축해 왔고 어느 시대가 어느 시대 앞에 오는지에 대해 상세한 지식을 가지고 있었다. 특정한 종류의 조개들은 암석의 연대를 가르쳐 주는 신뢰할 수 있는 지표여서 석유 시추업자가 주요한 지표로 사용할 정도였다. 그렇지만 그것만으로는 암석 지층의 상대적인 순서를 나타낼 수 없으며, 더군다나 절대 연대에 대해서는 아무것도 알 수 없다.

최근 들어 물리학의 진보로 암석과 그 속에 포함되어 있는 화석의 절대 연대를 100만 년 단위로 추정할 수 있게 되었다. 이러한 추정법은 특정 방사성 원소가 특정 속도로 붕괴한다는 이미 알려져 있는 사실에 기초를 두고 있다. 그것은 마치 몇 개의 정밀한 소형 초시계가 암석 속에 묻혀 있는 격이었다. 각각의 초시계는 퇴적된 순간부터 돌아가기 시작한다. 고생물학자가 할 일은 그것을 파내서 문자판에 나타난 시각을 읽어 내는 것뿐이다. 방사성 원소의 붕괴에 기초한 이 지질학적 초시계는 방사성 원소의 종류가 달라지면 돌아가는 속도 또한 달라진다. 방사성 탄소의 초시계는 매우 빠른 속도로 돌아가기 때문에 수천 년이 지나면 태엽이 모두 풀려 버려 더 이상 믿을 수 없는 것이 된다. 이 시계는 수백 년에서 수천 년의 범위를 다루는 고고학이나 역사학의 시간 척도인 유기물의 연대 추정에는 유용하게 사용되지만, 수백만 년에 달하는 범위를 다루는 진화적인 시간 척도에서는 사용할 수 없다.

진화적인 시간 척도에서는 칼륨·아르곤 시계와 같은 다른 종류의 시계가 적합하다. 칼륨·아르곤 시계는 속도가 극히 느리기 때문에, 고고학이나 역사학의 시간 규모에는 적합하지 않다. 그것은 마치 100미터 단거리 경주를 보통 시계의 시침을 이용해 측정하는 경우와 마찬가지이다. 따라서 진화라는 초장거리 마라톤의 시간을 측정하려면 분명 칼륨·아르곤 시계와 같은 장비가 필요하다. 그 밖의 방사성 원소 '초시계'로서, 각기 특정한 반감기를 가진 루비듐·스트론튬 시계나 우라늄·토륨·납 시계 등이 있다. 지금까지의 탈선으로 고생물학자가 화석을 손에 넣으면, 대개 그 동물이 언제 살고 있었는지 수백만 년 단위의 절대 연대로 추정할 수 있음을 알게 되었다. 여러분도 기억하고 있겠지만, 우리가 처음 이 연대 추정에 관한 논의를 시작한 것은 '단속평형설'이나 '점진설' 등 여러 종류의 진화론이 화석의 기록에 관해 어떤 예측을 하는가에 대해 관심을 가졌기 때문이었다. 그러면 여러 가지 예측으로 어떤 것이 있는지에 대한 논의를 시작해 보자.

자연이 고생물학자에 대해 특별히 친절을 베풀어서(또는 그와 연관된 다른 일을 고려할 때 오히려 불친절을 베푼 것인지도 모른다.) 지금까지 살았던 모든 동물의 화석을 남겨 주었다고 가정해 보자. 그처럼 완벽하게 연대순으로 배열된 화석 기록을 조사할 수 있다면 진화학자인 우리는 거기에서 무엇을 예측할 수 있을까? 우리가 이스라엘 사람들의 이야기에서 희화되었던 의미의 '점진론자'라면 대개 다음과 같은 예측을 하게 될 것이다. 연대순으로 배열된 화석은 항상 일정한 속도로 변화하는 매끄러운 진화 경향을 나타낼 것이다. 다시 말해서 A, B, C라는 3개의 화석이 있고 A는 B의 선조이고, B는 C선조라면, B는 그 출현 시기에 비례해서 A와 C의 중간적 형태를 가질 것으로 예상된다. 예를 들어 A의 다리 길이가 50센티미터, C의 다리의 길이가 100센티미터라면, B의 다리 길이는 그 중간으로 정확한 길이는 A가 살던 때부터 B가 살던 때까지의 경과 시간에 비례한다는 것이다.

이스라엘 사람들의 평균 이동 속도가 하루 22미터로 계산된 것과 마찬가지로 점진설의 풍자를 논리적인 결론으로까지 이끈다면, A에서 C에 이르는 진화적인 자손 계열에서의 다리 길이의 평균 신장 속도를 계산할 수 있다. 가령 A가 C보다 2000만 년 전에 살고 있었다면(이 비유를 대략적으로 현실에 적용시키면 지금까지 알려진 가장 오래된 말과의 동물인 히라코테리움(*Hyracotherium*)은 약 5000만 년 전에 살았고, 그 크기는 테리어(애완견의 일종 | 옮긴이) 정도였다.) 2000만 년에 50센티미터, 즉 1년에 약 40만분의 1센티미터의 속도로 진화적 성장을 하게 된다. 앞에서 희화된 점진론자는 말의 다리가 수세대에 걸쳐 아주 느린 속도로 길어졌다고 믿는 것이다. 말의 경우처럼 한 세대가 약 4년이라고 가정하면, 그 속도는 1세

대에 약 40만분의 4센티미터인 셈이다. 이 가상의 점진론자가 믿었으리라 추정되는 사실은 수백만 세대라는 기간 동안 계속 평균보다 40만분의 4센티미터 더 긴 다리를 가진 개체가 당시의 평균적인 다리 길이를 가진 개체보다 유리했다는 것이다. 이런 생각은 이스라엘 사람들이 매일 22미터의 거리를 여행해서 황야를 횡단했다고 믿는 것과 같다.

오늘날까지 알려진 가장 빠른 진화적 변화의 경우에도 이러한 사실이 적용된다. 사람의 머리뼈는 500세제곱센티미터의 뇌 용적을 가진 오스트랄로피테쿠스(인류의 가장 오래된 선조로 여겨지는 원인(猿人))와 같은 선조로부터 약 1,400세제곱센티미터의 평균 뇌 용적을 가진 현대의 호모 사피엔스로 발전했다. 그러니까 약 900세제곱센티미터, 뇌 용적으로 따지면 세 배의 증가가 겨우 300만 년 이내에 달성된 셈이다. 진화의 표준으로 볼 때 이것은 급속한 변화이다. 뇌는 마치 풍선처럼 부풀어올랐고, 실제 어떤 측면에서 본다면 현대인의 머리뼈는 오스트랄로피테쿠스의 평평한 이마와 경사진 머리뼈에 비교하면, 양파 모양의 동그란 풍선을 닮았다. 그러나 300만 년 동안의 세대수를 계산하면(1세기를 4세대라고 하자.) 평균적인 진화 속도는 1세대에 100분의 1세제곱센티미터 이하가 된다. 가상의 점진론자는 세대를 거치면서 느리지만 단호한 변화가 일어나서, 그 결과 모든 자식 세대는 그 부모보다 정확히 0.01세제곱센티미터만큼 머리가 좋아졌다고 믿는 셈이다. 필경 100분의 1세제곱센티미터만큼 뇌 용적이 증대됨으로써, 각 세대는 그 앞 세대보다 훨씬 생존에 유리해졌을 것이다. 하지만 100분의 1세제곱센티미터라는 크기는 현대인의 뇌 용적에서 발견되는 다양성과 비교하면 지극히 미미한 차이에 불과하다. 자주 인용되는 예로, 작가인 아나톨 프랑스(결코 어리석지 않았고 노벨상 수상자이기도 했다.)의 뇌 용적은 1,000세제곱센티미터 이하였다. 그런데 또 한편의 극단으로 2,000세제곱센티미터 용적의 뇌도

알려져 있다. 나로서는 그 출전을 확실히 알지 못하지만 올리버 크롬웰(17세기 영국의 군인이자 정치가 | 옮긴이)이 그런 예로 자주 인용되고 있다. 따라서 가상 속의 점진론자가 생존에 있어서 중요한 것이라고 주장하는 세대당 약 0.01세제곱센티미터라는 평균 증가량은 아나톨 프랑스와 올리버 크롬웰의 뇌의 차이의 겨우 10만분의 1에 지나지 않는다! 앞에서 희화된 점진론자가 실재하지 않는다는 것은 무척 다행스러운 일이다.

그런데 이런 종류의 점진론자가 실제로 존재하지 않는 가상의 존재라면(단속론자의 창에 찔릴 운명을 안고 있는 풍자라면) 더 이치에 맞는 신념을 가진 점진론자가 따로 실재하는 것일까? 이 물음에 대한 나의 답은 '그렇다.'이다. 현명한 진화학자들은 모두 이 두 번째 의미에서의 점진론자에 포함되며, 더욱이 단속론자를 자처하고 있는 사람들의 경우에도 그들의 신념을 주의 깊게 조사해 보면, 실제로는 그러한 믿음이 깔려 있다는 사실을 발견할 수 있다. 그러나 단속론자들이 왜 자신들의 견해를 혁명적이고 놀라운 것이라고 생각하는지 그 이유를 이해하지 않으면 안 된다. 이러한 문제를 논의하기 위한 출발점은 화석 기록에 뚜렷한 '공백'이 존재한다는 사실이다. 따라서 지금부터 이 공백의 문제를 살펴보기로 하자.

다윈 이래 진화학자들은 손에 넣을 수 있는 모든 화석을 연대순으로 늘어놓아도 그것이 거의 변화를 식별할 수 없을 만큼 매끄러운 계열을 형성하지는 않는다는 사실을 깨달았다. 다리가 차츰 길어진다든가 머리뼈가 점차 커지는 등의 장기간에 걸친 변화 경향은 분명 인정할 수 있지만, 화석 기록에서 나타나는 경향은 대개 변동의 폭이 크고 매끈하지 않다. 다윈과 대부분의 그의 신봉자들은 그 이유를 오직 화석 기록이 불완전한 탓으로 돌렸다. 다윈의 관점에서 볼 때, 만약 완전한 화석 기록을 얻을 수 있다면 들쭉날쭉하지 않고 완만한 변화를 발견할 수 있다는 것이다. 그러나 화석화는 매우 우연한 사건이고, 더욱이 그러한 화석을 발견하는 일은 한층 더 우연적인 일이기 때문에 그것은 마치 대부분의 장면이 사라진 영화 필름을 손에 넣은 것과 같은 셈이다. 이러한 화석 필름을 영사기로 상영하면 분명 일종의 움직임을 볼 수는 있겠지만, 그것은 찰리 채플린의 움직임보다 훨씬 더 심한 변덕을 부릴 것이다. 아무리 오래되어 화면에 비가 주룩주룩 오는 찰리 채플린의 영화도 필름의 9할이 사라진 경우는 없다.

미국의 고생물학자 닐스 엘드리지와 스티븐 제이 굴드는 1972년에 처음 단속평형설을 발표했는데, 이후 그들의 이론은 종래의 이론과는 전혀 다른 제안인 것처럼 주장되어 왔다. 그들은 실제 화석 기록이 우리 생각처럼 불완전하지 않을 것임을 주장했다. 어쩌면 '공백'은 화석의 불완전성에 따른 필연적인 결과라기보다는 실제 일어났던 일을 반영할지도 모른다는 것이다. 그들은 계통 진화가 진화적인 변화가 전혀 일어나지 않는 긴 '정체' 기를 거치며 끊어졌다 이어진다(斷續)고 주장했다. 어떤 의미에서 진화는 갑작스러운 폭발의 형태로 이루어졌을 수 있다는 것이다.

그런데 그들이 마음속에 그렸을 돌연한 폭발적 진화로 논의를 옮기기 전에, 먼저 '갑작스러운 폭발'이라는 개념에는 그들이 전혀 생각해 보지 않은 의미가 약간은 있음에 주의를 기울일 필요가 있다. 그동안 그런 문제가 큰 오해의 불씨가 되어 왔기 때문에 우리 논의를 방해하기 전에 깨끗이 정리해 두어야 할 것이다. 엘드리지나 굴드도 약간의 극히 중요한 공백은 실제로 화석 기록의 불완전성 때문에 생긴 것이라는 사실에 동의할 것이다. 그런데 큰 공백의 경우에도 마찬가지이다. 예를 들어 캄브리아기의 암석층은 약 6억 년 이전의 오랜 과거에 형성됐는데, 주요한 무척추동물의 대부분을 발견할 수 있는 가장 오래된 지층이다. 그 화석의 상당 부분이 최초로 나타난 시점으로 미루어 볼 때 이미 상당히 진화한 상태임을 알 수 있다. 마치 누군가가 그 화석들을 진화의 역사와는 아무런 상관도 없이 그곳에 심은 듯한 인상을 준다. 두말할 필요도 없이 이렇듯 갑작스럽게 보이는 출현은 창조론자들을 열광하게 만들어 주었다. 그러나 어떤 학파든 진화학자라면 이것이 화석 기록의 극히 큰 공백, 즉 어떤 이유 때문인지는 모르겠으나 6억 년 이전의 과거를 알려주는 화석이 현재까지 남아 있는 경우가 극히 적기 때문에 나타난 공백이라고 믿는다. 이런 공백이 발생하게 된 이유를 훌륭하게 설명하는 것 중 하나는 그 시대의 대다수 동물의 몸이 부드러운 부분으로 이루어져 있어서 화석이 될 수 있는 껍질이나 뼈가 없었을 것이라는 점이다. 그러나 창조론자에게는 이런 이야기가 극히 자의적인 주장으로 비칠 것이다. 여기에서 내가 지적하고 싶은 사실은 이 대규모 공백에 대한 논의에 관한 한 '단속론자' 든 '점진론자' 든 그 해석에 아무런 차이도 없다는 것이다. 두 학파 모두 이른바 '창조 과학' 이라는 것을 무시하고 있다는 점에서 아무런 차이가 없고, 이 중대한 공백을 실제로는 화석 기록이 불완전한 탓으로 돌린다는 점에서 일치하고 있다. 즉 어느 학파도 캄브리아기에 그처럼 많은 복잡한 유형의 동물들이 갑작스럽게 출현했다는 주장에 대한 유일한 대체 가설이 신에 의한 창조론이라는 사실 그리고 이 대체 가설을 받아들이지 않는다는 점에서 모두 일치하고 있는 셈이다.

진화가 갑작스럽고 변덕스럽게 진행될 수 있다는 주장에는 또 하나의 의미가 있다. 그러나 그 의미도 엘드리지와 굴드가 최소한 그들의 책 대부분에서 제안했던 의미는 아니다. 화석 기록에서 발견할 수 있는 '공백' 은 실제로 오직 한 세대에서 일어난 돌발적인 변화를 반영하는 것이라고 생각할 수 있다. 그러니까 그 사이에 아무런 중간 단계도 존재하지 않으며, 대규모의 진화적 변화가 오직 한 세대에 발생한다는 생각이다. 따라서 부모와 전혀 다른 자식이 태어나서 아버지와는 다른 종(種)에 속하는 경우가 발생할 수도 있다. 그렇게 되면 그 자식은 돌연변이 개체일 것이다. 이런 돌연변이는 너무 크기 때문에 그것을 대돌연변이(macromutation)라 부르기로 하자. 대돌연변이에 기초한 진화 이론은 라틴 어로 '도약'을 의미하는 'saltus'를 따서 '도약(saltation)'설이라고 부른다. 흔히 단속평형설이 도약설과 혼동되기 때문에 여기서 도약설에 대해 살펴보고 왜 그것이 진화의 중요한 요인이 될 수 없는가를 밝히는 것은 매우 중요하다.

대돌연변이, 즉 큰 효과를 가지는 돌연변이가 실제로 일어난다는 것은 의심할 여지가 없는 사실이다. 그런데 문제는 그것이 일어나는지의 여부가 아니라 진화에 어떤 역할을 하는가이다. 다시 말하자면 대돌연변이가 특정한 종의 유전자 풀에 결합되어 있는지, 아니면 그 역으로 자연선택을 통해 항상 제거되는지의 여부이다.

대돌연변이의 잘 알려진 예로는 초파리의 '촉각지(觸角肢)'가 있다. 정상적인 곤충의 경우에 촉각은 다리와 공통성을 가지며, 그와 마찬가지로 발생이 진행된다. 그렇지만 둘 사이의 차이도 현저해서 이 두 종류의 돌출부는 전혀 상반된 목적을 위해 사용된다. 물론 다리는 걷기 위해, 촉각은 물체를 더듬거나 냄새를 맡는 등의 감각을 느끼는 데 사용된다. 촉각지를 가진 파리는 촉각이 다리처럼 발생한 기형이다. 또는 다른 표현을 사용하자면, 그것은 촉각이 없고 촉각이 있어야 할 빈 자리에 여분의 한 쌍의 다리가 생겨난 파리라고 할 수 있다. 이것은 DNA의 복사 착오에서 비롯된 것이며 실제의 돌연변이이다. 따라서 촉각지를 가진 파리가 번식을 할 수 있을 만큼 오래 살 수 있도록 실험실에서 배양된다면 촉각지를 가진 파리의 계통이 고정된다. 단 움직임이 둔하고 생활 능력도 저하되었기 때문에 야생 상태에서는 오래 살 수 없을 것이다.

어쨌든 대돌연변이는 분명 발생한다. 그러나 대돌연변이가 진화에 어떤 식으로든 역할을 하는 것일까? 도약론자라 불리는 사람들은 대돌연변이가 오직 한 세대에서 진화의 큰 도약을 일으키는 수단이라고 믿고 있다. 4장에서 소개했던 리처드 골드슈미트는 진정한 도약론자이다. 만약 도약설이 사실이라면 화석 기록에서 나타나는 '공백'은 공백이 아니어도 아무런 상관이 없다. 예를 들면 도약론자는 이마가 경사진 오스트랄로피테쿠스에서 이마가 부풀어 오른 호모 사피엔스로의 이행이 오직 한 단계의 대돌연변이를 통해 한 세대 동안에 일어났다는 이야기를 믿을 것이다. 이 두 종 사이의 형태 차이는 어쩌면 정상적인 초파리와 촉각지를 가진 초파리의 차이보다도 작을 것이며, 순수하게 이론적으로는 최초의 호모 사피엔스가 정상적인 오스트랄로피테쿠스 부모로부터 태어난 기형이라고 할 수도 있을 것이다(어쩌면 그 부모로부터 배척되고 구박받았을지도 모른다.).

이러한 도약론자의 진화 이론을 모두 폐기시킬 수 있는 분명한 이유가 있다. 그 하나는 상당히 진부한 것으로 만약 새로운 종이 실제로 한 단계의 돌연변이를 통해 태어난다면 그 새로운 종의 구성원은 배우자를 발견하기 어려울 것이라는 사실이다. 그러나 왜 바이오모프에서는 큰 도약이 배제되어야 하는가 하는 문제를 둘러싼 우리의 논의에서 이미 밝혀졌던 다른 두 가지 이유에 비하면 이 이유는 설득력도 없고 그다지 흥미롭지도 않은 것 같다. 두 가지 이유 중 첫 번째는 앞 장에서 다른 주제로 등장했던 위대한 통계학자이자 생물학자인 R. A. 피셔가 지적한 것이다. 피셔는 도약설이 오늘날보다도 훨씬 유행하고 있던 시대에 모든 형태의 도약설에 대해 강한 신념으로 반론을 제기했다. 그는 다음과 같은 비유를 사용했다. 초점이 거의 맞지만 완전하지는 않은 현미경이 있다고 가정하자. 이 현미경은 초점 조절 이외의 다른 면에서는 뚜렷한

상(像)을 얻을 수 있도록 잘 조정되어 있다. 만약 이 현미경의 상태를 임의로 변화시켰을 때(이것은 돌연변이에 해당한다.) 초점이 맞아 올바른 상의 질이 전반적으로 향상될 수 있는 가능성은 어느 정도일까? 피셔는 그 질문에 대해 이렇게 답했다.

어떤 식으로든 큰 폭의 조정이 이루어질 경우에는 상(像)의 질이 향상될 가능성이 극히 작지만, 현미경 제작자나 사용자가 의도한 최소의 조정 폭보다 미세한 조정이 이루어질 경우 개선될 확률은 거의 정확하게 2분의 1임은 거의 확실하다.

피셔가 "쉽게 알 수 있다."라고 생각한 것이 일반 과학자로서는 획득하기 어려운 지력을 요구한다는 점에 대해서는 이미 설명했지만, 위의 인용문에서 피셔가 "거의 확실하다."라고 말한 데에도 마찬가지 사실이 적용될 수 있다. 그럼에도 불구하고 곰곰이 생각해 보면 언제나 그가 옳았다는 것을 알 수 있으며, 이 경우에는 그다지 힘들이지 않고도 만족스럽게 그 사실을 증명할 수 있다. 조정을 가하기 전의 현미경이 초점이 거의 맞추어져 있는 상태라는 가정에 대해 잘 생각해 보자. 렌즈가 완전히 초점이 맞는 위치보다 조금 낮은 위치, 가령 10분의 1센티미터 정도 슬라이드 글라스에 가까운 위치에 있다고 하자. 그런데 아주 미세하게, 가령 100분의 1센티미터 정도 임의적으로 렌즈를 움직인다면 초점이 앞의 경우보다 나아질 가능성은 어느 정도일까? 만약 아래쪽으로 100분의 1센티미터 움직였다면 초점은 더 어긋날 것이다. 또한 만약 위쪽으로 100분의 1센티미터 이동했다면 초점은 앞의 경우보다 나아졌을 것이다. 렌즈를 움직이는 방향은 임의적이므로 이러한 두 가지 경우 중 어느 한쪽이 일어날 확률은 2분의 1이다. 조정을 위한 렌즈의 움직임이 최초의 오차에 비해 작으면 작을수록 초점이 향상될 확률은 2분의 1에 가까워질 것이다. 이러한 사실로부터 피셔의 명제의 후반부는 완전히 입증된다.

그러나 현미경의 경통을 대돌연변이에 비견될 만큼 큰 폭으로, 더욱이 임의의 방향으로 움직여 보자. 가령 1센티미터를 움직였다고 하자. 그러면 상하 어느 쪽 방향으로 움직이든 관계없이 초점은 이전보다 훨씬 더 어긋나게 될 것이다. 가령 경통을 아래쪽으로 움직였다면, 이상적인 위치에서 1.1센티미터 떨어지게 될 것이다.(이렇게 되면 실제로는 렌즈가 슬라이드 글라스에 부딪쳐 부서지고 말 것이다.) 위쪽으로 움직인 경우에는 이상적인 위치에서 0.9센티미터 떨어져 있을 것이다. 경통을 움직이기 전에는 기껏해야 정확한 초점에서 0.1센티미터밖에 떨어져 있지 않았지만 어느 쪽으로든 '대돌연변이적'인 큰 움직임이 일어나면 사태를 더욱 악화시키게 된다. 지금까지 우리는, 극히 큰 움직임(대돌연변이)과 극히 작은 움직임(미소돌연변이)을 계산해 보았다. 물론 중간적인 크기의 움직임에 대해서도 같은 계산을 적용할 수 있지만, 거기에는 아무런 의미도 없다. 이제 움직임이 작으면 작을수록 향상이 이루어질 확률이 2분의 1이 되는 한편의 극단에 가까워지고, 움직임이 크면 클수록 향상이 이루어질 확률이 0이 되는 또 한편의 극단적인 경우에 가까워진다는 사실이 명확해졌을 것이다.

독자들은 지금까지의 논의가 현미경에 임의의 조정을 가하기 이전에 이미 초점이 거의 정확하게 맞추어져 있었다는 최초의 가정에 의존하고 있다는 사실을 알아차렸을 것이다. 만일 현미경의 초점이 2센티미터 벗어나 있었다면 비록 1센티미터를 임의로 변화시켜도, 100분의 1센티미터를 임의로 변화시켰을 때와 마찬가지로 향상될 확률은 50퍼센트이다. 이 경우에 '대돌연변이'는 훨씬 빨리 현미경의 초점을 맞출 수 있다는 이점을 가질 것이다. 그렇게 된다면 물론 피셔의 논의는 임의의 방향으로 6센티미터 움직인 '거대돌연변이(megamutation)'에 적용될 것이다.

그러면 피셔는 왜 현미경의 초점이 처음부터 거의 맞추어져 있었다는 가정에서 출발했을까? 이 가정은 현미경이 비유에서 맡은 역할에서 비롯된다. 임의의 조정을 거친 후의 현미경은 돌연변이를 일으킨 동물을 나타낸다. 또한 임의의 조정을 거치기 전의 현미경은 돌연변이를 일으킨 동물의 돌연변이를 일으키지 않은 정상적인 부모를 나타낸다. 부모의 경우에는 분명 번식할 수 있을 정도로 오래 살았을 테고 따라서 분명 훌륭한 조정 과정을 거쳤을 것이다. 같은 이유로 임의적인 상하 움직임을 거치기 전의 현미경의 초점이 전혀 맞지 않는 경우란 상상할 수 없다. 그렇지 않으면 비유로 표현되고 있는 동물은 생존할 수 없었을 것이다. 이것은 비유에 불과하기 때문에, '전혀 맞지 않은' 크기가 1센티미터든 10분의 1센티미터든 또는 1,000분의 1센티미터든, 우리의 논의에서는 하등 중요치 않다. 중요한 것은 우리가 점차 그 정도가 커지는 돌연변이를 생각하고 있다면 돌연변이가 커짐에 따라 점점 이익이 적어지는 점에 도달하며, 반대로 계속 그 크기가 감소하는 돌연변이를 생각하고 있다면 점차 돌연변이가 유리해질 수 있는 확률이 50퍼센트가 되는 점에 도달할 것이라는 사실이다.

이러한 의미에서, 예를 들면 촉각지와 같은 대돌연변이가 유리할 것인지(최소한 유해한 결과는 피할 수 있는지), 즉 그것들이 진화적 변화의 토대가 될 것인지 여부에 대한 논의는 지금 생각하고 있는 돌연변이가 '어느 정도' '큰'가에 대한 논의임을 분명히 알 수 있다. 돌연변이가 '크면' 클수록 유해하고 그에 따라 어느 종의 진화에 결합될 가능성은 줄어든다. 실제로 유전학 실험실에서 연구되는 거의 모든 돌연변이는 (그 돌연변이가 크지 않으면 유전학자가 알아차릴 수 없으므로) 상당히 크다고 말할 수 있지만 그 돌연변이를 일으킨 동물의 입장에서는 유해하다.(역설적이게도 나는 이 사실을 다윈주의에 대한 '반증'이라고 생각하는 사람들을 만난 적이 있다.) 따라서 피셔의 현미경 이야기는 최소한 극단적인 형태의 '도약' 진화설에 대해 회의를 품게 만드는 한 가지 근거를 제공해 준다.

진정한 도약을 믿을 수 없는 또 하나의 일반적인 이유도 통계적인 것이다. 또한 그 설득력 역시 우리가 가정하고 있는 대돌연변이가 양적으로 얼마나 큰가에 달려 있다. 이 경우 그것은 진화적 변화가 가져올 복잡성과 연관된다. 우리가 관심을 가지는 진화적 변화의, 설사 전부는 아니더라도 상당수는 설계의 복잡성에서 나타나는 진보이다. 앞 장에서 논의했던 눈에 관한 극단적인 예는 그 점을 분명히 한다. 우리처럼 눈을 가지는 동물은 전혀 눈을 갖지 않았던 선조에서부터 진화했다. 극단적인 도약론자라면 이러한 진화가 한 단계의 돌연변이를 통해 나타났다고 가정할 수도 있을 것이다. 부모는 전혀 눈을 갖지 않았거나, 또는 눈이 있어야 할 자리에 피부만 있었을 것이다. 그런데 초점을 바꿔 주는 수정체, '조리개를 죄어 주는' 역할을 하는 홍채, 수백만이나 되는 시세포(세 가지 색에 반응한다.)로 이루어진 망막, 그리고 이 모든 것들을 정확하게 뇌에 연결해 주고 양쪽 눈을 이용한 시각으로 입체적인 총천연색 시각을 제공하는 신경, 이 모든 것들을 완전하게 구비한 충분히 발달한 눈을 가지는 기형아가 갑작스럽게 그 부모로부터 태어난 셈이다.

앞에서 예로 들었던 바이오모프의 모델에서는 이러한 다차원 개선이 일어나지 않는 경우를 가정했다. 그러면 왜 그것이 합리적인 가정이었는지 다시 한번 간략히 살펴보자. 아무것도 없는 무의 상태에서 눈을 만들기 위해서는 단 한 차례의 개선이 아니라 여러 차례의 개선이 필요하다. 그러한 개선 중 하나가 그 자체로 일어날 가능성은 매우 적지만 불가능한 것은 아니다. 동시에 일어나야 한다고 생각되는 개선의 수가 많아지면 많아질수록 그러한 개선이 동시에 일어날 가능성은 줄어든다. 바이오모프의 예에서 살펴보자면, 그것들이 동시에 일어날 우연의 일치는 바이오모프의 나라를 멀리 뛰어넘어 미리 지정된 특정한 한 점에 우연히 착륙하는 것과 마찬가지이다. 충분히 많은 개선이 이루어지는 경우를 고려한다면 그런 개선들이 함께 일어나는 경우는 어떤 측면에서 보아도 불가능하다고 생각할 만큼 가능성이 희박해진다. 지금까지 우리는 이미 충분할 만큼 이 문제를 다루었지만, 두 종류의 가상적인 대돌연변이의 차이를 비교해 보는 것도 이해에 도움이 될 것이다. 지금까지의 복잡성 논의에 비추어 보면 두 가지 경우 모두 배제될 것같이 생각되지만 실은 그중에서 한쪽만이 배제된다. 나는 두 가지 경우에 보잉 747형의 대돌연변이와 DC8 개량형 대돌연변이라는 이름을 붙였다. 그런 이름을 붙인 이유는 앞으로 차츰 밝혀질 것이다.

보잉 747형 대돌연변이라는 이름이 붙은 쪽은 방금 다루었던 복잡성의 논의에 따라 실제로 배제되고 있다. 이 이름은 천문학자인 프레드 호일 경의 자연선택에 대한 기념비적인 오해에서 비롯되었다. 그는 자연선택의 불가능성을 입증하기 위해 자연선택을 고물 야적장에 불어 닥친 허리케인이 우연히 보잉 747기를 조립하는 데 비유했다. 이미 1장에서 살펴보았듯이 그 비유를 자연선택에 적용하는 것은 완전히 잘못이지만 어떤 종류의 대돌연변이가 진화적인 변화의 토대가 된다는 사고방식에 대한 비유로는 아주 훌륭한 것이다. 호일이 범한 가장 근본적인 잘못은 자연선택이 대돌연변이에 토대를 두고 있다고(제대로 이해하지 못하면서) 생각했다는 점이었다. 오직 하나의 돌연변이를 통해 원래는 피부밖에 없던 곳에 앞에서 열거했던 것과 같은 성질을 가진 충분한 기능을 가진 눈이 발생한다는 생각은 허리케인이 보잉 747기를 조립할 수 없듯이 거의 불가능한 가정이다. 내가 이런 종류의 대돌연변이를 보잉 747형의 대돌연변이라 부르는 것은 바로 그런 이유에서이다.

DC8 개량형의 대돌연변이라 부르는 것은 그 효과의 정도가 아무리 커도 실제 복잡성의 측면에서는 그다지 크지 않은 유형의 돌연변이이다. DC8 개량형은 그보다 구식인 DC8 여객기를 개량한 여객기이다. 개량형은 DC8과 비슷하지만 기체가 길게 늘어나 있다. 최소한 어느 한 관점에서 보면 이 역시 개선이다. 개량형이 원래의 DC8보다 많은 승객을 수송할 수 있기 때문이다. 늘어난 기체는 길이의 대폭적인 증대이고, 그런 의미에서 대돌연변이와 유사하다. 더욱 흥미있는 사실은, 길이의 증대는 일견 복잡하게 보인다는 점이다. 여객기의 기체를 길게 늘이려면 객실의 동체부에 여분의 길이를 더하는 것만으로는 부족하다. 그와 함께 무수한 덕트와 케이블, 통기관이나 전선도 함께 늘이지 않으면 안 된다. 게다가 많은 숫자의 좌석, 재떨이, 독서등, 12채널의 음악 선곡 장치, 신선한 공기를 공급하는 노즐 등 여러 가지 시설을 추가해야 한다. 이 정도만 살펴보아도 DC8 개량형이 보통의 DC8에 비해 훨씬 복잡하다는 생각이 들 것이다. 그렇다면 실제로 그럴까? 늘어난 비행기에 있어서 '새로움'이란 의미가 단지 '같은 물건이 더 많이' 있다는 것에 불과하다는 측면에서 본다면 그 답은 '아니다.'이다. 3장의 바이오모프는 DC8 개량형의 여러 가지 대돌연변이를 무수히 보여 준다.

이것이 현실에서 나타나는 동물의 돌연변이와 어떤 관계를 가질까? 실제로 발생하는 돌연변이 중 일부는 확실히 DC8에서 DC8 개량형으로의 변화와 유사한 큰 변화를 일으키고 있고, 더군다나 그중 일부는 어떤 의미에서 '큰' 돌연변이지만, 그럼에도 불구하고 명확하게 진화 과정에 결합되었다는 것이 그 답이다. 예를 들어 모든 뱀은 그 조상보다 훨씬 많은 척추뼈를 가지고 있다. 비록 우리가 아무런 화석도 발견하지 못했지만, 이 점에 대해서는 확실하게 말할 수 있을 것이다. 그 이유는 뱀이 현재까지 살아남은 근연 동물들보다 훨씬 많은 척추뼈를 가지고 있기 때문이다. 더욱이 뱀은 종류에 따라 척추뼈의 숫자가 달라서, 척추뼈 숫자가 공통의 선조로부터의 진화하는 과정에서 변화했고, 나아가 상당히 빈번하게 변화했음을 시사해 주고 있다.

그런데 어떤 동물의 척추뼈 숫자를 늘리기 위해서는 여분의 뼈를 하나 집어넣는 것 이상의 변화가 요구된다. 하나하나의 척추뼈에는 거기에 부수되는 일련의 신경, 혈관, 근육 등이 필요하다. 이것은 여객기 좌석에 쿠션, 등받이, 헤드폰 소켓, 독서등, 부속 케이블 등이 뒤따르는 것과 마찬가지이다. 뱀의 몸 중앙부는 여객기의 기체 중앙부와 마찬가지로 몇 개의 '마디'로 이루어져 있고, 비록 각각의 구조는 모두 복잡할지 모르지만 그 대부분은 서로 아주 비슷하다. 따라서 새로운 마디를 덧붙이기 위해 필요한 작업은 한마디로 단순한 복제 과정이다. 어쩌면 뱀의 마디를 추가하기 위한 유전적인 기구가 이미 존재하기 때문에(그것은 지극히 복잡한 유전적 기구이고, 한걸음씩 단계를 밟아 점진적 진화를 통해 여러 세대에 걸쳐 이루어질 것이기 때문에) 새롭게 동일한 마디를 첨가하는 일이 한 단계의 돌연변이를 통해 쉽게 이루어질지도 모르는 일이다. 유전자를 '발생 중인 배아에 대한 명령'으로 생각한다면, 추가 마디를 삽입하기 위한 유전자에는 단지 '여기에 같은 것을 하나 더 만들 것'이라는 내용만 씌어 있을 것이다. 나는 최초로 DC8 개량형을 만들 때의 명령도 분명 그와 비슷했을 것이라고 생각한다.

뱀의 진화의 경우 척추는 유리수가 아닌 정수로 변화했을 것이라는 사실을 분명히 알 수 있다. 26.3개의 척추를 가진 뱀은 상상할 수 없을 테니까 말이다. 뱀의 등뼈 숫자는 26개나 27개이고 뱀의 새끼가 부모보다 최소한 1개가 많은 등뼈를 가진 경우는 분명 있을 것이다. 그것은 새

끼 뱀이 신경과 혈관, 근육 등을 모두 한 조씩 더 가지고 있다는 뜻이 된
다. 이 뱀은 어떤 의미에서는 '대' 돌연변이 개체이지만, 'DC8 개량형'
이라는 약한 의미에서의 대돌연변이에 불과하다. 부모보다 6개 정도 척
추가 많은 뱀의 개체가 한 단계의 돌연변이로 태어날 수 있다는 사실은
쉽게 받아들일 수 있다. 도약 진화에 대한 반론으로서 '복잡성 논의'가
DC8 개량형의 대돌연변이에 적용될 수 없는 이유는 거기에 관계되는
변화의 성질을 자세하게 살펴보면, 그것이 진정한 의미에서 전혀 대돌
연변이가 아님을 깨달을 수 있기 때문이다. 그것은 우리가 순진하게도
최종 산물인 성체만을 관찰하는 경우에만 대돌연변이로 보일 뿐이다.
배 발생의 '과정'을 살펴보면 배에 대한 명령에서 나타나는 아주 작은
변화가 성체가 되었을 때 외견상 큰 변화를 가져올 수 있다는 의미에서
그것은 미소돌연변이에 불과하다. 초파리의 촉각지를 비롯해서 그 밖의
여러 가지 이른바 '호메오틱(homeotic) 돌연변이'의 경우에도 같은 사실
이 적용된다.

　여기에서 대돌연변이와 도약 진화에 대한 나의 탈선은 끝이 난다. 이
런 탈선이 필요했던 이유는 단속평형설이 가끔 도약 진화와 혼동을 일
으키기 때문이다. 그러나 지금까지의 우리 논의는 분명 탈선이었다. 왜
냐하면 이 장의 주제는 단속평형설이었고, 이 이론은 실제로는 대돌연
변이나 진정한 도약과는 아무런 관계도 없기 때문이다.

　그런 의미에서 엘드리지와 굴드를 포함한 그 밖의 많은 '단속론자'들
이 이야기하는 '공백'은 진정한 도약과는 상관이 없고, 창조론자를 홍
분시키는 공백보다 훨씬 작은 것이다. 게다가 엘드리지와 굴드는 원래
자신들의 이론을 일반적이고 '관습적'인 다윈주의에 대해 근본적이면
서 혁명적인 반론으로서(이후에도 계속 그런 식으로 떠벌였지만) 도입한
것은 아니며, 오랜 기간 동안 수용될 수 있었던 관습적 다윈주의를 적절

히 이해한 결과 도출될 수 있었던 이론으로 자신들의 학설을 제출한 것에 불과하다. 이 점을 분명하게 이해하려면 또 한 차례의 탈선이 필요할 것 같다. 이번에는 어떻게 새로운 종이 발생하는가 하는 문제, 즉 '종 분화'라고 알려져 있는 과정에 대해서이다.

종의 기원이라는 문제에 대한 다윈의 답은, 일반적인 의미에서 말하자면, 한 종이 다른 종에서 유래한다는 것이었다. 게다가 생명의 계보를 나타내는 나무는 계속 가지를 뻗어 나가는 나무이다. 이 말은 복수의 현생 종을 추적해 들어가면 단일한 선조 종에 닿게 됨을 뜻한다. 예를 들어 사자와 호랑이는 오늘날 전혀 다른 종에 속해 있지만, 양쪽 모두 그리 멀지 않은 과거에 단 하나의 선조 종에서 파생해 나왔을 것이다. 이 선조 종은 현생의 두 종 중 어느 한쪽이었을 수도 있고 제삼의 현생 종일 수도 있으며 또는 지금은 멸종되어 버렸을지도 모른다. 마찬가지로 사람과 침팬지는 현재 분명 다른 종에 속하지만, 수백만 년 전의 선조는 하나의 같은 종이었다. 종 분화란 하나의 종이 2개의 종이 되는 과정이고, 그 과정에서 한쪽이 원래 단일한 종과 일치할 수도 있다.

종 분화가 어려운 문제로 생각되는 것은 다음과 같은 이유 때문이다. 단일한 선조를 가진다고 생각되는 어떤 종의 구성원들은 모두 서로 교잡이 가능하다. 어쨌든 많은 사람에게 '단일 종'이라는 표현의 의미는 바로 그런 것이다. 따라서 새로운 딸 종(daughter species)이 분리되기 시작할 때면 언제든 이 분리는 교잡의 방해를 받을 위험이 있다. 사자의 선조로 생각되는 종과 호랑이의 선조라고 생각되는 종이 교잡한 결과 서로 비슷한 상태에 머물러 종 분화에 성공하지 못하는 경우를 상상할 수 있다. 노파심에서 하는 말이지만, 내가 '방해'라는 말을 사용했기 때문에 마치 사자와 호랑이의 선조가 어떤 의미에서 서로 분리되는 것을 '원한' 듯한 인상을 받지 않기를 바란다. 내가 그런 표현을 사용한 이유는 종은 분명 진화의 과정에서 서로 분지해 왔고, 일견 교잡이라는 사실 때문에 이러한 분지가 일어나는 과정을 우리가 이해하기 어렵게 만들기 때문이다.

이 문제에 대해 원칙적으로 답이 명백하다는 것은 확실하다. 사자의 선조와 호랑이의 선조가 각기 다른 지역에 서식해서 서로 교잡할 수 없다면 교잡의 문제는 전혀 없을 것이다. 물론 그들이 서로로부터 분지하기 위해 다른 대륙으로 건너갔다는 뜻은 절대 아니다. 그들이 스스로를 사자나 호랑이의 선조라고 생각하지는 않았을 테니까! 그러나 어떤 식으로든 단일한 선조 종이, 가령 아프리카나 아시아와 같은 다른 대륙에 퍼지기 시작하면, 아프리카든 아시아든 어느 한쪽 대륙에 있는 종은 다른 종과 만날 수 없게 된다. 따라서 교잡의 가능성도 없어진다. 자연선택의 영향이든 우연의 영향이든 두 대륙의 동물이 서로 다른 방향으로 진화하는 경향이 있다면 이제 더 이상 교잡은 두 종이 서로 분화해서 완전히 다른 종이 되는 과정에 장벽으로 작용하지 않을 것이다.

설명의 편의를 위해 다른 대륙의 예를 들었지만, 교잡의 장벽으로 작용하는 지리적 격리의 원리는 사막이나 산맥, 강, 때로는 자동차 도로로 양쪽으로 격리된 동물에게도 적용된다. 또한 거리 이외에 아무런 장벽도 없는 동물에게도 적용된다. 스페인 산 뒤쥐는 몽골 산 뒤쥐와 교잡할 수 없다. 교잡 가능한 뒤쥐가 스페인에서 몽골까지 끊어지지 않는 사슬을 이루어 연결되어 있다 하더라도 진화적인 의미에서 이야기하자면 스페인 산 뒤쥐는 몽골 산 뒤쥐로부터 분화했다고 할 수 있다. 그렇지만 지리적 격리가 종 분화의 관건이라는 식의 사고방식은 바다나 산맥과 같은 현실의 물리적 장벽에 대해 생각해 보면 한층 확실해진다. 실제로 사슬처럼 연결되어 있는 섬들은 새로운 종이 탄생할 수 있는 풍요로운 요람과도 같은 지역이다.

그러면 여기에서 선조 종으로부터의 분지하여 전형적인 종이 '태어나는' 과정을 정통 신다윈주의의 도식을 통해 살펴보기로 하자. 먼저 비교적 균일하게 서로 교잡이 가능하고 거대한 하나의 대륙에 큰 개체군으로 분포되어 있는 선조 종을 살펴보자. 어떤 종류의 동물이든 상관없지만 뒤쥐에 대한 이야기를 계속하기로 하자. 이 대륙은 산맥으로 인하여 둘로 나뉘어 있다. 이 산맥은 뒤쥐에게는 해로운 지역이어서 뒤쥐가 그 산맥을 횡단하는 경우가 좀체로 없지만 그렇다고 해서 산맥을 넘는 것이 완전히 불가능하다는 뜻은 아니다. 드문 일이기는 하지만 한두마리의 뒤쥐가 산맥 너머 저지(低地)에 도착하기도 했다. 이들은 번성할수 있었고, 이 종의 주요 개체군에서 실질적으로 분리된 주변 개체군이된다. 이제 두 개체군은 서로 독립적으로 번식을 계속하게 되고 산맥으로 격리된 각각의 지역에서는 유전자를 교환할 수 있지만, 산맥을 넘어교환할 수는 없다. 시간이 경과하면서 한쪽 개체군의 유전적 조성에서발생한 변화는 번식을 통해 그 개체군 전체에 퍼져 나가지만 다른 개체군에게는 확산되지 않는다. 그러한 변화 과정 중 일부는 자연선택에 따라 나타난 것일 수도 있다. 그리고 산맥의 양쪽에서 각기 다른 자연선택이 이루어질 수도 있다. 그 이유는 기후 조건이라든가 포식자나 기생 생물 등 모든 여건이 양쪽에서 완전히 똑같은 경우란 도저히 생각할 수 없기 때문이다. 또한 변화 중 일부는 오직 우연히 나타났는지도 모른다. 어떤 원인 때문에 유전적 변화가 일어났든 그러한 변화는 번식을 통해각각의 개체군 '내부로' 확산되고 두 개체군 '사이'에서는 절대 확산되지 않는 경향이 있다. 이런 과정을 거쳐 두 개체군은 유전적으로 분화되어 간다. 즉 점차 서로 다른 종이 되어 가는 것이다.

얼마 후 두 개체군이 서로 다른 모습을 가지게 되면, 박물학자들은그들이 서로 다른 '품종'에 속한다고 생각하게 될 것이다. 더 많은 시간이 흘러, 그들이 완전히 분지한 다음에는 전혀 다른 종으로 분류될 것이다. 그러면 여기에서 기후가 점차 온난해짐에 따라 동물들이 산길을 넘나들어 다니기 쉬워져 새로 분화한 종이 원래 그들의 선조 종이 살던 고향으로 돌아오기 시작했다고 상상해 보자. 그들이 먼 옛날에 헤어졌던 사촌의 자손들을 만난다면 그 유전적 구성이 완전히 분화된 상태여서 이제 더 이상 교잡이 불가능하다는 사실을 알게 될 것이다. 설사 잡종이 태어날 수 있다 하더라도 그 결과로 태어나는 후손은 병약하거나 노새처럼 불임(不妊)이 될 것이다. 따라서 자연선택은 양쪽 중 어느 한쪽의 개체가 상대의 종 또는 품종과 잡종을 만들려는 편애적 경향을 가지고 있다면 그것에 상응하는 벌을 준다. 이것으로 자연선택은 산맥이라는 우연성의 개입과 함께 시작된 '생식 격리'의 과정에 종지부를 찍는 것이다. 이렇게 해서 '종 분화'는 완성된다. 이제 한때 같은 종이었던 두 종이 존재하고 이 두 종은 서로 교잡하지 않고 같은 지역에 공존할 수 있게 되었다.

실제로는 두 종이 그다지 오랫동안 공존하기 어려울 것이다. 그 이유는 그들이 교잡하기 때문이 아니라 서로 경쟁할 것이기 때문이다. 동일한 생활양식을 가진 두 종은 어느 한편이 절멸에 이를 때까지 경쟁을 벌이기 때문에 한 장소에서 오랜 기간 동안 공존하지 못할 것이라는 생각은 폭넓게 받아들여져 온 생태학적 원리이다. 물론 뒤쥐의 두 개체군은 더 이상 같은 생활양식을 갖지 않을 수도 있다. 예를 들면 새로운 종이 산 너머에서 진화하는 과정에서 다른 종류의 곤충 먹이에 특화되었을 수도 있을 테니까 말이다. 그렇지만 어쨌든 두 종 사이에서 상당한 경쟁이 벌어진다면, 많은 생태학자들은 분포가 중복되는 지역에서는 어느 쪽이든 한쪽의 종이 절멸하게 된다고 예상할 것이다. 만약 절멸에 도달하는 쪽이 원래의 선조 종이라면 우리는 새로운 이주 종으로 원래의 종이 대체되었다고 말할 것이다.

종 분화가 초기의 지리적 격리에서 유래된다는 이론은 상당히 오랫동안 주류파인 정통 신다윈주의의 토대를 이루어 왔으며, 오늘날까지도 새로운 종이 형성되는 주요 과정으로(그 밖에 다른 과정이 있다고 생각하는 사람들도 있지만) 모든 입장을 초월해 폭넓게 받아들여지고 있다. 이 이론이 현대의 다윈주의에 통합된 데에는 걸출한 동물학자 에른스트 마이어의 영향이 크게 작용했다. '단속평형론자'들이 자신들의 이론을 최초로 제창했을 때, 그들은 스스로 이런 질문을 던졌다. 대부분의 신다윈주의자와 마찬가지로 종 분화가 지리적인 격리와 더불어 시작한다는 정통파의 이론을 받아들인다면, 우리는 화석의 기록에서 무엇을 발견하리라고 기대할 수 있을까?

그러면 다시 한번, 산맥 양쪽에서 새로운 종이 분화한 다음 원래 조상이 있던 곳으로 돌아와 선조 종을 멸종하게 만든 가상의 뒤쥐 개체군에 대해 생각해 보자. 이 뒤쥐가 화석을 남겼고, 그 화석 기록이 '완전해서' 중요한 진화 단계가 비어 있는 '공백'이 전혀 없다고 가정하자. 그렇다면 우리는 이러한 화석이 우리에게 무엇을 말해 준다고 예측할 수 있을까? 선조 종에서 딸 종에 이르는 매끄러운 이행일까? 원래 선조 종인 뒤쥐가 서식했고, 나중에 돌아온 새로운 종이 선조 종을 멸종시키고 서식한 뒤쥐들의 고향 쪽에서 발굴을 시작했다면 분명 그렇지는 않을 것이다. 그들의 고향에서 실제 어떤 일이 일어났는지 그 역사를 생각해 보기로 하자. 거기에는 조상인 뒤쥐가 있었다. 그들은 행복하게 살았고 부지런히 번식하고 있었다. 특별히 변화가 발생할 이유는 아무것도 없었다. 분명히 산 너머에서는 그들의 사촌들이 진화를 계속하고 있었지만 그들의 화석은 모두 산 너머에 있기 때문에, 현재 우리가 발굴하고 있는 고향에서는 그들의 화석을 발견할 수 없다. 그런데 갑자기(이렇게 말하는 것은 지질학적인 기준에서의 '갑자기'이지만) 그들이 새로운 종이 되어 돌아와 본거지의 종과 경쟁을 벌여 원래의 종을 절멸시켜 버린다. 그러면 뒤쥐들의 고향에서 뒤쥐의 화석이 묻혀 있는 지층을 밑에서 위로 계속 조사했을 때 우리는 화석이 갑자기 변화하는 것을 발견하게 될 것이다. 그때까지 발견된 화석은 모두 선조 종의 화석이었다. 하지만 갑작스럽게 분명한 이행기도 없이 새로운 종의 화석이 나타나고 이전 종의 화석은 사라져 버린다.

정통 신다윈주의의 종 분화를 진지하게 받아들인다면, 이러한 '공백'이 골치 아픈 불완전성이나 당황스럽고 괴이한 현상이 아니라 우리가 예측하고 있던 바로 그 현상임을 알 수 있다. 선조 종에서 자손 종으로의 '이행'이 급작스럽고 변덕스러운 것처럼 보이는 까닭은, 단지 우리가 어떤 한 장소에서 나온 일련의 화석들을 관찰할 때 '진화상의' 모든 사건을 보는 것이 아니기 때문이다. 실제로 우리는 '진행 중인' 사건, 다른 지역으로부터 새로운 종이 도래하는 과정을 보고 있는 것이다. 진화상의 사건은 분명 실재했고 하나의 종이 다른 종으로부터 점진적으로 진화하는 경우도 있다. 그러나 뒤쥐의 진화적인 이행 상태를 화석 기록으로 관찰하기 위해서는 다른 곳(이 경우에는 산 너머)을 발굴하지 않으면 안 된다.

그런 측면에서 엘드리지와 굴드의 지적은 다윈과 그 계승자들을 해결하기 어려운 문제에서 구해 내는 방법으로 적절하게 제안될 수 있었다. 실제로 처음에는 그들의 이론도, 최소한 부분적으로 그런 측면에서 제안되었다. 다윈주의자들은 항상 화석 기록에서 발견되는 '공백' 때문에 어려움을 겪었고, 불완전한 증거에 대해 특수한 해석을 가할 수밖에 없었다. 다윈 자신도 이렇게 썼다.

지질학의 기록은 극히 불완전하며, 이 불완전성이 절멸한 생물과 현존하는 생물을 가장 미세한 변천 단계로 결합시키는 변종의 연속을 발견할 수 없는 이유를 어느 정도 설명해 줄 것이다. 지질학적 기록이 가지는 이런 특성을 받아들이지 않는 사람은 당연히 나의 학설 전체를 거부할 것이다.

엘드리지와 굴드가 전하려 했던 가장 중요한 메시지는 이렇게 요약될 수 있을 것이다. "다윈 선생, 걱정하지 말아요. 비록 화석 기록이 완전하더라도 한 장소에서만 발굴을 계속한다면, 미세한 등급으로 변천해 가는 진전 과정을 발견할 수 있으리라 기대할 수는 없을 겁니다. 대부분의 진화적 변화는 어딘가 다른 곳에서 일어나고 있을 테니까요!" 그들은 한발 더 나아가 이렇게 말할 수 있었다.

다윈이시여, 당신이 화석 기록이 불완전하다고 말했을 때, 당신은 이미 그것을 과소평가하고 있었소. 화석 기록이 그저 불완전할 뿐 아니라 한창 흥미있을 때, 즉 진화적 변화가 분명히 일어나고 있을 때 '특히' 불완전해질 것이라고 예상하는 데에는 충분한 이유가 있습니다. 그 한 가지 이유는 일반적으로 진화는 우리가 대부분의 화석을 발견하는 곳과 다른 장소에서 일어난다는 것이고, 또 다른 이유는 비록 우리가 운 좋게 실제 진화적 변화가 일어나고 있는 작은 주변 지역 중 한 군데에서 발굴을 하고 있다 하더라도 그 진화적 변화(그것도 점진적인 것이지만)는 아주 짧은 기간 동안 일어나기 때문에 변화를 추적하려면 그 밖에도 풍부한 화석 기록이 필요하게 되기 때문이오!

그러나 실제로는 그렇지 않았다. 정작 그들이 택한 길은, 특히 저널리스트들이 열심히 추종했던 후기 저작에서, 자신들의 생각을 다윈의 생각이나 신다윈주의의 종합설과 근본적으로 '대립' 하는 것인양 떠들 어대는 것이었다. 그들은 다윈주의 진화관인 '점진설' 이 그들 자신의 돌발적이고 변덕스럽고 산발적인 '단속평형설' 과 대립된다는 점을 강 조하는 방법을 사용했다. 두 사람 중에서도 특히 굴드는 자신들의 이론 과 오래된 '대격변설(catastrophism)' 이나 '도약설' 과의 사이에서 유사성 을 찾기까지 했다. 도약설에 대해서는 이미 앞에서 충분히 논의했다. 대 격변설은 창조론과 화석의 기록의 모순을 화해시키려는 18세기와 19세 기의 시도였다. 대격변론자의 관점에 따르면 진보를 나타내는 것처럼 보이는 화석 기록은 실제로는 각기 대격변적인 대량 멸종을 통해 종말 을 맞이한 불연속적인 일련의 창조를 반영하는 것에 불과하다는 것이 다. 그들은 그러한 대격변 중에서 가장 최근의 것이 노아의 홍수였다고 주장한다.

한편에 현대의 단속설을, 다른 한편에 대격변설 또는 도약설을 둔 비 유는 순수한 시적 효과를 일으킨다. 이렇게 이야기하면 역설적일지 모 르지만 그 비유는 매우 '심오하게 표면적' 이다. 그런 비유는 예술적이 거나 문학적인 면에서는 인상적이겠지만 진지한 이해에는 아무런 도움 도 주지 못하며, 현대의 창조론자들이 미국의 교육 체계와 교과서 출판 계를 파괴하기 위해 벌이고 있는 소란스러운 싸움에 거짓 도움과 응원 을 보내는 것이다. 진상은 이렇다. 가장 심오하고 진지한 의미에서 엘드 리지와 굴드는 다윈이나 다윈의 신봉자와 마찬가지로 그 본질에서는 점 진론자이다. 그들은 모든 점진적인 변화를 항상 지속적으로 일어나는 무엇으로 받아들이는 대신, 극히 짧은 폭발로 압축시키려 했던 것에 불 과하다. 그리고 그들은 대부분의 점진적 변화가 실제로는 거의 대부분 의 화석이 발굴된 지역에서 지리적으로 떨어진 장소에서 진행되고 있다 는 사실을 강조하고 있는 것이다.

이처럼 단속평형론자가 반론을 펴는 대상은 실제로는 다윈이 말하는 '점진설'이 아니다. 점진설의 주장은 각각의 세대가 이전 세대와 약간의 차이만을 가진다는 것이다. 여기에 반대한다면 도약론자가 되지 않을 수 없을 것이다. 물론 엘드리지와 굴드는 도약론자가 아니다. 실제로 그들이나 그 밖의 단속론자들이 이의를 제기한 것은 결국 다윈의 주장이라고 가정되는 진화 속도가 일정하다는 신념이다. 그들이 그 신념에 이의를 제기하는 까닭은 그들이 진화(의심의 여지없이 점진적인 진화)란 비교적 짧은 폭발적인 활동기(즉 종 분화라는 사건인데, 그 사건은 이른바 진화적 변화에 대한 평상시의 저항이 붕괴되는 종의 위기적 상황을 낳는다.)에 매우 급속하게 일어난다고 생각하기 때문이다. 그들은 폭발적 시기 사이의 오랜 정체기에는 진화가 아주 천천히 진행되거나 또는 전혀 일어나지 않는다고 믿는다. 우리가 '비교적 짧은'이라는 말을 사용한 것은 물론 일반적인 지질학적 시간 규모에 비해 짧다는 뜻이다. 단속론자가 이야기하는 급격한 진화도 지질학적인 기준으로는 순간이라고 말할 수 있을지 모르지만 실제로는 수만 년이나 수십만 년이 걸린다.

유명한 미국의 진화학자 G. 레드야드 스테빈스의 생각은 이 점에서 우리에게 많은 것을 시사한다. 그가 특별히 급격한 진화에 대해 관심을 가진 것은 아니고, 일반적으로 사용되는 지질학적 시간 척도에 비추어 보았을 때 진화적 변화가 어느 정도의 속도로 일어나는가를 극적으로 표현하려 한 것뿐이다. 그는 먼저 쥐만 한 종 하나를 가정했다. 그런 다음 그는 자연선택을 통해 아주 조금씩 몸이 커지는 쪽이 유리하게 된다고 가정했다. 어쩌면 암컷을 둘러싼 경쟁에서 몸집이 큰 수컷이 실제로 약간의 이익을 얻을 수도 있을 것이다. 평균적인 크기를 가진 수컷은 평균보다 조금 큰 수컷에 비해 항상 불리한 위치에 서게 된다. 스테빈스는 이 가상적인 예에서, 몸집이 더 큰 개체가 향유하는 이익을 정확한 수학적 수치로 나타냈다. 그는 인간 관찰자로서는 도저히 측정할 수 없을 만큼 작은 수치를 설정했다. 따라서 그처럼 작은 수치에 해당하는 진화적 변화의 속도 또한 결과적으로는 일반적인 인간의 생애에서는 느껴질 수 없을 만큼 느린 것이다. 그렇기 때문에 진화를 연구하는 과학자의 입장에서 본다면 이 동물은 전혀 진화하지 않는 셈이다. 그렇지만 그 동물들은 스테빈스가 가정한 수치에 따라 극히 느린 속도로 진화를 계속하고 있으며, 비록 느리기는 하지만 언젠가는 코끼리 정도의 크기에 도달할 것이다. 그러면 그 동물이 코끼리만 한 크기에 도달하려면 어느 정도 시간이 걸릴까? 인간의 기준에서 본다면 분명 무척 긴 시간이겠지만 여기에서 인간의 기준은 아무런 의미도 없다. 우리는 지질학적인 시간에 대해 이야기하고 있는 것이다. 스테빈스의 계산으로는 이 동물이 40그램의 평균 몸무게(쥐의 크기)에서 600만 그램의 평균 몸무게(코끼리 크기)로 진화하기까지 1만 2000세대가 걸린다. 쥐의 한 세대보다는 길고 코끼리의 세대보다는 짧은 5년을 한 세대의 길이로 잡는다면 1만 2000세대가 경과하려면 6만 년이 걸린다. 6만 년이라는 시간은 화석 기록의 연대를 추정하는 통상의 지질학적 방법으로는 측정조차 할 수 없을 만큼 짧은 시간이다. 스테빈스의 표현을 빌면, "어떤 동물의 새로운 종이 탄생하는 데 10만 년 정도가 걸릴 때, 고생물학자는 그것을 돌연한 발생이라든가 순간적인 발생이라고 부른다."

단속평형론자들은 진화에 있어서의 도약에 대해 이야기하는 것이 아니라 비교적 빠른 속도로 일어나는 진화의 에피소드에 대해서 이야기하고 있는 것이다. 그리고 이러한 에피소드도 지질학적 기준에서는 순간적으로 보이지만 인간의 기준에서 보면 전혀 급속한 게 아니다. 우리가 단속평형설 자체에 대해 어떻게 생각하든 상관없이, 점진설(어느 한 세대와 그 다음 세대의 사이에서 돌연한 비약은 없다는, 다윈뿐 아니라 현대의 단속론자들까지 받아들이고 있는 신념)은 '진화 속도 일정설'(단속평형론자들이 반대하고 있고, 실제로는 그렇지 않지만 다윈의 생각으로 여겨지는 이론)과 지나치게 쉽게 혼동되고 있다. 그러나 두 개념은 결코 같지 않다. 단속론자들의 신념을 가장 정확하게 특징짓는다면 '점진주의적이지만, 긴 기간의 평형 상태(진화적인 정체)가 빠르고 단계적인 변화들의 짧은 에피소드들로 단속된다.'라고 할 수 있다. 여기서 강조되는 것은 물론 종래에 간과되었던 현상인 긴 정체기이다. 이 정체기야말로 진정한 의미에서 설명을 필요로 하는 것이다. 단속평형론자의 진정한 공헌은 이 정체기에 대한 강조이고 그들이 주장하듯 점진설에 대한 반대가 아니다. 그 이유는 그들도 다른 모든 사람들과 마찬가지로 점진론자이기 때문이다.

정체기에 대한 강조는, 그보다는 덜 과장된 형태지만, 마이어의 종 분화 이론에서도 찾아볼 수 있다. 그는 지리적으로 분리된 두 품종 중에서 원래 몸집이 큰 선조 개체군 쪽이 새로운 '딸' 개체군(뒤쥐의 예에서는 산 너머 쪽의 개체군)보다 덜 변화할 것이라고 생각했다. 그 이유는 딸 개체군 쪽이 새로운 목초지로 이동하였기 때문에 환경이 달라져 자연선택의 압력이 변화했기 때문만은 아니다. 거기에는 또한 큰 번식 개체군은 진화적 변화에 저항하려는 내재적인 경향이 있다는 몇 가지 이론적 근거가 있다.(마이어는 이 점을 강조하지만 그 중요성에 대해서는 논쟁의 여지가 있다.) 여기에 대한 한 가지 적절한 비유로는 무게가 있는 물체는 위치를 바꾸지 않으려는 경향, 즉 관성을 가진다는 사실을 들 수 있다. 이 이론에 따르면 작은 주변 개체군은 작다는 이유만으로 본질적으로 변화하고 진화하기 쉽다. 따라서 나는 뒤쥐의 두 개체군이 서로로부터 분지한다고 생각한 반면, 마이어는 원래의 선조 종은 비교적 정체 상태에 머물러 있고, 딸 종이 선조 종으로부터 분지한다고 생각할 것이다. 그러니까 그들의 생각에 따르면 진화의 나무는 하나의 가지가 같은 크기의 작은 가지 둘로 나뉘는 것이 아니라, 먼저 큰 줄기가 있고 거기에서 옆가지가 뻗어 나오는 셈이다.

단속평형론의 주창자들은 마이어의 제안을 받아들인 다음 한층 더 과장시켜 '정체기', 즉 진화적 변화의 공백기가 종을 결정하기 위한 기준이라는 신념을 굳히게 되었다. 그들은 몸집이 큰 개체군에는 진화적 변화에 대해 적극적으로 저항하려는 유전적 힘이 있다고 믿었다. 그들의 말에 따르면 진화적 변화는 드문 사건이고 종 분화와 동시에 일어난다고 한다. 새로운 종이 형성되는 조건(작고 분리된 하위 개체군들의 지리적 격리)이 바로 진화적 변화에 저항하는 힘이 완화되거나 역전되는 바로 그 조건이기 때문이라는 것이다. 종 분화는 격동의 시기, 또는 혁명의 시기이다. 또한 진화적 변화가 집중적으로 일어나는 것도 바로 이 격동의 시기이다. 왜냐하면 어떤 계통의 역사는 대부분의 기간 동안 침체되어 있기 때문이다.

다윈이 진화가 일정한 속도로 일어난다고 믿었다는 것은 사실이 아니다. 그는 내가 이스라엘 사람들의 비유를 통해 이야기했던 어리석고 극단적인 의미에서 그것을 믿은 것은 아니다. 그리고 나 또한 다윈이 실제로 중요한 의미를 부여하면서 그 사실을 믿었다고는 생각하지 않는다.『종의 기원』제4판(그리고 그 이후의 판)에 실려 있는 우리에게 잘 알려져 있는 다음과 같은 구절은 굴드의 입장을 난처하게 만들 것이다. 왜냐하면 굴드는 그것이 다윈의 사상 일반을 대표하지 않는다고 생각하기 때문이다.

많은 종은 일단 형성된 다음에는 결코 변화하지 않는다. 종이 변화하는 기간은 연수로 측정하기에는 무척 긴 기간이지만, 그 종이 같은 모습을 유지하고 있던 기간에 비한다면 무척 짧을 것이다.

굴드는 이 글에 대해서는 어깨를 한번 으쓱하고 지나쳐 버리고는 다음과 같이 말했다.

> 인용을 마음대로 취사선택하고 제한적인 의미의 각주를 붙인다면 역사를 올바로 이해할 수 없을 것이다. 그 글의 전체적인 대의와 역사적 영향이야말로 온당한 판단 기준이다. 그의 동시대인들이나 후대 사람들 중에서 다윈을 도약론자로 생각한 사람이 있는가?

전체적인 대의와 역사적 영향의 측면에서는 굴드의 말이 옳다. 그러나 이 인용문의 최종 문장은 그의 잘못을 분명하게 드러내고 있다. 물론 아무도 다윈을 도약론자라고 생각하며 그의 글을 읽지는 않을 것이다. 또한 물론 다윈은 일관되게 도약설을 적대시했지만, 우리가 단속평형설에 대해 논의할 때 도약설은 문제가 아니라는 것이 전체의 요점이었다. 내가 강조했듯이 단속평형설은 엘드리지와 굴드 자신의 설에 따르면 도약설이 아니다. 그것이 가정하고 있는 도약이라는 것은 진정한 1세대의 도약이 아니다. 그 도약은 굴드 자신의 추정에서도 확인할 수 있듯이 어쩌면 수만 년이 걸릴 만큼 많은 세대를 거쳐 진행될 것이다. 단속평형설은 한꺼번에 점진적 진화가 일어나는 '상대적으로' 짧은 기간 사이에 끼어 있는 긴 정체기를 강조하지만 그 역시 점진론에 불과하다. 굴드는 단속설과 진정한 도약설 사이에서 나타나는 순수하게 시적, 문학적 유사성을 수사적으로 강조하면서 스스로 잘못된 이해로 치달았다.

여기에서 진화 속도에 대해 생각할 수 있는 여러 관점의 범위를 요약하는 편이 문제를 분명하게 드러내는 데 도움이 될 것이다. 이미 충분히 요약했듯이, 진정한 도약설은 이제 궁지에 몰리고 있다. 오늘날 생물학자들 중에 진정한 도약론자는 없다. 도약론자가 아니면 점진론자일 수밖에 없으므로, 엘드리지와 굴드는 아무리 스스로를 다른 모습으로 치장하려 들어도 결국 점진론자 속에 포함될 도리밖에 없다. 그런데 우리는 점진설 내에서도 (점진적인) 진화의 속도를 둘러싸고 여러 가지 다양한 신념을 구분할 수 있다. 그러한 신념 중에는 지금까지 살펴보았듯이 반(反)점진론적인 진정한 도약설과 순수하게 표면적인 ('문학적'이나 '시적'인) 유사성을 가지고 있기 때문에 도약설과 혼동되는 유형도 있다.

또 하나의 극단으로는 내가 이 장의 첫머리에서 「출애굽기」의 비유를 들어 묘사했던 '속도일정설'의 종류가 있다. 극단적인 속도일정론자는 분화나 종 분화가 진행되든 아니든 간에 진화는 항상 지속적으로 이루어진다고 믿는다. 그는 진화적 변화의 양이 경과 시간에 정확히 비례한다고 생각한다. 그런데 어처구니없게도 최근 들어 속도일정설의 한 형태가 현대 분자유전학자들의 지지를 받고 있다. 하나의 좋은 예를 들자면, 단백질의 분자 수준의 진화적 변화가 가상의 이스라엘 사람들처럼 일정한 속도로 진행될 것이라는 믿음을 들 수 있다. 팔이나 다리처럼 밖에서 볼 수 있는 특징이 고도로 구분된 양식으로 진화하는 경우도 그러하다. 이 주제에 대해서는 이미 5장에서 다루었고, 다음 장에서도 다시 설명하게 될 것이다. 그러나 대규모 구조나 행동 패턴의 적응적 진화에 관한 한 대체로 모든 진화학자는 속도일정설을 거부할 것이고, 다윈도 분명 그 입장을 받아들이지 않았을 것이다. 따라서 우리는 속도일정론자가 아니면 속도가변론자일 수밖에 없다.

속도가변설 중에서 우리는 '속도불연속가변설'과 '속도연속가변설'이라는 이름표가 붙은 두 가지 신념을 구분할 수 있다. 극단적인 '불연속론자'는 진화가 속도의 측면에서 변화한다고 믿을 뿐 아니라 그 속도가 마치 자동차의 변속 기어처럼 한 단계에서 다음 단계로 불연속적으로 변화한다고 생각한다. 가령 진화에는 아주 빠른 속도와 정지라는 두 가지 속도밖에 없다고 믿을 수도 있을 것이다.(이렇게 되면 내가 첫 성적표를 받았을 때 느꼈던 굴욕감을 떠올리지 않을 수 없다. 거기에는 옷을 개는 습관과 냉수욕에서 시작해서 기숙학교 생활의 일과에 대해 나의 일곱 살 때의 생활 태도에 대한 기숙사 사감의 평가가 적혀 있었다. "도킨스에게는 세 가지 속도밖에는 없습니다. 느리거나, 아주 느리거나, 아니면 아예 정지해 있거나 셋 중 하나이지요.") '정지한' 진화란 큰 개체군을 특징짓는 것이며, 단속론자들이 생각하는 '정체기'를 말한다. 기어가 5단(최고 속도)에 들어간 때의 진화란 진화적으로 정지하고 있던 큰 개체군의 주변부에 있는 격리된 작은 개체군이 종 분화를 일으키는 동안 진행되는 것을 말한다. 이 관점에 따르면, 진화는 항상 두 가지 기어 중 어느 한쪽에 속하며 그 중간이란 존재하지 않는다. 엘드리지와 굴드는 불연속설 쪽으로 기울고 있다. 이 점에서 그들은 분명 급진적이다. 따라서 그들은 '속도불연속가변론자'라 불릴 것이다. 덧붙여 말하자면 속도불연속가변론자가 종 분화를 진화가 최고속 기어에 들어가 있는 시기로서만 강조할 필요는 없다. 그러나 실제로 그들 대부분은 그렇게 강조하고 있다.

한편 '속도연속가변론자'는 진화가 매우 빠른 상태에서 매우 느린 상태나 정지 상태에 이르기까지 모든 중간 단계를 거치면서 끊임없이 변동하고 있다고 믿는다. 그들은 어떤 속도를 다른 속도에 비해 특별히 강조할 이유는 없다고 생각한다. 특히 그들에게 있어서 정체기란 초저속 진화의 극단적인 경우에 지나지 않는다. 단속평형론자에게 있어서 정체기는 매우 특별한 의미를 가진다. 그들이 생각한 정체기는 단지 속도가 매우 느려서 종내 0에 이르게 되는 진화만을 의미하지 않는다. 다시 말해서 정체기란 단지 진화적 변화의 원동력이 없기 때문에 진화의 공백기가 발생한다는 식의 소극적인 의미가 아니다. 오히려 정체기는 진화적 변화에 대한 적극적인 저항을 의미한다는 것이다. 이 말은 마치 모든 종들이 진화의 방향으로 이끌어 가려는 원동력이 있음에도 '불구하고' 진화하지 '않기' 위해 능동적인 수단을 강구하고 있는 듯한 느낌을 받게 한다.

정체기가 실재하는 현상이라는 점에 대해서는 그 원인에 대해서보다 더 많은 생물학자들이 의견의 일치를 보인다. 한 가지 극단적인 예로 실러캔스인 라티메리아(*Latimeria*, 중생대 백악기에 멸종된 것으로 알려졌으나 남아프리카 근해에서 발견된 어류 | 옮긴이)에 대해 이야기해 보자. 실러캔스는 '물고기'의 큰 분류군 중의 하나로(물고기라 불리지만, 실제로는 송어나 청어 따위와 비교할 수 없을 정도로 우리와 근연종이다.) 2억 5000만 년 훨씬 전에 번성했으며, 공룡과 마찬가지로 멸종된 것으로 생각되어 왔다. 내가 멸종된 것으로 '생각되어 왔다.'라고 말하는 이유는 1938년에 동물학계를 깜짝 놀라게 한 일이 있었기 때문이다. 지금까지의 우리에게 익숙하지 않은 다리 비슷한 것을 가진 몸길이 1.5미터 정도의 기묘한 물고기가 남아프리카 해안에서 심해 조업을 하고 있던 소형 어선에 잡혔기 때문이다. 이 비할 데 없이 귀중한 가치가 인정되기까지 그 물고기는 거의 부패해 버렸지만 다행스럽게도 썩다 남은 잔해가 제시간에 남아프리카의 한 저명한 동물학자의 주의를 끌게 되었다. 그는 자신의 눈을 믿을 수 없었지만 그 물고기가 실러캔스라는 사실을 알아차렸고, 거기에 라티메리아라는 이름을 붙였다. 그 후 소수의 표본이 같은 해역에서 낚시에 걸려들었다. 따라서 이 종에 대해서는 오늘날까지 비교적 많은 연구가 이루어져 상당한 사실이 알려지게 되었다. 그것은 화석이 된 선조가 살았던 수억 년 이전의 시대에서부터 거의 변화하지 않았다는 의미에서 '살아 있는 화석'이다.

이처럼 정체기는 분명 존재한다. 그렇다면 우리는 그것에 대해 어떻게 생각해야 하는가? 어떻게 설명해야 하는가? 우리 중 일부는 라티메리아로 이어지는 계통은 자연선택이 그것을 변화시키지 않는 방향으로 작용했기 때문에 그대로의 모습을 유지하게 되었다고 말할 것이다. 어떤 의미에서 이 물고기는 거의 조건이 변하지 않는 심해에서 능숙하게 생활할 수 있는 방법을 터득했기 때문에 굳이 진화할 '필요'가 없었다. 어쩌면 아무런 군비 확장 경쟁에도 참가하지 않았을 것이다. 육지로 올라온 그들의 친척들이 진화한 것은, 군비 확장 경쟁을 포함하는 여러 가지 적대적 환경을 기초로 자연선택이 그들을 진화하지 않을 수 없도록 강요했기 때문이라는 것이다. 한편 단속론자를 자처하는 사람들을 포함하는 생물학자들은 이렇게 말할 수도 있다. 현생 종인 라티메리아에 연결되는 계통은 그곳에 존재할 수 있었을 자연선택압에도 '불구하고' 변화에 대해 적극적으로 저항했다는 것이다. 그렇다면 도대체 누구의 입장이 옳은 것일까? 라티메리아라는 특정 경우에 대해 그 답을 알기는 어렵겠지만 이론적으로는 답을 찾을 수 있는 한 가지 방법이 있다.

공정을 기하기 위해 라티메리아에 대한 논의는 여기에서 중지하기로 하자. 그 예는 매우 인상적이기는 하지만 지나치게 극단적인 경우이며, 또한 단속론자만이 특별히 거론하는 예도 아니다. 그들의 신념은 그 정도로 극단적이지 않은 짧은 기간에 걸친 정체의 예는 어디서든 흔히 찾아볼 수 있다는 것이다. 게다가 실제로 변화를 향해 작용하는 자연선택의 힘이 있다 하더라도 종들은 변화에 적극적으로 저항하는 유전적 기구를 가지고 있기 때문에 그러한 예들이 평균적이라는 것이다. 그러면 여기에서 아주 간단한 실험을 해 보기로 하자. 최소한 이론적으로는 이 실험을 통해 가설을 검증할 수 있다. 우리는 야생 개체군에 대해 우리 자신의 자연선택압을 가할 수 있다. 어떤 종이 변화에 대해 적극적으로 저항한다는 가설에 따르면 다음과 같은 사실을 발견할 수 있다. 가령 우리가 어떤 성질을 가진 종을 육종(育種)하려 한다 하더라도 그 종은 최소한 잠시 동안이라도 버티거나 양보하려 들지 않을 것이다. 일례로 우리가 소를 잡아서 많은 우유를 생산하는 쪽으로 선택적으로 육종하려 해도 실패할 수밖에 없을 것이다. 그 종의 유전적 기구가 반진화적인 힘을 동원해 변화를 유도하는 압력을 격퇴할 것이기 때문이다. 산란율이 높은 닭을 육종하려는 시도 역시 실패할 수밖에 없다. 투우사가 투우라는 비열한 스포츠를 더욱 격렬하게 만들기 위해 선택적 육종 방법을 이용해 더 사나운 수소를 만들려는 노력도 수포로 돌아갈 수밖에 없다. 사실 이러한 실패는 일시적인 것에 불과할 것이다. 종국적으로는 더 이상 압력을 이기지 못하고 무너져 내리는 댐처럼 반진화적이라 불리는 힘은 극복되고 그 계통은 지금까지와는 다른, 새로운 평형 상태를 향해 빠른 속도로 이행할 것이다. 그러나 우리가 새로운 선택적 육종이라는 프로그램을 최초로 시작한 때에는 최소한 약간의 저항에 직면할 것이다.

물론 실제로는 사육 상태의 동물이나 식물을 선택적으로 육종해서 진화를 일으키는 경우 실패하지 않으며, 더욱이 초기에 어려운 시기를 겪지도 않는다. 일반적으로 대부분의 동물이나 식물의 종은 선택적 육종에 즉시 따른다. 그리고 육종가는 그 동식물의 종 내부에 타고난 반진화적 힘이 존재한다는 어떤 증거도 발견하지 못한다. 선택적 육종가가 어려움을 겪게 된다 하더라도 그것은 수세대에 걸쳐 선택적 육종에 성공을 거둔 다음의 일이다. 그 이유는 선택적 육종을 수세대에 걸쳐 진행시킬 경우, 이용 가능한 유전적 변이를 모두 써 버리게 되어 더 이상 사용할 수 있는 변이가 바닥이 나기 때문이다. 그렇게 되면 새로운 돌연변이가 나타날 때까지 기다릴 수밖에 없다. 실러캔스가 진화를 중단한 것은 그 종이 더 이상 돌연변이를 일으킬 수 없었기 때문이라고 생각할 수 있다.(실러캔스는 해저에 살기 때문에 우주선(宇宙線)으로부터 보호된다!) 그러나 내가 아는 한 이런 주장을 제기한 사람은 아무도 없다. 그리고 어떤 경우든 그것은 단속론자가 원래 종에는 진화적 변화에 대해 저항하려는 힘이 있다고 주장하는 것과는 다르다.

그들이 주장하는 것은 내가 7장에서 '협동하는' 유전자에 대해 지적했던 내용과 유사하다. 그것은 유전자 집단이 서로 잘 적응하기 때문에 그 집단의 구성원이 아닌 새로운 돌연변이 유전자가 침입하는 데 대해 저항한다는 내용이었다. 이것은 매우 복잡한 개념이며, 폭넓게 적용될 수 있는 유연한 개념으로 생각될 것이다. 실제로 그 개념은 우리가 이미 살펴보았던 마이어의 관성 개념의 이론적 지주 중 하나이다. 그렇지만 우리가 선택적 육종을 할 때 항상 최초의 저항을 받는다는 사실은, 그 계통이 야생 상태에서 아무런 변화 없이 수세대 동안 존속되어 왔다면, 변화에 대해 저항하는 것이 아니라 변화라는 방향으로 향한 자연선택압이 없기 때문이라는 생각이 든다. 그 종이 변화하지 않는 것은 그 상태(야생 상태)를 그대로 유지하는 개체가 변화하는 개체보다 생존에 유리하기 때문이다.

그렇다면 실제로 단속론자는 다윈이나 그 밖의 다윈주의자들과 아무런 차이도 없는 셈이다. 다시 말해서 그들 역시 점진론자인 것이다. 즉 그들은 힘차게 진행되는 점진적 진화를 구분해서 그 사이에 긴 정체기를 끼워 넣고 있는 것에 불과하다. 앞에서 이야기했듯이, 단속론자가 다른 다윈주의 학파와 다른 점은 오직 한 가지, 즉 정체기를 적극적인 힘을 가진 무엇으로, 단순한 진화적 변화의 결여가 아니라 진화적 변화에 대한 능동적인 저항으로 강조하고 있는 점이다. 어쩌면 이 사실이야말로 그들이 범한 오류의 핵심일 것이다. 내게 아직 풀리지 않은 수수께끼로 남아 있는 것은 왜 그들이 자신을 다윈이나 신다윈주의와 그토록 다르다고 생각하는가 하는 것이다.

그 답은 '점진적'이라는 말이 가지고 있는 두 가지 의미를 혼동하기 때문이다. 나 자신도 우리의 논의에서 그 혼동을 없애기 위해 많은 노력을 기울여야 했다. 그러나 많은 사람들의 생각의 배후에는 단속론과 도약설 사이의 혼동이 단단히 자리잡고 있다. 다윈은 열렬한 반도약론자였고, 그 탓으로 자신이 제창하는 진화적 변화가 극단적으로 점진적인 성질을 가진다는 사실을 반복적으로 강조했다. 다윈에게 있어서 도약이란 내가 보잉 747형의 대돌연변이라 불렀던 것을 뜻하기 때문이다. 그것은 유전학이라는 지팡이를 한번 흔들기만 하면, 마치 제우스의 머릿속에서 아테나 신이 태어나듯, 전혀 새로운 복잡한 기관이 갑작스럽게 탄생하는 것을 뜻했다. 그러니까 겨우 한 세대 동안 아무것도 없던 피부에서 완전하게 형성된 복잡한 기능을 가진 눈이 발생하게 되는 것이다. 도약설이 다윈에게 그런 의미를 가지게 된 이유는 다윈에게 가장 영향력 있는 반대자들이 바로 그런 도약설 개념을 가지고 있었기 때문이다. 그들은 마음속 깊이 그것이 진화의 주요한 요인이라고 믿고 있었다.

예를 들어 아가일 공(公)은 진화가 일어난다는 증거를 인정했지만 등 뒤로는 신에 의한 창조라는 믿음을 감추고 있었다. 그런데 그런 양면성을 띤 사람은 그뿐이 아니었다. 빅토리아 시대의 많은 사람들은 신의 창조가 에덴의 낙원에서 단 한차례 이루어진 것이 아니라 진화의 중요한 대목마다 신이 진화 과정에 반복적으로 개입했다고 생각했다. 눈과 같은 복잡한 기관은 다윈이 생각한 것처럼 단순한 기관에서 느린 속도로 진화해 온 것이 아니라, 일순간에 출현했다고 보았다. 그런 생각을 가진 사람들은 만약 진화가 실제로 일어났다면 그런 순간적인 진화란 다름 아닌 초자연적인 힘, 즉 그들이 믿는 신의 개입을 의미하는 것임을 올바르게 인식하고 있었다. 그것이 그들의 신조였다. 그렇게 믿는 이유는 바로 내가 허리케인과 보잉 747의 예를 들어 논의했던 통계적인 것 때문이다. 747형의 도약설은 실제로는 물을 타 희석시킨 일종의 창조론에 불과하다. 다른 식으로 표현하자면, 신의 창조는 도약이 최대한으로 이루어진 극단이라 할 수 있다. 그것은 영혼이 없는 점토에서 완전한 형태의 인간으로의 궁극적인 비약이다. 다윈은 그 점을 잘 알고 있었다. 그는 당시 저명한 지질학자였던 찰스 라이엘 경에게 보낸 편지에서 이렇게 썼다.

> 만일 제가 자연선택의 이론에 그러한 것을 첨가할 필요가 있다고 확신하고 있다 해도, 저는 그런 것을 부질없는 일로 간주하고 거부했을 것입니다.……그 유래의 어느 한 단계에 기적적인 요소가 첨가될 필요가 있다 하더라도 저는 자연선택 이론에 아무것도 첨가하지 않을 것입니다.

이것은 결코 사소한 문제가 아니다. 다윈의 관점에서는, 자연선택에 따른 진화론의 핵심은 복잡한 적응의 존재를 기적이라는 개념을 사용하지 않고 설명하는 것이었다. 그것은 이 책의 가장 큰 요점이기도 하다. 다윈의 입장에서 본다면 신을 통해 도약이 이루어지는 진화란 결코 진화가 아니었다. 그것은 진화의 핵심을 무의미하게 만든다. 이런 측면에서 생각해 본다면, 다윈이 왜 진화의 '점진성'을 끊임없이 강조했는지 그 이유를 쉽게 이해할 수 있다. 또한 그가 왜 4장에서 인용했던 글을 썼는지 그 이유도 쉽게 이해할 수 있을 것이다.

> 작은 개조가 수없이 거듭되는 것으로도 결코 만들어질 수 없는 어떤 복잡한 기관이 있다는 것이 증명이 된다면 나의 이론은 붕괴될 것이다.

다윈에게 점진성이 근본적인 중요성을 차지했던 이유를 알 수 있는 또 하나의 방법이 있다. 오늘날에도 여전히 많은 사람들이 그렇게 생각하고 있지만, 다윈의 동시대인들은 인간의 몸을 비롯해서 수많은 복잡한 기관들이 진화적인 방법으로 탄생하게 되었다고 믿게 되기까지 많은 어려움을 겪었다. 극히 최근에 이르러서야 그런 생각이 유행하게 된 것처럼 많은 사람들은 단세포의 아메바가 우리의 먼 선조라고 생각하면서도 머리 한구석에서는 아메바와 인간 사이에 놓여 있는 간격을 메우기 힘들다고 여겼다. 단순한 단세포 생물에서 출발해서 이 정도로 복잡한 인간이 탄생했다고는 도저히 상상할 수 없었던 것이다. 다윈은 이런 종류의 불신을 극복하는 하나의 수단으로서 작은 단계로 이루어지는 점진적인 계열이라는 생각에 호소하게 되었다. 그 논의는 이렇게 전개된다. 아메바가 인간으로 바뀌는 것은 거의 상상할 수 없을지 모른다. 그러나 아메바가 아주 조금 다른 종류의 아메바로 변화하는 경우라면 능히 상상할 수 있다. 그런 다음 그 아메바는 다시 조금 더 다른 종류의 아메바로 변하고, 그리고 또 ……. 이런 식으로 계속 변해 가는 과정을 상상하기는 그다지 어렵지 않다. 3장에서 살펴보았듯이 그 과정에는 엄청난 수의 단계가 있고 더욱이 각각의 단계는 극히 미세할 때에만 우리의 불신을 극복시킬 수 있는 것이다. 다윈은 끊임없이 이러한 불신의 원천과 싸워 왔고 그때마다 늘 같은 무기를 사용했다. 그 무기는 이루 헤아릴 수 없을 만큼 많은 세대에 걸쳐 거의 알아차릴 수 없을 정도로 미세하고 점진적인 변화가 이루어진다는 것을 강조하는 것이었다.

여기에 덧붙여 같은 불신의 뿌리와 싸움을 벌였던 J. B. S. 홀데인이 보여 주었던 특유의 수평 사고의 일부를 인용하는 것도 상당한 의미가 있을 것이다. 그는 아메바에서 인간으로 이행하는 과정과 비슷한 일이 모든 어머니의 자궁 속에서 겨우 9개월 동안 진행된다는 것을 지적했다. 발생은 분명 진화와는 전혀 다른 과정이지만, 거기에서도 단세포에서 인간으로의 이행이 이루어진다는 점에서 그러한 가능성에 회의를 품는 사람은 그들 자신의 태아 시절의 출발점에 대해 잘 생각해 보면 그 의문을 해소할 수 있기 때문이다. 그런데 아메바를 명예로운 선조의 대명사로 선택한 이유는 단순히 변덕스러운 전통에 따른 것임을 강조한다고 해서, 내가 지나치게 학자답다고 생각하지 않기를 바란다. 박테리아를 선택하는 편이 나았을지도 모르지만, 박테리아는 우리가 아는 한 현대적인 생물이다.

그러면 우리의 논의를 계속하기로 하자. 다윈이 진화의 점진성을 힘주어 강조한 것은 그가 반론을 제기하던 대상, 즉 19세기에 만연하고 있던 진화에 대한 잘못된 개념 때문이었다. '점진적'이라는 말의 의미는 19세기의 문맥에서는 '도약의 반대'였다. 엘드리지와 굴드는 20세기 말의 문맥에서 '점진적'이라는 말을 전혀 다른 의미로 사용하고 있다. 그들은, 분명하지는 않지만, 실질적으로 '일정 속도로'라는 뜻에서 그 말을 사용하면서 '단속'이라는 자신들의 생각과 그것을 대비시켰다. 그들은 바로 이 '속도일정설'의 의미를 둘러싸고 점진설에 대해 비판을 제기한 것이다. 그들의 비판이 옳다는 데에는 의심의 여지가 없다. 극단적인 형태의 속도일정설은 내가 들었던 「출애굽기」의 예처럼 터무니없는 것이기 때문이다.

이처럼 정당성을 입증할 수 있는 비판을 다윈에 대한 비판과 결부시키는 것은 '점진적'이라는 말이 가지고 있는 두 가지 전혀 다른 의미를 혼동하는 것에 불과하다. 엘드리지와 굴드가 점진설에 반대한다고 말할 때의 의미에서는 다윈도 그들의 의견에 동의할 것이라는 점을 의심할 아무런 이유도 없다. 다윈이 열렬한 점진론자였다는 의미에서 엘드리지와 굴드 역시 점진론자이다. 단속평형설은 다윈주의에 대한 대단치 않은 주석(註釋)이고, 다윈 자신도 만약 그가 살던 시대에 이 문제가 논의되었다면 그 이론에 찬성했을지도 모른다. 그 이론은 별볼일없는 주석에 불과하기 때문에 특별히 화려한 인기를 얻을 만한 것도 되지 못한다. 그런데 실제로 그 이론이 인기를 얻은 이유, 그리고 내가 이 책에서 그 이론에 장 하나를 모두 할애하지 않으면 안 될 것처럼 느꼈던 이유는, 이 이론이 마치 다윈과 그 계승자의 견해와 근본적으로 대립하는 개념 인 것처럼 다루어졌기 때문이다.(특히 일부 저널리스트들을 통해 한껏 과장 되었다.) 그렇다면 어떻게 그런 일이 일어나게 된 것일까?

세상에는 결사적으로 다윈주의를 믿지 않으려 드는 사람들이 있다. 그들은 크게 세 부류로 나눌 수 있다. 하나는 종교적인 이유에서 진화 그 자체가 사실이 아니라고 생각하고 싶어 하는 사람들이다. 두 번째 부 류는 진화가 일어났다는 것을 부정할 이유는 없지만, 흔히 정치적이거 나 이데올로기적 이유로 인해 다윈주의가 가지는 메커니즘에 대해 불만 을 가지는 경우이다. 그중에는 자연선택이라는 사고방식을 도저히 받아 들일 수 없을 만큼 냉혹하고 비정한 것으로 생각하는 사람도 있고, 자연 선택을 임의성과 혼동한 나머지 자신들의 존엄성을 훼손하는 '무의미 한 것'이라고 생각하고 있는 사람들도 있다. 더 나아가 다윈주의를 인 종차별주의와 그 밖의 동의할 수 없는 부대 의미들을 내포한 사회다윈 주의와 혼동하는 사람도 있다.

세 번째 부류에는, '대중매체'라고 그들 스스로 부르는 그 속에서 일 하고 있는 많은 사람들이 포함된다. 어쩌면 기자들은 신문 잡지의 좋은 기삿거리가 된다는 이유만으로 누군가의 이론이 무너지기를 기다리는지 도 모른다. 다윈주의는 이미 오래전에 확립되어 체제가 정비된 이론이기 때문에 저널리스트들에게는 군침 도는 먹이가 아닐 수 없을 것이다.

동기가 무엇이든 간에 평판 높은 학자가 현재의 다윈주의에 대해 세 세한 부분까지 비판의 암시를 토해 놓으면, 결과적으로 그 사실은 열심 히 과장되어 완전히 균형을 잃을 만큼 부풀려지게 마련이다. 그들은 얼마나 열심이었던지, 흡사 다윈주의에 대한 반론이라면 아무리 작은 것이라도 선택적으로 집어낼 수 있는 미세 조정된 마이크와 강력한 앰프를 마련해 놓은 것 같다. 진지한 논의와 비판은 어느 과학 분야에서도 생명처럼 중요한 것이기 때문에, 이러한 현상은 매우 불행한 일이 아닐 수 없다. 더군다나 학자들이 이 마이크 때문에 자신들의 입을 닫지 않으면 안 된다는 사실은 불행을 넘어 비극이다. 굳이 말할 필요도 없지만, 그 앰프는 강력하기는 하지만 하이파이는 아니다. 따라서 거기에는 숱한 잡음이 섞여 있다. 과학자가 현재의 다윈주의의 미묘한 의미에 대해 품고 있는 약간의 의혹을 조심스럽게 속삭이면, 원래 자신이 한 말이 거의 알아들을 수 없이 왜곡되어 열심히 기다리고 있던 확성기에 의해 큰 소리로 울려 퍼지는 것을 들을 수밖에 없다.

그런데 엘드리지와 굴드는 속삭이지 않았다. 그들은 뛰어난 능변으로 크게 외쳤다! 그들이 주장하는 것은 대부분 미묘한 의미를 가진 것이었지만, 전달되는 메시지는 어딘가 다윈주의와는 달랐다. 할렐루야! '과학자' 스스로 이렇게 말했다! 『성경에 의한 창조』의 편집자는 이렇게 쓰고 있다.

우리의 종교적, 과학적인 입장의 신뢰성이 최근 들어 신다윈주의자의 사기 저하에 따라 크게 강화되고 있다는 사실은 부인할 수 없다. 우리는 이러한 경향을 최대한 활용해야 한다.

엘드리지와 굴드 모두 미국 남부의 무식한 창조론자들과 싸움을 벌인 용감한 투사였다. 그들은 자신들의 말이 오용되는 사실에 대해 불만을 터뜨렸지만, 그들의 메시지의 바로 이 부분에만 오면 마이크가 갑자기 기능을 정지하는 모습을 지켜볼 수밖에 없었다. 나 역시 다른 마이크에서 그와 유사한 경험을 한 적이 있으므로 그들이 느끼는 당혹감에 공감할 수 있다. 물론 내 경우에는 종교적이라기보다는 오히려 정치적이었지만 말이다.

바로 지금, 큰 소리로 분명히 말해야 하는 것은 단속평형설이 신다윈주의의 종합 속에 명백히 들어 있다는 진실이다. 실제로 단속평형설은 항상 다윈주의 속에 위치해 있었다. 과장된 수사(修辭)로 인해 입은 피해를 회복하는 데에는 많은 시간이 걸린다. 그러나 아무리 오랜 시간이 소요된다 하더라도 그 일은 반드시 이루어져야 한다. 단속평형설은 신다윈주의의 표면에 솟아오른 흥미롭지만 작은 주름의 하나로 공정하게 평가될 것이다. 그것이 "신다윈주의자의 사기의 저하"를 초래한 근거를 제공하지 못하는 것이 분명하고, 굴드가 종합설(신다윈주의의 다른 이름)은 "실질적으로 죽어 간다."라고 주장할 근거는 어디에도 없는 셈이다. 그것은 마치 지구가 완전한 구형이 아니고, 약간 평평한 구형이라는 사실을 발견했다는 소식을 다음과 같은 1면 톱기사로 떠들어대는 것과 마찬가지이다.

코페르니쿠스가 틀렸다. 지구 평면설 입증되다!

그러나 공평하게 말하자면 굴드의 비판은 신다윈주의 종합설에서 볼 때 '점진설'을 향한 것이 아니다. 오히려 그 주장의 다른 부분을 향한 것이다. 엘드리지와 굴드가 이의를 제기한 주장이란, 모든 진화, 비록 가장 긴 지질학적 시간 규모에서 진행되는 진화까지도 개체군 내지는 종의 내부에서 일어나는 사건의 외삽(外揷)이라는 주장이다. 그들은 '종 선택'이라 불리는 더 높은 차원의 선택이 있다고 믿고 있다. 이 주제는 다음 장으로 넘길 것이다. 다음 장은, 역시 박약한 근거를 토대로 반다

원주의자로 통하기도 하는 생물학자, 이른바 '변형분지론자' 에 대한 논
의를 전개할 것이다. 이러한 일파는 분류의 과학인 분류학의 일반 분야
에 속한다.

10장

진정한 생명의 나무는 하나

이 책은 복잡한 '설계'가 어떻게 발생하는가라는 문제에 대한 해답으로서, 바꾸어 말하자면 페일리가 신이라는 시계 제작자의 존재를 증명했다고 생각했던 현상에 대한 진정한 설명으로서 진화라는 문제를 주로 다루고 있다. 내가 눈이나 반향 위치 결정법에 대해 계속 관심을 가지는 것도 바로 그 때문이다. 그러나 그 밖에도 진화론이 설명할 수 있는 또 하나의 큰 영역이 있다. 그것은 다양성이라는 현상, 즉 세상에 온갖 유형의 동물이나 식물이 분포하고 있는 현상, 그리고 그들의 형질이 여러 가지로 분포하는 현상이다. 지금까지 나는 주로 눈이나 그 밖의 복잡한 장치를 가진 기관에 대해서만 관심을 가져왔지만, 그렇다고 해서 이러한 진화의 또 다른 측면이 자연에 대한 우리의 이해를 돕는 역할을 무시할 까닭은 전혀 없다. 따라서 이 장에서는 분류학에 대해 다루기로 하겠다.

분류학이란 다시 말해서 분류를 다루는 학문이다. 어떤 사람에게는 분류학이 지나치게 지루하다는 인상을 주고 무의식 중에 먼지 낀 박물관과 코를 찌르는 보존액 냄새를 연상시키게 할 것이다. 또한 대부분의 사람들은 분류학을 박제술과 혼동하기도 한다. 하지만 사실 분류학은 결코 지루한 학문이 아니다. 어쨌든 나로서는 그 이유를 확실히 알 수 없지만 생물학의 모든 분야 중에서도 가장 신랄한 논쟁이 벌어지는 분야 중 하나가 바로 이 분류학이다. 분류학은 철학자와 역사가의 관심을 끄는 분야이기도 하다. 분류학은 진화를 둘러싼 모든 논의에서 매우 중요한 역할을 하고 있다. 그리고 이 분류학자의 대열 속에서, 마치 반다윈주의자인 양 가장하고 있는 현대 생물학자 중 가장 솔직하게 자신의 주장을 펴는 사람들이 등장하게 되었다.

분류학자는 대개 동물과 식물을 연구하지만, 암석, 군함, 도서관의 책, 항성, 언어 등 모든 종류의 사물이 분류학의 대상이 될 수 있다. 체계적인 분류는 흔히 편의를 위한 정리 작업이나 현실적인 필요에 따른 행동의 결과라고 이야기되는데 부분적으로는 사실이다. 큰 도서관의 장서는 이용자가 특정한 주제에 관한 책을 쉽게 찾을 수 있도록 체계적으로 정리되지 않는 한 실용성을 잃고 만다. 도서관학이라는 학문(또는 기술이라고 불러도 좋을 것이다.)은 응용분류학의 주제 중 하나이다. 같은 이유에서 생물학자들은 동물이나 식물을 이름이나 미리 정해진 범주로 정리하면 일이 훨씬 쉬워진다는 사실을 잘 알고 있다. 그러나 동물이나 식물의 분류학을 연구하는 이유가 단지 이것뿐이라면 문제의 핵심을 놓치는 셈이 될 것이다. 진화생물학자에게 있어서 생물의 분류는 무언가 매우 특별한 의미가 있는데 그것은 다른 종류의 분류학에는 적용될 수 없는 것이다. 진화라는 관점에서 본다면 모든 생물은 유일하고 정확한 계통도를 갖는다. 우리는 그 계통을 분류학의 기초로 삼을 수 있다. 더욱이 이러한 유일함 이외에도, 분류학은 내가 '완전한 겹쳐짐(perfect nesting)'이라는 이름을 붙인 매우 특이한 성질을 가지고 있다. 그것이 무엇을 뜻하는가, 그리고 왜 그것이 그다지 중요한가 하는 문제가 이 장의 주요한 주제이다.

생물학과는 관계 없는 분류학의 예로 도서관의 장서를 살펴보자. 도서관의 책 또는 책꽂이의 책을 어떤 식으로 분류하는 것이 옳은가 하는 문제에 유일한 해결책이란 있을 수 없다. 도서관 사서(司書)는 자신이 수집한 책을 다음과 같은 주요 범주로 나눌 수 있다. 과학, 역사, 문학, 기타의 예술, 외국어 책 등. 그런 다음 이 주요 범주를 더욱 세분할 수 있을 것이다. 가령 과학 부문은 생물학, 지질학, 화학, 물리학 등으로 나눌 수 있다. 다시 생물학 분야의 책들은 생리학, 해부학, 생화학, 곤충학 등으로 각기 할당된 서가에 분류된다. 최종적으로 책들은 각각의 서가에 알파벳순으로 배열될 것이다. 이 도서관의 다른 주요 부문, 역사 부문이나 문학 부문 그리고 외국어 부문 등도 역시 같은 방식으로 세분될 것이다. 다시 말해서 도서관의 장서는 독자가 자신이 원하는 책을 쉽게 찾을 수 있도록 계층적으로 분류되는 것이다. 계층 분류가 편리한 까닭은 책을 빌리는 사람이 장서 더미 속에서 쉽게 자기가 원하는 책을 찾을 수 있도록 해 주기 때문이다. 사전의 단어가 알파벳순으로 배열되어 있는 것도 같은 이유이다.

그러나 도서관의 책을 배열하는 계층 분류는 하나만 있는 것은 아니다. 다른 사서가 같은 장서를 똑같이 계층적으로 분류·정리한다 하더라도 전혀 다른 방법을 선택할 수 있다. 예를 들면 어떤 사서는 독일어 부문을 따로 설치하지 않고 독일어로 된 생물학 책은 생물학의 항목에, 독일어로 된 역사학 책은 역사학 항목에 넣는 식으로 그 책이 어떤 언어로 씌어졌는가와는 상관없이 해당 주제에 따라 책을 분류하는 방식을 선호할 수도 있다. 또 다른 사서는 모든 책을 주제와는 상관없이 출판 연대순으로 정리하는 파격적인 방침을 채택할 수도 있을 것이다. 그러면 도서관 이용자는 원하는 주제의 책을 찾기 위해 검색 카드(또는 검색용 컴퓨터)를 사용해야 할 것이다.

이러한 세 가지 도서 정리 방법은 각기 전혀 다른 성격이지만, 어떤 방법을 사용해도 나름대로 훌륭하게 기능할 것이고, 많은 독자들도 그 방법을 수용할 것이다. 그런데 런던에 있는 한 성미 급한 중년의 클럽 회원의 경우라면 그렇지 않을지도 모른다. 나는 언젠가 라디오를 통해 그 남자가 도서관 사서 고용 문제에 대해 클럽의 위원회를 호되게 비판하는 이야기를 들은 적이 있다. 그 클럽의 도서는 100년 이상이나 정리되지 않은 채 쌓여 왔는데, 그 남자는 그때까지도 그 책들을 정리할 필요를 느끼지 못했던 것이다. 인터뷰를 담당한 기자는 그에게 어떤 방식으로 책을 정리하는 것이 좋겠느냐고 조심스럽게 물었다. 그러자 그는 아무런 주저 없이 이렇게 대답했다. "가장 키가 큰 책을 왼쪽으로, 제일 키가 작은 책을 오른쪽으로 정리하면 됩니다." 일반 서점들은 대중의 수요에 맞추어 책을 주요 항목으로 분류하고 있다. 따라서 과학, 역사, 문학, 지리 등의 분류가 아니라, 매장의 주요 서가를 원예, 요리, '텔레비전 프로그램' 관계 도서, 신비 사상 등으로 분류한다. 언젠가 나는 '종교와 UFO'라는 멋진 제목이 붙은 서가를 본 적도 있다

따라서 책을 분류하는 방법에는 왕도가 따로 없는 셈이다. 사서들 사이에서는 분류 방침을 둘러싸고 서로 의견의 불일치가 있을 수도 있지만 그 논의의 승패를 결정하는 기준이 한 분류 체계가 다른 체계에 비해 '진실(참)'이라든가 '옳음'을 뜻할 수는 없다. 오히려 그 논쟁이 서로 조정되는 기준은 '도서관 이용자들의 편리함'이나 '책을 찾는 신속함' 등일 것이다. 이런 의미에서 도서관 장서의 분류학은 임의적이라고 할 수 있다. 그렇지만 훌륭한 분류 체계를 찾는 일이 중요하지 않다는 뜻은 결코 아니다. 실제로는 정반대이다. 여기에서 중요한 점은 완전한 정보의 세계에서는 유일하게 옳은 분류로서 보편적으로 승인되는 유일무이한 분류 체계란 존재하지 않는다는 것이다. 한편 생물의 분류학은, 나중에 살펴보게 되겠지만, 책의 분류학에 결여되어 있는 강한 특성이 있다. 최소한 우리가 진화적인 관점에 서는 한에는 그러하다.

물론 생물을 분류하는 경우에도 몇 가지 분류 체계를 고안할 수 있다. 그러나 나중에 살펴보겠지만, 그러한 체계는 오직 하나를 제외하고는 모두 도서관 사서의 분류학과 마찬가지로 임의적이다. 만일 그 체계에 요구되는 특성이 단지 편리함으로 한정된다면 박물관의 표본 관리자는 표본들을 크기나 보존 상태에 따라 분류해도 상관없을 것이다. 솜으로 속을 채운 큰 박제 표본, 표본 상자의 코르크 판에 핀으로 고정된 작은 건조 표본, 보존 용액 안에 담겨 있는 표본, 현미경용 슬라이드 표본 등등. 이렇게 편의적인 그룹으로 나누는 방법은 동물원에서 흔히 사용된다. 런던의 동물원에서는 코뿔소를 '코끼리 우리'에 넣는데, 코뿔소가 코끼리와 마찬가지로 튼튼한 울타리를 필요로 한다는 점 이외에 다른 이유는 없다. 응용생물학자는 동물을 유해한 종류(위생적으로 유해한 동물, 농업에 유해한 동물, 사람을 물거나 찌르는 등 직접적인 위험이 있는 동물 등으로 세분한다.)와 유익한 종류(앞의 경우와 마찬가지로 세분된다.) 그리고 둘 중 어디에도 속하지 않는 종류로 분류할 수도 있을 것이다. 영양학자라면 동물이 식용으로 쓰였을 때 어느 정도의 영양가를 포함하는가를 기준으로 분류하고 역시 범주를 정해 더 세분할 것이다. 나의 할머니는 표지가 천으로 된 책에 수를 놓아 주신 적이 있다. 그 책은 동물을 다룬 어린이책이었는데 다리를 기준으로 동물을 분류하고 있었다. 인류학자들은 세계 각지의 부족이 사용하고 있는 매우 정교한 동물 분류 체계의 예를 무수히 보고하고 있다.

그러나 상상할 수 있는 모든 분류 체계 중에서 실제로는 단 하나의 유일한 체계가 존재한다. 유일하다고 부르는 것은 완전한 정보가 주어질 때 그 체계에 대해 완벽한 의견 일치를 통해 '옳다.', '잘못이다.' 또는 '참이다.', '거짓이다.'라는 판단을 내릴 수 있다는 뜻이다. 그 유일무이한 체계란 진화적 관계에 토대를 둔 체계이다. 혼란을 피하기 위해

이 체계를 부를 때는 생물학자들이 가장 엄밀하게 부여한 이름을 사용할 것이다. 그것은 바로 분지분류학(cladistic taxonomy)이라는 이름이다.

분지분류학에서는 생물을 그룹으로 나누는 궁극적인 기준을 유연관계가 가까운 정도, 다시 말하면 공통 조상의 상대적인 가까움에 두고 있다. 예를 들어 조류에 속하는 모든 동물이 하나의 공통 조상에서 유래하고 더욱이 그 공통 조상은 어떠한 비(非)조류의 조상과도 구별된다는 점에서 비조류와 구분된다. 포유류는 모두 단일한 공통 조상으로부터 유래했고, 따라서 그 공통 조상은 어떠한 비포유류의 조상도 아니다. 조류와 포유류는 아주 멀리 떨어진 공통 조상을 가지고 있어서, 뱀, 도마뱀, 뉴질랜드 산 큰도마뱀을 비롯해 그 밖에 많은 동물들과 그 조상들을 공유하고 있다. 이 같은 공통 조상에서 유래한 동물들을 모두 양막류(羊膜類)라고 부른다. 따라서 조류도 포유류도 모두 양막류인 셈이다. '파충류'라는 말은 분지론자들의 주장에 따르면 진정한 분류학 용어가 아니라고 한다. 왜냐하면 그것은 조류와 포유류를 제외한 모든 양막류라는 예외를 바탕으로 정의된 개념이기 때문이다. 다시 말하자면 모든 '파충류(뱀이나 도마뱀과 같은 동물)'의 가장 최근의 공통 조상은 일부 비 '파충류', 즉 조류나 포유류의 조상이기도 하다는 것이다.

포유류 내에서 쥐와 생쥐는 최근의 공통 조상을 갖고 있고, 호랑이와 사자도 가까운 공통 조상을 갖는다. 또한 침팬지와 사람도 마찬가지이다. 유연관계가 가까운 동물이란 최근에 공통 조상을 갖고 있는 동물을 말한다. 이보다 유연관계가 먼 동물들은 더 오래된 공통 조상을 공유한다. 사람과 괄태충(括胎蟲)처럼 아주 먼 유연관계의 동물들은 아주 오래된 공통 조상을 공유한다. 어떤 생물이 서로 아무런 유연관계도 없는 경우는 결코 있을 수 없다. 어쨌든 우리가 알고 있는 한 생명이 탄생한 곳이 지구밖에 없다는 것이 거의 확실하기 때문이다.

진정한 분지분류학은 엄밀한 의미에서 계층적이다. 내가 계층적이라는 표현을 사용하는 것은 생물의 분류 체계는 끊임없이 분지를 계속 할 뿐 두 번 다시 수렴하는 일이 없는 가지를 가진 나무로 표현된다는 뜻이다. 나의 견해로는(나중에 소개하게 될 일부 분류학파는 동의하지 않을 수도 있다.) 그것이 엄밀히 계층적인 이유는 계층 분류가 도서관 사서의 분류처럼 편리하기 때문이 아니며, 또한 이 세상의 삼라만상이 처음부터 계층적인 형상을 가졌기 때문도 아니다. 그 이유는 오직 진화가 전해 내려오는 모양이 계층적이기 때문이다. 일단 생명의 나무가 특정한 최소 거리(기본적으로는 종의 경계)를 넘어 가지를 뻗게 되면, 그 가지는 두 번 다시 만날 수 없게 된다.(단 7장에서 이야기했던 진핵 세포의 기원처럼 극히 드문 예외가 있기는 하다.) 조류와 포유류는 공통 조상에서 유래했지만 지금은 진화의 서로 다른 가지에 속해 있고 이후로도 결코 하나로 합쳐지지 않을 것이며 또한 조류와 포유류 사이에서 잡종이 태어나는 일도 없을 것이다. 어떤 그룹에서 모두가 하나의 공통 조상에서 유래하고 더욱이 공통 조상이 그 그룹에 속하지 않는 다른 구성원의 조상이 아닌 경우, 그런 성질을 가진 생물의 그룹을 그리스 어로 나뭇가지를 뜻하는 클레이드(clade, 공통의 조상에서 진화된 생물군 | 옮긴이)라 부른다.

이처럼 엄격한 계층성이라는 개념을 나타내는 또 하나의 방법은 '완전히 겹쳐짐'을 이용한 설명이다. 큰 종이 위에 몇 가지 동물 이름을 적은 다음, 유연관계가 있는 집합의 둘레에 동그라미를 쳐 보자. 예를 들어 쥐와 생쥐는 가까운 공통 조상를 가지기 때문에 근연 관계를 나타내는 원 안에 모일 것이다. 기니피그와 카피바라(남아메리카 강가에 서식하는 설치류)도 하나의 작은 원에 모이게 될 것이다. 쥐와 생쥐의 고리와 기니피그와 카피바라의 고리는 다시 더 큰 원으로 (비버, 두더지, 다람쥐 등 그 밖의 많은 동물들과 함께) 한데 모여 설치류라는 이름을 얻게 된다.

이때 안쪽의 원은 그것보다 큰 바깥쪽의 원 속에 '겹쳐져 있다.' 라고 표현한다. 이 종이의 다른 곳에는 사자와 호랑이가 작은 원 안에 한데 모여 있을 것이다. 이 작은 원은 고양잇과라는 이름 붙은 다른 원 속에 들어 있다. 고양이, 개, 족제비, 곰 등은 모두 몇 겹의 원을 통해 식육목이라는 이름이 붙은 하나의 큰 원 속에 모이게 된다. 그런 다음 설치류의 원과 식육목의 원 역시 몇 겹의 원으로 이루어진 다른 고리들과 함께 포유류라는 이름이 붙은 거대한 원 속에 들어가게 된다.

큰 원 속에 다시 작은 원이 들어 있는 이 체계에서 중요한 점은 그것이 완전하게 겹쳐져 있다는 사실이다. 단 하나의 예외도 없이, 우리가 그리는 모든 원은 결코 서로 교차하지 않는다. 어떤 것이든 이중으로 겹쳐져 있는 원을 살펴보자. 그러면 언제나 한 원이 다른 원 안쪽에 있다는 사실을 알 수 있다. 안쪽 원에 둘러싸인 영역은 항상 바깥쪽 원에 둘러싸여 있다. 따라서 부분적인 중복이란 없다. 이처럼 완전한 겹쳐짐이라는 분류의 성질은 책, 언어, 토양의 종류, 철학의 사상학파 등의 영역에서는 나타나지 않는다. 도서관 사서가 생물학 책의 둘레에 하나의 원을 그리고, 신학 책 둘레에도 또 하나의 원을 긋는다면 이 2개의 원이 교차하리라는 사실은 쉽게 이해할 수 있다. 이러한 중복 지대에 위치하는 것이 '생물학과 기독교 신앙' 이라는 제목을 가진 책이다.

표면적으로는 언어의 분류도 완전한 겹쳐짐이라는 성질을 나타낼 것처럼 생각될 수 있다. 이미 8장에서 살펴보았듯이 언어는 마치 동물과 같은 방식으로 진화하기 때문이다. 공통의 조상에서 시작되어 최근에 이르러서야 분지한 언어, 예를 들어 스웨덴 어, 노르웨이 어, 덴마크 어 등은 그보다 훨씬 전에 분지한 아일랜드 어와 같은 언어에 비해 서로 많은 유사점을 가진다. 그러나 언어는 분지하는 것만이 아니라 하나로 합쳐지기도 한다. 영어는 아득한 과거에 분지된 게르만 어와 로망스 어의 잡종이며, 따라서 어떠한 계층적인 겹쳐짐의 도식에도 정확하게 맞아떨어지지 않는다. 영어를 둘러싸고 있는 원은 어딘가에서 교차하거나 또는 부분적으로 중복될 것이다. 반면 생물학적 분류의 원은 절대 그런 식으로 교차하지 않는다. 종 수준 이상의 생물 진화는 항상 분지하기 때문이다.

도서관의 예로 돌아가 보면, 어떤 도서관 사서도 책이 애매모호하게 중간에 걸쳐 있거나 중복되는 문제를 완전하게 회피할 수 없을 것이다. 생물학과 신학의 항목을 바로 옆에 배치해서 중간 영역에 해당하는 책들을 2개의 서가를 연결하는 복도에 늘어놓는다 해도 실제로는 아무런 해결책이 되지 못할 것이다. 생물학과 화학, 물리학과 신학, 역사와 신학, 역사와 생물학 등의 중간 영역에 위치하는 책이 있을 경우 어떻게 하겠는가? 이와 같은 애매모호함의 문제는 진화생물학에서 발생하는 분류 체계를 제외한다면, 모든 분류 체계에서 피할 수 없는 본질적인 문제라 할 수 있다. 개인적인 이야기를 하자면, 내가 연구를 하는 동안 생겨난 서류들, 예를 들어 내가 쓴 책이나 동료들이 (친절한 배려로) 내게 보내 준 과학 논문의 복사본 등을 책꽂이에 정리하고, 업무 관계 서류나 철 지난 편지들을 파일로 묶는 일들은 이제 거의 육체적인 불편함을 초래할 지경이 되었다. 서류 정리 체계에 어떤 범주를 적용하든 간에 어떤 서류함에도 넣을 수 없는 골치 아픈 서류들이 남게 마련이다. 그러면 철 지난 서류들은 몇 년씩이나 책상 위를 굴러다니다가 결국 휴지통 속으로 들어간다. 흔히 사람들은 '잡동사니' 라는 범주를 만드는 고육지책을 쓰고는 하지만, 이 범주는 한번 사용하기 시작하면 무서운 속도로 팽창하는 경향을 가지고 있다. 때때로 나는 도서관 사서나 생물학 박물관을 제외하고 모든 박물관 관리자들이 그런 고민 때문에 특히 위궤양에 걸리기 쉬운 것이 아닐까 하는 생각을 하고는 한다.

생물의 분류학에서는 이런 식의 문제가 발생하지 않는다. '잡동사니' 동물이 존재하지 않기 때문이다. 우리가 종의 수준보다 위쪽에 위치하는 한, 또한 우리가 현생 동물(혹은 특정한 시간 단면에 위치하는 동물. 이하의 내용을 참조하라.)에 대해서만 연구하는 한 기괴한 중간형은 나타나지 않는다. 만약 어떤 동물이 괴이한 중간형이라고 생각되더라도, 예를 들어 그 동물이 포유류와 조류의 중간형으로 보인다 하더라도, 진화학자는 그것이 정확하게 어느 쪽에 속하는지 분명히 확신할 수 있다. 중간형으로 보이는 외관은 대부분 착각에 불과하다. 반면 도서관 사서는 그러한 확신을 가질 수 없다. 책의 경우에는 역사 부문과 생물학 부문 양쪽에 동시에 속할 가능성은 충분하다. 분지론을 지향하는 생물학자가 고래를 포유류와 어류 양쪽 모두로 분류하는 편이 '편리' 할까, 아니면 포유류와 어류의 중간형으로 분류하는 편이 '편리' 할까 하는 도서관 사서 식의 고민에 빠질 수 없다는 점은 분명하다. 우리의 논의는 오직 사실에 대한 논의일 뿐이다. 고래의 문제라면, 현대의 모든 생물학자들은 동일한 결론에 도달할 것이다. 고래는 포유류이지 절대 어류가 아니다. 고래는 전혀 중간형이 아니다. 고래는 물고기보다는 사람이나 오리너구리, 그 밖의 모든 포유류 쪽에 훨씬 가깝다.

실제로 사람, 고래, 오리너구리 등의 포유류는 같은 공통 조상을 통해 어류와 연결되기 때문에 어류에 대해 정확하게 같은 거리를 유지하고 있다는 사실을 이해하는 것이 중요하다. 예를 들어 포유류가 사다리나 '계급' 을 형성하고 있고, '하등한' 포유류가 고등한 포유류에 비해 어류에 더 가깝다는 신화는 진화와는 아무런 관련도 없는 속물적 망언에 불과하다. 그것은 때로 '존재의 거대한 사슬' 이라 불리는 진화론 이전의 낡은 개념으로, 진화론 때문에 해체되어 버린 골동품이다. 그런데 이해하기 힘든 기묘한 일은 그러한 개념이 많은 사람들에게 진화의 개념으로 받아들여졌다는 점이다.

　여기에서 나는 창조론자가 진화학자에 대해 즐겨 제기하는 도전장 안에 들어 있는 모순을 꼬집지 않고는 못 배길 것 같다. 그것은 "당신의 중간형을 만들어 보시오. 만약 진화가 사실이라면 고양이와 개, 또는 개구리와 코끼리의 중간형에 해당하는 동물이 있을 것 아니오? 그런데 누구 개구리코끼리라는 동물을 구경한 사람 있소?"라는 식의 오해이다. 나는 진화를 웃음거리로 만들려는 의도로 제작된 창조론자의 팸플릿을 받은 적이 있었는데, 거기에는 키메라(사자의 머리, 염소의 몸, 용의 꼬리를 가지고 입에서 불을 뿜는 괴수 | 옮긴이) 같은 기괴한 동물이 그려져 있었다. 그 동물은 말의 하반신에 개의 상반신이 결합된 괴물이었다. 필경 그 그림을 그린 장본인은 진화론자라면 능히 그런 동물의 존재를 예상할 것이라고 생각했을 것이다. 그렇지만 그 사람은 문제의 요점을 놓친 정도가 아니라 완전히 오해했다. 진화론이 우리에게 보여 주는 것은 이런 식의 중간형 종이 존재하지 않는다는 것이다. 바로 이 점이 내가 동물과 도서관의 책을 비교한 이유이다.

　따라서 그동안 진화해 온 생물에 대한 분류학에서는 완전한 정보가 주어지기만 한다면 완벽하게 의견의 일치가 이루어질 수 있다는 독특한 성질이 있다. '참'이냐 '오류'냐는 식의 표현이 도서관 사서의 분류학에서는 사용될 수 없지만 분지분류학의 주장에는 적용될 수 있다는 것은 그런 의미이다. 그런데 우리는 생물을 분류함에 있어서 두 가지 제약을 받지 않을 수 없다. 하나는 현실 세계에서 완전한 정보를 얻을 수 없다는 점이다. 생물학자들은 생물의 조상에 관한 사실을 둘러싸고 서로 의견을 달리할 수 있을 것이다. 그 논쟁은 가령 충분치 않은 화석으로 인한 불완전한 정보 때문에 좀처럼 끝이 나지 않을 수도 있다. 이 점에 대해서는 나중에 다시 언급하기로 하자. 두 번째로 지나치게 많은 화석이 있을 경우에도 문제가 발생한다. 우리가 현재 살고 있는 동물뿐 아니라 한때 생존한 적이 있는 모든 동물을 포함해서 분류하려 한다면, 분류의 명쾌한 불연속성은 거품처럼 사라져 버리고 만다. 왜냐하면 두 가지 현생 동물, 예를 들어 조류와 포유류는 비록 서로 유연관계가 멀더라도 과거에는 공통 조상을 가지고 있었기 때문에 그 조상을 지금의 분류에 포함시키려 한다면 문제가 발생할 것이다.

멸종된 동물을 고려에 넣는 순간, 어떠한 중간형도 없다는 것은 더 이상 진실이 아니게 된다. 우리는 이제 연속된 것으로 보이는 일련의 중간형들과 싸워야만 한다. 현생 조류와 포유류 같은 현생 비조류 사이에서 구별이 명확하게 이루어질 수 있는 것은 공통 조상으로 수렴되는 중간형들이 모두 죽었기 때문이다. 이러한 논점을 설득력 있게 만들기 위해 한번 더 우리에게 완전한 화석 기록을 제공해 주는 '친절한' 가상적 자연에 대해 상상해 보기로 하자. 다시 말해서 한때 생존했던 모든 동물이 화석으로 남아 있다고 가정해 보자. 앞 장에서 이 가정을 채택했을 때, 나는 어떤 관점에서는 실제로 자연이 불친절한 존재인 것 같다고 말했었다. 화석을 남기지 않았기 때문에 화석에 대해 연구하거나 기록하는 데 어려움을 겪게 만든다는 의미였는데 이번에는 자연의 역설적인 불친절성이라는 또 다른 측면과 마주치게 된다. 만약 완전한 화석 기록이라는 것이 있다면 여러 동물을 따로 이름 붙일 수 있는 개체 그룹으로 분류하기가 매우 어려워질 것이다. 완전한 화석 기록을 손에 넣는다면, 우리는 개별적으로 알고 있던 모든 이름을 단념하고 슬라이딩제(상황의 변화에 따라 신축적으로 적용하는 척도ㅣ옮긴이)를 도입한 수학적이거나 도형적인 표기에 호소할 수밖에 없을 것이다. 인간의 정신은 하나하나 구분할 수 있는 이름을 대단히 선호하기 때문에, 어떤 의미에서는 화석 기록이 풍부하지 않은 편이 나을지도 모른다.

　현생 동물뿐 아니라 지금까지 생존했던 모든 동물에 대해 생각한다면 ‘인간’이나 ‘새’라는 말은 ‘키가 큰’이라든가 ‘뚱뚱한’이라는 말과 마찬가지로 그 경계가 어디인지 불분명해진다. 동물학자는 어느 특정 화석이 새인지 아닌지에 대해서 결정할 수 없다고 주장할지도 모른다. 실제로 그들은 유명한 시조새(*Archaeopteryx*)의 화석을 둘러싸고 바로 그러한 의문을 제기하고는 한다. 만약 ‘조류인가 비조류인가?’의 차이가 ‘키가 큰가 작은가?’라는 차이보다 훨씬 뚜렷하다면, 그것은 단지 ‘조류인가 비조류인가?’라고 묻게 만드는 괴이한 중간형이 모두 죽어 버렸기 때문일 뿐이다. 기묘하게 선택적인 전염병이 창궐해 중간 정도의 키를 가진 사람들을 모두 죽여 버린다면 ‘키가 큰’ 사람이나 ‘작은’ 사람은 ‘조류’와 ‘포유류’의 차이와 마찬가지로 뚜렷한 의미를 가지게 될 것이다.

　현재 거의 모든 중간형이 멸종하고 없다는 다행스런 사실만이 우리를 모호성으로부터 구해 줄 수 있다는 것은 동물학상의 분류에만 한정되는 이야기는 아니다. 인간의 윤리나 법에도 마찬가지로 해당된다. 우리의 법체계나 도덕 체계는 인간이라는 종에 깊은 뿌리를 두고 있다. 동물원의 원장은 필요 이상으로 증가한 침팬지를 ‘처치’할 수 있는 자격을 부여받고 있지만, 그가 남아도는 사육사나 입장권 판매원을 같은 식으로 ‘처치’한다면 도저히 믿을 수 없는 비인도적 행위라는 비판을 받을 것이다. 침팬지는 동물원의 재산이다. 반면 오늘날 인간이 누군가의 재산이 될 수는 없다. 그런데 침팬지에 대한 이런 종류의 차별의 합리적 근거가 분명히 설명되는 경우는 거의 없다. 나는 거기에 우리 스스로를 변명할 수 있는 어떠한 근거도 없다고 생각한다. 기독교 사상에 영향을 받은 우리의 태도 속에는 이런 식의 놀랄 만큼 강력한 인간 종 중심주의가 자리잡고 있기 때문에, 단 하나의 인간 접합자(接合子, 수정란 또는 그

것보다 발생이 진행된 배아|옮긴이) 중절(접합자의 대부분은 어떤 식으로든 자발적으로 유산될 운명에 처해 있다.)이 지성을 가진 수많은 성체 침팬지의 해부보다도 더 큰 도덕적 우려나 분개를 불러일으키는 것이다! 나는 훌륭하고 자유로운 기풍을 가지고 있는 과학자들이 실제로 살아 있는 침팬지를 칼로 자르고 난도질할 의도는 조금도 없지만 만약 그들이 원한다면 법의 간섭을 받지 않고 그렇게 할 '권리'가 있다고 강력하게 주장하는 것을 실제로 들은 적이 있다. 그런 사람들은 대개 눈곱만한 인권 유린에 대해서도 비분강개하는 사람들이다. 우리가 이런 식의 이중 기준에 안주하고 있는 유일한 이유는 사람과 침팬지의 중간형이 남김없이 사멸했다는 것뿐이다.

사람과 침팬지의 가장 최근의 공통 조상은 어쩌면 500만 년 전이라는 가까운 시대에 살았을지도 모른다. 그것은 침팬지와 오랑우탄의 공통 조상이 살고 있었던 때보다 분명 가깝다. 그리고 침팬지와 원숭이의 공통 조상이 살고 있던 때보다도 아마 300만 년이나 가까울 것이다. 침팬지와 우리 인간은 유전자의 99퍼센트 이상을 공유하고 있다. 만일 이 세계의 어딘가 사람들로부터 잊혀진 섬에서 침팬지와 사람의 공통 조상에 이르는 모든 중간형이 발견되었다고 가정하자. 그래서 그 스펙트럼(추이 계열)을 따라 약간의 교잡이 일어났다고 하자. 그 경우 우리의 법이나 도덕상의 관습이 엄청난 충격을 입게 되리라는 사실을 누가 의심할 수 있겠는가? 이러한 스펙트럼 계열 전체에 완전한 인권을 인정하지 않을 수 없게 되거나,(침팬지에게도 선거권을!) 아니면 아파르트헤이트(과거 남아프리카공화국의 인종 분리 정책|옮긴이) 식의 차별법 체계를 갖추고 특정 개인이 법적으로 '침팬지'인지 아니면 법적으로 '인간'인지 판결을 내리는 재판을 열지 않을 수 없을 것이다. 사람들은 '그들' 중의 한 명과 결혼하고 싶어 하는 딸 때문에 고민하게 될지도 모른다. 그러나 이

세계는 구석구석까지 파헤쳐졌기 때문에, 이런 공상적인 상황이 현실화되기는 어려울 것이다. 그러나 인간의 '권리'를 자명한 것으로 생각하는 사람들은 이렇듯 위험한 중간형이 살아남지 않을 수 있었다는 것이 순전히 행운에 불과하다는 사실을 기억해야 할 것이다. 만약 침팬지가 오늘날까지 살아남지 않았다면 침팬지 대신 놀랄 만큼 인간과 흡사한 중간형이 살아남았을지도 모르는 일이다.

앞 장을 읽은 독자들이라면 이미 알아차렸을지도 모르지만 이 논의, 즉 동시대의 동물에게 매달리지 않는 한 분류 범주가 희미하게 흐려질 것이라는 전체적인 논의는 진화가 단속되었다기보다는 일정한 속도로 진행된다는 사실을 가정하고 있다. 우리의 진화관이 진화가 순조롭고 연속적인 변화라는 한쪽 극단으로 치우칠수록, 조류인가 비조류인가, 인간인가 비인간인가라는 현재의 분류 기준을 한때 생존했던 모든 동물에게 적용할 수 있는 가능성은 점차 희박해질 것이다. 극단적인 도약론자라면 자신의 아버지나 침팬지 같은 형제 종의 뇌의 크기의 두 배나 되는 뇌를 가진 최초의 인간이 있었다고 믿을 수도 있을 것이다.

이미 앞에서 살펴보았듯이 단속평형설의 제창자는 대개 진정한 도약론자가 아니다. 그럼에도 불구하고 연속적인 진화라는 입장에 서는 경우에 비해 명칭의 애매함이라는 문제가 그다지 심각하게 제기되지 않을 것이다. 이름 붙이기의 문제가 단속론자에게도 발생한다면 그때는 지금까지 생존한, 문자 그대로 모든 동물이 화석으로 보존된 경우이다. 그 이유는 세부적인 측면에서 단속론자도 실제로는 점진론자이기 때문이다. 그러나 단속론자의 입장에서는 단기간의 급속한 이행기를 기록하는 화석은 거의 발견되지 않는 데 비해 오랜 정체기를 기록하는 화석은 쉽게 발견될 수 있기 때문에 '명명(命名) 문제'가 그다지 심각하지 않다고 생각할 것이다.

단속론자, 특히 엘드리지가 '종'을 진정한 '실체'로 취급해야 한다고 강력하게 주장한 것은 바로 이 때문이다. 비단속론자에게는 '종'이 정의될 수 있는 것은 괴이한 중간형이 모두 죽고 없기 때문이다. 반면 진화의 역사 전체를 긴 안목에서 바라보는 극단적인 반(反)단속론자에게는 '종'을 불연속적인 실체로 보는 일은 절대 있을 수 없다. 그로서는 하나의 끊어지지 않는 연속체를 볼 수 있을 뿐이다. 그의 관점에 선다면 종이란 결코 확실히 결정된 출발점을 갖지 않으며, 때때로 분명히 정해진 끝(멸종)을 가질 뿐이다. 그 이유는 흔히 종은 결정적으로 종말을 맞이하지 않으며 점진적으로 새로운 종으로 변화하기 때문이다. 그에 비해 단속평형론자는 종이 어느 특정 시점에서 성립하는 것으로 생각한다.(엄밀하게 이야기하자면 수만 년 정도의 이행 기간이 필요하지만 이 기간은 지질학적 기준에서 본다면 무척 짧은 것이다.) 더욱이 단속평형론자는 종이 명확한 종말을 가지거나, 최소한 급속하게 종말에 도달하는 것으로 보았고 완만하게 새로운 종으로 변화하면서 소멸하는 식으로는 생각하지 않았다. 단속평형론자의 견해에 따르면, 종은 종이 지속되는 기간의 대부분을 변화 없는 정체기로 보내고 불연속적인 출발과 끝을 가지기 때문에 명확하게 측정할 수 있는 '수명'을 가진다고 할 수 있다. 반면 비(非)단속론자의 경우에는 종이 생물 개체와 같은 '수명'을 가진다고는 생각하지 않을 것이다. 극단적인 단속평형론자가 생각하는 '종'이란 실제 그 명칭에서도 나타나듯이 불연속적인 실체이다. 극단적인 반단속론자가 생각하는 '종'은 끊임없이 흐르는 강을 임의적으로 한 토막씩 자르는 것과 같다. 그리고 그 시작과 끝의 경계를 정하는 선을 그릴 이유는 전혀 없다.

단속평형론자가 생각하는 어떤 동물군의 역사, 가령 과거 3000만 년에 걸친 말의 역사를 다룬 책이 있다면 그 드라마의 등장 인물은 모든 생물 개체가 아닌 종일 것이다. 단속평형론자인 저자는 종을 실재하는 '무엇'으로 간주하고 그 자체가 명확한 정체성을 가진다고 생각하기 때문이다. 종은 갑작스럽게 무대에 등장한 다음 홀연히 사라진다. 그리고 후속 종이 그 뒤를 잇는다. 어떤 종이 다른 종에게 길을 비켜 주는 식의 천이(遷移)의 역사인 것이다. 그러나 반단속론자가 같은 역사를 쓴다면 아마 종의 이름은 편의성을 위해서만 사용할 것이다. 시간축을 따라 살펴본다면, 반단속론자는 더 이상 종이 불연속적인 실체라고 생각하지는 않을 것이다. 그의 드라마의 사실상의 주인공은 변천하는 개체군에 속한 생물 개체이다. 그 책에서는 자손에게 길을 내 주는 것은 생물 개체이고 어떤 종이 다른 종에게 길을 비켜 주는 경우란 없다고 주장한다. 그런 의미에서 단속평형론자가 일반적인 개체 수준에서 나타나는 다윈의 자연선택에 비유되는 종 수준의 자연선택을 믿는 경향이 있다 하더라도 그다지 놀랄 일은 아니다. 반면 비단속론자는 자연선택이 생물 개체보다 높은 수준에서는 결코 이루어지지 않는다고 생각한다. '종 선택'이라는 개념이 비단속론자에게 그다지 호소력을 갖지 못한다는 사실은 그들이 종을 지질학적 시간을 통해 불연속적으로 존재하는 실체라고 생각하지 않기 때문이다.

지금이, 어떤 면에서, 앞 장에서부터 계속 이월되었던 종 선택의 가설을 다루기 좋은 시점인 것 같다. 나는 나의 책 『확장된 표현형』에서 이 학설이 주장되는 것처럼 실제 진화에서 중요성을 가지는가라는 의문을 상세히 다루었다. 따라서 이 자리에서는 많은 지면을 할애하지 않을 작정이다. 한때 생존했던 거의 대부분의 종이 멸종했다는 것은 분명 사실이다. 새로운 종이 최소한 절멸하는 속도와 균형을 이룰 수 있는 정도로 새로 태어나서 결과적으로 그 구성이 끊임없이 변화하는 한 종의 '풀(pool)'이 나타나게 된다는 것 또한 사실이다. 종의 풀이 보충되거나 제거되는 것이 임의적인 과정이라면 이론적으로는 한 종에 대한 고차 수준의 자연선택 조건이 성립하게 된다. 어떤 종이 가지는 특징이 멸종이나 새로운 종을 태어나게 할 확률 중 한쪽으로 치우치게 될 가능성은 있다. 우리가 현재 세계에서 관찰할 수 있는 종은, 그 종이 최초로 이 세상에 나타나는, 즉 '종 분화하는' 데 필요한 모든 것, 또는 멸종하지 않기 위해 필요한 모든 것을 가지는 경향이 있는 종이라 할 수 있다. 만약 원한다면 그것을 자연선택의 한 형태라고 불러도 상관없을 것이다. 그렇지만 그것은 누적적인 자연선택이라기보다는 오히려 1단계 선택에 가깝지 않을까? 나는 이런 종류의 선택이 진화를 설명하는 데 큰 중요성을 가진다는 주장에 대해 회의를 품는다.

어쩌면 이것은 무엇이 중요한가에 대한 나의 편견을 드러내는 데 불과할지도 모른다. 이 장의 서두에서 말했듯이 내가 진화론에서 원했던 것은 심장, 손, 눈 그리고 반향 위치 결정법처럼 복잡하고 훌륭하게 설계된 메커니즘을 설명하는 것이다. 가장 열렬한 종 선택론자를 포함해서 그 누구도 종 선택이 그런 설명을 할 수 있으리라고 생각하지는 않는다. 어떤 사람은 종 선택을 통해 화석의 기록에서 나타나는 장기적인 경향, 예를 들면 시대의 경과에 따라 몸이 커지는 것처럼 비교적 일반적으로 관찰되는 경향들을 설명할 수 있다고 생각한다. 현재의 말은, 이미 앞에서 살펴보았듯이, 3000만 년 전의 조상보다 크다. 종 선택론자는 이러한 현상이 개체의 이익에서 비롯되었다는 생각에 반대한다. 즉 이 화석의 경향을 볼 때에도 같은 종 내에서 몸집이 큰 말 개체가 작은 말 개체보다 항상 성공적이었다고 생각하지 않는다. 그들의 생각은 이런 것이다. 많은 종이 있었다. 이것이 종 풀이다. 이러한 종 안에 몸 크기가 평균보다 큰 종도 있고 작은 종도 있었을 것이다.(필경 어떤 종에서는 큰 개체가 유리하고 어떤 종에서는 몸집이 작은 종이 유리했을 것이다.) 몸이 큰 종은 몸이 작은 종보다 멸종할 가능성이 적었다.(혹은 그 종이 새로운 종을 낳기 쉬웠다.) 종 선택론자의 주장에 따르면 종 내에서 어떤 일이 벌어지든 상관없이 몸의 평균적인 크기가 대형화하는 방향으로 진행되는 '종'의 천이에 따라 몸의 대형화를 향한 화석의 경향이 나타난다고 한다. 심지어는 작은 개체가 유리한 종에서도, 여전히 화석은 몸의 대형화라는 방향으로의 경향성을 나타낸다는 것이다. 다시 말하자면 종의 선택을 통해 대형 개체 쪽을 선호하는 종의 소수파가 유리해진다는 것이다. 이런 설명은 위대한 신다윈주의 이론가인 조지 C. 윌리엄스가 오늘날의 자연선택 이론이 등장하기 훨씬 전에 만들었는데, 그는 종 선택론자의 주장의 타당성을 검증하기 위해 고의로 자신의 이론과는 반대되는 이러한 설명을 만들어 냈다.

이 예를 비롯해서 종 선택의 예라고 제기되는 다른 모든 예들도 진화적 경향이라기보다는 오히려 '천이적' 경향이라 부르는 편이 합당할 것이다. 천이적 경향이란 황야의 한 귀퉁이에서 자라난 풀이나 작은 잡초, 대형 목초, 관목 그리고 마침내 성숙한 '극상(極上)'의 삼림 수목으로 연속적으로 집단화되어 가는 경향처럼 식물이 차츰 커지는 것을 말한다. 그것을 천이적 경향이라 부르든 진화적 경향이라 부르든, 종 선택론자들이 고생물학자로서 연속된 지층의 화석 기록 속에서 흔히 취급하고 있는 것이 바로 그러한 경향이라고 믿는 것도 무리는 아닐 것이다. 그러나 앞에서 이야기했듯이 종 선택이 복잡한 적응의 진화를 설명하는 데 중요하다고 생각하는 사람은 아무도 없다. 그 이유는 다음과 같다.

복잡한 적응은 거의 대부분의 경우 종의 성질이 아니라 개체의 성질이기 때문이다. 종이 눈이나 심장을 가진 것이 아니기 때문이다. 그 종에 속한 개체가 그런 기관을 갖는다. 어떤 종이 형편없는 시력 때문에 멸종했다면 그것은 필경 형편없는 시력 때문에 그 종의 모든 개체가 죽었다는 의미가 될 것이다. 시력의 질은 각 개체의 성질인 것이다. 그렇다면 종은 어떤 종류의 특성을 가지고 있는 것인가? 그 답은, 개체의 생존과 번식에 대한 효과의 총합으로 환원될 수 없는 방식으로 종의 생존과 번식에 영향을 주는 특성이어야 할 것이다. 앞에서 들었던 말의 가상적인 예에서는 대형 개체를 선호하는 종 내 소수파가 소형 개체를 선호하는 종 내 다수파보다 생존에 유리하다고 가정했다. 그러나 이것은 전혀 설득력이 없다. 종의 생존 능력이 그 종을 구성하는 개체의 생존 능력의 합과 전혀 별개의 것이라고는 생각할 수 없기 때문이다.

종 수준의 특성의 좋은 예로 다음과 같은 가상적인 예가 있다. 어떤 종에 속한 모든 개체가 같은 방법으로 살아간다고 가정하자. 예를 들어 모든 코알라는 유칼립투스 나무에서 살며 유칼립투스 나뭇잎만 먹고 산다. 이러한 종은 균일 종이라 부를 수 있다. 이것에 비해 다양한 방법으로 살아가는 개체들을 포함하는 종도 있을 것이다. 각 개체는 코알라와 마찬가지 정도로 특수화되었지만, 그 종 전체의 식성은 다양하다. 그 종 안에는 유칼립투스 나뭇잎만 먹는 종류, 밀만 먹는 종류, 고구마만 먹는 종류, 라임 껍질만 먹는 종류 등이 있을 수 있다. 이러한 두 번째 종을 '다채 종' 이라 부르기로 하자. 그런데 내 생각으로는 균일 종이 다채 종보다 멸종하기 쉬운 상황을 상상하기가 쉬울 것 같다. 코알라는 유칼립투스의 공급에 전적으로 의존하기 때문에 더치엘름병(잎이 말라죽는 병 | 옮긴이)과 같은 전염병이 대량으로 발생하면 한순간에 떼죽음을 당하게 된다. 반면 다채 종의 경우에는 먹이로 삼는 식물 중 하나가 질병에 걸려도 그 종의 일부는 살아남을 수 있기 때문에 종을 존속시킬 수 있다. 또한 다채 종의 경우가 균일 종보다 새로운 딸 종을 만들어 낼 가능성이 높다는 사실도 쉽게 납득할 수 있다. 여기에서 우리는 진정한 종 수준에서의 선택의 예를 찾아볼 수 있을 것이다. 근시나 다리가 긴 특성들과는

달리, '균일성'과 '다채성'은 진정한 종 수준의 특성이기 때문이다. 문제는 그러한 종 수준의 특성의 예가 대단히 적다는 데 있다.

미국의 진화학자 에그버트 리는 진정한 종 수준 선택의 가능성 있는 후보로 해석될 수 있는 흥미로운 이론을 제출했다. 그런데 그의 이론은 '종 선택'이라는 말이 유행하기 이전에 제안된 것이다. 리는 여러 해에 거쳐 되풀이되는 문제, 즉 개체의 '이타적' 행동의 진화에 흥미를 느꼈다. 그는 개체의 이익이 종의 이익과 대립할 때, 개체의 이익(단기적 이익)이 반드시 우선한다는 사실을 올바르게 인식하고 있었다. 이기적 유전자의 행진을 가로막을 자는 아무도 없다는 것이 그의 생각이었다. 그런데 리는 다음과 같은 재미있는 제안을 했다. 개체에 대한 최선이 종의 경우의 최선과 정확하게 일치하는 그룹 내지는 종이 존재하는 것이 틀림없으며, 다른 한편으로는 간혹 개체의 이익이 종의 이익과 특별히 크게 동떨어지는 종도 분명 있다는 것이다. 다른 조건이 같다면 두 번째 유형의 종이 훨씬 더 멸종할 가능성이 높을 것이다. 그렇게 되면 일종의 종 선택을 통해 종과 개체의 이익이 달라 개체가 자기 희생을 해야 하는 쪽보다는 개체가 자신을 희생하도록 '요구' 받지 않는 종이 유리하게 될 것이다. 따라서 우리는 개체의 비이기적인 행동이 진화하는 것을 뚜렷하게 관찰할 수 있을 것이다. 왜냐하면 종 선택은 개체의 자기 이익이 명백한 이타주의에 의해 도움을 받는 종을 선호하기 때문이다.

진정한 종 수준의 특성으로서 가장 극적인 예는 유성 생식 대 무성 생식이라는 번식 양식과 관련된 예일 것이다. 이 자리에서 그 이유에 대해 자세하게 설명하기는 어렵지만, 유성 생식의 존재는 다윈주의자에게 큰 이론적 어려움을 제기한다. 이미 오래전에 생물 개체보다 높은 차원에서 이루어지는 선택에 대한 어떤 주장에 대해서도 반대하는 입장이었던 R. A. 피셔는 성이라는 특수한 사례에 대해서는 예외를 인정할 자세가 되어 있었다. 역시 그 이유에 대해서는 깊이 언급하지 않겠지만,(그 이유는 사람들이 생각하듯 명백하지 않다.) 그의 주장에 따르면 유성적으로 번식하는 종은 무성적으로 번식하는 종보다 빨리 진화할 수 있다. 진화의 주체는 생물 개체가 아닌 종이다. 다시 말해서 어떤 생물 개체가 진화하는 중이라고 말할 수는 없다. 따라서 피셔는 유성 생식이 현재 살아 있는 동물들 속에서 흔하게 관찰된다는 사실은 부분적으로 종 수준의 선택 때문이라고 주장했다. 그러나 만약 그렇다 하더라도, 현재 우리가 다루고 있는 것은 1단계 선택의 예지 누적적인 자연선택의 예는 아니다.

우리가 지금까지 진행한 논의에 따르면 무성적인 종이 출현했다 하더라도 멸종하는 경향을 갖는 이유는 변화하는 환경에 뒤지지 않을 만큼 빠른 속도로 진화할 수 없기 때문이다. 그것에 비해 유성 생식을 하는 종이 멸종하지 않는 경향을 갖는 것은 환경의 변화를 충분히 따라잡을 수 있을 만큼 빠른 속도로 진화할 수 있기 때문이다. 오늘날 우리 주위에서 발견되는 대부분의 생물이 유성 생식을 하는 종인 까닭은 바로 그 때문이다. 그러나 유성 생식과 무성 생식이라는 두 가지 시스템 사이에서 속도가 다른 '진화'라는 것은 물론 개체 수준에서의 누적적인 자연선택에 따른 일반적인 다윈 진화에 불과하다. 종 선택은 오직 두 가지 특성, 즉 무성 생식과 유성 생식, 느린 속도의 진화와 빠른 속도의 진화 중 어느 쪽을 선택할 것인가 하는 단순한 1단계 선택이다. 유성 생식의 도구인 생식 기관 및 생식 행동, 생식 세포의 분열을 위한 세포 내 기구, 이 모든 것들이 종 선택이 아닌 표준적인 저차원의 다윈식 누적 선택을 통해 하나로 결합될 수밖에 없었다. 어쨌든 성이 일종의 그룹 수준 또는 종 수준으로 유지되고 있다는 오랜 학설에 반대한다는 측면에서는 오늘날 우연히도 합의가 이루어져 있다.

그러면 종 선택을 둘러싼 논의에 대한 결론을 내려 보기로 하자. 종

선택은 어느 특정 시간에 세계에 존재하는 종의 패턴을 설명할 수 있을 것이다. 또한 그것은 지질학적 연대가 이후 연대에 길을 비켜 주는 식으로 변화해 가는 종의 패턴, 즉 화석 기록의 변화 패턴에 대해서도 설명할 수 있을 것이다. 그러나 생명이라는 복잡한 구조의 진화에 있어서는 중요한 힘을 발휘하지 못한다. 기껏 할 수 있는 일은 진정한 다윈 선택을 통해 이미 여러 복잡한 구조가 형성되어 있을 경우 갖가지 대안 중에서 하나를 선택하는 정도에 불과하다. 이전에 지적했듯이 종 선택이 일어날 수도 있지만 그다지 많은 일을 할 수 있으리라고는 생각되지 않는다! 그럼 이제 분류학이라는 주제와 그 방법의 문제로 다시 돌아가자.

나는 분지분류학이 도서관 사서의 분류학보다 유리한 이점을 가진다고 말했다. 그 이점은 자연계에서 발견되기를 기다리고 있는 분류 체계가 오직 하나밖에 없고 그것은 진정한 계층적인 겹쳐짐이라는 것이다. 우리가 반드시 해야 할 일은 그것을 발견하기 위한 방법을 개발하는 것이다. 그런데 공교롭게도, 거기에 바로 실제적인 어려움이 있다. 분류학자를 괴롭히는 가장 흥미로운 문제는 진화적 수렴이다. 이것은 매우 중요한 현상이기 때문에 나는 이미 장 하나의 절반을 그 문제에 할애했다. 4장에서 무척 흡사한 생활양식 때문에, 세계의 다른 장소에서 살고 있는 유연관계가 없는 두 종류의 동물이 얼마나 비슷한가에 대해 여러 차례 살펴보았다. 신대륙의 군대개미는 구대륙의 행군개미와 유사하다. 서로 아무런 관련도 없는 아프리카와 남아메리카의 전기 물고기 사이에, 그리고 실제 늑대와 태즈메이니아 산 유대류 '늑대'인 주머니늑대 사이에서도 믿을 수 없을 정도로 불가사의한 유사성이 진화했다. 이러한 예를 들면서 나는 증거 없이 이러한 유사성이 수렴된다는 것, 즉 그 동물들이 아무런 관계도 없는 동물에서 독립적으로 진화했다고 단언했다. 그러나 우리는 그러한 동물들이 서로 아무런 관계가 없다는 사실을 어떻게 알고 있는 것일까? 분류학자가 유사성을 이용해 유연관계의 가까움을 측정한다면, 불가사의할 정도로 흡사한 이 동물들은 겉보기에는 같은 종류인 것처럼 보이는데 왜 분류학자는 그런 유사성에 속아 넘어가지 않는 것일까? 또 문제를 조금 더 복잡하게 꼬아서 제기할 수도 있다. 예를 들어 분류학자들이 집토끼와 산토끼와 같은 두 종류의 동물이 정말 가깝다고 말했을 때, 우리는 어떻게 그들이 대규모적인 수렴에 속지 않았다는 사실을 확인할 수 있을까?

이러한 질문은 사실 어려운 것이다. 왜냐하면 분류학의 역사에서는 후대 분류학자들이 바로 이 이유 때문에 그들의 선배들이 틀렸다고 비판하는 예를 무수히 찾아볼 수 있기 때문이다. 4장에서 살펴보았듯이, 아르헨티나의 한 분류학자는 리톱턴스가 진정한 말의 선조라고 단언했다. 그러나 오늘날 리톱턴스는 말에 수렴된 것으로 알려지고 있다. 아프리카의 호저(豪猪)는 오랜 기간 동안 아메리카의 호저와 근연 관계라고 생각되었다. 그러나 오늘날에는 이 두 그룹이 가시가 많은 모피를 독립적으로 진화시켜 온 것으로 보고 있다. 필경 가시는 두 대륙에서 동일한 이유 때문에 양쪽 모두에게 이로웠을 것이다. 하지만 미래의 분류학자들이 또다시 생각을 바꿀지 누가 알겠는가? 만약 수렴 진화가 사람의 눈을 속일 만큼 강력한 유사성을 가져올 수 있다면, 우리는 어떻게 분류학에 신뢰성을 부여할 수 있겠는가? 이 문제에 대해 내가 개인적으로 낙관적인 입장을 가질 수 있는 것은 분자생물학에 토대를 둔 강력한 신기술의 등장 때문이다.

앞 장까지의 요점을 다시 한번 되풀이해 보자. 동물과 식물 그리고 박테리아는 외형상 서로 달라 보여도, 분자적인 기반에까지 내려가 보면 놀랄 만큼 유사하다. 이것은 유전 암호 자체에 가장 극적으로 나타나 있다. 유전자의 사전은 각기 세 가지 문자로 이루어진 64개의 DNA 단어로 구성되어 있다. 이러한 단어 하나하나에는 각기 단백질 언어의 정확한 단어가 대응한다.(특정한 아미노산이나 또는 구두점 중 어느 하나) 이 언어는 인간의 언어가 자의적인 것과 같은 의미에서 자의적일 것으로 생각된다.(예를 들면 '집'이라는 단어의 발음에는 거주하는 장소라는 속성을 듣는 사람의 마음에 불러일으키는 어떤 본질적인 특성도 없다.) 이러한 측면을 생각해 본다면, 모든 생물이 외관은 아무리 달라 보여도 유전자 수준에서는 완전히 같은 언어를 '말하고' 있다는 것은 매우 중요한 사실이다. 유전 암호는 보편적이다. 나는 이 사실을 모든 생물이 오직 하나의 공통 선조로부터 유래했다는 사실에 대한 거의 결정적인 증거로 간주한다. 하나의 사전이 두 가지 '의미'를 임의적으로 해석할 가능성은 거의 상상할 수 없을 정도로 작다. 6장에서 살펴보았듯이 한때 서로 다른 유전자적 언어를 사용하고 있던 서로 다른 생물이 존재했을 가능성은 있지만, 이제 그런 생물은 이 세상에 존재하지 않는다. 현재까지 살아남아 있는 생물은 모두 오직 하나의 선조로부터 유래하고 있으며 그 의미는 자의적일지라도 64개의 DNA 단어 하나하나까지 거의 동일한 유전자적 사전을 그 선조로부터 이어받았다.

그러면 이런 사실이 분류학에 어떤 영향을 주고 있는지 생각해 보기로 하자. 분자생물학의 시대가 시작되기 전에, 동물학자가 유연관계에 확신을 가질 수 있었던 경우는 막대한 수에 달하는 해부학적 특징을 공유하고 있는 동물에 한해서였다. 분자생물학은 갑작스럽게 유사성이라는 새로운 보물 창고를 열어젖혔고 해부학과 발생학이 제공하는 불충분한 목록에 그것을 첨가했다. 이 공통의 유전자적 사전에서 찾아볼 수 있는 64개의 동일성(유사성이라 표현은 너무 약하다.)은 시작에 불과했다. 그 후 분류학은 완전히 변화하기 시작했다. 한때 유연관계에 대해 애매한 추측에 불과하던 주장은 통계적으로 거의 확실한 이론이 될 수 있었다.

유전자적 사전에서 나타나는 거의 완전한 문자 그대로의 보편성은 분류학자에게 있어서 만병통치약은 아니다. 모든 생물에 유연관계가 있다는 사실을 아는 것만으로 그 이상의 사실, 즉 어떤 생물들의 조합이 다른 조합보다 더 가까운 관계인가를 가르쳐 주지는 않기 때문이다. 그러나 다른 분자 정보를 사용하면 그것을 알 수 있다. 거기에는 완전한 동일성이 아닌 다양한 정도의 유사성이 있기 때문이다. 유전적 번역 기구가 만들어 낸 산물이 단백질 분자라는 사실을 상기할 필요가 있다. 각각의 단백질 분자는 하나의 문장, 즉 사전에 실려 있는 아미노산 단어의 사슬이다. 우리는 이러한 문장을 번역된 단백질로도 또는 원래의 DNA로도 읽을 수 있다. 모든 생물은 같은 사전을 공유하고 있지만 그들이 그 공통 사전을 사용해서 동일한 문장을 만드는 것은 결코 아니다. 이것이 여러 가지 다른 수준의 유연 관계를 해독할 수 있는 기회를 제공한다. 단백질 문장은 세부적으로는 다르지만 전체의 패턴으로서는 매우 흡사한 경우가 많다. 어떠한 두 생물에서도 같은 선조의 문장을 조금 '손질한' 수정판이라는 사실이 확연히 드러날 만큼 충분히 유사한 문장을 발견할 수 있다. 우리는 이미 이러한 사실을 소와 완두콩의 히스톤 아미노산 배열 사이에서 나타나는 작은 차이를 통해 살펴보았다.

오늘날 분류학자는 머리뼈나 다리뼈를 비교하는 것과 마찬가지의 정확도로 분자의 문장을 비교할 수 있다. 단백질과 DNA 문장이 아주 비슷하면 유연관계가 가깝고 그 문장이 다를수록 유연관계는 더 멀다고 생각하면 된다. 이러한 문장은 모두, 오직 64개의 단어밖에 들어 있지 않은 보편적 사전으로 이루어진다. 현대 분자생물학의 우수한 점은 두 동물이 정확히 어느 정도 다른가를 그 동물들이 가지고 있는 어느 특정한 문장의 각 수정판 사이에서 몇 개의 단어가 다른가를 가지고 측정할 수 있다는 점이다. 3장에서 이야기했던 가상의 유전적 공간에서 이야기하자면 최소한 특정 단백질 분자에 관해서는 어떤 동물이 다른 동물과 몇 단계 떨어져 있는가를 정확히 측정할 수 있는 것이다.

분류학에 분자의 배열을 사용하는 이점으로 덧붙여야 할 사항이 있다. 영향력 있는 유전학의 한 유파인 '중립론자'(다음 장에서 한 번 더 그들을 만나게 될 것이다.)에 따르면 분자 수준에서 진행되는 진화적 변화의 대부분은 '중립적'이라는 것이다. 즉 그 변화는 자연선택에 따른 것이 아니라 실제로는 무작위적이며, 따라서 우연히 운이 나쁜 경우를 제외한다면 분류학자를 잘못된 판단으로 이끌 수렴이라는 도깨비는 없다는 뜻이 된다. 이미 살펴보았듯이 이 문제와 관련되는 사실은 모든 종류의 분자가 광범위한 동물군에 걸쳐 대략 거의 일정한 속도로 진화한다는 점이다. 이러한 사실로부터 두 가지 동물 사이에서 비교 가능한 분자, 예를 들면 사람의 시토크롬과 아프리카 산 흑멧돼지의 시토크롬 사이에서 서로 달리 나타나는 숫자가, 공통의 선조가 살고 있던 때 이래로 어느 정도의 시간이 경과했는지를 알 수 있는 훌륭한 지표가 된다고 할 수 있다. 따라서 우리는 매우 정확한 '분자시계'를 가지고 있는 셈이다. 우리는 이 분자시계를 통해 어떤 동물과 다른 동물이 가장 최근의 공통 조상을 가지고 있는지의 여부뿐 아니라, 그 공통 선조가 살고 있었던 시대에 대해서도 대략적인 추정을 할 수 있다.

이 대목에서 독자들은 분명하게 드러나는 비일관성으로 당황할지도 모른다. 이 책은 누차에 걸쳐 자연선택이 중요하다고 강조해 왔다. 그렇다면 어떻게 여기에서 분자 수준의 진화적 변화의 무작위성을 강조할 수 있는 것일까? 잠깐 11장으로 뛰어넘어 이야기하자면, 이 책의 핵심 주제인 적응의 진화에 관해서는 실제 아무런 다른 주장도 없다. 가장 열렬한 중립론자마저도, 눈이나 손처럼 복잡한 기능을 하는 기관이 무작위적 부동(無作爲的 浮動, random drift)을 통해 진화했다고는 생각하지 않는다. 제정신을 가진 생물학자라면 누구라도 그런 기관들이 자연선택을 통해서만 진화할 수 있다는 사실에 동의하고 있다. 중립론자들은 그러한 적응이 빙산의 일각에 불과하고, 어쩌면 거의 모든 진화적 변화는 분자 수준에서 볼 때 비기능적인 것이라고 (내 의견으로는 올바르게) 생각하고 있을 뿐이다.

분자시계가 실제로 존재하는 한, 그리고 모든 종류의 분자가 100만 년이라는 시간 단위에서 대체로 각기 고유한 속도로 변화하고 있음이 거의 확실한 한, 우리는 분자시계를 사용해서 진화라는 나무에서 뻗어 나온 가지의 어느 한 지점의 연대를 추정할 수 있다. 그리고 거의 모든 진화적 변화가 분자 수준에서 중립이라는 것이 사실이라면, 이것은 분류학자들에게는 더할 나위 없는 선물이다. 그것은 수렴이라는 문제가 통계학이라는 무기를 통해 일소될 수 있기 때문이다. 모든 동물은 그 세포 안에 써넣어진 대량의 유전적 텍스트를 가지고 있다. 그리고 중립설에 따르면 그 텍스트의 대부분은 동물을 그 특유한 생활양식에 적응시키는 것과 아무런 관계도 없다. 즉 그러한 텍스트는 자연선택과는 거의 아무런 관계가 없으며 완전히 우연한 결과를 제외한다면 수렴 진화에도 종속되지 않는다는 것이다. 선택에 대해 중립적인 두 텍스트의 큰 단락이 우연히 서로 닮을 가능성을 계산할 수는 있으나 그런 경우가 발생할 가능성은 극히 희박하다. 더욱 바람직한 일은 분자 진화의 속도가 일정하기 때문에 진화의 역사에서 어떤 분지점의 연대를 구체적으로 결정할 수 있다는 사실이다.

새로운 분자 배열 해독법이 분류학자의 무기고를 어느 정도나 보강해 주었는지 과장해서 이야기하기는 어렵다. 물론 아직 모든 동물의 모든 분자 배열이 판독된 것은 아니지만, 그래도 도서관으로 걸어 들어가서 예를 들어 개나 캥거루, 바늘두더지, 닭, 유럽 산 살무사, 영원(도롱

농의 일종 | 옮긴이), 잉어, 사람의 알파 헤모글로빈 배열에 대해 한 글자, 한 구절 남기지 않고 그 문장 표기를 조사할 수 있다. 모든 동물이 헤모글로빈을 가지고 있지는 않지만, 예를 들어 히스톤처럼 모든 동식물에 그 수정판이 존재하는 다른 단백질도 있기 때문에, 그러한 단백질의 상당수에 대해서도 도서관에서 조사할 수 있다. 이러한 측정들은 다리의 길이나 머리뼈의 폭처럼 표본의 연령이나 건강 상태에 따라, 또는 측정자의 시력에 따라 수치가 변하는 애매한 종류의 것은 아니다. 어쨌든 완전히 같은 언어로 작성된 같은 문장, 그러니까 단어만 교체된 수정판이고, 까다로운 그리스 고전학자가 양피지에 씌어진 같은 복음서 두 권의 사본을 비교할 때처럼 하나하나 일일이 비교할 수 있는 것이다. DNA의 배열은 모든 생명에 대한 복음의 기록이고 우리는 그것들을 해독하는 법을 배우게 된 것이다.

분류학자의 기본 가정에 따르면, 특정 분자를 비교했을 때 유연관계가 가까운 무리는 유연관계가 먼 무리보다 훨씬 비슷한 문장을 가지고 있다. 이것을 '절약의 원리(parsimony principle)'라 부른다. 절약이란 달리 표현하자면 인색함이다. 분자의 문장이 알려진 어떤 동물 군(群), 가령 바로 앞 단락에서 예로 들었던 여덟 종류의 동물이 주어진다고 가정하면 여덟 종류의 동물을 연결시키는 가능한 계통수의 도표 중에서 어느 것이 가장 절약적인지 발견하는 것이 우리의 임무이다. 가장 절약적인 계통수란 그 가정이 '가장 인색한' 계통수, 즉 진화 과정에서 최소한의 숫자의 단어 변화와 최소량의 수렴이 있었다는 가정을 갖는 계통수이다. 수렴이 일어날 가능성은 극히 작기 때문에 가정되는 수렴은 최소량이 되어도 상관없다. 특히 대부분의 분자 진화가 중립적이라면 서로 관계없는 두 동물이 우연히 단어 하나, 글자 하나까지 동일한 배열을 가질 가능성은 거의 없을 것이다.

가능성이 있는 계통수를 찾기 위한 노력의 과정에는 계산상의 어려움이 따르게 된다. 분류되는 동물이 세 종류밖에 없을 때 생각할 수 있는 계통수는 C를 배제하고 A와 B가 결합하는 경우, B를 배제하고 A와 C가 결합하는 경우 그리고 A를 배제하고 B와 C가 결합하는 경우의 세 가지뿐이다. 분류되는 동물의 수가 조금만 더 많아져도 같은 식의 계산을 할 수 있지만, 그럴 경우 가능한 계통수의 숫자는 급격하게 증가한다. 네 종류의 동물만을 고려에 넣는 경우라면 유연관계를 나타내는 가능한 계통수의 총수는 15에 불과해서 아직까지는 다룰 수 있다. 컴퓨터를 사용한다면 그 열다섯 가지 중에서 어느 것이 가장 절약적인지 조사하는 데 그리 오래 걸리지 않을 것이다. 그러나 고려하는 동물이 스무 종류가 되면 나의 어림계산으로도 생각할 수 있는 계통수의 숫자는 무려 8,200,794,532,637,891,559,375가지나 된다.(그림 9 참조) 겨우 스무 종류의 동물에서 가장 절약적인 계통수를 찾는 데 오늘날 가장 빠른 속도의 컴퓨터로도 100억 년, 그러니까 거의 우주의 나이와 비슷한 시간이 걸리는 것이다. 그런데 분류학자가 20종류 이상의 동물로 이루어진 계통수를 만들고 싶어 하는 것은 흔히 있는 일이다.

종류의 수와 함께 가능한 계통수의 수가 폭발적으로 증가하는 문제의 중대성을 처음 이해한 사람이 분자분류학자이기는 하지만, 실은 분자와 관계없는 분류학에도 같은 문제가 잠복해 있었다. 비(非)분자분류학자는 직관적인 추론에 토대를 두고 이 문제를 다룬 것에 불과하다. 시도할 수 있는 가능한 모든 계통수 중에서 엄청난 숫자의 계통수가 곧바로 배제될 수 있다. 일례로 사람을 침팬지보다 지렁이에 가깝게 배치한 수백만에 이르는 가상의 계통수는 모두 즉각 배제된다. 분류학자는 이처럼 명백하게 잘못된 유연관계를 나타내는 계통수를 고려하느라 골치를 썩지는 않는다. 오히려 이들 분류학자의 선입관과 큰 충돌을 일으키

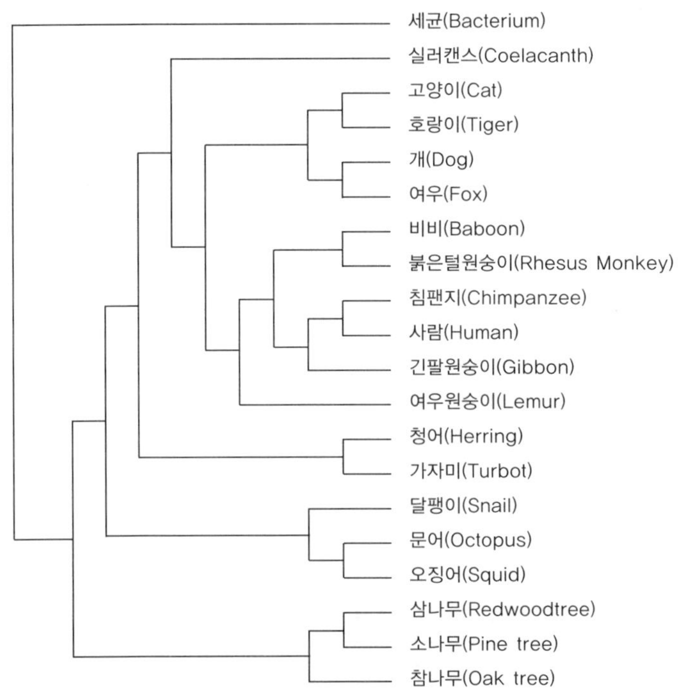

그림 9 개체의 수가 스무 가지만 되도 계통수의 숫자는 8,200,794,532,637,891,559,375가지나 된다. 이 가운데 가장 절약적인 계통수는 위의 그림 한 가지뿐이다.

지 않는 비교적 소수의 계통수가 문제이다. 이 방법은 비록 가장 절약적인 계통수가 고려의 대상에도 포함되지 않은 채 폐기될 위험이 항상 따르기는 하지만, 가장 타당한 방법일 것이다. 컴퓨터 역시 가장 빠른 지름길을 찾도록 프로그램할 수 있기 때문에 다행스럽게도 가능한 계통수의 숫자가 폭발적으로 증가하는 문제는 상당히 덜어지는 셈이다.

분자의 정보는 매우 풍부하기 때문에, 여러 가지 서로 다른 단백질을 사용해 독립적으로 여러 차례 분류를 실시할 수 있다. 그렇게 하면 한 분자에 대한 연구에서 얻은 결론을 이용해 다른 분자의 연구를 통해 얻은 결론을 점검할 수 있게 된다. 어떤 단백질 분자가 말해 주는 이야기가 사실인지 분명치 않을 때에는 다른 단백질을 조사해서 사실 여부를 점검할 수 있다. 실제로 수렴 진화는 특수한 종류의 우연의 일치이다. 이 우연의 일치에서 중요한 점은, 비록 한 번 그런 일이 일어난다 해도 두 번 계속해서 일어나는 경우는 거의 없다는 것이다. 또한 세 번 일어나는 경우는 더욱 드물다. 점차 다른 단백질 분자의 숫자를 늘릴수록 우연의 일치는 거의 배제할 수 있게 된다.

일례로 뉴질랜드의 한 생물학자 그룹이 수행한 연구에서는 다섯 가지의 서로 다른 단백질 분자를 사용해서 열한 종류의 동물을 한 번이 아니라 각기 독립적으로 다섯 차례 분류했다. 열한 종류의 동물이란 양, 붉은털원숭이, 말, 캥거루, 쥐, 토끼, 개, 돼지, 사람, 소, 침팬지였다. 연구의 착상은 먼저 하나의 단백질을 사용해서 열한 종류의 동물의 관계를 나타내는 계통수를 만드는 것이었다. 그런 다음에 다른 단백질을 사용할 때에도 같은 관계를 나타내는 계통수를 얻을 수 있는지 확인하고, 나아가 제삼, 제사, 제오의 단백질을 사용해도 동일한 결과를 얻을 수 있는지 확인하는 것이었다. 이론상으로는 가령 이 예에 대해 진화가 사실이 아니라면 다섯 가지의 단백질은 각기 전혀 다른 '관계'를 나타내는 계통수를 보여 줄 것이다.

도서관에서 열한 가지 종류의 동물 전부에 대해서 이 다섯 가지의 단백질 배열을 조사할 수 있다. 열한 종류의 동물에서 고려될 수 있는 가능한 계통수의 숫자는 654,729,075가지나 되기 때문에, 통상적인 지름길을 채택해야 했다. 다섯 가지 단백질 분자 각각에 대한 분자 정보는 매우 풍부하기 때문에, 컴퓨터가 가장 절약적인 관계를 나타내는 계통수를 출력했다. 이렇게 해서 이들 열한 종류 동물의 진정한 관계를 나타내는 계통수에 관해 독립된 다섯 가지의 최상의 추정이 가능해진 것이다. 우리가 기대할 수 있었던 가장 훌륭한 결과는 추정된 다섯 가지 계통수 모두가 동일한 것으로 판명되었다는 사실이다. 그러한 결과가 완전하게도 우연히 얻어질 확률은 실제 거의 없어서, 그 확률은 소수점 이하 31개의 0이 붙을 정도였다. 그러나 설사 우리가 그 정도로까지 완벽하게 일치된 결과를 얻지 못했다 하더라도 그다지 놀라운 일은 아니다. 수렴 진화나 우연의 일치가 발생하는 정도는 오직 추측으로밖에 알 수 없기 때문이다. 하지만 여러 가지 계통수 사이에서 상당한 정도의 불일치가 나타나는 경우에는 문제가 아닐 수 없다. 실제로 다섯 그루의 나무가 완전히 일치하는 것이 아니라 아주 비슷하게 닮았다는 사실이 밝혀졌다. 5개의 분자 모두가 사람과 침팬지, 그리고 원숭이를 가까운 점에 일치시키고 있지만, 이 무리 근처에 배열되는 동물에서는 약간의 불일치가 나타난다. 헤모글로빈 B에 따르면 개가, 피브리노펩티드 B에 따르면 쥐와 토끼가, 그리고 헤모글로빈 A에 따르면 쥐, 토끼, 개로 구성되는 하나의 무리가 사람, 침팬지, 원숭이 무리 옆에 배열된다.

우리는 분명 개와 조상을 공유하고 있고, 쥐와도 또 다른 분명한 공통 조상을 가지고 있다. 이 두 선조는 역사의 어느 시점에서 실제로 존재했다. 둘 중 한쪽의 조상은 다른 쪽보다 시간적으로 가깝기 때문에 헤모글로빈 B나 피브리노펩티드 중 어느 한쪽이 진화적 관계에 대해 잘못된 추정을 하고 있는 것이 분명하다. 이미 앞에서 이야기했듯이, 이런 종류의 작은 불일치에 대해 고민할 필요는 없다. 우리는 어느 정도의 수렴이나 우연의 일치를 예상하기 때문이다. 우리가 실제로 개 쪽에 가깝다면 그것은 우리와 쥐가 피브리노펩티드 B로 수렴되고 있다는 뜻이 된다. 역으로 우리가 쥐 쪽에 가깝다면, 우리와 개는 헤모글로빈 B의 측면에서 수렴하고 있는 셈이 된다. 둘 중 어느 쪽의 가능성이 더 높은지는 그 밖의 다른 분자를 조사함으로써 짐작할 수 있을 것이다. 그러나 이 문제에 대해서는 더 이상 논의하지 않기로 하자. 이미 우리의 요점은 분명히 밝혀졌기 때문이다.

나는 분류학이 생물학 중에서도 가장 고약하고 까다로운 분야라고 말했다. 굴드는 그것을 "이름과 심술궂음"이라는 말로 잘 표현해 놓고 있다. 분류학자는 나름대로 자신들의 학파에 대해서 정열적인 공감을 품고 있지만, 그것은 우리가 순수 과학에서 발견할 수 있는 종류의 것이 아니라 정치학이나 경제학에서 찾아볼 수 있는 그런 정열이다. 특정 분류학파에 속하는 구성원들은 자신들이 마치 이교도에게 포위된 초기 기독교도의 결사라도 되듯 생각하고 있다. 나는 평소에 알고 지내던 한 분류학자가 경악으로 인해 핏기가 사라진 얼굴로 누구누구(그 이름은 중요치 않다.)가 "분지론자로 전향했다."라는 (대단한) '뉴스'를 전해 주었을 때 그 사실을 처음 알았다.

분류학의 각 학파에 대한 다음과 같은 짧은 설명은 필경 그 학파의 소속원들에게는 못마땅할 것이다. 그러나 그들은 늘상 습관적으로 서로를 흥분시키고는 하기 때문에 내 설명이 그들에게 부당한 해를 입히지는 않을 것이다. 분류학자는 그 근본 철학에 따라 크게 두 진영으로 나뉜다. 한쪽 진영에는 자신들의 목적이 진화적 관계를 발견하는 것임을 공공연하게 주장하는 사람들이 있다. 그들에게 (그리고 내게도) 훌륭한 분류학상의 계통수란 진화적 관계를 나타내는 계통수이다. 분류학에서는 동물의 유연관계의 가까움에 대하여 가능한 한 최상의 추론을 하기 위해 어떤 방법도 자유롭게 이용할 수 있다. '진화분류학자'라는 뚜렷한 명칭은 이미 특정 분파에 빼앗겨 버렸기 때문에 이 분류학자들에게 이름을 붙여 주기는 쉽지 않다. 때로 그들은 '계통분류학자(phyleticists)'라고 불린다. 나는 지금까지 이 계통분류학자의 관점에서 이 장을 서술해 왔다.

한편 이와 다른 방법으로 연구를 계속하는 분류학자도 많다. 그들에게는 충분한 이유가 있다. 그들은 분류학을 연구하는 궁극의 목적이 진화적 관계를 발견하는 것이라는 점에는 동의하지만 분류학의 실천과 무엇이 유사성 패턴으로 이어지는가 하는 이론(필경 진화론일 것이다.)은 분리되어야 한다고 주장한다. 이러한 분류학자들은 유사성의 패턴 자체를 연구하고 있다. 그들은 유사의 패턴이 진화의 역사에 따라 일어나는지, 그리고 가까운 유사성이 유연관계의 가까움에 기인하는 것인지의 여부를 미리 판단하지 않는다. 어쨌든 그들은 유사성의 패턴만을 사용해서 그들의 독자적인 분류 체계를 구성하는 편을 더 선호한다.

이런 방법의 한 가지 이점은 진화의 사실성에 대해 어떤 식으로든 의문을 품고 있을 때, 유사성의 패턴을 사용해 그것을 검증할 수 있다는 것이다. 만약 진화가 사실이라면 동물 사이에서 나타나는 유사성은 어떤 예상 가능한 패턴, 즉 계층적 겹쳐짐을 따르게 될 것이다. 만약 진화가 거짓이라면, 우리가 '어떤' 패턴을 예상해야 할지 아무도 알지 못하게 된다. 그렇지만 반드시 겹쳐진 계층적 패턴을 기대해야 할 뚜렷한 이유는 없다. 분류학을 '수행하는' 전 과정에서 진화를 가정하고 있는 사람의 분류학적 연구 성과로 진화가 참이라는 사실을 뒷받침할 수 없다는 것이 이 학파 소속원들의 주장이다. 왜냐하면 순환 논리에 빠지게 된다는 것이다. 진화가 사실인지의 여부에 대해 진지한 의문을 품는 사람에게 이 논의는 상당한 설득력을 가질 것이다. 분류학자들 사이에서 나타나는 이 두 번째 학파에도 적당한 명칭을 붙이기 어렵다. 나는 이들에게 '순수유사측정파'라는 이름을 붙이겠다.

계통분류학자들, 즉 공공연하게 진화적 관계를 발견하려고 노력하는 분류학자들은 다시 2개의 학파로 나뉜다. 이들 두 학파는 윌리 헤니히의 유명한 저서 『계통분류학』에서 주장하는 원리에 따라 분지론자와

'전통적' 진화분류학자이다. 분지론자는 분지(가지)에 강박 관념이라도 있는 듯 집착한다. 그들에게 있어서 분류학의 목표는 진화적 시간의 과정에서 계통이 서로 분지하는 순서를 발견하는 것이다. 그들은 그 계통이 분지한 이후 어느 정도 크게 변화했는지, 또는 조금밖에 변화하지 않았는지에 대해서는 관심을 두지 않는다. '전통적' (이 말을 경멸의 의미로 받아들이지 마라.) 진화분류학자는 주로 진화를 분지라는 관점에서만 생각하지 않는다는 점에서 차이가 있다. 그들은 분지뿐 아니라 진화의 과정에서 일어나는 변화의 총량도 고려한다.

분지론자는 분지하는 계통수라는 관점의 고찰로 연구를 시작한다. 그들은 자신들이 다루는(그들은 반드시 두 갈래로 분지하는 계통수만을 다룬다. 누구에게나 인내의 한계는 있는 법이다!) 동물에 대해 가능한 모든 분지 계통수를 적어 내려가는 이상적인 방법으로 연구를 시작한다. 분자분류학을 논의하면서 이미 알게 되었듯이, 많은 동물을 분류할 때 생각할 수 있는 계통수의 숫자는 천문학적으로 증가하기 때문에 이런 식의 연구 방법은 매우 어려운 일이다. 그러나 이 점에 대해서도 이미 언급했듯이 다행히도 지름길과 실용적인 근사법이 있어서 실제로는 이런 종류의 분류학이 운용 가능해진다. 그러면 독자들의 이해를 돕기 위해 오징어와 청어 그리고 사람, 이 세 가지 종류의 동물만을 분류한다고 가정하자. 두 갈래로 분지하는 계통수로 생각할 수 있는 것은 다음과 같은 세 가지밖에 없었다.(그림 10)

분지론자는 이 세 가지 가능한 계통수를 차례로 조사한 다음, 그중에서 최상의 것을 선택할 것이다. 그렇다면 어떤 것이 최상인지 알 수 있는 방법은 무엇일까? 기본적으로 가장 많은 특징을 공유하고 있는 동물을 연결하는 계통수가 최상의 것이다. 다른 두 동물과 공통되는 특징이 가장 적은 동물 쪽에 '외집단' 이라는 이름표가 붙게 된다. 앞의 계통수

(1) 오징어와 청어가 서로 가깝고 사람은 '외집단(outgroup)' 이다.

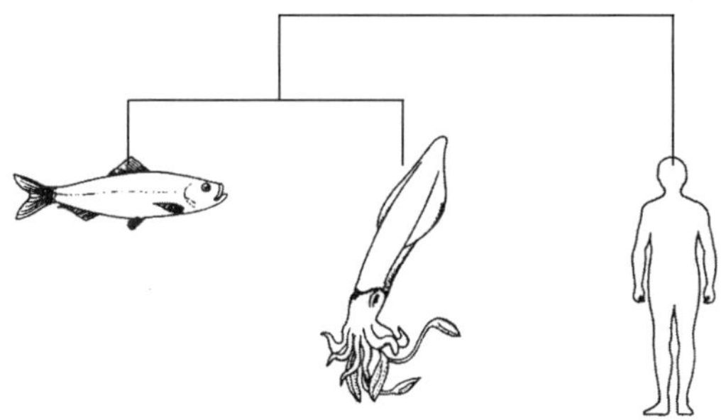

(2) 사람과 청어가 가깝고 오징어는 '외집단' 이다.

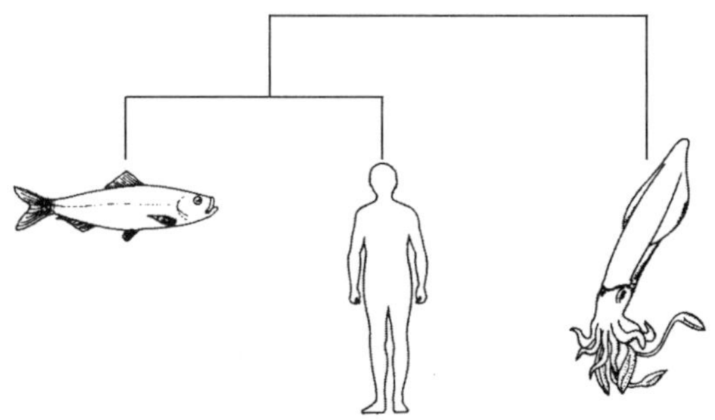

(3) 오징어와 사람이 가깝고 청어는 '외집단' 이다.

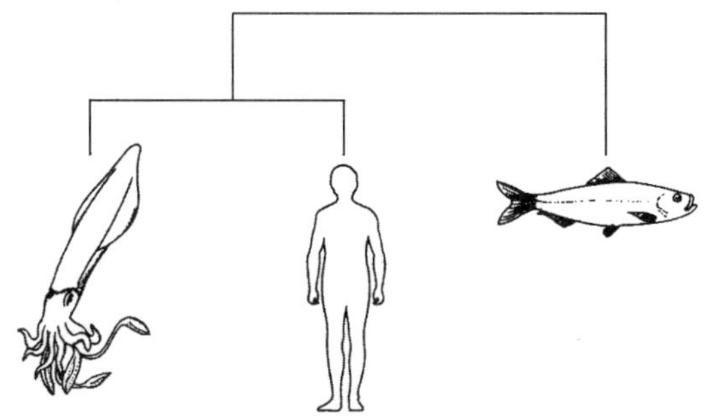

그림 10 두 갈래로 분지하는 계통수

목록 중에서는 사람과 청어가 오징어와 청어, 또는 사람과 오징어 쪽보다 더 많은 공통적인 특징을 공유하기 때문에 두 번째 계통수가 선택될 것이다. 오징어는 사람이나 청어 어느 쪽과도 공통되는 특징이 많지 않기 때문에 외집단으로 분류된다.

물론 실제로는 공통되는 특징의 숫자를 세는 식의 간단한 일이 아니다. 왜냐하면 그 경우 어떤 종의 특징이 의도적으로 무시되기 때문이다. 분지론자는 시간적으로 가장 가깝게 진화한 특징에 특별한 중요성을 부과한다. 예를 들면 모든 포유류가 최초의 포유류에서 전해받은 오래된 특징은 포유류 내에서 분류를 하는 경우에는 쓸모없게 된다. 어느 특징이 오래되었는가를 결정하기 위해 그들이 사용하는 방법은 매우 흥미로운 것이지만 그 문제는 우리의 논의를 벗어난다. 이 단계에서 상기해야 할 중요한 내용은, 최소한 원리적으로는 분지론자가 자신이 취급하고 있는 동물 군을 서로 연결시킬 '가능성이 있는' 모든 두 갈래 분지의 계통수를 고려한 다음, 그중에서 하나의 올바른 계통수를 선택한다는 점이다. 그리고 진정한 분지론자는 자신이 진화적 유연관계의 가까움을 나타내는 계통수로서 가지가 갈라지는 나무 또는 '분지도'를 머릿속에 그리고 있다는 사실을 굳이 감추려 들지 않는다.

극단적으로 밀고 나갈 때 분지에 대한 강박 관념은 이상한 결과를 초래하게 된다. 이론적으로 유연관계는 어떤 종이 먼 친척 간인 다른 종과 모든 점에서 일치할 수 있고 가까운 종과는 크게 다를 수 있다. 예를 들어 3억 년 전에 살았던 아주 비슷한 두 종류의 물고기를 상상해 보자. 그 물고기들에 야곱과 에서라는 이름을 붙여도 좋을 것이다. 양쪽 모두 자손이 끊이지 않아 오늘날까지 이르렀다. 그런데 에서의 자손은 정체했다. 그들은 심해에 살았기 때문에 진화하지 않은 것이다. 그 결과 현재 에서의 자손은 에서와 본질적으로 같으며, 따라서 야곱과도 비슷하다. 야곱의 자손은 진화를 거듭하며 번성했다. 그들은 현재 살고 있는 모든 포유류의 토대가 되었다. 그러나 야곱의 자손 중에서 한 계통은 심해에서 정체했고 오늘날까지 자손을 남겼다. 그 자손은 에서의 현재의 자손과 너무 흡사해서 거의 분별하기 어려울 정도이다.

그렇다면 우리는 이 동물들을 어떻게 분류해야 할까? 전통적 진화분류학자라면 심해에 사는 야곱과 에서의 자손이 매우 닮았다는 사실을 인정하고 두 종을 하나의 종으로 분류할 것이다. 그러나 엄밀한 분지론자라면 그런 식의 분류를 할 수 없을 것이다. 심해에 살고 있는 야곱의 자손은, 역시 심해에 살고 있는 에서의 자손과 같은 것처럼 보이지만, 그럼에도 불구하고 포유류와 더 가깝다. 야곱의 자손과 포유류의 공통의 조상은, 그들과 에서의 자손의 공통 조상에 비해, 비록 작은 차이지만, 더 최근의 시기에 살았다. 따라서 야곱의 자손은 포유류로 한데 분류되어서는 안 된다. 이상하게 들릴지 모르지만, 나 개인적으로는 이 문제를 냉정하게 다룰 수 있다. 그 문제는 최소한 논리적인 면에서는 명백하다. 분지론과 전통적 진화분류학 양쪽 모두 장점을 가지고 있고, 더군다나 분류학자들이 나름대로 자신의 분류 방법을 확실히 설명하고 있는 한, 나는 그들이 어떤 식으로 분류하든 상관하지 않는다.

그러면 또 다른 주요 학파인 순수유사측정파로 우리의 논의를 전환하기로 하자. 그들 역시 2개의 분파로 나뉜다. 두 분파 모두 분류학을 연구하는 동안 일상적인 사고에서 진화라는 개념을 몰아내야 한다는 점에서는 의견이 일치한다. 그들의 견해가 엇갈리는 지점은 그들이 일상적으로 분류학을 진행시키는 방법에 대한 것이다. 이 분류학자들의 한 분파는 '표현분류학자(측정 가능한 표현형에 근거해서 생물을 분류하는 학파 | 옮긴이)' 또는 '수리분류학자' 라 불리는 사람들이다. 여기에서는 그들을 '평균거리측정파' 라고 부르기로 하자. 다른 한쪽의 분파는 그들

스스로 '변형분지론자'라는 이름을 붙이고 있다. 이것은 형편없는 명칭이다. 왜냐하면 이들이 속하지 않은 쪽의 사고방식이 분지론이기 때문이다. 헉슬리가 클레이드라는 용어를 창안했을 때, 그는 진화적 분지와 진화적 선조에 따라 그것을 명확하게 정의했다. 클레이드란 특정한 조상에서 유래하는 모든 생물을 포함하는 집합이다. '변형분지론자'들이 강조하는 핵심은 진화와 조상이라는 모든 관념을 회피하는 것이기 때문에, 근본적으로 분지론자라는 명칭을 사용할 수 없다. 그들이 그런 이름을 붙이고 있는 까닭은 역사적인 이유 때문이다. 즉 출발점에서는 진정한 분지론자였고 분지론자가 사용하는 방법을 어느 정도 따랐지만 다른 한편으로는 그 근본 철학과 이론적 근거를 폐기했다. 나로서는 어쩔 수 없이 그들을 변형분지론자라고 부르지만, 그 이름 이외에 달리 선택할 방도가 없는 것 같다.

평균거리측정파는 분류학에서 진화라는 개념의 사용을 거부할 뿐 아니라,(단 그들 모두 진화를 믿는다.) 유사의 패턴이 반드시 단순하게 분지하는 계층 구조라고 가정하지 않는다는 점에서 일관성을 갖는다. 그들이 채택하고 있는 방법은, 만약 계층 패턴이 실제로 존재한다면 그 사실을 밝힐 수 있고, 존재하지 않는다면 밝힐 수 없는 그런 종류이다. 그들의 방법이란 마치 자연에게 정말 계층적으로 구성되어 있는지 스스로 고백하라고 요구하는 것과 같다. 이것은 쉬운 일이 아니다. 아니, 그런 목적을 달성하기 위해 사용할 수 있는 방법은 없다는 쪽이 솔직한 표현일 것이다. 그렇지만 나는 이러한 목적이 선입관을 배제한다는 목적과 완전히 일치한다고 생각한다. 그들의 방법은 자주 세련화의 과정을 거치고 수학적으로 정리된 덕분에, 생물 분류뿐 아니라, 가령 암석이나 고고학상의 유물과 같은 비생물을 분류하는 데도 적격이다.

일반적으로 그들은 동물에 대해 측정할 수 있는 모든 것을 측정하는 일에서 작업을 시작한다. 이러한 측정 결과를 어떻게 해석할 것인가에 대해서는 조금 생각을 해야 하지만, 여기에서 그 문제는 다루지 않겠다. 어쨌든 최종적으로 측정값이 전부 모이고, 각각의 동물에 대해 그 이외의 다른 동물과의 유사성을 나타내는 하나의 지수(혹은 그 반대로 상이점을 나타내는 지수)가 만들어진다. 만약 여러분이 원한다면 공간 속에 표현된 점의 집합으로 그 동물들을 시각화시킬 수도 있을 것이다. 쥐, 생쥐, 햄스터 등이 그런 식으로 공간 한구석에 모습을 드러낼 수 있을 것이다. 그 공간 내에서 멀리 떨어진 다른 구석에는 사자, 호랑이, 표범, 치타 등의 다른 작은 무리들이 있을 것이다. 공간에서 두 점 간의 거리는 다수의 속성을 모두 결합시켰을 경우 두 동물이 얼마나 유사한지에 대한 하나의 척도가 된다. 사자와 호랑이 사이의 거리는 짧다. 쥐와 생쥐 역시 마찬가지다. 그러나 쥐와 호랑이, 또는 생쥐와 사자 사이의 거리는 멀다. 동물들 사이에서 나타나는 비슷한 속성을 찾아내고 한데 묶는 일은 대부분 컴퓨터의 도움을 받게 된다. 이 동물들이 위치하는 공간은 표면적으로는 바이오모프 나라와 거의 흡사하지만, 이 공간에서 나타나는 '거리'는 유전적 유사성이 아니라 몸의 형태의 유사성을 반영하고 있다.

각 동물들 간의 평균 유사성(또는 거리)을 계산한 다음, 이것을 바탕으로 계층으로 된 집단 속에 각각의 동물들이 포함되도록 컴퓨터를 프로그램할 수 있다. 그런데 유감스럽게도 정확한 집단을 찾기 위해 사용할 수 있는 계산법을 둘러싸고 많은 논쟁이 벌어지고 있다. 여기에는 확실하게 옳은 방법이란 없으며, 어떤 방법을 사용해도 동일한 답을 얻을 수는 없다. 게다가 더 큰 문제는 이처럼 컴퓨터 이용 방법 중 일부가 실제로 존재하지 않는 경우에도, 집단 내부에 계층적으로 배치된 집단을 과잉으로 '발견하는' 경향이 있다는 점이다. 거리측정학파 혹은 '수리분류학자'는 최근 유행에서 멀어지고 있다. 내 관점으로는, 현재 그러한 학파들이 유행에서 멀어지는 것은, 유행이란 것이 늘상 그렇듯이 일시적인 현상에 불과하므로 '수리분류학'과 같은 학파 자체가 그렇게 간단히 소멸되지는 않는다고 생각한다. 나는 유행의 부활을 기대하고 있다.

순수유사측정학파의 또 하나의 분파는 이미 앞에서 이야기한 역사적인 이유 때문에 변형분지론자를 자처하고 있는 학파이다. 앞에서 이야기한 '심술궂음'이 주로 발산되는 근원이 바로 이 그룹이다. 나는 이들이 진정한 분지론자의 대열 속에서 차지하는 위치를 역사적으로 추적하지는 않을 것이다. 소위 변형분지론자가 기반으로 삼고 있는 철학은 앞에서 평균거리측정파라는 이름으로 논의했던, 흔히 '표현분류학자'나 '수리분류학자'라고 불리는 또 다른 순수유사측정파와 많은 공통점을 가지고 있다. 양 분파가 공유하는 것은 진화를 분류학의 실행 과정에 끌어들이려는 움직임에 대한 반감이다. 그런데 이것이 '반드시' 진화라는 개념 그 자체에 대한 적대감을 나타내는 것은 아니다.

변형분지론자가 진정한 분지론자와 공유하고 있는 것은 연구의 실천과 연관된 방법상의 문제가 많다. 양쪽 모두 처음 출발에서부터, 양분지형 계통수라는 관점에서 사고를 전개하고 있다. 또한 양 분파 모두 특징적으로 분류학적으로 중요한 것과 가치 없는 것을 취사선택하고 있다. 두 학파가 다른 점은 이 선택에 부여하는 이론적 근거이다. 평균거리측정파와 마찬가지로, 변형분지론자 역시 계통수를 찾으려는 것은 아니다. 그들은 계통수의 순수한 유사성을 찾는다. 또한 유사성의 패턴이 진화의 역사를 반영하는가 하는 문제에 대해 결정을 내리지 않는다는 점에서 평균거리측정파와 같은 입장을 취한다. 그러나 최소한 이론적으로는 자연이 실제로 계층적으로 조직되어 있다고 스스로 고백할 것이라고 생각하는 척하는 거리측정파와는 달리, 변형분지론자는 자연이 그렇게 되어 있다고 '가정' 한다. 모든 사물이 분지하는 계층 구조로(혹은 몇 겹으로 겹쳐져 있다고 말할 수 있는 방식으로) 분류된다는 것은 그들의 공리이자 신조이다. 분지하는 계통수는 진화와는 별반 관계가 없기 때문에 반드시 생물에 적용될 필요는 없다. 그 주창자의 말에 따르면 변형분지론자의 방법은 동물과 식물의 분류에만 국한되는 것이 아니라 암석, 행성, 도서관의 책, 청동기 시대의 항아리의 분류에까지 이용할 수 있다. 다시 말하자면 앞에서 내가 도서관의 장서와 비교하면서 분명히 밝혔듯이 진화야말로 계층 분류의 유일하고 견고한 기반이라는 주장에 대해 그들은 찬성하지 않는다.

평균거리측정파는, 앞에서 살펴보았듯이, 각각의 동물이 다른 각각의 동물과 어느 정도 떨어져 있는가를 측정한다. 여기에서 '멀다' 라는 말은 '유사성이 없다.' 라는 뜻이고, '가깝다.' 라는 것은 '유사하다.' 라는 뜻이다. 그들은 평균거리측정 지수와 같은 것을 계산한 후에 몇 겹의 집단을 가진 분지식 계층 구조 내지는 '계통수' 도표를 통해 그 결과를 해석하기 시작한다. 하지만 변형분지론자는 한때 그들이 속해 있었던 진정한 분지론자와 마찬가지로 집단과 분지라는 사고방식을 처음부터 채택하고 있다. 진정한 분지론자와 마찬가지로 그들 역시 최소한 이론상으로는 생각할 수 있는 이분지형 계통수를 작성하는 일에서 시작해서 그 속에서 최상의 것을 선택할 것이다.

그러나 각각의 가능한 '계통수' 에 대해 고려할 때 실제로 그들은 무엇에 대해 이야기하고 있는 것일까? 또한 최상의 것이란 도대체 무엇을 가리키는 것일까? 그리고 각각의 계통수는 세계의 어떤 가상 상태에 해당하는 것일까? 헤니히의 후계자인 진정한 분지론자라면 그 답은 분명할 것이다. 네 종류의 동물을 연결할 가능성이 있는 열다섯 가지 계통수는 각기 가능성 있는 계통수를 나타내고 있다. 네 종류의 동물을 연결시키는 열다섯 가지의 가능한 모든 계통수 중에서 하나, 그것도 오직 하나만이 옳은 계통수임은 분명하다. 동물 조상의 역사는 실제 이 세상에서 벌어졌던 사실이기 때문이다. 모든 분지가 두 갈래로 이루어진다고 가정한다면 열다섯 가지 역사를 생각할 수 있다. 그중에서 열네 가지 역사는 잘못된 것이 틀림없다. 오직 하나만이 옳을 것이고, 그것은 실제로 역사가 이루어진 과정에 해당한다. 여덟 종류의 동물에서는 모두 13만 5135개의 계통수를 상상할 수 있으며, 그중에서 13만 5134개는 분명 틀린 것이다. 오직 하나만이 역사적 진실을 나타내고 있다. 어느 쪽이 옳다고 확신하기는 쉽지 않겠지만, 진정한 분지론자는 최소한 올바른 계통수가 하나밖에 없음을 확신할 수 있다.

그러나 이 열다섯 가지(또는 13만 5135개)의 가능한 계통수와 하나의 옳은 계통수는 변형분지론자의 비진화적인 세계에서는 무엇에 대응하는 것일까? 그 답은, 이전에 내 학생이었고 지금은 동료인 마크 리들리가 『진화와 분류』라는 책에서 지적하고 있듯이 어떤 것에도 대응하지 않는 무엇이다. 변형분지론자는 조상이라는 개념이 자신의 고려 사항에 끼어드는 것을 완강하게 거부한다. 그에게 '조상'이라는 것은 오염된 용어인 것이다. 한편 그는 분류가 분지식 계층 구조를 갖지 않을 수 없다고 주장한다. 그렇다면 계층 구조를 가진 열다섯 가지(혹은 13만 5135개)의 가능한 계통수가 조상의 역사를 가리키는 계통수가 아니라면 도대체 무엇이란 말인가? 그렇다면 고대의 철학에 호소하는 방법밖에는 없다. 그러니까 세계가 모두 계층적으로 조직되어 있다는 고대의 관념론이나, 삼라만상은 각기 '반대의 대응물'을 가지고 있다는 신비주의적인 음양(陰陽) 이원론이 거기에 해당할 것이다. 결코 그 이상으로 구체화되지는 않는다. 변형분지론자의 비진화적 세계에서는, "여섯 종류의 동물을 결합할 가능성이 있는 945개의 계통수 중에서 오직 하나만이 옳고 나머지는 전부 틀릴 것이다."라는 식으로 확실하게 주장할 수 없음은 분명하다.

그렇다면 왜 분지론자들에게는 조상이라는 말이 오염된 용어일까? 그들이 어떤 조상도 존재하지 않는다고 생각하는 것은 아니다.(나는 그렇게 생각한다.) 오히려 그들은 분류학에 조상이 들어설 자리가 없다고 판단한다. 분류학의 일상적인 '실행'에 관한 한, 그러한 입장은 변호될 수 있다. 전통적인 진화분류학자는 간혹 현재 살아 있는 조상을 계통수에 포함시키기도 하지만, 분지론자는 결코 그런 일을 하지 않는다. 분파를 막론하고 모든 분지론자들은 현재 관찰할 수 있는 동물의 모든 관계를 형태상의 유연관계로 취급한다. 이것은 완벽하게 합당하다. 그런데 합당하지 않은 것은 자신들의 관념을 조상이라는 개념 자체를 터부시하는 정도로까지 극단화시켰다는 점이다. 즉 계층적으로 분지하는 계통수를 분류학의 기초로 삼는 데 대한 정당화로 조상이라는 말의 사용 자체를 터부시하는 것이다.

나는 변형분지론이라는 분류학파의 가장 기묘한 양상을 최후까지 남겨 두었다. 분류학의 실행에서 진화와 조상이라는 가정은 배제되어야 한다는 주장이 완전히 합당하다는 신념 그리고 표현분류학자, 즉 '거리 측정파'와 공유하고 있는 신념에 불만을 품은 몇 사람의 변형분지론자들은 과감하게 행동에 나서서 이렇게 주장했다. 진화 자체에 무언가 잘못이 있는 것이 틀림없다! 이것은 너무도 괴이해서 믿을 수 없을 정도지만, 몇 사람의 지도적 '변형분지론자'는 진화 개념 자체, 특히 다윈 진화론에 대해 노골적인 적의를 드러낸다. 그중의 두 사람, 뉴욕에 있는 미국 국립 자연사 박물관의 G. 넬슨과 N. I. 플래트닉은 "한마디로 요약하자면, 다윈주의는 검증 결과 잘못임이 입증된 이론이다."라고 쓰기까지 했다. 나는 그들이 말하는 '검증'이 무엇을 뜻하는지 몹시 알고 싶다. 또한 나는 넬슨과 플래트닉이 어떤 대체 이론으로 다윈주의가 설명하는 현상, 특히 적응적인 복잡성을 설명할 수 있다는 것인지 꼭 알고 싶다.

변형분지론자는 자신을 근본주의 창조론자라고 자처하지는 않는다. 나의 개인적인 해석으로는 그들이 생물학에서 분류학이 차지하는 중요성을 과장하고 그 과장을 즐기는 것 같다. 그들은 진화에 대해 잊는 편이, 특히 분류학을 생각할 때 조상이라는 개념을 사용하지 않는 편이 오히려 분류학 연구에 도움이 될 것이라고 판단한다. 어쩌면 그들의 판단이 옳을지도 모른다. 이와 마찬가지로 예를 들어 신경 세포를 연구하는 사람이 진화에 대해 생각한다고 해서 아무런 도움도 받지 못할 것이라는 판단을 내릴 수도 있을 것이다. 신경 전문가는 자신이 연구하고 있는 신경 세포가 진화의 산물이라는 점에 동의한다. 그러나 그 사실을 자신의 연구에 사용할 필요는 없다. 그들은 물리학과 화학에 대해서 많은 지식을 가질 필요도 없다. 그들은 다윈주의가 신경 자극에 대한 일상적인 연구와 하등의 관련도 없다고 믿는다. 이것은 변호될 수 있는 입장이다. 그렇지만 과학의 특정 분야에 대한 일상적인 실천에서 실제로 어떤 특정 이론을 사용할 필요가 없기 때문에 그 이론이 틀렸다고 하는 것은 합리적이지 않다. 그 이론이 해당 분과 학문 속에서 차지하는 중요성이 두드러지게 높을 경우에만 그렇게 말할 수 있을 것이다.

그러나 설령 그렇다 하더라도 여전히 비논리적이다. 물리학자가 물리학을 연구할 때 다윈주의가 필요하지 않은 것은 분명하다. 어쩌면 그 물리학자는 물리학에 비하면 생물학은 사소한 분야에 불과하다고 생각할 수도 있다. 또 그는 다윈주의가 과학에서 사소한 중요성을 차지하고 있을 뿐이라고 생각할 수 있을 것이다. 비록 그렇다고 해도 다윈주의가 '잘못'이라고 말하는 것은 온당하지 않다. 본질적으로 변형분지론자 중 몇몇 지도자들이 가진 생각이 바로 이것이다. 여기에서 '잘못'이란 넬슨과 플래트닉이 사용했던 것과 꼭 같은 말이다. 두말할 나위도 없지만 그들의 말은 앞 장에서 이야기했던 고감도의 마이크를 통해 수집되었고 그 결과 널리 알려지게 되었다. 그들은 근본주의자나 창조론자의 문헌에서 영예로운 자리를 차지하고 있다. 변형분지론의 유명한 학자가 최근 내가 재직하고 있는 대학에 초대되어 특별 강연을 했는데, 그 자리에는 같은 연배의 어떤 특별 강연자보다도 더 많은 청중이 몰렸다. 그 이유를 설명하기는 어렵다.

"다윈주의는 검증 결과 잘못임이 입증된 이론"이라는 의견이 유명한 국립 자연사 박물관의 실무진이라는 지위에 있는 생물학자로부터 유래한 것이라면, 창조론자를 비롯해서 망언을 일삼는 데 큰 관심을 가진 사람들에게 더할 나위 없이 즐거운 일이 된다는 점에는 의심의 여지가 없다. 내가 변형분지론이라는 화제로 독자들을 괴롭힌 유일한 이유가 바로 그것이다. 넬슨과 플래트닉이 다윈주의가 잘못이라는 의견을 피력한 책의 서평에서 리들리가 부드러운 어조로 비판하듯, 넬슨과 플래트닉의 주장이 의미하는 바가 분지적 분류 속에 조상 종을 나타내는 것이 무척 어려운 일임을 도대체 누가 알 수 있겠는가? 물론 조상의 정확한 의미와 위상을 정립하기란 무척 어려운 일이고 때로는 아예 그런 일을 시도하지 않는 편이 나은 경우도 있다. 그러나 다른 사람들에게 어떤 조상도 존재하지 않았다는 결론을 부추기는 그런 진술을 일삼는 것은 언어의 타락이자 진실에 대한 배반 행위이다.

이제 나는 뜰에 나가 무언가 다른 일을 하는 편이 나을 것 같다.

11장

경쟁 이론들의 최후

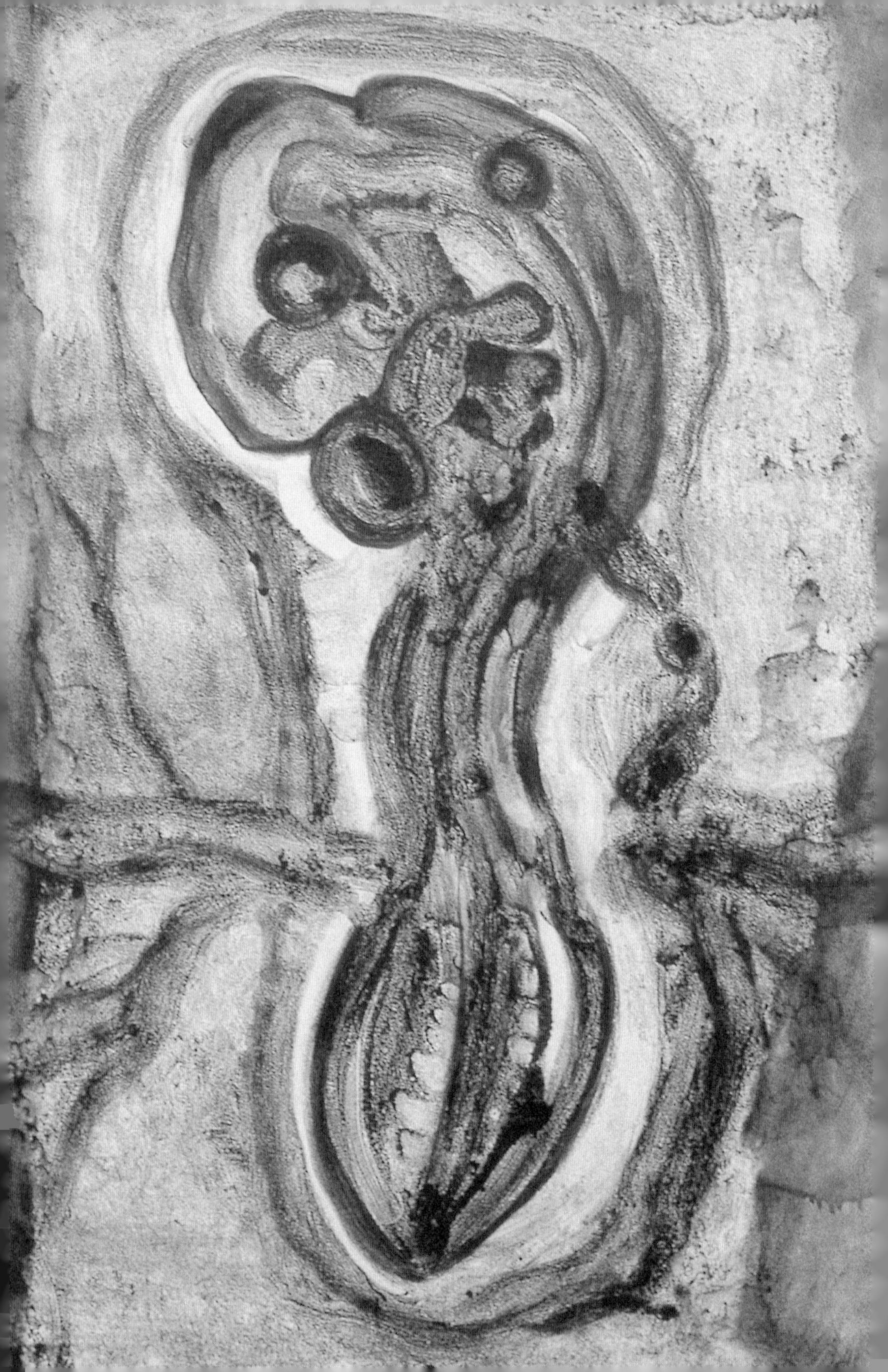

진정한 생물학자라면 진화가 일어났다는 사실이나 모든 생물이 서로 유연관계를 이루고 있다는 사실을 의심하지 않을 것이다. 그러나 일부 생물학자들은 진화가 '어떻게' 일어났는가를 설명하는 다윈의 특정 이론을 의문시해 왔다. 경우에 따라서는 그들의 주장이 단지 말장난에 불과하다는 사실이 밝혀지기도 했다. 예를 들어 9장에서 논의했듯이 단속평형설은 반다윈주의인 것처럼 보이지만 실상은 다윈주의의 변종에 불과하며, 경쟁 이론을 다룬 어떤 장에도 끼어들 자리가 없다. 그렇지만 모두가 다윈주의의 변형판은 '아니며', 개중에는 다윈주의의 본질적인 내용과 명백히 상반되는 이론도 있다. 이러한 경쟁 이론들이 이 장의 주제이다. 그중에는 라마르크주의라 불리는 이론의 잡다한 변형들이 있으며, 그 밖에도 '중립설', '돌연변이설', '창조론' 등의 관점이 있다. 이러한 학설들은 때때로 다윈의 자연선택 이론에 대한 대체 이론으로 발전되어 왔다.

경쟁 이론 중 어떤 것이 옳은지를 판별하는 가장 분명한 방법은 그 이론이 내세우는 증거들을 검토하는 것이다. 예를 들어 라마르크주의와 같은 이론이 전통적으로 (그리고 정당하게) 받아들여지지 않는 이유는 아직까지 그 이론을 입증할 수 있는 어떤 증거도 발견되지 않았기 때문이다.(증거를 발견하려는 노력이 결여되었던 것은 아니다. 어떤 경우에는 일부

열광적인 학자들이 증거를 위조하기도 했을 정도니까.) 이 장에서 나는 조금 다른 방법을 채택하겠다. 그 이유는 무수히 많은 책들이 그 증거를 조사했고, 다윈주의에 유리한 결론을 내렸기 때문이다. 나는 경쟁 이론에 불리하거나 유리한 증거를 검토하는 대신 좀 더 탁상공론에 가까운 접근 방법을 채택할 것이다. 이제부터 내가 펼쳐 나갈 논의는, 다윈주의가 생명의 특정한 양상을 원리적으로 '설명할 수 있는' 유일한 이론이라는 사실에 대한 것이다. 만약 내 관점이 옳다면, 그것은 다음과 같은 의미가 될 것이다. 즉 실제로 다윈주의에 유리한 증거가 없다 하더라도(물론 그런 증거는 있지만) 여전히 어떤 경쟁 이론보다 다윈주의를 선택하는 쪽이 정당하다.

이 논점을 가장 극명하게 표현하는 방법은 예측을 해 보는 것이다. 언젠가 우주의 다른 곳에서 생물이 발견된다면, 비록 그 생물의 세부적인 모습이 우리와 판이하게 다르다 할지라도 한 가지 핵심적인 측면에서는 지구상의 생물과 닮았을 것으로 나는 예측한다. 핵심적인 측면이란 그 외계 생물이 일종의 다윈주의적인 자연선택을 통해 진화해 왔을 것이라는 사실이다. 그러나 불행히도 이것은 예측일 뿐 우리가 살아 있는 동안에는 검증할 방법이 없다. 그러나 우리 행성 위에 살고 있는 생물에 대한 중요한 진실을 각색하는 방법이 아직 남아 있다. 다윈 이론은 생명을 본질적으로 설명할 수 있다. 아직까지 가장 근본적인 원리에서 생명을 설명할 수 있는 다른 이론은 없었다. 나는 이 점을 지금까지 우리에게 알려진 모든 경쟁 이론에 대한 토론을 통해 논증할 것이다. 하지만 그 이론에 유리하거나 불리한 증거를 통해서가 아니라 원칙적으로 생명에 대한 설명으로서 타당한지의 여부에 대한 논증으로 그 사실을 밝힐 것이다.

우선 생명에 대한 '설명'이 무엇을 의미하는지 확실히 해야 할 것이다. 물론 생물에는 열거할 수 있는 많은 성질이 있고, 그중에는 경쟁 이론으로 설명될 수 있는 특성도 있다. 이미 앞에서 살펴보았듯이 단백질 분자의 분포에 관한 많은 사실은 다윈 선택보다는 중립적인 유전자 돌연변이에 기인하는 것 같다. 그러나 나는 '오직' 다윈의 자연선택을 통해서만 설명될 수 있는 생물의 특성을 하나 골라내고 싶다. 이것은 이 책의 주제로 여러 차례 등장했던 적응적 복잡성이다. 생물은 환경 속에서 생존하고 번식할 수 있도록 잘 적응되어 있지만, 그 적응 방법은 무수히 많아서 단 한 차례의 우연으로 발생한다는 것은 통계적으로 불가능하다. 나는 이것을 페일리의 전례를 따라 눈을 예로 들어 설명했다. 훌륭하게 '설계'된 눈의 여러 특징 중에서 두세 가지 정도는 한 차례의 운 좋은 사건으로 발생했을 수도 있다. 그런데 단순한 우연을 넘어 특수한 설명이 필요한 것은 눈의 모든 부분이 한편으로는 본다는 행위에 잘 적응했으며, 다른 한편으로는 그 부분들이 서로에게 잘 적응해 있다는 사실이다. 물론 다윈주의의 설명에도 돌연변이라는 형태의 우연이 포함되어 있다. 그러나 이 우연은 여러 세대에 걸친 자연선택을 통해 한발 한발 누적적으로 여과된 것이다. 이 이론이 적응적 복잡성에 대해 만족할 만한 설명을 제공한다는 사실은 이미 다른 장에서 살펴보았다. 이 장에서는 그 밖에 우리에게 알려진 어느 이론도 그것을 설명할 수 없음을 논증할 것이다.

먼저 역사상 다윈주의의 가장 유명한 경쟁 이론인 라마르크주의에 대해서 살펴보자. 19세기 초반에 처음 라마르크주의가 제안되었을 때만 해도 그 이론은 다윈주의의 경쟁 이론이 아니었다. 왜냐하면 다윈주의는 아직 등장하기 전이었기 때문이다. 슈발리에 드 라마르크는 당시 시대를 앞서 가고 있었다. 그는 진화를 옹호했던 18세기 지식인 중 한 명이었다. 이 점에서 그는 옳았고 그 점만으로도 다윈의 할아버지인 에라

스무스와 그 밖의 다른 사람들과 함께 명예를 누릴 만한 충분한 자격이 있었다. 라마르크는 또한 당시 접할 수 있었던 진화의 메커니즘으로서는 최상의 이론을 제출했고, 만약 다윈주의가 그 당시 등장했다면 그가 다윈주의에 반대했으리라고 생각할 어떤 이유도 없다. 최소한 영어권에서 그의 이름이 진화가 일어났다는 '사실'에 대한 그의 올바른 신념에 대해서가 아니라 잘못된 이론(진화의 '메커니즘'에 대한 그의 이론)의 대명사가 된 것은 라마르크로서는 무척이나 불행한 일이다. 이 책은 역사서가 아니기 때문에 라마르크 자신이 무엇을 이야기했는지 학문적으로 해부할 생각은 없다. 라마르크가 실제 한 말에서는 약간의 신비주의적 경향을 찾아볼 수 있다. 예를 들어 그는 진화가 생명이라는 사다리를 올라간다는 강한 확신을 가지고 있었다. 심지어 오늘날까지도 많은 사람들은 생명을 일종의 사다리로 생각한다. 또한 그는 마치 동물들이 어떤 의미에서는 의식적으로 '원하기라도 하듯이' 진화하려고 애쓰는 노력에 대해 이야기했다. 나는 이 자리에서 라마르크주의의 비신비주의적인 요소를 추출해서 다룰 예정이다. 그러는 편이 최소한 표면적으로라도 다윈주의에 대해 진정한 대체 이론을 제공할 가능성이 있기 때문이다. 이러한 요소, 즉 현대의 '신라마르크주의자'에게만 적용되는 요소는 기본적으로 두 가지밖에 없다. 하나는 획득 형질의 유전이고, 다른 하나는 용불용(用不用)의 원리이다.

용불용의 원리는 생물의 몸 중에서 자주 사용하는 부분이 점차 커진다는 것이다. 따라서 빈번하게 사용하지 않는 부분은 쇠퇴할 것이다. 특정 근육만을 단련시키면 발달해서 커지고, 사용하지 않는 근육은 쪼그라드는 것은 흔히 겪는 일이다. 사람의 몸을 조사해 보면 그 사람이 어느 근육을 사용하고, 어디를 사용하지 않는지 알 수 있다. 어쩌면 그 사람의 직업이나 취미까지도 알아맞힐 수 있을는지 모른다. '보디빌딩'에

열중하고 있는 사람은 용불용의 원리를 이용해서 육체를 이 특수한 소집단 문화의 유행에서 요구하는, 마치 조각품처럼 부자연스러운 모습으로 만들 수도 있다. 우리 신체에서 이런 식의 사용에 대해 반응을 나타내는 부분이 근육만은 아니다. 맨발로 걸으면 발바닥의 피부가 두꺼워진다. 사람들의 손만 관찰해도 그가 농부인지 은행원인지 쉽게 구별할 수 있다. 농부의 손은 오랜 기간 힘든 노동을 겪어 각질이 두껍다. 반면 은행원의 손에는 각질이 전혀 없다. 그에게 힘든 일이란 글씨를 쓰기 위해 손가락을 놀리는 정도이기 때문이다.

용불용의 원리를 통해 동물들은 그 세계에서 살아남는다는 임무를 보다 잘 수행하게 되고 그 결과로서 생애 동안 차츰 능력이 향상될 수 있게 된다. 인간은 햇빛에 직접 노출되거나 또는 햇빛에 노출되는 시간이 지나치게 적을 경우 특정한 피부색을 발달시켜 해당 국지적 조건에 보다 잘 적응하게 된다. 햇빛에 지나치게 노출되면 위험하다. 흰 살결을 가진 광적인 일광욕주의자는 피부암에 걸리기 쉽다. 한편 너무 햇빛을 받지 않으면 비타민 D 결핍증이나 구루병에 걸릴 위험이 있다. 스칸디나비아 지방에 살고 있는 유전적으로 피부가 검은 아이들에게서 종종 그러한 질병을 발견할 수 있다. 갈색 색소인 멜라닌은 햇빛의 영향으로 합성되는데 강한 햇빛으로 인한 유해 효과로부터 하부 조직을 보호하기 위한 차단층의 역할을 한다. 햇빛에 그을린 사람이 햇빛이 적은 지역으로 이사하면 멜라닌 색소는 사라지고, 그 결과 그의 신체는 그 지역의 약한 햇빛에서 최대한 이익을 얻을 수 있게 된다. 이것은 전형적인 용불용의 원리를 나타내는 예라 할 수 있다. 피부는 '사용' 하면 검게 타고 '사용' 하지 않으면 희게 탈색되기 때문이다. 물론 일부 열대 인종들은 개체로서 햇빛 노출 정도에 관계없이 유전적으로 두꺼운 멜라닌 차단층을 가지는 경우도 있다.

그러면 이제 또 하나의 주요한 라마르크주의의 원리로 논의를 전환하기로 하자. 그 원리는 그렇게 획득된 형질이 이후 세대에 전해진다고 주장한다. 모든 증거는 이 이론이 명백히 틀렸음을 보여 주고 있지만, 오랫동안 사실이라고 믿어져 왔다. 라마르크 자신이 이것을 생각해 낸 것은 아니다. 그는 단지 당시 사람들 사이에서 통용되던 일반적인 지식을 자신의 생각에 통합시킨 것에 불과하다. 물론 아직도 그것을 믿는 사람이 있다. 나의 어머니가 기르던 개는 때때로 다리가 부자유스러워져서 한쪽 뒷다리를 지팡이 삼아 나머지 다리 3개를 옮기며 걸었다. 이웃에는 불행하게도 자동차 사고로 한쪽 뒷다리를 잃은 개가 있었는데 이웃집 부인은 자신의 개가 분명 내 어머니의 개의 아버지일 것이라고 확신하고 있었다. 자기 집 개가 다리를 절기 때문에 어머니의 개가 불구의 다리를 유전받았다는 논리였다. 세간에 흔히 통용되는 이야기나 믿음에는 이와 유사한 전설들이 많이 있다. 많은 사람들이 획득 형질의 유전을 믿고 있거나 또는 믿고 싶어 한다. 20세기에 들어서기까지 생물학자들 사이에서도 그런 생각은 지배적인 유전 이론이었다. 다윈조차도 그것을 믿었지만 그의 진화론의 일부가 아니었기 때문에 우리는 그 이론과 다윈의 이름을 연관짓지 않는다.

획득 형질의 유전과 용불용의 원리를 하나로 합치면 진화적 개선에 기여할 수 있는 훌륭한 비결을 얻을 수 있을지도 모른다. 일반적으로 라마르크식의 진화론이라는 이름표가 붙는 것이 바로 이 비결이다. 그 이론에 따르면, 여러 세대에 걸쳐 맨발로 땅바닥을 걸어다녀 발바닥을 단련하면 다음 세대는 항상 전 세대보다 약간 더 두꺼운 피부를 가지게 될 것이다. 그렇게 되면 다음 세대는 항상 전 세대에 비해 유리하게 된다. 결국 갓난아기는 태어나면서부터 이미 강하게 단련된 발바닥을 가지게 될 것이다.(실제로 그렇게 된다. 그러나 나중에 살펴보겠지만 그것은 전혀 다른 이유 때문이다.) 계속되는 세대가 열대의 햇빛을 받으면 차츰 피부가 갈색이 되고, 라마르크 이론에 따라 다음 세대는 항상 전 세대의 검게 탄 피부를 이어받게 될 것이다. 이윽고 갓 태어난 아기는 처음부터 검은 피부를 가지게 될 것이다.(이 경우도 실제로 그렇지만, 역시 라마르크식의 이유 때문은 아니다.)

이런 식의 전설 같은 예로는 대장장이의 강인한 팔뚝과 기린의 목을 들 수 있다. 대장장이가 대장간 일을 증조부의 조부의 조부의 아버지로부터 대를 이어 물려받은 마을에서는 조상으로부터 잘 단련된 근육까지 물려받았을 것으로 생각된다. 그런데 단지 조상으로부터 이어받는 데 그친 것이 아니라, 자신의 노동을 통해 한층 더 강화시킨 근육을 자식에게 전한다는 것이다. 짧은 목을 가졌던 기린의 조상은 높은 나뭇가지에 달린 나뭇잎을 절실히 원했다. 기린의 조상들은 열심히 노력한 결과 목의 근육과 뼈를 길게 늘이는 데 성공했다. 각 세대는 최종적으로 전 세대보다 약간 목이 더 길어졌고, 달리기에 비유하자면 머리 하나만큼 앞선 출발점을 다음 세대에 전했다. 순수한 라마르크주의에 따르면 모든 진화적 진보는 이러한 패턴을 따르게 된다. 모든 동물은 자신이 필요한 것을 얻기 위해 노력한다. 그 결과 이러한 노력에 사용된 몸의 각 부분들은 커지거나 또는 적절한 방향으로 변화한다. 그 변화는 다음 세대에 전해진다. 이렇게 해서 이 과정이 진행되는 것이다. 이 이론의 장점은 누적적이라는 점에 있다. 어떤 진화 이론이든 이러한 누적적 측면이 본질적인 구성 요소이며, 그렇지 않으면 우리의 세계관으로서의 역할을 수행할 수 없다는 점에 대해서는 앞에서 이미 설명했다.

라마르크설은 일반인뿐 아니라 특정 유형의 지식인들에게도 강한 감정적 호소력을 갖는다. 한때 저명한 마르크스주의 역사학자로, 교양과 지식을 겸비한 동료가 나를 찾아온 적이 있다. 그는 모든 사실이 라마르크셀과 어긋난다는 것을 이해하고 있었지만 그럼에도 불구하고 라마르크설이 사실일 가능성은 전혀 없는지에 대해 물었다. 내 의견으로 그럴 희망은 전혀 없다고 답하자, 그는 정말 애석하다는 듯이 내 의견을 받아들였다. 그는 이데올로기적인 이유로 자신은 라마르크주의가 진실이기를 바랐다고 말했다. 어쨌든 라마르크주의는 인간성의 개량이라는 문제와 관련해 그런 식의 긍정적인 희망을 준 것 같다. 조지 버나드 쇼는 장대하고 유명한 그의 서문 중 하나(『므두셀라로의 귀환』이라는 책의 서문)를 획득 형질의 유전에 대한 정열적인 변호에 바쳤다. 그의 변론은 생물학적 지식에 입각한 것은 아니었다. 그 점에 대해서 그는 어떤 생물학 지식도 갖고 있지 않다는 점을 기꺼이 인정했을 것이다. 그의 변호는 다윈주의가 암시하는 '연속적인 우연성'에 대한 감정적인 혐오에 근거한 것이었다.

그 이론이 단순하게 보이는 까닭은 여러분이 처음에 거기에 연관된 내용을 충분히 파악하지 못하기 때문이다. 그러나 그 이론의 전모를 모두 이해하기 시작하면 당신의 심장은 몸속에서 마치 모래 무덤처럼 무너져 내리고 말 것이다. 거기에는 보기만 해도 무서운 운명론이 있다. 그 속에서 아름다움과 지식, 강함과 목적, 명예와 열망, 이 모든 것들은 무시무시하고 저주스럽게 추락한다.

아서 케스트라는 자신이 발견한 다윈주의의 함축적 의미를 참지 못한 또 한 사람의 저명한 작가였다. 굴드가 냉소적이기는 하지만 올바르게 지적했듯이, 케스트라는 마지막 여섯 권의 책을 통해 "자신이 오해한 다윈주의에 대한 반대 캠페인"을 펼쳤다. 그는 내게는 확실히 이해되지 않는 한 대체 이론에서 도피처를 구했다. 그 대체 이론은 불명료한 형태의 라마르크주의로 해석될 수 있다. 케스트라와 버나드 쇼는 그들 스스로를 위해 사색을 계속해 나간 개인주의자였다. 그들의 상식을 넘어선 괴팍한 진화관은 필경 그다지 큰 영향력을 미치지 않았겠지만, 부끄럽게도 십대 무렵 다윈주의에 대한 나의 평가가 최소한 1년 동안은 버나드 쇼가 『므두셀라로의 귀환』에서 보여 주었던 수사에 머물러 있었음을 기억하고 있다. 라마르크주의가 가진 감정적 호소력, 그리고 그것에 수반되는 다윈주의에 대한 감정적인 적의는 사상의 대용품으로 사용된 강력한 이데올로기를 통해 때로 한층 더 나쁜 영향력을 미쳤다. T. D. 리센코는 정치 분야 이외에서는 별반 두드러지지 못한 이류의 농작물 육종가였다. 그의 광신적인 반멘델주의와 획득 형질의 유전에 대한 열광적이고 교조적인 신앙은 대부분의 문명국에서는 무시되었기 때문에 실제로 해를 끼치지는 않았다. 그러나 불행하게도 그는 이데올로기가 과학적 진실보다 중요시되는 나라에 살고 있었다. 1940년에 그는 (구)소련 연방 유전학 연구소 소장으로 임명되었고, 상당한 영향력을 행사했다. (구)소련의 학교에서는 무려 한 세대 동안이나 그의 무지한 유전 이론만을 가르치도록 허용했다. (구)소련의 농업이 그 잘못된 이론 때문에 입은 손해는 헤아릴 수 없을 정도였다. 수많은 저명한 유전학자들이 추방당하거나 망명하거나 투옥되었다. 일례로 N. I. 바빌로프는 세계적으로 이름이 알려진 유전학자였는데 "영국을 위해 스파이 활동을 했다."라는 억울한 죄목으로 오랜 재판을 받은 후 창문 하나 없는 감옥에서 영양실조로 목숨을 잃고 말았다.

획득 형질이 결코 유전하지 않는다는 사실을 증명하기란 불가능하다. 그것은 우리가 요정이 존재하지 않음을 입증할 수 없는 것과 마찬가지이다. 우리가 말할 수 있는 것은 아직까지 요정을 본 사례가 확인되지 않고 있으며, 지금까지 요정의 사진이라고 공개된 것들은 모두 날조된 것이라는 사실뿐이다. 텍사스 주의 공룡 화석이 나온 지층에 있다는 인간의 발자국 화석도 그 경우에 해당한다. 내가 요정이 존재하지 않는다고 단정적으로 이야기한다고 해서 어느 날 뜰의 깊숙한 구석에서 거미줄처럼 가냘픈 날개를 달고 있는 작은 사람을 볼 수 있을지 모른다는 가능성을 부정하는 것은 아니다. 획득 형질의 유전이라는 이론이 차지하는 지위도 이와 비슷하다. 그 효과를 논증하려 했던 거의 모든 시도는 실패를 되풀이했을 뿐이다. 겉으로는 성공한 듯 보였지만 나중에 거짓으로 판명된 것도 있다. 가령 산파개구리의 피부 아래쪽에 먹을 주입한 악명 높은 실험이 대표적인 예이다. 여기에 대한 설명은 이 실험 제목과 동일한 제목의 아서 케스트라의 저서에 나온다. 그 외의 다른 연구자들은 그 실험을 확인하는 데 실패했다. 그렇지만 누군가가 어느 날 맑은 정신에 카메라를 가지고 있을 때 뜰의 깊숙한 구석에서 요정을 만나게 될지 모르듯이, 누군가가 획득 형질의 유전을 증명할 수 있을지도 모르는 일이다.

그러나 좀 더 언급해 두어야 할 것이 있다. 지금까지 확실하게 목격되지 않은 것 중에서 우리가 알고 있는 다른 모든 사실로부터 의문이 제기되지 않는 한 믿어도 좋은 것이 있다. 나는 네스 호에 지금도 플레시오사우루스(중생대에 바다에 살았던 파충류 | 옮긴이)가 살고 있다는 설을 뒷받침할 수 있는 충분한 증거를 들어 본 적이 없지만, 설령 한 마리가 발견되더라도 내 세계관이 산산조각 나는 일은 없었을 것이다. 분명 나는 크게 놀랄 것이다.(그리고 크게 기뻐할 것이다.) 어쨌든 지난 6000만 년 동안 플레시오사우루스의 화석은 전혀 발견되지 않았고, 6000만 년은 작은 잔존 개체군이 살아남기에는 너무 긴 기간으로 생각되지만 플레시오사우루스가 발견된다고 해서 어떤 과학상의 대원리도 위기에 처하지는 않는다. 그것은 단지 사실의 문제일 뿐이다. 다른 한편 과학은 우주

가 어떻게 작동되는지에 대한, 그리고 광범위한 현상에 잘 적용될 수 있는 훌륭한 이해를 구축해 오고 있다. 따라서 이러한 이해는 특정 종류의 주장과는 병존하기 힘들다. 예를 들어 때로 잘못된 성경 해석을 토대로 우주가 겨우 6,000년 전에 창조되었다는 식의 억지 논리를 펴는 경우도 여기에 해당한다. 이러한 주장이 안고 있는 문제는 단순히 진위를 판정할 수 없다는 정도가 아니다. 정통 생물학 및 지질학의 통설과 양립할 수 없을 뿐더러, 방사성 원소에 관한 물리 이론이나 우주론과도 모순된다.(만약 6,000년 전에 아무것도 존재하지 않았다면, 6,000광년 이상 떨어져 있는 천체는 보이지 않아야 한다. 또한 은하수도 보이지 않을 것이고, 현대 우주론에 따라 그 존재가 인정되고 있는 1000억 개에 달하는 다른 은하들도 어느 것 하나 보이지 않아야 할 것이다.)

과학의 역사에서 단 하나의 불합리한 사실 때문에 모든 정통 과학이 폐기된 경우는 여러 차례 있었다. 이런 식으로 옳고 그름이 역전되는 사태가 앞으로 두 번 다시 일어나지 않을 것이라고 말한다면 지나친 자만일 것이다. 그러나 기존의 과학을 받아들이는 것보다, 성공적인 주류 과학 체계를 뒤집어엎는 데에 더 높은 수준의 증명이 필요함은 당연하고 정당하다. 네스 호에서 플레시오사우루스가 발견된다면 나는 두 눈으로 그 증거를 인정할 것이다. 만약 내가 초능력으로 공중에 떠 있는 사람을 본다면 물리학을 부정하기에 앞서 내가 환각이나 눈속임에 걸린 것이 아닌지 의심부터 할 것이다. 진실은 아니지만 가능한 이론과, 성공적이며 위대한 정통 과학 체계를 뒤집는다는 값비싼 대가를 지불하고서만이 진실일 수 있는 이론 사이에는 여러 이론들의 연속체가 있다.

그러면 라마르크주의는 이 연속체의 어디쯤에 위치하고 있는 것일까? 일반적인 통설에 따르면 라마르크주의는 그 연속체 위에서 '필경 진실이 아니겠지만, 가능한' 쪽 끝에 위치하고 있다고 한다. 나는 그 이론이 기도의 힘에 의한 공중 부양의 정도는 아니더라도, 라마르크주의 또는 좀 더 정확하게 지적하자면 획득 형질의 유전은 연속체 상에서 '네스 호의 괴물' 쪽의 끝보다는 '공중 부양' 쪽 극단에 가까울 것이라고 주장하고 싶다. 획득 형질의 유전은 쉽게 사실이 될 수 있는 유형은 아니며 오히려 그렇게 되기 힘든 편에 가까울 것이다. 우리에게 가장 소중하고 성공적인 발생학의 여러 원리 중 한 가지를 폐기하지 않는 한 그 이론은 사실일 수 없을 것이다. 따라서 라마르크주의는 통상의 '네스 호의 괴물'의 수준을 넘어서는 의심을 받아야 마땅하다. 그렇다면 라마르크주의를 받아들이기 위해 폐기하지 않을 수 없는 폭 넓게 받아들여지는 성공적인 발생학의 원리란 도대체 어떤 것일까? 그것에 대해서는 약간의 설명이 필요할 것이다. 그 설명을 위해 우리 논의가 얼마간 탈선하는 것처럼 보일 수도 있지만 이 논의가 본래 주제와 어떻게 연관되는지는 곧 밝혀질 것이다. 그리고 지금 우리가 라마르크주의가 비록 그것이 '진실이라 하더라도' 적응적 복잡성을 설명할 수 없다는 논의를 시작하기 전이라는 사실을 기억해 두기 바란다.

이제 우리가 논의할 분야는 발생학이다. 세포 하나가 성체가 되는 과정을 둘러싸고 전통적으로 두 가지 입장이 첨예하게 대립해 왔다. 그 두 가지 입장의 공식 명칭은 전성설(前成說)과 후성설(後成說)이라고 불리지만, 나는 그 이론들의 현대판에 대해 청사진설과 요리법설이라는 새로운 이름을 붙여 주고 싶다. 초기에 전성설을 주장한 사람들은 성체가 하나의 세포 안에서 '미리 형성' 되어 그곳에서 발생한다고 믿었다. 그들 중 한 사람은 작은 축소판 인간, 즉 '정자미인(精子微人, 정자 속에 후에 성인이 될 사람이 축소되어 들어 있다고 믿었던 것 | 옮긴이)'이 정자(난자가 아니다!) 속에 웅크리고 앉아 있는 모습을 현미경을 통해 볼 수 있을 것이라고 믿었다. 그 사람에게 있어서 배 발생이란 단지 성장의 과정에

지나지 않았다. 성체의 모든 부분이 이미 정자 안에 형성되어 있다는 것이다. 어쩌면 정자미인의 모든 남성들은 각기 자신의 초(超)축소판 정자를 가지고 있고, 그 속에 자신의 아이가 쪼그리고 앉아 있으며, 각각의 아이들은 다시 정자 안에 웅크리고 앉아 있는 손자를 가지고 있고……. 이런 식으로 계속될 것이다. 이 무한 후퇴의 문제는 차치하더라도 소박한 전성론자는 이미 17세기에도 지금과 거의 같은 정도로 분명하게 인식된 사실, 즉 아이가 아버지에게서뿐 아니라 어머니로부터도 특징을 전달받는다는 사실을 무시하고 있는 것이다. 공정을 기하기 위해 난자론자라 불리는 전성론자도 있었고 그들의 숫자가 오히려 '정자론자' 보다 많았다는 점을 언급해 두어야 할 것 같다. 그들은 성체가 정자가 아닌 난자 안에 미리 형성되어 있다고 믿었다. 그러나 난자론 역시 앞서 설명한 두 가지 문제를 안고 있다는 점에서는 정자론과 마찬가지였다.

현대의 전성론자들은 이런 종류의 문제로 고민하기는 하지만 여전히 잘못을 범하고 있다. 현대 전성설, 즉 청사진설은 수정란 속에 들어 있는 DNA는 성체의 청사진, 다시 말해 설계도와 마찬가지라고 생각한다. 청사진이란 실물을 줄여 놓은 축소판이다. 집이든 자동차든 모든 실물은 3차원의 물체지만 청사진은 2차원이다. 건물 같은 3차원의 물체도 각층의 평면 설계나 여러 가지 입면도(立面圖)처럼 2차원의 단면을 중첩해서 표현할 수 있다. 3차원에서 2차원으로 차원을 한 단계 줄이는 것은 편의상의 문제이다. 건축가는 성냥개비나 발사나무로 만든 건물의 3차원 축소 모형을 건설업자에게 제시할 수도 있지만 평평한 종이 위에 그려진 한 장의 2차원 모형, 즉 청사진을 그려 주는 편이 서류 가방에 넣어 운반하기도 좋고 수정도 용이하며 그것을 보고 실제 작업을 하는 데에도 편리하다.

더 나아가 청사진을 컴퓨터 펄스 부호로 저장할 필요가 있을 때에는 한 차원을 더 줄여 '1차원으로' 기억시킨 다음, 가령 그 나라의 다른 장소로 전화 회선을 통해 송신할 수도 있을 것이다. 이것은 2차원 설계를 한 줄의 1차원 '주사선(走査線)'으로 부호화하는 방법으로 간단히 해결할 수 있다. 텔레비전 화상은 방송 전파로 송신하기 위해 그러한 방법으로 부호화된다. 여기서도 차원 축소는 부호화를 위한 수단일 뿐 본질적인 문제는 아니다. 중요한 점은 설계와 건물 사이에 완전한 일대일 대응이 이루어진다는 사실이다. 청사진의 각 부분은 건물의 해당 부분과 정확하게 대응한다. 따라서 어떤 의미에서는 청사진이 '미리 형성된' 축소판 건물이라고 말할 수 있다. 비록 그 축소판이 건물 자체의 차원보다 낮은 차원에서 부호화되지 않을 수 없다 하더라도 마찬가지이다.

청사진이 1차원으로 축소되는 점을 언급한 이유는 물론 DNA가 1차원의 부호이기 때문이다. 1차원의 디지털화된 전화선을 통해 건물의 축척 모형을 전송하는 것이 가능하듯 이론적으로는 축소된 몸을 1차원의 디지털 DNA 암호로 전하는 것도 가능하다. 실제로는 그렇지 않지만 현대 분자생물학이 오랜 과거를 가진 전성설의 정당성을 입증했다고 말할 수 있을 것이다. 그러면 이제 또 하나의 위대한 발생학 이론인 후성설, 다시 말해서 요리법설 또는 '요리책' 이론에 대해 살펴보기로 하자.

요리책에 실려 있는 요리법은 어떤 면에서도 오븐에서 갓 구워 낸 케이크의 청사진은 아니다. 그 이유가 단지 요리법은 1차원 언어의 연속으로 이루어져 있고 케이크는 3차원의 물체이기 때문만은 아니다. 이미 살펴보았듯이, 주사선의 방법을 사용하면 축척 모형을 1차원 부호로 완벽하게 표현할 수 있다. 그러나 요리법은 축척 모형이 아니며, 구워 낸 케이크를 묘사한 기술도 아니다. 다시 말해서 둘 사이에는 어떤 일대일 대응도 성립하지 않는다. 그것은 제대로 순서를 지켜 따라하기만 하면 케이크를 만들 수 있는 일련의 '지시'인 것이다. 케이크를 1차원 부호로 나타낸 진정한 설계라는 것이 있다면, 그것은 흡사 꼬챙이를 가지고 반복적으로 케이크를 상하 좌우로 찌르듯이 케이크를 관통하는 주사선을 통해 일련의 순서에 따라 케이크를 조사하는 것과 같을 것이다. 말하자면 1밀리미터 간격으로 관통된 점의 둘레가 모두 부호로 기록되는 식으로 하나도 남김없이 모든 정확한 좌표가 직렬 데이터로 검색될 수 있음을 뜻한다. 이렇게 되면 케이크 단편 하나하나와 거기에 해당하는 청사진 사이에는 일대일 대응이 이루어질 것이다. 그러나 실제 요리법은 분명 그렇지 않다. 케이크 '조각'과 요리법에 적혀 있는 말이나 문자 사이에는 일대일 대응이 이루어지지 않는다. 요리법에 적혀 있는 말이 무엇엔가 대응하고 있다면, 그것은 완성된 케이크의 어떤 조각이 아니라 케이크를 굽는 작업의 한 과정일 것이다.

그런데 아직 우리는 동물이 수정란에서 어떻게 발생했는지에 대해 거의 아무런 사실도 이해하지 못하고 있다. 그렇지만 유전자가 청사진보다는 요리법 쪽에 훨씬 가깝다는 암시는 매우 강력하다. 사실 이 요리법 비유는 상당히 적절한 셈이다. 반면 청사진의 비유는 충분한 고려 없이 초등 교과서, 그것도 최근 교과서에 수록되어 있지만 거의 모든 점에서 잘못된 비유다. 배아 발생은 하나의 과정이다. 그것은 질서 정연한 순서에 따라 일어나는 사건이며, 그 과정에 수백만이라는 단계가 포함되고 '요리'의 서로 다른 여러 단계가 동시에 진행된다는 점을 제외하고는 케이크를 굽는 순서와 흡사하다. 이 단계의 거의 대부분이 세포의 증식에 관련되어 있어서 막대한 수의 세포를 만들기도 하고, 그중 일부는 죽고 일부는 다른 세포들과 결합해 기관이나 조직, 그 밖에 여러 가지 다세포 구조를 형성한다. 앞 장에서 살펴보았듯이, 어느 '특정' 세포가 그 세포 안에 들어 있는 유전자에 의존해 행동하지 않고 그 세포 속에서 유전자의 부분 집합에 스위치가 켜지는 것을 통해 작동할 수 있는 이유는 몸의 세포가 모두 동일한 유전자 집합을 가지고 있기 때문이다. 발생 중의 어느 시점이든, 발생 중인 몸의 어느 장소든 극소수 유전자의 스위치밖에 켜지지 않을 것이다. 배아의 장소가 다르거나 발생 시기가 틀리면 스위치가 켜지는 유전자의 부분 집합 역시 달라질 것이다. 어떤 시기에, 어떤 세포에, 어떤 유전자의 스위치가 켜질지의 여부는 그 세포의 화학적 조건에 따라 달라진다. 또 그 화학적 조건은 배아의 해당 부분의 이전 조건에 따라 달라진다.

더욱 유전자의 스위치가 '켜져 있을 때' 그 유전자가 어떤 영향을 받을지는 정확하게 배아의 해당 장소에 효과를 미치는 무엇이 있는지 여부에 달려 있다. 발생 개시 후 제3주에 척추 기저부의 세포에서 스위치가 켜진 유전자는 같은 유전자라도 발생 개시 후 제16주에 어깨 세포에서 스위치가 켜진 때와는 전혀 다른 영향을 미칠 것이다. 이처럼 어떤 유전자가 미치는 효과란, 만약 그런 효과가 있다면, 단순히 유전자 자체의 성질이 '아니라' 배아 속에서 그 유전자의 국부적 환경을 이루고 있는 장소의 최근 역사와의 상호 작용에 따라 결정되는 유전자의 성질인 것이다. 이렇게 생각하면 유전자가 우리 몸의 청사진과 같다는 생각은 무의미해진다. 여러분도 기억하고 있겠지만 이와 몹시 유사한 컴퓨터 바이오모프의 경우도 여기에 해당한다.

따라서 유전자와 몸의 일부 사이에는 단순한 일대일 대응이 이루어지지 않는다. 그것은 요리법에 들어 있는 설명과 케이크 조각 사이에 일대일 대응이 성립하지 않는 것과 마찬가지이다. 요리법에 들어 있는 글들이 전체적으로 하나의 과정을 수행하기 위한 일련의 지시이듯 유전자 역시 전체적으로 하나의 과정을 수행하기 위한 일련의 지시라고 볼 수 있다. 그렇게 되면 유전학자가 할 일이 없어지지 않겠느냐는 걱정을 하는 독자도 있을지 모른다. 도대체 푸른 눈에 '관여하는' 유전자나 색맹에 '관여하는' 유전자에 대해 연구가 가능하겠는가? 아니, 연구는 고사하고 그런 이야기조차 가능한 것일까? 유전학자가 그러한 단일 유전자의 효과를 연구할 수 있다는 사실 자체는 유전자 하나 대 몸의 일부분이라는 식의 일대일 대응이 실제 '성립함'을 나타내는 것이 아닐까? 이것은 유전자 집합이 몸을 발현시키기 위한 요리법이라고 한 내 주장이 전부 잘못이라는 의미가 아닐까? 그러나 실제로는 그렇지 않다. 분명 그렇지 않다. 왜 그렇지 않은가를 이해하는 것은 매우 중요하다.

그 이유를 쉽게 이해하려면 다시 요리법 비유로 돌아가서 생각해 보는 방법이 가장 좋을 것이다. 가령 케이크를 아주 잘게 잘라 그것을 구성 요소의 조각으로 나눈 다음, "이 조각들은 요리법의 첫 번째 설명에, 그리고 이 조각은 요리법의 두 번째 설명문에 해당한다."라는 식으로 말할 수 없다는 점에 대해서는 모두 동의할 것이다. 그런 의미에서 요리법은 전체로서 케이크 전체에 대응한다는 점에 대해서도 이견이 없을 것이다. 그러나 지금 요리법 속에 들어 있는 하나의 낱말을 바꾸었다고 가정해 보자. 예를 들어 '베이킹 파우더'라는 말을 지우고 그 대신 '이스트'라는 말로 바꾸었다고 하자. 이 새로운 요리법에 따라 100개의 케이크를 굽고, 이전 요리법에 따라서 또 100개의 케이크를 굽는다. 그러면 각각 100개씩으로 이루어진 두 케이크 집합 사이에는 결정적인 '차이'가 있을 것이다. 그 '차이'는 두 가지 요리법 속에 들어 있는 낱말의 차이에 따른 것이다. 낱말과 케이크 조각 사이에는 일대일 대응이 이루어지지 않지만, 용어의 차이와 케이크 전체의 차이 사이에는 일대일 대응이 성립하는 셈이다. '베이킹 파우더' 자체는 케이크의 어느 특정 조각과도 대응하지 않는다. 그 영향은 케이크 전체가 부풀어 오르는 방식, 즉 최종적으로 완성된 케이크의 형태에서 나타날 뿐이다. 만일 '베이킹 파우더'라는 말이 빠지고 그 대신 '소맥분'이라는 말이 들어 갔다면 그

케이크는 부풀어 오르지 않았을 것이다. 그 말이 '이스트'로 대체되었다면 케이크는 다소 부풀겠지만 케이크가 아니라 빵 같은 모습이 되었을 것이다. 원래 요리법에 따라 구운 케이크와 요리법의 '돌연변이' 판에 따라 구운 케이크 사이에는, 비록 어느 쪽 케이크도 각기 해당하는 용어에 대응하는 특정한 '조각'은 없더라도 어떤 방법으로 구웠는지 식별할 수 있는 분명한 차이가 있을 것이다. 이것은 유전자가 돌연변이를 일으킨 경우에 대한 좋은 비유이다.

그보다 더 좋은 비유는 케이크를 굽는 온도를 '350도'에서 '450도'로 바꾼 경우일 것이다. 유전자는 양적 효과를 발휘하고, 돌연변이는 그 양적 효과의 크기를 바꾸기 때문이다. '돌연변이' 판 요리법에 따라 구운 케이크는 단순한 일부가 아니라 케이크 전체가 원래의 저온 요리법에 따라 구운 케이크와는 다르게 될 것이다. 그래도 이 비유는 지나치게 단순하다. 갓난아기에게 케이크 '굽는 방법'의 모의실험을 충실하게 보이려면 한 오븐에서 이루어지는 단일한 과정을 상정해서는 안 되며, 직렬 또는 병렬로 구획지어진 콘베이어 벨트 위에서 요리의 서로 다른 과정이 1000만 가지나 되는 서로 다른 소형 오븐을 통과하고, 각 오븐이 1만 종류의 기본 재료에서 여러 가지 조합으로 향료를 첨가하는 식의 과정을 상정하지 않으면 안 된다. 유전자가 어떤 과정의 청사진이 아니라 요리법이라는 것은 단순한 비유보다는 복잡한 비유를 통해 한층 더 분명해진다.

이제 지금까지 얻은 교훈을 획득 형질의 유전 문제에 적용할 때가 되었다. 청사진을 보고 무언가를 만드는 데 있어 중요한 것은 요리법의 경우와는 달리 그 과정이 가역적이라는 점이다. 만약 여러분이 집을 가지고 있다면 그 설계도를 재구성하기는 아주 간단하다. 그 집의 모든 치수를 잰 다음 그것을 축소하기만 하면 된다. 그 집이 어떤 형질을 '획득'

하게 되었다 해도(가령 내벽을 철거해 1층 전체를 거실로 만들었다고 하자.) '역(逆)설계도' 가 충실하게 변경된 모습을 기록할 수가 있을 것이다. 어떤 유전자가 성체의 특성을 기록하고 있다면 그 역시 마찬가지다. 유전자가 청사진이라면 몸이 평생 동안 획득한 모든 형질은 유전 암호의 형태로 충실하게 전사(轉寫)되어 이후 세대에게 전해지리라는 사실은 쉽게 상상할 수 있다. 대장장이의 아들은 자기 부친의 노동의 결과로 단련된 근육을 이어받을 수 있을 것이다. 물론 실제로는 이런 일이 불가능하다. 그것이 불가능한 이유는 유전자가 청사진이 아니라 요리법이기 때문이다. 획득 형질의 유전을 상상할 수 없는 것은 다음과 같은 일을 상상할 수 없는 것과 마찬가지다. 케이크에서 한 조각을 잘라낸다고 가정하자. 그러면 케이크에 일어난 변화가 요리법에 피드백되어 기술되고 그 변경된 요리법에 따라 케이크를 구우면 처음부터 한 조각이 말끔히 잘려 나간 케이크가 오븐에서 나와야 하는 것이다.

라마르크주의자는 전통적으로 피부 경결(단단하게 굳음) 이야기를 좋아했으니 우리도 그 예를 들기로 하자. 앞에서 우리가 예로 든 가상의 은행원은 오른손 가운뎃손가락, 즉 글씨 쓰는 데 사용하는 손가락에 굳은살이 박힌 것을 제외한다면 부드러운 손을 가지고 있었다. 라마르크주의자의 말에 따르면 그 자손이 수세대에 걸쳐 모두 글씨 쓰는 일에 종사했을 경우 해당 부위의 피부 발생을 조절하는 유전자는 갓난아기 때부터 글씨 쓰는 데 적합한 굳은 손가락을 가지도록 변할 것이다. 유전자가 설계도라면 그런 기대를 할 수 있을 것이다. 가로 세로 1밀리미터(혹은 이것보다 더 적절한 작은 단위)의 피부에 '관여하는' 하나하나의 유전자가 있을 것이다. 어른이 된 은행원의 피부 전체가 '주사(走査)' 되고, 사방 1밀리미터의 굳기가 주의 깊게 기록되어 그 데이터가 특정한 사방 1밀리미터에 '관여하는' 유전자, 즉 원래 그의 정자 속에 들어 있던 해당 유전자에 피드백되는 것이다.

그러나 유전자는 청사진이 아니다. 더욱이 사방 1밀리미터의 피부에 '관여하는' 유전자란 존재하지 않는다. 성체가 주사되고, 그 주사 결과의 기록이 유전자에 피드백되는 따위의 일은 결코 일어나지 않는다. 굳은살이 박힌 '좌표(座標)'는 유전적 기록 속에서 '찾아볼' 수 없으며, 그에 '대응하는' 유전자가 변화할 수도 없다. 배 발생은 하나의 과정이고 기능하는 유전자는 모두 그것에 연관되어 있다. 그것이 올바른 전진 방향으로 추진되면 그 결과로 성체를 만들어 낼 수 있다. 그러나 이것은 본질적으로 비가역적인 과정이다. 획득 형질의 유전은 단지 '일어나지 않을' 뿐 아니라, 배 발생이 전성적이 아니라 후성적인 한, 어떤 생명 형태에서도 '일어날 수 없는' 일이다. 라마르크주의를 옹호하는 생물학자는(그들이 이런 이야기를 들으면 큰 충격을 받을지도 모르지만) 암묵적으로는 원자론적, 결정론적으로 환원론적인 발생학을 옹호하고 있는 셈이다. 나는 이런 종류의 전문 용어를 남발해서 독자들에게 부담을 주고 싶은 마음은 추호도 없다. 나는 단지 모순을 배격하고 싶을 따름이다. 왜냐하면 오늘날 라마르크주의에 큰 공감을 느끼고 있는 생물학자들이 우연하게도 타인을 비판할 때 그런 식의 딱지가 붙은 말을 사용하기 좋아하기 때문이다.

그렇다고 해서 우리 우주 어디에도 배 발생이 전성적으로 이루어지는 식의 이질적인 생명 시스템, 즉 실제로 '청사진으로서의 유전적 성질'을 가지고 있고 그것에 따라 실제로 획득 형질을 이후 세대에 전달할 수 있는 생명 형태가 절대 있을 수 없다는 말은 아니다. 요컨대 내가 지금까지 밝혀낸 사실은 라마르크주의란 우리가 알고 있는 발생학과는 결코 양립할 수 없다는 것이다. 이 장의 첫머리에서 나는 좀 더 강도 높은 주장을 했다. 되풀이하자면 나는 설령 획득 형질이 유전 '가능' 하더라도 라마르크의 이론은 적응적 진화를 설명할 수 없다고 말했다. 이 주장은 우주의 모든 생명 형태에 적용할 수 있을 만큼 강력한 것이다. 두 가지 근거에 토대를 두고 있는데 하나는 용불용의 원리를 둘러싼 난점에 관련된 것이고, 다른 하나는 획득 형질의 유전에 관한 한층 더 어려운 문제와 관련되어 있다. 그러면 순서를 뒤바꾸어 후자부터 설명하기로 하겠다.

획득 형질에 얽힌 문제는 기본적으로 다음과 같다. 획득 형질이 유전된다면 그 자체가 대단한 일이겠지만, 모든 획득 형질이 개선인 것은 아니다. 실제로 획득 형질의 거의 대부분은 손상이기 때문에 만약 획득 형질이 무차별적으로 유전된다면 진화가 일반적인 적응적 개선의 방향으로 나아가지 않을 것임은 자명하다. 부러진 다리나 천연두를 앓은 흔적, 발바닥의 굳은살이나 햇빛에 그을린 피부 역시 다음 세대에 전해질 것이다. 어떤 기계든 시간이 흐르면서 획득되는 대부분의 특징은 시간의 경과에 따라 축적된 파손일 것이다. 다시 말해서 닳아 없어지는 경향을 가진다. 만일 그런 특징이 일종의 주사 과정을 통해 수집되고, 다음 세대의 청사진에 덧붙여진다면 이후 계속되는 세대는 차츰 노후하게 될 것이다. 매 세대는 새 청사진으로 매번 새롭게 출발하는 것이 아니라 이전 세대에 누적된 쇠퇴나 손상이라는 무겁고 귀찮은 짐을 떠안고 힘겹게 생활을 시작하게 되는 것이다.

이 문제를 결코 극복할 수 없는 것은 아니다. 일부 획득 형질이 개선이라는 점은 부정할 수 없고 그 유전 메커니즘이 개선과 손상을 식별한다는 점도 이론상으로는 생각할 수 있다. 그러나 이런 종류의 식별이 어떻게 이루어질 것인가에 대해 의문을 제기하게 되면 이번에는 획득 형질이 때로 '개선을 낳는' 이유는 무엇인가라는 물음이 제기된다. 예를 들어 맨발로 달리는 육상 선수의 발바닥처럼 자주 사용되는 피부의 특정 부위는 왜 두껍고 거칠게 되는 것일까? 얼핏 생각하면 점차 피부가 얇아질 가능성이 훨씬 높을 것 같다. 대부분의 기계는 마멸을 통해 입자가 덧붙여지기보다는 떨어져 나가기 때문에 마찰을 받은 부품은 차츰 얇아지기 때문이다.

물론 다윈주의자는 이 문제의 해답을 이미 알고 있다. 마찰을 받은 피부가 두꺼워지는 까닭은 그 조상이 과거에 받은 자연선택을 통해 우연히 피부를 두껍게 만드는 방법으로 마모에 대처한 개체가 유리하게 되었기 때문이다. 마찬가지로 자연선택은 조상 세대에서 햇빛을 받으면 피부색이 갈색이 되는 방향으로 반응한 개체에 유리하게 작용했다. 다윈주의자들은 비록 극소수의 획득 형질이 개선으로 이어진다 하더라도 그 기반에 과거에 이루어진 다윈 선택이 있기 때문에 가능한 것이라고 주장한다. 다시 말하자면 라마르크설은 제힘으로는 아무것도 할 수 없고 다윈 이론의 등에 업혀서야 진화의 적응적 개선을 설명할 수 있는 셈이다. 어떤 획득 형질이 유리한가를 보증하고 유리한 획득물과 불리한 획득물을 식별하는 메커니즘을 제공하며 다윈 선택을 기본으로 하고 있을 때에 획득 형질의 유전은 진화적 개선으로 이어질 수 있을 것이다. 그러나 그 '개선'은 모두 다윈주의의 기반 위에 놓여 있다. 진화의 적응적 측면을 설명하려면 어쩔 수 없이 다윈주의로 되돌아올 수밖에 없다.

획득물 중에서 좀 더 중요한 종류의 개선에도 마찬가지 사실이 적용된다. 더 중요한 개선이란 우리가 학습이라는 항목으로 일괄적으로 묶고 있는 유형의 개선을 뜻한다. 살아가는 동안 동물은 자신의 삶을 유지하는 일에 능숙해진다. 동물은 자신에게 무엇이 유익하고, 무엇이 그렇지 않은지를 학습하게 된다. 또한 동물의 뇌는 자신의 세계에 대해서, 그리고 자신의 어떤 행위가 이익이 되고 어떤 행위가 바람직하지 않은 결과를 초래하는지에 대해 거대한 기억의 도서관을 구축한다. 따라서 동물 행동의 대부분은 획득 형질이라는 항목 아래로 포함되어 들어가고, 이런 유형의 획득, 즉 '학습'의 대부분은 실제로 개선이라는 이름으로 불릴 만하다. 만약 부모가 어떻게든 평생 동안의 경험을 통해 얻은 지혜를 자신의 유전자에 기록할 수 있어서 그 결과 자손이 태어날 때부터 자신이 아닌 조상의 가상 경험 도서관을 갖추어 곧바로 그 지식을 활용할 수 있다면, 그러한 자손은 한발 앞서 삶을 시작할 수 있을 것이다. 그렇게 되면 학습을 통해 얻은 기술이나 지혜는 자동적으로 유전자에 결합되어 들어가서 진화적 진보가 엄청난 가속도를 얻을 것임은 분명하다.

그런데 이 논의는 우리가 학습이라고 부른 행동의 변화가 당연히 개선에 해당한다는 전제에서 출발했다. 왜 학습을 통한 행동의 변화가 '반드시' 개선이 되는 것일까? 실제로 동물은 자신에게 해가 되는 것보다는 유리한 것을 학습한다. 도대체 그 이유는 무엇일까? 동물은 과거에 고통을 당한 행위를 피하는 경향이 있다. 그러나 고통은 물질이 아니다. 고통은 뇌가 아프다고 느끼는 것에 지나지 않는다. 어떤 사건, 가령 몸의 표면에 커다란 구멍이 생기는 것은 경우에 따라 그 동물의 생존을 위험하게 만들 수 있기 때문에 이것을 고통으로 느끼는 것은 무척 다행스러운 일이다. 하지만 우리는 상처나 그 밖에 자신의 생존을 위태롭게 만들 수 있는 행동을 '즐기는' 동물을 상상할 수도 있다. 그런 동물들은 상처입는 것을 즐기고 그것이 생존에 유리한 자극이 되도록 만들어진 뇌를 가지고 있을 것이다. 예를 들어 생존을 위해 영양가 있는 먹이를 먹을 때마다 고통으로 느끼는 뇌를 가진 영양이 있을지도 모른다. 그러나 우리가 현실 세계 속에서 그러한 피학적(被虐的)인 동물을 발견할 수 없는 이유는 피학성 조상은 분명 그 피학성을 전달받을 자손을 남길 때까지 생존하기 힘들다는 다윈주의적 근거에 의거한다. 벽에 부드러운 쿠션을 달아 놓은 울타리 속에서 수의사와 동물 관리인으로 이루어진 연구팀의 보호를 받으며 사는 완벽한 조건 속에서 인공적인 자연선택을 한다면 유전적인 피학성 품종을 만들어 낼 수 있을는지도 모른다. 그러나 자연계에서는 그러한 피학성 동물이 생존할 수 없다. 이것이야말로 우리가 학습이라 부르는 변화가 개선일 수밖에 없고 그 역의 방향으로는 나타날 수 없는 근본적인 이유이다.

이렇게 해서 우리는 다시 획득 형질이 유리한 것임을 보증하려면 다윈주의적 기반이 필수적이라는 결론에 도달하게 된다. 그러면 다음에 용불용의 원리를 살펴보기로 하자. 이 원리는 획득된 개선의 일부 측면에 대해 훌륭하게 적용되는 것처럼 보인다. 그러나 그것은 구체적인 세부 사항에 의존하지 않는 일반 원리에 한해서이다. 이 규칙을 간단히 요약하자면 '몸에서 빈번하게 사용되는 모든 부분은 커지며, 자주 사용되지 않는 부분은 작아지거나 아예 완전히 없어진다.'가 될 것이다. 일반적으로 몸에서 유용한(따라서 자주 사용되는) 부분이 커지면 더 큰 이익을 얻을 수 있는 반면, 불필요한(그러므로 자주 사용되지 않는) 부분은 없어도 아무런 상관이 없다고 생각되기 때문에 이 규칙은 어느 정도 장점을 가지고 있는 것 같다. 그럼에도 불구하고 용불용의 원리에는 큰 문제가 있다. 그 문제란 다음과 같다. 다른 문제가 전혀 없다 하더라도 이 원리는 우리가 실제 동물이나 식물에서 관찰할 수 있는 대단히 정교한 적응을 설명하기에는 지나치게 투박하다.

앞에서 살펴보았듯이 눈은 우리 몸에서 아주 유용한 부분이다. 그렇다면 여기에 대해서도 같은 논의가 성립하지 않겠는가? 매우 복잡한 협동 작업을 하고 있는 눈의 각 부분에 대해 생각해 보자. 투명도가 높은 렌즈, 렌즈의 색 보정과 구면 왜곡의 보정, 불과 몇 센티미터 거리의 물체에서 무한대의 거리에 떨어져 있는 풍경에 이르기까지 순간적으로 렌즈의 초점을 맞출 수 있는 근육, 홍채 또는 측광 장치와 전용 컴퓨터를 내장한 카메라처럼 눈의 구경을 연속적으로 미세 조정하는 '렌즈의 조리개' 기구, 색깔 코드를 가진 1억 2500만 개의 시세포로 이루어진 망막, 구석구석까지 영양을 공급하는 모세혈관의 그물망, 전자 칩과 접속 전선에 해당하는 아주 미세한 신경 네트워크 등등. 이렇듯 극도로 정교하게 얽혀 있는 복잡성을 염두에 두고, 그것이 용불용의 원리를 통해 구축될 수 있었는지 자문해 보라. 나는 그 답이 분명 '아니다.'라고 생각한다.

렌즈는 투명하고, 구면 왜곡이나 색수차(色收差, 빛의 파장이나 초점 거리의 차이로 상의 가장자리가 채색되어 나타나는 현상 | 옮긴이)를 교정한다. 이런 정교한 구조가 단순히 자주 사용한 결과 구축될 수 있는가? 렌즈가 그것을 통과하는 많은 양의 광자(光子)로 씻겨져 투명하게 될 수 있을까? 자주 사용되거나 빛이 투과했다고 해서 더 우수한 렌즈가 될 수 있을까? 물론 그럴 수는 없을 것이다. 도대체 그런 일이 어떻게 가능하겠는가? 단순히 다른 색깔의 빛이 쏟아진다고 해서 망막의 세포가 색을 느끼는 세 종류의 서로 다른 시세포로 분리될 수 있을까? 어떻게 그런 일이 가능하단 말인가? 초점을 맞추는 근육이 존재한다면, 자주 사용할수록 근육은 커지거나 강해질 것이다. 하지만 그렇게 된다고 해서 저절로 시각상의 초점이 적당하게 맞춰지는 것은 아니다. 용불용의 원리로는 가장 조잡하고 불완전한 적응밖에 이루어질 수 없음은 자명하다.

반면 다윈 선택은 모든 미세한 부분까지 남김없이 설명할 수 있다. 좋은 시력, 미세한 점에 이르기까지 정확하게 식별할 수 있는 예리한 시력은 동물에게는 생사가 달린 중요한 문제이다. 제비처럼 빠른 속도로 나는 새는 렌즈의 초점이 잘 맞아서 색수차가 보정되는지의 여부가 벌레를 잡느냐 아니면 절벽에 충돌하느냐의 양 극단을 판가름해 준다. 해가 뜨자마자 곧바로 조리개를 닫아 홍채를 능숙하게 조절할 수 있다면 포식자를 발견해도 여유 있게 도망칠 수 있겠지만, 그렇지 않으면 눈이 부셔서 최후의 순간을 맞이할 수밖에 없을 것이다. 아무리 정교하고 내부 조직 깊숙이 묻혀 있는 것이라 하더라도 눈의 효율성이라는 측면에서 이루어지는 모든 개선은 동물의 생존과 번식의 성공에 공헌하고, 나아가 그 개선을 낳은 유전자의 증식에 공헌하게 될 것이다. 그런 의미에서 다윈 선택은 개선을 초래하는 진화를 설명할 수 있다. 다윈주의는 생존에 성공적인 장치의 진화를 그 성공의 직접적인 귀결로 설명하고 있다. 설명과 설명이 되는 대상 사이의 연결 관계는 극히 미세한 부분에 이르기까지 직접적이다.

그러나 라마르크설은 설명과 설명이 되는 대상 사이의 부정확하고 느슨한 연관 관계, 즉 자주 사용되는 부분이 점차 커진다는 식의 규칙에 의존하고 있다. 이것은 특정 기관의 크기와 그 효과 사이의 상관 관계에 의존하는 것과 마찬가지이다. 설령 그런 종류의 상관 관계가 존재한다 하더라도 그것은 지극히 미약한 관계임이 분명하다. 다윈주의는 기관의 '유효성'과 그 효과의 상관 관계에 토대를 두고 있다. 그것은 필연적으로 완벽한 상관 관계이다! 이러한 라마르크설의 약점은 우리가 살고 있는 행성 위에서 발견할 수 있는 특정 생명 형태에 있어서의 상세한 사실들에 의거하지 않는다. 그 약점은 모든 종류의 적응적 복잡성에 적용될 수 있다. 또한 나는 그 약점이 이 우주의 모든 생명에, 그리고 세부적인 면에서 볼 때 아무리 낯설고 기묘한 모습을 지닌 생물이라 할지라도 모든 생명에 반드시 적용될 것이라고 생각한다.

이렇게 되면 라마르크주의에 대한 우리의 논박은 상당히 신랄해진 셈이다. 우선 첫 번째로 가장 관건이 되는 가정, 즉 획득 형질의 유전이라는 가정은 우리가 살펴본 모든 생명 형태에 대해 잘못임이 밝혀졌다. 두 번째로 전성적인 배아 발생(청사진)이 아니라 후성적인 배아 발생(요리법)에 의존하는 생명 형태의 경우에, 그 가정은 단지 잘못되었을 뿐 아니라 잘못될 '수밖에' 없다. 그런데 지금까지 우리가 조사한 생명 형태는 모두 후성적으로 배 발생을 하는 유형에 속한다. 세 번째로 설령 라마르크설의 가정이 옳다고 하더라도, 이 설은 지구뿐 아니라 전 우주에서도 중대한 적응적 복잡성의 진화를 두 가지 이유 때문에 절대 설명할 수 없다. 따라서 라마르크주의는 다원주의의 경쟁 이론으로 간혹 실수를 저지를 수 있는 성질의 이론이 아니다. 라마르크주의는 절대 다윈주의의 경쟁 이론이 아니다. 그 이론은 적응적 복잡성의 진화에 대한 설명에서 절대 진지한 '경쟁 이론'이 될 수 없다. 그것은 애초에 다원주의에 대한 잠재적 경쟁 이론으로 출발한 때부터 이미 운명지어져 있던 사실이다.

그 밖에 다윈 선택에 대한 대체 이론으로 제기되었고, 지금까지도 간혹 대체 이론으로 거론되는 몇 가지 진전된 이론들이 있다. 나는 다시 한번 그 이론들이 진정한 의미에서 다원주의의 대체 이론이 될 수 없다는 사실을 입증할 것이다. 나는 이 '대체 이론'들, 즉 '중립설'이나 '돌연변이설' 등이 관찰 가능한 진화적 변화의 일부분에 대해서는 원인으로 작용하거나 그렇지 않을 수 있지만, 눈, 귀, 팔꿈치 관절, 반향 위치 결정 장치처럼 생존을 위해 개선된 장치를 만들어 내는 방향으로 진행되는 변화인 '적응적' 변화에 대해서는 설명할 수 없음(그것은 명백한 사실이다.)을 폭로할 것이다. 물론 진화적 변화의 대부분이 비적응적일 수도 있다. 그 경우에 대체 이론들이 진화의 일부분을 설명하는 데 중요한 역할을 할 수도 있지만, 그것은 진화 과정 속에 포함된 지루한 일부에 불과하며 생물과 무생물 사이에서 나타나는 것과 같은 중요한 부분을 해명할 수 있는 것은 아니다. 중립설의 경우 이 점은 분명하다. 이 이론은 긴 역사를 가지고 있지만, 분자 수준의 치장을 하고 나온 현대판 중립설에서도 이 점은 쉽게 이해할 수 있다. 현대판 중립설은 위대한 일본의 유전학자 기무라 모토오의 연구에 크게 힘입어 장족의 발전을 했다. 사족을 달자면 그가 쓰는 영어 문체는 영어를 모국어로 사용하는 많은 사람들의 눈살을 찌푸리게 만들었다.

중립설에 대해서는 이미 앞에서 간략하게 설명했다. 여러분도 기억하고 있겠지만, 그들의 개념에 따르면 같은 분자의 변이체, 예를 들어 아미노산 배열이 미세하게 다른 헤모글로빈의 일부 변이체도 서로 완전히 동일한 기능을 한다고 한다. 그 이유는 어떤 헤모글로빈의 변이체에서 다른 대체 변이체로의 돌연변이는 자연선택에 관한 한 '중립'이기 때문이라는 것이다. 중립론자는 분자유전학의 수준에서는 대부분의 진화적 변화가 중립이라고, 즉 자연선택에 관해 '무작위적'이라고 생각하고 있다. 그와 대립해서 선택론자라 불리는 또 하나의 유전학파는 분자 사슬상의 모든 점에 이르는 극미한 수준에서까지 자연선택이 효력을 발휘한다고 생각한다.

우선 두 가지 분명한 문제를 구별하는 것이 중요하다. 하나는 이 장과 연관된 문제인데, 중립설이 적응적 진화에 대한 설명으로 자연 선택을 대체할 수 있는가 하는 문제이다. 또 하나는 전혀 별개의 문제로 현실에서 관찰할 수 있는 진화적 변화의 거의 모두가 적응적인가 하는 물음이다. 어떤 분자에서 일어나는 두 가지 다른 형태의 진화적 변화에 대해서 그 변화는 자연선택을 통해 나타난 것인가, 아니면 무작위적인 부동(random drift)를 통해 일어난 중립적 변화인가? 이 두 번째 물음을 둘러싸고 분자유전학자들 사이에서는 격렬한 논쟁이 벌어져 왔다. 그러나 우리가 적응, 그러니까 첫 번째 문제에 관심을 집중하면 그런 소란은 찻잔 속에서 몰아치는 태풍에 불과하다. 우리가 적응에 연관되어 있는 한, 중립 돌연변이란 존재하지 않는 것과 마찬가지이다. 그 이유는 우리도, 자연선택도 그것을 볼 수 없기 때문이다. 우리가 다리, 손, 눈, 날개, 그리고 행동에 대해 생각하고 있는 한, 중립 돌연변이는 전혀 돌연변이가 아니다! 다시 요리법의 비유를 사용하자면 설령 요리법의 일부 글자('이렇게'라는 글자)의 서체가 '돌연변이'를 일으킨다 해도 그 결과로 만들어진 요리의 맛은 똑같을 것이다. 최종적으로 만들어진 요리에나 관심을 두는 우리 같은 평범한 사람들에게는, 그 글자가 *'이렇게'* 라고 인쇄되든, **'이렇게'** 라고 인쇄되든 똑같은 요리법인 것이다. 분자유전학자는 세세한 부분에 관심을 두는 활판공과 같다. 그들은 요리법이 적혀 있는 말의 실제 형태에 신경을 쓰고 있다. 자연선택은 그런 문제에 관심을 두지 않으며, 우리가 적응의 진화에 대해서 이야기하고 있는 한 우리 역시 마찬가지이다. 진화의 다른 측면, 가령 다른 계통의 진화 속도와 연관된 문제라면 중립 돌연변이는 매우 흥미있는 대상일 것이다.

가장 열성적인 중립론자까지도 자연선택이 모든 적응의 원인이라는 점에 대해서는 기꺼이 동의할 것이다. 그들이 주장하는 요점은 결국 대부분의 진화적 변화는 적응이 아니라는 사실이다. 그 점은 그들이 옳겠지만, 또 하나의 유전학파인 선택론자들은 동의하지 않는다. 방관적인 제삼자의 입장에서 말하자면, 나 자신은 중립론자가 승리하기를 바라는 편이다. 그 이유는 중립설 쪽이 진화적 관계나 진화적 속도의 문제를 훨씬 해결하기 쉽기 때문이다. 양쪽 모두 중립적인 진화로는 적응적 개선에 이를 수 없다는 점에 대해서는 의견이 일치한다. 그 이유는 무척 단순하다. 정의에 따르면 중립적 진화는 무작위적이고 역시 정의에 따르면 적응적 개선은 무작위적이지 않기 때문이다. 여기서도 우리는 다시 생물과 무생물을 구분짓는 특징, 즉 적응적 복잡성에 대한 설명으로 다윈 선택을 대신할 수 있는 대체 이론을 찾을 수 없었다.

이제 우리는 다윈주의의 또 다른 역사적인 경쟁자이자 진화적인 결과를 갖는 '돌연변이설'에 도달했다. 예를 들어 헤모글로빈 분자의 두 가지 변이체인 1형과 2형은 둘 다 혈액 속에서 산소를 운반하는 데 동일한 능력을 발휘한다는 의미에서는 선택상 중립이라 할 수 있지만, 1형에서 2형으로의 돌연변이가 2형에서 1형으로의 돌연변이에 비해 많을 수 있다. 이 경우 돌연변이압은 1형보다 2형이 자주 일어나게 만드는 경향이 있는 것이다. 어떤 염색체의 유전자 자리에서 전진 돌연변이율이 복귀 돌연변이율과 정확하게 균형을 이루고 있다면 그 유전자 자리에서의 돌연변이압은 제로(0)라고 할 수 있다.

이제 우리는 돌연변이가 실제로 무작위적인지 여부를 둘러싼 문제가 사소한 문제가 아님을 알게 되었다. 그 물음에 대한 답은 우리가 무작위적이라는 말을 어떤 의미로 이해하는가에 달려 있다. 만약 '무작위적인 돌연변이'를 돌연변이가 외적인 사건에 영향을 받지 않는다는 의미로 받아들인다면 돌연변이가 무작위적이라는 주장은 X선으로 반증될 수 있다. 또한 만약 모든 유전자가 돌연변이를 일으킬 확률이 동일하다는 의미로 '무작위적인 돌연변이'를 이해한다면 핫 스폿(hot spot, 돌연변이나 유전자 재조합과 같은 일부 유전적 현상이 높은 빈도로 발생하는 부분 | 옮긴이)이 돌연변이가 무작위적이지 않다는 사실을 증명해 준다. 만약 '무작위적인 돌연변이'를 모든 염색체의 유전자 자리에서 돌연변이압이 제로라는 의미로 해석한다 해도 역시 돌연변이는 무작위적인 것이 아니다. 돌연변이가 진정한 의미에서 무작위적인 경우는 '무작위적'이라는 말을 '몸의 개선되는 방향을 향한 일반적인 경향이 존재하지 않는다.'라는 의미로 정의할 때에만 해당한다. 앞서 살펴본 세 가지 진정한 의미에서의 비무작위성 중 어느 것도 진화를 다른(기능적으로) '무작위적'인 방향을 물리치고 적응적 개선의 방향으로 움직여 낼 힘은 없다. 네 번째 종류의 비무작위성이 있다. 이 역시 마찬가지지만 앞서의 경우와 달리 명확하지는 않다. 심지어는 일부 현대 생물학자들 사이에서도 논쟁이

일어나는 상태이기 때문에 이 문제가 해결되려면 좀 더 시간이 필요할 것이다.

어떤 사람에게 '무작위적'이라는 말은 다음과 같은 의미를 가진다. 내게는 상당히 낯선 의미다. 나는 다윈주의에 반대하는 두 사람(P. 손더스와 M-W. 호)이 다윈주의자의 '무작위적인 돌연변이'를 어떻게 생각하고 있는지 직접 그들의 생각을 인용하겠다. 그들은 "신다윈주의의 무작위적인 변이라는 개념은 생각할 수 있는 모든 것이 가능하다."라는 큰 오류를 범하고 있다. 그리고 "모든 변화가 가능하고 게다가 모두 똑같이 일어날 수 있다."라고 주장한다. 아니, 도대체 어떻게 그런 생각을 가질 수 있고, 어떻게 그것이 '의미 있다'는 생각이 들 수 있는가? 나로서는 도저히 이해할 수 없다! '모든' 변화가 비슷하게 일어날 수 있다는 것은 도대체 무슨 의미일까? '모든' 변화라고? 둘 이상의 변화가 '똑같이 일어날 수' 있기 위해서 그것들은 불연속적인 별개의 사건으로 정의되어야 할 것이다. 예를 들어 우리가 '머리와 꼬리가 똑같다.'라고 말할 수 있는 것은, 머리와 꼬리가 독립된 2개의 사건이기 때문이다. 그러나 동물의 몸에서 일어날 '가능성이 있는 모든' 변화란 이런 종류의 독립된 사건이 아니다. 두 개의 가능한 사건의 예를 들어 보자. '소의 꼬리가 1인치 길어진다'는 사건과 '소의 꼬리가 2인치 길어진다'는 사건이 있다고 하자. 이들은 두 가지 별개의 사건이기 때문에 '똑같이 일어나게' 될까? 아니면 단지 동일한 사건의 양적 차이에 불과할까?

다윈주의자를 희화화한, 실제가 아닌 가짜 다윈주의자가 가진 무작위성에 대한 관념은 실제로 무의미한 것은 아닐지라도 터무니없고 극단적인 것임은 분명하다. 나는 이 희화화된 다윈주의자를 이해하는 데 조금 시간이 걸렸다. 그것은 내가 알고 있는 다윈주의자의 개념과는 전혀 달랐기 때문이다. 그러나 이 가공의 다윈주의자를 이해하고 있다고 생각하고 그것을 설명해 보겠다. 이러한 설명은 다윈주의자에 대한 반론으로 주장되는 것의 이면에 무엇이 있는지를 이해하는 데 도움을 줄 것이기 때문이다.

변이와 선택이 공동 작업을 한 결과 진화가 일어난다. 다윈주의자의 주장에 따르면 변이의 방향은 개선을 향해 정해져 있는 것이 아니라는 의미에서 무작위적이다. 진화에서 개선을 향한 경향이 나타나는 것은 자연선택을 통해서이다. 우리는 진화라는 교의를 한쪽 극단에 다윈주의자가 있고 다른 한쪽 극단에 돌연변이론자가 있는 식의 일종의 연속체로 가정할 수 있다. 극단적인 돌연변이론자는 자연선택이 진화에서 어떤 역할도 하지 않는다고 생각한다. 진화의 방향은 돌연변이의 방향에 따라 정해진다. 예를 들어 수백만 년 동안 우리 인간의 진화 과정에서 일어난 뇌 용적의 증가라는 현상을 살펴보기로 하자. 다윈주의자라면 이렇게 말할 것이다. 돌연변이에 따라 자연선택의 대상으로 제공된 변이 속에는 작은 뇌를 가진 개체도 있지만 큰 뇌를 가진 개체도 있었다. 그리고 자연선택을 통해 후자가 유리하게 된 것이라고 말이다. 한편 돌연변이론자에 따르면 돌연변이가 제공하는 변이는 이미 큰 뇌 쪽으로 방향이 기울어 있다. 변이가 제공되기 전까지는 아무런 자연선택도 없었다.(또는 자연선택이 일어날 필요가 없었다.) 뇌는 돌연변이에 따른 변화가 뇌를 크게 만드는 방향으로 편향된 이상, 계속 커지게 된다는 것이다. 그러면 논점을 정리해 보자. 진화에 큰 뇌를 향한 편향이 있었다. 이 편향은 자연선택을 통해서만 발생할 수 있든지(다윈주의자의 관점), 또는 오직 돌연변이를 통해서만 발생할 수 있을 것(돌연변이론자의 관점)이다. 이 두 가지 관점 사이에 어떤 연속체를 상정할 수 있다. 우리는 진화적 편향을 만들어 낼 가능성이 있는 두 가지 원천이 거의 평형을 이루는 상태를 상상할 수 있다. 중립적인 관점에 따르면, 뇌의 거대화를 향한 돌연변이 쪽으로 '약간'의 편향이 있었고 살아남은 개체군 속에서 이루어진 선택이 그 편향을 더 강화하게 되었다는 설명이 가능할 것이다.

비판론자들이 만들어 낸 가공의 다윈주의자의 요소는, 다윈주의자가 돌연변이에 의해 선택의 대상으로 제공되는 돌연변이적인 변이에는 어떤 편향도 없다고 말한 내용 속에 들어 있다. 실제 다윈주의자의 입장에서 본다면, 그 말은 돌연변이가 적응적 개선의 방향으로 규칙적으로 편향되어 발생하는 경우란 없다는 뜻에 불과하다. 그러나 실제보다 과장된 가짜 다윈주의자의 입장에서 본다면, 그 말은 생각할 수 있는 모든 변화가 '똑같이 일어날 수 있다'는 뜻이 될 것이다. 이미 설명했듯이 그런 종류의 관점이 논리적으로 불가능한 것은 논외로 치더라도, 가공의 다윈주의자는 몸이 유리하게 되는 것이라면 전능의 힘을 지닌 선택을 통해 무한히 모습을 바꿀 수 있는 찰흙과도 같은 것으로 믿고 있는 것으로 간주된다. 실제 다윈주의자와 가공의 다윈주의자의 차이를 구별하는 것은 매우 중요한 일이다. 한 가지 특별한 예를 들어서 그 차이를 이해하기로 하자. 특별한 예란 박쥐의 날개와 천사의 날개 사이의 차이다.

항상 비슷한 모습으로 묘사되듯이 천사는 등쪽에 돋아난 날개와는 달리 깃털이 나 있지 않은 팔다리를 가지고 있다. 그것에 비해 박쥐는 새나 익룡처럼 따로 독립된 팔을 가지고 있지 않다. 박쥐나 새의 조상들이 가지고 있던 팔은 날개로 변했으므로 먹이를 집는 등의 다른 목적으로는 사용할 수 없으며, 설사 사용할 수 있더라도 아주 서툴다. 그러면 실제 다윈주의자와 가공의 극단적인 다윈주의자 사이의 대화에 귀를 기울여 보자.

실제 다윈주의자　어째서 박쥐는 천사 같은 날개를 진화시키지 않았을까. 자네라면 박쥐가 자유롭게 사용할 수 있는 2개의 팔을 가질 수 있었을 거라고 생각하겠지. 쥐들은 먹이를 잡을 때면 항상 2개의 앞발로 먹이를 움켜쥐는데, 박쥐는 팔이 없어 지상에서는 무척 서툴러 보이지. 돌연변이가 필요한 변이를 제공하지 않았다는 것이 한 가지 답이 될 수 있으리라고 생각하네. 박쥐의 조상 중에는 등 한가운데에서 날개가 돋아난 돌연변이 개체가 없었던 모양이야.

가공의 다윈주의자 어리석은 소리. 선택이 모든 원인이야. 박쥐가 천사와 같은 날개를 갖지 않았다면, 그것은 자연선택이 천사와 같은 날개에 유리하게 작용하지 않았기 때문일세. 등 한가운데 날개가 돋은 돌연변이 개체는 반드시 있었을 거야. 그런데 자연선택에 따라 그런 개체는 생존에 불리하게 되었을 뿐이지.

실제 다윈주의자 좋아, 등에 날개가 '돋았다 하더라도' 자연선택을 통해 불리하게 되었다는 이야기에는 나도 전적으로 동의하네. 한 가지 이유는 날개가 생겨나자 그 동물의 전체 몸무게가 무거워지고, 늘어난 무게 때문에 하늘을 나는 데 지장을 받을 수 있었겠지. 그러나 원리상 자연선택으로 유리해지는 것이라면 언제든 돌연변이가 필요한 변이를 일으킨다는 식으로 생각하는 것은 아니겠지?

가공의 다윈주의자 천만에! 나는 분명 그렇게 생각하고 있네. 자연선택이 모든 것이야. 돌연변이는 무작위적인 것이야.

실제 다윈주의자 물론 그렇지. 돌연변이는 무작위적이야. 그렇지만 미래를 내다보고 그 동물에게 무엇이 유리한지 미리 알 수 없다는 의미에서 무작위적이라는 뜻이지. 절대 '모든 것'이 가능하다는 의미는 아니야. 만약 그렇다면 자네는 왜 용처럼 콧구멍에서 불을 토하는 동물이 없다고 생각하나? 불을 뿜을 수 있다면 먹이를 잡거나 불에 구워 요리하기 편할 텐데 말이야?

가공의 다윈주의자 그 이유는 간단하지. 모든 대답은 자연선택에 있어.

동물이 불을 토하지 않는 이유는 불을 토하는 데 적합하지 않기 때문이야. 불을 토하는 돌연변이 개체가 자연선택에 따라 배제된 것은 어쩌면 불을 만드는 일이 지나치게 많은 에너지를 소모하기 때문일 거야.

실제 다윈주의자 불을 토하는 돌연변이 개체가 실제로 있었다고 생각하다니 믿어지지 않는군. 그런 동물이 있었다면 아마 자신부터 새까맣게 불에 타 버릴 위험에 처했겠지!

가공의 다윈주의자 바보 같은 소리. 만약 그런 것 따위가 유일한 문제라면 자연선택은 안쪽이 석면으로 된 콧구멍의 진화를 유리하게 만들었을 거야.

실제 다윈주의자 어떤 돌연변이도 석면으로 도배된 콧구멍을 만든다는 것은 상상할 수 없어. 돌연변이를 일으켜 석면을 분비할 수 있다니 어처구니가 없군. 그렇게 된다면 소의 돌연변이 개체가 달까지 한 번에 도약할 수도 있겠군.

가공의 다윈주의자 달까지 뛸 수 있는 소의 돌연변이 개체는 모두 자연선택으로 배제되었을 거야. 거기에는 산소가 없다는 사실쯤은 자네도 알고 있을 테니까.

실제 다윈주의자 자네가 유전적으로 우주복과 산소 마스크를 겸비한 소의 돌연변이 개체를 상상하지 않는다니 놀라운 일이군.

가공의 다윈주의자 좋은 지적이야! 사실 자연선택이 소가 달까지 뛸 수 있도록 허용하지 않았다는 면이 올바른 설명일 걸세. 지구를 벗어날 수 있는 탈출 속도에 도달하는 데 들어가는 에너지 비용을 잊어서는 안 되네.

실제 다윈주의자 정말 터무니없는 소리로군.

가공의 다윈주의자 자네는 분명 진정한 다윈주의자가 아니야. 자네, 혹시 일종의 돌연변이설 동조자 아닌가?

실제 다윈주의자 자네가 그렇게 생각한다면, 실제 돌연변이론자를 만나야 할 걸세.

돌연변이론자 이 논의가 다윈주의자 내부의 논의인가, 아니면 다른 사람도 참가할 수 있는 논의인가? 자네들 두 사람이 안고 있는 문제는 자연선택에 대해 지나치게 큰 역할을 부여하고 있다는 점이야. 자연선택이 할 수 있는 것이라곤 고작 결함이나 기형을 제거하는 일 정도지. 자연선택은 진정한 의미에서 건설적인 진화를 이룰 수 없어. 박쥐의 날개 이야기로 돌아가 보세. 실제 일어난 일은, 지상에 아주 오래전에 살고 있던 동물의 개체군 중에서 손가락을 길게 늘여 그 사이에 피막을 가진 돌연변이가 나타났던 거야. 세대가 진행됨에 따라 이러한 돌연변이는 점차 빈번하게 나타나고 마침내 개체군 전체가 날개를 가지게 된 걸세. 그러니까 자연선택과는 아무런 관계도 없는 거야. 박쥐의 조상의 체질에 날개를 진화시킬 수 있는 어떤 내재적인 경향이 있었던 거지.

실제 다윈주의자와 가공의 다윈주의자 (한 목소리로) 얼빠진 신비주의자! 자네에게 어울릴 19세기로나 돌아가게 !

나는 독자들이 돌연변이론자나 가공의 다윈주의자나 그 어느 쪽에도 공감하지 않을 것이라고 기대한다. 물론 독자들은 내가 생각하듯 실제 다윈주의자의 입장을 수긍할 것이다. 가공의 다윈주의자는 실제 존재하지 않는다. 그런데 불행하게도 일부 사람들은 그런 사람들이 실재한다고 '생각'한다. 그러고는 그들 자신이 가공의 다윈주의자에게 동의할 수 없기 때문에 다윈주의 자체에 동의할 수 없다고 주장한다. 다음과 같은 주장을 하는 생물학파도 있다. 그들은 다윈주의가 안고 있는 문제점이 발생이 부과하는 제약을 지나치게 무시하는 것이라고 생각한다. 다윈주의자(가공의 다윈주의자)의 생각에 따르면 상상할 수 있는 모든 진화적 변화가 자연선택을 통해 유리하게 되면 돌연변이를 통해 거기에 필요한 변이가 획득된다는 것이다. 다시 말해서 돌연변이에 따른 변이는 어떤 방향으로든 똑같이 일어날 수 있기 때문에 자연선택이야말로 유일한 편향을 낳을 수 있는 토대라는 것이다.

그러나 진정한 다윈주의자라면 비록 어느 염색체의 어느 유전자가 언제든 돌연변이를 일으킬 가능성이 있다 해도, 그 돌연변이로 인해 몸이 받는 결과는 배아 발생의 과정에 엄격하게 제약된다는 사실을 인정할 것이다. 만약 내가 이런 사실에 의문을 품었다면(실제로는 그렇지 않지만) 바이오모프의 컴퓨터 시뮬레이션이 그런 의구심을 말끔히 해소해 주었을 것이다. 여러분은 등 한가운데 날개가 나도록 '관여하는' 돌연변이를 가정할 수 없을 것이다. 날개라는 장치는 발생 과정이 그것을 허용할 때에만 진화할 수 있는 것이다. 그 무엇도 마술처럼 날개를 '돋게' 할 수는 없다. 그것은 배아의 발생 과정에 따라 형성될 수 있을 뿐이다. 가능한 진화 중 극소수만이 기존의 발생 과정 당시의 상황에 따라 실제로 현실화될 수 있다. 팔이 생성될 수 있는 길이 닦였기 때문에 손가락의 길이가 길어지고, 손가락 사이에 피막이 나타나는 돌연변이가 가능해진 것이다. 그러나 등의 발생에는 천사의 날개가 '돋도록' 도와주는 아무런 과정도 없었을 것이다. 유전자는 지칠 때까지 무수하게 돌연변이를 일으킬 수 있지만, 배아 발생 과정이 그러한 변화를 허용하지 않는 한 포유류가 천사와 같은 날개를 돋게 할 수는 없다.

그런데 우리가 배아 발생의 모든 과정을 꿰뚫고 있지 않는 한 특정한 가상의 돌연변이가 지금까지 존재했는지 여부에 대해서는 의견이 엇갈릴 소지가 다분하다. 가령 포유류의 배 발생 과정에는 천사의 날개를 금지하는 요인은 아무것도 없음이 밝혀져서 그 점에 관한 한 가공의 다윈주의자가 옳았다는 것이, 즉 앞에서 들었던 가상의 대화에서처럼 천사의 날개가 생겼지만 자연선택을 통해 제거되었음이 사실로 판명될지도 모른다. 또는 배아 발생 과정에 대해 좀 더 많은 사실이 밝혀져서 실제로는 항상 천사의 날개가 돋아날 가능성이 없으며, 따라서 자연선택을 통해 유리하게 될 기회가 아예 없었음이 입증될지도 모른다. 보다 더 완벽을 기하려면 제삼의 가능성도 생각할 수 있다. 그러니까 배아 발생 과정이 천사의 날개가 형성될 가능성을 전혀 허용하지 않았고, 설령 그런 가능성이 존재했다 하더라도 자연선택 때문에 그것이 결코 유리해질 수 없었다는 것이다. 그러나 우리가 반드시 주장해야 할 것은 배아의 발생 과정이 진화에 부여하는 제약을 무시할 수 없다는 점이다. 진정한 다윈주의자라면 모두 이 점에 대해 동의하겠지만 아직도 일부 사람들은 마치 다윈주의자가 이 점을 부정하기라도 하듯 주장하고 있다. '발생상의 제약'을 반다윈주의적인 힘인 양 큰 소리로 떠들어대는 사람들은 결국 다윈주의자를 내가 앞에서 비유했던 가공의 다윈주의자와 혼동하는 것이다.

지금까지의 모든 이야기는 우리가 돌연변이를 '무작위적'이라고 말할 때 그것이 의미하는 바가 무엇인가에 대한 논의에서 비롯되었다. 나는 돌연변이가 무작위적이지 않은 세 가지 측면, 즉 돌연변이는 X선 등으로 유발된다, 돌연변이율은 유전자에 따라 다르다, 그리고 전진 돌연변이율은 복귀 돌연변이율과 반드시 균형을 이룰 필요는 없다는 등의 이야기를 했다. 이제 우리는 여기에 돌연변이가 무작의적이지 않은 네 번째 측면을 덧붙여야 한다. 돌연변이는 '이미 존재하는' 배아 발생 과정에 변화를 더할 수 있을 뿐이라는 의미에서 무작위적이지 않다. 아무리 자연선택에 유리한 변화라 할지라도 무에서 유를 창조하듯 이루어진다고 가정할 수는 없다. 자연선택에 따라 가능한 변이는 실제 이미 존재하는 배아 발생의 과정을 통해 제약을 받는다.

돌연변이가 무작위적이지 '않았을' 것임을 알려 주는 다섯 번째 측면이 있다. 동물의 생활에 대한 적응성을 개선시키는 방향으로만 체계적으로 편향되어 있는 돌연변이를 상상할 수 있다. 그러나 상상은 가능할지 몰라도, 이러한 편향이 어떤 수단에 따라 이루어질 수 있는지 분명하게 지적할 수 있는 사람은 아무도 없다. 진정한 다윈주의자가 돌연변이란 무작위적이라고 주장한 것은 바로 이 다섯 번째 측면, 즉 '돌연변이론자'의 관점에 대해서뿐이다. 돌연변이는 적응적 개선의 방향으로 체계적으로 편향되어 있지 않으며, 이 다섯 번째 의미에서 무작위적이지 않은 방향으로 돌연변이를 유도하는 어떤 메커니즘도 (온건하게 표현하자면) 아직까지 알려지지 않았다. 돌연변이는 다른 모든 측면에 대해서는 무작위적이지 않지만 적응적 유리함이라는 측면에 대해서만 무작위적인 셈이다. 진화를 유리함이라는 측면에서 무작위적이지 않은 방향으로 인도할 수 있는 힘은 선택, 오직 자연선택뿐이다. 사실 돌연변이설은 틀렸을 뿐 아니라 결코 옳을 수도 없다. 그 이론은 근본적인 원리에서 진화가 가져오는 개선을 설명할 수 없기 때문이다. 돌연변이설은 어떤 의미에서도 다윈주의를 반증한 경쟁 이론이 아니며, 경쟁 이론이 될 자격조차 없다. 그런 의미에서 돌연변이설은 라마르크주의와 같은 선에 놓을 수 있다.

다윈 선택의 경쟁 이론이라고 주장되는 다음과 같은 이론들 역시 마찬가지이다. 그것은 케임브리지 대학교의 유전학자 가브리엘 도버가 '분자 구동(molecucular drive)'이라는 기묘한 명칭을 붙인 이론이다.(모든 사물이 분자로 이루어져 있는 이상, 도버의 가설적인 과정이 다른 진화 과정이 아닌 분자 구동이라는 이름에 걸맞은 것인지는 분명치 않다. 이 이름은 내가 알고 있던 사람이 배 속의 위장에 대해 불평을 하고 마음의 뇌를 사용해 일을 한

다고 말하던 일을 떠올리게 한다.──분자 구동이라는 명칭이 중복적임을 강조하는 표현임 | 옮긴이) 앞에서 살펴 보았듯이, 기무라 모토오를 포함한 중립진화설의 지지자들은 자신들의 이론에 대해 잘못된 주장을 하고 있지는 않다. 그들은 무작위적인 부동이 적응적 진화에 대한 설명에서 자연선택의 경쟁 이론이라는 식의 환상을 품지는 않는다. 그들은 자연선택만이 진화를 적응적인 방향으로 이끌 수 있다는 사실을 인정한다. 그들은 단지 (분자유전학자가 진화적 변화를 보는 것과 같이) 대부분의 진화적 변화가 적응적이지 않다고 주장하는 데 불과하다. 그런데 도버는 자신의 이론에 대해서는 그처럼 부드러운 주장을 펴지 않는다. 그는 너그럽게 자연선택에도 얼마간의 진실이 포함되어 있으리라는 점을 인정했지만, 다른 한편으로 자연선택 없이도 모든 진화를 설명할 수 있다고 생각하는 것이다!

이 책 전체를 통해서 그러한 문제를 생각할 때 우리가 제일 먼저 거론한 예는 눈이었다. 물론 눈은 우연을 통해서는 도저히 발생할 수 없을 것처럼 보이는 복잡하고 탁월한 구조를 가지고 있지만 그와 유사한 여러 기관 중 한 가지 예에 불과하다. 되풀이해서 강조하지만, 오직 자연선택만이 사람의 눈이나 그에 필적할 만한 고도의 완성도와 복잡성을 갖춘 기관에 대한 가장 설득력 있는 해명에 근접할 수 있다. 다행스럽게도 도버는 그 문제에 대해 분명한 도전을 제기했고, 눈의 진화에 대해 나름대로 독자적인 설명을 하고 있다. 그의 말처럼 무(無)에서 눈을 진화시키는 데에는 1,000단계의 진화가 필요하다고 가정하자. 즉 아무것도 없는 피부의 일부분이 눈으로 바뀌기까지는 연속된 1,000단계의 유전적 변화가 필요하다는 것이다. 나는 이러한 가정이 논의의 편의를 위해 유용할 수 있다고 생각한다. 바이오모프 나라의 용어를 사용하자면, 피부에 아무것도 없는 동물에서 눈을 가진 동물이 탄생하기까지 1,000걸음의 유전적 거리가 떨어져 있다는 뜻이 될 것이다.

그런데 우리는 1,000단계를 제대로 거치면 그 결과 우리가 알고 있는 눈이 발생한다는 사실을 어떻게 설명할 수 있을까? 자연선택에 따른 설명은 이미 잘 알고 있다. 가장 단순한 형태로 축약시켜 이야기하자면, 1,000단계 하나하나에 대해 돌연변이가 몇 가지 대체물을 제공했고, 그 중 오직 하나만이 생존에 도움이 되었다는 뜻이 된다. 이 진화의 1,000단계는 1,000개의 일런의 선택점을 나타내고 있고 그 각각의 선택점에서 대부분의 대체물은 폐기되고 만다. 현재의 눈이 가지고 있는 적응적 복잡성은 1,000회에 걸친 무의식의 '선택' 과정에서 성공을 거둔 최종 산물인 것이다. 종은 어느 특정한 길을 따라가면서 무수한 가능성이라는 미로를 헤쳐 나왔다. 이 길을 따라 1,000개의 분지점이 늘어서 있고, 각각의 점의 생존자는 우연히 시력의 향상으로 통하는 모퉁이로 접어든 개체였다. 그 길을 따라 숱하게 늘어선 1,000개나 되는 각각의 선택점의 잘못된 모퉁이에는 제대로 길을 찾지 못한 개체들의 시체가 즐비한 셈이다. 우리가 알고 있는 눈은 연속된 1,000회에 걸친 자연선택적인 '길 찾기'에 성공을 거둔 최종 산물인 것이다.

지금까지의 이야기가 1,000단계를 거친 눈의 진화에 대한 자연선택에 대한 설명(의 한 표현 방법)이었다. 그러면 도버의 설명은 어떤 것일까? 그는 기본적으로 각 단계에서 특정 계통이 어떤 선택을 하는가는 문제가 아니라고 주장한다. 그 계통은 기관이 다 만들어진 이후에야 그 기관의 용도를 알 수 있다는 것이다. 그의 주장에 따르면 그 계통이 밟는 하나하나의 단계는 무작위적이라고 한다. 일례로 1단계에서 어떤 무작위적인 돌연변이가 종 전체에 확산된다. 새롭게 진화한 형질은 기능적으로 무작위적이기 때문에 그 동물의 생존에는 도움이 되지 않았다는 것이다. 따라서 그 종은 스스로의 몸에 나타난 새로운 무작위적인 형질을 사용할 수 있는 새로운 장소나 생활양식을 찾아 세계를 떠돌아다닌다. 무작위적으로 변이된 일부가 적합한 환경을 발견하면 그들은 당분간 그곳에서 산다. 다시 새로운 무작위적인 돌연변이가 발생하고 종 전체에 퍼져 나간다. 이런 식으로 이 종은 무작위적으로 획득한 새로운 몸의 일부를 사용해 살아갈 수 있는 새로운 장소나 생활양식을 찾아서 세계를 떠돌아다닐 수밖에 없었다. 이렇게 해서 2단계가 완료된다. 그런 다음 3단계의 임의적인 돌연변이가 종 전체에 퍼져 나가 마찬가지로 1,000단계를 거쳐 이윽고 우리가 알고 있는 눈이 형성되었다는 것이다. 도버의 지적에 따르면 사람의 눈은 적외선이 아니라 '가시광선'이라 부르는 종류의 파장을 우연히 이용하고 있다. 그러나 무작위적인 과정에 따라 우연히 적외선을 감지할 수 있는 눈을 발전시켰다면 우리는 그것을 시각에 이용했을 것이고 오늘날 완전히 적외선에 의존한 생활양식을 발견하게 되었을 것이라고 한다.

이런 주장은 상당히 그럴듯하게 들리겠지만, 어디까지나 처음 듣는 순간에만 그럴 뿐이다. 그 매력은 자연선택 이론을 그대로 뒤집어놓은 다음 교묘하게 대칭적인 방식으로 배치했기 때문이다. 자연선택을 가장 단순하게 표현하자면 어떤 종에게 환경이 주어지면 그 환경에 가장 잘 적응한 유전적 변이 개체가 살아남는다는 것이다. 환경이 주어지면 종은 그 환경에 적합하도록 진화한다. 도버의 설은 이러한 자연선택 이론을 거꾸로 뒤집어놓고 있다. 이 경우 돌연변이의 흥망성쇠에 따라, 다시 말하자면 그가 특별한 관심을 두고 있는 그 밖의 내적인 유전적 힘에 따라 '주어진' 것은 종의 성질인 것이다. 따라서 종은 가능한 모든 환경 집합 속에서 자신에게 부여된 성질에 가장 적합한 환경을 찾는다는 것이다.

그러나 꽤 그럴듯하게 들리는 이 뒤집힌 대칭성의 매력은 잠시뿐이다. 도버 관점의 놀라우리만치 몽상적인 약점은 우리가 숫자를 이용해 사고를 전개하는 순간 찬란한 광채를 발한다. 그의 개념의 본질은 1,000단계의 각각에서 그 종이 어느 쪽 길을 택하는가 하는 것은 전혀 문제가 되지 않는다고 말한다. 그 종이 얻게 된 새로운 개량은 기능적인 면에서 무작위적이고, 그런 다음 종은 그러한 새로운 기능에 적합한 환경을 발견한다. 여기에 은연중에 함축되어 있는 사실은 특정한 종이 어느 쪽 길을 택하더라도 적당한 환경을 '발견할 수' 있으리라는 점이다. 그렇다면 이런 전제를 만족시키기 위해서는 도대체 얼마나 많은 환경이 있어야 하는지 생각해 보아야 할 것이다. 1,000개의 분지점이 있었다. 각각의 분지점에서는 오직 두 방향(세 방향이나 열여덟 방향으로 분지했다는 앞서의 가정과는 다르다.)으로만 분지했지만 도버의 이론이 제대로 작동하려면 이론적으로 존재해야 하는 생존 가능한 환경의 총수는 2^{1000}이며 (최초의 분지점에서 2개의 길로 나뉜다. 갈라진 2개의 길은 다시 둘로 나뉘어 4개가 된다. 그런 다음 8개가 되고 계속 16, 32, 64, … 식으로 계속 늘어나 마침내 2^{1000}이 된다.) 이 숫자를 쓰려면 1 뒤에 301개의 0을 붙여야 한다. 그것은 전 우주에 존재하는 원자의 숫자보다도 훨씬 큰 숫자이다.

자연선택에 대한 경쟁 이론이라고 주장되는 도버의 이론은 100만 년 정도가 아니라 우주가 존재해 온 나이보다 100만 배나 긴 시간이 경과해도, 그리고 하나하나가 100만 배나 오래된 기간 동안 존재한 우주가 100만 개 있어도 결코 기능할 수 없는 종류의 이론이다. 이 결론은 눈을 만드는 데 1,000단계가 필요하다는 도버의 최초의 가정을 다른 식으로 바꾸어도 실질적으로는 아무런 영향을 미치지 않는다는 점에 주의를 기울이기 바란다. 가령 1,000단계를 100단계로 줄인다고 하자. 이렇게 되면 지나친 과소평가가 될지 모르지만 그 계통이 밟을 수 있었던 임의적인 단계 중 어떤 단계에도 대처할 수 있기 위해서, 비유적으로 이야기하자면 무대에서 계속 기다리고 있어야 하는 생존 가능한 환경의 수는 100만의 100만의 100만의 100만의 100만 배 이상이 될 것이라는 결론을 내릴 수 있다. 이것은 앞의 경우보다는 작은 숫자이지만, 여전히 무대에서 기다리고 있어야 하는 도버의 '환경'의 대다수는 각기 1개 이하의 원자로 이루어져야 함을 뜻한다.

그렇다면 왜 자연선택은 이런 식의 '큰 숫자 논의'에 도버의 이론처럼 치명상을 입지 않는가에 대한 설명이 필요할 것이다. 우리는 3장에서 실재하는 동물과 상상할 수 있는 모든 동물이 거대한 초공간에 위치해 있을지 모른다는 생각을 했다. 지금 여기에서 우리는 같은 상상을 하고 있다. 다만 상상할 수 있는 모든 동물들을 단순화시켜 진화적 분지점을 18분지가 아닌 2분지로 생각하는 점이 다르다. 따라서 1,000개의 진화 단계를 통해 진화할 수 있었던 모든 동물은 거대한 계통수에서 가지를 뻗어 나와 있고, 그 계통수는 계속 가지를 뻗어 마지막 잔가지는 1 뒤에 무려 301개의 0이 계속된다. 실제 진화의 역사는 이 가상의 계통수의 어느 특정 경로에 나타낼 수 있다. 생각할 수 있는 모든 진화 경로 중에서 극소수가 현실에서 일어난 경로이다. 우리는 이 '가능한 모든 동물의 계통수'의 대부분이 비(非)실재의 어둠 속에 숨어 있다고 생각할 수 있다. 어둠 속에 가려진 나무의 여기저기에서 몇 안 되는 궤적들이 빛을 받으며 뻗어 나오고 있다. 이것이 바로 현실에서 일어나는 진화의 경로이다. 밝은 빛을 보게 된 가지의 숫자는 상당히 많지만, 전체 가지의 숫자를 감안하면 소수에 불과하다. 자연선택은 상상할 수 있는 모든 동물의 계통수 속에서 길을 선택해 소수의 생존 가능한 길만을 발견할 수 있는 과정이다. 자연선택 이론은 내가 도버설을 공격하는 데 사용했던 식의 큰 숫자를 이용한 논의의 공격을 받지 않는다. 왜냐하면 끊임없이 계통수 가지의 대부분을 쳐 내는 것이 자연선택 이론의 본질이기 때문이다. 자연선택의 작용이란 바로 그런 가지치기이다. 자연선택은 상상 가능한 모든 동물의 계통수 속에서 차근차근 길을 선택해 나가면서 발바닥에 눈이 달린 동물처럼 거의 무한에 가까운 대다수의 무익한 가지를 피하고 있다. 도버의 설에서는 그 특유의 역전된 논리의 성격 때문에 그러한 무익한 가지들까지도 용인하지 않을 수 없는 것이다.

우리는 지금까지 자연선택 이론에 대해 제기된 여러 가지 대체 이론들을 다루어 왔다. 그런데 아직 가장 오래된 이론이 남아 있다. 그것은 의식을 가진 설계자가 생명을 창조했거나 또는 그 진화를 이루었다는 주장이다. 이 이론 속에 들어 있는 특정한 관점, 예를 들어 「창세기」 속에 적혀 있는 한 가지 이론(혹은 두 가지 이론일지도 모르지만)을 분쇄하는 것은 아주 간단하다. 거의 모든 민족들이 저마다의 창조 신화를 발달시켜 왔으며 「창세기」의 신화는 중동 지방 유목민의 특정 부족들 사이에서 흔히 찾아볼 수 있는 이야기에 지나지 않는다. 그것은 세계가 개미의 배설물에서 창조되었다는 서아프리카 지방의 한 부족의 신앙과 별반 다를 바 없다. 이 신화들은 모두 어떤 종류의 초자연적인 존재의 사려 깊은 의도에 기대고 있다는 공통점을 가지고 있다.

표면적으로는 '순간적 창조' 와 '인도된 진화' 라 불리는 두 가지 주장 사이에는 중요한 차이점이 있는 것 같다. 어느 정도 속세에 물든 현대의 신학자들은 순간적 창조에 대한 믿음을 포기하고 있다. 진화의 증거 중 일부는 무시하기에 지나치게 압도적이기 때문이다. 그러나 예를 들어 2장에서 인용했던 버밍엄 주교처럼 진화론자를 자처하는 많은 신학자들은 등 뒤에 신을 숨기고 있다. 즉 그들은 신이 진화의 역사(물론 특히 '인간' 의 진화사)에서 결정적 순간에 영향을 미치거나 또는 진화적 변화로 축적될 수 있는 매일매일의 일상적인 사건에 간섭하는 식으로 진화 과정에서 일종의 감독관 같은 역할을 했다고 주장한다.

물론 우리는 이런 식의 신앙이 잘못되었음을 반증할 수 없다. 더군다나 신의 개입이 항상 자연선택을 통한 진화에서 기대할 수 있는 결과와 같은 방식으로 이루어진다는 믿음에 대해서는 특히 그러하다. 그러한 신앙에 대해 우리가 말할 수 있는 유일한 사실은 제일 먼저 그 신앙이 불필요하다는 것이고, 두 번째로는 그런 믿음이 우리가 '설명'하고자 하는 주요한 사실, 즉 조직화된 복잡성의 존재를 미리 '전제'하고 있다는 사실뿐이다. 진화론이 훌륭한 이론인 한 가지 이유는 조직화된 복잡성이 원시적인 단순성으로부터 발생한 과정을 설명할 수 있기 때문이다.

만약 우리가 이 세상의 모든 조직화된 복잡성을, 순간적이든 인도에 따른 것이든 정교한 설계를 가능하게 만든 신성(神性)을 가정하고 싶다면, 그 신성은 이미 처음부터 고도의 복잡성을 띠고 있어야 한다. 순진한 성경 신봉자든 교양 있는 주교든 모든 창조론자는 경이로운 지성과 복잡성을 모두 갖춘 존재가 이미 존재하고 있었다는 사실을 아주 간단하게 '가정'하고 있다. 만약 우리가 아무런 설명이 없이 조직화된 복잡성을 전제하는 사치를 우리 자신에게 허락하려 한다면 우리는 매우 철저하게 생명의 존재를 전제해야 한다. 신성한 창조로든 돌연변이로든 말이다. 사실 지금은 이해하기 어려운 일이지만, 돌연변이라는 현상에 처음 이름이 붙여졌던 20세기 초에는 돌연변이가 다윈주의에서 빠져서는 안 되는 필수적인 일부가 아니라 진화에 대한 '대체 이론'으로 간주되었다. 당시에는 돌연변이론자라 불린 유전학파가 있었고, 그중에는 멘델의 유전 원리를 최초로 재발견한 휴고 드 브리스와 윌리엄 베이트슨, 유전자라는 말을 창시한 빌헬름 요한센 그리고 유전염색체설의 아버지 격인 토마스 헌트 모건과 같은 저명 인사들의 이름이 포함되어 있었다. 특히 드 브리스는 돌연변이가 야기할 수 있는 변화의 폭에 강한 인상을 받았다. 그래서 그는 단일한 대돌연변이를 통해 항상 새로운 종이 발생한다고 생각했다. 그와 요한센은 종 '내부'에서 일어나는 대돌연변이가 비유전적이라고 생각했다. 돌연변이론자들의 생각에 따르면, 선택은 진화 과정에서 기껏해야 유해한 요소를 제거하는 역할밖에 하지 않았다. 따라서 진정한 창조적인 힘은 돌연변이 자체였다. 멘델의 유전학은 오늘날과 같이 다윈주의의 중심 강령이 아니라 다윈주의와 정반대되는 주장으로 간주되었다.

현대인의 의식으로는 이런 사고방식을 받아들이기가 극히 어렵지만, 베이트슨 자신의 거만한 말투를 그대로 인용해서 당시의 상황을 이해해야 할 것이다. "우리는 유례를 찾아볼 수 없는 풍부한 사실의 수집이라는 측면에서는 다윈을 크게 신뢰한다. '그러나' 그의 이야기는 우리에게 철학적 권위 이상은 아니다. 우리는 루크레티우스나 라마르크를 읽듯이 그의 진화 체계를 읽는다." 그는 계속해서 이렇게 말한다. "개체군의 대다수가 자연선택을 통해 인식할 수 없는 단계를 거쳐 변형된다는 것은 대다수의 사람들이 현실에서 관찰할 수 있는 사실에는 적용할 수 없기 때문에, 그러한 명제를 변호한 사람들이 드러낸 통찰력의 결여와, 비록 잠시라도 그 견해를 수용 가능한 것처럼 보이게 만든 변호 기술에 대해서는 오직 경악을 금치 못할 따름이다." 이런 형세를 역전시키고 다윈주의의 반대편에 서 있던 멘델 학파의 입자 유전이야말로 다윈주의의 본질임을 밝힌 사람은 R. A. 피셔였다.

돌연변이는 진화에서 없어서는 안 될 필수적인 요소지만, 그것으로 충분하다고 생각한 사람이 누가 있겠는가? 진화적 변화는 우연만으로 도저히 기대하기 어려운 '개선'인 것이다. 돌연변이를 유일한 진화의 원동력이라고 생각할 수 없는 이유는 다음 질문으로 극히 간단하게 표현될 수 있을 것이다. 동물에게 무엇이 유익하고 무엇이 불리한지 어떻게 돌연변이가 '알고 있다.'라고 생각할 수 있는가? 몸의 기관과 같은 기존의 복잡한 메커니즘에서 일어날 가능성이 있는 모든 변화 중에 거의 대부분은 그 메커니즘 자체를 악화시킬 것이다. 극히 일부의 변화만이 그 메커니즘을 더 나은 방향으로 발전시킬 것이다. 자연선택 없이 돌연변이가 유일한 진화의 원동력이라고 주장하고자 하는 사람이라면, 어째서 돌연변이가 더 나은 방향으로 전진하는 경향을 가지는지에 대해 설명할 수 있어야 할 것이다. 도대체 어떤 신비로운 지혜가 내재해 있어서 몸이 악화하는 것이 아니라, 향상되는 방향으로 돌연변이가 일어나는 쪽을 선택하는 것일까? 이것은 우리가 라마르크주의에 대해 제기했던 물음과 표면적으로는 다른 것처럼 보여도 본질적으로는 같은 문제다. 돌연변이론자가 그 물음에 대해 대답할 수 없다는 것은 굳이 이야기할 필요도 없다. 그런데 이상한 일은 이 문제가 그들의 마음속에서는 전혀 제기되지 않는 것처럼 보인다는 사실이다.

불공정한 일인지는 모르지만 최근 이 문제는 훨씬 더 터무니없는 것처럼 보인다. 그 이유는 우리가 돌연변이를 '무작위적'인 것처럼 믿도록 교육받고 있기 때문이다. 돌연변이가 무작위적이라면 정의에 따라 그것은 개선의 방향으로 편향될 수 없다. 그러나 물론 돌연변이론자들은 돌연변이를 무작위적인 것으로 생각하지 않았다. 그들의 생각에 따르면 몸은 다른 방향이 아닌 어떤 특별한 방향으로 변화하는 내재적인 경향을 가지고 있다. 그렇지만 그들은 어떤 변화가 앞으로 몸에 유리하게 작용할지 몸이 어떻게 '알았는가'에 대해서는 답변을 하지 않은 채 그대로 놓아두었다. 이런 생각을 신비주의적이며 무의미하다고 판정하면서도 다른 한편 돌연변이가 무작위적이라고 이야기할 때 그것이 뜻하는 바를 분명하게 밝히는 일은 우리에게도 몹시 중요한 일이다. 무작위성이라는 말은 다양한 의미를 가지고 있으며 많은 사람들은 이 말의 여러 가지 의미를 혼동하고 있다. 실제로 여러 가지 측면에서 돌연변이는 무작위적이지 않다. 내가 이야기하려는 핵심은 이렇듯 무작위적이지 않은 방식으로 일어나는 돌연변이의 대다수가 동물의 생활을 향상시키는 쪽으로 진행되리라고 예상할 수 있는 것은 포함하고 있지 않다는 사실이다. 만약 자연선택을 배제하고 돌연변이만으로 진화를 설명하려 한다면 바로 그런 예상이 필요할 것이다. 돌연변이가 무작위적이라거나, 또는 무작위적이지 않다는 의미를 좀 더 자세히 살펴본다면 더 많은 교훈을 얻을 수 있을 것이다.

돌연변이가 무작위적이지 않은 첫 번째 측면은 다음과 같다. 돌연변이는 분명 물리적 사건에 따라 야기된다. 다시 말해서 저절로 일어나는 것이 아니라는 뜻이다. 돌연변이는 이른바 '돌연변이원'(간혹 암의 원인이 되기도 해서 위험하다.) 때문에 유발된다. 예를 들어 X선이나 우주선, 방사성 물질, 그 밖에 여러 가지 화학 물질, 더욱이 '돌연변이 유전자'라 불리는 다른 유전자 등이 돌연변이원이 된다. 두 번째로 유전자와 마찬가지로 모든 생물이 돌연변이를 일으키는 것은 아니다. 염색체 내의 모든 유전자 자리는 저마다 특정한 '돌연변이율'을 가지고 있다. 예를 들자면 중년기 초기의 사람들을 죽음에 몰아넣는 헌팅턴무도병의 유전자를 만들어 낼 돌연변이율은 약 20만분의 1이다. 연골발육부전증(우리에게는 난쟁이증후군으로 알려져 있고, 팔다리가 몸통에 비해 지나치게 짧은 바셋 사냥견이나 닥스훈트가 가진 특징이다.)이 나타날 수 있는 확률은 그보다 10배나 높다. 이러한 비율은 통상적인 조건에서 측정된 것이다. 만약 X선과 같은 돌연변이원이 존재한다면, 일반적인 돌연변이율은 급증하게 된다. 염색체의 어느 부분은 높은 유전자 전환율을 가진 소위 '핫 스폿'이어서 국부적으로 극히 높은 돌연변이율을 가지고 있다. 세 번째로 염색체상의 각 유전자 자리에서는, 그곳이 핫 스폿이든 아니든 간에, 특정 방향의 돌연변이가 그 역방향의 돌연변이에 비해 쉽게 일어날 것이다. 이것은 동시적인 현상을 일으키거나 혹은 인도된 진화라는 형태에서 이 장에서 고려되었던 다른 이론들에 돌연변이설이 합류하도록 만들었다.

지금까지 살펴본 모든 이론들은 외관상으로 다윈주의를 대체할 수 있는 이론처럼 보이고 나름대로 증거에 호소해 자신들의 진실성을 입증하기도 한다. 그러나 조금만 상세히 들여다보면 실상 어떤 이론도 다윈주의의 경쟁 이론이 아니라는 사실을 분명히 알 수 있게 된다. 누적적 자연선택에 의한 진화론이야말로 우리가 아는 한, 조직화된 복잡성의 존재를 원리적으로 '설명할 수 있는' 유일한 이론인 것이다. 비록 증거상으로는 다윈주의가 불리하더라도, 그 증거를 손에 넣을 수 있는 최상의 이론은 '역시' 다윈주의이다. 사실 증거는 다윈주의의 편이다. 하지만 그것은 또 다른 이야기이다.

그러면 문제 전체의 결론에 귀를 기울이자. 생명의 본질은 거대한 척도에서 볼 때 통계적인 불가능성에 있다. 따라서 생명에 대한 모든 설명은 우연일 수 없다. 그렇기 때문에 생명의 존재에 대한 진정한 설명은 분명 우연에 대한 반명제(反命題)를 구현하지 않으면 안 된다. 제대로 이해한다면 우연에 대한 반명제는 무작위적이지 않은 생존이 될 것이다. 그리고 제대로 이해하지 못했다면 무작위적이지 않은 생존은 우연의 반명제가 아니라 그 자체가 우연이 될 것이다. 이러한 양극을 연결하는, 즉 1단계 선택에서 누적적인 자연선택에 이르는 연속체가 있다. 1단계 선택이란 순수한 우연의 또 다른 표현에 불과하다. 바로 이것이 내가 올바르게 이해하지 못한 무작위적이지 않은 생존이라는 것이다. 느리고 점진적인 '누적적인 자연선택' 이야말로 생명이 가지는 복잡한 설계의 존재를 설명할 수 있으며, 더욱이 지금까지 제안된 이론들 중에서 유일하게 적용할 수 있는 설명이다.

이 책은 처음부터 끝까지 우연이라는 개념, 즉 질서나 복잡성이나 명쾌한 설계가 자연 발생했을 것이라는 생각에 아주 작은 가능성밖에 두지 않았다. 우리는 우연을 길들이는 방법, 그 날카로운 송곳니를 뽑는 방법을 찾아 왔다. ‘야생의 우연’, 순수하고 벌거벗은 우연성이란 질서 있는 설계가 무(無)의 상태에서 실재(實在)로 단숨에 뛰어넘는 것을 뜻한다. 원래 눈이 없었지만 겨우 한 세대 동안 눈 깜짝할 사이에 눈이 발생했다면, 그것도 모두 완전무결한 형태로 눈이 발생했을 경우 우리는 그것을 길들여지지 않은 야생의 우연이라 부를 수 있을 것이다. 그것은 가능하다. 그러나 그 확률은 시간의 종말의 이르기까지 소수점 이하에 0을 그려 넣어야 할 만큼 희박할 것이다. 마찬가지로 처음부터 끝까지 완전무결한 무엇이(그 속에는 어쩔 수 없이 신성도 포함될 것이다.) 자연 발생적으로 존재할 것이라는 생각에 대해서도 같은 확률을 적용할 수 있을것이다.

우연을 ‘길들인다’는 말은 바꾸어 말하자면 가능성이 극히 희박한 일을 그보다는 가능성이 덜 희박한 작은 구성 요소로 잘게 나누어 잘 배열하는 것을 뜻한다. 가령 X가 단 하나의 단계를 거쳐 Y에서 발생하기는 불가능하더라도 둘 사이를 무한소(無限小)로 분할할 수 있는 연속된 중간물을 통해 X와 Y를 연결하는 것은 언제나 가능하다. 대규모적인 변화는 불가능할지 모르지만, 작은 변화는 그것보다 가능성이 높다. 그리고 충분히 세분된 연속적인 중간형으로 이루어진 충분히 큰 계열을 전제한다면 천문학적인 불가능성을 피해 어떤 것에서 다른 무엇을 이끌어 낼 수 있을 것이다. 모든 중간형을 끼워 넣을 수 있는 충분한 시간만 있다면, 우리는 분명 그렇게 할 수 있을 것이다. 물론 이것은 특정한 방향에 따라 매 단계를 인도하는 메커니즘이 있는 경우에 적용되는 이야기이다. 그렇지 않으면 각 단계의 계열은 폭주를 시작하고 끝없는 무작위적인 방황을 계속할 것이다.

이러한 두 가지 단서를 모두 만족시키는 느리고 점진적인 누적적 자연선택이야말로 우리 존재에 대한 궁극적인 설명이라는 것이 다윈주의에 토대를 둔 세계관의 주장이다. 느린 속도의 점진설을 부정하고 자연선택의 중심적인 역할을 부정하는 진화론의 이설(異說)이 있다면 그런 변종들은 특정한 경우에는 사실일 수 있지만, 결코 완전한 진실은 아니다. 그 이유는 그러한 이설들이 진화론의 핵심을 부정하기 때문이다. 진화론의 힘은 천문학적인 불가능성을 해소하고 믿을 수 없고 기적처럼 보이는 사실을 설명할 수 있다는 것이다.

참고 문헌

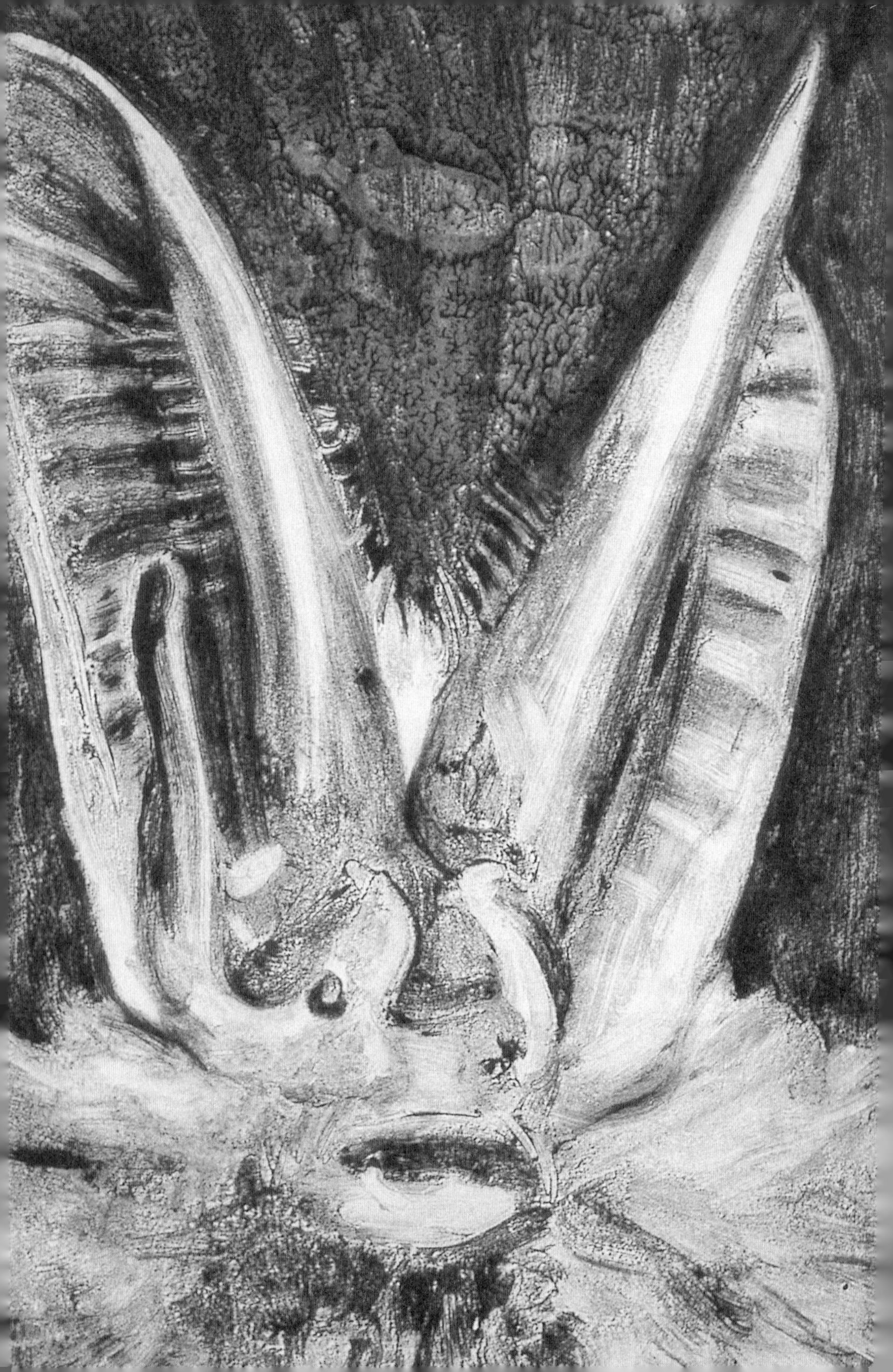

1. Alberts, B., Bray, D., Lewis, J., Raff, M., Roberts, K. & Watson, J. D. (1983) *Molecular biology of the Cell*. New York: Garland.

2. Anderson, D. M. (1981) Role of interfacial water and water in thin films in the origin of life. In J. Billingham (ed.) *Life in the Universe*. Cambridge, Mass: MIT Press.

3. Andersson, M. (1982) Female choice selects for extreme tail length in a widow bird. *Nature*, 299: 818-20.

4. Arnold, S. J. (1983) Sexual selection: the interface of theory and empiricism. In P. P. G. Bateson (ed.), *Mate Choice*, pp. 67-107. Cambridge: Cambridge University Press.

5. Asimov, I. (1957) *Only a Trillion*. London: Abelard-Schuman.

6. Asimov, I. (1980) *Extraterrestrial Civilizations*. London: Pan.

7. Asimov, I. (1981) *In the Beginning*. London: New Englis Library.

8. Atkins, P. W. (1981) *The Creation*. Oxford: W. H. Freeman.

9. Attenborough, D. (1980) *Life on Earth*. London: Reader's Digest, Collins & BBC.

10. Barker, E. (1985) Let there be light: scientific creationism in the twentieth century. In J. R. Durant (ed.) *Darwinism and Divinity*, pp. 189-204. Oxford: Basil Blackwell.

11. Bowler, P. J. (1984) *Evolution: the history of an idea*. Berkeley: University of California Press.

12. Bowles, K. L. (1977) *Problem-Solving using Pascal*. Berlin: Springer-Verlag.

13. Cairns-Smith, A. G. (1982) *Genetic Takeover*. Cambridge: Cambridge University Press.

14. Cairns-Smith, A. G. (1985) *Seven Clues to the Origin of Life*. Cambridge: Cambridge University Press.

15. Cavalli-Sforza, L. & Feldman, M. (1981) *Cultural Transmission and Evolution*. Princeton, N. J.: Princeton University Press.

16. Cott, H. B. (1940) *Adaptive Coloration in Animals*. London: Methuen.

17. Crick, F. (1981) *Life Itself*. London: Macdonald.

18. Darwin, C. (1859) *The Origin of Species*. Reprinted. London: Penguin.

19. Dawkins, M. S. (1986) *Unravelling Animal Behaviour*. London: Longman.

20. Dawkins, R. (1976) *The Selfish Gene*. Oxford: Oxford University Press.

21. Dawkins, R. (1982) *The Extended Phenotype*. Oxford: Oxford University Press.

22. Dawkins, R. (1982) Universal Darwinism. In D. S. Bendall (ed.) *Evolution from Molecules to Men*, pp. 403-25. Cambridge: Cambridge University Press.

23. Dawkins, R. & Krebs, J. R. (1979) Arms races between and within species. *Proceedings of the Royal Society of London*, B, 205: 489-511.

24. Douglas, A. M. (1986) Tigers in Western Australia. *New Scientist*, 110 (1505): 44-7.

25. Dover, G. A. (1984) Improbable adaptations and Maynard Smith's dilemma. Unpublished manuscript, and two public lectures, Oxford, 1984.

26. Dyson, F. (1985) *Origins of Life*. Cambridge: Cambridge University Press.

27. Eigen, M., Gardiner, W., Schuster, P., & Winkler-Oswatitsch. (1981) The origin of genetic information. *Scientific American*, 244 (4): 88-118.

28. Eisner, T. (1982) Spray aiming in bombardier beetles: jet deflection by the Coander Effect. *Science*, 215: 83-5.

29. Eldredge, N. (1985) *Time Frames: the rethinking of Darwinian evolution and the theory of punctuated equilibria*. New York: Simon & Schuster (includes reprinting of original Eldredge & Gould paper).

30. Eldredge, N. (1985) *Unfinished Synthesis: biological hierarchies and modern evolutionary thought*. New York: Oxford University Press.

31. Fisher, R. A. (1930) *The Genetical Theory of Natural Selection*. Oxford: Clarendon Press. 2nd edn paperback. New York: Dover Publications.

32. Gillespie, N. C. (1979) *Charles Darwin and the Problem of Creation*. Chicago: University of Chicago Press.

33. Goldschmidt, R. B. (1945) Mimetic polymorphism, a controversial chapter of Darwinism. *Quarterly Review of Biology*, 20: 147-64 and 205-30.

34. Gould, S. J. (1980) *The Panda's Thumb*. New York: W. W. Norton.

35. Gould, S. J. (1980) Is a new and general theory of evolution emerging? *Paleobiology*, 6: 119-30.

36. Gould, S. J. (1982) The meaning of punctuated equilibrium, and its role in validating a hierarchical approach to macroevolution. In R. Milkman (ed.) *Perspectives on Evolution*, pp.

83-104. Sunderland, Mass: Sinauer.

37. Gribbin, J. & Cherfas, J. (1982) *The Monkey Puzzle*. London: Bodley Head.

38. Griffin, D. R. (1958) *Listening in the Dark*. New Haven: Yale University Press.

39. Hallam, A. (1973) *A Revolution in the Earth Sciences*. Oxford: Oxford University Press.

40. Hamilton, W. D. & Zuk, M. (1982) Heritable true fitness and bright birds: a role for parasites? *Science*, 218: 384-7.

41. Hitching, F. (1982) *The Neck of the Giraffe, or Where Darwin Went Wrong*. London: Pan.

42. Ho, M-W. & Saunders, P. (1984) *Beyond Neo-Darwinism*. London: Academic Press.

43. Hoyle, F. & Wickramasinghe, N. C. (1981) *Evolution from Space*. London: J. M. Dent.

44. Hull, D. L. (1973) *Darwin and his Critics*. Chicago: Chicago University Press.

45. Jacob, F. (1982) *The Possible and the Actual*. New York: Pantheon.

46. Jerison, H. J. (1985) Issues in brain evolution. In R. Dawkins & M. Ridley (eds) *Oxford Surveys in Evolutionary Biology*, 2: 102-34.

47. Kimura, M. (1982) *The Neutral Theory of Molecular Evolution*. Cambridge: Cambridge University Press.

48. Kitcher. P. (1983) *Abusing Science: the case against creationism*. Milton Keynes: Open University Press.

49. Land, M. F. (1980) Optics and vision in invertebrates. In H. Autrum (ed.) *Handbook of Sensory Physiology*, pp. 471-592. Berlin: Springer.

50. Lande, R. (1980) Sexual dimorphism, sexual selection, and adaptation in polygenic characters. *Evolution*, 34: 292-305.

51. Lande, R. (1981) Models of speciation by sexual selection of polygenic traits. *Proceedings of the National Academy of Sciences*, 78: 3721-5.

52. Leigh, E. G. (1977) How does selection reconcile individual advantage with the good of the group? *Proceedings of the National Academy of Sciences*, 74: 4542-6.

53. Lewontin, R. C. & Levins, R. (1976) The Problem of Lysenkoism. In H. & S. Rose (eds) *The Radicalization of Science*. London: Macmillan.

54. Mackie, J. L. (1982) *The Miracle of Theism*. Oxford: Clarendon Press.

55. Margulis, L. (1981) *Symbiosis in Cell Evolution*. San Francisco: W. H. Freeman.

56. Maynard Smith, J. (1983) Current controversies in evolutionary biology. In M. Grene (ed.) *Dimensions of Darwinism*, pp. 273-86. Cambridge: Cambridge University Press.

57. Maynard Smith, J. (1986) *The Problems of Biology*. Oxford: Oxford University Press.

58. Maynard Smith, J. et al. (1985) Developmental constraints and evolution. *Quarterly Review of Biology*, 60: 265-87.

59. Mayr, E. (1963) *Animal Species and Evolution*. Cambridge, Mass; Harvard University Press.

60. Mayr, E. (1969) *Principles of Systematic Zoology*. New York: McGraw-Hill.

61. Mayr, E. (1969) *The Growth of Biological Thought*. Cambridge, Mass: Harvard University Press.

62. Monod, J. (1972) *Chance and Necessity*. London: Fontana.

63. Montefiore, H. (1985) *The Probability of God*. London: SCM Press.

64. Morrison, P., Morrison, P., Eames, C. & Eames, R. (1982) *Powers of Ten*. New York: Scientific American.

65. Nagel, T. (1974) What is it like to be a bat? *Philosophical Review*, reprinted in D. R. Hofstadter & D. C. Dennett (eds). The Mind's I, pp. 391-403, Brighton: Harvester Press.

66. Nelkin, D. (1976) The science textbook controversies. *Scientific American* 234 (4): 33-9.

67. Nelson, G. & Platnick, N. I. (1984) Systematics and evolution. In M-W Ho & P. Saunders (eds), *Beyond Neo-Darwinism*, London: Academic Press.

68. O'Donald, P. (1983) Sexual selection by female choice. In P. P. G. Bateson (ed.) *Mate Choice*, pp. 53-66. Cambridge: Cambridge University Press.

69. Orgel, L. E. (1973) *The Origins of Life*. New York: Wiley.

70. Orgel, L. E. (1979) Selection in vitro. *Proceedings of the Royal Society of London*, B, 205: 435-42.

71. Paley, W. (1828) *Natural Theology*, 2nd edn. Oxford: J. Vincent.

72. Penney, D., Foulds, L. R. & Hendy, M. D. (1982) Testing the theory of evolution by comparing phylogenetic trees constructed from five different protein sequences. *Nature*, 297: 197-200.

73. Ridley, M. (1982) Coadaptation and the inadequacy of natural selection. *British Journal for the History of Science*, 15: 45-68.

74. Ridley, M. (1986) *The Problems of Evolution*. Oxford: Oxford University Press.

75. Ridley, M. (1986) *Evolution and Classification: the reformation of cladism*. London: Longman.

76. Ruse, M. (1982) *Darwinism Defended*. London: Addison-Wesley.

77. Sales, G. & Pye, D. (1974) *Ultrasonic Communication by Animals*. London: Chapman & Hall.

78. Simpson, G. G. (1980) *Splendid Isolation*. New Haven: Yale University Press.

79. Singer, P. (1976) *Animal Liberation*. London: Cape.

80. Smith, J. L. B. (1956) *Old Fourlegs: the story of the Coelacanth*. London: Longmans, Green.

81. Sneath, P. H. A. & Sokal, R. R. (1973) *Numerical Taxonomy*. San Francisco: W. H. Freeman.

82. Spiegelman, S. (1967) An *in vitro* analysis of a replicating molecule. *American Scientist*, 55: 63-8.

83. Stebbins, G. L. (1982) *Darwin to DNA, Molecules to Humanity*. San Francisco: W. H. Freeman.

84. Thompson, S. P. (1910) *Calculus Made Easy*. London: Macmillan.

85. Trivers, R. L. (1985) *Social Evolution*. Menlo Park: Benjamin-Cummings.

86. Turner, J. R. G. (1983) 'The hypothesis that explains mimetic resemblance explains evolution': the gradualist-saltationist schism. In M. Grene (ed.) *Dimensions of Darwinism*, pp. 129-69. Cambridge: Cambridge University Press.

87. Van Valen, L. (1973) A new evolutionary law. *Evolutionary Theory*, 1: 1-30.

88. Watson, J. D. (1976) *Molecular Biology of the Gene*. Menlo Park: Benjamin-Cummings.

89. Williams, G. C. (1966) *Adaptation and Natural Selection*. New Jersey: Princeton University Press.

90. Wilson, E. O. (1971) *The Insect Societies*. Cambridge, Mass: Harvard University Press.

91. Wilson, E. O. (1984) *Biophilia*. Cambridge, Mass: Harvard University Press.

92. Young, J. Z. (1950) *The Life of Vertebrates*. Oxford: Clarendon Press.

부록

바이오모프 프로그램과 진화 가능성의 진화

찬사의 글

바이오모프 프로그램과 진화 가능성의 진화

(이 부록은 펭귄 출판사에서 출간된 1991년도 개정판에 실린 부록을 번역한 것이다. | 옮긴이)

3장에서 기술한 바이오모프 프로그램은 현재 애플 매킨토시 컴퓨터와 RM 님버스 컴퓨터, 그리고 IBM 호환 컴퓨터에서 사용이 가능하다. 3개의 프로그램 모두 9개의 유전자를 기본으로 가지고 있으며, 이를 바탕으로 3장에서 보여 준 것과 같은 바이오모프, 그리고 그것들을 닮거나 닮지 않은 수십억 개의 바이오모프를 만들어 낸다. 매킨토시용 프로그램은 몇 가지 다른 유전자를 가지고 있어서 '체절을 가진' 바이오모프를 만들어 내는데(그리고 각 체절을 점진적으로 커지거나 작아지게 만들 수 있다.) 바이오모프는 여러 개의 대칭면을 가진 모양을 하고 있다. 바이오모프 염색체에서 이루어진 이러한 개선은 색상이 들어간 새 프로그램에 포함되어 매킨토시 Ⅱ 컴퓨터에서 구동할 수 있도록 개발되었다. 그러나 아직 배포되지는 않았다. 그리고 그러한 개선은 나로 하여금 '진화 가능성의 진화'를 생각해 보게 한다. 개정된 『눈먼 시계공』에서 그러한 생각들을 공유할 기회를 가져 보고자 한다.

자연선택은 돌연변이로 만들어진 변이에만 작용할 수 있다. 돌연변이는 '무작위적'인 것으로 묘사되는데, 이 말은 단지 돌연변이가 진보를 향해 체계적으로 일어나는 것은 아니라는 뜻이다. 그것은 우리가 생각할 수 있는 모든 변이들 가운데 고도로 작위적인 것의 부분 집합이다. 돌연변이는 기존의 배 발생 과정을 변화시킴으로써 영향력을 발휘한다. 따라서 문어의 배 발생 과정에 돌연변이가 일어난다고 해도 코끼리가 만들어질 수는 없다. 이것은 자명한 사실이다. 그러나 미래의 진화가 진행되었을 때 모든 배 발생이 동일하게 생산적인지에 대해서는, 눈먼 시계공 확장판 프로그램을 작동해 보기 전까지 확신할 수 없었다.

진화의 기회가 활짝 열려 있는 공간이 갑자기 개방되었다고 생각해 보자. 예를 들어 버려진 대륙이 지각 변동으로 갑작스럽게 이용 가능하게 되었다고 생각해 보자. 어떤 종류의 동물들이 진화적 공백을 채울까? 분명 지각 변동이 일어난 후의 환경 조건에서 잘 살아남을 수 있는 개체들의 후손들일 것이다. 그러나 더욱 흥미로운 것은 어떤 종류의 배 발생 과정은 단순한 생존 차원이 아니라 진화에 특별히 더 탁월할 수 있다. 공룡의 멸종 후 포유류가 번성한 이유는 포유류가 단지 개체로서 생존을 잘했기 때문만이 아닐 것이다. 그 이유 중에는 아마 포유류가 새로운 신체를 만들어 내는 방식이 다양한 형태의 동물들(즉, 육식 동물, 초식 동물, 개미 포식자, 나무타기 전문가, 땅파기 전문가, 수영 선수 등)을 만드는 데도 역시 탁월했다는 것도 있다. 그래서 포유류는 진화에도 탁월하다고 말할 수 있다.

컴퓨터 바이오모프를 가지고 무엇을 해야 할까? 눈먼 시계공 프로그램을 개발한 직후, 나는 발생 규칙이 다른(즉 몸을 그리는 기본 규칙이 다르며 그 규칙에는 돌연변이가 생길 수 있고 자연선택이 작용할 수 있는) 것만 제외하고 나머지는 모두 같은 다른 프로그램을 가지고 실험을 해 보았다. 이 프로그램은 겉으로 보기에는 눈먼 시계공 프로그램과 유사하지만 불행하게도 진화적 가능성 면에서 매우 척박하다는 사실이 드러났다. 진화는 메마른 샛길에 끊임없이 천착한다. 퇴화는 심지어 가장 정교하게 유도된 진화 과정에서도 흔하게 발견되는 결과물인 것 같다. 이와는 대조적으로 눈먼 시계공 프로그램의 핵심인 분지론적 발생 과정은 재생 가능한 진화 자원으로 항상 충만한 것 같다. 진화가 진행됨에 따라 자동적으로 퇴화하는 경향성이 없다. 즉 풍부함, 융통성, 심지어 아름다움까지도 세대를 거듭하면서 무한히 재충전되는 듯하다.

눈먼 시계공 프로그램의 원본을 통해 만들어진 바이오모프의 군집이 풍부하고 다양해짐에도 불구하고 그 이상의 진화를 가로막는 장벽이 뚜렷해지는 것을 느낄 수 있었다. 만약 눈먼 시계공 프로그램의 발생 규칙이 다른 프로그램에 비해 그렇게 진화적으로 월등하다면, 눈먼 시계공 프로그램을 진화적 다양성이 훨씬 더 많은 프로그램으로 만들어 줄 수 있는 바이오모프 설계 규칙의 개편이나 확장은 없을 것인가? 같은 질문을 다르게 표현하면, 9개의 유전자를 가진 기본적인 염색체는 더 생산성이 높은 방향으로 확장될 수 있을까?

눈먼 시계공 프로그램의 원본을 설계할 때, 나의 생물학적 지식이 개입되지 않도록 신중하게 노력했다. 내 의도는 무작위적인 돌연변이에 대한 작위적인 선택의 결과가 얼마나 위력적인지 보여 주려는 것이었다. 선택의 결과, 생물학적이면서 미학적으로도 훌륭한 설계가 출현하기를 희망하였다. 차후에 처음 프로그램을 개발할 때부터 그것들을 미리 만들어 집어넣어 두었다고 내 자신을 고발하지 않기를 바랐다. 눈먼 시계공 프로그램의 분지론적 배 발생 과정은 내가 시도해 본 바로 그 첫 번째 발생 프로그램이었다. 그 뒤에 시험해 본 다른 발생 프로그램에서 실망한 것을 생각하면 사실 운이 좋았다. 여하튼 기본적인 '염색체'를 확장하고자 했을 때에는 나의 생물학적 지식과 직관을 사용하는 사치를 허락하였다. 진화적으로 가장 성공한 동물 집단들 중에는 체절화된 몸체를 가진 동물들이 있다. 또 동물의 신체 설계에서 가장 기본적인 양상에 속하는 것으로 대칭성이 있다. 따라서 바이오모프 염색체에 추가한 새로운 유전자는 체절을 만들고 대칭성을 만드는 것을 조절하는 유전자이다.

우리 인간과 모든 척추동물은 체절을 가지고 있다. 우리의 팔다리와 척추를 보면 이것은 명백한 사실이다. 이것들의 반복적인 성질은 단지 뼈 자체로 그치는 것이 아니고 뼈와 조합된 근육과 신경, 혈관 등에도 나타난다. 심지어 우리의 머리도 기본적으로 체절화되어 있다. 그러나 성인의 머리에서는 체절적인 구조가 희미해져서 단지 전문가들만이 배아의 해부학적인 구조를 연구해서 알 수 있을 정도이다. 물고기는 인간에 비해 확실히 더 체절화되어 있다.(청어의 등뼈를 따라 늘어서 있는 근육 조각들을 생각해 보라.) 갑각류, 곤충, 노래기, 지네 따위에서는 체절이 겉으로 드러날 정도로 명료하다. 이러한 관점에서 볼 때 지네와 바닷가재 사이에서 발견되는 차이는 결국 본질적으로는 동일한 것이라고 말할 수 있다. 지네는 화물칸들이 길게 연결된 기차라고 볼 수 있으며, 여기서 모든 화물칸은 거의 동일하다. 바닷가재는 여객칸과 화물칸이 뒤섞인 기차와 같은데, 이 칸들은 기본적으로는 같으며 각각의 칸에는 관절을 가진 동일한 다리들이 달려 있다. 어떤 경우에는 화물칸들이 집단적으로 융합하기도 하고 다리들이 크게 변하거나, 집게발이 되기도 한다. 꼬리 부분에 있는 화물칸은 작게 변하고 좀 더 단일한 형태가 되며, 발톱이 달린 부속 기관은 작은 깃털 같은 '지느러미'로 변한다.

바이오모프에 체절을 도입하기 위해 나는 한 가지 분명한 일을 했다. '체절의 수'를 조절하는 유전자와 '체절 사이의 간격'을 조절하는 유전자를 발명한 것이다. 이렇게 하면 완전히 구식인 바이오모프는 체절이 1개인 새로운 스타일의 바이오모프가 된다.

옆 쪽의 그림에는 '체절의 수' 또는 '체절 사이의 간격'을 조절하는

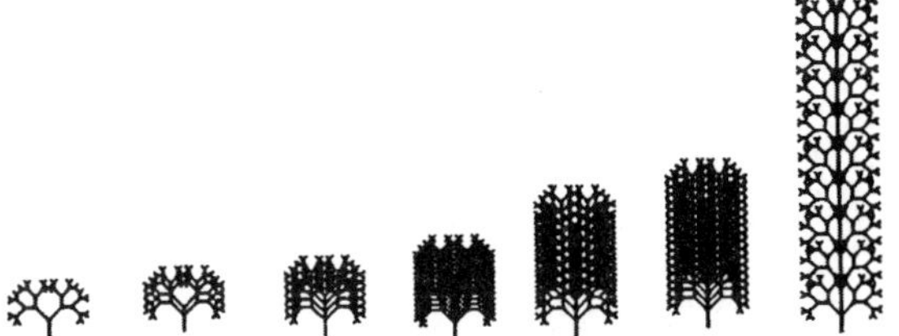

유전자만 다른 7개의 바이오모프가 제시되어 있다. 맨 왼쪽의 바이오모프는 익숙한 구식 나뭇가지 형태이며 다른 것들은 같은 나뭇가지 형태를 기본으로 하여 순차적으로 반복해서 그린 것이다. 단순한 나뭇가지 형태의 바이오모프는 눈먼 시계공 프로그램 원본이 그린 다른 모든 바이오모프와 마찬가지로 '체절이 하나 뿐인 동물'이라는 특수한 경우에 해당한다.

지금까지는 지네처럼 체절의 형태가 동일한 경우만 다루었다. 바닷가재의 체절들은 서로 다르며 그 방식은 복잡하다. 체절의 형태를 변형시키는 손쉬운 방법은 체절의 크기를 '순차적으로' 변화시키는 것이다. 쥐며느리의 체절은 바닷가재에 비하면 체절끼리 서로 훨씬 더 비슷하지만 전형적인 지네의 체절처럼 단일한 형태는 아니다.(사실 어떤 쥐며느리는 분류학적으로 지네와 같은 무리에 속한다.) 쥐며느리의 체절은 앞쪽과 뒤쪽은 좁고 중간은 넓다. 즉 앞에서 뒤로 가면서 기차의 화물칸의 크기가 점차 달라지는데, 중간에서 가장 큰 형태를 취하는 것이다. 지금은 멸종된 삼엽충과 같은 동물은 앞에 있는 체절이 가장 넓고 뒤로 가면서 점점 가늘어진다. 이것들은 모두 체절의 크기가 어느 한쪽에서 가장 크고 다른 쪽으로 가면서 점차 작아지는 단순한 형태를 띠고 있다. 체절을 가진 바이오모프에서 흉내 내려 한 것은 이러한 단순한 형태의 체절의 크기 변화이다. 나는 이 작업을 위해 앞의 체절에서 뒤의 체절로 한 칸씩 이동하면서 특수한 유전자의 표현된 값에 상수(경우에 따라 음수가 될 수도 있다.)를 더했다. 다음에 제시된 세 가지 바이오모프 중에서 맨 왼쪽 것은 체절의 크기 변화가 없으며, 중간 것은 유전자 1번에 크기 변화를 준 것, 맨 오른 쪽 것은 유전자 4번에 크기 변화를 준 것이다.

이 2개의 유전자와 그것에 결부된 크기 유전자를 통해 바이오모프의 염색체를 확장하면서 나는 새로운 형태의 바이오모프 발생 프로그램을 컴퓨터에 도입하고 그것들이 진화 방식을 통해 무엇을 할 수 있는지 관찰할 준비를 하였다. 다음에 제시한 그림들을 3장에 있는 그림 5의 체절이 없는 바이오모프들과 비교해 보아라.

나는 독자들이 이제 '생물학적으로 좀 더 흥미로운' 영역으로 진화적 융통성을 발휘할 수 있게 되었다는 데 동의할 것이라고 생각한다. 배 발생 과정의 새로운 돌파구로서 체절의 발명은 컴퓨터 바이오모프의 나라에서 진화적 잠재력의 수문을 활짝 열어젖혔다. 추측컨대 척추동물이 최초로 등장할 때나, 곤충, 바닷가재, 지네 등의 체절을 가진 동물의 시조가 등장할 때에도 비슷한 일이 벌어졌을 것이다. 체절의 발명은 진화의 역사에서 중요한 분지점임에 틀림없다.

대칭성은 또 다른 명백한 혁신이었다. 눈먼 시계공 프로그램 원본으로 만든 바이오모프는 모두 좌우 대칭 한 가지뿐이었다. 나는 여기에 선택할 수 있게 만드는 새로운 유전자를 도입했다. 이 새로운 유전자는 원래의 9개 유전자를 가지고 바이오모프가 그림 (a)와 같은 기본적인 나무 형태가 될 것인지 아니면 그림 (b)와 같은 형태가 될 것인지를 결정한다. 다른 유전자들은 그림 (c)처럼 상하 대칭을 만들 것인지 아니면 그림 (d)처럼 네 방향의 방사 대칭을 만들 것인지를 결정한다. 이 새로운 유전자들을 모두 조합하면 그림 (e)나 그림 (f)와 같은 형태로 변형될 수도 있다. 체절을 가진 동물이 중심선을 두고 비대칭일 때는 식물에서 받은 영감을 도입했다. 즉 그림 (g)처럼 중심선을 두고 어긋나게 체절이 반복되는 것이다. 이러한 추가적인 유전자로 무장한 다음, 이 새로운 배 발생 프로그램이 그전 것

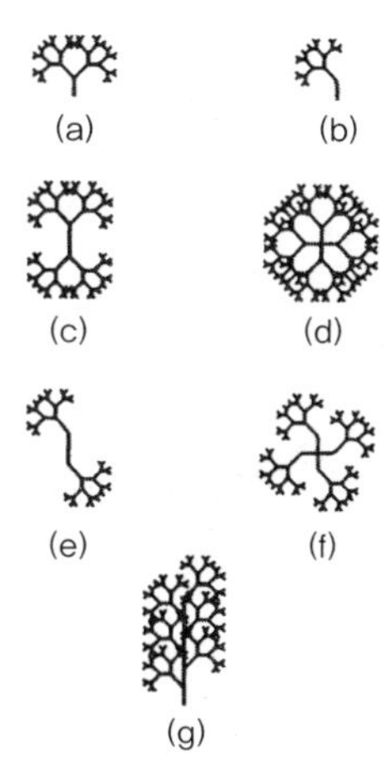

보다 더욱 풍부한 진화 양상을 만들어 낼 수 있는지 확인하기 위하여 나는 또다시 번식 프로그램을 왕성하게 가동시켰다. 그 결과를 여기에 제

시한다. 이들은 좌우가 어긋난 대칭을 가지고 있으며 체절을 가진 바이오모프들이다.

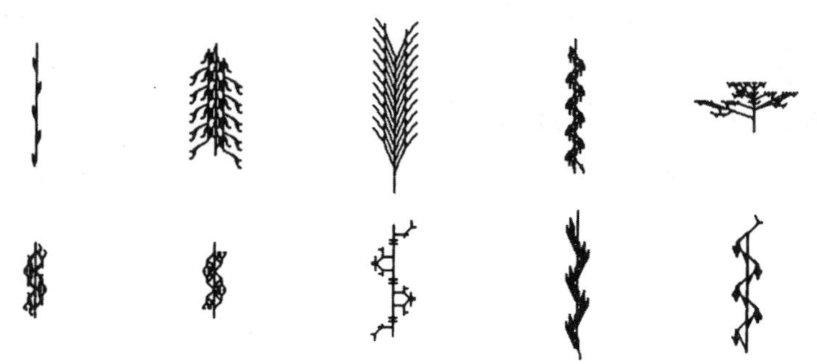

그리고 다음 그림은 방사 대칭의 바이오모프들이다. 여기서는 성인의 뇌처럼 체절이 겉으로 드러나지 않고 숨어 있다.

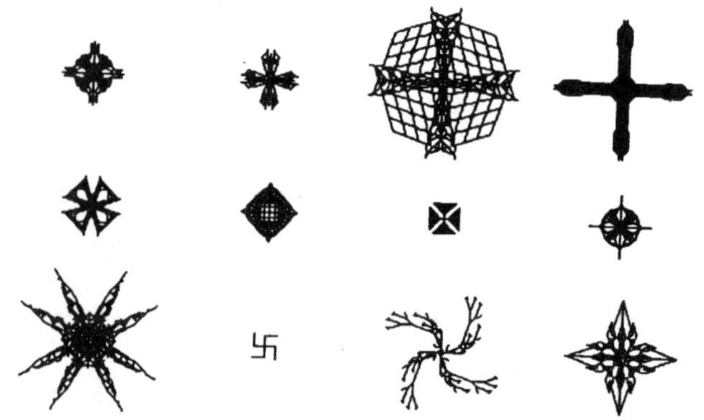

완전한 방사 대칭을 만드는 유전자는 선택 프로그램으로 하여금 내가 이전에 찾았던 생물학적으로 사실적인 디자인보다 호감이 가는 간략한 디자인을 번식시키도록 유혹한다. 이것은 현재 내가 개발하고 있는 컬러 버전 프로그램에서도 마찬가지이다.

불가사리, 성게, 거미불가사리, 갯나리가 포함된 극피동물이라고 부르는 동물군은 다섯 방향의 방사 대칭을 갖는 매우 특이한 동물이다. 기존의 발생 프로그램을 가지고 무작위적인 돌연변이를 일으키는 것으로는 내가 아닌 그 누군가가 아무리 노력해도 다섯 방향의 방사 대칭을 만들어 낼 수 없다고 나는 확신한다. 이것을 가능하게 하려면 바이오모프 발생 프로그램에 또 다른 획기적인 혁신이 필요한데 사실 아직은 그럴 엄두를 내지 못하고 있다. 그러나 정상적인 다섯 방향의 방사대칭이 아닌 네 방향 또는 여섯 방향의 방사 대칭을 갖는 기형 불가사리나 성게가 실제 자연에서 간혹 출현한다. 그리고 바이오모프의 나라를 탐험하다 보면 언뜻 보기에 불가사리나 성게를 닮은 형태를 마주칠 때가 있어서 그것들이 좀 더 실제의 불가사리나 성게를 닮아 가도록 선택을 시도할 용기를 갖게 만든다. 비록 어느 것도 극피동물의 필수 요건인 다섯 방향의 방사 대칭을 갖추지는 못했지만 그나마 극피동물을 닮은 바이오모프들을 여기에 모아 놓았다.

새로운 바이오모프 발생 프로그램의 능력을 검증하기 위한 마지막 시험으로 내 이름을 쓰는 데 필요한 바이오모프 알파벳을 만들어 보기로 했다. 알파벳과 조금이라고 비슷한 바이오모프를 만날 때마다 좀 더 비슷하게 만들기 위해 번식시키고 또 번식시켰다. 나의 이 야심찬 노력

의 결과에 대한 최종 판정을 내리자면 적어도 절반의 성공을 거두었다
고 할 수 있다. 'I' 와 'N' 은 거의 완벽에 가깝다. 'A' 와 'H' 는 약간
불완전하지만 봐줄 만하다. 'D' 는 형편없다. 'K' 는 적당한 놈을 찾기
가 거의 불가능에 가깝다고 생각한다. 나는 'W' 의 마지막 획을 빌리는
속임수를 쓸 수밖에 없었다. 그러나 다른 유전자가 첨가되면 만족할 만
한 'K' 를 진화시킬 수 있을 것이라고 생각한다.

ГICHAГD DAWKINS

바이오모프로 내 이름을 쓰고자 하는 다소 무모한 시도를 한 다음,
이 모든 작업을 가능하게 한 인공물의 이름을 진화시키는 행운을 만나
게 되었다.

MACINTOSH

지금까지 제시한 그림들이 내가 받은 강한 인상, 즉 바이오모프 발생
프로그램의 기본 원칙에 몇 가지 혁명적인 변화를 도입하면 3장에서 기
술한 원래의 프로그램에서는 불가능했던 진화적 가능성의 새로운 지평
이 열린다는 생각을 뒷받침하는 증거가 되길 바란다. 그리고 앞에서도
말했듯이 몇 가지 주요 동식물군이 진화하는 계기가 되는 중요한 시점
마다 이와 같은 일들이 벌어졌을 것이라고 생각한다. 인류의 조상, 곤충
과 갑각류의 조상들이 독자적으로 이룩한 체절의 발명은 아마 진화의
역사에서 발견할 수 있는 여러 가지 분지점 중의 하나에 불과할 것이다.
이러한 획기적인 사건들은 적어도 결과론적으로 보았을 때, 일상적인
진화적 변화와는 다른 종류의 것이다. 처음으로 체절을 갖게 된 우리의

조상은, 그리고 처음으로 체절을 갖게 된 지렁이나 곤충의 조상은 개체로서는 특별히 생존 능력이 더 뛰어나지 않았을 수도 있다. 비록 그들이 살아남았다는 것이 명백한 사실이긴 하지만(그렇지 않았으면 그들의 자손인 우리는 지금 존재하지 않았을 것이다.) 말이다. 내가 말하려는 요점은 체절의 발명이 날카로운 이빨이나 뛰어난 시력과 같이 생존에 도움을 주는 새로운 기술 차원이 아닌 더 중요한 사건이라는 것이다. 우리 조상의 발생 과정에 체절이 도입되었을 때, 각각의 개체들이 생존에 더 유리한지 불리한지는 상관없이 그들이 속한 계통은 갑작스럽게 진화에 유리한 조건이 된 것이다.

현재의 지구에 살고 있는 척추동물을 비롯한 다른 동료 동물 집단은 개체들이 잘 살아남을 수 있는 유전자를 물려받으며 이어져 왔다. 이것이 바로 이 책에서 내가 명확하게 하려는 것이다. 그러나 우리가 물려받은 유산 중에는 진화에 유리한 발생 과정도 있다. 진화의 역사를 보면 개체의 생존 능력이 아니라 더 고차원적으로 계통의 장기적인 진화 능력이 자연선택의 관건이 되는 경우가 있었다. 우리는 수많은 획기적인 개선들이 축적된 결과로 태어났으며, 체절의 발명은 그러한 획기적인 사건의 한 예에 불과하다. 개선되는 방향으로 진화가 일어나는 것은 단지 신체 구조와 행동에 국한되지 않는다. 진화 자체도 진화한다고 감히 말할 수 있는 것이다. 그동안 진화 가능성도 점진적으로 진화해 왔다.

매킨토시용 눈먼 시계공 프로그램에는 주요한 범주의 돌연변이를 선택할 수 있는 메뉴가 들어 있다. 새로운 형태의 돌연변이를 모두 선택하지 않으면 프로그램의 초기 버전(현재의 IBM용 프로그램)과 같은 것이 된다. 이런 조건에서 잠깐 동안 바이오모프를 번식시켜 보면 초기의 프로그램이 갖고 있는 거대한 잠재력과 한계를 동시에 느낄 수 있을 것이다. 그런 다음 체절을 만드는 돌연변이나 대칭을 만드는 돌연변이를 도입해 보면(또는 IBM용을 쓰다가 매킨토시용으로 바꾸어 보면) 해방감 비슷한 커다란 기쁨을 느낄 것이다. 그것은 진화의 역사에서 중요한 전기가 되는 사건 현장에 함께 있는 듯한 느낌이다.

찬사의 글

찰스 다윈의 진화론에 관한 현존하는 가장 찬란한 설교이다. 도킨스가 현대 진화론의 정설을 지켜 내는 일을 위트와 열정을 가지고 또 다시 해냈다.

《데일리 텔레그래프》

사랑스럽고 독창적이며 활기찬 책. 진화론의 안과 밖을 열정적이고 명확하게 설명하면서, 창조론을 믿는 원시인들이 던지는 모든 질문에 답하고 있다.

아이작 아시모프(SF 소설가)

훌륭한 과학책을 쓰는 비결은 주제 자체를 명확하게 이해하는 데 있다. 즉 좋은 저술은 명확한 사고에서 나온다. 『눈먼 시계공』을 읽으면서 나는 도킨스가 문제를 얼마나 정확하게 이해하고 있는지를 알고 나서 여러 번 놀랐다. 그는 대단히 명확하다. 그러나 도킨스는 자연을 이성적으로 이해하면서 얻은 경이로운 느낌을 잃지 않았다. 나도 이런 책을 쓸 수 있으면 좋겠다.

존 메이너드 스미스, 《뉴 사이언티스트》

아름답고도 뛰어난 책. 완벽하게 이해할 수 있으면서도 열렬한 연설의 운율도 가지고 있다. 모든 페이지마다 진실이 담겨 있다. 내가 읽은 과학책, 아니 내가 읽은 모든 책 중에서 최상급에 속하는 책이다.

《로스앤젤레스 타임스》

아주 훌륭하고 성공적인 책. 특히 진화론의 핵심인 자연 선택의 본성과 위력을 제대로, 그리고 반복적으로 보여 준다. 전에는 본 적도 느낀 적도 없는 방식으로 말이다. 가장 적당한 비유를 찾으라면 코페르니쿠스 혁명을 가능하게 만든 갈릴레오의 대화가 아닐까 생각한다. 도킨스의 책이 형식뿐만 아니라 기준 면에서도 갈릴레오의 저술에 비견된다고 말해도 당혹스러워하지 않았으면 좋겠다.

마이클 루즈(미국 플로리다 주립 대학교 과학 철학 교수)

그는 우리가 사는 세상은 복잡하고 신비롭다는 느낌을 잃게 하지 않으면서도 '신에 의한 설계'라는 주장을 날려 버렸다. 사실은 경외감이 더 커지게 만들었다. 인간의 자의식과 우리 자신의 행동에 대한 관심을 설명하려는 도킨스의 과감한 시도는 독창적이고 대담하다.

A. G. 케언스스미스, 《인디펜던트》

도킨스의 『눈먼 시계공』, 아니 『이기적 유전자』의 속편'을 읽고 감탄했다. 전작에서 보여 준 무서운 위트와 스릴 넘치는 무신론은 이 책에서도 여전하다.

마틴 에이미스(소설가), 《옵서버》

나는 『눈먼 시계공』을 진심으로 추천한다. 왜냐하면 이 책은 진화론을 교육적이면서도 재미있게 다룬 책을 찾는 독자들에게 큰 기쁨을 줄 것이기 때문이다. 그러나 도킨스의 책을 읽어야 하는 더 중요한 이유는 이것이 신다윈주의 진화론을 반대하는 사람들에게 주는 명확하고도 종종 통찰력 있는 용어로 이루어진 그의 답변이기 때문이다.

더글러스 J. 푸타이마(미국 스토니브룩 대학교 생물학 석좌 교수)

정통 신다윈론을 위한 철통 방어다. 그는 창조론자들을 정통 신다윈론에 대한 다양한 스펙트럼의 비평가들로부터 철저하게 분리한다. 이 책은 단순히 영리하기만 한 것이 아니라 훨씬 더 훌륭하다.

스티븐 로즈(영국 오픈 대학교 생물학 명예 교수), 《뉴 스테이츠먼》

화려한 설명과 엄격한 주장. 그러나 풍부한 비유와 예를 들어 누구나 쉽게 이해할 수 있는 『눈먼 시계공』은 설득력 있는 과학적 주장이란 어떤 것이지 여실

히 보여 주고 있다. 그것은 최고로 인기 있는 과학이다. 도킨스는 마음을 상쾌하게 만드는 사소한 주제들을 통해 창조론자, 오류를 범하고 있는 동료, 다른 과학 분야를 전공한 멋모르는 침입자, 그리고 그들의 멍청한 생각을 신나서 보도하는 대중 매체들을 슬그머니 비판한다. 강력하게 추천한다.

<타임스>

진화론에 대한 놀랄 만큼 명쾌한 해설이다. 화려한 비유와 영감을 주는 언어 전환, 적절한 동물학적 지식까지, 도킨스는 누구도 따라올 수 없는 타고난 저술가이다. 『눈먼 시계공』은 재미있을 뿐만 아니라 독자의 마음을 사로잡는 도킨스의 가장 훌륭한 책이다.

프란시스코 J. 아얄라(미국 캘리포니아 대학교 유전학 교수)

인정사정 봐주지 않는 강력한 주장이 담긴 훌륭한 책을 좋아하는 독자들이라면 이 책에 만족할 것이다. 저자는 진화론을 비판하는 주장들을 하나하나 열거하면서 그것들을 통해 거대한 논리를 끌어낸다.

<이코노미스트>

도킨스는 신다윈론 생물학에서 설명하지 못하는 것을 찾음으로써 신의 존재를 주장하거나 증명하려고 시도하는 신학자들을 사냥하기로 작정한 것 같다. 과학의 시대에 살면서 종교적 신념을 지키려는 사람들에게는 신을 가정하지 않아도 자연을 설명할 수 있는 이론의 위력을 이해하는 것이 매우 중요하다.

데이비드 L. 에드워즈(성공회 사제), <처치 타임스>

『눈먼 시계공』이 펼쳐 놓은 세계를 도킨스의 안내를 받아 여행하다 보면, 명백하게 무미건조하고 현학적인 지적 이론과 개념들이 마침내 가장 기상천외하고 장엄하며, 그야말로 스릴 넘치는 결과물에 도달하게 된다.

앵거스 마틴(생물학자), <주 뉴스>

그는 자연 선택이 생물학에서 목적이나 설계 같은 단어를 어떻게 제거할 수 있는지 훌륭하게 보여 주었다. 그리고 그 일을 현대의 독자들이 이해하기 쉬운 방식으로 해냈다.

마이클 T. 기슬린(생물학자), <뉴욕 타임스>

리처드 도킨스는 탁월한 교사다. 그는 자신이 할 이야기를 명확히 알고 있다. 설득력 있는 통찰과 풍부한 사례를 들면서, 정렬적이고 위트 넘치게 그 일을 해내고 있다.

존 햅굿(요크의 대주교), 《에듀케이션》

이 책의 위대한 덕목 중 하나는 진화론과 유신론이 양립할 수 없음을 입증했다는 것이다. 저자는 신이 우주를 창조했다는 입장을 견지한 채, 현대 과학에 보조를 맞추는 것처럼 비치기를 바라는 교활한 신학자들의 모순을 지적했다.

《처치맨》

신 다윈주의 진화론에 관한 놀랄 만큼 명료하고 생생한 주장과 해설이다. 그동안 대중 매체들은 진화의 원동력은 자연 선택이 아니라는 새롭고 혁신적인 생각을 부지런히 퍼 날랐는데, 이 책은 그러한 미신을 떨쳐 버리는 데 큰 도움을 줄 것이다.

브라이언 찰스워스(영국 에든버러 대학교 생물학 교수), 《타임스 에듀케이션 서플리먼트》

따라서 신이라는 해법으로 설명하는 것은 한계가 있다. 도킨스가 세세하고 기발한 방식으로 풀어 놓은, 신기하게도 설득력 있는 설명과 비교하면 말이다.

《리스너》

최근 몇 년간 읽어 본 진화론에 대한 일반적인 해설서 중 가장 훌륭한 책이다. 생물학자들에게도 유용할 만큼 충분히 깊이가 있으면서도 『이기적 유전자』를 재미있게 읽은 수많은 독자들에게도 어필할 수 있을 만큼 쉬운, 잘 쓴(정말 잘 쓴) 책이다.

에드워드 오스본 윌슨

과학적 사실뿐 아니라 흥미로운 사색으로 가득 찬, 읽는 기쁨을 주는 책이다.

케네스 B. 윌슨(종교 저술가), 《메소디스트 리코더》

2006년판 서문

『눈 먼 시계공』 재발간에 즈음해 서문을 새로 써 달라는 부탁을 받았다. 별일 아니다. 내가 할 일이라고는 이 책의 개정판을 쓴다고 했을 때, 고칠 내용들(당연히 많을 것이다.)을 열거하는 것이다. 나는 이 책을 다시 한 장 한 장을 넘기면서 오류가 있거나, 독자가 오해할 수 있거나, 시대에 뒤떨어졌거나, 불완전한 내용을 열심히 찾았다. 진심으로 그런 것들을 찾고 싶었다. 왜냐하면 과학이라는 것이—과학자 개개인의 약점이 무엇이든 간에—태생적으로 만족과는 거리가 멀고, 사탕발림이기는 하지만 끊임없는 반증을 통해 진보를 추구한다는 이상을 가지고 있기 때문이다. 아! 그러나 세세한 부분은 차치하고, 나는 이 책에서 삭제해야 할 중요한 명제를 하나도 찾지 못했다. 공식적인 철회를 통해 만족스러운 카타르시스를 정당화할 어떤 것도 찾을 수 없었다.

물론 더 할 이야기가 없다는 뜻은 아니다. 나는 진화의 설계에 관한, 언제 읽어도 싫증 나지 않을 환상적인 주제로 새로운 열 개의 장을 쉽게 채울 수 있다. 그러나 그 주제들은 다른 책에 실어야 할 것이다. 그 책의 이름은 『불가능의 산을 오르다(*Climbing Mount Improbable*)』(펭귄북스, 1996년)이다. (국내에는 『리처드 도킨스의 진화론 강의』라는 이름으로 번역되었다.│옮긴이) 두 책은 각자 자기 완결성을 갖고 있어서 따로 읽어도 좋지만, 각자의 속편이라 생각하고 이어서 읽어도 좋다. 각 장의 이름이 다

다르듯이 두 책에서 다루는 소재들은 다르지만 바탕에 깔린 주제는 '진화론과 설계' 로 동일하다.

　건방지게 들릴지는 모르지만, 진화론이라는 주제로 연속해서 책을 펴낸 것에 대해서는 사과할 생각이 없다. 진화론은 완전하고도 만족스러운 책 한 권으로 끝내기보다는 여러 가지 면에서 다양한 책을 써도 좋을 거대한 주제이기 때문이다. 나는 진화에 관해서는 자기 할 말을 다하고 물리학이나 천문학으로 관심을 돌리는 직업적인 '과학 저술가' 가 아니다. 내가 왜 그래야 하는가? 역사학자들은 역사에 관한 책을 여러 권 펴내도 누가 뭐라 하지 않는다. 그들이 언제 역사책 한 권 내고 나서 고전 문학이나 수학으로 관심을 돌리던가? 요리의 대가들은 계속해서 새로운 요리책을 펴낸다. 정원 가꾸기는 정원사에게 맡기는 것이 가장 좋은 법이다. 다시 말하지만, 서점 책꽂이에서 주제별로 할당된 선반 넓이에서는 밀릴지 몰라도, 진화론은 요리나 정원 가꾸기보다도 훨씬 더 큰 주제이다. 진화론은 나의 전공이며, 전문적 지식을 풀어놓는 데 한 사람의 일생을 바쳐도 충분할 만한 넓이를 가지고 있다.

　진화론은 사람, 동물, 식물, 세균 등 모든 생명체를 포괄한다. 그리고 이 책의 마지막 장에서 다룬 나의 견해가 맞는다면 외계 생명체도 포함된다. 진화론은 우리 모두가 오늘날 왜 존재할 수 있는지, 왜 우리가 이렇게 살고 있는지를 만족할 만하게 설명할 수 있는 유일한 이론이다. 그것은 또한 인간다움이라고 부르는 모든 규율을 뒷받침해 주는 기반암이다. 역사, 문학 비평, 법률 등을 특정한 진화론적 틀에 의해 다시 써야 한다는 의미가 아니다. 그런 의미와는 한참 거리가 멀다. 그러나 인류의 모든 업적은 두뇌의 산물이며, 두뇌는 정보 처리 장치로서 진화한 것이다. 따라서 이 근본적인 사실을 망각한다면 그 모든 업적을 제대로 이해하지 못할 것이다. 더 많은 의사들이 진화론을 이해했다면 인류는 항생

제 내성균의 위협에 직면하지 않았을 것이다. 어떤 비평가가 말했듯이 다윈의 진화론은 "과학이 지금까지 자연에서 발견한 것 중 가장 놀랄 만한 진리"이다. 나는 여기에 '앞으로 발견할 것까지도 포함해서'를 덧붙이겠다.

『눈먼 시계공』이 출간된 후 20년이 흐르면서 내가 쓰고 싶었고, 원고 청탁이 들어왔음직한 다른 책들이 출간되었다. 성 선택에 관한 장을 다시 쓴다면 나는 헬레나 크로닌이 쓴 훌륭한 책, 『개미와 공작(*The Ant and the Peacock*)』과 매트 리들리의 똑같이 훌륭한 책, 『붉은 여왕(*The Red Queen*)』을 반드시 참고할 것이다. 대니얼 데닛의 『다윈의 위험한 생각(*Darwin's Dangerous Idea*)』을 읽고 나서 나는 진화론의 모든 면을 역사학적으로, 철학적으로 다시 해석하게 되었다. 그의 상쾌하고도 가식 없는 솔직함으로부터, 나는 내가 쓴 비판적인 내용들에 관해 용기를 얻었다. 마크 리들리가 쓴 권위 있는 책, 『진화(*Evolution*)』는 나와 나의 독자들에게 언제나 열려 있는 교범이 될 것이다. 스티븐 핑커의 『언어 본능(*The Language Instinct*)』은 언어라는 주제를 진화론의 관점에서 다루어 보고 싶다는 생각을 갖게 만들었다. 그렇지만 그가 이미 그 일을 훌륭하게 해냈다. 랜덜프 네스와 조지 윌리엄스가 쓴 훌륭한 책의 주제인 '다윈 의학'도 마찬가지다. (그러나 출판사가 불쌍한 저자들에게 요구한 책 제목은 주제를 파악하는 데 별 도움이 안 되는 『인간은 왜 병에 걸리는가(*Why We Get Sick*)』이다.)

여전히 진화론을 부정할 방법을 찾는 사람들이 있고 그들의 영향력 또한 커지고 있다는 성가신 징조가 있다. 적어도 미국의 어떤 지역에서는 말이다. 이 벽창호들이 논쟁을 할 때 보면 그들이 주장하는 내용의 중심에는 항상 '설계'라는 개념이 있다. 그런데 이것은 『눈먼 시계공』의 핵심 주제이기도 하다. 내가 이 책을 쓸 때는 그러한 논쟁에 대한 진화론의 답변이기보다는 좀 더 세심한 야망을 가지고 있었다. 그러나 창조론자들의 주장에 혹한 사람일지라도 그것들에 대한(내 생각에는 창조론에서 주장하는 모든 것에 대한) 결정적인 논박을 이 책에서 찾을 수 있다는 것은 여전히 사실이다.

진화론 반대를 선동하는 사람들은 자신들이 과학자의 자격을 갖춘 것처럼 가장한다. 하지만 그들은 항상 종교적인 의도를 가지고 있다. 그러한 의도를 숨김으로써 신뢰를 얻으려고 해도 말이다. 대부분의 경우 그들은 무엇을 믿어야 하는지 잘 알고 있다. 왜냐하면 부모들이 그들이 무엇을 믿어야 하는지 쓰여 있는 고대의 책을 읽게 했기 때문이다. 어른이 되어서 배운 과학적 증거가 그 책의 내용과 모순된다면, 그 과학적 증거에 무엇인가 문제가 있다고 생각한다. 방사능 연대 측정법의 모든 결과가 지구는 수십억 년의 나이를 가지고 있다고 말하면, 그들은 방사능 연대 측정법에 무엇인가 명백한 오류가 있다고 생각한다. 어렸을 때 읽은 거룩한 책은 틀릴 수도 없고, 틀려서도 안 된다.

그렇지만 희망은 있다. 미국에서 『눈먼 시계공』이 처음 출간되었을 때, W. W. 노턴(W. W. Norton) 출판사에서 나에게 짧게 미국을 여행할 기회를 주었다. 그때 청취자들이 전화로 참여하는 라디오 프로그램에 몇 번 출연한 적이 있다. 기독교 근본주의자들이 적대적인 질문을 할 것이니 조심하라고 이야기를 듣고 있었고, 그들의 주장을 박살 내 주겠다고 내심 기대하고 있었다. 그러나 실제로 일어난 일은 훨씬 더 좋았다. 전화를 건 청취자들은 진화라는 주제에 정말로 관심이 있었다. 그들은 진화론에 적대적이지 않았고, 단지 아무것도 모르고 있을 뿐이었다. 나는 반대 주장을 박살 내는 대신 그 순진한 사람들을 교육하는, 좀 더 건설적인 과업을 수행했다. 생명체의 존재 이유를 설명하는 확실한 이론으로서 진화론이 가진 위력을 그들에게 일깨우는 데는 몇 분 걸리지 않았다. 그들이 전에는 그 가능성을 이해하지 못했던 것은 단지 교육 과정에서 그 주제가 완전히 삭제되었기 때문이라는 인상을 받았다. '원숭이'는 왜 인간으로 진화하지 않느냐는 다소 막연한 엉터리 주장은 차치하고 그들은 단지 진화론 자체를 모르고 있었다.

창조론자인 학생이 선발 과정의 실수로 옥스퍼드 대학교의 동물학부에 입학한 사건이 생각난다. 그는 기독교 근본주의를 건학 이념으로 하는 미국의 작은 대학에서 교육을 받았고, 순진하고 어린 지구 창조론자로 자라났다. 옥스퍼드 대학교에 입학하자 그는 진화론 강좌를 들어야만 했다. 강의가 끝났을 때 그는 강사 앞으로 다가왔다. (전에 우연히 만났던 친구였다.) 어떤 것을 발견했을 때 느끼는 원초적인 기쁨을 표출하면서 그는 환호했다. "우와! 진화론 이거! 정말 말 되는데요." 그렇다. 이름을 밝히지 않은 미국의 지도자가 친절하게도 내게 보내 준 티셔츠에 적힌 문구대로다. "진화——지상 최대의 쇼——선택할 수 있는 유일한 이론!"

2006년 1월

옥스퍼드 대학교에서

옮긴이 글(1994년)

도킨스의 첫 번째 책『이기적인 유전자』를 처음 만난 때가 1991년 여름이었다. 『이기적인 유전자』의 번역이 끝난 후, 추천사를 써 주신 최기철 선생님께서 도킨스의 두 번째 책『눈먼 시계공』 영어판을 구해 주셨다. 『이기적인 유전자』에서 드러났듯이 도킨스는 어려운 과학 내용을 일반인이 이해하기 쉽게, 그리고 재미있게 풀어쓰는 데 탁월한 능력을 갖고 있다. 『이기적인 유전자』에서 도킨스가 말하고자 했던 것은 개체는 그것을 존재하게 한 원인, 즉 DNA 또는 유전자가 자신의 영속성을 보존하기 위해 만든 기계에 불과하다는 사실이었다. 그리고 그 유전자는 본질적으로 이기적이며, 얼핏 보기에 이타적인 행동도 실은 이기적인 유전자가 자신의 적응도를 높이기 위해 그렇게 한 것에 불과하다는 것이었다. 도킨스의 이런 생각은 자칫 자신이 존재하게 된 이유와 자신이 그렇게 행동할 수밖에 없는 원인을 인식할 수 있는 유일한 존재인 인간의 자유 의지를 부정하고, 인간이라는 이 특별한 존재를 유전자의 꼭두각시에 불과한 것으로 여기게 만들 우려가 있었다. 더욱이 그러한 논리는 생물학적 결정론, 인종차별주의로 확대될 가능성도 있었다. 그래서 도킨스는 새로운 복제자 '밈'이라는 개념을 창출했다. 그는 새로운 복제자 '밈'의 자기 복제와 경쟁, 진화에 의해 인간의 행동이 결정되기 때문에 인간만이 유일하게 유전자의 폭정에 항거할 수 있다고 말했다. 이것은 참으로 놀라운 상상력이다. 바로 지금 우리는 도킨스가 생각한 '밈'의 한 족속 때문에 어려움을 겪고 있다. 컴퓨터 바이러스가 그 것이다. 이 생물은 컴퓨터의 기억 장치 속에서 살며, 스스로를 복제하고 백신 프로그램에 대항하여 자신을 방어하기 위해 돌연변이를 일으킨다.

『이기적인 유전자』가 그때까지 일구어진 동물행동학, 사회생물학의 성과를 입문서 형식으로 소개하면서 도킨스 자신의 독창적인 생각을 가 미해 은연중에 진화론을 옹호한 책이라면『눈먼 시계공』은 진화론을 노 골적으로 옹호한 책이다. 진화론을 옹호한다는 말은 창조론의 공격을 방어한다는 말이다. 창조론자들이 진화론을 공격할 때 진화론의 가장 큰 취약점, 즉 최초의 생명이 어떻게 생겨날 수 있는가 하는 점을 문제 삼는다. 이 문제에 관해 도킨스는 케언스스미스의 점토설을 인용했다. 설명할 내용을 듣는 사람이 알기 쉽게 잘 풀어서 이야기하는 도킨스의 탁월한 능력은『눈먼 시계공』에서도 유감없이 발휘되었다. 케언스스미 스의 점토설은 그의 저서『생명의 기원에 관한 일곱 가지 단서』에 가장 잘 정리되어 있는데, 나는 그 책을 보기 전에 도킨스의 설명을 먼저 읽 어 볼 것을 권한다. 나는『생명의 기원에 관한 일곱 가지 단서』보다도 도킨스의 설명을 읽어 보고 케언스스미스의 생각을 더 잘 이해할 수 있 었기 때문이다. 사람들 중에는 같은 내용이라도 남들이 알아듣기 쉽게 더 잘 설명할 수 있는 능력이 있는 사람이있다. 도킨스도 그러한 능력을 갖춘 사람 중의 하나다. 학생들에게 뭔가를 설명해야 하는 직업을 가진 나로서는 그러한 능력이 여간 부러운 게 아니다.

도킨스의 그런 능력은 우선 설명할 내용을 완전히 이해한 토대 위에 서 성립한다. 그러나 그것이 전부는 아니다. 어떤 내용을 설명하기 위해 그는 단순히 그 내용 자체만을 풀어 이야기하는 것이 아니라, 자신의 전 공과 비전공을 망라한 해박한 지식을 동원해 풍부한 비유를 듦으로써 그 작업을 수행한다. 그렇기 때문에 도킨스의 책에서는 문학적인 묘미를 느낄 수 있다. 창조론자들이 진화론을 공격하는 것 중에 또 한 가지는 생물이 가진 복잡한 형태가 맹목적인 진화의 힘으로는 도저히 만들어질 수 없다, 또는 확률적으로 불가능하다고 하는 것이다. 그 문제는 1단계 선택이 아닌 점진적이고 꾸준한 다단계 선택을 통해 해결된다고 하는 것이『눈먼 시계공』의 주요 이론이다.

이 책에서 도킨스의 독창성은 컴퓨터 바이오모프 프로그램으로 '도킨스의 곤충'을 만들어 낸 데에서 발휘되었다. 추측하건대 도킨스는 그 프로그램의 성공에 힘입어 이 책을 쓸 생각을 한 듯하다.

아직까지는 전면에 부상하지 않았지만 우리나라에도 교회를 중심으로 창조론(그들은 창조 과학이라고 불러 주길 바란다.)이 퍼지고 있다. 얼마 전 동료 교사와 진화론을 가지고 언쟁을 벌인 적이 있다. 그 과정에서 내가 느낀 점은 그 교사가 진화론에 대해 정확히 모르고 있으며 진화론에 대해, 그리고 과학에 대해 기본적인 소양을 갖추고 있다면 언쟁이 아니라 진정한 토론이 될 수 있었으리라는 점이다.

도킨스가 인용한 대로 진화론에 대해 현대인이 가지고 있는 가장 큰 문제점은 대다수의 사람이 진화론을 모르고 있다는 것이 아니라 대다수의 사람이 자신은 진화론을 잘 알고 있다고 믿는 것이다. 심지어 명망있는 과학자들 중에는 창조 과학회를 만들어 활동하는 사람이 있다. 내가 도킨스의 대변자는 아니지만 진화론을 믿는 생물학도로서 그분들께 딱 한 가지만 묻고 싶다. 지금 인간과 밀접한 관계를 맺고 살아가는 개나 돼지, 소 따위의 가축과 거위나 닭 같은 가금류가 지구에 최초로 출현할 때부터 그러한 형태였겠는지? 아니면 지금과는 다른 모습과 습성을 지닌 야생형이 인간에 의해 길들여진 결과 그렇게 변한 것인지? 어느 쪽을 믿는지 묻고 싶다. 만약 나중 것이라고 생각한다면 진화가 일어난다는 사실을 인정한 셈이므로 논쟁할 필요가 없다. 먼저 것을 믿는다면 그 사람과 논쟁하기를 포기하겠다. 그 사람의 믿음을 방해하고 싶지 않은 까닭이다. 만약 진화가 일어난다는 사실을 인정하면서 그 진화는 결국 창조주의 의지대로 진행되는 것이라고 생각하는 절충주의자가 있다면 그에게 이 책을 권한다.

1994년 여름
과학세대 기획위원 이용철

옮긴이 글(2004년)

옮긴이 **이용철**

서울대학교 생물교육과를 졸업하고 성수고등학교 교사로 재직하고 있다.
『고등학교 과학』과 『생물 1』, 『생물 2』의 집필위원이다.
저서로는 『하루살이는 정말 하루만 살까?』, 『열대 우림』 등이 있으며
번역서로는 『인간』, 『이기적인 유전자』, 『에덴의 강』, 『동물의 언어』가 있다.

사이언스 클래식 3

눈먼 시계공

1판 1쇄 펴냄 | 2004년 8월 9일
1판 32쇄 펴냄 | 2025년 9월 30일

지은이 | 리처드 도킨스
옮긴이 | 이용철
펴낸이 | 박상준
펴낸곳 | (주)사이언스북스

출판등록 1997. 3. 24. (제16-1444호)
(06027) 서울특별시 강남구 도산대로1길 62
대표전화 515-2000 | 팩시밀리 515-2007
편집부 517-4263 | 팩시밀리 514-2329
www.sciencebooks.co.kr

한국어판 ⓒ (주)사이언스북스, 2004. Printed in Seoul, Korea.

ISBN 978-89-8371-153-3 03470